廣東省社會科學院
CMHS 海洋史研究中心 主办

中文社会科学引文索引
（CSSCI）来源集刊

中国历史研究院
Chinese Academy of History
学术性集刊资助

【第十七辑】

海洋史研究

Studies of Maritime History Vol.17

李庆新 / 主编

社会科学文献出版社
SOCIAL SCIENCES ACADEMIC PRESS (CHINA)

目　录

海洋史研究（第十七辑）
2021 年 8 月　第 1～18 页

地中海的橄榄与南海的槟榔：
两种文化的比较

王　洋　普塔克（Roderich Ptak）*

导言　基于布罗代尔理论橄榄与槟榔文化的比较

在费尔南·布罗代尔（Fernand Braudel）的"地中海模式"理论中，长时段（longue durée）概念极其重要。[①] 最相关的自然因素诸如洋流、风况、海岸线、降水、动植物群落在很长一段时间内保持相对恒定。虽然我们可以观察到个别地区环境气候的变化，比如曾为罗马各邦供应谷物的北非某些地区后来退化为干旱区，但整体而言长期恒定的因素更值得人们注意。

大部分的短时段因素可以追溯到人类活动中。当我们去分析人类活动现象时，仍能够从中看到不同短时段因素的差异。比如，国家王朝权力更迭在历史舞台上是不断变动的，而贸易网络和交易系统相对更稳定。从某种意义上说，它们构成了一幅历史背景图，可以应用于不同的环境。这同样适用于

---

* 作者王洋，德国慕尼黑大学汉学系博士研究生，研究方向：中国东南沿海历史地理（宋至明）；普塔克（Roderich Ptak），德国慕尼黑大学汉学系首席教授，研究方向：中葡关系与澳门历史、"历史地理：中国与东南亚（宋至明）"、中国文献里的鸟类研究。

① 关于长时段的概念，最为人所知的即 Fernand Braudel, *La Méditerranée et le monde méditerranéen à l'époque de Philippe II*, Paris: Armand Colin, 1949。本书多次再版并翻译成各种语言，这里仅举一个版本：〔法〕费尔南·布罗代尔：《地中海与菲利普二世时代的地中海世界》（全二卷），唐家龙译，商务印书馆，2013。

自然资源的开发、植物的种植、海陆道的利用、运输手段和其他技术成果。当然，这些领域也有变化，但是总体而言变化是极其缓慢的，甚至会几个世纪也毫无变化。

长时段因素是"空间交流区"的重要特征。它们使交互的空间具有特殊面貌，将其与其他海洋空间区分开。另外，长时段因素通常也会影响短时段因素。如果人们将一个较大的区域视为由许多因素构成的矩阵，那么长时段因素肯定会在此矩阵中扮演关键角色，而短时段因素通常会根据长时段因素发挥次要作用。

那么，受人类活动影响的短时段因素如何体现在地理分布上？在地中海周围，我们可以观察到一些几乎影响到所有沿海地区和岛屿的因素。它们有助于使整个空间看起来统一。换句话说，从西班牙和摩洛哥到塞浦路斯、叙利亚和黎巴嫩的海岸，我们可以发现一些类似或相同的现象，所以可以把它们当成一个文化同质整体来看待。当然，这种看法取决于个人的观点，即取决于个人感知对事物的判断。有些人会对此持反对意见，认为以此看待历史是片面的，它并不能揭示历史真相。也有人认为，已发生的事情，尤其是很远的事情，在任何情况下都无法从客观上理解，历史学家只能够评论个别现象，最多只能部分地认识因果关系。把地中海作为一种文化交互空间来看，这意味着我们正在处理一个同质的整体，而整体之下必然存在许多问题。

在过去的十到二十年间，一些历史学家试图将地中海模式运用于亚洲海域。① 但是，对于这是否有意义，亚洲的单个海洋区域是否可以与地中海相比较仍存在分歧。我们也可以调转研究的方向，以南海为重心比较其与欧洲地中海在功能上是否相似。其实，在这样的视角下，许多海洋交流空间，比

---

① 关于东南亚历史研究中借鉴地中海模式，可参阅 Denys Lombard, "Une autre 'Méditerranée' dans le Sud-est asiatique," *Hérodote*, 28 (1998), pp. 184 - 193; Roderich Ptak, "Quanzhou: At the Northern Edge of a Southeast Asian 'Mediterranean'?" in Angela Schottenhammer, ed., *The Emporium of the World: Maritime Quanzhou, 1000 - 1400*, Leiden: Brill, 2001, pp. 395 - 427; Roy Bin Wong, "Entre monde et nation: les régions braudeliénnes en Asie," *Annales*, 66.1 (2001), pp. 9 - 16; Heather Sutherland, "Southeast Asian History and the Mediterranean Analogy," *Journal of Southeast Asian Studies*, 34.1 (2003), pp. 1 - 17; François Gipouloux, *La Méditerranée asiatique. Villes portuaires et réseaux marchands en Chine, au Japon et en Asie du Sud-Est, XVIe - XXIe siècle*, Paris: CNRS Éditions, 2009; Philippe Beaujard, *Les Mondes de l'Océan Indien*, Vol. 1: *De la formation de l'État au premier système-monde afro-eurasien (4e millénaire av. J. - C. - 6e siècle ap. J. - C.)*, Vol. 2: *L'Océan Indien, au cœur des globalisations de l'Ancien Monde (7e - 15e siècles)*, Paris: Armand Colin, 2012。

如其他亚洲海域或加勒比地区，可以被视为（一种）"类南海地区"。当然并不是所有海洋空间都适用这样的归类。简而言之，不是使用欧洲模型来观察非欧洲世界，而是以南海，甚至以中国视角及基本要素为框架，将视线从东推移到西。或以第三种方式：定义一系列的标准和特征，而在这个基础上去研究某个海洋地区。如果这个地区满足一部分标准，那么就可以把它归为某一独立的文化交流海洋空间。

　　基于布罗代尔的理论，海上空间概念与交换概念有密切的关系。[①]定期交换意味着海洋空间周围的地方彼此接触，并在很长一段时间内相互影响。如果没有联系，没有交换，海洋区域将仅是具有孤立定居点的自然空间，而该定居点的发展与其他定居点无关。这样的定居点可能会产生许多自己的特征，且可以明显地与其他地方区分开。但从文化的角度来看，很难说其有大区域内的同质特性。

　　布罗代尔理论的"交换"概念是指物质和非物质"产品"从一个地方转移到另一个地方。这些包括可测量数量和价值的产品，亦包括不可测量的元素，如习俗、宗教、建筑风格、技术知识、法律规范等。虽然我们无法量化非物质的"产品"，但它们在所有海洋空间中都有体现，问题是物质和非物质成分的循环是否决定了区域中的"内聚力"，如果答案肯定，那么这种循环对"内聚力"的影响程度如何？

　　我们可以找出地中海的一些独特元素。它们暗示了这个空间在几个世纪中具有强大而不断发展的同质性。常见的例子比如葡萄酒和橄榄，或类似产品的种植和流通。两者都属于地中海文化。在古希腊、古罗马帝国，也就是今天地中海沿岸地区，居民日常生活中没有葡萄酒和橄榄是不可想象的。葡萄酒文化甚至延伸到受伊斯兰文化影响的地区，它们也在大量生产葡萄酒。借由这种想法我们来讨论南海地区的情况。诚然东南亚并不产葡萄酒和橄

---

① 一些关于"交换"的想法参阅 Roderich Ptak, "Rethinking Exchange and Empires: From the Mediterranean Idea to Seventeenth-Century Macau and Fort Zeelandia," in Dejanirah Couto and François Lachaud, eds., *Empires en marche. Rencontres entre la Chine et l'Occident à l'âge moderne (XVIe – XIXe siècles) /Empires on the Move. Encounters between China and the West in the Early Modern Era (16th – 19th Centuries)*, Paris: École française d'Extrême-Orient, 2017, pp. 187 – 206. "交换"，英文作"exchange"，法文作"échange"，德文作"Austausch"。中文亦作"交流"。

榄，而跟日常生活息息相关的，我们可以讨论槟榔①（Areca catechu）的生产和销售。

在上述背景下，更多出于理论层面的考量，本文回顾了自古以来槟榔文化在环南海周边地区的意涵和影响。② 当然，如何精确地定义它的角色，比如作为消费品、医药品、仪典用品抑或商品，仍然是相对开放的议题。为此，我们需要大量的信息——不仅是槟榔本身，还包括日常生活其他事物——使其与槟榔比较成为可能。遗憾的是我们并没有从文献中获得足够的信息。然而即便如此，文献经常提及槟榔这一因素暗示着我们，它曾对南海地区的文化产生了跨越几个世纪的持久影响。在个别地区，槟榔文化的影响甚至延续到今天。因此，在一个具有许多南海地区典型文化特征的矩阵中，有必要优先考虑槟榔。

关于亚洲地区的槟榔消费有很多文献记载。大部分的槟榔研究借助中文文献③，但是比较南海地区槟榔文化和地中海橄榄文化的尝试并不多见，这正是这篇文章的目的。需要说明的是，本文不太着眼于细节的比较，而是以鸟瞰视角论述，例如对比双方的结构性因素，橄榄和槟榔一般消费情况及其结果，更确切地说两者的贸易方式，生产技术的更迭，对农业生产的影响，

---

① 槟榔有超过 20 种中文别名。最早被称作"仁频"，见于司马相如《上林赋》，收录于《史记》，见司马迁《史记》卷一百一十七《司马相如列传第五十七》，中华书局，1973，第 3028 页。它最常被称作"槟榔"，可参阅王叔岷《史记斠证》卷一百一十七《司马相如列传第五十七》，第 3116 页。另外，我们已经能在六朝文献中见到许多关于"槟榔"的信息，可参阅郭硕《六朝槟榔嚼食习俗的传播：从"异物"到"吴俗"》，《中南大学学报》（社会科学版）2016 年第 1 期。槟榔有一种别称是"橄榄子"，也许和橄榄有关联。

② 有关此主题的概述（不局限于南海地区）参见 Thomas J. Zumbroich, "The Origin and Diffusion of Betel Chewing: A Synthesis of Evidence from South Asia, Southeast Asia and Beyond," *eJournal of Indian Medicine*, 1.3 (2008), pp. 87–140. 亦见于 https://www.semanticscholar.org/paper/The-origin-and-diffusion-of-betel-chewing%3A-a-of-and-Zumbroich/26e2dddb2c1d31714b2c6e2346a1d43da616bea7?pdf, 2009.11。其收录了很多文章节选，并提出了很多建设性问题。

③ 可参阅 Dawn F. Rooney, "Bibliography: Betel Chewing," 1992, http://rooneyarchive.net/bibliography/bc_bibliography.htm, 2019.8。关于文化历史的研究 Thomas J. Zumbroich 的相关文章助益良多，如 Thomas J. Zumbroich, "The Origin and Diffusion of Betel Chewing: A Synthesis of Evidence from South Asia, Southeast Asia and Beyond"。Lewin 也提到相关论题，可参阅 Louis Lewin, *Über Areca catechu, Chavica betle und das Betelkauen*, Stuttgart: Verlag von Ferdinand Enke, 1889。Lewin 在他的槟榔专著中也提到了贸易，可参阅 Erhard Rosner, "Marginalien zur Geschichte des Betelkauens in China," in Shing Müller and Armin Selbitschka, eds., *Über den Alltag hinaus. Festschrift für Thomas O. Höllmann zum 65. Geburtstag*, Wiesbaden: Harrassowitz Verlag, 2017, pp. 241–252。

等等。而这个问题背后隐藏着更深的思考：我们真的可以将地中海和南海这两个海洋区域视为"近亲"吗？其存在哪些差异，有何相似之处？理论上，全面的比较需要对所有可用资料进行详细的分析，以本文的篇幅是不可能完成的。这意味着这里提出的想法更多是假设性质的，它们是为了鼓励对类似性质比较的进一步研究。

关于研究材料，大量的考古发现和文献资料使我们对橄榄文化有了充分的了解。① 有关槟榔文化的记载主要来自唐代以降的中文史料，以及欧洲语言记录东南亚文化的殖民时代资料。上述文献记录了槟榔的生产、流通和消费的详细信息。相反，东南亚语言材料却很少提及槟榔，② 这可能是由于缺少相关语言文字记载。上述差异意味着人们对槟榔文化的感知与对橄榄文化略有不同：后者可以从"内部"、系统本身进行，也可以从"外部"进行，而槟榔文化需要特殊对待，这涉及其本身书面及考古资料缺乏的问题。但是也许不应该过分强调这种差异。从研究方法的角度来看，它可能并不是很重要。

一 橄榄和槟榔：分类和概念

让我们从类别和定义着手。在亚洲的海洋历史中，通常将昂贵的奢侈品与其他贸易品区分开。一些历史学家认为，奢侈品是在某些时期通过船运输的，包括医用品、贵金属、宝石等。但是，大米、木材、动物和其他特产有时也起着重要作用。因此应明确商品的分类标准。且类别概念在不同的语言

---

① 关于地中海地区橄榄历史和传播的图文并茂的科普读物如：Jean-Marie del Moral（photos），Elisabeth Scotto and Brigitte Forguer（texts），*Olivenöl. Das grüne Gold des Mittelmeers. Mit 62 Rezepten*，Munich：Droemer Knaur，1996（译自法文）；Paolo Nanni，ed.，*Olivi di Toscana / Tuscan Olive Tree*，Florence：Edizioni Polistampa，Academia dei Georgofili，2012，以及 Fabrizia Lanza，*Olive：a Global History*，London：Reaktion Books，2011。

② 东南亚槟榔的相关书目：Solange Thierry，*Le Bétel：Inde et Asie du Sud-Est*，Paris：Muséu de l'Homme，1969；Dawn F. Rooney，*Betel Chewing Traditions in South-East Asia*，Kuala Lumpur：Oxford University Press，1993。概述类：Waldemar Stöhr，"Betel in Südost-und Südasien，" in Gisela Völger，et al.，eds.，*Rausch und Realität，Drogen im Kulturvergleich*，2 vols，Cologne：Rautenstrauch-Joest-Museum，1981，vol. 2，pp. 552 – 559；Dawn F. Rooney，"Betel Chewing in South-East Asia，" in Annie Hubert and Philippe Le Failler，eds.，*Opiums. Les plantes du plaisir et de la convivialité en Asie*，Paris and Montréal：L'Harmattan，2000，pp. 15 – 23。或者参阅 http：//rooneyarchive. net/lectures/betel_ chewing_ in_ south – east_ asia. htm，2019.8。还可参看字典里的槟榔条目，比如 I. H. Burkill，*A Dictionary of the Economic Products of the Malay Peninsula*，2 vols，Kuala Lumpur：Ministry of Agricutlure and Co-operatives，1966（2nd ed.），vol. 1，pp. 223 – 231。

中表达的语义内容不尽相同，中文中"奢侈品"可能与英语的"luxury goods"或德语的"Luxusgüter"大致相当，但德语的"Genussmittel"概念，则没有完全对应的中文，也没有完全对应的英文。Genussmittel 翻译成嗜好品也不甚恰当。①

对于嗜好品，德语历史学家通常把咖啡、茶、巧克力、烟草、酒精饮料等称为刺激性"精神活性物质"。这个词可能会让人联想到中文的"兴奋剂"和英文单词"stimulants"，但是这两个表达更多地应用在医学领域，并不适用于德语中的"Genussmittel"。德国读者知道"Stimulanz"一词，可是这个词在德语历史文献中极少被使用。

一方面，不同的语言里"奢侈品"和"兴奋剂"与毒品之间界定的边界是流动的。英文"addictive materials""drugs""narcotics"有时会接近汉语术语"成瘾物质""毒品"和"兴奋剂"，以及德语中常用的单词"Suchtmittel""Drogen""Narkotica"和"Rauschmittel"。不过，narcotics 和 Narkotica 不但指兴奋剂，还可以指医学上的麻醉剂。另外在英语文献中，"drugs"也有中文语义里"香药"的含义。在德语里没有一个能够完全代表"香药"的词，但是有时可以用"aromatische Substanzen"来代替。另外，在发音上与"drugs"相关的"Drogen"一词几乎总是带有负面的意味，虽然在某些情况下它也有治疗功用。而槟榔自古就是一味香药，这是有积极正面的语义意涵的。简而言之，分类的定义因语言和文化而异，这对解释围绕一类物质的社会经济环境可能很重要。

此外，人们对同一种商品的设想和期待并不总是一成不变的。糖曾在世界上大部分地区是奢侈品。今天，情况已不再如此。我们更关心如何遏制糖的消费。早期美洲输入东南亚和中国的烟草情况也类似。最初它被认为是药用植物，而不是嗜好品，且经常被用于宗教仪式中。当时人们嚼烟草，吸鼻烟。今天人们依旧抽烟，但医学报告不断警告大众长期吸烟带来的负面影响。②

---

① 关于英德双语的分类和表达，请参阅 Thomas Hengartner and Christoph M. Merki, eds., *Genussmittel. Ein kulturgeschichtliches Handbuch*, Frankfurt and New York: Campus Verlag, 1999, pp. 7 – 21 ("Einleitung"); Annerose Menninger and Katharina Niemeyer, "Einführung," *Zeitenblicke. Online Journal für Geschichtswissenschaft*, 8. 3(2009); http://www.zeitenblicke.de/2009/3/einfuehrung/, 2019. 8。

② 关于东南亚烟草可参阅 Thomas O. Höllmann, *Tabak in Südostasien. Ein ethnographisch-historischer Überblick*, Berlin: Dietrich Reimer Verlag, 1988。

在这一点上，我们可以提出更多的概念和分类，比如槟榔和橄榄应如何分类？我们可以观察到它们的变化吗？是否可以将分类完全不同的事物进行对比？在这里很难给出一个标准答案。很早以前橄榄产量有限，在人们还不知道橄榄可以榨出宝贵的橄榄油之前，橄榄只是次级农产品。随着橄榄油工艺和产量逐步提高，橄榄和橄榄油成为重要的商品。但是，要将其与"主食"（大概即英语"basic food"和德语"Grundnahrungsmittel"）相比，其重要性还差得很远。人们当然更需要大米、小麦、玉米、土豆或其他富含碳水化合物的食物来满足日常卡路里需求。另外，并不是所有地区的人都重视橄榄，比如早期的北欧居民并不了解橄榄，对此就没有需求。而早期地中海地区的居民对橄榄又持何看法？和今日的看法又有何不同？

还有一个问题，橄榄和橄榄油何时从奢侈品变成日常用品？当今研究表明，橄榄商品首先被富人消费，随后被地中海各地的所有阶层所用，但我们很难判断"城市"和"农村"橄榄消费的差异。年龄层和性别差异对橄榄消费也没有显现出明显的特征，我们不能将任何群体——男人、女人、儿童、成人——排除在长期橄榄消费系统之外。

如果平行比较橄榄与槟榔消费，这里也存在个别差异。尽管学者们对于槟榔树的起源及其传播存在异议，但毫无疑问，槟榔消费的传播在南海大部分地区并没有受限，虽然我们尚不清楚过去是否对儿童和青少年消费槟榔有所限制。今天我们倾向于将槟榔算在"精神活性物质"之列，也就是俗称的"兴奋物质"。但是相关文化群体把咀嚼槟榔当作自然而然的事情。甚至可以说，在过去槟榔几乎是一些人的"主食"。因此对于同一事物的理解，内部和外部视角是不同的。也就是说，我们必须从不同的文化圈对同一事物的不同理解出发，也应该考虑到不同时代的理解促进了新观念和新词语的产生。在一定程度上，这也可以解释在嚼槟榔危害健康议题上为什么会产生不同意见。中国南部沿海地区及东南亚大部分地区都有槟榔消费历史。那么，像橄榄油一样，槟榔最初也被当成一种奢侈品吗？享受槟榔最开始是富有阶层的特权吗？槟榔并不都是南海各地的土产，也就是说在不得不依靠进口的地方，槟榔肯定是相对高价商品。那么在槟榔生产区的外围，槟榔相关产品很可能被视为奢侈品。

新产品面世通常会取代市场上的其他产品，甚至是取代存在数百年的经典产品，按照布罗代尔理论的分类，这可以被视为长时段元素。通过微观经济学我们知道，一个产品被取代基于消费者偏好的改变，而偏好的改变又基于各种因素，比如价格变化。橄榄和橄榄油的流通与食用很少受到其他产品的影响。相反，从一个时代到另一个时代，橄榄产品的接受度一直持续提高。其原因之一可能源于其药用功能，每天食用橄榄油有益健康。槟榔则不同，现代医学特别强调其对牙齿及口腔的危害。在过去，人们不一定意识到这些问题。相反，本草药典记载了槟榔在医疗方面的积极功用。[①] 也因此在泛南海地区人们曾普遍认为槟榔是生活中必不可少的食物，尽管历史上也出现过批评的声音，尤其是在审美层面上，那些猩红色的唾沫引起了北方汉人的反感。[②]

此外，我们还应讨论其他"成瘾性物质"的传播对东南亚槟榔文化产生的影响。比如烟草和咖啡，虽然它们不是东南亚的特产，但在一定程度上削弱了槟榔消费。荷兰殖民者带来的新事物首先获得当地权贵的青睐，下层阶级在很长一段时间内仍然忠于槟榔。槟榔和烟草的作用是相似的，含尼古丁的烟草种植并不是特别困难，因此很快得以普及。有趣的是，当地人还开发出了新产品，将槟榔和烟草混合在一起嚼食。尽管烟草的出现对槟榔消费存在抑制效应，但这种合二为一的创新显然是因为它们具有类似的兴奋功能。从经济学层面来说，两者即为互补产品。[③] 欧洲情况也类似。烟草、咖啡和茶在欧洲大受欢迎。它们替代了一些具有类似兴奋功能却影响健康的产品，比如含有大量酒精的饮料。

这些特定商品的消费在多大程度上增强了社会各个阶层的文化认同？当外来的消费习惯冲击旧有消费习惯之时，那些秉承传统观念的人，是否还在保持一贯的消费模式呢？抑或受之影响改变了传统消费观？答案可能因时因地而异。副产品的消费一直受到时尚潮流的影响，而这些时尚潮流又可以追溯到一系列因素。我们尚不能给出定论。但是，鉴于过去海上的交流，这里仍有许多相关研究可做。

---

① 见李时珍《本草纲目》卷三十一《果部》，人民卫生出版社，1990，第 1829～1834 页。
② 参阅 Erhard Rosner, "Marginalien zur Geschichte des Betelkauens in China," pp. 245－249。
③ 东南亚地区槟榔与烟草的关系参阅 Anthony Reid, "From Betel-Chewing to Tobacco-Smoking in Indonesia," *The Journal of Asian Studies*, 44.3 (1985), pp. 529－547。亦见 Thomas O. Höllmann, *Tabak in Südostasien. Ein ethnographisch-historischer Überblick*, pp. 98－99, 120－121, 135。

二　橄榄和槟榔：消费系统循环的触发因素

　　若比较上述两种消费系统，哪些问题需要我们去研究？囿于书面资料信息的不完整，我们可能无法回答所有问题，但至少应该提出谨慎的假设。

　　尽管只能从宏观角度重建古时候橄榄和橄榄油的分布以及槟榔文化的传播情况，但可以肯定的是，最初人类制造出所需的生活用品极可能是一个偶然的过程，而且并不是一开始就用于日常消费。当人们掌握了一定的技能后，新的应用功能才会出现。也就是说人们食用橄榄、榨橄榄油始于偶然。在人们发现橄榄更多的功用和益处之后，它才逐渐过渡到消费阶段。[①]槟榔消费的发展也大致经历了这样的过程。尽管它的应用范围并没有像橄榄产品那样广泛，但其消费系统的建立也是基于人们对它认知的逐步提高。早期槟榔的医药功效被广泛认同，食品加工工艺也不断推进。

　　野橄榄早在一万年前已被人收集食用。但橄榄的种植却始于公元前4000年前后，其种植区在地中海东部沿海地区，即今天的叙利亚 - 巴勒斯坦地区和克里特岛。随后，希腊、埃及也进入了生产范围。[②]这些地区橄榄文化盛行，古典文献常提到雅典娜与橄榄树，伊索、荷马等作家的作品也都有提及。对于犹太人和基督徒来讲，橄榄树枝和油更有特殊含义，在其经文中不乏关于橄榄树的内容。回到生产上，人们在西班牙和西地中海其他地区发现了超过千年树龄的古老油橄榄树（Oleaceae）。自然，马格里布地区也属于早期产区。后来，橄榄树甚至出现在《古兰经》中，阿拉伯半岛的人民也视之为珍宝。在中世纪，意大利阿普利亚各港口被认为是橄榄产品的贸易中心，如南部的塔兰托（Taranto）和莱切（Lecce）。尽管当时威尼斯控制

---

① 对炼油技术的认知有一部分是基于考古发现，相关文章请参考 Peter Warnock, *Identification of Ancient Olive Processing Methods Based on Olive Remains*, Oxford：Archaeopress, 2007；Tomasz Waliszewski, *Elaion：Olive Production in Roman and Byzantine Syria-Palestine*, Warsaw：Polish Centre of Mediterranean Archaeology, University of Warszaw, 2014。

② 见 Dafina Langut, et al., "The Origin and Spread of Olive Cultivation in the Mediterranean Basin：The fossil pollen evidence," *The Holocene*（2019）；https：//www. academia. edu/38542891/The_ origin_ and_ spread_ of_ olive_ cultivation_ in_ the_ Mediterranean_ Basin_ the_ fossil_ pollen_ evidence._ Langgut_ et_ al._ 2019._ HOLOCENE, 2019.11。书里提及生产橄榄所使用的方法。早期对橄榄文化的研究如 Pietro Vettori 的 *Trattato delle lodi, et della coltivatione*。

着该业务，然而来自热那亚和佛罗伦萨的竞争也不容小觑。①

橄榄树的种植和橄榄油生产不断发生变化，深远地影响了整个地中海地区文化。几个世纪以来，油压机的发展和完善促进了橄榄油生产效率的提高，不仅满足了人们日益增长的需求，甚至刺激了更多的需求。一方面橄榄的加工促进了生产技术的革新，另一方面橄榄的种植也对农业用地产生了深远的影响。原本的森林消失了，原始的植被被橄榄树所取代。生产橄榄油需要大量的水，这反过来又影响了某些地区的水平衡。随着橄榄种植的发展，地中海沿岸某些地区的原生态发生改变，也可以说其生态系统被人类改造了。②

橄榄文化的产生伴随着其他相关产品的出现，比如需要合适的容器来运输橄榄和橄榄油，因此一些地方开始批量生产陶罐（amphora）。由于运输需要，运输容器通常会被精确地指定形状和尺寸，借助船舶运往不同港口。橄榄文化得以广泛传播。此外，橄榄油不仅可用于食品制作，还可提炼成灯油及护肤品。要在本文中列举出橄榄的所有影响是不可能的。但橄榄和橄榄油的传播无疑给整个地中海地区带来了新的生产技术，增加了就业岗位，促进了生活条件的改善，影响了地理生态环境。

我们能从槟榔文化中找到与之相当的东西吗？首先，需要对槟榔消费习惯进行一些重要观察。在许多地区，槟榔块由三个基本元素组成：一是槟榔果实，二是蒌叶，三是石灰。殖民地文献指出，在不同地区槟榔块会添加其他物质以增强槟榔的美味，例如肉桂、豆蔻、丁香、婆罗洲昂贵的龙脑香以及后来的烟草，如今已很难确定这种消费的精细化程度及其存续时间。不可忽略的是，苛刻的生长条件决定性地影响了槟榔的生产和消费。首先槟榔生长在热带沿海地区，其次需要大量淡水。另外，购买添加到槟榔块里的辅料也是个难题，因为如果蒌叶和其他辅料不是出自本地，则必须要依靠进口。

南海地区大量消费槟榔，这是否会刺激对肉桂、豆蔻和其他物质的需求？虽然这些物料在当时主要用作药品和食品，但其用途可能并不限于此。

---

① 关于阿普利亚港口参阅 Horst Schäfer-Schuchardt, *Die Olive: Kulturgeschichte einer Frucht*, Nürnberg: DA Verlag Das Andere, 1993, pp. 140 - 163.

② 关于经济的情况，比如希腊地区，参阅 Lin Foxhill, *Olive Cultivation in Ancient Greece: Seeking the Ancient Economy*, Oxford and New York: Oxford University Press, 2007。塞浦路斯地区生产橄榄油产品用水需求情况，参阅 Sophoklēs Chatzēsabbas, *Olive Oil Production in Cyprus from the Bronze Age to the Byzantine Period*, Nicosia: Paul Åströms Förlag, 1992, p. 81.

槟榔消费的增加是否促进了其他产品的流通——就像橄榄的传播促进了配套容器和技术的扩散一样？槟榔的辅料需求在过去是否在市场上吸纳了一定比例的香料，以致这些物质变得更加昂贵？这是否促进了此类添加剂的生产？又是否存在过一个由"槟榔主导"生产与商业扩张的过程？

随着葡萄牙人、西班牙人和荷兰人到达东南亚和东亚，白银贸易变得越来越重要。从16世纪下半叶到17世纪60年代，日本生产了大量白银，其中大部分都运往中国，同时来自美洲的白银通过马尼拉进入中国市场。文献记载明朝曾进口银条，白银对于明代的货币体系至关重要。日本白银供给逐渐萎缩之后，美洲白银继续穿越太平洋到达远东，而中国仍然是世界上最大的白银需求地。借助明代及殖民地文献，我们可以重构进入中国的白银数量。尽管信息链不完整，但从槟榔相关图集及文物展出①中我们可以看到，消费槟榔的人们会使用昂贵的白银特别制作小银盒来储存槟榔和添加的辅料。这在中国南部、菲律宾等南海地区很常见。

在白银贸易时代，是否有一部分在东南亚和中国流通的白银被用来制造"槟榔盒"？槟榔消费者数量有多高？他们中有多少人有足够的钱购买或打造银质容器？这些问题尚待解答。假设在南海地区的槟榔兴盛时期，有数百万人从整体经济增长中受益，并且为槟榔消费制造并出售了数千个银盒，这对考量白银消费是否有意义？当然，这个问题需要谨慎看待。大部分主人家用槟榔招待客人时也许只是使用木盒或其他容器来存放槟榔、蒌叶和石灰。槟榔的消费并不总是与昂贵华丽的贵金属制品相联系。但这个现象的存在仍值得我们去思考。

嚼槟榔的人对与槟榔互补的商品也有诉求，因为这能增加嚼槟榔的愉悦感，从而获得更大的享受。其他的消费品也会有类似情况，享受茶和咖啡，辅以糖和甜点，配以精致优雅的瓷器，这完全是一种文化氛围的熏陶，并随着时尚潮流的变化而变化。但是，让我们撇开美学品质和与社会学相关的维度，仅论"纯"经济中的槟榔消费，那么大概可以认为：槟榔文化对当地经济各个部分的增长都具有刺激作用。就像橄榄和橄榄油一样，人们也可以将槟榔视为南海经济的基本要素。

---

① 见 Cynthia Ongpin Valdes, "Betel Chewing in the Philippines," *Arts of Asia*, 34.5（2004），pp. 104 – 130；Elizabeth Anne Buddle, "Cutting Betel in Style," *Arts of Asia*, 6.4（1976），pp. 34 – 39。

所有事物都以一种或另一种方式连接，因此展开这个逻辑链并不难。例如，中国贵州省出产汞，并被运往日本及拉丁美洲用于提炼银（混汞法）。运往拉丁美洲的汞由福建商人和澳门葡萄牙人先运到马尼拉，之后经由西班牙大帆船运至墨西哥，再转运到那些生产白银的地方。尽管西班牙官员担心过多的白银会通过马尼拉流回中国而经常反对进口汞，但西班牙商人又非法秘密地从远东收集汞。① 汞增加了白银的产量。一部分白银制品也被用在槟榔消费上，既取悦了槟榔消费者，又美化了槟榔文化，甚至增强了槟榔消费区的文化认同。随着贸易时代的到来，槟榔的生产和消费越来越多地被吸引到全球经济和全球化的商品流通网络中。

三　橄榄和槟榔：对文化认同的贡献

橄榄、橄榄油、葡萄酒与槟榔一样，已成为全球化商品经济的一部分，但其来源可追溯到更早的时期。随着欧洲的殖民扩张，地中海美食也一并被带到东南亚、中国和日本。起初葡萄酒及橄榄制品只在殖民地范围内流通，但 20 世纪以后它们也在亚洲流行起来。

当然，葡萄牙人从欧洲来到澳门后，并没有完全放弃他们的饮食习惯，依旧喝酒，食用橄榄油。从澳门地区来内地的天主教传教士甚至会随身携带欧洲葡萄酒和美洲巧克力。当然我们并不能评价 16、17 或 18 世纪进口商品的质量，因为文献仅显示这些商品曾在贸易中流通。然而，一些在澳门出生并长大的葡萄牙人，除了保留自己的饮食文化，还吸收了中国人、马来人的饮食习俗，比如嚼槟榔。他们从何时何地以及如何接受了中国人或东南亚人的习俗我们也不得而知。不过当时澳门本地人也有嚼槟榔的习俗。清代文献也确证槟榔被引入了澳门。②

---

① 请参阅 Angela Schottenhammer, "Trans-Pacific Connections. Contraband Mercury Trade in the Sixteenth to Early Eighteenth Centuries," in Tamara H. Bentley, ed., *Picturing Commerce in and from the East Asian Maritime Circuits, 1550 – 1800*, Amsterdam: Amsterdam University Press, 2019, pp. 159 – 193。

② 请参阅 Graciete Nogueira Batalha, *Glossário do dialecto macaense: notas linguísticas, etnográficas e folclóricas*. Coimbra: Faculdade de Letras da Universidade de Coimbra, Instituto de Estudos Românicos, 1977 (= *Revista Portuguesa de Filologia* 17), p. 73。澳门参与的槟榔贸易记录，载于刘芳著、章文钦编《葡萄牙东波塔档案馆藏清代澳门中文档案汇编》（2 册，澳门基金会，1999）文章段落 330、345、347、455、471、874、875、877、879、881、1361、1363。

　　特定群体的文化认同——包括以种族层面划分的群体——与他们的饮食习惯密切相关，包括"兴奋物质"的消费，但消费模式可以在几个世纪内发生变化。如果一个群体能接受其他群体的习惯，可以定义为一种"文化适应"（acculturation）的过程。出生于澳门的葡萄牙人过去吸收了许多中国习俗，尤其是饮食方面。[①] 这样看来，嚼槟榔只是"文化适应"复杂过程中的一个要素。令人意外的是，南海地区"文化适应"模式与人们所期待的正相反，当地居民更适应欧洲模式。基于这样的考虑提出以下问题：东南亚外来商人和移民槟榔消费行为如何？去往中国台湾、马尼拉、马来半岛、苏门答腊、爪哇等地区的福建人，来往中国的东南亚人，以及在南海地区活动的琉球商人等，是谁适应了他人的习惯？我们可以找到有关槟榔消费的更多信息吗？它有一定的消费节奏或消费历程吗？

　　如果橄榄油和葡萄酒的日常消费被视为地中海地区文化认同的一部分，那么以上的问题也可以用来探讨橄榄产品的消费和分布。具体来说，消费过程是如何进行的？何时？以什么顺序进行？以及各个区域或团体对接受新事物速度有多快？作为地中海文化认同要素之一的橄榄文化，其消费是否在地中海消费矩阵中占很大比重？而槟榔在南海地区的消费比重是否不如橄榄在地中海的情况？我们可以推测两者在各自文化体系里的重要程度吗？

　　经济史学家往往会根据文献重建的商品数量、价格和质量，得到确切的结论。但这种方法并不适用于评估槟榔消费情况。由于资料阙如，即便是简单的问题，如"何地销量最大"都无法确知。举个例子，中国文献提及唐代海南已产销槟榔，质量最上乘的来自海南东部，[②] 但是数量是多少？出口到哪里？需运输到广东和福建的港口进行贸易吗？海南槟榔真的优于其他产区的吗？我们依然不得而知。

　　海南岛与越南相对，它是否曾为占城和高棉地区供应过槟榔，抑或是当地自给自足？槟榔树种植情况如何？橄榄树在地中海地区的传播对农业和生态系统产生了持续的影响，海南及其他槟榔产区也如此吗？槟榔种植的增加是否以

①　请参阅 Marisa C. Gaspar, *No Tempo do bambu*：*Identidade e ambivalência entre Macaenses*, Lisbon：Instituto do Oriente-ISCSP, 2015。

②　请参阅 Edward H. Schafer, *Shore of Pearls*, Berkeley：University of California Press, 1970, pp. 40、45 - 46、97。亦见唐胄《（正德）琼台志》，《天一阁藏明代方志选刊》，上海古籍出版社，1964，卷八，第 23 叶 a；卷九，第 21 叶 a ~ 23 叶 a。《琼台志》是今存最早介绍全琼历史、文化、经济等情况的方志。按此本，槟榔树的树皮还可以制作扇子；见卷九，第 31 叶 a。

出口为导向？类似的思考来源于茶叶的种植。据说在福建由于本国及欧洲贸易需求增加，茶的生产越来越多，茶田甚至会占用种植其他作物的土地。

但橄榄的种植及其对地中海地区生态结构的影响这一事实很少被描述为负面的。在人们的意识中，橄榄产品及其相关文化元素几乎总是积极的。因此是否可以认为不仅橄榄产品本身，从橄榄种植的地理和生态层面来说也促进了地中海居民文化认同的出现？这些古树被欧洲人赋予了特殊的保护价值，也赋予了数个世纪以来围绕橄榄诞生的象征意义。在这个维度上，槟榔树确实不能和橄榄树相提并论。槟榔树的生命周期很短，几乎无法作为具有文化价值的古树被人传颂，其文化结构也远不同于橄榄文化。

在宗教意义上，至少自中世纪以来，地中海地区就以三种宗教为主导，而橄榄树、树枝和橄榄油在其中起着一定的作用。这些宗教思想可以追溯到腓尼基人、埃及人、希腊人和罗马人的时代。槟榔文化也有类似的发展历程，在今天槟榔叶和槟榔果仍会被人们放在宗教场所里当作祭品，并与许多不同的宗教仪式发生联系。它们虽然并没有同一起源，却在不同的地方存在和发展。一些歌词显示，萨满祭司和其他执行仪式活动的人会咀嚼槟榔，因为他们认为嚼槟榔的享受与巫术的作用呈正相关影响。对于"精神活性物质"来说，这样的事情很典型。这也是为什么在非精神活性物质的橄榄环境中不会有类似的情境存在。而在关乎宗教仪式和象征意涵的表达上，橄榄"功能"的表达实际上促进了地区文化同质性的出现。与之相反，槟榔"功能"在宗教文化、仪式上出现的异质性可能更大。几乎没有证据表明嚼槟榔的不同群体间有某种相似意识，尤其是宗教信仰上的相似之处。另外补充一下，方济各会等宗教团体曾经营橄榄种植园并参与贸易，而道教或南海地区的其他宗教团体在这一方面有可比性吗？这是一个值得研究的问题。

嚼槟榔确实曾是南海地区人们日常生活的一部分，比如向客人提供槟榔表示招待，婚礼和其他宗教仪式也需要槟榔。[①] 槟榔块的质量和华丽的包装在一定程度上表明消费者的社会地位。根据某些地区的信仰，运气和不幸也与槟榔嚼食有关。所涉及的这些习俗是否起源于某个地区？并从一地迁移到另一地？何时何地发生？这些具体问题尚待解答。但可以确定的是，早期人们咀嚼槟榔是为了预防疾病、对抗饥饿、强健体魄。这种看法不仅流行于中国，在菲律宾和马来亚也如此。那么是否可以认为环南海地区与

---

① 王四达：《闽台槟榔礼俗源流略考》，《东南文化》1998 年第 2 期。

槟榔相关的宗教仪式其出发点是共通的，但随着时间的流逝又发展出了地方性特色？

当然，欧洲殖民者对这样的问题不是很感兴趣，他们反感咀嚼槟榔和吐痰。周去非也抱怨食用槟榔的不良习惯及副作用。[①]许多北方人尽管对南方陌生，但依然盛赞南地物产丰饶，认为南方是异域风情之地，并撰述于其诗文中，但对于嚼槟榔普遍敬而远之。不可否认历史上也曾记载槟榔被送到北方贵胄之家供之享用，但这并没有改善整体评价。我们可以从中窥见文化认同差异的迹象吗？这个古老的饮食传统是造成南北内部文化差异的重要原因之一吗？

相比于中国内地对槟榔评价的两极化，南海岛民对槟榔评价很少有好坏之分。从历史上看，南海各地居民普遍嚼食槟榔。有些不产槟榔的地区还进口槟榔，比如印度洋上地理位置稍偏的马尔代夫，人们定期从附近的斯里兰卡运来槟榔。也就是说，槟榔的消费范围远远超出了南海地区，印度洋沿岸的许多地方也属于"槟榔带"。当地人同样生产、出售和消费这种"奇迹药"。加西亚·达·奥尔塔（Garcia da Orta）在其著作中提到，在近代早期印度是主要供应商之一，槟榔在那儿非常受欢迎。[②]所以，尽管前文已提到橄榄油在地中海地区获得了广泛的接受，橄榄文化促进了超地区身份认同的出现，但我们仍不可以轻易地判定，地中海的橄榄认同就比环南海周边地区的槟榔认同更强、更普遍、影响力更持久。

结　论

前文我们提到过替代效应和互补产品，精神活性物质可以替代或增强类似物质的作用，那么我们应该如何评估鸦片和槟榔之间的关系？在印度，人

---

① 见周去非著，杨武泉校注《岭外代答校注》卷六，中华书局，1999，第235～237页。德语译本很值得参考。Almut Netolitzky, *Das Ling-wai tai-ta von Chou Ch'ü-fei. Eine Landeskunde Südchinas aus dem 12. Jahrhundert*, Wiesbaden: Franz Steiner Verlag, 1977. pp. 113 – 114 及注释。亦见 Erhard Rosner, "Marginalien zur Geschichte des Betelkauens in China," pp. 241 –252。

② 见 Garcia da Orta, *Colóquios dos simples e drogas da Índia*, 2 vols, Lisbon: Imprensa Nacional, Casa da Moeda, 1987, vol. 2, pp. 389 – 396, 402 – 404。另见于 Rui M. Loureiro, "'A verde folha da erva ardente'. O consumo do bétele nas fontes europeias quinhentistas," in Jorge M. dos Santos Alves, ed., *Mirabilia Asiatica. Produtos raros no comércio marítimo / Produits rares dans le commerce maritime / Seltene Waren im Seehandel*, vol. 2, Wiesbaden: Harrassowitz Verlag; Lisbon: Fundação Oriente, 2005, pp. 1 – 20, 也出于 *Revista de Cultura*, 21 (2007), pp. 49 – 63。

们会在槟榔块中添加鸦片，因为在南亚鸦片长期以来被当作医药品。《本草纲目》等医书对其医药功能亦有记载。另外曾有船只将鸦片连同许多其他昂贵之物一起带到中国。①

诚然，鸦片的传播和大规模的消费是历史上的另一章。这一章始于英国人，他们想通过售卖鸦片增强自己在当地的话语权和经济影响力，而不管将陷他们的亚洲贸易伙伴于何种境地。他们还迫使印度的几个地区生产鸦片，并引发了残酷的战争，最终使南亚完全依赖英国。更糟糕的是，他们开始在广州出售印度鸦片，以兑换白银和茶，导致数以百万计的中国人成了鸦片瘾君子。由于鸦片战争，中国被迫割让香港，甚至不得不做出其他让步。英人用鸦片逐步瓦解清政府的统治，却给英国带回了茶叶和巨额利润。

但是，鸦片在中国能否在一定程度上替代甚至取代槟榔的消费？长期存在的嚼槟榔习惯是否会使鸦片更迅速地传播？尤其是在中国南方的几个地区，新出现的精神活性物质是否取代了旧有的？如果是这样，这无疑是一个悲剧性的发展，因为与鸦片相比，槟榔几乎是无害的"毒品"。如果人们更青睐鸦片，那么我们应该考虑到，相比之下槟榔的生产和消费对人们生产生活的影响更积极些，某种意义上这两个环节也促进了文化认同，并深化南海各地区的联系与友谊。而大量吸食鸦片直接摧毁了人们的身心健康。

围绕着橄榄和橄榄油的历史找不到类似的可悲发展，这可能是由于原材料的不同性质，也可能是因为英帝国主义政策在地中海地区的落实不一定像在亚洲地区那样成功。幸运的是，这些事情现在已成为过去，居于地中海和南海地区的英国人已经失去了曾经的控制权。像直布罗陀这样的小小据点也不再重要。从宏观角度来看，制造这些大事件的舞台已发生变化。但无论统治者和贸易网络如何变化，橄榄产品在地中海始终备受追捧。连风行全球的美国快餐文化都无法抵消这一点。在东南亚及中国华南地区情况也类似。而槟榔消费在今天的福建、广东、广西地区已不再重要。台湾和海南情况稍有

---

① 参见李时珍《本草纲目》卷二十三《谷部》，第 1495～1496 页。关于"进口"见于张燮《东西洋考》卷七《饷税考》，谢方校注，中华书局，1981，第 142、144 页，记载为"阿片"。槟榔文化对印度的影响可参考 Jacques Millot，"Inde et bétel," *Objets et Mondes*, 5.2 (1965), pp. 73 - 122。

不同。①

那么上述内容向我们展示了什么？从历史上看，尤其是在中世纪和近代时期，橄榄油和槟榔是不同贸易和文化体系里的鲜明要素之一。如同人们感知的那样，它们作为商品，通过海洋贸易、交流形成了不同程度的经济、文化影响，促进了区域文化认同的形成。借助布罗代尔理论我们探讨的两个重要元素，持续不断地为复杂海洋空间矩阵内的文化交流及商品流通做贡献。

许多物质交换、文化交流现象被视为长时段因素。橄榄和槟榔均算在其内。而一种现象存在的前提是其具有一定的灵活性，因为只有当它能够改变自己，适应变化的环境才能存在于历史舞台之上。槟榔文化式微便是如此，但或许将来它还会发生变化。由于精神活性物质的消费很大程度上取决于社会内部组织结构，因此可以认为，这些变化将主要来自外部压力，而不是系统自身产生的。当然，我们今天还不能看见事物由于外部压力而在今后产生的影响及变化。

Olives in the Mediterranean World and Betel Nuts in the Nanhai Region： A Comparison Between two "Cultures"

Wang Yang，Roderich Ptak

Abstract：This article begins with some ideas expressed by Fernand Braudel. Braudel was mainly interested in *longue durée* phenomena. In his view， such phenomena were decisive for the gradual emergence of a near-to-homogeneous structure determined by cultural and other forms of exchange. The production， circulation and consumption of olives fall into that category. Olives， there can be no doubt， became a key item in almost every region around the Mediterranean.

---

① Anderson 的博士学位论文对此有很深入的探讨，见 Christian Alan Anderson， *Betel Nut Chewing Culture：The Social and Symbolic Life of an Indigenous Commodity in Taiwan and Hainan*， University of Southern California， 2007，论文信息引自 Erhard Rosner， "Marginalien zur Geschichte des Betelkauens in China"。关于清代槟榔文化的探讨也见于刘正刚、张家玉《清代台湾嚼食槟榔习俗探析》，《西北民族研究》2006 年第 1 期。

Archaeology and written sources tell us much about the uses of olives and olive oil, production techniques, and the "culture of olives" more generally. The essential question addressed in the present paper is—can we apply a similar "theoretical" framework to the production, circulation and consumption of betel nuts in the Nanhai Region? To what extent did the "culture of betel nuts" influence daily life in the coastal regions of that area? If one considers the Nanhai as a major maritime zone, similar to the Mediterranean, i. e. , as a region determined by a large number of cultural similarities, then the role of betel nuts seems to become an essential long-term factor. However, there is a fundamental difference between olives and betel nuts: the latter belongs to a group of "psycho-active" substances, olives and olive oil have very different functions and we may classify them differently. Yet, when we look up traditional sources from different cultures, it also becomes clear that classifications are (and were) not always the same. They vary over time and from one cultural setting to the next. This text also addresses this question. In sum, the article shows the differences and similarities between two key elements of two maritime zones.

Keywords: Mediterranean Model; Olives; Betel Nut; Exchange; Cultural Identity

（执行编辑：吴婉惠）

海洋史研究（第十七辑）
2021 年 8 月　第 19~45 页

中西富贵人家西方奢侈品消费之同步

——基于《红楼梦》的考察分析

张　丽[*]

　　16 世纪至 19 世纪初的中国常常被喻为世界的白银蓄池。很多研究在讨论这一时期中西贸易时都倾向于强调商品的西流（商品从中国向欧洲、美洲流动）和白银的东流（白银从欧洲、美洲向中国流动）[①]，以及中国器物对欧洲社会、经济、文化发展的影响[②]。相比之下，对这一时期欧洲商品在

　*　作者张丽，北京航空航天大学人文学院经济系教授，研究方向：全球经济史、广义虚拟经济、中西经济发展比较。
　　2011 年 4 月，该文以会议论文 "Trade between China and Europe in the 18th Century in the Perspective of Information Gathered from *the Dream of the Red Chamber*" 在美国举行的国际亚洲研究会（AAS-ICAS Conference at Honalulu，Hawaii）上宣读，后又于 2019 年 11 月在广东省社会科学院海洋史研究中心、中国海外交通史研究会、广东中山市社科联等联合举办的"大航海时代珠江口湾区与太平洋 – 印度洋海域交流"国际学术研讨会上交流。几经修改，终于定稿。在此，特别感谢我的博士生王雪婷、李坤在资料整理上的帮助。

　①　参见〔德〕贡德·弗兰克《白银资本：重视经济全球化中的东方》，刘北成译，中央编译出版社，2011；〔英〕E.E. 里奇，〔英〕G.H. 威尔逊主编《欧洲剑桥经济史（第五卷）：近代早期的欧洲经济组织》，高德步等译，经济科学出版社，2002；林仁川《明末清初私人海上贸易》，华东师范大学出版社，1987；刘军、王询《明清时期中国海上贸易的商品》，东北财经大学出版社，2013。

　②　如欧洲社会对中国器物的追捧，中国商品从奢侈品向大众消费品的转变，以及欧洲国家进口替代工业的发展等。参见〔德〕利奇温《十八世纪中国与欧洲文化的接触》，朱杰勤译，商务印书馆，1962；〔法〕亨利·科尔蒂埃《18 世纪法国视野里的中国》，康玉清译，上海书店出版社，2006；〔法〕艾田蒲《中国之欧洲：西方对中国的仰慕到排斥》，（转下页注）

中国的消费及其对中国的影响，则研究甚少。20 世纪 20 年代以来，更有一种观点认为，明清中国社会对欧洲商品不感兴趣①，忽视了中国富贵人家对西方产品的消费和推崇。把这种消费放到全球经济发展历史背景下进行讨论，并与欧洲上层社会相比较的研究，更是付之阙如。

本文从全球视角考察《红楼梦》中的西洋品消费，把《红楼梦》中的西洋品消费与全球海洋贸易扩张、欧洲商业革命、欧洲制造业发展和欧洲消费革命联系起来。通过搜集和分析《红楼梦》中关于西洋器物的文字描述，本文认为至少在 18 世纪初，西方产品已深入到中国富贵人家的日常生活中，且备受追捧。《红楼梦》中出现的西洋品几乎囊括了 18 世纪初欧洲上流社会追逐的所有高档生活奢侈品，其中一些即使在当时的欧洲也极为珍贵和时尚，只有极少数上流社会家庭才有能力消费。通过把《红楼梦》中贾府的西洋奢侈品消费与同一时期欧洲富贵阶层的西方奢侈品消费相比较，本文认为，尽管 17～18 世纪中国缺少白银，与欧洲远隔重洋，且与欧洲文化大不相同，但中国富贵人家在欧洲奢侈品的消费上几乎与欧洲富贵阶层同步。

一　《红楼梦》作为研究对象的史料价值及版本说明

本文之所以选择《红楼梦》，一是因为书中有很多关于西洋物品的描

（接上页注②）许钧、钱林森译，广西师范大学出版社，2008；张丽《17、18 世纪欧洲"中国潮"潮起潮落的广义虚拟经济学分析》，《广义虚拟经济研究》2010 年第 3 期，第 11～22 页。John E. Wills, "European Consumption and Asian Production in the Seventeenth and Eighteenth Century," in John Brower and Roy Porter, eds., *Consumption and the World of Goods*, Routledge, 1994, pp. 133 – 147; Maxine Berg, "In Pursuit of Luxury: Global History and British Consumer Goods in the Eighteenth Century," *Past & Present*, no. 182, February 2004, pp. 85 – 142; Maxine Berg, "From Imitation to Invention: Creating Commodities in Eighteenth-Century Britain," *Economic History Review*, volume 55, no. 1, 2002, pp. 1 – 30; Maxine Berg, "The Asian Century: The Making of the Eighteenth-Century Consumer Revolution, Cultures of Porcelain between China and Europe," *Luxury in the Eighteenth Century*, pp. 228 – 244, Springer Link, https://link.springer.com/chapter/10.1057/9780230508279_ 17, 08/02/2019.

①　参见李坤《明清中国社会对欧洲产品不感兴趣吗?》，《浙江学刊》2018 年第 1 期，第 139～147 页。

述，二是缘于此书为曹雪芹基于自家家世衰败历史的艺术创作①。曹雪芹生于 1715 年，时曹家已任江宁织造 46 年②，正值曹家鼎盛时期。幼年曹雪芹"有赖天恩祖德"，在"昌明隆盛之邦、诗礼簪缨之族、花柳繁华地、温柔富贵乡"里过着锦衣纨绔、钟鸣鼎食的生活。雍正五年（1727）十二月曹家被封，雍正六年（1728）正月十五后被抄时，曹雪芹 13 岁。故此，曹雪芹在《红楼梦》中对各种西洋器物的描写，并非源于他的凭空臆想或道听途说，而主要来自他早年的生活经历。这就使得《红楼梦》前 80 回中有关西洋品消费的描述具有了历史资料的价值。这一点在《红楼梦》后 40 回中也得到间接证明。在 120 回的程乙本《红楼梦》中，西洋物品在曹著前 80 回中随处可见，而在高鹗续编的后 40 回中则寥寥无几。高鹗出生于京郊士人耕读之家③，缺少曹雪芹少年时那种生活经历，自然也不能像曹雪芹那样信手拈来地描写西洋物品。

　　《红楼梦》版本颇多，用哪个版本作为本文的资料来源就成为一个必须交代的问题。曹雪芹卒于《红楼梦》（时名"石头记"）完稿之前，生前曾对书稿数次增删修改；逝后，手稿又散落民间，被人辗转传抄。所以，民间有多种脂批《石头记》抄本传世④。其中，庚辰（1760）秋月定本"脂批石头记"（《石头记脂砚斋凡四阅评过》，共 78 回，缺第六十四、六十七回）

---

① 关于《红楼梦》之作者，也有一种观点认为是曹雪芹的叔叔曹頫和曹雪芹的合作，参见"国学之光"的知乎文章，《答"〈红楼梦〉的作者真是曹雪芹吗?"》，知乎，https://www.zhihu.com/question/25708974/answer/281537259，08/14/2019。笔者比较倾向于这一推断，但此新观点并不广为人知，且颠覆性太大。慎重起见，本文依然采用主流观点，即曹雪芹为《红楼梦》前 80 回作者，高鹗为后 40 回作者。参见胡适《红楼梦考证》（1921 年 3 月 27 日初稿，1921 年 11 月 12 日改定稿），《红楼梦》，智扬出版社，1994，第 1～25 页；周汝昌：《红楼梦新证》，上海三联书店，1998。此外，也有学者对红学研究中的"自传说"和"唯曹论"表示质疑，提出"苏州李府半红楼"，认为《红楼梦》写的是江宁织造曹家和苏州织造李家两家的历史，将"假作真时真亦假"意会为"曹作李时李亦曹"，参见皮述民《苏州李家与红楼梦》，新文丰出版公司，1996。

② 关于曹雪芹的生卒年，一直存有争议。生年有乙未说（1715）和甲辰说（1724），卒年有壬午除夕说（1763）和癸未除夕说（1764）。本文倾向于曹雪芹生于 1715 年，卒于 1764 年的观点，参见胡适《红楼梦考证》，《红楼梦》，第 12～22 页；周汝昌《曹雪芹小传》，百花文艺出版社，1980，第 215～216 页。

③ 蒋金星：《高鹗籍贯新考》，《清史研究》2003 年第 4 期，第 111～114 页；张云：《高鹗研究与〈红楼梦〉研究》，《明清文学小说》2015 年第 2 期，第 138～146 页。

④ 按程伟元在程甲本中的序和高鹗在程乙本中的序，曹公逝世不久，其未竟稿的 80 回《石头记》就已在民间流行起来。如程伟元序中有"好事者每传抄一部置庙市中，昂其值得数十金，可谓不胫而走者矣"，高鹗序中有"予闻红楼梦脍炙人口者，几廿余年，然无全璧，无定本"。参见胡适《红楼梦考证》，《红楼梦》，第 1～25 页。

被不少人认为是最完整和最接近原稿的抄本①，甚至可能是曹生前删改的最后一个版本②。18世纪末，社会上又有了程伟元作序，高鹗补续了后40回，定名为《红楼梦》的程甲本（1791年活字印刷）和对程甲本进行了校对勘误的程乙本（1792年活字印刷）。至此，《石头记》彻底更名《红楼梦》③，并开始以印刷本的形式流传。120回的程高本《红楼梦》（程甲本和程乙本）也从此成为世人最为广泛阅读、采纳和引用的流行本。本文以人民文学出版社2010年影印的《脂砚斋重评石头记（庚辰本）》作为《红楼梦》摘录文字的主要资料来源。庚辰本原缺第六十四、六十七回，人民文学出版社以己卯本补配④，但己卯本第六十四、六十七回为后人补抄⑤，有学者认为今己卯本中的第六十四、六十七回是清嘉道年间以程甲本和程乙本为底本补抄的⑥，也有学者认为程甲本和程乙本前80回是在甲辰本的基础上形成的⑦。鉴于此，本文将以1784年的甲辰本作为《红楼梦》文字摘录中第六十四、六十七回的资料来源。

---

① 曹雪芹生前的脂评本，现已发现的有甲戌本（1754）、己卯本（1759）和庚辰本（1760）。
② 参见冯其庸《论庚辰本》，上海文艺出版社，1978；邓遂夫：《走出象牙之塔——〈红楼梦脂评校本丛书〉导论》，（清）曹雪芹著，脂砚斋评，邓遂夫校订《脂砚斋重评石头记庚辰校本》，作家出版社，2006，第11~79页。
③ 最早以《红楼梦》命名的抄本是1784年的甲辰本，亦称梦序本，于1953年在山西发现。
④ 参见冯其庸《影印脂砚斋重评石头记庚辰本序》，（清）曹雪芹：《脂砚斋重评石头记（庚辰本）》卷一，人民文学出版社，2010。
⑤ 己卯本原缺第六十四、六十七回，"第六十一回至七十回"文字后面，注"内缺六十四、六十七回"，"石头记第六十七回终"后，又注"按乾隆年间抄本 武裕庵补抄"，参见（清）曹雪芹《脂砚斋重评石头记》（己卯本）卷三，人民文学出版社，2010，第1001、1186页。
⑥ 张庆善推断武裕庵为清嘉道年间人，补抄了己卯本第六十四、六十七回，参见张庆善《影印脂砚斋重评石头记己卯本前言》，《脂砚斋重评石头记》（己卯本），卷一，第2页。冯其庸认为，武裕庵在嘉庆十几年或更后，以程乙本为底本补抄了第六十七回，第六十四回则另为他人补抄，底本为程甲本，参见冯其庸《论庚辰本》，第64页。另外，刘广定根据字的避讳，推断己卯本第六十七回为武裕庵在道光之后抄补，而第六十四回因有武裕庵校改的笔迹，应该是他人在武裕庵补抄第六十七回之前补抄，参见刘广定《〈红楼梦〉抄本抄成年代考》，《明清小说研究》1997年第2期，第133页。
⑦ 参见张胜利《论王佩璋对〈红楼梦〉甲辰本的研究——王佩璋红学成就述评（之三）》，《红楼梦学刊》2015年第5期，第84~99页；翰绍泉：《从列藏本看〈红楼梦〉第六十四回和六十七回各本文字的真伪问题》，《山西师大学报》（社会科学版）1990年第1期，第55页。

二　《红楼梦》中的西洋器物

《红楼梦》中有很多关于西洋制造品的描述。前80回中，30回里出现有西洋物品，描写文字70余处，涉及产品20余种（参见附表）。这些西洋产品几乎囊括了当时欧洲所有最先进和最时尚的生活奢侈品，既有欧洲本土传统玻璃制造业的各种玻璃制品，如玻璃杯、玻璃盏、玻璃屏风、玻璃绣球雨灯、穿衣镜、水晶灯等，也有当时欧洲新兴技术产业中的各种产品，如摆钟、金怀表、眼镜、自行船、洋布手巾①等，还有当时欧洲在技术上和规模上都已得到巨大发展的毛纺织和丝织业的产品，如洋罽、哆罗呢、洋缎、洋绉等，以及在海外扩张中利用殖民地资源在欧洲生产或直接在欧洲海外殖民地生产基地上生产出来的产品，如用美洲白银制作的银制日用品，用美洲烟草生产出来的各种鼻烟，还有印度殖民地生产的鸦片（膏子药依弗哪）等②。

这些西洋品在《红楼梦》里反复出现，特别是在当时的欧洲也是极为高档的生活奢侈品的自鸣钟（实为摆钟）、金怀表、穿衣镜、玻璃屏等，更是在各种不同情境下反复出现。曹雪芹不惜笔墨，反复描述贾府生活中的西洋物品，表现的不仅是对过去生活中西洋品消费的追忆，更是为了烘托曹家从"赫赫扬扬""鲜花着锦"之盛到"家业凋零""食尽鸟投林"之衰的"家亡血史"（贾、王、薛、史）③。用西洋品消费烘托曹家当年之富贵，这本身也说明了西洋品消费在18世纪初的中国是一种代表着身份和地位的"炫耀性消费"。

---

① 《红楼梦》中出现的洋布手巾应该不是纯棉的，而是棉麻或棉毛混纺的。一些学者认为在18世纪70年代阿克莱特水力纺纱机出现之前，英国还不能纺出足够纤细结实，可用作经线的棉纱；在之前的几十年中，织工们常用粗弱的棉纱做纬线，用亚麻或羊毛做经线，纺织出一种棉麻混合或棉毛混合的织品。参见〔法〕保尔·芒图《十八世纪产业革命》，杨人楩等译，商务印书馆，1983，第53、176~177页。也有学者认为在阿克莱特水力纺纱机出现之前，英国已有纯棉纺织，只是规模太小，未引起注意。参见 C. Knick Harley，"Cotton Textile Prices and the Industrial Revolution," *Economic History Review*，volume 51，no. 1，1998，p. 65。

② 笔者认为《红楼梦》描写的黑色"膏子药依弗哪"应即鸦片膏，但将另文论述。

③ 《红楼梦》中的金陵四大家族"贾、王、薛、史"的发音刚好是"家亡血史"的谐音。

三　中欧贸易扩张及与海外贸易关系密切的曹家

15 世纪末以来，欧洲在海外殖民扩张中不仅建立了一个欧洲主导的全球贸易体系，而且还在广大殖民地建立了众多殖民地生产基地。在新航线不断出现，贸易范围不断扩大，贸易品种日益增加，贸易规模持续增长的欧洲商业革命中，欧洲消费革命（consumer revolution）亦悄然诞生①。一方面是大量产品从世界各地流向欧洲，既有欧洲商人用美洲白银从古老中国和印度进口的大量传统舶来品，如中国生丝、丝绸、茶叶、瓷器和印度棉布等，也有欧洲利用殖民地资源开发出来的新产品，如烟草、鼻烟、蔗糖、朗姆酒和巧克力等；另一方面亚洲奢侈品价格因进口量的巨大上升而大幅下降，致使普通民众也可以消费那些原来只有上层社会才消费得起的亚洲奢侈品，如中国的丝绸、茶叶、瓷器和印度的棉布等。与此同时，欧洲的丝织业、毛纺织业、玻璃制造、机械时钟制作、银器制造等也都经历了飞跃式发展；一大批欧洲本土生产的新兴生活奢侈品亦走进欧洲上层社会，如摆钟、怀表、穿衣镜、水晶玻璃器皿和吊灯等。而在中国这一边，16 ~ 18 世纪正是欧洲因美洲白银的获得和日本因新银矿的发现而对中国产品需求急剧增加的时期，也是大批欧洲人来华寻求贸易，中外贸易大规模扩大的时期。1500 ~ 1599 年，从欧洲到达亚洲的商船数（其中大部分是到中国）是 770 艘，1600 ~ 1700 年达 3161 艘，1700 ~ 1800 年又增至 6661 艘，数目较 16 世纪增加了近 8 倍。而船的运载量更是因造船技术的发展而迅速扩容。1470 ~ 1780 年，欧洲商船的运载量增加了 30 多倍，从 1470 年的 120000 多吨增长到 1780 年的 3856000 吨②。

相对应于欧洲如火如荼的商业革命，中国这边则是明清十大商帮的兴

① 消费革命（consumer revolution）最早由麦克肯德瑞科（McKendrick）提出，他认为 16 ~ 18 世纪欧洲出现了舶来品大量流入，中产阶级消费水平提高，大量奢侈品成为大众消费品的消费革命。参见 Neil McKendrick, John Brewer, and J. H. Plumb, *The Birth of a Consumer Society: The Commercialization of Eighteenth-century England*, London: Europa Publications, 1982; Maxine Berg and H. Clifford, eds., *Consumers and Luxury: Consumer Culture in Europe, 1650 – 1850*, Manchester: MUP, 1999; Maxine Berg, *Luxury & Pleasure in Eighteenth-century England*, Oxford: OUP, 2005; Johanna Ilmakunnas and Jon Stobart, eds., *A Taste for Luxury in Early Modern Europe: Display, Acquisition and Boundaries*, London: Bloomsbury Academic, 2017。
② 参见张丽、骆昭东《从全球经济发展看明清商帮兴衰》，《中国经济史研究》2009 年第 4 期，第 103 ~ 104 页。

起、商品经济的显著发展和全国市场体系的形成。为此，一些学者认为 16 ~ 18 世纪的中国也发生了一场"未完成的商业革命"，更多的学者则称之为"资本主义萌芽"①。在中外贸易的大规模扩张中，各路商帮应运而生，既有违禁出海，专门从事将中国货物从中国沿海运销到日本、雅加达和马尼拉甚至欧洲本土，并参与中国东南海上贸易霸权竞争的中国海商，也有不断把内地产品贩运到沿海港口出口或贩货于地区间的诸路商帮。在出口贸易大规模增长的同时，不少西方产品亦流入中国，并受到很多富贵人家的追捧。曹雪芹笔下的贾府便是其中之一。曹家发达于 17 世纪下半叶，从 1663 年曹雪芹曾祖父曹玺被任命为江宁织造起，到雍正六年正月十五后被抄②，历经 60 余年之昌盛，而这 60 余年也正是中外贸易大规模扩大，欧洲产品越来越多地输入中国的时期。而且，曹家还是一个与海外贸易有着密切关系的家族。亲戚中既有广东巡抚、宁波知府，又有粤海关监督。曹雪芹祖父曹寅之妻为苏州织造李煦之妹，李煦曾于 1684 ~ 1688 年任宁波知府，其父李士桢 1673 年出任福建布政使，因遇耿精忠叛乱，滞留浙江，改任浙江布政使，后又于 1682 ~ 1687 年任广东巡抚；曹雪芹曾祖母孙氏的侄子孙文成，在 1706 年任杭州织造之前，曾于 1703 年担任粤海关监督一年。而曹公在《红楼梦》中，还添了一个与贾政有连襟关系，专门为内务府采购洋货的皇商——薛家③。

曹家与海外贸易的紧密关系在《红楼梦》中也多有反映。第五十二回"俏平儿情掩虾须镯，勇晴雯病补雀金裘"中有一段薛宝琴讲她跟父亲出海贸易的描写：

---

① 参见张丽、骆昭东《从全球经济发展看明清商帮兴衰》，《中国经济史研究》2009 年第 4 期，第 103 ~ 104 页；唐文基《16 ~ 18 世纪中国商业革命》，社会科学文献出版社，2008，第 15 页；许涤新、吴承明《中国资本主义发展史》第一卷，人民出版社，2003，第 37、190、276、462 页。

② 曹家富贵之极的生活应该是在 1663 年曹雪芹曾祖父曹玺任江宁织造之后。曹家先后被抄家两次，先是在雍正六年（1728）被抄家，后在乾隆五年（1740 年）又被抄家一次。

③ 1702 年清廷在闽粤两地设立捐资白银 4.2 万两就可成为皇商的皇商制度，但这个制度到 1704 年就因英商拒与皇商贸易而停止，参见张丽《广州十三行与英国东印度公司——基于对外贸易政策和官商关系的视角》，《世界近现代史研究》第 14 辑，社会科学文献出版社，2017，第 84 页；原始资料来源于梁嘉彬《广东十三行考》，广东人民出版社，1999，第 53 ~ 55、613 页。笔者认为，《红楼梦》中的薛家并不是上面定义中的皇商，而是曹雪芹自拟的名号，以《红楼梦》中薛家与王家（真实历史中担任过浙江布政史、广东巡抚的李士桢家族）和史家（现实中担任粤海关监督的孙文成家族）的关系，薛家更有可能是协助浙江布政史、广东巡抚、粤海关监督为清朝内务府采办货物的商人。

宝琴笑道：……我八岁时节跟我父亲到西海沿子上买洋货，谁知有个真真国色①女孩子，才十五岁，那脸面就和那西洋画上的美人一样，也披着黄头发，打着联垂，满头带的都是珊瑚、猫儿眼、祖母绿这些宝石；身上穿着金丝织的锁子甲洋锦袄袖；带着倭刀，也是镶金嵌宝的，实在画儿上的也没他好看。有人说他通中国的诗书，会讲《五经》，能作诗填词。因此我父亲央烦了一位通事官，烦他写了一张字，就写的是他作的诗。②

第十六回"贾元春才选凤藻宫，秦鲸卿夭逝黄泉路"中，赵嬷嬷和王熙凤聊起当年太祖皇帝仿舜巡贾府接驾的事（喻当年康熙南巡，曹寅、李煦筹备接驾，曹家四次接驾之事），凤姐忙接道：

我们王府也预备过一次。那时我爷爷单管各国进贡朝贺的事，凡有的外国人来，都是我们家养活。粤、闽、滇、浙所有的洋船货物都是我们家的。③

《红楼梦》中王熙凤和王夫人的娘家原型为苏州织造的李家，书中王熙凤的父亲，王夫人的哥哥王子腾的命运也近似于真实历史中的李煦④。1684年，康熙开放海禁，次年相继在广州、厦门、宁波、云台山四处设关，其中两关在李家父子的管辖之下。难怪王熙凤说："粤、闽、滇、浙所有的洋船货物都是我们家的。"

《红楼梦》第七十一回描写贾母过生日，收到各方礼物，特意提到粤海将军邬家送了一架玻璃围屏。曹寅母亲孙氏是《红楼梦》中贾母的原型。孙氏的侄子孙文成曾任粤海关监督一年。清朝官职中并没有粤海将军，想是曹公为避政治麻烦，自拟此职代之。

曹家拥有这样的亲戚关系，无疑有很多机会接触各种稀贵的西方奢侈品，以致曹雪芹可以在《红楼梦》中信手拈来，娓娓道出。

---

① "色"字为庚辰本批注者添加。
② （清）曹雪芹：《脂砚斋重评石头记（庚辰本）》卷三，第1212页。
③ （清）曹雪芹：《脂砚斋重评石头记（庚辰本）》卷一，第333页。
④ 以胡适和周汝昌为代表的红学派一直把曹颖作为《红楼梦》中贾政的原型，把李煦的妹妹作为贾母的原型，参见胡适《红楼梦考证》，《红楼梦》，第1~25页；周汝昌《红楼梦新证》。笔者认为贾政的原型是曹寅，贾母的原型是孙氏。

四　曹家与欧洲上层社会趋同的欧洲奢侈品消费

《红楼梦》贾府生活中的西洋产品几乎囊括了当时欧洲所有的高档奢侈品。下面就几件尤有代表性的西洋奢侈品，加以比较讨论。

1. 自鸣钟（摆钟）

《红楼梦》中所谓的自鸣钟，其实是 17 世纪下半叶才开始在欧洲出现的摆钟（pendulum clock），而不是 16 世纪末和 17 世纪初由意大利传教士罗明坚、利玛窦等人进献给明朝官员和宫廷的自鸣钟（striking clock）。《红楼梦》第六回"贾宝玉初试云雨情，刘姥姥一进荣国府"写道：

> 刘姥姥只听见咯当咯当的响声，大有似乎打箩柜筛面的一般，不免东瞧西望的，忽见堂屋中柱子上挂着一个匣子，底下又坠着一个秤砣般一物，却不住的乱幌。①

这个乱晃的秤砣般的坠物，显然就是摆钟的摆（pendulum）。第五十八回"杏子阴假凤泣虚凰，茜纱窗真情揆痴理"又说：

> 麝月笑道："提起淘气，芳官也该打几下。昨儿是他摆弄了那坠子，半日就坏了。"②

这个坠子也是摆钟的摆。这两段文字描述，清楚说明凤姐和宝玉住处的所谓自鸣钟，其实是当时欧洲刚刚兴起不久的摆钟。

欧洲最早的机械钟是 14 世纪出现在教堂的塔钟。塔钟庞大而沉重，主要为教堂和教徒们遵循时间祷告而用，并不适用于家庭。到 1510 年德国锁匠彼得·亨莱恩（Peter Henlein）发明了发条钟（clock powered by spring mechanism），便于移动携带，适用于家庭的时钟才开始出现。然而发条钟很不精准，直到 17 世纪下半叶摆钟发明，时钟才出现质的飞跃，摆钟自此逐渐取代发条钟，

---

① （清）曹雪芹：《脂砚斋重评石头记（庚辰本）》第六回，第 138～139 页。
② （清）曹雪芹：《脂砚斋重评石头记（庚辰本）》第五十八回，第 1380 页。

成为 17 世纪末 18 世纪初欧洲富贵人家追崇的高档生活奢侈品（图 1），并被一些学者称为 17 世纪欧洲的一个标志或隐喻①。

图 1　18 世纪德国墙挂摆钟（左），1845 年维也纳墙挂摆钟（右）

资料来源：Collectors Weekly，https：//www.collectorsweekly.com/stories/142643 - junghans - german - 18th - century - ra - pendulum，2020/01/18；Ebay，http：//cgi.ebay.com/VIENNA - WALL - CLOCK - GRAND - SONNERIE - M - BOECK - WIEN - 1845 -/180640064737？pt = Antiques_ Decorative_ Arts&hash = item2a0efca4e1，2011/03/20。

1656 年，荷兰科学家克里斯蒂安·惠更斯（Christiaan Huygens）设计制作出世界上第一台摆钟②，但由于时间误差较大，欧洲科学家和钟表匠们在之后的几十年里，一直致力于对摆钟的结构进行改进，以减少误差。1715

---

① 参见 Filip A. A. Buyse，"*Galileo Galilei，Holland and the Pendulum Clock*，" https：//www.uu.nl/sites/default/files/galileo_ holland_ and_ the_ pendulum_ clock_ 27_ pp.pdf，p.1，08/21/2019。

② 有学者认为，把惠更斯作为摆钟的发明者是不准确的。最早提出"用摆设计时钟"想法的是伽利略。惠更斯根据伽利略的想法设计了摆钟，但没有在他后来关于摆钟发明的物理原理的著作中提到伽利略的贡献及其对他的启发。1627 年，荷兰国会颁文招贤，称"能解决海上航行经度确定问题者可获奖 30000 意大利盾（Scudi）"。1635 年，伽利略，其当时在比萨大学的工资每年只有 60 意大利盾，致信荷兰国会，提出可以用"摆"解决海上的经度测量问题，同时还提出用"摆"设计时钟的想法。荷兰国会收到伽利略方案，并没有付给伽利略 30000 意大利盾，只提出付给伽利略 500 意大利盾，遭到伽利略拒绝。然而，伽利略发给荷兰国会的科学方案却被国会有关人员私下传给一些荷兰人看，包括惠更斯的父亲。此后，伽利略虽然一直就奖金数额问题与荷兰交涉，但直至去世，未获结果。1641 年，伽利略在逝世的前一年，明确提出了用摆制作摆钟的方案，并指示他的儿子去做。伽利略的儿子在 1649 年同一位锁匠一起，制作出了一个半成品的摆钟。参见 Filip A. A. Buyse，"*Galileo Galilei，Holland and the Pendulum Clock*，" https：//www.uu.nl/sites/default/files/galileo_ holland_ and_ the_ pendulum_ clock_ 27_ pp.pdf，08/21/2019。

年，英国钟表匠乔治·格拉汉姆（George Graham）采用精准齿轮，制作出误差极小的摆钟，可靠的时钟由此诞生①。17 世纪末至 18 世纪初，摆钟在欧洲不仅是上流社会追求的一种生活奢侈品，更是社会地位的一种象征，以致富贵人家找画家画画时，常在身旁摆上一座摆钟，以炫富贵②。一直到 19 世纪，摆钟在欧洲还完全是手工制作，价格昂贵，绝非一般人家所能拥有③。根据约翰·贝克特（John Beckett）和凯瑟琳·史密斯（Catherine Smith）的研究，1688～1750 年，诺丁汉城市中产阶层可动产遗嘱清单中（不包括土地、房屋、商店等任何不动产），10% 列有 clocks（时钟）；1701～1720 年为 16%；1711～1720 年为 25%；以后逐年增加，到 1741～1750 年，32% 的中产阶层可动产遗嘱清单中列有 clocks（时钟）④。又据罗娜·韦瑟里尔（Lorna Weatherill）的研究，在 1675～1725 年的一批英国可动产遗嘱清单中，清单价值 51 英镑～100 英镑的，18% 列有 clocks（时钟）；价值 101 英镑～250 英镑的，28% 列有 clocks；价值 251 英镑～500 英镑的，44% 列有 clocks；价值超过 500 英镑的，51% 列有 clocks⑤。这一时期英国中等收入家庭的年收入约为 40 英镑，年收入超过 200 英镑的家庭至少属于小绅士和成功商人阶层⑥。

上述不动产遗嘱清单中的 clocks，到底是 pendulum clocks（摆钟），还是发条机械钟，研究者们并未交代。韦瑟里尔研究遗嘱清单中的 clocks，价值多在一台 1 英镑到 2 英镑 10 先令之间（1 镑 = 20 先令）⑦。17 世纪末，21 先令 6 便士合 1 基尼（Guinea），1 基尼约合 1/4 两黄金；1717 年起，英国规定 21 先令为一个基尼⑧。以 21 先令 1 基尼计算，1 英镑合黄金约 0.24 两（1/4 * 20/21 = 5/21），2 英镑 10 先令合黄金约 0.57 两（1/4 * 50/21 = 25/44）。这些价值远低于 18 世纪上半叶巴黎几家零售商出售的摆钟（pendulum clocks）价格，

---

① Willis I. Milham, *Time and Timekeepers*. New York：MacMillan, 1945, pp. 181, 190, 441.
② 参见 Amanda, Vickery, "18th century Paris-the capital of luxury," *The Guardian*, July 29, 2011。
③ Willis I. Milham, *Time and Timekeepers*, pp. 330, 334.
④ John Beckett and Catherine Smith, "Urban Renaissance and Consumer Revolution in Nottingham, 1688－1750," *Urban History*, volume 27, issue 1, May 2000, pp. 43－44.
⑤ Lorna Weatherill, *Consumer Behavior and Material Culture in Britain*, 1660－1760, New York：Routledge, 1988, p. 107, table 5.1.
⑥ Lorna Weatherill, *Consumer Behavior and Material Culture in Britain*, 1660－1760, pp. 95－105.
⑦ Lorna Weatherill, *Consumer Behavior and Material Culture in Britain*, 1660－1760, p. 110, table 5.3.
⑧ 参见 "Great Britain：Money," http：//pierre - marteau. com/wiki/index. php? title = Great_Britain：Money, 08/24/2019。

说明清单中的 clocks 显然不是摆钟。

根据卡罗琳·萨珍森（Carolyn Sargentson）的研究，18 世纪上半叶，巴黎几家钟表零售商的摆钟①价格分别为，荷布特（Hebert）店，1724 年一台摆钟售价 432 里弗；茱莉亚特（Julliot），1736 年 400 里弗一台；德拉欧盖特（Delahoguette），1768 年 272 里弗一台；亨尼贝尔（Hennebert），1770 年 170 里弗一台②。1726 年，法国规定 740 里弗 9 苏（1 里弗＝20 苏）价值 8 两黄金③，假定 1724～1770 年里弗兑黄金的比价不变，那么上面摆钟每台价格分别为 4.67 两、4.32 两、2.94 两、1.84 两黄金；摆钟价格显然在随着技术的进步而逐渐下降。即使如此，1770 年巴黎钟表店的摆钟价格也远高于 1675～1725 年英国遗嘱清单上那些 clocks 的价值。由此推断，英国遗嘱清单中的 clocks，大部分不是摆钟。另据记载，1786 年 1 月 4 日，法国国王路易十六花了 384 里弗，买了一对七玄琴摆钟④，按 8 两黄金 740 里弗的兑换率，合 4.15 两黄金，即每台 2.07 两。这个价格比 16 年前（1770）亨尼贝尔零售商的一台 1.84 两黄金高，考虑到路易十六购买的摆钟定非一般品质的摆钟，其价格也会高于一般摆钟。

与 1724 年巴黎零售商一台摆钟 4.67 两黄金相比，《红楼梦》中王熙凤的金摆钟卖了 560 两白银。按书中"纵赏金子，不过一百两金子，才值了一千两银子"的金银兑换率，凤姐的金摆钟约合 56 两黄金⑤。这样昂贵的金摆钟就是在当时欧洲上层也极为罕见，更非英国那些一般富人遗嘱清单里的 clocks 可比，说明《红楼梦》中贾府所代表的曹家或江南贵富不光拥有当时欧洲刚刚开始流行的摆钟，而且还是极为高档奢华的摆钟。

---

① 虽然萨珍森在书中用的是 clocks，不是 pendulum clocks，但从时间和价格上判断应是摆钟。1715 年，格拉汉姆制造出误差极小的摆钟后，摆钟才真正开始被格外追求。

② Carolyn Sargentson, *Merchants and Luxury Markets: The Merchants Merciers of Eighteenth-Century Paris*, London: The Victoria and Albert Museum, 1996, p. 25.

③ P. Theodore and Susanne Fadler, *Memoirs of a French Village-Chronicles of Prairie du Rocher, Kaskaskia and the French* Triangle, LuLu. com, 2016, p. 319.

④ Clock, https://collections.vam.ac.uk/item/O341834/clock-sevres-porcelain-factory/2020/01/05.

⑤ "凤姐冷笑道：我的是你们知道的，那个金自鸣钟卖了五百六十两银子……"见（清）曹雪芹《脂砚斋重评石头记（庚辰本）》第七十二回，第 1729～1730 页。"贾蓉等忙笑道：纵赏金子，不过一百两金子，才值了一千两银子，够一年的什么？"（清）曹雪芹：《脂砚斋重评石头记（庚辰本）》第五十三回，第 1236 页。

2. 穿衣镜

《红楼梦》中多次出现穿衣镜，这些穿衣镜不仅人一般高，能照出全身，而且照物清晰不走形。如：

> （贾政一行人）及至门前，忽见迎面也进来了一群人，都与自己形相一样，却是玻璃大镜相照。①
>
> （贾芸）一回头，只见左边立着一架大穿衣镜，从镜后转出两个一般大的十五六岁的丫头来……②
>
> 麝月笑道："好姐姐，我铺床，你把那穿衣镜的套子放下来，上头的划子划上，你的身量比我高些。"③

显然，这些穿衣镜是在大块平板透明玻璃背面涂上一层锡和水银汞合金的玻璃镜。这种照物清晰且不走形的大块平板玻璃镜直到 16 世纪末才在欧洲出现，最初由威尼斯慕拉诺（Murano）玻璃制造工匠通过将锡和水银汞合金涂在透明的平板玻璃背面而制作出来。一直到 17 世纪后半叶法国通过秘密窃取威尼斯慕拉诺玻璃生产技术，生产出自己的玻璃镜之前，威尼斯是欧洲唯一可以制造平板玻璃镜子的地方。

1665 年，法国国王路易十四在财政部部长让 – 巴普蒂斯特·柯尔贝尔（Jean – Baptiste Colbert）的建议下，下旨在圣戈班成立皇家圣戈班玻璃制造厂（Saint-Gobain factory），以减少因进口玻璃和玻璃镜而产生的大量财政支出。在一批被秘密招募的威尼斯慕拉诺玻璃工匠的指导下，皇家圣戈班玻璃厂很快制造出了透明的大块平板玻璃和玻璃镜④。1672 年，法国颁布禁令："宫廷任何玻璃用品不得从外国进口。"⑤ 1684 年，凡尔赛宫从皇家圣戈班玻璃厂订购了 357 块镜子，用以设计闻名遐迩的凡尔赛

---

① （清）曹雪芹：《脂砚斋重评石头记（庚辰本）》第十七至十八回，第 371 页。

② （清）曹雪芹：《脂砚斋重评石头记（庚辰本）》第二十六回，第 589 页。

③ （清）曹雪芹：《脂砚斋重评石头记（庚辰本）》第五十一回，第 1190 页。

④ Warren C. Scoville, "Technology and the French Glass Industry, 1640 – 1740," *The Journal of Economic History*, volume 1, no. 2, November, 1941, p. 156；并参见 McElheny, Josiah, "The Short History of Glass Mirror," *Cabinet Magazine*, issue 14, Summer, 2004, http://www.cabinetmagazine.org/issues/14/mcelheny.php。

⑤ Joan E. Delean, *The Essence of Style: How the French Invented High Fashion, Fine Food, Chic Cafes, Style, Sophistication, and Glamour*, New York: Free Press, 2005, p. 187.

宫玻璃走廊。① 此后，可照全身的穿衣镜开始风靡欧洲，上层社会趋之若
鹜。一位 17 世纪的伯爵夫人弗里斯克（Fiesque）说：

> 我有一块令人讨厌的土地，除了小麦，它什么也带不来。我卖了
> 它，买了这块美丽的镜子。我用小麦换了这块美丽的镜子，难道我没有
> 创造奇迹吗？② （图 2）

图 2　18 世纪的欧洲穿衣镜

资料来源：Acleantiques，http：//www. acleantiques. co. uk/stock. asp?
t = category&c = Mirrors，2011/03/19。

　　时间上与欧洲上层社会基本同步，奢华上可与欧洲当时最高档的穿衣镜
媲美，贾宝玉房间里的穿衣镜不仅是当时欧洲最时尚的大片平板玻璃穿衣

---

① Stephanie Lowder, "The History of Mirror, through Glass, Darkly," https：//www. furniturelibrary.
com/mirror – glass – darkly/, 29/08/2019；并参见 Melchior – Bonnet, Sabine, translated by
Katha H. Jewett, *The Mirror*：*A History*, New York：Routledge, 2001［1998］, pp. 46 – 51。

② 原文为 "I had a nasty piece of land that brought in nothing but wheat；I sold it and in return I got
this beautiful mirror. Did I not work wonders-some wheat for this beautiful mirror?" Melchior –
Bonnet, Sabine, translated by Katha H. Jewett, *The Mirror*：*A History*, p. I。

镜，高大明亮，照物清晰且不走形，而且设计精巧："这镜子原是西洋机括，可以开合。不意刘姥姥乱摸之间，其力巧合，便撞开消息，掩过镜子，露出门来。"①

3. 水晶玻璃灯和金星玻璃

《红楼梦》中的水晶玻璃更是在 17 世纪末才在欧洲出现。1674 年，英国商人乔治·拉文斯库福特（George Ravenscroft）在制造玻璃的材料中加入一定量的铅，制造出了比玻璃更为光亮透明的水晶玻璃。18 世纪初，水晶玻璃吊灯（crystal glass chandelier）开始取代自 17 世纪出现在欧洲的天然水晶吊灯（rock crystal chandelier）②；与此同时，威尼斯慕拉诺玻璃工匠们也开始用慕拉诺所独有的一种极为明亮透明的苏打玻璃（soda glass）制作出各种颜色的玻璃吊灯③（图 3）。水晶玻璃不仅比天然水晶和慕拉诺苏打玻璃更加晶莹剔透，而且造价低。18 世纪初，水晶玻璃吊灯开始流行于欧洲上层社会，成为深受豪富之家追逐的又一款高档生活奢侈品（图 4）。

图 3　1880 年前后的意大利慕拉诺彩色玻璃枝形吊灯

资料来源：M. S. Rau，https：//www. rauantiques. com/venetian - blue - murano - glass - chandelier，2020/01/16。

---

① （清）曹雪芹：《脂砚斋重评石头记（庚辰本）》第四十一回，第 951 页。
② 参见 Carl Mallory，"A History of the Chandelier," posted on May 16, 2015, https：//italian - lighting - centre. co. uk/blogs/news/a - history - of - the - chandelier, 08/31/2019。
③ 参见 Carl Mallory，"A History of the Chandelier," posted on May 16, 2015, https：//italian - lighting - centre. co. uk/blogs/news/a - history - of - the - chandelier, 08/31/2019。

**图 4 18 世纪意大利水晶玻璃枝形吊灯（左），
18 世纪法国天然水晶枝形吊灯（右）**

资料来源：Cedric Dupont Antiques，https：//www. cedricdupontantiques. com/product/italian – 18th – century – giltwood – and – crystal – genovese – chandelier/，2020/01/16；Art Origo. com，https：//artorigo. com/lighting/rococo – rock – crystal – chandelier18th – century – france/id – 7207，2020/01/16。

比之摆钟、镜子和银器等奢侈品，水晶玻璃吊灯更为昂贵。不仅因为水晶玻璃吊灯体积庞大，做工精巧，耗工、耗时、耗料，而且照明时需要点上很多支蜡烛，而蜡烛在 18 世纪初的欧洲也是一种生活奢侈品，只有有钱人才用蜡烛（wax candle）和油灯，穷人则多用牛羊脂烛（tallow candle）。1700~1759 年，英国蜡烛价格每磅 26.9 便士，而牛羊脂烛的价格只有每磅 5 便士[1]。1700 年后英国政府开始对蜡烛征收高额奢侈品消费税，更是提高了蜡烛的购价。1711 年每磅蜡烛消费税 8 便士，而每磅牛羊脂烛的消费税则只有 1 便士。1747 年，巴黎零售商克劳德·安东尼·朱利奥特（Claude-Antonie Julliot）用 10000 里弗的打折价，购买了两台二手天然水晶吊灯和一个二手烛台，而三件物品的原价为 17625 里弗[2]。10000 里弗约合 108 两黄金（8 * 10000/740），17625 里弗约合 191 两黄金（8 * 17625/740），这

---

[1] Gregory Clark，"Lifestyles of the Rich and Famous Versus the Poor：Living Costs in England，1209 – 1869," working paper，August 2004，p. 12，and Table 3 on p. 32，https：//www. semanticscholar. org/paper/Lifestyles – of – the – Rich – and – Famous% 3A – Living – Costs – of – Clark/15e66c96dd401ba845af3d6e8e3dabf7e8dd9707，08/06/2019.

[2] Carolyn Sargentson，*Merchants and Luxury Markets*：*The Merchands Merciers of Eighteenth-Century Paris*，p. 32.

样的价格绝非一般上层家庭所能消受。在 1688～1750 年诺丁汉城市中产阶层的可动产遗嘱清单中，以及 1675～1725 年的一批英国富人的可动产遗嘱清单中，不少清单列有 clocks（时钟）、镜子和银器，但没有一个清单里列有水晶玻璃吊灯①，说明水晶玻璃吊灯在 17 世纪末 18 世纪初的欧洲远比时钟和镜子更为奢华。而在《红楼梦》中，水晶玻璃灯也只是出现在了元春省亲最为奢华时刻的第十七至十八回：

> 只见清流一带，势若游龙，两边石栏上，皆系水晶玻璃各色风灯，点的如银光雪浪……诸灯上下争辉，真系玻璃世界，珠宝乾坤。②

虽然曹雪芹笔下的水晶玻璃风灯并不是欧洲的枝形吊灯，造型比枝形吊灯简单，但提到是"各色"水晶玻璃，而彩色水晶玻璃 17 世纪末才在欧洲出现，18 世纪初才被用来制作灯具。在欧洲新兴水晶玻璃灯的奢华消费上，贾府依然没有落伍。

《红楼梦》中还有一段特意写到了金星玻璃。贾宝玉要给芳官起名金星玻璃，说：

> 海西福朗思牙，闻有金星玻璃宝石，他本国番语以金星玻璃名为"温都里纳"，如今将你比作他，就改名唤叫"温都里纳"可好？③

金星玻璃同样是 17 世纪才在欧洲被制造出来，之后深受欧洲上层社会青睐。17 世纪威尼斯慕拉诺玻璃工匠在制作玻璃时无意中制造出来了一种红棕色，里面布满闪烁着金属颗粒的玻璃，因得之偶然，称之为"avventurina"（意大利语"冒险"和"偶然"的意思）。曹雪芹笔下的贾宝玉不光知道金

---

① 参见 John Beckett and Catherine Smith, "Urban Renaissance and Consumer Revolution in Nottingham, 1688 – 1750," *Urban History*, volume 27, issue 1, May 2000, pp. 43 – 44; Lorna Weatherill, *Consumer Behavior and Material Culture in Britain*, *1660 – 1760*, p. 107, table 5. 1。

② （清）曹雪芹：《脂砚斋重评石头记（庚辰本）》第十七至第十八回，第 382 页。

③ （清）曹雪芹：《脂砚斋重评石头记（庚辰本）》第六十三回，第 1510 页。

星玻璃，而且还知道这种宝贝来自欧洲①，以及与葡萄牙语和意大利语极为相似的金星玻璃的发音"温都里纳"（葡萄牙语 aventurina，意大利语 avventuria）②。

4. 银器

银器是 17 世纪末 18 世纪初欧洲消费革命中新兴的又一生活奢侈品。1492 年哥伦布发现美洲，1545 年西班牙在秘鲁发现波托西大银矿，次年又在墨西哥发现萨卡特卡斯、瓜达拉哈拉等大银矿。1545～1800 年，欧洲从美洲大陆获得了大约 137000 吨白银，是 1500 年前欧洲大陆白银储备量的三倍多③。美洲白银的获得，不仅导致欧洲商人携大量美洲白银到亚洲贸易，也推动了欧洲本土银器制造业的兴起；各种白银生活用品，特别是白银餐具等，纷纷加入消费之列，成为欧洲富裕之家一种新的消费时尚。

在贝克特和史密斯提供的诺丁汉城市中产阶层可动产遗嘱清单分析中，1688～1750 年，含有银具的清单占 35%，1701～1720 年，占 23%，1711～1720 年，占 22%，1731～1740 年，占 26%，1741～1750 年，占 43%④。而在韦瑟里尔对 1675～1725 年英国可动产遗嘱清单的分析中，遗产价值 51 英镑～100 英镑的清单中，列有银具者占 21%；价值 101 英镑～250 英镑的，占 31%；价值 251 英镑～500 英镑的，占 44%；价值 500 英镑以上的，占 67%⑤。这些分析结果表明，较之水晶玻璃吊灯、摆钟和穿衣镜，银器是 18 世纪初欧洲上层社会一种较为普遍的生活奢侈品，中产阶层家庭中也拥有如银酒杯、银勺、银碗等银餐饮具⑥。与银器在欧洲的兴起相对应，《红楼梦》

---

① 金星玻璃出产于威尼斯的慕拉诺，《红楼梦》中贾宝玉显然是把携金星玻璃到中国销售的欧洲商人的国家当作了生产金星玻璃的国家。一些学者认为贾宝玉所说的"福朗思牙"指的是法国，参见李静《"温都里纳"考——作为舶来品的清代金星玻璃》，《美术研究》2018 年第 1 期，第 111～115 页；黄一农《"温都里纳""汪恰洋烟"与"依弗哪"新考》，《曹雪芹研究》2016 年第 4 期，第 33～46 页。笔者认为更可能是葡萄牙。

② 金星玻璃的葡萄牙语是 aventurina，英语为 aventurine glass 或 goldstone，荷兰语为 aventurijn，法语为 aventurine。比较金星玻璃在以上几国语言中的发音，葡萄牙语的 aventurina 和意大利语的 avventuria 的发音最接近贾宝玉所说的"温都里纳"。

③ 根据布罗代尔和斯普纳的估计，1500 年前，欧洲大陆大约有 3600 吨黄金和 37500 吨白银的贵金属储备量，参见〔德〕安德烈·贡德·弗兰克《白银资本——重视经济全球化中的东方》，刘北成译，中央编译出版社，2000，第 202、211 页。

④ John Beckett and Catherine Smith, "Urban Renaissance and Consumer Revolution in Nottingham, 1688–1750," *Urban History*, volume 27, issue 1, May, 2000, pp. 43–44, table 3.

⑤ Lorna Weatherill, *Consumer Behavior and Material Culture in Britain, 1660–1760*, p. 107, table 5.1.

⑥ Lorna Weatherill, *Consumer Behavior and Material Culture in Britain, 1660–1760*, pp. 66, 207.

中紫鹃用来剪断林黛玉风筝线的剪子，便是欧洲制造的西洋小银剪子。贾府在新兴银器的消费中同样没有落伍。

　　（紫鹃）说着便向雪雁手中接过一把西洋小银剪子来……①

5. 鼻烟、汪恰洋烟和鼻烟盒

　　鼻烟是欧洲海外殖民扩张中兴起的另一奢侈消费品。美洲烟草在 16 世纪就传到西班牙、葡萄牙、法国、荷兰、英国等国。17 世纪初，维吉尼亚亦成为英国重要的殖民地烟草生产基地。17 世纪时，烟草在欧洲已成为一种大众消费品，但由烟草末和其他几种材料研制而成的鼻烟则一直是上层社会的消费品。17 世纪初到 18 世纪末，鼻烟消费在欧洲一波三折，既受到夸赞推崇，也受到鞭挞甚至禁止，但从来没有失去其上流社会消费品的地位。1665～1666 年英国鼠疫大流行之后，鼻烟在英国尤为流行②，并在安妮时代（1702～1714）达到顶峰。社交场合中的贵族、绅士们常常手拿鼻烟盒，用以显示自己的时尚和社会地位③。

　　流行于欧洲上流社会的鼻烟同样也出现在了《红楼梦》中。宝玉屋里的丫头晴雯得了感冒，发烧头疼，鼻塞声重。

　　宝玉便命麝月：“取鼻烟来，给她嗅些，痛打几个喷嚏，就通了关窍。”麝月果真去取了一个金厢双扣金星玻璃的一个扁盒来递与宝玉。宝玉便揭翻盒扇（盖），里面有西洋珐琅的黄发赤身女子，两肋又有肉翅，盒里面盛着些真正汪恰洋烟。晴雯只顾看画儿。宝玉道：“嗅些罢！走了气就不好了。”晴雯听说，忙用指甲挑了些嗅入鼻中，不怎样，便又多多挑了些嗅入。忽觉鼻中一股酸辣，透入囟门，接连打了五六个喷嚏，眼泪鼻涕登时齐流。晴雯忙收了盒子，笑道：“了不得，好爽快！拿纸来。”④

---

① （清）曹雪芹：《脂砚斋重评石头记（庚辰本）》第七十回，第 1658 页。

② 当时欧洲人相信鼻烟具有杀毒作用。

③ E. George and T. Fribourg, *The Old Snuff House of Fribourg & Treyer at the Sign of the Rasp & Crown, No. 34 St. James's Haymarket, London, S. W. 1720, 1920*, London：Nabu Press；Lyon France，"Snuff taking," *Historical Overview*，2007, 1. 1. 2，pp. 43 - 47.

④ （清）曹雪芹：《脂砚斋重评石头记（庚辰本）》第五十二回，第 1208～1209 页。

　　庚辰本《石头记》中，脂砚斋在"汪恰洋烟"处批道："汪恰。西洋一等宝烟也。"17世纪末18世纪初，维吉尼亚烟草（Virgin Tobacco）闻名遐迩，是英国最上等的烟草。美国华裔教授周策纵认为《红楼梦》中的"汪恰洋烟"是法语 vierge 的译音，指的就是维吉尼亚烟草①，笔者非常同意"汪恰洋烟"就是维吉尼亚烟草，但英语"virgin"发音比法国 vierge 发音更接近于"汪恰"。周策纵先生认为"西洋传教士与清廷有往来者，以法国人最多"，法国传教士们在将法语译成中文时喜欢"把 v 的声母变成 w 的声母"，把本来可译作"浮"或"乏"的 v，却译成"汪"。但是对比法语 vierge "wei-er-ya-ri（维尔亚日）"与英语 virgin "wo-zhen（沃真）"的发音，"汪恰"更可能是直接来自英语"virgin"的译音，因为"wo-zhen（沃真）"比"wei-er-ya-ri（维尔亚日）"更接近于中文"汪恰"的发音。

　　《红楼梦》中晴雯吸的鼻烟，不光是用"西洋一等宝烟""汪恰烟草"研制而成，而且是装在"一个金厢双扣金星玻璃的一个扁盒"里，"揭翻盒扇（盖），里面有西洋珐琅的黄发赤身女子，两肋又有肉翅"。显然，这是一个流行于18世纪欧洲的西洋珐琅鼻烟盒。鼻烟于17世纪末传入中国②，深受康熙皇帝和士人的喜爱③，中国最迟在康熙四十九年（1710）就已开始生产鼻烟④。与欧洲盛行的翻盖扁盒的小长方形鼻烟盒不同，鼻烟进入清内

---

①　周策纵：《红楼梦汪恰洋烟考》，香港《明报月刊》1976年4月号。

②　根据学者的研究，清朝皇帝顺治尚无可能获得鼻烟，康熙获得西洋鼻烟的最早记录是比利时传教士南怀仁编纂的《熙朝定案》，康熙二十三年（1684）康熙第一次南巡，南京西洋传教士毕嘉和汪儒望携四中（种）方物进献，康熙传旨："朕已收下，但此等方物你们而今亦罕有，朕即将此赏赐你们，唯存留西蜡即是，准收。"故此，杨伯达、王忠华等学者将鼻烟（时称西腊）传入中国的时间暂定在康熙二十三年或稍前。参见杨伯达《鼻烟壶：烙上中国印记的西洋舶来品》，《东方收藏》2011年第3期，第11页；王忠华、张芯语《鼻烟壶的早期创制及发展》，《中国美术》2018年第3期，第151页。另参见 Lucie Olivova, "Tobacco Smoking in Qing China," *Asia Major*, series 3, volume 18, no. 1, 2005, p. 229.

③　康熙喜爱鼻烟，可从康熙常系鼻烟壶于腰间的文献记载中看出。清代高士奇所著《蓬山密记》中有康熙"复解上用鼻烟壶二枚并鼻烟赐下"，记载了康熙四十三年（1704），礼部侍郎高士奇随驾入都，康熙赏赐其鼻烟及鼻烟壶。参见（清）高士奇《蓬山密记》，李德龙、俞冰主编《历代日记丛钞》第18册，学苑出版社，2006，第274页。清代汪灏《随銮纪恩》一书记述了汪于康熙四十二年（1703）扈从康熙帝"避暑于塞外，兼行秋狝之典"的见闻，其中亦有康熙将鼻烟"用瓶悬之带间"的文字。参见（清）汪灏《随銮纪恩》，边丁编《中国边疆行纪调查记报告书等边务资料丛编（二编）》第五册，香港：蝠池书院，2010，第103页。

④　益德成闻药庄被认为是中国民间最早生产鼻烟的老字号之一，康熙四十九年（1710）在南京成立，后迁移到天津的估衣街。参见《随益德成探寻鼻烟的前世今生：前世篇》，中国新闻网，2016年1月21日。

廷不久，内廷就创制了口小肚大的鼻烟壶，以防止走气散味，更好地保存鼻烟味道。

据徐伯达研究，欧洲鼻烟盒一经传入广州，广州即开始仿制，一直到乾隆中期，广州还在仿制和进贡各色鼻烟盒。然而，由于鼻烟盒打开时容易走气，且不易随身携带，鼻烟盒未能在宫廷内外普及，倒是中国独创的鼻烟壶，盛行于 18 世纪初的宫廷内外①。在曹雪芹的笔下，盛着汪恰洋烟的，既不是广州仿制的鼻烟盒，也不是中国创制的鼻烟壶，而是盒盖里画着鲜明西方文化色彩图案的西洋珐琅鼻烟盒，所谓"两肋有肉翅"的"黄发赤身女子"，实为西方文化中的小天使。图 5 为 1745～1750 年的欧洲鼻烟盒，盒盖里面画着半赤身女子和赤身小天使，与《红楼梦》中的鼻烟盒颇有同工之妙。

图 5　1745～1750 年的欧洲鼻烟盒

资料来源：Christies，http：//www. christies. com/LotFinder/
lot_ details. aspx? intObjectID ＝5264469，2009/3/22。

曹雪芹写鼻烟，没有选择写用中国烟草研制的鼻烟，也没有选择写 18 世纪初皇帝和士人都偏爱使用的中国鼻烟壶，而是专门耗费笔墨描写了汪恰洋烟和西洋珐琅鼻烟盒。曹公用"西洋上等好烟"和西洋珐琅鼻烟盒来衬托曹家当年的昌盛，既体现了江南富贵之家与欧洲上层社会消费的同步，也再一次体现了西洋品消费在当时是一种权势和富贵的象征。

---

① 参见杨伯达《鼻烟壶：烙上中国印记的西洋舶来品》，《东方收藏》2011 年第 3 期，第 11 页。

结　论

　　成书于 18 世纪中叶的《红楼梦》，在很多地方都反映出了 17～18 世纪中欧贸易大规模扩张，欧洲海外扩张中商业革命如火如荼，消费革命悄然诞生，新兴奢侈品不断涌现的时代背景。把《红楼梦》作为曹雪芹基于自家兴亡历史的艺术创作，作为江宁织造，且与海外贸易关系密切的曹家，在西方奢侈品消费上，基本上与欧洲上层社会趋同——时间上基本同步，趣味上颇为雷同，规格上远高于欧洲一般富贵之家。中国与欧洲遥远的距离，大为不同的文化，并没有阻止江南富绅对西洋产品的推崇和消费。虽然中国缺少白银，西方奢侈品在清代中国也从来没有经历过从奢侈品到大众消费品的转移，但欧亚大规模贸易的存在，使清初富贵之家有条件实现与欧洲上流社会几乎同步的欧洲奢侈品消费。

附表：《红楼梦》（前 80 回）记载的各种西洋产品

产品种类	西洋产品出现的情境	回目
西洋纺织品	（王熙凤）①身上穿着缕金百蝶穿花大红萍〔洋〕②缎窄褙袄，外罩五彩刻丝石青银鼠褂，下着翡翠撒花洋绉裙。（王夫人住处）临窗大炕上铺着猩红洋罽	第三回,56,61 页
	凤姐手里拿着西洋布手巾，裹着一把乌木三镶③银箸。	第四十回,913 页
	独李纨穿一件青哆罗呢对襟褂子，薛宝钗穿一件莲青斗纹锦上添花洋线番羓丝的鹤氅	第四十九回,1140 页
	（宝玉）忙唤人起来，盥漱已毕，只穿一件茄色哆罗呢狐皮袄	第四十九回,1142 页
	凤姐儿又命平儿把一个玉色绸里的哆罗呢的包袱拿出来	第五十一回,1188 页
	贾母见宝玉身上穿着荔色哆罗呢的天马箭袖，大红猩猩毡盘金彩绣石青妆缎沿边的排穗褂子。	第五十二回,1216 页
	（贾母房间的）榻之上一头又设一个极轻巧洋漆描金小几，几上放着茶盅、茶碗、漱盂、洋巾之类，又有一个眼镜匣子。	第五十三回,1249 页
	（紫鹃）一面说一面便将代玉④的匙箸用一块洋巾包了交与藕官。	第五十九回,1390～1391 页
	（袭人）一面站起，接过茶来吃着，回头看见床沿上放着一个活计簸罗儿，内装着一个大红洋锦的小兜肚。（甲辰本里有这段，己卯本补抄的第六十七回中没有这段）	甲辰本第六十七回

产品种类	西洋产品出现的情境	回目
玻璃器皿、水晶玻璃灯、玻璃窗及玻璃屏风等	（荣国府堂屋御）一边是金蜼彝，一边是**玻璃盒**〔盒〕	第三回，60 页
	（太虚幻境）琼浆清泛**玻璃盏**，玉液浓斟琥珀杯	第五回，113 页
	贾蓉笑道："我父亲打发了我来求婶子，说上回老舅太太给婶子的那架**玻璃炕屏**，明日请一个要紧的客，借了略摆一摆就送过来的。"	第六回，143 页
	那周瑞家的又和智能儿唠叨了一会，便往凤姐儿来，穿夹道彼时从李纨后窗下过，隔着**玻璃窗户**，见李纨在炕上歪着睡觉呢	第七回，158 页
	（元春省亲时场景）只见清流一带，势若游龙，两边石栏上，皆系**水晶玻璃各色风灯**，点的如银光雪浪……诸灯上下争辉，真系**玻璃**世界，珠宝乾坤。	第十七至十八回，382 页
	晴雯冷笑道："二爷近来气大的很……先时连那么样的**玻璃缸**、玛瑙碗不知弄坏了多少，也没见个大气儿，这会子一把扇子就这么着了。何苦来！"	第三十一回，711～712 页
	代玉笑道："……你听雨越发紧了，快去罢。可有人跟着没有？"有两个婆子答应："有人外面拿着伞点着灯笼呢。"代玉笑道："这个天点灯笼？"宝玉道："不相干，是明瓦的，不怕雨。"代玉听说，回手向书架上把个**玻璃绣球灯**拿了下来，命点一支小蜡来，递与宝玉，道："这个又比那个亮，正是雨里点的。"宝玉道："我也有这么一个，怕他们失脚滑倒了打破了，所以没来。"代玉道："跌了灯值钱，跌了人值钱？……"	第四十五回，1048 页
	袭人看时，只见两个**玻璃小瓶**，都是三寸大小，上面螺丝银盖，鹅黄笺上写着"木樨清露"，那一个写着"玫瑰清露"。袭人笑道："好尊贵东西！这么个小瓶儿，能有多少？"王夫人道："那是进上的，你没看见鹅黄笺子？你好生替他收着，别遭塌了。"	第三十四回，773 页
	（贾宝玉）一面忙起来揭起窗屉，从**玻璃窗**内往外一看，原来不是日光，竟是一夜大雪……	第四十九回，1142 页
	麝月果真去取了一个金镶双扣**金星玻璃**的一个扁盒来，递与宝玉。	第五十二回，1208 页
	（荣国府元宵节场景）两边大梁上，挂着一对联三聚五**玻璃**芙蓉彩穗灯。……将各色羊角、**玻璃**、戳纱、料丝、或绣、或画、或堆、或抠、或绢或纸诸灯挂满。	第五十三回，1250 页
	芳官拿了一个五寸来高的小**玻璃瓶**来，迎亮照看，里面小半瓶胭脂一般的汁子，还道是宝玉吃的**西洋葡萄酒**。母女两个忙说："快拿旋子烫滚水，你且坐下。"芳官笑道："就剩了这些，连瓶子都给你们罢。"五儿听了，方知是**玫瑰露**。	第六十回，1419 页
	（宝玉说）"海西福朗思牙，闻有**金星玻璃**宝石，他本国番语以**金星玻璃**名为'温都里纳'，如今将你比作他，就改名唤叫'温都里纳'可好？"芳官听了更喜，说："就是这样罢。"因此又唤了这名。众人嫌拗口，仍番汉名，就唤"**玻璃**"。	第六十三回，1510 页
	贾母因问道："前儿这些人家送礼来的共有几家有围屏？"凤姐儿道："共有十六家有围屏，十二架大的，四架小的炕屏。内中只有江南甄家一架大屏十二扇，大红缎子缂丝'满床笏'，一面是泥金'百寿图'的，是头等的。还有粤海将军邬家一架**玻璃**的还罢了。"贾母道："既这样，这两架别动，好生搁着，我要送人的。"	第七十一回，1707 页

续表

产品种类	西洋产品出现的情境	回目
穿衣镜、把镜	（贾政一行人）及至门前，忽见迎面也进来了一群人，都与自己形相一样，却是**玻璃大镜**相照。	第十七至十八回，371页
	（贾芸）一回头，只见左边立着一架**大穿衣镜**，从镜后转出两个一般大的十五六岁的丫头来说："请二爷里头屋里坐。"	第二十六回，589页
	林代玉还要往下写时，觉得浑身火热，面上作烧，走至**镜台**揭起锦袱一照，只见腮上通红……	第三十四回，781页
	（刘姥姥）便心下忽然想起："常听大富贵人家有一种穿衣镜，这别是我的影儿在**镜子**里头呢罢。"说毕伸手一摸，再细一看，可不是，四面雕空紫檀板壁将镜子嵌在中间。因说："这已经拦住，如何走出去呢？"一面说，一面只管用手摸。这**镜子**原是**西洋机括**，可以开合。不意刘姥姥乱摸之间，其力巧合，便撞开消息，掩过镜子，露出门来。	第四十一回，951页
	代玉会意，便走至里间将**镜袱**揭起，照了一照，只见两鬓略松了些，忙开了李纨的妆奁，拿出抿子来，对镜抿了两抿……	第四十二回，972页
	麝月笑道："好姐姐，我铺床，你把那**穿衣镜**的套子放下来，上头的划子划上，你的身量比我高些。"	第五十一回，1190页
	晴雯自拿着一面**靶〔儿〕镜〔子〕**，贴在两太阳上。	第五十二回，1209页
	因探春才哭了，便有三四个小丫鬟捧了沐盆、巾帕、**靶镜**等物来。	第五十五回，1293~1294页
	袭人笑道："那是你梦迷了，你揉眼细瞧，是**镜子**里照的你影儿。"宝玉向前瞧了一瞧，原是那嵌的**大镜**对面相照，自己也笑了。……麝月道："怪道老太太常嘱咐说，小人屋里不可多有**镜子**。小人魂不全，有镜子照多了，睡觉惊恐作胡梦，如今倒在大镜子那里安了一张床……"	第五十六回，1331页
	紫鹃听说，方打叠铺盖妆奁之类。宝玉笑道："我看见你文具里头有三两面**镜子**，你把那面小菱花的给我留下罢。"	第五十七回，1349页
	袭人遂到自己房里，换了两件新鲜衣服，拿着**把镜**照着抿了抿头，匀了匀脸上脂粉，步出下方……	甲辰本第六十七回
	（探春）说着便命两个丫鬟们把箱柜一起打开，将**镜奁**、妆盒、衾袱、衣包若大若小之物一齐打开……	第七十四回，1783页
眼镜	贾母歪在榻上，与众人说笑一回，又自取**眼镜**向戏台上照一回……	第五十三回，1249页
	贾母又戴了**眼镜**，叫鸳鸯琥珀："把那孩子拉过来，我瞧瞧肉皮儿。"众人都抿嘴儿笑着，只得推他上去，贾母细瞧了一遍，又命琥珀："拿出手来我瞧瞧。"鸳鸯又揭起裙子来。贾母瞧毕，摘下**眼镜**来……	第六十九回，1646页

续表

产品种类	西洋产品出现的情境	回目
摆钟、表	刘姥姥只听见咯当咯当的响声,大有似乎打箩柜筛面的一般,不免东瞧西望的,忽见堂屋中柱子上挂着一个匣子,底下又坠着一个秤砣般一物,却不住的乱幌。刘姥姥心中想着:"这是什么爱物儿?有甚用呢?"正呆时,只听得当的一声,又若金钟铜磬一般,不防倒唬的一展眼。接着又是一连八九下。	第六回,138 ~ 139 页
	(凤姐)道:"……素日跟我的人,随身自有钟表,不论大小事,我是皆有一定的时辰,横竖你们上房里也有时辰钟,卯正二刻,我来点卯……"	第十四回,287 ~ 288 页
	二人正说着,只见秋纹走进来,说:"快着三更了,该睡了。方才老太太打发嬷嬷来问,我答应睡了。"宝玉命取表来,看时果然针已指到亥正,方从新盥漱,宽衣安歇。	第十九回 426 页
	宝玉听说,回手向怀中掏出一个核桃大小的一个金表来,瞧了一瞧,那针已指到戌末亥初之间,忙又揣了,说道:"原该歇了,又闹的你劳了半日神"。	第四十五回,1047 页
	晴雯嗽了两声,说着,只听外间房中十锦隔上的自鸣钟当当打了两声。	第五十一回,1195 页
	宝玉见他着急,只得胡乱睡下,仍睡不着,一时只听自鸣钟已敲了四下……	第五十二回,1226 页
	袭人笑道:"方才胡吵了一阵,也没留心听钟几下了。"晴雯道:"那劳什子又不知怎么了,又得去收拾了。"说着便拿过表来瞧了一瞧,说:"略等半钟茶的工夫就是了。"小丫头去了,麝月笑道:"提起淘气,芳官也该打几下。昨儿是他摆弄那坠子半日,就坏了。"	第五十八回,1380 页
	宝玉犹不信,要过表来瞧了一瞧,已是子初初刻十分了。	第六十三回,1498 页
	(王熙凤说)"我的是你们知道的,那个金自鸣钟卖了五百六十两银子。"	第七十二回,1729 ~ 1730 页
与海外扩张有关的欧洲产品	每人一把乌银洋錾自斟壶,一个十锦珐琅杯。	第四十回,924 页
	宝玉便命麝月:"取鼻烟来,给她嗅些,痛打几个喷嚏,就通了关窍。"麝月果真去取了一个金厢双扣金星玻璃的一个扁盒来递与宝玉。宝玉便揭翻盒扇〔盖〕,里面有西洋珐琅的黄发赤身女子,两肋又有肉翅,盒里面盛着些真正汪恰洋烟。…… 宝玉笑问:"如何?"晴雯笑道:"果觉通快些,只是太阳还疼。"宝玉笑道:"越性尽用西洋药治一治,只怕就好了。"说着,便命麝月:"和二奶奶要去,就说我说:姐姐那里常有那西洋贴头疼的膏子药,叫做'依弗哪',找寻一点儿。"麝月答应了,去了半日,果拿了半节来。便去找了一块红缎子角儿,铰了两块指顶大的圆式,将那药烤和〔化〕了,用簪挺摊上。	第五十二回,1208 ~ 1209 页

续表

产品种类	西洋产品出现的情境	回目
与海外扩张 有关的 欧洲产品	李纨道："放风筝图的是这一乐，所以又说放晦气，你更该多放些，把你这病根儿都带了去就好了。"紫鹃笑道："我们姑娘越发小气了。那一年不放几个子，今忽然又心疼了。姑娘不放，等我放。"说着便向雪雁手中接过一把**西洋小银剪子**来，齐簪子根下寸丝不留，咯噔一声铰断，笑道："这一去把病根儿可都带了去了。"	第七十回,1658 页
其他欧洲 产品	一时宝玉又一眼看见了十锦格子上陈设的一只金**西洋自行船**，便指着乱叫……	第 五 十 七 回，1343 页
	宝玉看时，金翠辉煌，碧彩闪灼，又不似宝琴所披之凫靥裘。只听贾母笑道："这叫作'雀金呢'，这是**哦啰斯国**拿孔雀毛拈了线织的。前儿把那一件野鸭子的给了你小妹妹，这件给你罢。"	第 五 十 二 回，1217 页

注：①附表圆括号中的文字是本文作者所加。②方括号内的"洋"字为庚表本批注添加。下文方括号内的文字均与此同。③庚表本只是《红楼梦》写作过程中的几个删改本之一，里面有不少错别字和脱漏，还有脂砚斋和畸笏叟的很多批注。这个"裏"字是庚表本的错字，后来在程甲本和程乙本中均被改成了"镶"字。附表保持庚表本原样文字。④庚辰本中，黛玉均被写成"代玉"。

资料来源：（清）曹雪芹：《脂砚斋重评石头记》（庚辰本）第 1~4 卷，人民文学出版社，2010；其中第六十七回引用曹雪芹《甲辰本红楼梦》卷四，沈阳出版社，2006。

Parallels in Late 17th and Early 18th Century Chinese and European Consumption of Western Luxury Goods —Based on an Analysis of *The Dream of the Red Chamber*

Zhang Li

Abstract：The late 17th and early 18th centuries were the age of the Commercial Revolution in Europe. As a great number of goods flowed into Europe from all parts of the world, the Consumer Revolution was also taking place in Europe. On the one hand, luxury goods from overseas, particularly from China, which were previously consumed only by wealthy Europeans, were becoming cheaper and turning into mass-consumption goods. On the other hand, new luxury goods, which were made in Europe or developed from colonial resources, constantly emerged in the West. As wealthy Europeans were going after luxuries such as mirrors, pendulum clocks, pocket watches, eyeglasses, chandeliers, tobacco snuff, and silverware, etc., wealthy Chinese were also doing the same. Based on an analysis of *The Dream of The Red Chamber*, the Jia clan, which can be regarded as a representative of the powerful and wealthy families of late 17th and early 18th century Jiangnan, possessed almost all Western luxuries, including those developed from traditional European manufactory industries such as mirrors, crystal glass, eyeglasses, pendulum clocks, pocket watches, and a model steamboat, etc., and also those developed from colonial resources such as tobacco snuff, silverwares, and European-made cotton towels, etc. Western luxury goods were highly regarded and appreciated. The long geographical distance and huge cultural differences between China and Europe did not hinder wealthy Chinese from consuming Western luxury goods.

Keywords: Expansion of trade between China and Europe; Dream of the Red Chamber; Western luxury goods; Parallels in consumption of Western luxury goods

（执行编辑：徐素琴）

海洋史研究（第十七辑）
2021 年 8 月　第 46～63 页

18 世纪瑞典东印度公司商船的航海生活

——以"卡尔亲王"号 1750～1752 年航程为例

何爱民*

历史研究以人为本，陆地、海上均是如此，研究涉海人群的海上生活理应受到学界重视。近年来，海洋史研究方兴未艾，呈蓬勃发展之势，但对海舶生活的研究却稍显逊色。由于涉及海洋学、人类学和历史学等多学科交叉，加之相关史料甚为零散，该课题的学术成果并不丰硕，也尚未有学者对瑞典东印度公司商船的航海生活进行探讨。航海日志（logbook）记载着船上日常之事，是研究海舶生活最直接、最重要的原始史料。瑞典东印度公司商船"卡尔亲王"号 1750～1752 年航程的随船牧师彼得·奥斯贝克便撰有这样一份航海日志①，颇为生动地记载了商船的航海生活，包含船上人员、饮食起居、船员健康、娱乐消遣与宗教活动等内容。此次航程是 18 世纪瑞典公司商船由哥德堡往返广州各次航程的常态与缩影，探究"卡尔亲王"号的航海生活，可加深对瑞典东印度公司商船的航海生活的认识与理解。

---

*　作者何爱民，广东省社会科学院历史与孙中山研究所（海洋史研究中心）硕士研究生，研究方向：海洋史。

① 〔瑞典〕彼得·奥斯贝克：《中国和东印度群岛旅行记》，倪文君译，广西师范大学出版社，2006。

一　公司商船的常态与缩影："卡尔亲王"号

1731 年，瑞典政府授予商人穿越好望角与东方各国贸易的特许令，瑞典东印度公司由此成立，该特许令为期 15 年，此后延长三次，每次 20 年，至 1806 年。① 受拿破仑战争影响，公司从该年开始渐衰，并于 1813 年解散。瑞典东印度公司以哥德堡和广州为贸易往来中心，派遣商船从中国进口物品再转口到欧洲大陆，因而有学者称其为"瑞典中国公司"。公司于创立次年，即 1732 年，便首次派遣商船"腓特烈国王"号来航中国。② 瑞典来华贸易之事，清代文献也有记载："通市始自雍正十年，后岁岁不绝。"③ 在 1731～1813 年的 83 年经营期间，公司下属 35 艘贸易商船共组织 132 次亚洲远航，除 3 次抵达印度，其余均以广州为目的地。④

船舶是海洋贸易的运载工具，也是涉海人群的生活空间。《伟大的中国冒险：关于远东贸易的故事》一书的附录载有瑞典东印度公司的所有船只列表，对商船大小、武器与船员数量有较为详细的呈现。⑤ 总体来看，由于对华贸易的刺激，瑞典东印度公司商船吨位增速很快。首航中国的"腓特烈国王"号排水量为 490 吨，⑥ 其后派往广州的商船吨位很快增至 600～800 吨，造于 1741 年的"瑞典王后"号则高达 947 吨，短短时间几乎翻倍。除了吨位，船只在结构设计上也有改进，从早期贸易所用的帆战船发展为具有三层甲板的商船，航海能力明显提升。"卡尔亲王"号的随船牧师奥斯贝克称，该船是瑞典在东印度贸易中"最早使用的三层甲板船"⑦。在帆船贸易时代，全副武装和拥有大批船员被认为是确保航行安全的必要条件。瑞典东

---

① 蔡鸿生：《论清代瑞典纪事及广州瑞行商务》，《中山大学学报（社会科学版）》1991 年第 2 期。

② 〔美〕马士：《东印度公司对华贸易编年史》（第一、二卷），区宗华译，林树惠校，中山大学出版社，1991，第 212 页。

③ 《皇朝文献通考》卷二百九十八《四夷考》六，浙江古籍出版社，1988，第 7473～7474 页。

④ 尹建平：《瑞典东印度公司与中国》，《世界历史》1999 年第 2 期。一说瑞典东印度有 37 艘商船，并组织 135 次来华贸易。

⑤ 〔瑞典〕贺曼逊：《伟大的中国冒险：关于远东贸易的故事》，赵晓玫译，广东人民出版社，2006，第 129～139 页。

⑥ Paul Hallberg, Christian Koninckx, *A Passage to China: Colin Campbell's Diary of the First Swedish East India Company Expedition to Canton, 1723–33*, Göteborg: Royal Society of Art and Sciences, 1996, p. xxxiv.

⑦ 〔瑞典〕彼得·奥斯贝克：《中国和东印度群岛旅行记》，倪文君译，第 4 页。

印度公司商船通常载有 120～150 名船员，并配备 20～30 门大炮作为威慑海盗与他国公司的有效手段，具体船员数量则因船只吨位数和每次出航所能招募到的船员而略有差异。1750 年在斯德哥尔摩建造而成的"卡尔亲王"号，配备 30 门大炮，最多可容纳 140 名人员。[1] 该船在结构设计和人员、武器配备方面无疑具有瑞典东印度公司商船的典型特征。

1750 年 11 月 18 日，"卡尔亲王"号由哥德堡启程，船上人员有 132 名，[2] 包括大班、船长、大副等众多船员。大班常是外国人或加入瑞典籍的外裔，船员多数是瑞典人，且百分之六十来自哥德堡和瑞典西部海岸。[3] 公司于 1748 年取消船员获准购买一定数量的商品并在回国后由其自行销售的制度，代以付给船员不同等级的固定红利。在此次航程中，随船牧师能获得"3000 铜元的收入"[4]，比同时期丹麦公司商船的随船牧师的所得报酬低很多。后者除固定收入，还收取相当数量的馈赠，收入可达前者的三倍。普通船员所能赚取的收入更为有限，但远洋航行所得收入仍是他们甘愿冒生命危险而加入漫长艰苦的远东航行的主要原因。

二　船舶航行与船岸关系

（一）船舶航行

由于海船航行受自然气候影响较大，公司经营远东贸易具有明显的季节性，航行时节和航线相对有律可循。由相关著作记录可知，商船从哥德堡起航大多在年底（11 月、12 月）或年初（1 月至 4 月），返抵日期通常在 6 月至 10 月。[5] 前往广州的船只由哥德堡出发，航经设得兰群岛、法罗群岛，抵达航程首个停留点加的斯港口，为利用洋流而绕弯航至大西洋，经过好望

① Forssberg, Anna Maria, *Organizing History: Studies in Honour of Jan Glete*, Sweden: Nordic Academic Press, 2011, p.441.
② 〔瑞典〕彼得·奥斯贝克：《中国和东印度群岛旅行记》，倪文君译，第 200 页。
③ 〔瑞典〕默尔纳：《瑞典东印度公司与中国》，《北京社会科学》1988 年第 1 期，第 64～68 页。
④ 〔瑞典〕彼得·奥斯贝克：《中国和东印度群岛旅行记》，倪文君译，第 30 页。
⑤ 〔瑞典〕J. A. 赫尔斯特尼乌斯：《瑞典东印度公司的贡献 1731～1736》，乌普萨拉，1860，第 45～48 页，转引自〔日〕松浦章《清代海外贸易研究》，李小林译，天津人民出版社，2016，第 529～530 页；〔瑞典〕贺曼逊：《伟大的中国冒险：关于远东贸易的故事》，赵晓玫译，第 129～139 页。

角，进入印度洋，抵达第二个停留点爪哇岛，随后航行到达目的地广州。商船偶尔存在先抵达印度随后由印度前往广州的情况，航线也因此有所不同。以"歌德狮子"号为例，该船于 1750 年 4 月满载货物离开哥德堡，不在加的斯港停留，而是开往敦刻尔克，出售货物以换取白银，然后航行至马德拉群岛，在此补充淡水、新鲜食物，以及大量葡萄酒，接着继续向南航行，穿越好望角，驶入印度洋，向北直趋马达加斯加，1750 年 8 月在安娜岛抛锚，补充淡水和其他物品后继续航行，于 9 月 16 日到达苏拉特，在此销售货物，并做修整。[①] 停留数月后，该船由此地航至马来半岛，经马六甲海峡后直航广州。由于畏惧荷兰东印度公司，瑞典商船直至 1759 年才首次在好望角停靠，此地随后也成为商船漫长航行中最重要的靠岸补给处。

"卡尔亲王"号与其他前往广州的公司商船所走航线几乎相同，但该船依靠测深锤指引，按照水深而并非总是根据路线航行，在一定深度时就不再冒险向前。[②] 这种情况并非特例，而是海舶为保证安全在既定航线与实际航程之间基于实用性原则所做出的权衡与调整。1751 年 8 月 22 日，"卡尔亲王"号到达广州，停留 4 个月零 10 天后，于 1752 年 1 月 4 日启程回航。尽管公司商船来时航线存有差异，但回程航线几乎相同，"卡尔亲王"号从广州出发，航至首个停留点爪哇岛，继续沿来时航线航行于印度洋海域，经由好望角，进入大西洋。商船通常在圣赫勒拿岛、阿森松岛都会停留，但"卡尔亲王"号径直开赴阿森松岛，将其作为返航的第二个停留点。[③] 商船随后经过加的斯港，靠近海岸航行并于 1752 年 6 月 26 日返抵哥德堡。

（二）船岸关系

正式起航前，公司商船需要工人在哥德堡外的码头为其装备物资。首航商船"腓特烈国王"号于 1732 年 2 月出发前在码头装载有木材、柏油、铜、黄铜、航海服、树脂、沥青、铁栅栏、钉子和武器以及符合食品法规的足量食物。[④] 此后，商船出发前在码头装载的物资大同小异，通常包括本土资源（木材、铁、黄铜、铅等）、零碎杂货（铁栅栏、钉子、武器、粗绒等）以及大量饮品食物（包括淡水、葡萄酒、啤酒、腌肉、鲱鱼、面包、

---

① 〔瑞典〕贺曼逊：《伟大的中国冒险：关于远东贸易的故事》，赵晓玫译，第 65～66 页。
② 〔瑞典〕彼得·奥斯贝克：《中国和东印度群岛旅行记》，倪文君译，第 62 页。
③ 〔瑞典〕彼得·奥斯贝克：《中国和东印度群岛旅行记》，倪文君译，第 183 页。
④ 〔瑞典〕贺曼逊：《伟大的中国冒险：关于远东贸易的故事》，赵晓玫译，第 21 页。

果蔬等，甚至阉割公牛、奶牛、绵羊、家禽等活物也被携带上船）。为保证船上空间井然有序，木匠负责为这些活物制作围栏，准备干稻草以饲养牲畜家禽。船员进行登记后，小船将其送至船上，最后由公司董事检阅商船，在大班们登船后，铁锚被收起，商船正式起航。① 上述程序在公司经营期间已成为商船启程前的惯例，"卡尔亲王"号也不例外。

"卡尔亲王"号的首个停留点是加的斯港，以便"从西班牙获得钱，并避免错过中国海上的季风"。② 此处的"钱"是指西班牙的白银。18世纪，瑞典的出口产品多为本土资源，主要销往欧洲国家，如英国与西班牙需要瑞典的铁和木材以建造、维持船队，并需要鲱鱼油用于街灯照明。瑞典产品在中国没有销路与市场，中国需要的是白银。西班牙当时从美洲殖民地掠夺大量白银，加的斯港是连接西班牙与其殖民地的主要港口，此地白银价格因此是欧洲最低。商船于哥德堡装载的货物可在加的斯换取数量最多的白银，再将白银运到广州购买货物。③ 除了白银，商船也试图将货物运到广州进行销售，包括在哥德堡装载的铅、粗绒与在加的斯港购买的葡萄干、葡萄酒等。清《皇朝文献通考》对此记载："其国人以土产黑铅、粗绒、洋酒、葡萄干诸物来广东，由虎门入口，易买茶叶、瓷器诸物。"④ 在此期间，商船也对食物、淡水进行补充。"卡尔亲王"号购买了公牛、猪、鸡、鸽子等食用动物、新鲜水果、蔬菜、葡萄酒，以及一种播撒在城中围场里的谷物"sovaja"以喂养船上牲畜。⑤ 此外，加的斯还发挥着替换与补充船员的作用。"卡尔亲王"号的船上医师因病被迫留在加的斯调养身体，"因此我们让一个名叫托马斯·杜鲁特的英国人代替他与我们同行"，还接纳"一个20岁左右的西班牙乘客"。⑥ 1743年，"哥德堡"号也在加的斯港进行人员补充，吸收一名新的水手上船。⑦

18世纪，尽管荷兰人控制着爪哇，防范来往的他国商船，爪哇岛仍是几乎所有瑞典商船往返航程均会停留之地。除了补充淡水，商船还与当地人

---

① 〔瑞典〕斯万·奴德奎斯特、〔瑞典〕马茨·瓦尔：《"哥德堡"号历险记》，〔瑞典〕计虹·彼德森译，接力出版社，2006，第82页。
② 〔瑞典〕彼得·奥斯贝克：《中国和东印度群岛旅行记》，倪文君译，第203页。
③ 龚缨晏：《求知集》，商务印书馆，2006，第370~371页。
④ 《皇朝文献通考》卷二百九十八《四夷考》六，第7473~7474页。
⑤ 〔瑞典〕彼得·奥斯贝克：《中国和东印度群岛旅行记》，倪文君译，第16页。
⑥ 〔瑞典〕彼得·奥斯贝克：《中国和东印度群岛旅行记》，倪文君译，第35页。
⑦ 朱小丹主编《中国广州：中瑞海上贸易的门户》，广州出版社，2002，第52页。

贸易以获取椰子、蔬菜、鸡肉、啤酒、水牛、乌龟和席子等。① 尽管荷兰人禁止土著拥有武器，后者依旧渴望获取火药和枪械，因而即便是老式生锈的枪也能卖个好价，"芬兰"号 1769～1771 年航程便贩卖给土著 20 来把火枪。② 土著为商船提供饮品、食物和杂物，商船则支付西班牙银钱或一些货物，由于带钱出海违背政府禁令，这种以物易物或支付西班牙银钱的贸易方式是瑞典商船一贯的支付手段。

返航途中，商船常停泊于圣赫勒拿岛，与岛上居民交易来获取食物和饮料，几乎所有船只都在阿森松岛停泊，以捕捉海龟。对公司而言，船员伙食支出是笔数目不小的费用，而阿森松岛的一只海龟肉"足够 130 个人吃一顿饭"，在该岛可捕捉到的海龟数量可观，因此这"对公司来说是无本万利的"。③

"卡尔亲王"号的船舶航行和船岸关系具备 18 世纪瑞典东印度公司商船在哥德堡与广州之间往返的典型特征。商船长时间航行海上，远离陆地，但船与岸在整个航程中却显得密不可分。其一，在航海知识日益丰富、对洋流和季风的利用逐渐成熟的情况下，沿岸岛屿可为商船提供定位，防止偏离航线，确保航海安全；其二，海岸为商船提供补给物资与贸易场所，并通过商船将陆上物产和文化传播远洋；其三，商船经常上岸替换与补充船员，海岸成为生病或受伤船员休息调养之地；其四，在漫长且枯燥的航海过程中，离开封闭狭小的船上上岸活动，无疑对船员的身心健康大有裨益。

三　船舶日常生活

（一）船上人员及层级关系

一艘放洋的海舶，犹如一个浮动的社区，杂而不乱。乌合之众，出不了海。舶上的人群组合，是结构性的，也是功能性的，体现出航行生活的社会分工。④ 18 世纪，包括"卡尔亲王"号在内的公司商船的人员构成大抵相

---

① 〔瑞典〕彼得·奥斯贝克：《中国和东印度群岛旅行记》，倪文君译，第 54 页。
② 〔瑞典〕贺曼逊：《伟大的中国冒险：关于远东贸易的故事》，赵晓玫译，第 95 页。
③ 〔瑞典〕彼得·奥斯贝克：《中国和东印度群岛旅行记》，倪文君译，第 188 页。
④ 蔡鸿生：《海舶生活史浅议》，李庆新主编《海洋史研究》（第五辑），社会科学文献出版社，2013，第 14 页。

同，不同成员承担各自职责，以维持船舶整个航程的秩序。现根据相关史料、著作将船上人员与各自职责整理归纳（见表1）。[①]

表 1　瑞典东印度公司商船船上人员及其职责

成　员	职责
大　班	大班是公司董事会的直接代表,4名左右,最高级别的被称作首席大班或第一大班,其余按相应级别划分等级,配有助理、仆役和厨师。第一次特许令期间(1731~1746),由于瑞典国内缺乏长途航行至中国和印度的经验,加之与远东贸易的特殊性质,公司须雇用外国人担任大班,因而大班几乎都是熟悉远东贸易操作的外国人,尽管外国大班的数量随着时间推移逐渐减少,但在公司经营期间一直存在。大班们的交易能力对整个航程的利润收益至关紧要,并由第一大班肩负主要职责。大班负责在广州和中途停留港口的采购任务,掌管商船的财政支出,对每日航行中发生的事情和商务进行记载。
船　长	第一次特许令期间,每艘商船有两位船长。第一船长是发号施令的长官,多为瑞典人;职位稍低的那位被称为第二船长,多为外国人。从第二次特许令开始,每艘商船仅有一位船长。18世纪中叶,公司商船的(第一)船长多由先前在瑞典皇家海军服役的军官担任,每次航程由公司付薪雇用,对公司负责。船长是船舶领导人,负责船舶航行和照管船务,主要工作包括领导全体船员遵守公司下达的指示和规定,最大限度地保障船舶、生命、财产的安全,保证船舶正常航行和运载货物,遇到紧急情况时需果断而稳妥地处理各项事务。第一次特许令期间,多由外国人充当的第二船长负责协助船长处理船上事务,并弥补瑞典缺乏长途航行经验的不足。
大　副	4名左右,最高级别的被称为第一大副或首席大副,其余根据相应级别划分等级,通过累积经验、锻炼能力,大副的级别可提高,并被擢升为船长。大副负责主持商船甲板上的日常工作,协助船长保证船舶的航行安全,主管商船货物装卸和运输。
海军学校学员	数名,海军军官候补生,多为一些年轻人,是未来的海军军官。
水手长	1名,并有1~2名副水手长,掌管船上缆具,负责在起航时展开船帆,在停船或航行时根据天气需要在任何时候卷起船帆。
舵　手	数名,根据船长的命令操舵,保持商船航向,使其按既定航线航行,顺利到达目的地。
随船牧师	每天早晚宣读祷告词,聆听人们的忏悔,主持领受圣餐的仪式,以问答方式传授教义,探望病人,埋葬死者,并在礼拜日和假日宣讲福音。

[①] Paul Hallberg, Christian Koninckx, *A Passage to China: Colin Campbell's Diary of the First Swedish East India Company Expedition to Canton, 1723-33*;〔瑞典〕彼得·奥斯贝克:《中国和东印度群岛旅行记》,倪文君译;〔瑞典〕贺曼逊:《伟大的中国冒险:关于远东贸易的故事》,赵晓玫译,第23、25页;〔瑞典〕斯万·奴德奎斯特、〔瑞典〕马茨·瓦尔:《"哥德堡"号历险记》,〔瑞典〕计虹·彼德森译,第86页。

续表

成　员	职责
随船手工匠	包括木匠、帆匠(修帆工)等。木匠有数名,像大副一样划分级别,由首席木匠领导。木匠的工作范围广,负责密封船体,保证水泵正常运作,保持桅杆和帆桁的良好状态,并在暴风雨破坏之后维修船体、索具和其他装备。帆匠及其助手则负责修补船帆。
随船医师	配有助手,负责全体船员的身体健康,照顾病人和伤者。
司酒官	掌管商船食物储藏室、储水室以及其他饮料,并将船上每日食品配量给厨师。
厨　师	数名,负责船上人员的每日伙食。
仆役长和侍童	负责侍奉船上高级官员。
水　手	负责收帆起锚、清理甲板、下锚取水、装卸货物等重活,并在遇见海盗时操纵大炮作战。

此外,船员名单常包括负责掌管武器的警官和助手、铁匠、造桶员等,还可能存在极少数的随船游客。由于缺乏更多与船上人员直接相关的著作和史料,表格难免有所遗漏,但大致能反映出公司商船各次航行的船上人员与各自职责。

蔡鸿生教授《海舶生活史浅议》[①] 一文和《广州海事录》[②] 一书对中国古代船舶的人员构成及职责分工进行了详细的探讨。与清代船舶的舶人职司相比,瑞典商船上的人员构成及职责有所不同。清代船舶上的舶人职司,除了舶主和水手,还包括管理人员(财副、总杆等)、技术人员(火长、押公等)和服务人员(择库、香公、总铺等)。[③] 舶主和水手可分别置于管理人员与服务人员之列,因而若以承担职责为划分标准,船员主体由管理人员、技术人员和服务人员构成。该标准可适用于18世纪的瑞典东印度公司商船,大班、船长、大副为商船管理人员,管理船上相关事务;水手长、舵手、医生、手工匠等具有专业技术的人员可被归为技术人员;至于厨师、仆役长、侍童、水手,则是服务人员。

除了各自承担的职责,船员存在严格的等级划分。在早期的航海船上,成员便已经开始按照严格的等级制度进行划分,船上只有一人拥有最终的权

---

① 蔡鸿生:《海舶生活史浅议》,李庆新主编《海洋史研究》(第五辑),第14页。

② 蔡鸿生:《广州海事录:从市舶时代到洋舶时代》,商务印书馆,2018,第22~24页。

③ 蔡鸿生:《广州海事录:从市舶时代到洋舶时代》,第23页。

力和责任，船上社会阶层也只有发出指令和服从指令的两个等级。① 瑞典东
印度公司成立后，每艘商船出航均有数名大班随行，作为公司董事会的直接
代表，大班虽也遵守商船规定，但并不受船长管辖，独立于船长发出指令而
其余船员服从的等级制度，甚至改变了船长拥有"最终的权力和责任"的
境况。即便在大班没有严格权力的事情上，如进入港口装载食物或淡水、寻
求避难港，在得到大班准许前，船长不能下达任何命令。② 船长与大班在整
个航程中常有矛盾冲突，部分根源在于双方并未清楚地界定自身的任务和责
任，而通过权力的制约和平衡，商船秩序得到更好维持。

（二）船上饮食起居

对一艘航行的海舶而言，食物和淡水的重要性不言自明。金国平先生介
绍大航海时代欧洲人在航海中食用的扁平的发面饼 biscoito/biscouto，一般是
用面粉、水和盐制作），用面包炉烤制；根据航行距离确定烘烤次数，最多可
达四次，将其水分完全烤干，这样可使其在海上航行的潮湿气候下不发霉，
长时间保存。这种"航海面包/面包干"硬如石头，需要用葡萄酒泡酥以后才
能下咽。这种吃法既可填饱肚子，又解决维生素的摄入，且不需加热，使得
这种面包成为大航海时代海上最佳主食。③ 瑞典东印度公司商船在正式启程
前，会在哥德堡外码头装载食物和淡水。1779 年的一段补给物清单摘录，显
示了商船"芬兰"号上部分的补给品：咸牛肉（6500 公斤），各种腌制肉类
和动物板油（136 公斤），各类猪肉（2618 公斤），猪油（230 公斤），牛油
（1810 公斤），干酪（85 公斤），面包（12818 公斤），鳕鱼（2040 公斤），糖
粉（1080 公斤），梅干（136 公斤），芥末（78 升），腌青鱼（12 桶），熏鲱
鱼（12 桶），各类食盐（37 桶），去皮麦粒、麦芽粒（62 桶），燕麦粥（1
桶），豌豆（69 桶），醋酒（1884 升），德国泡菜（12 桶），以及为患病者准
备的小麦和黑麦粉。④"芬兰"号载重约 1100 吨，船员有 150 名，1778 年 1

① 彭维斌、林蓁：《从"圣·迭戈"号沉船考古看海上的社会生活》，《南方文物》2007 年第
3 期。
② Paul Hallberg, Christian Koninckx, *A Passage to China: Colin Campbell's Diary of the First Swedish
East India Company Expedition to Canton, 1723 – 33*, p. xxix.
③ 金国平：《试论"面包"物与名始于澳门》，李庆新主编《海洋史研究》第 15 辑，社会科学
文献出版社，2020，第 365 – 377 页。
④ 〔瑞典〕英格丽·阿伦斯伯格：《瑞典"哥德堡号"再度扬帆》，广州日报报业集团大洋网·《广
州古话》英文网译，广州出版社，2006，第 18 页。

月从哥德堡出发，并于 1779 年 7 月返抵。① 因船只吨位与航行年代不同，
"芬兰"号上的补给品与其他各次航程存在规格与种类上的不同，但无疑有
诸多共同之处，可为探究 18 世纪公司商船的船上食物提供借鉴和参考。

由于缺乏必要的冷冻设施，船舶大多携带通过脱水、腌制、盐浸、罐头
封装等专为船舶远航而生产的航海食品，如咸牛肉、腌肉、面包等，它们保
存时间久、不易腐烂，因而成为 18 世纪瑞典东印度公司商船航行时的主要
食物，并足够整个航程消耗。大量的蔬菜、水果以及存活的牲畜都在哥德堡
外码头被装载上船，商船在中途靠岸时需要对其进行补给。在漫长航程中，
同样需要进行补给的是船上淡水。与停靠港口相比，商船在沿岸岛屿补充淡
水的操作有所不同。为防止搁浅，商船在爪哇岛获取淡水时并不靠岸，而是
派出船上的小划艇，利用一根可以够到划艇的皮水管，将岛上淡水导入水
桶，将其灌满。② 这种小划艇与中国古代海舶所配备的"柴水船"职能相
似，后者负责在海舶无法靠岸时搬运淡水和燃料。③ 除了淡水，公司商船还
装载大量淡啤酒、葡萄酒等，在一定程度上作为淡水的替代品，兼有补充维
生素之效。

船员只要有机会便会钓鱼，如垂钓正鲣、鲔鱼，甚至捕捉狗鲨，作为主
食外的加餐。除了瑞典，欧洲各国海舶都有钓鱼捕鲨来充当食物的经历。17
世纪初，当瑞士雇佣兵利邦所在的海船行驶到英吉利海峡时，船员"看到
很多飞鱼，有好几只飞到船上来，就被我们吃掉了，非常好吃"，还"捕到
了海豚，用鱼叉和箭捕到后，用绳索拖上船。非常好吃，内脏和肉很好吃，
肥肉就像肥猪肉一样"。④ 在 1768~1771 年航程中，詹姆斯·库克所率领的
"努力"号在针织帽岛附近的海域"抓到一条大海鱼"，很好吃。⑤ 19 世纪
初，俄美公司的"涅瓦"号在航程中"捕获了一些鲨鱼"，后者成为船员
"鲜美可口的食品"。⑥ 在古代中国，也不乏舟人钓鱼获取食物的事例。《萍

① 〔瑞典〕贺曼逊：《伟大的中国冒险：关于远东贸易的故事》，赵晓玫译，第 135 页。
② 〔瑞典〕彼得·奥斯贝克：《中国和东印度群岛旅行记》，倪文君译，第 172 页。
③ 蔡鸿生：《广州海事录：从市舶时代到洋舶时代》，第 26 页。
④ 〔瑞士〕艾利·利邦：《海上冒险回忆录：一位佣兵的日志（1617~1627）》，赖慧芸译，浙
江大学出版社，2015，第 49、54 页。
⑤ 〔英〕詹姆斯·库克：《库克船长日记"努力"号于 1768~1771 年的航行》，刘秉仁译，商
务印书馆，2013，第 92 页。
⑥ 〔俄〕尤·弗·里相斯基：《涅瓦号环球旅行记》，徐景学译，黑龙江人民出版社，1983，
第 50~51 页。

洲可谈》记载了舟人以鸡鸭为饵捕获海中大鱼充当食物的活动，如果捕获
到的大鱼不可食用，"剖腹求所吞小鱼可食，一腹不下数十枚，枚数十
斤"。[①] 萧崇业《使琉球录》记载，舟人"垂六物取之，辄获鲜鳞二"，"庖
人强烹之，味果佳"。[②] 在夏子阳使团中，"有二巨鱼逐舟；漳人戏垂钓，获
一重可二百余斤"[③] 由此可见，钓鱼捕鲨并非瑞典商船获取食物特有的活
动，而是所有船舶享受大海馈赠最为直接的方式。

　　与船上严格的等级制度类似，商船的饮食起居也有高低优劣之异，并被
分为三个等级：大班及其助手、船长、首席大副、医生以及随船牧师，享有
自己的舱房、侍者和厨师，在第一餐桌上用餐，享用水果、蔬菜以及鲜肉等
比其他船员明显好得多的饮食，有足量酒水供其享用；其他大副、司酒官、
医生助理在船上的第二餐桌进食，饮食种类和质量逊色于第一餐桌，得大班
允许才可饮酒；海军学校学员、水手长与剩下所有船员相同，大多居住在与
牲畜家禽的棚围在同一层甲板的密集宿舍，饮食由公司管理人员安排，定时
定量供应淡水或淡啤酒。在"皇太子阿道夫·费德里克"号 1746～1748 年
航程中，公司管理人员给船员安排的每周定量口粮转换到当代标准如下：
1.3 千克牛肉、0.2 千克猪肉、2 升豌豆、2 升大麦、0.6 千克鳕鱼、0.4 千
克黄油、0.3 升油、100 克盐、2.6 千克面包、9 升酒水或 9 升淡水。[④]

　　以 18 世纪的标准衡量，公司商船上的饮食种类丰富、供应充足，但饮
食起居存在明显差异，这是船上人员的层级关系在饮食起居方面的体现。直
至 19 世纪，差异依然存在，在英国海军的舰船上，一般水兵的生活仍然艰
苦，薪金低、饮食差，升迁机会很少。在海上航行时，军官和科学家的生活
与食住都与在底舱的水兵差别很大。[⑤]

（三）船员健康问题

　　从哥德堡到广州的航行充满艰辛，一次往返航程至少需要一年半的时
间，船员身体素质受到严峻考验。恶劣的居住条件、单调而缺乏营养的饮

①　朱彧：《萍洲可谈》卷二，李伟国点校，大象出版社，2006，第 149 页。
②　萧崇业：《使琉球录》，《台湾文献丛刊》第 287 种《使琉球录三种》，台湾银行，1970，第 79 页。
③　萧崇业：《使琉球录》，《台湾文献丛刊》第 287 种《使琉球录三种》，台湾银行，1970，第 225 页。
④　〔瑞典〕英格丽·阿伦斯伯格：《瑞典"哥德堡号"再度扬帆》，第 20 页。
⑤　〔澳〕伊安·琼斯、〔澳〕乔伊斯·琼斯、李允武：《帆船时代的海洋学》，海洋出版社，2009，第 124～125 页。

食、变质的淡水、极端的天气，以及诸如坏血病、疟疾等疾病，是损坏船员健康甚至造成死亡的因素。公司经营期间，每艘商船的死亡率有很大差别，但平均而言，每次航行有百分之十二的船员死于疾病，特别是坏血病，以及其他原因造成的事故。①

自地理大发现和大航海时代开始，坏血病便成为欧洲常见疾病，船员很少食用新鲜蔬果而缺乏维生素，因而容易罹患此病。达·伽马和麦哲伦各自率领的船队都深受坏血病困扰。当达·伽马船队成功开辟绕过非洲抵达印度的新航路，返航再次横渡印度洋时，船员"都生着重病，牙床肿得很厉害，以致全部牙齿被包住，因而我们不能吃东西；脚也浮肿起来，又在身体上出现了大脓疮。这些脓疮使壮健男人即使没有什么别的疾病，也变为虚弱，以至死亡"。② 在麦哲伦船队中，船员也因缺乏维生素而出现坏血病症状："起初，患者牙床浮肿，接着开始出血；牙齿松动、脱落；嘴里出现脓肿，最后，咽头红肿，疼痛难忍，即使有吃的东西，不幸的病人也难以下咽了：他们死得很凄惨。"③ 然而，郑和下西洋船队的船员却少见患上坏血症，虽不排除现存郑和航海资料基本是残存边角料，不具备全局性记载，但仍可从郑和船队的航海路线探究出其中缘由。郑和船队远航印度洋与西太平洋，拜访包括占城、爪哇、真腊、旧港、暹罗等在内的 30 多个国家和地区，船队经过之处，存在大量港口和提供补给的海岸停靠区域，可采购新鲜果蔬，船队不缺乏维生素的补给，坏血病因而并不常见。

直到 18 世纪中叶，英国人詹姆斯·林德利用柑橘类水果和新鲜蔬菜治疗和预防坏血病，欧洲坏血病的致死率才有所改善。即便人们已经知道新鲜果蔬在预防坏血病上的效用，在 18 世纪，坏血病在船员中仍十分常见，因为他们被迫长时间靠腌肉、鱼和谷物（主要是硬面包）维持生存。④ 为弥补船上果蔬不足，欧洲海舶经常为船员供应麦芽、泡菜作为食物，在一定程度上可防止坏血病。在库克船长率领的"努力"号上，"全船人总体上非常健康"，得益于船上装载的"那些泡菜、便携汤料和麦芽"，"不管哪个人哪怕

① 〔瑞典〕默尔纳：《瑞典东印度公司与中国》，《北京社会科学》1988 年第 1 期，第 64～68 页。
② 《关于达·伽马航行（1497～1499）的佚名笔记》，见耿淡如等译注《世界中世纪史原始资料选辑》，天津人民出版社，1959，第 151～152 页。
③ 〔奥〕茨威格：《麦哲伦》，范信龙译，辽海出版社，1998，第 166 页。
④ 〔美〕林肯·佩恩：《海洋与文明》，陈建军、罗燚英译，天津人民出版社，2017，第 649 页。

稍微有一点坏血症的症状，船上的医生就会随时拿麦芽做成麦芽汁给他喝"。① 1803 年，"涅瓦"号计划携带的"四十大桶酸白菜"是"防止坏血病的有效食品"。② 瑞典东印度公司商船也不例外，"芬兰"号 1778～1779 年航程补给品中的麦芽、泡菜便有此用途。

由于船上的饮食差距，真正容易罹患坏血症的通常为平日无法食用果蔬的下级船员，当其出现坏血病症状时，船员将得到随船医师的悉心照料，饮食有所改善，症状因此得到缓解，公司商船停留加的斯港期间在药店购买的药用植物被用来"治疗败血病，并取得了很好的疗效"。③ 尽管坏血病在船上仍属常见，损害着船员的身体健康，但患病前的预防与患病后的治疗使得坏血病的致死率有所降低。在"卡尔亲王"号 1750～1752 年航程中，商船"损失了 8 人，其中 1 人死于痢疾，1 人死于胸膜炎、4 人死于疟疾，还有 3 人死于意外"④，并无因坏血病死亡的案例，致死率最高的反而是疟疾。

疟疾是经按蚊叮咬而感染疟原虫所引起的疾病，主要肆虐于热带地区，属热带疾病，症状表现为周期性的全身发热、发冷、多汗。在由哥德堡出发前往广州及返回的漫长航程中，商船必定途经并数月航行于热带地区，疟疾是船员易感之病，"卡尔亲王"号便有不少于 22 名人员因病卧床，绝大部分是因为疟疾。⑤ 关于疟疾，元代汪大渊所著《岛夷志略》"左里地闷"条有记载，14 世纪初东帝汶一带有热病横行，"疾发而为狂热，谓之阴阳交"，据苏继庼先生考证，热病"阴阳交"即为疟疾。⑥ 18 世纪后半叶，对航行于热带地区的船舶而言，疟疾或比坏血病更能对船员健康造成威胁，致死率更高。

在坏血病、疟疾之外，船员常因卫生条件恶劣而生病。船员会在天气允许时将甲板冲洗干净，并晾晒衣服，海水不能用来洗濯衣物，商船停靠爪哇岛时会上岸用河水洗衣。⑦ 为保证船上卫生，牲畜排泄物、食物残渣、动物

---

① 〔英〕詹姆斯·库克：《库克船长日记"努力"号于 1768～1771 年的航行》，刘秉仁译，第 97 页。
② 〔俄〕尤·弗·里相斯基：《涅瓦号环球旅行记》，徐景学译，第 5 页。
③ 〔瑞典〕彼得·奥斯贝克：《中国和东印度群岛旅行记》，倪文君译，第 205 页。
④ 〔瑞典〕彼得·奥斯贝克：《中国和东印度群岛旅行记》，倪文君译，第 200 页。原文数据可能有误。
⑤ 〔瑞典〕彼得·奥斯贝克：《中国和东印度群岛旅行记》，倪文君译，第 44 页。
⑥ 苏继庼校释《岛夷志略校释》，中华书局，2000，第 213 页。
⑦ 〔瑞典〕彼得·奥斯贝克：《中国和东印度群岛旅行记》，倪文君译，第 175 页。

内脏、死去的动物，甚至船员尸体都被抛入大海。① 将尸体抛入大海，即海葬，是包括瑞典商船在内的各国船舶处理船上尸体的常见做法。17 世纪中叶，荷兰商船处理船员尸体的方式便是海葬，《东印度航海记》记载："十八日，我们把前一天晚上死去的一个人抛入海里。"② 当"努力"号上的希克斯中尉去世时，船只"举行普通的仪式，将他的遗体放入大海"。③ 若死者为船长，葬礼更加正式，"把死尸绑在一块木板上，再在足部扎上两颗炮弹，待晨祷结束，便将它抛入海中"，并需要"向船长致礼"。④ 在瑞典，由于左边、右边分别代表奸猾与正直，因而诚实而正直的船员去世后会被从船的右舷沉入海底，不值得信赖的水手会从船的左舷被扔入海底。⑤ 至于古代中国，由于船舶忌讳人死在船上，往往在将死之人断气前便将其抛入大海，"舟人病者忌死于舟中，往往气未绝便卷以重席，投水中，欲其遽沉，用数瓦罐贮水缚席间"。⑥

由上可见，根据死者身份、国家习俗、航行条件等具体情况的不同，各艘船舶的海葬方式存有差异，不可一概而论。瑞典东印度公司经营期间，商船航行于海，严格遵照航线前进，不因个别船员去世而随意上岸将其埋葬，若不及时处理，尸体腐烂发臭，会严重影响船上卫生健康，海葬因此成为惯例。

（四）宗教活动

海舶远离陆地，在面对喜怒无常、充满凶险的大海时，涉海人群深感渺小无力，往往将航行安全寄托于神灵保佑，并常在航船上进行宗教活动。在古代中国，船上宗教活动主要是为现世利益，即"人船清吉，海岛安宁。暴风疾雨不相遇，暗礁沉石莫相逢。求谋遂意，财实自兴"。⑦《定罗经中针祝文》与《地罗经下针〔请〕神文》陈列出涉海人群所祭拜的各类神灵，

---

① 〔瑞典〕彼得·奥斯贝克：《中国和东印度群岛旅行记》，倪文君译，第 45 页。
② 〔荷〕威·伊·邦特库：《东印度航海记》，姚楠译，中华书局，1982，第 91 页。
③ 〔英〕詹姆斯·库克：《库克船长日记"努力"号于 1768 ～1771 年的航行》，刘秉仁译，第 498 页。
④ 〔德〕克里斯托费尔·弗里克、〔德〕克里斯托费尔·施魏策尔：《热带猎奇：十七世纪东印度航海记》，姚楠、钱江译，海洋出版社，1986，第 15 页。
⑤ 〔瑞典〕贺曼逊：《伟大的中国冒险：关于远东贸易的故事》，赵晓玫译，第 42 页。
⑥ 朱彧：《萍洲可谈》卷二，李伟国点校，第 150 页。
⑦ 向达校注《两种海道针经》，中华书局，2000，第 109 页。

包括各流派仙师祖师、本船守护神灵、各类海洋保护神和其他神灵。① 船上多供奉这些神灵，如妈祖、观音、关帝等，由"香公"专管祀神香火，舶主"率众顶礼"，祈求神灵保佑。② 与中国海舶相异，尽管欧洲存在专管海事的海神圣母玛利亚，③ 但各国东印度公司商船上的宗教活动并不以玛利亚为中心进行祈祷活动，而是举行基督教的一般宗教仪式，由随船牧师举行。

18 世纪，瑞典东印度公司商船大多配有随船牧师，负责"每天早晚宣读祷告词，聆听人们的忏悔，主持领受圣餐的仪式，以问答方式传授教义，探望病人，埋葬死者，并在礼拜日和假日宣讲福音"。④ 随船牧师的职责详细反映了公司商船上的宗教活动，包括必要的基督教仪式，如宣读祷告词、主持领受圣餐、于礼拜日和假日宣讲福音，随船牧师以问答方式传授教义，倾听船上人员的忏悔。除了牧师主导的船上宗教活动，船员常随身携带十字架，以祈祷航程平安。此外，欧洲海舶还携带传播基督教义的宗教书籍，如17 世纪的荷兰公司商船会给船上每人一册《圣歌集》，以供每晚颂唱。⑤

欧洲信奉的基督教崇尚一神信仰，船上宗教活动必然与中国有所不同。在表现形式上，中国船舶崇奉海上保护神，欧洲航船信奉基督耶稣；在活动内容上，中国船舶有专门祭拜海神的祭神文与祭祀程序，欧洲航船严格遵照基督教各种仪式，与陆上无异；在祈求目的上，中国船舶多求现世利益，欧洲航船则为忏悔心安并获得救赎，由于畏惧航程中的各种危险，兼有祈求航行平安之意。

（五）船上娱乐消遣

漫长的海上航行甚是枯燥，因而船员在处理日常事务的间隙，需要通过适度的娱乐消遣来打发无聊时光，公司商船的娱乐消遣是相对丰富的，"每个人都就各自的兴趣有所选择"。⑥ 船员时常捕捉海鸟，垂钓海鱼，甚至

---

① 李庆新：《明清时期航海针路、更路簿中的海洋信仰》，李庆新主编《海洋史研究》（第十五辑），社会科学文献出版社，2020，第 341～364 页。

② 蔡鸿生：《广州海事录：从市舶时代到洋舶时代》，第 31 页。

③ 〔德〕普塔克：《海神妈祖与圣母玛利亚之比较（约 1400～1700 年）》，肖文帅译，李庆新主编《海洋史研究》（第五辑），社会科学文献出版社，2012，第 264～276 页。

④ 〔瑞典〕彼得·奥斯贝克：《中国和东印度群岛旅行记》，倪文君译，第 12 页。

⑤ 〔德〕克里斯托费尔·弗里克、〔德〕克里斯托费尔·施魏策尔：《热带猎奇：十七世纪东印度航海记》，姚楠、钱江译，第 8 页。

⑥ 〔瑞典〕彼得·奥斯贝克：《中国和东印度群岛旅行记·自序》，倪文君译，第 12 页。

"在鱼钩上挂了半只鸡用来钓狗鲨",① 此类活动既可获取食物,又可供船员取乐。哥伦布船队上的水手们也经常捕鱼以消遣,"水手们看见很多金枪鱼,并捕杀一条"。② 荷兰公司的船员"看到了黑斑海鸥。偶尔也捕捉了几只,用木棒上吊一块肥肉钩住它们,拖上船来,作为消遣"。③ 垂钓海鱼、捕捉海鸟是船员从海洋本身所能获取最直接的娱乐消遣,在船舶生活史上具有普遍意义。

复活节、圣诞节是欧洲国家隆重而又盛大的宗教节日,商船航行于海,也会有庆祝之举,商船在节日当天加餐庆祝,船员也能得到消遣。《东印度航海记》对 17 世纪中叶荷兰东印度公司商船庆祝复活节的情况有所记载:"那天下午,我们在船上宰了一头水牛和一头猪,因为第二天要庆祝复活节……十六日复活节……中国帆船上的人都到我们船上来听布道,并留在船上吃午餐,吃牛肉。"④ 库克船长率领的"努力"号于圣诞节当日也大肆庆祝:"昨天是圣诞节,大家都喝了不少酒。"⑤ 由于将日历上的每一天都与一个或更多的名字联系起来是瑞典人的传统,瑞典东印度公司商船的船上娱乐活动常与此相关。"哥德堡"号 1743 ~ 1745 年航程在瑞典国王的姓名日当天抵达纬度 40°,船员们饮用葡萄酒和伏特加,品尝着新鲜食物来庆祝这一天,船员们赞美国王,跳舞狂欢,互相敬酒。随船牧师蒙坦神父在航海日志中如此写道:"整个船上鼓乐喧天,所有船员都在为他们伟大君主的健康而干杯。"⑥

船上消遣很大程度取决于从岸上携带到船上的物品,水手们会携带几把刀、一两本书当作消遣。此外,商船于爪哇购买的鹦鹉、九官鸟、鸦鸟也能为枯燥乏味的航行带来乐趣。⑦ 但对任何船舶而言,娱乐消遣都建立在不违背规定的基础上,包括瑞典在内的各国船舶规定船上人员不得聚众赌博、酗酒。"努力"号的船员因"把后甲板上的朗姆酒从桶里舀出来"而受到惩罚,被鞭打 12 下。⑧ 于乾隆七年(1742)出航的浙江嘉兴商船规定:"商人

① 〔瑞典〕彼得·奥斯贝克:《中国和东印度群岛旅行记·自序》,倪文君译,第 179 页。
② 〔意〕哥伦布:《航海日记》,孙家堃译,上海外语教育出版社,1987,第 21 页。
③ 〔荷〕威·伊·邦特库:《东印度航海记》,姚楠译,第 27 页。
④ 〔荷〕威·伊·邦特库:《东印度航海记》,姚楠译,第 93 页。
⑤ 〔英〕詹姆斯·库克:《库克船长日记"努力"号于 1768 ~ 1771 年的航行》,刘秉仁译,第 52 页。
⑥ 〔瑞典〕贺曼逊:《伟大的中国冒险:关于远东贸易的故事》,赵晓玫译,第 43 ~ 44 页。
⑦ 〔瑞典〕彼得·奥斯贝克:《中国和东印度群岛旅行记》,倪文君译,第 60 页。
⑧ 〔英〕詹姆斯·库克:《库克船长日记"努力"号于 1768 ~ 1771 年的航行》,刘秉仁译,第 124 页。

舵手无论在洋还是在船，均不得私带赌具赌博，不许嫖妓争奸与酗酒打降等
事。"① 可见各国船舶对船上酗酒和赌博行为均是明令禁止的，违者将受到
惩处。

结　语

　　从 1731 年建立到 1813 年结束的 83 年中，瑞典东印度公司下属的 35 艘
商船共有 129 个航次来华贸易，平均每年不到两艘船。由于直至 19 世纪中
叶，帆船发展才由鼎盛转向衰弱，并最终让步于蒸汽船，因而在公司经营期
间，商船尽管在规格、型号甚至类型上有所差异，但始终是具有瑞典风格的
贸易帆船。以"卡尔亲王"号 1750～1752 年航程为常态的 18 世纪瑞典东印
度公司商船的海上生活具有帆船时代背景下各国远洋航船的诸多特征，并与
各国海舶生活存在诸多共通之处：船舶航行于海，存在饮食起居、卫生健康
等物质要求，宗教活动、娱乐消遣等精神需要；船上人员各自承担职责并实
行严格的社会等级制度。由于各国习俗、船舶本身、航行路线、航行时节等
因素的不同，各艘远洋航船的船上生活在细节上存有差异，本文所述内容仅
仅能为瑞典东印度公司商船的海上生活构建出粗略轮廓，待考问题尚多，未
竟之处只得日后再做探讨。

The Life of the Merchant Ships of the Swedish East India Company in the 18th Century: A Case Study of the Voyage of Prins Carl, 1750 −1752

He Aimin

Abstract: The Prins Carl was a merchant ship of the Swedish East India Company. The ship set out from Gothenburg, a port on the west coast of Sweden, on November of 1750, for Guangzhou and returned in June 1752. During the 19-

---

① 王振忠：《清代前期对江南海外贸易中海商水手的管理——以日本长崎唐通事相关文献为中心》，李庆新主编《海洋史研究》（第四辑），社会科学文献出版社，2012，第 166 页。

month voyage, the Prins Carl spent most of its time at sea. The ship's pastor Pehr Osbeck wrote a logbook, "*A Voyage to China and the East Indies*", which vividly recorded the ship life during the voyage. This voyage is the normal and epitome of the Swedish East India Company's merchant ships from Gothenburg to Guangzhou in the 18th century. Exploring the ship life of Prins Carl is helpful for the academic circle to understand the life of the merchant ships of the Swedish East India Company in the mid-18th century and even the whole period of operation (1731 - 1813), and to improve the academic circle's understanding of the Swedish East India Company and its development of trade with China.

　　Keywords: Swedish East India Company; Prins Carl; Ship life

（执行编辑：徐素琴）

海洋史研究（第十七辑）
2021 年 8 月　第 64～87 页

葡萄牙人东来与 16 世纪
中国外销瓷器的转变

——对中东及欧洲市场的观察

王冠宇*

从葡萄牙人第一次在广东沿海离岛登陆，并与中国商人进行贸易，到澳门开埠，稳定有序而规模日盛的中葡贸易得以开展，葡萄牙及更广阔的欧洲大陆逐渐成为中国商品集散流通的重要地区。作为一个全新的海外市场，葡萄牙曾对中国外销瓷器的面貌产生深远影响。16 世纪与 17 世纪之交，一种被称为"克拉克"的全新风格瓷器涌现并风靡欧洲，便是当中最为显著的结果之一。

欧洲市场需求的出现及不断扩大，如何影响中国瓷器外销的进程，如何塑造中国瓷器外销的品种、类型以及纹样风格等诸多面向，最终形成一整套独具特色、专供欧洲大陆的贸易商品，将是本文论述的重点。称这批瓷器为创新之作，皆因其与此前大量生产并行销中东地区的中国瓷器存在巨大差异。这些差异主要存在于瓷器的品种类型、尺寸规格及装饰纹样等三个方

---

* 作者王冠宇，香港中文大学文物馆中国器物主任（副研究员），研究方向：古代陶瓷及中外物质文化交流。
本文系香港特别行政区政府研究资助局资助研究计划"明代藩王的瓷器生产与消费文化"（项目号：14609018）阶段性成果。

面。篇幅所限，本文将重点讨论瓷器品种类型的转变，并进一步阐述这些转变与葡萄牙本地功能及审美需要的关系，分析其如何达成与欧洲市场需求的契合，从而解释中国外销瓷器海外目标市场的变动与转移。

一　研究个案的选取

中葡贸易展开前，中东地区曾是中国瓷器外销的最大市场之一。文献记载之外，地方馆藏、陆上遗址及沉船考古发现都是明证。[①] 对实物资料的观察与研究，是我们理解这个阶段外销瓷器各方面特点的关键。本文以土耳其伊斯坦布尔托普卡比王宫博物馆（Topkapi Palace Museum, Istanbul, Turkey）藏 16 世纪初期外销瓷器作为中东市场的代表类型，与中葡贸易开展之后的外销瓷器进行比较，探讨葡萄牙东来前后，中国外销瓷器所发生的巨大变化。

1453 年，奥斯曼苏丹穆罕默德二世攻陷伊斯坦布尔，奥斯曼帝国迁都于此。1460～1478 年，代表着帝国中央权威的托普卡比王宫完成设计、布局与庞大的建造工程，此后又在不同时期得以改造与扩建，直至 1839～1861 年苏丹阿伯都麦齐德在位期间将宫廷迁出托普卡比王宫为止。1863 年，王宫因火灾损毁严重，经过修整后，于 1924 年作为王宫博物馆重新投入使用。[②]

元代以来中东地区与中国大陆密切的外交与贸易往来，以及明清时期土耳其作为陆路及海上贸易路线上重要商贸地点的历史背景，使作为奥斯曼帝国王宫的托普卡比收藏了上万件中国瓷器，时间横跨约六百年，成为世界范围内品质最高、数量最多的中国瓷器收藏之一（图 1）。[③] 这些瓷器的入藏，仅有极少部分是经由直接采购或外交馈赠的途径，更多的是从奥斯曼官员的私人收藏中征取。因奥斯曼施行"木哈勒法"制度，规定官员去世后其财

---

① 目前为止，对于中东地区收藏中国瓷器的整理、研究成果颇丰，主要的可参见 John Alexander Pope, *Chinese Porcelains from the Ardebil Shrine*, Washington, DC: Freer Gallery of Art, 1956; Takatoshi Misugi, *Chinese Porcelain Collections in the Near East: Topkapi and Ardebil*, Hong Kong: Hong Kong University Press, 1981; Regina Krahl and John Ayers, *Chinese Ceramics in the Topkapi Saray Museum*, London: Sotheby's Publications, 1986;〔土〕爱赛·郁秋克编《伊斯坦布尔的中国宝藏》，伊斯坦布尔：土耳其外交部，2001。

② 〔土〕爱赛·郁秋克编《伊斯坦布尔的中国宝藏》，第 9～15 页。

③ 参阅 Regina Krahl and John Ayers, *Chinese Ceramics in the Topkapi Saray Museum*, London: Sotheby's Publications, 1986, vol. 2, pp. 23 - 54. Takatoshi Misugi, *Chinese Porcelain Collections in the Near East: Topkapi and Ardebil*, pp. 1 - 12.

产收归国库，瓷器收藏亦进入大内宝库，供王室取用。①因此，王宫博物馆藏可以覆盖中东地区欣赏和使用中国瓷器的诸多面向，提供综合全面的信息。

图 1　托普卡比王宫博物馆收藏的中国瓷器

资料来源：Regina Krahl and John Ayers, *Chinese Ceramics in the Topkapi Saray Museum*, London：Sotheby's Publications, 1986, vol. 2, p. 28.

在对中国瓷器进入欧洲市场初期的讨论中，笔者将使用葡萄牙一处修道院遗址出土的瓷器作为比较个案。遗址原为旧圣克拉拉修道院（Mosteiro de Santa Clara-a-Velha），其所在的科英布拉市（Coimbra, Portugal），在 1131 - 1255 年曾是葡萄牙首都，且前后有 11 位葡萄牙国王出生并成长于此。② 而修道院的建立和使用与葡萄牙皇室渊源颇深。

1316 年，旧圣克拉拉修道院由葡萄牙伊丽莎白王后（Queen Elizabeth，葡文 Queen Dona Isabel）出资修建。③ 此后亦长期受到皇室及贵族成员资助捐赠。在本文集中讨论的 16 世纪中后期，修道院的女性权贵供养人记录在册者就达上千位，当中包括大量皇室及贵族成员。她们的捐赠构成了此时期修道院获得精美外销瓷器的主要途径。④ 根据文献记载以及修道院出土的供

---

① 〔土〕爱赛·郁秋克编《伊斯坦布尔的中国宝藏》，第 43~81 页。

② Anthony R. Disney, *A History of Portugal and the Portuguese Empire：From Beginnings to 1807*, New York：Cambridge University Press, 2009, pp. 75, 93.

③ 国王迪尼什一世（King Denis of Portugal）的妻子，因对宗教的虔诚与竭诚贡献，于 1626 年被罗马教会追封圣号。引自 Rev. Hugo Hoever, *Lives of the Saints, For Every Day of the Year*, New York：Catholic Book Publishing Co., 1955, p. 257。

④ 科英布拉旧圣克拉拉修道院遗址博物馆电子档案。

养人墓葬证明，有相当数量的供养人曾在修道院长期生活修行，甚至埋葬于此。① 而出土器物表面大量使用和磨损的痕迹证明，它们很可能为供养人及修女们在修道院的日常生活中所用。

由于选址临近蒙德古河（Mondego River），此地频繁遭河水季节性泛滥之灾。修道院以不断加高地面及修建防洪墙的做法抵御每年冬季的洪水，但一直未能摆脱困扰。1612～1616年，修道院被迫在教堂中重新修建了一个更高的地面，放弃了曾经的地面及教堂外的院落。并开始筹备在旁边的山顶上修建新的修道院，以期取代已经不能维持日常使用的旧址。1677年，新圣克拉拉修道院修建完毕，宗教团体全员迁移，旧的修道院被彻底废弃。由于两处修道院均冠名以圣克拉拉（Mosteiro de Santa Clara），因此在称呼中加入"新""旧"以示区别。②

废弃的教堂及院落，因洪水之患，及水位线的长期高企，一直掩埋在积水与淤泥中，直到1995年的清淤及考古工作正式展开，才被清理出来（图2）。长期掩埋，保护遗迹遗物不经扰动，信息保存完整。遗址出土逾五千件中国瓷器碎片，年代主要集中于16世纪后半叶，是理解中葡贸易早期中国外销瓷器面貌的关键资料。③

图2　旧圣克拉拉修道院遗址

拍摄者不详，照片保存于旧圣克拉拉修道院遗址博物馆。

---

① Paulo Cecar Santos, "The Chinese Porcelains of Santa Clara-a-Velha, Coimbra: Fragments of a Collection," *Oriental Art*, Vol. XLIX, No. 3, 2003, pp. 24-31.

② 葡语分别为 Mosteiro de Santa Clara-a-Nova（新圣克拉拉修道院）及 Mosteiro de Santa Clara-a-Velha（旧圣克拉拉修道院，即本文重点讨论的遗址）。

③ Paulo Cecar Santos, "The Chinese Porcelains of Santa Clara-a-Velha, Coimbra: Fragments of a Collection," pp. 24-31.

笔者选取以上两处单位作为比较个案，分别考察中国外销瓷器在中东地区和欧洲地区的流通及使用情况，以此论证两地入口中国瓷器的不同品貌及其功能差异，从而理解葡萄牙人东来、中欧海上贸易贯通之后，中国外销瓷器所发生的宏观变化。

二　中国瓷器在中东：种类及功能

在托普卡比王宫博物馆的瓷器收藏中，数 16 世纪的中国外销瓷器种类丰富，它们与本地历史文献及图像资料的记录相呼应，为我们还原出中国瓷器在 16 世纪中东地区使用中的突出特点——中东地区使用的中国瓷器种类与型式十分多样，且在日常生活的诸多方面发挥功能，如宴饮用具、盛装器皿、庭院装饰甚至杂技道具等。

根据笔者统计（见附表），托普卡比王宫博物馆藏 16 世纪前期中国瓷器大致包括盘、碗、瓶、壶、盒等几大种类。其中，盘以敞口及折沿两型为主，碗则见敞口及侈口两类，有不同变化。此外，较为突出的是大量的瓶、壶及盒类器物，以瓶为例，可见蒜头瓶、玉壶春瓶、多管瓶、葫芦瓶、长颈瓶以及梅瓶等多种形式，壶亦可见多种形制的执壶、扁壶及长流壶。

在这些器物中，除了为器物加装宝石、金属线等装饰（如缠枝莲花纹盒，图 3，①），还见定做金属器盖（如鼓腹长颈瓶，图 3，②），甚至再次加工，改造器物功能的做法。如馆藏的凤穿花纹玉壶春瓶，在进一步加工中以金属包镶口部及喇叭形足，加装鋬手及流，并钻穿器腹，与流连通，将瓷瓶改装成为执壶（图 3，③）。这些做法旨在对破损瓷器进行修复，或根据瓷器本身特点加强或改造其用途，反映着本地消费者对中国瓷器形制及功能特性的深入理解。

文献记载亦表明，到 16 世纪，中国瓷器在日常生活中的使用，已成为中东地区贵族消费者以及王室的传统。在当地的历史文献中，关于中国瓷器的明确记载最早见于 1457 年，穆罕默德二世在埃迪尔内的旧宫为王子贝亚兹德和穆斯塔法举行割礼宴时，"以法富利碗承载果浆"。[①] 自 16 世纪开始，

---

① 法富利，意为"中国皇帝"（笔者按：原意可能为"大明帝王"，因当时还没有"中国皇帝"一说），这一名词常与器物名称配合代指中国瓷器的不同类型。参见〔土〕爱赛·郁秋克编《伊斯坦布尔的中国宝藏》，第 106 页。

图 3　托普卡比王宫博物馆藏 16 世纪中国瓷器

①缠枝莲花纹盒；② 鼓腹长颈瓶；③ 凤穿花纹玉壶春瓶

资料来源：Regina Krahl and John Ayers，*Chinese Ceramics in the Topkapi Saray Museum*，*Istanbul*：*A. Complete Catalogue*，London：Sotheby's Pubns.，1986，vol. 2，pp. 441，548，440。

奥斯曼文献及档案中对于中国瓷器的记载日趋丰富，披露出更多中国瓷器在中东地区使用的细节。如托普卡比王宫博物馆藏档案《庆典实录》（Surname-i Hümayun）记载苏丹穆拉德三世（Sultan Murad Ⅲ，1546－1595）在 1582 年为穆罕默德王子（Prince Mehmed）举行割礼宴时，曾使用 397 件中国瓷器。史官更提到御厨房及烹具库中亦存放有各色中国瓷器。[1]

　　17 世纪的历史文献中亦记录了不同类型中国瓷器在日常生活中的使用，如把壶及盆除了用于盛放净水，供礼拜前净手之用，亦有可能是饭前饭后让仆人提着，注水给宾客洗手。大型瓷碗和瓷盘用来承载炖肉和菜、烩肉饭、生果和甜品，放在圆形矮桌的中央，少则三至四人盘腿围坐或跪坐于地上，共享盘中的食物。较小的碗用以承载各种汤羹、炖果茸、酸奶酪、冷杂饮等。大小和形状不一的瓷杯，有的用作咖啡杯，有的用于盛放冷杂饮。配套的玫瑰水瓶和熏炉则用来满足奥斯曼人嗜香的品味。[2]

　　这些文献中，以《庆典实录》对研究中国瓷器最具参考价值。《庆典实录》是以文字及图像形式记录奥斯曼帝国王室婚礼、割礼等节庆活动的史料总称。实录通常由当时在位的苏丹指示修纂，详细记录王室节庆活动的细

---

① 〔土〕爱赛·郁秋克编《伊斯坦布尔的中国宝藏》，第 112 页。

② 〔土〕爱赛·郁秋克编《伊斯坦布尔的中国宝藏》，第 122 页。

节，包括举行的时间、地点，参与的人员，活动的流程（包括游行、苏丹入场、宴饮赠礼、音乐舞蹈、杂技表演、烟花汇演等场面）等内容，配以插图。苏丹们在筹备节庆活动以及编纂相关实录的过程中不惜耗费巨资，为的是褒扬与记录自己在位时的盛世场景，对内巩固民众的支持，对外彰显国力的强大。而实录的修纂，亦旨在为日后王室的节庆设计提供范本和可资参考的细节，因此其内容与插图往往十分生动详尽。①

　　实录中记载的庆典活动以 1582 年最为详尽，附有 427 幅插图，其中许多图像资料都直观地展示出此时期中国瓷器的使用情况。如在一幅描绘赠礼仪式的插图中，园丁将新采摘的水果，放在中国式的青花瓷瓮中呈上（图4，①）。② 在描绘宗教领袖与法官宴饮场景的插画中，可见圆形餐桌中央正摆放着大型的青花瓷盘、瓷碗，用餐者以 11 位为一围，坐在餐桌边，以各自的餐具舀取瓷器中的食物（图 5，①）。③ 此外，插图描绘的庆典游行队伍旁，可见提供咖啡的流动小车，车上摆放有青花瓷碗（杯），叠放在一起，供盛装咖啡时取用。一旁落座交谈的客人们也正在用瓷碗（杯）饮用咖啡（图 5，②）。④ 在表现杂技场景的插图中，还可见在庆典中表演的杂技大师使用中国瓷器作为道具，如在高竿支撑的篮筐内平稳端坐，向青花瓷碗（杯）内斟倒咖啡而不洒出（图 4，②），又如滚铁环的表演者将盛水的青花瓷杯放在圆环内，迅速转动的同时保持杯中水面静止而不溢出（图 4，③）。⑤

　　此外，托普卡比王宫博物馆藏的《伊斯坦布尔画册》（İstanbul Albümü）中，有一幅绘制于 17 世纪初期，表现穆拉德四世（Murad Ⅳ，1612 - 1640）在宫廷内休憩的插画，画面的前景中可见摆设的青花瓷盘、瓷碗、瓷瓶等，搭配丰富（图 6），亦可作为奥斯曼王室日常所用中国瓷器品类丰富的证明。⑥

　　综上可知，在 16 世纪以来的中东地区，中国瓷器的使用已经深入消费者日常生活的诸多方面，其种类亦十分丰富。这一情形，与 16 世纪后半叶兴起的欧洲市场非常不同。

---

① Nurhan Atasoy, *1582 Surname-i Hümayun: An Imperial Celebration*, pp. 7 - 23.
② 〔土〕爱赛·郁秋克编《伊斯坦布尔的中国宝藏》，第 110 页。
③ 〔土〕爱赛·郁秋克编《伊斯坦布尔的中国宝藏》，第 114 页。
④ 〔土〕爱赛·郁秋克编《伊斯坦布尔的中国宝藏》，第 111 页。
⑤ 〔土〕爱赛·郁秋克编《伊斯坦布尔的中国宝藏》，第 129 页。
⑥ 〔土〕爱赛·郁秋克编《伊斯坦布尔的中国宝藏》，第 134 页。

图 4　《庆典实录》插图描绘中国瓷器的使用情况

①园丁呈上装有水果的青花瓷瓮（局部特写）；②杂技师向瓷杯中倾倒咖啡（局部特写）；③杂技师转动盛有瓷杯的圆环（局部特写）

资料来源：〔土〕爱赛·郁秋克编《伊斯坦布尔的中国宝藏》，第 110、129 页。

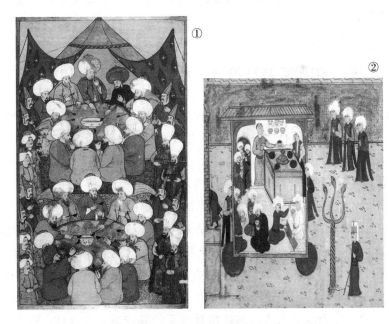

图 5　《庆典实录》插图描绘中国瓷器在宴饮中的使用

①宗教领袖及法官用餐图（局部）；②流动咖啡车及中国瓷器（局部）

资料来源：〔土〕爱赛·郁秋克编《伊斯坦布尔的中国宝藏》，第 114、111 页。

图6　17世纪初期插画《穆拉德四世庭院休憩图》局部（左）及特写（右）

资料来源：《伊斯坦布尔画册》（İstanbul Albümü）插图，土耳其伊斯坦布尔托普卡比王宫博物馆藏。

三　中国瓷器在欧洲：种类、组合及其功能

中葡贸易开展之后，外销瓷器的类型较之前发生了诸多变化，最突出的表现便是种类的锐减。欧洲市场在16世纪中后期对于中国瓷器的进口中，其种类缩减到仅以盘、碗两大类为主。瓶、壶及盒类的中国瓷器十分罕见（见附表）。瓷器种类的锐减，反映了市场需求的变迁。

在旧圣克拉拉修道院遗址中，出土的中国瓷器以盘碗数量最多，占全部出土瓷器类型的60%以上，其中瓷碗最多，占32.5%，其次为瓷盘，占30.1%。此外，瓷杯占7.6%（其中绝大多数属17世纪及其以后产品），瓷碟占6.3%，瓷瓶约占3.7%，壶罐等占2.4%，其他若干不辨器型。由此可知，在修道院的日常起居及宗教活动中，中国瓷器更多地发挥着盛装及进食器具的功能。作为盛装液体及发挥饮具功能的各种瓶、壶及杯，在16世纪后半叶的中国瓷器中，数量极微。

此外，与中国瓷器共同出土，并且在16世纪后半叶的修道院一同使用的，还有从意大利进口的玻璃器及本地陶器（图7）。其中，可复原出大致器

形的意大利玻璃器共计 65 件，全部为盛装液体或作为饮具的器皿，包括玻璃瓶 39 件（占全部玻璃器皿的 60%），玻璃杯 21 件（约占全部玻璃器皿的32%），玻璃壶及罐 5 件（约占全部玻璃器皿的 8%），无盘碗等器具（图 8）。可复原的本地陶器约 500 件，包括陶杯 178 件（35.6%），陶壶及罐 145 件（占全部本地陶器的 29%），陶瓶 31 件（占全部本地陶器的 6.2%），陶碗 30 件（占全部本地陶器的 6%），陶盆 6 件（占全部本地陶器的 1.2%），其他为瓶盖、罐盖、器把等（图 9）。① 由此，可以观察到一个有趣的现象，即在这两大器类中，均不见盘类器皿，而本地陶器中的碗类器皿，亦仅占全部类型的 6%。

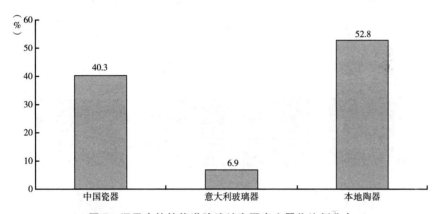

图 7　旧圣克拉拉修道院遗址主要出土器物比例分布

综上可知，相对于中国瓷器盘、碗类器物的大量出土，共存的意大利玻璃器及本地陶器则集中于杯、瓶、壶、罐等类器物的发现。两者之间微妙的种类与数量关系，正暗示着一种作为组合的平衡，即在修道院的日常使用中，作为盛食器具的中国瓷器，是与盛装液体的意大利玻璃器以及本地陶器搭配使用的，它们共同构成服务于餐饮的一整套器具。

由于文献记载中对于早期进口欧洲的中国瓷器的具体使用语焉不详，以及 16 世纪中后期欧洲图像资料的匮乏，我们并不能直接证明这一推测的成立。然而，中国瓷器与意大利玻璃器、本地陶器、金属器等相搭配使用的情况，可以在稍晚的图像资料中得到证实。以比利时女画家克拉拉·皮德丝（Clara Peeters，1594 – 1657 年或以后）绘制于 1611 年的作品《坚果、糖果及鲜花的

---

① 根据笔者的观察，陶杯的内壁以及瓶壶等器物的内外壁均施满釉，致密光滑的釉层大大降低了器壁的透水率，使其更好地发挥盛装液体及作为饮具的功能。

图 8　旧圣克拉拉修道院遗址出土的意大利玻璃器

①玻璃杯；②玻璃瓶；③玻璃壶（残）；④玻璃罐。
拍摄者不详。资料来源：科英布拉旧圣克拉拉修道院遗址博物馆电子档案。

图 9　旧圣克拉拉修道院遗址出土的本地陶瓷

①单把红陶杯；②双耳高足黑陶杯；③双耳红陶杯；④红陶碗；⑤灰陶
瓶；⑥单把红陶罐；⑦红陶罐。
拍摄者不详。资料来源：科英布拉旧圣克拉拉修道院遗址博物馆电子档案。

静物》（*Still Life with Nuts, Candy and Flowers*）为例，画面中央绘出一个盛满
坚果及糖果的白瓷盘，左侧的陶罐插满鲜花，右侧一个装有食物的银盘，后
方为银壶及玻璃酒杯（图 10）。皮德丝于荷兰学习绘画并进行创作，是荷兰黄
金时代最早以中国瓷器入画的艺术家之一。她的许多作品都反映出中国瓷器

与本地流行的玻璃器、金属器的搭配。虽然器物的选择和摆设必然存在对构图及光影等因素的考虑，但画作中以中国瓷盘、瓷碗，意大利玻璃杯、玻璃瓶，陶瓶、陶罐，以及金属盘、金属瓶等为主的内容却十分稳定，这也是同时期其他静物画家作品的显著特点。具代表性的如在意大利从事创作的静物画家弗兰斯·斯奈德斯（Frans Snyders，1579–1657）的《龙虾、家禽与水果的静物》（*Still Life with Crab，Poultry，and Fruit*，1615–1620），以及静物画家皮耶特·克莱埃兹（Pieter Claesz，1597–1660）创作于 1627 年的《土耳其派的静物》（*Still Life with Turkey Pie*）等（图 11），不胜枚举。此外，在一些表现就餐场景的宗教画中，也可以见到几类器物的组合使用，如曾藏于葡萄牙百斯图市本托会修道院（Mosteiro Beneditino de Refojos de Basto，Cabeceiras de Basto，Braga），被认为是创作于 1703 年以前的木画《圣本托和乌鸦的晚餐》（*Ceia de S. Bento e o Corvo*）中，即表现了修道士们使用瓷器、金属器及陶器饮食的场景。从木画的细节中，我们可以看到，每一位修士的面前均摆放有瓷盘、小瓷碟，以及红陶杯，餐桌前端还摆放着一些银质的把壶。食物均摆放于瓷盘之中，有修士手端陶杯，正在饮用餐饮（图 12）。

图 10　静物画《坚果、糖果及鲜花的静物》

注：木板油画，尺寸 52 cm × 73 cm。西班牙普拉多博物馆（Museo Nacional del Prado）藏，博物馆藏命名为 Mesa，意为 "餐桌"。

资料来源：普拉多博物馆藏在线数据库，https://www.museodelprado.es/coleccion/galeria – on – line/galeria – on – line/obra/mesa – 2/。

图 11　静物画《土耳其派的静物》

注：木板油画，尺寸 75cm × 132cm。荷兰国立博物馆（Rijksmuseum, het
museum van Nederland, Amsterdam）藏。

资料来源：荷兰国立博物馆收藏在线数据库，https：//www.rijksmuseum.nl/
en/collection/SK‑A‑4646。

　　由此可知，与入口中东地区，使用于日常生活各个方面的中国瓷器
不同，销往欧洲的中国瓷器在功能上具有强烈的专门性。被大量用于餐
饮，且发挥盛食器具的功能特点，使得欧洲市场对于中国瓷盘、瓷碗等
类型的需求更为突出。这些瓷器在使用中，或与同时期仍然使用的金属
盘、碗同时出现，抑或取代它们，与玻璃器、陶器及金属器相组合
使用。

　　沉船资料提示我们，到 1600 年前后，欧洲市场进口中国瓷器的种类有
所增加，以圣迭戈号沉船为例，船货中的中国瓷器亦包括了一定数量的盒、
瓶、军持等类型，[①] 然而从 17 世纪大量流行的静物画中可以看到，中国瓷
器仍以盘、碗为主角。[②] 根据荷兰东印度公司的船货记录可知，17 世纪早
期，虽然入口欧洲的中国瓷器种类有所增加，却仍以盘、碗及杯（Dishes,

① Jean-Paul Desroches, *Treasures of The San Diego*, Paris: Association Française d'Action, 1997,
pp. 300–360.

② 详参 Julie Berger Hochstrasser, *Still Life and Trade in the Dutch Golden Age*, New Haven and
London: Yale University Press, 2007, pp. 122–148。

bows and cups）为主流，仅见极少量瓶、壶（*Bottles and pots*），可做旁证。①

图 12　《圣本托和乌鸦的晚餐》及其局部

注：木板油画，尺寸不详。葡萄牙百斯图市政府会议厅（Sala de Sessões da Câmara Municipal de Cabeceiras de Basto, Cabeceiras de Basto, Portugal）藏。

资料来源：Miguel Sousa 于 2011 拍摄及上传，https://saberescruzados.wordpress.com/tag/s - bento - e - o - corvo/。

---

① 在 1610~1624 年记录在册的 11 份船货订单中，仅见 1612 年的"阿姆斯特丹徽章"号（Het Wapen van Amsterdam）有中国瓷器瓶、壶的船货记录，包括小型军持（Small Spouted pots）及白兰地瓶（Bottles for French Brandy）两种。参见 T. Volker, *Porcelain and The Dutch East India Company: As Recorded in the Dagh-registers of Batavia Castle, Those of Hisrado and Deshima and Other Contemporary Papers 1602 – 1682*, Leiden: E. J. Brill, 1971, pp. 25 – 33。

　　甚至到 18 世纪，在更为广阔的欧洲市场中，中国瓷器仍然没有成为流行的饮具。创烧于 1710 年的德国梅森陶瓷厂（The Meissen Porcelain Manufactory），以模仿同时期景德镇的产品而著称，如今在其博物馆的陈列中，我们可以看到以 18 世纪的流行器皿还原出的一整套餐具，其中包括大量的瓷盘、瓷碗、瓷杯碟，以及其他餐桌装饰及摆件。然而对于饮具的选择，则仍保留着使用玻璃器皿的传统（图 13）。可见在入口欧洲相当长的历史时期中，瓷器的主要功能都是构成餐具中的盛食器部分。

图 13　陈列于德国梅森博物馆的 18 世纪餐具

资料来源：维基共享资源（Wikimeida Commons），拍摄者：Ingersoll，2005 年 8 月 31 日上传，地址：https://commons. wikimedia. org/wiki/File：Meissen - Porcelain - Table. JPG。

　　根据对旧圣克拉拉修道院遗址出土中国瓷器的整理，还可以发现另一个特别的现象，即在器物整体种类减少的同时，某些器类，如盘、碗内部的多样性反而增加。例如，瓷碗涌现出侈口弧腹、直口、折沿等多种型式，且尺寸各异，富于变化。① 这无疑是澳门开埠之后，中国外销瓷器出现的新特

---

① 王冠宇：《葡萄牙旧圣克拉拉修道院遗址出土十六世纪中国瓷器》，《考古与文物》2016 年第 6 期。

点。这一考古材料所揭示出的现象，在稍晚的贸易档案中可得到呼应。

以开始于 1602 年的荷兰东印度公司档案为例，在船货中，瓷盘及瓷碗的类型十分复杂多样，根据 1610～1624 年荷兰东印度公司的船货记录可知，入口欧洲的中国瓷盘包括大盘（large Dishes）、黄油盘（butter-dishes）、水果盘（fruit-dishes）及各种尺寸的黄油盘①及水果盘（half, third and quarter-sized butter-dishes and fruit-dishes），碟（saucers）、小碟（small saucers）、餐盘（table plates）、成套的大小不同的盘子（half, third and quarter-sized dishes in same kinds and shapes）及盘具组合（a kind of eight-sided, medium-sized porcelain dishes to which on each side can be added other smallish dishes, so that standing on a table and joined to each other they have the shape of one dish）、大碗（Large bowls）、普通碗及小碗（ordinary and small bowls）、折沿碗（clapmutsen）②、小型折沿碗（half-sized clapmutsen）、不同尺寸的平底粥杯（half and quarter-sized "flat" caudle-cups）③、各式啤酒面包杯（beer-and-bread-cups of all kinds）等不同类型。④

虽然档案中缺乏对瓷器形制的详细描述，也无配图，我们仍可由其名称入手进行解读。以瓷盘为例，有对应就餐不同阶段的需要而诞生的类型，如可能用于盛装烧鹅、乳猪等食物的大盘，用于分餐及各自进食的餐盘等，亦有依不同食物属性而产生的类型，如盛装黄油的瓷盘、盛装水果的瓷盘等，名称中的区别正是对它们不同功用的特别强调。而在相同类型中，瓷盘又分为不同尺寸规格的套装及组合，以应付就餐时不同餐量及食物组合的需求。

由此可知，到 17 世纪初期，中国瓷质餐具在欧洲就餐中的不同功能已划分得颇为精细。可以推断，在此之前，中国瓷器曾逐渐产生出前所未有的诸多变化，旨在适应欧洲这一全新市场就餐习惯的复杂需要。在出土瓷器中观察到的器型内部多样化的现象，发生在澳门开埠之后，无疑是中国瓷器融入欧洲餐具系统进程的重要开端。

---

① 原文此处有重复。

② 没有英文直译，荷兰文，原指一种边沿向上翻的羊毛帽子。在瓷器中所指具体形制，为折沿碗，因此碗倒扣后与这种羊毛帽形状相似而得名。参见 Colin Sheaf and Richard Kilburn, *The Hatcher Porcelain Cargoes: The Complete Record*, Oxford: Phaidon Inc Ltd., 1988, p. 40。

③ 此杯型特征为平底，鼓腹，束颈，或弧腹类碗形，口侧有两耳，器型亦杯亦瓶。

④ T. Volker, *Porcelain and The Dutch East India Company: As Recorded in the Dagh-registers of Batavia Castle, Those of Hisrado and Deshima and Other Contemporary Papers 1602 – 1682*, pp. 25 – 33.

小结　外销瓷器新类型与海外市场的转移

以往受制于文献记载的缺乏，我们对贸易瓷器品类变化与市场互动的细节理解极为有限。葡萄牙人东来之前，中国外销瓷器的主流产品是以中东及东南亚（大部分为伊斯兰地区）为目标市场而进行生产的。以中东地区为例，通过对实物资料的整理与分析，笔者认为，长期进口中国瓷器的传统，推动生产地与市场的深入互动，中国瓷器的使用不断深入到中东地区日常生活的各个方面，如瓷盘、瓷碗、瓷杯、瓷瓶、执壶等主要供宴饮之用，瓷罐、瓷瓮等则做贮藏之具，经改造后的熏炉、多管瓶做香具或蒸馏之用，文具盒则满足文房需求……呈现出十分多样化的种类与器型。除此之外，它们亦装饰以符合中东地区审美风格的繁复几何纹样，盛食具中，又以迎合当地饮食习惯的大尺寸盘、碗为主，共同构成这个阶段瓷器品貌的主要特征。

这一情况还可以以沉没于 1500 年前后（明弘治时期）的货船"勒娜浅滩"号（Lena Shoal Junk）出水的中国外销瓷器作为证明。"勒娜浅滩"号原本是由中国东南沿海出发，前往菲律宾的货船，其所装载的中国瓷器很可能是以菲律宾为终点或中转，主要市场为贸易网络交错纵横的东南亚地区。[①] 作为船货的瓷器，其最为常见的类型包括执壶、瓶、军持、盖罐、盒、折沿盘、大盘、碗等，十分丰富。在器物的尺寸方面，以瓷盘为例，根据发掘者的分类及测量，绝大部分的瓷盘口径在 33 厘米 ~ 50 厘米之间。而纹样布局亦以繁复几何构图为主要特点。[②] 可见，在 16 世纪初期，外销瓷器在品貌上相对统一的局面，仍未发生改变。

葡萄牙人东来之后，这种相对稳定的局面被打破。中欧贸易的稳定发展，促使大量中国物产经过跨越亚欧的长途航线运到欧洲。而随着中国瓷器在葡萄牙及更广阔的欧洲市场大受欢迎，不断扩张的瓷器需求，以及因此产生的巨额利润，继续推动中葡瓷器贸易的迅猛发展，一个新的贸易阶段随之到来。此时期贸易瓷器在品种类型、尺寸规格以及纹样风格等方面均发生了明显的变化。流通于欧洲大陆的中国瓷器与之前相比，其种类锐减，以盘、

---

① Franck Goddio and etc., *Lost at Sea: The Strange Route of the Lena Shoal Junk*, London: Periplus Publishing; Slipcase Edition, 2002, pp. 12 – 14.

② Franck Goddio and etc., *Lost at Sea: The Strange Route of the Lena Shoal Junk*, pp. 122 – 167.

碗等盛食器为主流，而少见瓶壶或其他盛装液体的器皿。与此同时，瓷器的纹样亦逐渐脱离之前的繁复风格，装饰布局更为疏朗，器物的口沿及腹壁甚至出现大量留白。而纹样主题亦改由从此时期流行于中国本土市场的装饰元素及风格中汲取灵感，涌现出各类瑞兽禽鸟、山水人物，甚至具有道教意涵的场景与物象。瓷盘、瓷碗尺寸均比以往行销中东市场的同类器物缩小了一半左右。①

16 世纪中后期开始，中国外销瓷器品类发生的巨大变化，其背后动因，正是中国外销瓷业对于欧洲这一全新市场在器物功能、审美、日用习惯等方面需求的不断探索，以及欧洲消费者对于中国瓷器生产的及时反馈。当这一变化逐渐成为同时期中国外销瓷器的总体特征，便说明外销瓷器的主要市场也在此时发生了转移。此时期的中东市场，开始出现大量不再契合当地日用习惯及审美需要的中国瓷器，致使他们通过大批量的二次加工，改造瓷器的形制与用途来达到实用目的。这些瓷器无疑是以欧洲市场的需要作为生产的主要考量，它们成为中国外销瓷器的主流产品，标志着中国瓷器海外的主要市场也由传统的中东地区转移到了新兴的欧洲大陆。

---

①　有关纹样及尺寸的变化及其背后原因，由于本文篇幅所限，未能尽录，笔者将会陆续发表。

附表　16 世纪中东地区与欧洲市场瓷器种类比对

盘	碗	瓶	壶	盒
 瑞兽海波纹敞口盘[1] 山石牡丹纹折沿盘[2]	 白鹭缠枝莲纹敞口碗[3] 正德款阿拉伯铭文敞口碗[4]	 梅花纹蒜头瓶[7] 凤穿花纹玉壶春瓶[8]	 莲塘白鹭纹执壶[13] 缠枝花纹执壶[14]	 缠枝莲花纹盒[17] 灵芝纹盒[18]

中东市场瓷器种类（16 世纪初）

续表

盒	壶	瓶	碗	盘

凤穿花纹扁壶[15]

缠枝杂宝纹壶[16]

团花灵芝纹多管瓶[9]

凤穿花纹葫芦瓶[10]

正德款螭龙穿花盅式碗[5]

秋葵纹侈口碗[6]

中东市场瓷器种类（16 世纪初）

续表

盒	壶	瓶	碗	盘
		鼓腹长颈瓶[11]　 携琴访友纹梅瓶[12]		

中东市场瓷器种类（16世纪初）

续表

盒	壶	瓶	碗	盘

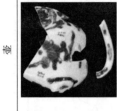

扁腹执壶

鼓腹长颈瓶

葫芦形瓶（残片）

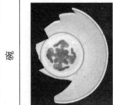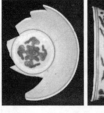

海马灵芝纹敞口碗

莲塘白鹭纹折沿碗

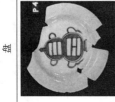

八卦葫芦纹折沿盘

团花纹折沿盘

欧洲市场瓷器种类（16 世纪中后期）

续表

盘	碗	瓶	壶	盒
岁寒三友敞口盘 缠枝花纹大盘	黄釉侈口碗			

欧洲市场瓷器种类（16世纪中后期）

注：1-18 为托普卡比王宫博物馆藏，Regina Krahl and John Ayers, *Chinese Ceramics in the Topkapi Saray Museum*, London: Sotheby's Publications, 1986, vol. 2, pp. 439, 559, 437, 445, 444, 553, 434, 441, 452, 542, 548, 541, 443, 547, 543, 547, 440, 546. 其余均为葡萄牙科英布拉旧圣克拉拉修道院遗址出土瓷器。

Portuguese Approaching to the East and the Transformation of Chinese Export Ceramics in the 16th Century: Observations on the Middle East and European Markets

Wang Guanyu

Abstract: Following the arrival of Portuguese at China coasts in 1514, the direct maritime trade between China and Europe began. In mid − 16th century, Ming China leased Macau to the Portuguese as a legal trade port, the scale of trade between China and Portugal expanded rapidly, and the Europe soon became a fresh new market for the Chinese porcelain wares. The historical change deeply influenced the production of Chinese export porcelain. Besides the increasing in quantity, it also prompted the innovation and change in decorative styles and shapes of the export porcelain wares, created a specific image of Chinese porcelain in the global trade during the 16th and 17th centuries. Based on the study on Chinese porcelain wares collected in the Middle East and unearthed from the archaeological sites in Portugal, and relative historical documents, this paper discusses the transformation of the trade porcelain and the motivation behind, to demonstrate the strong influence from the expanding market in Europe to the Chinese export porcelain.

Keywords: Sino-Portuguese Maritime Trade; Export Porcelain; 16th Century

（执行编辑：杨芹）

海洋史研究 (第十七辑)
2021 年 8 月　第 88 ~ 102 页

《明史》所载"中荷首次交往" 舛误辨析

李　庆[*]

　　作为基本史籍,殿本张廷玉《明史》的"外国传"塑造了学界对明代中外关系史的基本认知。其中,《和兰传》所记万历二十九年 (1601) 中国与荷兰首次交往的史事,多为史家征引、讨论。张维华早在 20 世纪 30 年代指出"和兰传"中的"李道"当为"李凤",不过他并未对中荷首次交往的记载做更多订正。^① 其后,汤纲在利用殿本《明史》时,误将"税使李道即召其酋入城,游处一月,不敢闻于朝,乃遣还"的史事放置到"麻韦郎事件"之后,认为 1604 年荷兰人首先在福建遇阻,才转至香山澳,进而游处广州。^② 1999 年,汤开建首次对中荷首次交往的史事展开详细辨析,认为西文史料未载的李凤招引夷酋游处会城一事属实。^③ 这一观点后来也得到林

---

　　*　作者李庆,南京大学历史学院助理研究员,研究方向:明清中外关系史、海洋史、天主教史。本文为国家社会科学基金重大项目"澳门及东西方经济文化交流汉文文献档案整理与研究 (1500 ~ 1840)"(批准号:19ZDA206)、中央高校基本科研业务费专项资金资助"明清海上丝路文明的域外文献整理与研究"(项目号:010214370113) 阶段性成果。
　　①　张维华:《明史欧洲四国传注释》,上海古籍出版社,1982,第 90 ~ 91 页。
　　②　汤纲、南炳文:《明史》(下册),上海人民出版社,1991,第 1031 页。
　　③　汤开建:《明朱吾弼〈参粤珰勾夷疏〉中的澳门史料——兼论李凤与澳门之关系》,《岭南论坛》1999 年第 1 期;汤开建:《明代澳门史论稿》(下卷),黑龙江教育出版社,2012,第 539 ~ 562 页。

发钦、李庆新等学者的认同。[①] 然而，此说尚有不少疑点，本文拟就此展开进一步讨论，以求证于方家。

一 夷酋游处会城事为孤证

关于中荷之间的首次交往，殿本《明史》卷三二五《外国六·和兰传》记曰：

> 和兰，又名红毛番，地近佛郎机。永乐、宣德时，郑和七下西洋，历诸番数十国，无所谓和兰者。其人深目长鼻，发眉须皆赤，足长尺二寸，欣伟倍常。万历中，福建商人岁给引往贩大泥、吕宋及咬𠺕吧者，和兰人就诸国转贩，未敢窥中国也。自佛郎机市香山，据吕宋，和兰闻而慕之。二十九年驾大舰，携巨炮，直薄吕宋。吕宋人力拒之，则转薄香山澳。澳中人数诘问，言欲通贡市，不敢为寇。当事难之。税使李道即召其酋入城，游处一月，不敢闻于朝，乃遣还。澳中人虑其登陆，谨防御，始引去。[②]

正如张维华指出的，清初纂修《明史》，尤侗领纂外国各传，万斯同《明史稿》在其基础上有所损益增删，而后王鸿绪再取万斯同《明史稿》，稍点窜文句，成为张廷玉殿本的主要文本基础。[③]《和兰传》的演变过程大致遵循了这一文本演化特点。

尤侗《西堂馀集·明史外国传》和万斯同《明史稿》记曰：

> 和兰自古不通中国。与佛郎机接壤。时驾大舶横行爪哇、大泥间，及闻佛郎机据吕宋，得互市香山嶴（万稿中“嶴”作“湾”），心慕之。万历二十九年，忽扬帆濠镜，（万稿增：自称和兰国）欲通贡，墺（万

① 林发钦：《明季澳门与荷兰关系研究（1601～1644）》，硕士学位论文，暨南大学历史系，2004，第14～17页；李庆新：《明代海外贸易制度》，社会科学文献出版社，2007，第294～300页。

② 张廷玉：《明史》，中华书局，1974，第8434～8435页。

③ 张维华：《明史欧洲四国传注释》，《原序》，第1页。

稿中"墺"作"澳"）人（万稿增：欲）拒之，乃走闽。①

王鸿绪《明史稿》记曰：

> 和兰，又名红毛番，地近佛郎机。古不知何名。永乐、宣德时，郑
> 和七下西洋，历诸番数十国，无所谓和兰者。其人深目长鼻，须眉发皆
> 赤……和兰人即就诸国转贩……税使李道即召其酋入城，与游处一月，
> 亦不敢闻于朝，乃遣还。澳中人又虑其登陆，力为防御，始引去。②

对勘以上数稿，不难发现殿本《明史》"税使李道即召其酋入城，游处
一月，不敢闻于朝，乃遣还"一语，不见于尤侗、万斯同所纂稿本，确实
乃王鸿绪编纂时所增加，而殿本在王鸿绪稿本的基础上仅变动数字。那么，
王鸿绪所增李道招诱夷酋游处会城的文字又出自何处？

毋庸置疑，"李道"指的是万历二十七年二月（1599 年 3 月～4 月）得
到神宗委派，领衔"钦差总督广东珠池、市舶、税管盐法太监"的税监李
凤。③ 早在 1999 年，汤开建先生指出李凤招引夷酋进入广州一事，首记于
郭棐的万历《广东通志》，其后张燮的《东西洋考》、金光祖的《广东通
志》基本转录郭棐的文字。④ 万历《广东通志》（后文简称《通志》）记曰：

> 红毛鬼，不知何国。万历二十九年冬，二三大舶顿至濠镜之口。其
> 人衣红，眉发连须皆赤，足踵及趾长尺二寸，形壮大倍常，似悍。澳夷
> 数诘问，辄译言不敢为寇，欲通贡而已。两台司道皆讶其无表，谓不宜
> 开端。时李榷使召其酋入见，游处会城，将一月，始遣还。诸夷在澳
> 者，寻共守之，不许登陆，始去。继闻满剌加伺其舟回，遮杀殆尽。⑤

---

① 张维华：《明史欧洲四国传注释》，第 180 页；万斯同：《明史稿》卷四一四《外蕃传二》，《续修四库全书》第 331 册，上海古籍出版社，2003，第 617～618 页。
② 王鸿绪：《明史稿》卷三〇四，哈佛燕京图书馆藏，第 20 叶 a。省略部分与殿本《明史》一致。
③ 张维华：《明史欧洲四国传注释》，第 90～91 页。
④ 汤开建：《明朱吾弼〈参粤珰勾夷疏〉中的澳门史料——兼论李凤与澳门之关系》，《岭南论坛》1999 年第 1 期。
⑤ 万历《广东通志》卷六九《番夷》，早稻田图书馆藏明刻本，第 70 叶 b。

　　除了"夷酋游处会城"一条的记载极为相似，殿本《明史》和王鸿绪《明史稿》中对荷兰人相貌的描述"发眉须皆赤，足长尺二寸，欣伟倍常"，很可能也取自《通志》"眉发连须皆赤，足踵及趾长尺二寸，形壮大倍常，似悍"一语。这或许可以进一步验证汤文的观点。

　　另外，据《通志》卷首郭棐序所作时间"万历壬寅秋"可知，该书当完成于 1602 年前后，《通志》主体内容极可能在中荷首次交往（1601 年）的次年就已完成，因而称其"首记"夷酋游处会城，当无误。

　　不过，郭棐却不是记录中荷首次交往的第一人。万历二十九年（1601），方上任杭州知府的王临亨赴广东审案，据其见闻作有《粤剑编》一书。随后，王临亨于同年卒于任所，[①] 因而《粤剑编》所记为王临亨亲历，且早于《通志》付梓。《粤剑编》"志外夷"记曰：

> 　　辛丑九月间，有二夷舟至香山澳，通事者亦不知何国人，人呼之为红毛鬼。其人须发皆赤，目睛圆，长丈许。其舟甚巨，外以铜叶裹之，入水二丈。香山澳夷虑其以互市争澳，以兵逐之。其舟移入大洋后，为飓风飘去，不知所适。[②]

　　又，万历二十九年（1601）九月十四日夜，王临亨与两广总督戴燿于宴席间谈及此事，王临亨遂作《九月十四夜话记附》（后文简称《记附》），记曰：

> 　　大中丞戴公，再宴余于衙舍。尔时海夷有号红毛鬼者二百馀，挟二巨舰，猝至香山澳，道路传戴公且发兵捕之矣。酒半，余问戴公："近闻海上报警，有之乎？"公曰："然。""闻明公发兵往剿，有之乎？"公曰："此参佐意也。吾令舟师伏二十里外，以观其变。"余问："此属将入寇乎？将互市乎？抑困于风伯，若野马尘埃之决骤也？"公曰："未晓，亦半属互市耳。今香山澳夷据澳中而与我交易，彼此俱则彼此必争。澳夷之力足以抗红毛耶？是以夷攻夷也，我无一镞之费，而威已行于海外矣；力不能抗，则听红毛互市，是我失之于澳夷而取偿于红毛

①　王临亨：《粤剑编》，"点校说明"，中华书局，1987，第 1~2 页。
②　王临亨：《粤剑编》，第 92 页。

也。吾以为全策，故令舟师远伏以观其变。虽然，于公何如？"余曰：
"明公策之良善，第不佞窃有请也。香山之夷，盘据澳中，闻可数万。
以数万众而与二百人敌，此烈风之振鸿毛耳。顾此二百人者，既以互市
至，非有罪也，明公乃发纵指示而歼之，于心安乎？倘未尽歼，而一二
跳梁者扬帆逸去，彼将纠党而图报复。如其再举，而祸中于我矣。彼犬
羊之性，安能分别泾渭，谓囊之歼我者非汉人耶？不佞诚效愚计，窃谓
海中之澳不止一香山可以互市，明公诚发译者好词问之，果以入市至，
令一干吏，别择一澳，以宜置之。传檄香山夷人，谓彼此皆来宾，各市
其国中之所有，风马牛不相及也，慎毋相残，先举兵者，中国立诛之。
且夫主上方宝视金玉，多一澳则多一利孔，明公之大忠也。两夷各释兵
而脱之锋镝，明公之大仁也。明公以天覆覆之，两夷各慑服而不敢动，
明公之大威也。孰与挑衅构怨，坐令中国为池鱼林木乎哉！"戴公曰：
"善。"遂乐饮而罢。①

　　细读以上两段文字，前一条当为王临亨事后对整个事件的完整回顾，故而
会记"其舟移入大洋""不知所适"等语，后一条则可能作于九月十四日夜谈后
不久。然则，两条所记只字未谈及税使李凤召酋入会城、游处一月之事。②

　　继王临亨、郭棐之后，对中荷首次交往有所记载的明代文献，还有万历
三十年（1602）的朱吾弼《参粤珰勾夷疏》、刊于万历后期的沈德符《万历
野获编》，天启年间的曹学佺《湘西纪行》，崇祯年间的茅瑞征《皇明象胥
录》、陈仁《皇明世法录》等诸多传世文献。③ 然而所述大多寥寥数语，仅

①　王临亨：《粤剑编》，第 103～104 页。
②　汤开建先生认为王临亨"志外夷"所记"西洋之人、深目隆准，秃顶虬髯……税使因余行
　　部，祖于海珠寺，其人闻税使宴客寺中，呼其酋十馀人，盛两盘饼饵、一瓶酒以献"中，
　　"西洋之人"正是税使李凤召进广州的荷兰人，"税使宴客""呼其酋十馀人"正对应游处
　　会城的场景［汤开建：《明代澳门史论稿》（下卷），第 552～553 页］。此说有误。第一，
　　正如王临亨随后写道"西洋之人往来中国者，向以香山澳为舟舶之所"，显然说明此处所
　　指西洋人是葡萄牙人或西班牙人；第二，"秃顶虬髯"指剃发的多明我会、方济各会等修
　　会会士，新教教士并不秃顶。参见王临亨《粤剑编》，第 91 页。
③　朱吾弼：《参粤珰勾夷疏》，《皇明留台奏议》卷十四，《四库全书存目丛书》史部第 75 册，
　　齐鲁书社，1996，第 27～28 页；沈德符：《万历野获编》，中华书局，2015，第 782 页；曹学
　　佺：《湘西纪行》下卷，日本内阁文库藏明万历三十四年叶向高序刊本，第 47～48 叶；茅瑞
　　征：《皇明象胥录》，《四库禁毁书丛刊》史部第 10 册，北京出版社，2000，第 621 页；陈
　　仁：《皇明世法录》，吴湘湘主编《中国史学丛书》，台湾学生书局，1986，第 2169 页。

朱吾弼所记较详,记曰:

> 或曰:香山濠镜澳,有三巴和尚者巨富。李凤亲往需索,激变黑夷,干戈相向,不得志而归。……上年八月,突有海船三只,其船与人之高大皆异常,而人又红发红须,名曰红毛夷,将至澳行劫,澳夷有备,执杀红夷二十余人而去。皆谓李凤深恨澳夷,曾遣人唆之以利,勾来灭澳,此实澳门前所未有。李凤仍遣船追送不及,澳夷且日惧红夷,必怀报复,再拥众至矣。[①]

朱吾弼,时任南京御史,如其疏中所言,他的信息"得之风闻,意不其然,乃详质之官于广商",因而所述难免有误,将中荷交往的时间"九月"误记为"八月"。[②] 另外,他也提到李凤与此事的关系,然而只称其勾夷灭澳,并未说及招引荷兰人进入广州游历。虑及万历时期税监与士人之间的关系高度紧张,以及该疏本就意在弹劾税监勾夷,若李凤确曾敢于招引外夷游处内地,朱吾弼等士人当不会轻易放过就此多做发挥的契机。[③]

综合以上所述,清修《明史》对"夷酋游处会城事"的记载仅见于郭棐的《通志》,并无其他中文古籍可资佐证,实为孤证,不可尽信。

二 作为反证的西文史料

在中文史料之外,关于中荷的首次交往,荷兰文、葡萄牙文等西文史料亦有所载,且更为详尽。

1600 年 6 月 28 日,雅克布·范·内克(Jacob van Neck)率领 6 艘船只向东印度群岛出发,开启了他的第二次东方之旅。翌年 3 月,因其中 4 艘船只执行其他航行任务,范·内克仅带领其中 2 艘船只(阿姆斯特丹号、高达号)向摩鹿加群岛航行。在第多列(Tidore)攻打葡萄牙要塞失败后,1601 年 7 月 31 日范·内克又带领新加入的 1 艘船只,合计 3 艘船前往北大

① 朱吾弼:《参粤珰勾夷疏》,第 27 页。
② 实际上,郭棐所记"万历二十九年冬"亦不准确,其时尚未立冬。
③ 又如万历三十二年(1604)林秉汉所上疏文,亦未提及此事。林秉汉:《乞处粤珰疏》,吴亮辑《万历疏抄》卷二十,《续修四库全书》第 469 册,上海古籍出版社,2002,第 7~8 页。

年。然而此时西南季风猛烈，加之补给有限，范·内克最终决定驶往中国。①

关于此后的航行，范·内克旗舰船只上的勒洛夫斯（Roelof Roeloffsz）有详细记录。勒洛夫斯称，船队在 1601 年 8 月 19 日抵达菲律宾群岛的库约岛（eylandt Coyo）附近，8 月 22 日抵达菲律宾群岛的长发岛（Lanckhayrs）海域。② 随后的记录显示，经过 10 余日的南海航行后，荷兰人在 9 月 20 日抵达中国海域：

> 9 月 20 日下午两点左右，荷兰人靠近中华帝国的岛屿，就地抛锚。范·内克派遣划手和船员去打探是否可以向前航行。途中小船遇到一艘渔船，于是他们向渔民询问上川岛（eylandt Sant Juan）的位置。……9 月 27 日，在围绕岛屿航行时，他们看到一个类似西班牙城市风格的大城市。他们很吃惊，在离城半里格的地方停下。一小时后，他们看到两条中国船，每条船上有一户人家：夫妻和两三个小孩。这些人告诉他们，这个城市就是澳门。……荷兰人喜出望外，马上派出一艘小船和两位懂马来语和西班牙语的人去打探城中消息。小船当天没有返回。第二日早上……水手们担心登陆的同伴惨遭杀害……又派出一艘较大船只……还是被掠获。……10 月 3 日，荷兰人最终决定前往北大年去寻求营救同胞的办法……下午三点回到最初在中国海域停靠的地方。……范·内克决定召集所有船员，讨论营救同胞的办法，没有人想出主意，范·内克让所有人作证，证明大家已经为营救同胞尽力了。（后来，荷兰人捕获了一艘葡萄牙船只，从

---

① Leonard Blussé, "Brief Encounter at Macao," *Modern Asian Studies*, vol. 22, no. 3 (1988), p. 651.

② 勒洛夫斯的记述，首次刊载于 1606 年的《小旅行》（*Petits Voyages*）一书，后又先后收入 16 世纪后的多种文本中。2004 年席尔瓦（Maria Manuela da Costa Silva）将其翻译成英文，2010 年尚春雁又在此基础上翻译成中文。不过席尔瓦和尚春雁所译文本只是摘译，仅从 9 月 20 日的内容开始，并未记载范·内克船队在菲律宾群岛的情况。本文此处参引的内容，出自 1898 年和 1980 年的两个荷兰文版本。后文所引 1601 年 9 月 20 日之后的内容，则在荷兰文版本的基础上，参照了席尔瓦和尚春雁译文，并对尚春雁的中译文本略有调整。Roelof Roeloffsz, "Jacob van Neck's Fleet on the China Coast, 1601," trans. Maria Manuela da Costa Silva, *Review of Culture*, vol. 12 (2004), pp. 56 – 57; 鲁洛夫·勒洛夫斯著，尚春雁译《1601 年在中国海岸的雅克布·范·内克船队》，《文化杂志》中文版第 75 期，2010 年；W. P. Groeneveldt, *De Nederlanders in China*, *De eerste bemoeiingen om den handel in China en de vestiging in de Pescadores*（*1601 – 1624*），'s Grevenhage: Martinus Hijhoff, 1898, pp. 6 – 8; H. A. Van Foreest and A. de Booy, *De Vierdee Schipvaart der Nederlanders naar Oost-Indië onder Jacob Wilkens en Jacob van Neck*（*1599 – 1604*），vol. 1, 's-Gravenhage, 1980, pp. 248 – 249。

船上缴获的信件可知，在澳门被捕的 20 名荷兰人中，有两名重要人员被移交给果阿，其他的在澳门被杀害。)[1]

据事件亲历者勒洛夫斯所记，自 9 月 27 日抵达澳门海域，至 10 月 3 日范·内克带领其他未被俘虏的成员离开中国海域，荷兰人逗留中国海域前后共计 8 日。在这期间，荷兰人从未进入广州城，更无暇游历一月之久。

范·内克本人在《航行日记》中的记录也印证了这一点。虽然他没有明确记录自己抵达中国海域的时间，却清晰地指出自己在 10 月 3 日带领船员悻然离开。[2] 不但如此，范·内克作为此次来华的荷兰"酋长"，因为未能登岸，对事件的认知也产生了偏差，在日记中抱怨道：

> 从对待我们的态度看来，我认为中国人习俗野蛮。若他们仅是警告我们远离其国土，那么这尚且可以谅解。但是，我们远道而来，他们尚且不了解我们来此的目的，就在毫无警示的情况下羁押我方人员，这实在不是什么人道之举。更何况，我们都不知道他们是否杀害了我们的人。我们不得已在毫不知情的情况下离开了这个国家。[3]

从以上陈述看，范·内克全然不了解澳中情形，不知道被俘的同胞是否被杀害，反将此种遭遇归罪于明政府。

作为事件的另一重要参与方，葡萄牙人亦提供了直接证据。耶稣会士费尔南·格雷罗（Fernão Guerreiro）在 1605 年的《东印度耶稣会神父的年度报告》中称，澳门城经历暴风雨和船只受损后不久，又有 3 艘陌生船只驶近，澳门居民很快意识到前来的是敌人。敌人的旗舰上放下了一艘小船，随后驶近澳门城。该船和 11 名船员俱被葡人截获扣押，其中两名荷兰人称他

---

[1]　鲁洛夫·勒洛夫斯著，尚春雁译《1601 年在中国海岸的雅克布·范·内克船队》，《文化杂志》中文版第 75 期，2010 年；H. A. Van Foreest and A. de Booy, *De Vierdee Schipvaart der Nederlanders naar Oost-Indië onder Jacob Wilkens en Jacob van Neck* (1599 – 1604), vol. 1, pp. 249 – 251。

[2]　H. A. Van Foreest and A. de Booy, *De Vierdee Schipvaart der Nederlanders naar Oost-Indië onder Jacob Wilkens en Jacob van Neck* (1599 – 1604), vol. 1, p. 213.

[3]　H. A. Van Foreest and A. de Booy, *De Vierdee Schipvaart der Nederlanders naar Oost-Indië onder Jacob Wilkens en Jacob van Neck* (1599 – 1604), vol. 1, p. 213; Leonard Blussé, "Brief Encounter at Macao," *Modern Asian Studies*, vol. 22, no. 3 (1988), p. 653.

们此行是"为了与当地贸易而来"。第二日，敌人又派出一艘船只探路，船只和 9 名船员也被捕获。最终敌人的旗舰船起锚逃离，荷籍俘虏被判死刑。[①] 据以上记录，葡方的记录与荷方记录完全吻合，事件前后仅历数日，20 名荷兰人被俘虏，其余荷兰人则未能登陆，选择离开中国海域。

那么，是否有可能登陆被俘的 20 名荷兰人中，部分成员后来辗转进入广州城，以此才有了相关记载？作为被俘的 20 名成员之一，马丁·阿佩（Marten Ape）后来得以侥幸逃脱死刑返回欧洲，他在事后的证词否定了这种可能性。

在荷兰当局调查该事件时，阿佩在 1604 年 10 月 18 日提供了一份长达 10 余页的证词。与未能登陆的勒洛夫斯和范·内克不同，阿佩作为第一批被俘成员，深度参与了事件的全过程，证词的细节更为丰富，亦更具说服力。被俘后，阿佩被葡萄牙人带往澳门的一处修道院，他记录道：

> 在修道院无所事事等待一个半小时后，唐·博图加尔和两个中国官员带着大批葡萄牙人到来。他们带来了能流利翻译葡萄牙语的中国通事，想从我这里了解我们是哪国人，什么身份，此行什么目的。我回答称，我们是荷兰人、商人和商人代理，船上装满了珍贵的货物。
>
> 广东总督（Gouuerneur van Canton）从数名中国人处得知有外国船只抵达澳门海域，并有登岸人员为葡人所捕。于是，他派出一名地位颇高的宦官（Cappado）为特使，偕诸多人员赴澳勘察。方抵达澳门，这位宦官立刻以总督名义要求葡萄牙人将外国人全数移交。由于害怕总督禁止他们参加即将到来的广州集市，葡萄牙人不敢拒绝，为避免惹出事端，交出了 6 名不会葡萄牙语的水手。
>
> 特使之前已知道被囚禁的外国船员不止 6 人，命令葡方将剩余人员悉数交出。而葡方承认确实捕获不止 6 人，但说其他囚犯都因失血过多死亡。6 名被交出的船员跪在特使面前，特使通过一名葡萄牙语翻译询问他们是哪里人，来此目的是什么等一系列问题。但由于语言不通和害怕，这些船员没能做出任何有用的回答。这也正是葡萄牙人希望的结果。他们正是出于这样的谋划才在所有囚犯中特意挑选了 6 名不会葡语的囚

---

① Fernão Guerreiro, *Relaçam annal das cousas que fezeram os padres da Companhia de Iesus nas partes da India Oriental*, vol. 2, Em Lisboa: Per Iorge Rodrigues impreβor de liuros, 1605, fl. 2.

犯。……特使未能获得任何有用之信息，遂将整个经过记录在案，而我们的船员们又全被葡人带回监狱。特使则于次日返回广州报告总督。

作为澳门商人的代表，在广州的葡商听闻总督对这份不详实的报告十分不满，希望将囚犯转移到广州，便立即派出一个人回到澳门将此紧急情况转达澳门商人，让他们采取相应措施，要不惜一切代价阻止荷兰人被带到广州，因为这样会令葡萄牙人的贸易活动蒙受巨大损失。

澳门的葡商得到消息后很是震惊，因为广东当局的反应完全出乎他们的意料，于是他们觉得除了尽快处决这些囚犯，已无他法可以阻止囚犯被带到广州。因此，在理事官的带领下，所有商人面见唐·博图加尔，坚决要求在 24 小时内处决窃犯，并请他当面签署判决书。……在葡萄牙商人的一再坚持下，唐·博图加尔同意并签署了判决书。

于是，次日早上 7 点，葡人来到监狱，将 6 名毫不怀疑自己已经身处死亡边缘的船员带走。我们的船员被当众处死。就如我所说的那样，他们只宣布 6 人的死刑，而不知道如何处置我们这些剩余的人。为了不致狠毒的阴谋败露，当夜 12 点至凌晨 1 点期间，他们又从监狱提走 11 人，将石头拴在他们脖子上，沉入大海。……第二天夜晚，我和 2 名年仅 17 岁的水手被放逐到马六甲。①

或因事后回忆，阿佩的证词中已无事件发生的具体日期，记载仅精确到月份。但是，因所处环境特别、遭遇离奇，回忆中反而保留了个别情节发生的精确时刻，诸如"次日早上 7 点"等。

据其证词，荷兰人登岸不久，澳门的"守澳官"迅即察知，带领通事前往译审。② 随后，可能是因为守澳官的汇报，抑或经由中国商人报信，"红毛夷"抵达澳门的消息很快为两广总督戴燿和税监李凤知晓。宦官

---

① 与勒洛夫斯的文献一样，马丁·阿佩的证词在 2004 年由博斯（Arie Pos）自荷兰文翻译为葡文，2010 年王鲁又将葡文翻译为中文。本文在参照 1883 年和 1980 年两个荷兰文版本的基础上，对译文略有调整。Martinus Apius, "Incidente em Macau, 1601," trans. Arie Pos, *Review of Culture*, vol. 12 (2004), pp. 61–67；阿皮乌斯著，王鲁译《1601 年澳门事件》，《文化杂志》中文版第 75 期，2010 年，第 35–40 页；Pieter Anton Tiele, *Documenten voor de Geschiedenis der Nederlanders in het Oosten*, Bijdr. en meded. van het Historisch genootschap te Utrecht, 1883, pp. 14–16；H. A. Van Foreest and A. de Booy, *De Vierdee Schipvaart der Nederlanders naar Oost-Indië onder Jacob Wilkens en Jacob van Neck* (1599–1604), vol. 2, pp. 279–290。

② 关于明代"守澳官"，参见汤开建《明代在澳门设立的有关职官考证》，《明代澳门史论稿》（上卷），第 273~310 页。

（Cappado）李凤随即下澳勘察。① 然而，在葡人的精心安排下，李凤所能接触到的只有 6 名不懂葡萄牙语的荷兰水手。在当时没有荷兰语通事，葡人又从中作梗的情况下，李凤几乎未能获得任何可用信息。询问毕，6 名水手仍为葡人扣押，李凤则于次日返回广州，未从澳门带走任何荷兰人。因此，尚不论朱吾弼所奏"勾夷灭澳"说是否能成立，至少郭棐所言"夷酋游处会城"是没有依据的。

另外，还需考虑到，每年的 9 ~ 10 月是一年两度广州"交易会"的重要时间段，在广州的葡萄牙商人会在这期间集中采办运往印度地区的货物，若采购中出现问题，葡人的损失动辄近 10 万两白银。② 加之，该年 9 月澳门已经遭受台风，自印度驶来的商船所载 40 万帕尔德乌（pardaos）白银沉没海底，③ 部分澳门葡商已几近破产。因而，若说此时一批为贸易而来的荷兰人在广州招摇过市、游处一月而未被葡萄牙人察知，这是绝无可能的。阿佩的证词也提到，风声鹤唳的澳门葡人容不得荷兰人染指中国的贸易，甚至不得已违规擅自处决 17 名荷兰人，以此阻绝荷兰人与中国官方的接触。④

---

① 阿佩称李凤乃两广总督派遣，这与当时总督与税监的职权关系并不匹配。此处记载或与实情不符。

② 同时期滞留于澳门的意大利商人卡莱蒂（Francesco Carletti）在其《游记》（1600 年）中声称，广州每年举办两次交易会，9 月至 10 月间交易送往东印度的商品，送往日本的商品在 4 月至 5 月买卖。Francesco Carletti, *My Voyage around World*, trans. by Herbert Winstock, New York：A Division of Random House, 1964, pp. 139 - 140. 1598 年底西班牙赴广东求市，导致葡萄牙马六甲和果阿两地海关损失达 10 万帕尔德乌。参见李庆、戚印平《晚明崖山与西方诸国的贸易港口之争》,《浙江大学学报》2017 年第 3 期。

③ Fernão Guerreiro, *Relaçam annal das cousas que fezeram os padres da Companhia de Iesus nas partes da India Oriental*, vol. 2, fl. 1v.

④ 1602 年 4 月，荷兰船长赫姆斯克（Jacob van Heemskerck）在爪哇擒获的葡萄牙船只上找到一封书信，信中称：葡萄牙人吊死了 17 名荷兰水手，免得要引渡给中国政府。赫姆斯克在此后发出的另一封信件中也提及此事："葡人试图让中国人对这 20 名荷兰人的身份产生怀疑，于是指控他们和所有荷兰人都是罪恶、污秽和不可理喻的。然而，即便中国人是异教徒，对基督一无所知，还是没有相信葡萄牙人的言辞，仍打算从葡人手中解救、保护我们的人。得知消息后，葡人立即假正义之名审讯荷兰人，或用吊刑、或用绞刑，处死了 17 人，又将两个男孩和那位代理人押解果阿。"〔荷兰〕包乐史：《中荷交往史》，庄国土、程绍刚译，路口店出版社，1999，第 35 页；Peter Borschberg ed., *The Memoirs and Memorials of Jacques de Coutre, Security, Trade and Society in 16th and 17th century Southeast Asia*, Singapore：NUS Press, 2014, p. 286。荷兰人截获的书信原文，参见 H. A. Van Foreest and A. de Booy, *De Vierdee Schipvaart der Nederlanders naar Oost-Indië onder Jacob Wilkens en Jacob van Neck (1599 - 1604)*, vol. 2, pp. 290 - 293。

三　误载文本的可能来源

一般而言，时代越靠后的文本，往往会有"层累"的可能，这就要求我们追溯文本生成过程中不断叠加的历史投射，尽可能去接近文本演变的真相。殿本《明史》和《通志》所载"夷酋游处会城事"虽为孤证，且为西文史料证伪，但这段记述非郭棐凭空捏造，可能只是误植了其他事件。回顾相关时间点，李凤始入广东监税在 1599 年，《通志》首记"夷酋游处会城事"约在 1602 年。因此，若事件的主角仍为李凤，且存在史事误植的可能，那么被植入的事件极可能发生在 1599 ~ 1602 年。稽考该时段的中西关系史，可以发现确曾有一批非葡籍的西方人在广州待过一段时间，又与李凤有直接往来。不过这批西方人不是荷兰人，而是来自西属菲律宾的西班牙人。

1598 年 9 月，西属菲律宾总督派遣萨穆迪奥（Don Juan Zamudio）率船前往广东崖山附近，试图寻找与中国通商的机会，后与澳门葡萄牙人发生武力冲突。[1] 1599 年底，最后一批西班牙人准备撤出崖山之时，依惯例必须向广东当局请示并获得通行许可方能离开。为此，迪奥戈·杜阿尔特（Diego Aduart）受命在 1599 年 10 月初前往广州申办相关文书。杜阿尔特在其著作中记载下了他的广州之行：

> 抵达广州，我们下榻在郊区的一所房舍，外国人不可以在城内居住，即便是入城也得从管事的法官那里获得许可。为此，所有城门都有守卫，无入城文书的人皆不得进入。
>
> 此时，有一个来自京城的太监在城内，巡视整个省。在中国宫廷，皇帝仅由太监侍奉，为符合侍奉皇帝的条件，许多人都被阉割了。……然后来讲述我的不幸。我落入了一位太监的手中，他被称为李凤（Liculifu），负责监管广东。他以巡视之名，迫不及待地压榨这个地区的人民。此外，他还负责监管"海南湾"（gulf of Haynao）的珍珠、渔业。……李凤根据自己获得的消息，在我们抵达（广州）的一两天后

---

① 李庆、戚印平：《晚明崖山与西方诸国的贸易港口之争》，《浙江大学学报》2017 年第 3 期。

就将我们召到他面前。[①]

据杜阿尔特所记，因没有相关文书，抵达广州城外郊区后他们并未能立即进入广州城内，而是被一位称为 Liculifu，主管海南珍珠、渔业的宦官召进城内。这位宦官显然就是所谓的"钦差总督广东珠池、市舶、税务兼管盐法太监"李凤。

此后杜阿尔特在广州城的经历可谓不幸，他在著作中记录下自己如何送礼，如何被勒索一千两白银，如何惨遭拶刑，又如何被关押在大牢。[②] 最终，约在 1599 年 11 月 16 日前，杜阿尔特才得以脱离牢狱，紧急逃离广州，与尚在虎跳门附近的西班牙人汇合。[③] 随后，杜阿尔特前往澳门，其他西班牙人则在 11 月 16 日离开虎跳门，返回菲律宾。[④]

据以上信息，西班牙人杜阿尔特在 10 月初抵达广州不久就被李凤控制，"召酋入城"；最后离开广州的时间在 11 月 16 日前，大约已过"立冬"之期；前后合计，杜阿尔特的"广州之行"历时正好一月余。以上三个环节皆暗合《通志》和《明史》中"召酋入城""游处一月""冬"的三处记载。

因此，如若《明史》的确误植事件，那么很可能是因为中荷首次交往与杜阿尔特事件发生的时间较近，加之郭棐编纂《通志》的"红毛夷"一条又紧随"吕宋"之后，这才导致编纂者将两者混淆误植，而后王鸿绪在利用《通志》编修《明史稿》时，又未能明察，以致以讹传讹。[⑤]

---

① Don Fray Diego Aduarte, *Historia de la Provincia del Sancto Rosario de la Orden de Predicadores en Philippinas, Iapon, y China*, Manila: En el Colegio de Sācto Thomas, 1640, pp. 235 – 236.

② Don Fray Diego Aduarte, *Historia de la Provincia del Sancto Rosario de la Orden de Predicadores en Philippinas, Iapon, y China*, pp. 236 – 240.

③ Don Fray Diego Aduarte, *Historia de la Provincia del Sancto Rosario de la Orden de Predicadores en Philippinas, Iapon, y China*, p. 240.

④ Carta de Pablo de Portugal a L. P. Mariñas e Información, Diciembre 13, 1599, Archivo General de Indias, Filipinas, 6, R. 8, N. 134.

⑤ 此亦非孤例。又如，殿本《明史》误将崇祯十年（1637）英国人求市事件（"十年，驾四舶，由虎跳门薄广州，声言求市。其酋招摇市上，奸民视之若金穴，盖大姓有为之主者。当道鉴壕镜事，议驱斥，或从中挠之。会总督张镜心初至，力持不可，乃遁去。"）误植入《和兰传》。此亦可归咎于王鸿绪的《明史稿》。参见王鸿绪《明史稿》卷三〇四，第 22 页；张维华《明史欧洲四国列传注释》，第 118~119 页；万明《明代中英第一次直接冲突与澳门——来自中、英、葡三方的历史记述》，"16~18 世纪的中西关系与澳门"国际学术研讨会，澳门，2003 年 11 月，第 56~69 页。

余　论

藉由"夷酋游处会城"失实的讨论，可以进一步梳理、比勘相关中西文献，对中荷首次交往的记载做更多剖析。

无论殿本抑或万斯同和王鸿绪的《明史稿》，在记述荷兰人船只时皆模糊称"驾大舰"，未指出确切数字。不过，郭棐记之为"二三大舶"，王临亨记为"二夷舟""二巨舰"，朱吾弼记为"海船三只"。此种文本内容上的差异，与文本生成的内在历史逻辑直接相关。

王临亨的文本与事件发生的时间最为接近，所载信息也最不完整。"九月十四夜话"发生时，广东当局明确得知的消息为两艘荷兰船只抵达澳门，并不知晓澳门海域外还停靠着范·内克的船只，故而才称"二夷舟""二巨舰"。这一点也可以从总督戴燿未晓荷兰人来华目的，推测称"亦半属互市耳"得到印证。其后，郭棐所记较晚，所得信息亦较为完整，但也未能获知准确信息，所以才将来华荷兰船只混记为"二三大舶"，同时还误记荷兰人为满刺加"遮杀殆尽"；而到万历三十年（1602）朱吾弼起草疏文时，尘埃落定，广东当局不但察知来华船只数量为三艘，甚至已经识破谎言，察知澳门葡人"执杀红夷二十余人"。就此而言，后出文献或许会出现所谓"层累"的问题，但所记信息也可能更完整、更贴近史实，因而也不可武断否定后出文献的价值。

然而，以上对传统文献的讨论仍基于一个重要的前提，即晚明以后的中西交往过程中存留有大批细节颇丰的西文史料。仅就明清中外关系史而言，这些西文史料无论是在考据传统文献记载的真伪、还原历史事件的因果，还是在深入辨析互有差异的中文记载上，皆有着无可替代的作用。

在处理早期的中西文本时，中西历法是一个尤需注意的问题。王临亨所记"九月十四夜"，是目前所见中文文献中唯一明确记载的日期。按照普遍的认知，简要查照中西历法对照表，即可以判定万历二十九年九月十四日对应格里历（Gregorian Calendar）"1601 年 10 月 9 日"。[①] 然则，这种处理方法忽视了荷兰的不同地区采用格里历各有不同的历史事实。实际上，荷兰的不少地区迟至 18 世纪才采用格里历，而即便某些地区在 1582 年就已采用新

---

① 关于历法变化及换算，参见陈垣《二十史朔闰表》，中华书局，1962，第 3、182 页。

历法，当地的很多文本也不一定就使用新的计时系统。

若按照格里历换算，戴燿与王临亨的对话会发生在荷兰人离开澳门海域（10月3日）六日之后，这显然与《记附》所载信息不匹配。因为，若对话发生在六日之后，两人关于荷兰人"入寇乎？互市乎？"的讨论就不会发生，更无须再讨论中方的应对之策。合理的解释是，范·内克一行所使用的计时系统不是格里历，而是传统的儒略历，因此，"万历二十九年九月十四日"对应到范·内克一行的文书计时系统时应减去10日，为"儒略历1601年9月29日"。9月28日是荷兰人第二艘船只被捕之时，次日消息传至广州，从而才有了戴燿与王临亨的夜话。

Some Notes on the Records of Ming History on the First Encounter between China and Dutch

Li Qing

Abstract：During the process of compilation of *Ming History* in the early Qing dynasty, there are some different records of the first encounter between China and Dutch among different versions. Youdong and Wan Sitong's versions only offered brief and similar narrations. On the basis of the previous two versions, Wang Hongxu adopted some records of Guofei's *A General History of Guangdong*, and added a sentence "Tax envoy Li Dao summoned the chief to the city, and travel for a month there" to *Biography of Dutch*. Latter this record was accepted and kept in Zhang Tingyu's version. But according to the western documents, this record is erroneous. Guofei probably mistakenly planted the Spanish friar Diego Aduart's travel in Guangzhou in 1599 into his records of *Hongmao Gui*.

Keywords：Ming History；China；Dutch；First Encounter

（执行编辑：申斌）

海洋史研究（第十七辑）
2021 年 8 月　第 103～128 页

17 世纪东亚海域华人海商魏之琰的
身份与形象

叶少飞[*]

魏之琰（1617～1689）是 17 世纪东亚海域交流史中留下浓墨重彩的人物。他生于福建，行九，字尔潜，号双侯，人称林九使，或林九官，娶林氏，生长子永昌（1640～1693）。之后前往日本长崎，与兄长魏之瑗（尔祥，号毓祯，1604～1654）从事与安南的海贸生意，并常住安南东京（今越南河内），娶武氏（1636～1698），生子魏高（谱名永时，日本名钜鹿清左卫门，1650～1719）和魏贵（谱名永昭，日本名钜鹿清兵卫，1661～1738）。1654 年魏之瑗在安南去世，魏之琰全面接手长崎和东京的生意。1672 年，魏之琰携武氏所生二子自东京渡海来长崎，定居日本，未再返回安南和福建，1689 年去世，埋骨长崎。魏高和魏贵称"钜鹿氏"，繁衍至

* 作者叶少飞，红河学院越南研究中心教授，研究方向：越南古代史学、中越关系史。
　基金资助：2017 年国家社会科学基金艺术学项目"魏氏乐谱之曲源寻踪及海外传承研究"（17BD087）；2018 年国家社会科学基金重大项目"越南汉喃文献整理与古代中越关系研究"（18ZDA208）。
　本文得以完成，首先要感谢漆明镜博士，她研究《魏氏乐谱》十余年，钩沉探询魏之琰事迹，芳踪及于中国、日本、越南魏之琰所履之地，赠送《〈魏氏乐谱〉凌云阁六卷本总谱全译》及《魏氏乐谱解析》，介绍考察经历，分享研究成果及文献资料；泉州海外交通史博物馆薛彦乔先生考订了郑开极所撰魏之琰元配林太孺人和儿媳郑宜人墓志铭全文，并赠给墓志铭拓片；早稻田大学硕士研究生黄胤嘉先生提供了相关的日语文献；《魏氏乐谱》诸序多有书法字体，南京大学陈波教授拨冗识读；鲁浩、魏超、韩周敬、宗亮对初稿提出了相关建议。笔者在此谨致谢忱！

今。安南武氏夫人后改嫁黎氏，生子黎廷相、女黎氏琮，1698 年去世，葬于安南国清化省绍天府古都社（今越南清化省绍化县绍都社古都村）。魏永昌的长子承裕等人为在世的祖母林太孺人做寿藏，并为亡母郑宜人（1641～1680）作墓志铭，1702 年由林氏姻亲郑开极（1638～1717）撰《皇清待诰赠国学生双侯魏先生元配林太孺人寿藏男候补州同知苫水公媳郑宜人合葬墓志铭》。魏之琰到日本后，曾以自携明朝乐器为天皇演奏。魏贵之孙魏皓（钜鹿民部，1718～1774）精通音律，传习家传明朝音乐，与门人编辑成《魏氏乐谱》，传明代歌诗二百余首。这是少见的流传至今有板有眼的曲谱，是长崎明乐的鼻祖，当代回流中国，引发研究热潮。广西艺术学院漆明镜博士经十余年的研究和实践，2017 年 6 月推出《〈魏氏乐谱〉凌云阁六卷本总谱全译》，[①] 2019 年 4 月 1 日又将十一首选曲搬上舞台，明代歌诗再次唱响中华大地，笔者幸与其会。魏之琰身处明清鼎革之际，操舟海外，历中国、日本、安南三国，其人其事在 17 世纪和之后历史的发展中，经过流转和演变，或显扬，或湮没，在中、日、越三国形成了不同的历史形象。[②]

一　"舸舰临邦"：再论《安南国太子致明人魏九使书》

按照魏之琰的生平经历来看，他应该在 1650 年武氏生子魏高之前已经到达安南东京。自 1627 年开始，安南国实际分裂为南阮、北郑两方势力，南阮所在广南、顺化一带惯称"广南"，又称"南河""内路"，阮氏称"阮主""阮王"；北郑挟持黎氏皇帝，以王爵自领国政，称"郑主""郑王"，所辖称"东京"，又称"北河""外路"。郑阮双方均大力发展海外贸易，整军备战，至 1672 年双方大战七次，随后休战多年，直至 18 世纪后期郑阮双方被西山阮朝摧毁。

魏之琰常住安南东京，当在河内及外商云集的宪庯（Phố Hiến，在今越南兴安省）。现在越南尚未发现魏之琰留下的相关文献记载和碑刻，但在数代学者的努力下，借助藏于世界各地的史料，魏之琰在安南的贸易活动轨迹逐渐清晰起来，其中以 2009 年饭冈直子（Naoko Iloka）的博士学位论文《学者

---

① 漆明镜：《〈魏氏乐谱〉凌云阁六卷本总谱全译》，广西师范大学出版社，2017。
② 本文所述魏之琰行年生平，根据园田一龟、宫田安、饭冈直子、漆明镜、薛彦乔的研究综合分析整理而来，未依一家之论。

与豪商：魏之琰与东京和长崎的丝绸贸易》（*Literati Entrepreneur：Wei Zhiyan in the Tonkin-Nagasaki Silk Trade*）研究最为深入有力。2014 年，饭冈直子又发表了《魏之琰与日本锁国政策的突破》（*Wei Zhiyan and the Subversion of the Sakoku*），展现了魏之琰在日本锁国前后的海外贸易中的重要地位和作用。[①]作为实力雄厚的海商，魏之琰与东西方多国贸易商展开竞争，在 17 世纪越南的丝绸和白银贸易中占据重要地位。[②] 此外，郑、阮交战的局势，也使得魏之琰不能完全置身事外，亦由此可见他在安南的势力和影响。

魏之琰在越南隐于青史，事迹难以钩沉，但日本保留的一封 1673 年《安南国太子致明人魏九使书》的信却跨越历史时空，分别呈现、塑造了魏之琰不同的形象。

（一）"有道治财"

1673 年，魏之琰渡海到达长崎一年后，接到一封"安南国太子"写来的信。1942 年园田一龟曾发表论文对此信与涉及的相关内容做过考证，确认安南国太子为广南贤主阮福濒（1648 ~ 1687 年在位）的长子阮福演（1640 ~ 1684），并据此论定魏之琰与广南阮氏贸易，且趁安南内战之时"舶载武器等军需品至安南获巨利"，1666 年携子赴日本。[③] 陈荆和沿用了园田一龟关于魏之琰生平的考证，认为其 1654 ~ 1666 年在会安定居，阮福演寄信给魏之琰即是与之有贸易往来，并将其作为广南的华商代表人物予以介绍。[④]

---

① Fujita Kayoko, Momoki Shiro, and Anthony Reid eds., *Offshore Asia：Maritime Interactions in Eastern Asia before Steamships*, Singapore：ISEAS Publishing, 2013, pp. 236 – 258.

② 〔澳大利亚〕李塔娜：《贸易时代之东京：16 ~ 17 世纪越南北部海外贸易与社会变化初探》，黄杨海译，北京大学亚洲 – 太平洋研究院编《亚太研究论丛》第 8 辑，北京大学出版社，2011。

③ 〔日〕园田一龟：《安南国太子致明人魏九使书考》，罗伯健译，《中国留日同学会季刊》第 3 卷第 2 期通卷第 7 号，新民书馆股份有限公司，1944，第 50 页。日语原文为園田一龜「安南國太子から明人魏九使に寄せた書翰に就いて」『南亞細亞學報』1 號、1942 年、49 ~ 70 頁。

④ 陈荆和：《十七十八世纪之会安唐人街及其商业》，《新亚学报》第 3 卷第 1 期，1957，第 297 ~ 298 页。苏尔梦接受了陈先生的观点，并据此确认会安明乡社萃先堂中碑文提及的"吾乡祠奉祀魏、庄、吴、邵、许、伍十大老者，前明旧臣"中的魏氏与魏之琰有联系（〔法〕苏尔梦：《碑铭所见南海诸国之明代遗民》，罗燚英译，李庆新主编《海洋史研究》第 4 辑，2012，社会科学文献出版社，第 120 ~ 122 页）。张侃和壬氏青李采用苏尔梦的观点，又介绍了魏之琰和魏之瑗的情况，但没有考证萃先堂的"魏"氏究竟为谁；且在陈荆和与苏尔梦的基础上，仍认定魏之琰居住在会安，并从会安抵达长崎。尽管其所引文献已经提到魏之琰为"东京舶主"，但并未意识到"东京"乃是安南北方郑主辖地的名称（张侃、壬氏青李：《华文越风：17 ~ 19 世纪民间文献与会安华人社会》，厦门大学出版社，2018，第 92 ~ 94 页）。

1979 年，宫田安利用钜鹿氏家谱等多种资料，详细介绍了魏之琰的生平事业，确认其是来往于长崎和安南国东京的海商艚主，从事生丝和丝绸贸易，1672 年携二子及仆人魏喜渡海来长崎。另外宫田安又记录了 20 世纪 20 年代远东学院牧野丰三郎所说安南国太子可能为郑根之子的观点，但牧野表示此观点仍需查证。[①] 随着文献的不断发掘，饭冈直子最终确认魏之琰是与越南北方郑主管辖的东京开展贸易，主要经营生丝、丝绸及白银，是日本和安南东京海外贸易的代表人物，拥有很大的势力和影响。她认可园田一龟考证的安南太子即阮福演的观点，但并未对此信内容做过多分析。[②]

在园田一龟所处的时代，日本和越南的相关研究尚处于起步阶段，文献难征，时经多年，此文观点需重新考证。与北方郑主贸易的魏之琰何以收到一封来自南方敌对势力首领之子的书信？因信中所涉信息较为隐晦，故笔者逐条解释如下。[③]

> 安南国太子达书于大明国魏九使贤宾。

首先阮福演自称"安南国太子"，广南阮氏在阮福源（1613～1635 年在位）时期就已经自称"安南国王"，[④] 因此阮福演自称太子亦可，他在信中自称"不榖"，这是先秦时期诸侯王的自称，老子曰："贵以贱为本，高以下为基，是以侯王自谓孤、寡、不榖。"[⑤] 这样的文书格式在现存广南阮氏发至日本的文书中可见，1688 年阮福溙（1687～1697 年在位）文书开头说"安南国国王 达书于 长崎官保文官阁下"，[⑥] 阮福溙正是阮福演之弟，在其去世后获得继承权。关于"大明国魏九使"，清朝建立之后，最初开放海外贸易，后因郑成功的活动，1661～1683 年平定台湾期间，执行严厉的海禁政策，因而在此期间到达广南的华人多与郑氏集团有关，自认为明朝之人，

---

① 宫田安『唐通事家系論考』長崎文献社、1979 年、964～979 頁。

② Naoko Iloka, "Literati Entrepreneur: Wei Zhiyan in the Tonkin-Nagasaki Silk Trade," PhD dissertation, National University of Singapore, 2009, pp. 115–116.

③ 信件正文为笔者据园田一龟《安南国太子致明人魏九使书考》（第 51 页）和藤田励夫「安南日越外交文書集成」（『東風西聲』第 9 號、「國立九州博物館紀要」、2013 年、27 頁）誊录，并据饭冈直子博士学位论文第 117 页所附彩色原件校对。

④ 蓮田隆志，米谷均「近世日越通交の黎明」第四部分「書式に見る日越関係」、『東南アジア研究』56 巻 2 號、2019 年、139～143 頁。

⑤ 朱谦之：《老子校释》，中华书局，1984，第 158～159 页。

⑥ 藤田励夫「安南日越外交文書集成」、54 頁。

广南阮氏亦应承认其事。① 虽然不清楚魏之琰与郑成功集团是否有关联，但其人来自福建，因而亦被视为大明国人。至康熙三十五年（1696），大汕和尚到达广南会安时，"至方言中华，皆称大明，惟知先朝，犹桃源父老止知有秦也"②，中国仍被称为"大明"。

> 平安二字，欢喜不胜，盖闻王者交邻，必主于信，君子立心，尤贵乎诚。

这是惯用的外交辞令，也常见于阮潢发给德川家康的文书之中。

> 襄者贤宾遥临陋境，自为游客，特来相见，深结漆胶之义，未历几经，再往通临日本，不毂于时口嘱买诸货物，以供其用，深感隆恩，自出家赀代办，一一称心，希望早来，得以追还银数。怎奈寂无音信，其愿望之情愈切，却念自前犹蔑殊恩见及，未副寸怀。

阮福演这一段话说明魏之琰曾经来过广南，之后即到日本未再履临。阮福演信口所言请魏之琰购买货物自用，未承想对方按照要求办理，自己出钱购买并送达阮福演。结果是阮福演既没有付钱，魏之琰也没有收钱。阮福演对此念念不忘，希望魏之琰能够来到广南，并送上钱款。这显然是魏之琰的政治经济投资，阮福演则是借此事拉近关系。

> 且贤宾见我父主一日万机，不亲细务，委任执事，以体柔怀之德。岂意弊员不能为情，以绝远人之望。

魏之琰到广南的时间不明，应该是要拜见贤主阮福濒商谈通商事宜，但没有见到，且被执事官员拒绝，因此阮福演说"弊员不能为情，以绝远人之望"。日本朱印船贸易时代，阮主方面曾发文要求日本禁止商船前往北方贸易。③ 从 1650 年武氏生子到 1672 年魏之琰离开安南，南阮北郑皆在整军

---

① 蒋国学：《越南南河阮氏政权海外贸易研究》，厦门大学 2009 年博士学位论文，第 37 ~ 42 页。
② 大汕：《海外纪事》卷二，余思黎点校，中华书局，2000，第 46 页。
③ 郑永常：《会安兴起：广南日本商埠形成过程》，郑永常主编《东亚海域网络与港市社会》，台北里仁书局，2015，第 128 ~ 130 页。

备战，阮福濒很可能是因为魏之瑗与魏之琰兄弟通商东京，所以拒绝其贸易要求。魏之琰虽然没有见到贤主，却见到了太子阮福演，说明阮主并没有完全堵上通商的路子。魏之琰之后到日本，通过其他商船将阮福演需要的物品送去。魏之琰来南方的具体时间无法考证，阮福演生于1640年，能够主事，年龄则不应该太小，应在12岁左右或者更大一些。魏之琰当在1650年武氏夫人的长子魏高出生之后、兄长魏之瑗1654年去世之前某个时间前往广南。据信件内容，魏之琰可能是从日本来广南，之后再返回日本，综合考量，魏之琰1653年前后见到阮福演的可能性比较大。一旦魏之琰接替其兄成为东京大舶主，势必不能"自为游客，特来相见"。尽管南阮北郑均开港通商，但主事人来往于敌对双方，毕竟有很大的风险。

　　贤宾义宁不届，致使裹足多年。自此我怀深想，虽隔千里，皆如面谈。其商客往返，每将薄物以访贤宾，未曾见遇，每念不忘。幸后逢机遭会，再得休期，早早挂帆，乘风临境，一以报知遇之恩，一以叙宾主之义。

魏之琰离开广南之后，没有再来，应该也没有开通与广南的贸易。阮福演深刻想念魏之琰，多次托往返客商带礼物给魏之琰，始终没有见到，耿耿在心。因此迫切希望魏之琰能再履广南，一叙深情。阮福演是政治人物，魏之琰为大海商，绝不会因为些许礼物挂记于心，此言当是阮福演进一步拉近关系的客套话。

　　兹者不榖，时方整阅戎装，修治器械，日用费近于千金，遥闻贤宾有道治财，营生得理，乃积乃仓，余财余力，姑烦假以白银五千两，以供需用。却容来历时候，舸舰临邦，谨以还璧，岂有毫厘差错。如肯放心假下，当谨寄来商艚主并吴顺官递回。

据《大越史记全书》记载，1672年，北方郑柞（1657～1682年在位）四月开始祭告天地，准备征伐阮福濒，六月亲扶黎嘉宗御驾亲征，以世子郑根为统兵元帅出征，直到十二月方撤军还师。[①]之后郑氏不再来

---

① 陈荆和编校《大越史记全书》（下），本纪卷之十九，日本东京大学东洋文化研究所出版，1986，第994～996页。月份换算会跨越公历年份，所以用汉字表示，与史料对应。

攻，双方开始了事实上的停战，并未议和。1673 年五月，郑阮战争刚刚停息数月，阮福演"整阅戎装，修治器械，日用费近于千金"，防备郑主再次来攻。

阮福演花销巨大，因魏之琰财雄势大，特地借银五千，并等魏之琰来的时候还上。阮福演对此非常重视，派遣安南出生的日本人船主吴顺官传话，并带回银两。根据当时阮氏政权以绢代税的情况，[①] 阮福演应该是打算等魏之琰到时以绢代偿，并由此开展与魏氏的商贸。

> 有甚明言，泥封附后。迩于客岁翰来说道，略无花押，因此见另，理固当然。颇宾客往来，络绎不绝。何不知来寸楮，以释情怀。

这段话表明阮福演之前已经和魏之琰写信联系过借钱之事，但被魏之琰以"略无花押"即无印信凭据为由拒绝，阮福演对此表示理解，"理固当然"，并希望魏之琰经常来信，加强联系。

> 今特使吴顺官赍来薄物，聊寓寸忱。且天地之大，父母之量，我则体诸。而金石之坚，仁义之重，聊可念也。如此则溟泰难移，永永无穷矣。谨书。（墨色印章）
> 　　计
> 　　　绢税贰疋
> 　　岁次癸丑年仲夏拾壹日
> 　　书（黑印）

阮福演托吴顺官带来礼物"绢税贰疋"，正是阮氏政府的货物，已有交魏之琰查验物品质量的意思。并盖上葫芦形印信（印文不辨），加盖阮氏政权的"书"黑印。

表面上看，这封信是阮福演向魏之琰借钱，但背地里却是南阮北郑的双方博弈。据饭冈直子研究，魏之琰与东京郑主政权的丝绸和白银生意极为兴盛，阮福演以敌对方的继承人身份向魏之琰借款，无论借与不借，都是非常麻烦的事情。魏之琰先以无花押为由加以拒绝，未承想阮福演再次写信借

---

① 蒋国学：《越南南河阮氏政权海外贸易研究》，第 136 页。

款，且明言是扩充军备。此事若为郑主一方得知，必然使魏之琰陷入很大的困扰之中。饭冈直子研究，自 1667 年直至 1689 年去世，魏之琰一直和林于腾从事长崎与安南东京之间的丝银贸易，因此应该不会借款给阮福演。

而对于阮福演一方而言，写这封信给魏之琰，无论其是否借款，自己都是赢家。倘若魏之琰借款，自有钱财进入弥补空缺，届时以绢税酬还即可。魏之琰不借款，自身也无损失，若将此消息传入郑主一方，使其产生嫌隙，亦是断敌方财路之举措。

倘若阮福演此信情实皆真，那就反映出一个很严峻的情况，即在 1672 年的战争中，阮氏一方亦只是堪堪守住而已，损失惨重，财政窘迫，负责军备的阮福演期望"远水解近渴"，不惜再次向万里之外、仅见过一次的魏之琰借款。

无论是何种情形，通过阮福演的借款信件，我们都可以感受到魏之琰是安南和日本海洋贸易中的豪雄人物，在郑阮南北开战的历史背景中，是东京政权重要的财赋输纳者，其海商大豪的形象由此可见一斑。

（二）"大明义士"

1924 年，记者楚狂在《南风杂志》第 81 期刊登了《本朝前代与明末义士关系之逸事》一文，录入《安南国太子致明人魏九使书》，以及安南武氏夫人再婚之子黎廷相报告母亲去世的信件和魏高魏贵兄弟的回信。饭冈直子指出这是三封书信第一次公布于世，原因在于 20 世纪 20 年代初钜鹿氏后裔钜鹿贯一郎曾经以三封信求教任职于河内远东学院的牧野丰三郎，并询问武氏夫人墓地。后者将其公布出去，又为楚狂所报道。[①] 楚狂开篇写道：

> 魏九官，名之琰，字双侯，号尔潜，明福建福州钜鹿郡人也。家世为明臣，明末之乱奔插于我国，志图恢复，与本朝英宗孝义皇帝有密切之关系，虽当时事实不见诸史，然据其□太子时，所寄与九官函，则关系之颠末，殊有可研究之价值。又九官久客我国，曾娶我国人武氏为妻，生下二男，长永时，次永昭。魏氏父子后皆往日本国居住，见清人

---

① Naoko Iioka, "Literati Entrepreneur: Wei Zhiyan in the Tonkin-Nagasaki Silk Trade," p. 116. 饭冈直子指出黎仲咸又将安南国太子书载入记录阮朝历史的《明都史》之中。

势力日盛，明祚决无重兴之望，遂入日本籍，以郡名钜鹿为姓，现子孙繁衍，族姓昌大。①

　　楚狂名黎惔（Lê Dư，？－1957）是越南 20 世纪上半叶著名的文化学者和记者，早年曾参加潘佩珠领导的东游运动以及东京义塾，游历中国、日本，投身越南民族革命。② 楚狂的写作虽早于园田一龟，但也认为魏之琰与广南开展贸易，写安南国太子为"英宗孝义皇帝"即阮福溁，显示其并未进行细密考证。

　　但楚狂却从三封信中得出魏之琰是从事反清复明事业的人物，"志图恢复"，最后"见清人势力日盛，明祚决无重兴之望，遂入日本籍"。魏之琰长期从事海外贸易，发妻林氏来信言"自别夫君二十余载……且妾一生一男一女"，"抛妻离子三十余载，在外为何故也"，其妹言"哥自出门离家，二十余年"，③ 其离家之后似未再返回福建，具体离家时间不明，当在 1650 年武氏夫人生魏高之前。魏之琰是否从事反清复明活动，现在没有文献可以直接证明。不过，当时海域控制权为台湾郑氏集团所有，魏之琰要穿梭于海域，必然要与郑氏集团交好。这是正常的商业活动，即便输款给郑氏，也不能说魏之琰与郑氏一样从事反清复明的政治活动。

　　大张旗鼓从事反清复明活动的朱舜水《答魏九使书》言："弟与亲翁同住长崎者五年，相去区区数武，未尝衔杯酒接殷勤之余欢，忘贫富申握手之款密。"④ 显示他与魏之琰同在长崎五年却没有交往。因日本收紧外国人居留政策，朱舜水希望借助魏之琰取得留日居住权，所以去书请求帮助。朱舜水生于 1600 年，浙江余姚人，长魏之琰 17 岁，所谓"亲翁"当并无真实关系，而是拉近关系的称呼。此信为"答"，显然二人之前已经有一次书信往来。从朱舜水之事来看，魏之琰与明面上反清复明势力的交往应该较为谨慎。

　　楚狂关于魏之琰是从事反清"大明义士"的说法自然不能成立，但其

---

①　楚狂：《本朝前代与明末义士关系之逸事》，《南风杂志》第 81 期，1924，第 47 页。

②　关于楚狂黎惔的文章事业，参见罗景文《爱深责切的民族情感——论二十世纪初期越南知识人黎惔在〈南风杂志〉上的文史书写》，《文与哲》第三十二期，2018，第 351～382 页。该文直接采用了楚狂关于魏之琰的观点认识。

③　转引自〔日〕园田一龟《安南国太子致明人魏九使书考》，罗伯健译，第 56 页。

④　朱舜水：《答魏九使书》，《朱舜水集》，朱谦之整理，中华书局，1981，第 48～49 页。

观点却是基于越南"明乡人"的历史得出的，在越南历史研究的起步阶段有此看法实属正常。明清鼎革之际，部分明朝人不愿臣事清朝，逃身海外来到广南阮主辖地，称"明香人"，阮朝明命七年（1826）改为"明乡人"。其中以1671年南投的广东雷州人郑玖和1679年的明军杨彦迪、陈胜才残部最为著名，在之后阮主政权和阮朝历史中均发挥了巨大作用。[①] 义不事清的"明香人"记载于阮朝史书之中，自然为楚狂所知，他因此根据明乡人的情况想当然得出魏之琰是"大明义士"的结论。

《安南国太子致明人魏九使书》跨越二百五十年的岁月，在不同的历史情境中赋予了魏之琰海商大豪和大明义士两个不同的形象，引起世人的无限遐想。

二　乘桴海外：魏之琰在日本

根据宫田安的研究，魏之琰1672年抵达日本之后，没有再返回安南东京。至于他为何抛下武氏夫人携子东渡，因文献不足，已经难以确知。饭冈直子研究魏之琰到日本后，直到1689年去世前，仍与郑主贸易，可见其海洋贸易的事业并未改变。但在情境的发展中，魏之琰的形象与其海商大豪的身份逐渐脱离，成为"乘桴海外"的高士。

魏之琰本人流传至今的作品仅有写给隐元禅师（隐元隆琦，1592～1673）的两首七律，即1662年的《魏之琰祝隐元七十寿章》和1665年的《赠隐元和尚至普门寺》诗，皆保存于隐元之手。[②] 现在各方披露的钜鹿氏家族文献多是他人寄赠魏之琰，似乎并无魏之琰本人的手笔。[③] 这使得我们难以了解魏之琰的思想和观点，仅能根据文献探讨他人眼中的魏之琰形象。

---

① 陈荆和：《河仙镇叶镇鄚氏家谱注释》，台湾《文史哲学报》第7期，1956，第78～139页；《清初郑成功残部之移殖南圻》（上、下），《新亚学报》第五卷第1期，1960，第433～459页，第八卷第2期，1968，第418～485页。另可参看李庆新教授关于明清之际南下遗民的系列论文。

② 陈智超、韦祖辉、何龄修编《旅日高僧隐元中土往来书信集》，日本黄檗山万福寺藏，中华全国图书馆文献缩微复制中心，1995，第282～285页。

③ 1788年司马江汉访问钜鹿氏，第五代钜鹿祐五郎说魏氏凌云阁曾发生火灾，了无一物。但园田一龟对此表示怀疑，因为1809年钜鹿祐五郎还能将祖先传下书画古器两大箱，贡献给幕府，这是火灾二十一年之后的事情。见〔日〕园田一龟《安南国太子致明人魏九使书考》，罗伯健译，第57～58页。

（一）"衍瑞东南"

1. 朱舜水《答魏九使书》

1659 年冬至 1665 年六月，朱舜水寓居长崎，之后受德川光圀之礼聘，遂迁居江户。在长崎期间，因日本收紧外国人居留政策，朱舜水曾谋求魏之琰的帮助，以获得居住权。《答魏九使书》曰：[①]

> 远惠书问，足纫厚谊，二千道里，峕伻跋涉，良非易事！"风波目前，进退无门"等语，一言一泪。来年事成，必住长崎，甚为长算。至于识时务、晓南京话一人，弟与之往复议论，商其可否。台谕"人心不同如其面焉"，此真历练世故之言，但谓"一纸书贤于十部从事"，为计固已疏矣。此亲翁自为耳，绝不为弟计虑也。弟与亲翁同住长崎者五年，相去区区数武，未尝衔杯酒接殷勤之余欢，忘贫富申握手之款密。一旦举秦人越人，而责以葭莩、姻娅、朋友之谊，谓为不弃菅蒯，无乃言之而过乎？
>
> 留住唐人既数十年未有之典，而近日功令更加严切。欲留一人，比之登龙虎之榜，占甲乙之科，其难十倍。而亲翁视之藐如也，无异俯拾地芥。宰相上公如此款诚待弟，长崎所闻者，不过什佰中之一二耳。弟忍以一言欺之耶？况弟平生无一言欺人也。万一弟力所能为，尚当审量交游，有敬爱者，有亲密者，或略有往还，识知其为人者，其事先定，而后得徐议亲翁之去就。若忘素交，而遽为亲翁缓颊，亲翁虽得之，亦应且憎矣。万一大概得留，亦必不独置亲翁于风波中也。施恩不忘报，乃君子之义；然救人而从井，亦仁人所深疾。幸勿讶其唐突。
>
> 来金五两，藉手附璧。弟本不启封，特恐长途差误，故令来伻自启之耳。或有晤期，统容面悉，挥冗率复，不能详婉，惟希崇照。

朱舜水讲"弟与亲翁同住长崎者五年"，此事当发生在 1664 年前后，不会晚于 1665 年。从信中所见，朱舜水对于能否留住日本极为心焦，因而向同住长崎五年却"未尝衔杯酒接殷勤之余欢，忘贫富申握手之款密"的魏之琰求助。此信之前，朱舜水已去信，魏之琰回复了具体情形，并派人送

---

① 朱舜水：《朱舜水集》，朱谦之整理，第 48～49 页。

至，因此朱舜水说"远惠书问，足纫厚谊"。

此时朱舜水应处境极为艰难，因此四处谋托，并曾找到"宰相上公"德川光圀的大通事刘宣义（1633～1695），刘宣义小朱舜水 33 岁，为通事中声名最著者，其家世为唐通事，称"彭城氏"。① 信中朱舜水自称"弟"乃是惯用谦称，却称刘宣义为"老兄"，可见其心焦之态。②

朱舜水的答信中，述及魏之琰原信中的几句话，"'风波目前，进退无门'等语，一言一泪"，此言是魏之琰回信中的话，激起了朱舜水的感伤。彼时郑成功已去世，故友袍泽多就义凋零，自己孤身在此，亦不知何处依托，既是真实处境，亦是复明大业被挫无着的彷徨忧伤。

魏之琰能够写出"风波目前，进退无门"，应该是对朱舜水的境况表示理解。魏之琰信中说"人心不同如其面焉"，朱舜水亦表示理解，"此真历练世故之言"，接着明确"一纸书贤于十部从事"，表示完全信任魏之琰，期望其为之奔走。

1662 年，"春，长崎大火，先生侨屋亦荡尽，因寓于皓台寺庑下，风雨不蔽，盗贼充斥，不保旦夕"，得安东守约救助。③ 魏之琰知晓朱舜水处境艰难，在其因留居求援之时，赠予资财，朱舜水深知办事不易，因而"来金五两，藉手附璧"，将赠金与信一起交由来人带回。朱舜水找魏之琰帮忙，应该是找对了人，"欲留一人，比之登龙虎之榜，占甲乙之科，其难十倍。而亲翁视之藐如也，无异俯拾地芥"，此言虽是恭维，但魏之琰身为德川光圀看重的权势人物，说话做事自然极有分量。至于朱舜水说自己"宰相上公如此款诚待弟，长崎所闻者，不过什佰中之一二耳"，可能亦是实情，但其留居日本则仍要求助于魏之琰。

1665 年六月，朱舜水受德川光圀礼聘，之后前往江户居住。梁启超在《明末朱舜水先生之瑜年谱》中多记日本友人帮助留居，未载魏之琰之事。2015 年 3 月 3 日东京中央拍卖会"中国古代书画"拍卖，图册第 158 页第 0835 号拍品为朱舜水书法条幅，高 104 厘米，宽 31 厘米，内容为"微云澹河汉"，钤"霜溶斋""朱之瑜""楚玙"三方印章，来源为"万福寺供养

---

①　宫田安『唐通事家系論考』、165 页。宫田安没有记载朱舜水写信给刘宣义之事。
②　朱舜水：《朱舜水集》，朱谦之整理，第 49～50 页。
③　梁启超：《明末朱舜水先生之瑜年谱》，台湾商务印书馆，1971，第 48 页。

人魏之琰家族旧藏"。① 此条幅书写云淡风轻，志向高洁，虽不排除是魏之
琰后人购入收藏，但极有可能是朱舜水受礼聘之后，赠予魏之琰的作品。

2. 隐元禅师《复魏尔潜信士》

魏之琰与黄檗僧人来往密切，现在仅存的两件文献即是赠隐元禅师七
律。1654 年隐元禅师抵达长崎弘法，1673 年圆寂。隐元禅师《复魏尔潜信
士》全文如下：

> 何居士至，接来翰种种过褒，当之殊愧也。闻足下在崎养德，以遂
> 身心，是最清福。然此时唐土正君子道消之际，贤达豪迈之士尽付沟
> 壑，唯吾辈乘桴海外得全残喘，是为至幸。惟冀足下正信三宝为根本，
> 根本既固，生生枝叶必茂矣。原夫世间之事，水月空花，寓目便休，不
> 可久恋于中，恐埋丈夫之志。谁之过欤？更冀时时返照自己身心，必竟
> 这一点灵光何处栖泊，不可错过此生。到头一着，谁人替代？纵有金玉
> 如山，子女满堂，总用不着。可不惧欤？嘱嘱。②

饭冈直子考证此信当写于 1664 年。③ 隐元说魏之琰 "闻足下在崎养德，
以遂身心，是最清福"，应是客套话，魏之琰彼时尚亲自从事与安南的贸
易，鲸波万里，自非易事。隐元接着说 "然此时唐土正君子道消之际，贤
达豪迈之士尽付沟壑，唯吾辈乘桴海外得全残喘，是为至幸"，1662 年永历
帝在昆明被吴三桂所杀，郑成功亦在当年病逝，郑氏集团虽然依旧从事反清
复明事业，但形势极为严峻，仅能自保而无力扩张。隐元与魏之琰相识日久，
视其为乘桴浮海的同道中人，中土道消，豪杰尽死，流落海外，孤身何栖。

1662 年隐元和尚七十寿辰，魏之琰祝寿诗云：

中岳巍巍接彼丘，岁寒松柏始知周。潜成龙虎翻无异，藏满烟霞吐不休。

① "东京中央拍卖" 官网，https：//www.chuo－auction.co.jp/ebook/cat＿2015＿03＿05/index.html#p＝159。
② 陈智超、韦祖辉、何龄修编《旅日高僧隐元中土往来书信集》，第 285 页。笔者转引的《复魏尔潜信士》为该书参考资料，编者注明出自『太和集』卷二、平久保章编著『新纂校订隐元全集』开明书院、1979、3287 页。
③ Naoko Iioka, "Literati Entrepreneur: Wei Zhiyan in the Tonkin-Nagasaki Silk Trade," p.105.

随喜拈来黄檗果，因缘种落扶桑洲。开花结实千年事，才长而今七十秋。①

诗言志，只言片语尽显深意，首联道尽隐元禅师岁寒而松柏不凋的风骨，再颂扬隐元禅师东渡弘法的伟业。1665 年八月，隐元离开长崎前往富田普门寺，众人赠诗，魏之琰诗云：

正喜东来更向东，司南直启普门风。凭兹一杖轻如苇，其奈孤踪转似蓬。鹤发老苃霜顶白，莲装光傍日边红。经年席坐何曾暖，又赴华林许结丛。②

"凭兹一杖轻如苇，其奈孤踪转似蓬"写出隐元禅师海外弘法，天涯漂泊的感慨，席不暇暖，即又起身再赴他方弘法。魏之琰赠隐元禅师的两首诗，均可感受到其中的孤寂之意，显然视自己与隐元和尚为乘桴浮海的同道中人。

3. 刘宣义《祝魏之琰七十寿章》

朱舜水曾经求助的刘宣义之后与魏之琰结成儿女亲家，其女嫁给武氏夫人所生第二子魏贵为妻。1686 年，魏之琰七十寿辰，刘宣义送寿章一幅，其文如下。

奉祝姻家尊亲潜翁魏老先生七衮（帙）寿诞，敬披粒诚，汗甲缀言，少伸华封之庆。窃以乾乾不息，故行健以永寿；生生靡已，乃含弘而延康。其有君子，体乾履霜，中立遗品，而三才骉位；万古弗渝，可参于天地。宜赞夫化育，岂非寿之永而康之延乎哉？谁其方之，咸曰宜之。其于潜翁魏老先生，实式有之。恭惟老先生麟产福清，鹰扬闽越，冠缨代传而敷德，绥绥世出以联芳，注文章而源泗水，权儒业以扇邹风，懿德所远，百福攸归。乃于明季轮舆弗挽，四海荡于波起，三山溃于霾扬，而老先生昆仲忠以立心，孝以全节，矢怀屑已，不渍腥氛，乘桴之志固确，浮海之私始炎，而游漾数十年，以至于今。发全容正，以畅厥衷。而故国诒厥孙谋，允协苗裔，东方永锡尔类，克谐德业。故其

---

① 陈智超、韦祖辉、何龄修编《旅日高僧隐元中土往来书信集》，第 285 页。笔者转引的《魏之琰祝隐元七十寿章》、为该书参考资料，编者注明出自「黄檗和尚七袠寿章」、平久保章编著『新纂校订隐元全集』、5351～5352 頁。
② 陈智超、韦祖辉、何龄修编《旅日高僧隐元中土往来书信集》，第 282、283～284 页。

朴忠而可移之大孝，亘今古之所稀，跨东南而实罕。兹逢从心之诞，簇
庆蟠会之期，况当春风乍动，淑气初临，膺斯嘉庆，能不膏己而脲人乎？
耆寿景福，悉届良辰，君子万年，固其参天地而赞化育者也。妄端秃颖，
异瞻老人之星敬布；荒唐用类，嵩高之祝诞焉盛矣。亶乎懋哉！诗曰：

一气通天接地舆，谁知君子莅其墟。寿垣常倚三台立，福履遂由积德居。
身隐两朝耆会在，年邻九老逸仙如。扶桑采药徐公后，却到于今謦有余。
贞享叁年岁旅柔兆摄提格端月穀旦辱姻眷末刘宣义顿首拜撰①

刘宣义小魏之琰 16 岁，1664 年朱舜水谋住日本时，刘宣义为大通事，
魏之琰是德川光圀重用之人，即以此年论，至魏之琰七十寿辰时，两人已经
相交二十多年，又结成姻亲，关系更为紧密。此寿章为刘宣义所撰，相识日
久，必然是根据魏之琰的言行以及自己的认识来写，当与真实情况差距不
大。寿章写成，赠予之琰，得其首肯，子孙宝之，方能历三百年岁月传承
至今。

刘宣义写魏之琰习儒家之业，"注文章而源泗水，权儒业以扇邹风"，
与兄长当"明季轮舆弗挽，四海荡于波起，三山溃于霍扬"，即农民军和清
兵攻灭明朝之时，"忠以立心，孝以全节，矢怀屑已，不渍腥氛"，魏之琰
忠孝立志，不愿受满族建立的清朝统治，因而"乘桴之志固确，浮海之私
始炎，而游漾数十年，以至于今"，纵舟海外数十载，"发全容正，以畅厥
衷"，保持了大明发式和肃正容服，忠孝情怀保持至今。道不行，君子乘桴
浮于海，大隐隐于朝，中隐隐于世，小隐隐于野，魏之琰"身隐两朝耆会
在"，乘桴浮海于安南和日本，堪称大隐。"其朴忠而可移之大孝，亘今古
之所稀，跨东南而实罕"，遍历东方日本和南方的安南两国，其德行古今
罕见。

刘宣义为德川幕府的大通事，自然知晓魏之琰从事海洋贸易积累巨富，
但在其笔下，海商大豪的形象尽去，乘桴浮海的高士形象跃然而出，②　这一

---

① 寿章正文为笔者据饭冈直子博士学位论文第 135 页所附彩色原件誊录。
② 饭冈直子在博士学位论文第 178 页记录了一幅出自《光风盖宇》（三浦实道编、福济寺出
版、1925、51 页）的图，介绍内容为魏之琰与二子魏高和魏贵在船上奏乐，绘制时间不
详。笔者检索《光风盖宇》之后，只见图像，未见相关题词，图中人物吹长箫，与童子所
乘并非普通船只，而是高士所乘的仙槎，上置一枚硕大仙桃。若图中人物确是魏之琰，其
形象当是乘桴浮海的高士了。

形象也与当时不愿事清东渡日本的明遗民群体的形象相符。[①] 1689 年，魏之
琰去世，享年 73 岁，仅有墓碑而无碑文，灵位之外，有"衍瑞东南"四个
大字，[②] 这恰当地概括了魏之琰一生奔波安南和日本的事业历程。

（二）"抱乐器而避乱"：《魏氏乐谱》塑造的魏之琰形象

魏之琰去世之后，东来遗民也逐渐凋零殆尽。魏之琰生前声名虽盛，但
并无立言著作传世，且以高士形象示人，故其人其事渐隐。然而到了魏贵之
孙魏皓之时，因《魏氏乐谱》的传播，魏之琰的形象重新显现于世。魏皓
善书画，精音律，传家传音乐于世。宝历九年（1759）魏皓为《魏氏乐器》
作序曰：

> 余之先西来桴上所携明代乐器，其所传歌曲之相受，楢（犹）尚
> 存焉，于吾吾思我祖而不忘，未尝不日习也。音之不可掩，无索邻姬不
> 寝之诗，而名亦随之。以故人之闻有斯乐者，遇必同其器。余隆不倦，
> 拟议言因不尽物也，乃图其用之大者，以代其不尽。顷者从余学此曲者
> 数辈，欲桴以大行，且为之序，余辞而不得，遂亦题。[③]

魏皓在此明言所用乐器为先祖携带到日本的明代乐器，魏皓祖父是出生
于安南东京的魏贵，因而能够携来明代乐器的只能是曾祖父魏之琰。魏皓生
于 1718 年，祖父魏贵于 1738 年去世，"吾思我祖而不忘，未尝不日习也"，
因而教授魏皓音乐的应是其祖父魏贵。1673 年，魏之琰曾进京到皇宫演奏
明乐，被御赐酒和糕点。[④] 就现在所知，魏贵一生没有到过中国，其所习之
乐当是携带乐器到日本并且在御前演奏的魏之琰所传授。

明和五年（1768）《魏氏乐谱》刊刻，选入乐曲 50 首，题"魏子明氏
辑"，此刻本有三序一跋，除了论及魏皓及其音乐，其先魏之琰的形象也重
新清晰起来。[⑤] 伏水龙公美因子世美雅好音律，作《魏氏乐谱叙》，言其子

---

① 请参看韦祖辉《海外遗民竟不归——明遗民东渡研究》，商务印书馆，2017。
② 〔日〕园田一龟：《安南国太子致明人魏九使书考》，罗伯健译，第 57 页。2018 年 10 月漆
　明镜博士再访魏之琰墓时，"衍瑞东南"题刻已经不知去向。
③ 转引自成澤勝嗣「鉅鹿民部（魏皓）の畫業」，『早稲田大学大学院文学研究科紀要』第 3
　分册 55、2009 年、94 页，手迹影印部分在第 95 页。
④ 宫田安『唐通事家系論考』、966 页。
⑤ 明和五年《魏氏乐谱》刻本，东京艺术大学藏，三序一跋引文皆出自此本。

"学朱明之乐于魏子明氏"，"盖子明其先系明家之大□氏也，崇祯之末抱其乐器而避难于吾大东琼浦之地，而不复西归，子孙因为吾邦之人也"。

浪华关世实《魏氏乐谱序》曰："魏氏之先，钜鹿郡人。当朱明失驭，天下云扰，效夫□□、系磬二子所为，抱其器而东入于海。遂来寓于我长崎。居恒操其土风，□□不忘旧□。君子弗兼，而子孙肆（肆）其业不衰，三世于□矣。虽然，若夫长崎，一弹丸地，且僻在我西陲，则纵令甚有意传其音而又得其人，亦仅仅数辈。"

海西宫奇《书魏氏乐谱后》言："魏君长崎人也，其曾祖名双侯，字之琰，仕明为某官，后避乱来寓长崎，遂家焉，尤善音乐，故其家传习不坠以至君。君妙解音律，自谓此乐惟吾家传之，终为泯灭，不亦惜乎？乃携乐器入京授之同好，人从学者稍进。"

平安平信好师古跋曰："魏氏乐谱，长崎人魏皓字子明氏所辑也。子明氏者其先明人，世传习明朝乐，向者来于京师，未传其乐于人，卷而怀之。余初通刺以学焉，自是一二同志亦从而学焉耳。"

魏皓于 1774 年去世，此《魏氏乐谱》在其生前刻印，三序一跋应经其寓目，表明其先祖魏之琰为明朝人，因明末之乱来日本，其家传习明朝音乐至魏皓。伏水龙公美言魏之琰乃"明家之大□氏也"，海西宫奇言"仕明为某官"，平安平信好师古则未置一词，显示三位作序者对魏之琰的身份皆不了解。安永九年（1780）魏皓门人浪华筒井郁景周刻《魏氏乐器图》，作《君山先生传》述其生平事业，先介绍家传音乐的来历，言及魏之琰：[1]

> 先生姓魏，名皓，字子明，号君山。以其先住赵钜鹿郡，为钜鹿氏。
>
> 四世祖，双侯字之琰，明朝仕人也，通朱明氏之乐。崇祯中，抱乐器而避乱，遂来吾肥前长崎而家焉，传习至先生。先生自幼妙解音律，其家所传之乐，无不穷尽其技矣。慨其传之不博，一旦飘然东游京师，授之同好，人稍知有明乐者，一时翕然，声名籍甚。凡居京殆十余年，其从而学者，先后百余人。

筒井郁景周综合了明和五年《魏氏乐谱》三序一跋的认识，采用了伏

---

① 《魏氏乐器图》，松寿亭藏版，漆明镜：《〈魏氏乐谱〉凌云阁六卷本总谱全译》，附录一，第 58 页。

水龙公美和平安平信好师古的说法，即魏之琰"通朱明氏之乐"，"抱乐器而避乱"，却也如平安平信好师古一般不言及魏之琰的具体身份。"通朱明氏之乐"即魏之琰通晓明朝音乐，这与专门的乐师不同。几人应该都不知道魏之琰是否在明朝为官，而实际上魏之琰生前没有以任何官职名称示人，也没有在明朝获取功名。即便魏皓熟知家中所藏文献，因隔膜于明季制度文化，于魏之琰往来书信中，亦难得其实。

据漆明镜考证，魏皓所传乃明朝学校演习的音乐，因此多陶冶性情、家国天下之作。[①] 刘宣义寿章言魏之琰"注文章而源泗水，权儒业以扇邹风"，显示其受过儒学教育，郑开极所撰墓志铭言其"父熙万公，又以廪饩积资登天启岁贡"，魏之琰则"以屡困棘闱，有飘然长往之志"，乾隆十六年（1751）福清《钜鹿魏氏族谱》记述"之琰公，字尔潜，号双侯，序九，光宗公之四子也，妣东瀚林氏，生一男永昌"，[②] 这都表示魏之琰确实没有功名。因而魏之琰在明朝的身份当为一位在学校接受过儒学教育的学生，所以通晓此类演习于学校的乐曲。

儒家学说有很强的教育功能，既能让学生矢志科举博取功名，也能让其产生"道不行，乘桴浮于海"的想法。魏之琰功名受挫，遂往投其兄，最初是否就要以此为终生事业，或仅是观风海外效司马迁壮游天下，已难以知晓。但在魏之瑗亡故之后，则不得不主持魏氏家族事业，加之中国大乱，遂一去不归。

现存魏之琰友人的相关文献，并无人提及魏之琰通音律，可能魏氏并不以此示人。1771年刻印的《笠翁居室图式》作者不详，自序记载曾到访魏氏后人的宅所，见到魏之琰当年构造的亭台：

> 余往昔游长崎，尝观豪族彭城氏之居，有客亭一基，及木石假山，自言其祖为明人魏九官，航海来于长崎。爱玩风土，遂兹卜居，什器重物，一一赍来，所有之客亭假山，皆是明世之旧物。迭后几岁，数般修葺，皆尽依倚乎旧样，不加些增损。[③]

① 漆明镜：《魏氏乐谱解析》，上海音乐学院出版社，2011，第25~32页。
② 此信息由魏氏宗亲魏若群先生提供。
③ 佚名《笠翁居室图式》，明和八年（1771）刻本。书籍信息见左海书屋网站：http://book.kongfz.com/206287/860844196/。

魏贵娶刘宣义之女，并继承钜鹿氏家主之位，其第九孙继承了刘宣义家的唐通事职务，因此改姓分家，称彭城清八郎（1746～1814）。[1] 序中言所到彭城氏之居，即是魏之琰生前所居之处。魏之琰携带乐器渡海扶桑，耗费巨资运载旧物构造故国亭台，在家中教授二子明朝学校音乐，弦歌不辍，遥想少年时期的风采，此情此景，家国之情，溢于言表。然而这一切都已飘然远去，唯有梦中依稀可见。通过《魏氏乐谱》的刻印和传播，魏之琰以一位明末渡海来归、抱乐器避乱的高士形象重现，至于他在明朝的身份，为之作序跋之人亦难以明了，虽多以音乐的典故相喻，但均肯定魏之琰并非乐师，而是一位在明朝通晓音乐之人。

三　"为王人师"：郑开极撰墓志铭中魏之琰的形象

2015 年福建省泉州海外交通史博物馆征集到一方寿藏墓志铭，正是魏之琰原配夫人林氏及长子永昌之妻郑宜人的合葬墓铭，撰者为姻亲郑开极。[2] 因婆媳二人事迹有限，因此郑开极撰写了大量关于魏之琰的内容，文中所述与魏之琰在安南和日本的事迹迥然有异。

林氏夫人曾写信给魏之琰，"抛妻离子三十余载，在外为何故也"，[3] 魏之琰虽未再返回中国，但长子永昌成年后曾至日本探望父亲。[4] 郑开极为顺治十八年（1661）进士，曾为康熙皇帝做伴读，后受聘编撰《福建通志》，于 1684 年完成，共 64 卷，是功名事业两全的名儒。[5] 墓志铭落款为"年家姻眷弟郑开极顿首拜撰文"，据年龄推算，郑开极应该是永昌妻子郑宜人的哥哥，故而以姻眷身份为在世的林太孺人和亡妹撰写寿藏墓志铭。魏永昌生于 1640 年，墓志铭中记载其"甫冠，受知于宋璞菴文宗，以恩选考职候补州同知"，男子二十而冠，永昌得到"候补州同知"应在 1660 年更后一些，长子得了大清的官职，生于前明的父亲魏之琰也一同蒙受君恩。

1682 年，魏之琰将 1654 年逝于安南的兄长魏之瑗迁葬长崎，1689 年魏

① 宫田安『唐通事家系論考』、983 页。
② 薛彦乔、陈颖艳：《魏之琰生平及相关史事考》，《文博学刊》2019 年第 4 期，第 80～87 页。本文所引墓志铭内容系笔者誊录作者已考订之文，并根据薛彦乔所赠拓片校对而来。
③ 转引自〔日〕园田一龟《安南国太子致明人魏九使书考》，罗伯健译，第 56 页。
④ 宫田安『唐通事家系論考』、975 页。
⑤ 朱方芳、郑双习：《郑开极、谢道承、沈廷芳、陈寿祺与〈福建通志〉》，《福建史志》2006 年第 4 期，第 46～48 页。

之琰卒后，魏高与魏贵将父亲与伯父合葬，墓碑书：

> 承应三岁次甲午十月初九日卒
>
> 明　故伯毓祯魏公六府君
>
> 　　故考双侯魏公九府君　墓道
>
> 　　元禄二岁次己巳正月十九日卒
>
> 　　　　　　孝男永昌 清左卫门永时 清兵卫永昭 同百拜立①

墓碑大书"明"于两位逝者之名的中上。魏高魏贵为父亲和伯父立碑，二人没有到过中国，应该对明朝之事极为隔膜，仍写父亲为明人，当是魏之琰生前以明人自居。兄弟二人因长久生活在日本，且已拥有日本名并但任唐通事，故而使用日本年号，亦可知晓魏之琰在到达日本之后即为二子的人生做好了谋划。永昌为嫡长子，列名第一位，此年已经 59 岁，根据郑开极碑文所述永昌遗嘱之言"王祖远殁异土，吾生不获躬亲问，亲殁不获执绋跣迎，戴天履地，罪悔何极"，永昌应该并未亲自到日本参与葬父立碑之事。

郑开极写传已在魏之琰身后，这与魏之琰在日本展现的乘桴浮海的高士、明遗民形象大相径庭。郑开极身为当世名儒，沐浴大清皇恩，而魏之琰则是没有功名的儒生，为了赞美其人，故而题为"皇清待诰赠国学生双侯魏先生"，既非"故明"，亦不能书写"故明"。魏永昌曾到日本探望父亲，应该知晓父亲的事业和行迹。对于长子，魏之琰所言亦应不会太过离谱。魏永昌应该将父亲的行迹讲述于妻兄郑开极，郑开极听在耳中，波澜自生。魏永昌于 1693 年已经去世，1702 年郑开极撰写墓志铭，一代名儒挥动如椽之笔，塑造了一个儒家理想中的魏之琰。郑开极首先叙述了对游历的理解：

> 易传曰：诚能动物，物从而化。文中子曰：忠信可格异类，孝敬能感神明，谓其精神所注，无远弗届，靡幽不通也。史称司马子长，历游名山大川，能以文字被宠遇，西□□□□出大宛，穷河源，能以远役胙茅土，此皆中国人。

---

① 宫田安『唐通事家系論考』、969 頁、975 頁。

《史记·五帝本纪》曰："余尝西至空桐，北过涿鹿……南浮江淮矣。"① 《大宛列传》曰："大宛之迹，见自张骞。"② 因此碑文残缺处当为"西至空桐，迹出大宛"。司马迁壮游天下，成为后世文人的楷模，郑开极亦极其仰慕，故写于易传和文中子的格言之后。他接着写道：

> 主论材授爵，表识非常，未有如吾闽之双侯魏先生之奇闻、奇遇、奇材、奇识，于万里外，邂逅相迁，立谈倾盖，使异域之□□□师傅，敬若神明，出寻常臆计之外者，及其倾心投契，不异家庭燕处，骨肉聚欢。如遇好山佳水，卧游其地，津津不置，与大化而同归也。噫！亦异矣哉。

文中残缺，据魏之琰经历及朱舜水《安南供役纪事》的行文语气，可补为"使异域之人口称师傅"。魏之琰一生经历，堪称传奇，令人畅想万里。郑开极亦是惊奇万分，认为"出寻常臆计之外者"。对于魏之琰海外不归，郑开极认为是"大化而同归"。然而被异邦人敬若神明，欢聚如家人，并非魏之琰真实经历，当是郑开极听闻魏永昌所言魏之琰为德川光圀所看重，自我想象而来。郑开极接着述魏氏家世祖先，至魏之琰：

> 幼有奇志，出语惊人，长熟经史，于山川风土，无不淹洽。以屡困棘闱，有飘然长往之志。适友人操贾海外，招趣散怀，一日，骏风倏发，漂入东洋国土。会乡人有善国王者，言先生中土伟人，经济长材，学无不窥，典无不娴，天纵好风，以遂见闻。

在郑开极笔下，魏之琰熟习经史，有经天纬地之才，但时运不济，科榜未名，因而有壮游之志。因友人之招，漂入东洋国土，乡人将之推荐给国王，盛赞其才。这部分所言已经与魏之琰操舟海外的情况差别极大，对其才干的描述也是传统的经邦济世之能。东洋国王果然礼敬，魏之琰遂一展抱负于异域：

---

① 司马迁：《史记》卷一，中华书局，1959，第 46 页。
② 司马迁：《史记》卷一二七，第 3157 页。

王喜，郊迎，敷席布币，以礼先生。叹美山川平衍，人物蕃庶，舟车辐辏，水陆珍奇毕会，一方天府也。抚内安外，得上佐圣天子，渐被暨讫，海不扬波，中国圣人之诵，补助教化，自吾王今日始，王及陪臣倾听，以先生达国体，柔远人，为边徼，倚赖先生，嘉礼遇之隆，适馆授粲。

这部分功绩的赞颂不可谓不高，但魏之琰的服务对象并非东洋国王，而是"上佐圣天子"，助天子教化异邦，此地国王及陪臣倾听中国圣人之诵，怀柔远人，自为边徼。这段描述绝非魏之琰的真实经历，已是郑开极的自我想象，即魏之琰以经世儒者教化异域。

燕处有年，乃倦飞知还，以老谢归。王造庐，谆请曰：向者先生不远数万里，惠教远人，方赖输丹，□悰章表悃忱，且贡献以时，庭实充牣，上荷朝廷宠赉，较职方所隶，荒服诸国，为特隆议者。言先生光□以来，国人知崇尚礼教，风俗丕变，殊荦之舞不接于目，靡靡之声不入于耳，格顽效顺，何其过化存神有若斯乎。今遽言返棹，纵先生长弃远人，其如不舍。

郑开极接着写魏之琰年老思乡，国王恳留，并指出其国在魏之琰辅佐之下，天朝宠异，在诸藩国之中特受优待，本国移风易俗，崇尚礼教，为何要弃远人而去？消息传出，邑民纷至挽留，魏之琰不得已留居斯土：

何数日诸岛屿之执守臣僚，及远迩民庶，咸扶杖担簦，拳手擎跪，以留先生，不得已暂处息壤，以待归汛。恒示家训，诏诸子孙曰：吾去乡日远，魂魄犹依依故土也，生平手折经史，服袭玩好，当为珍藏，归见故物，犹亲故人也。

魏之琰暂留异邦，将故物留于子孙，使其如见音容。魏之琰生性好施，不蓄家财：

先生性好施予，不特居家而然，其在异域，凡东西南商贾，资斧匮谋，风汛非候，流落愁苦者，为之措设，附便而归，人人感诵弗置。

这是传统士大夫重义持家的典范。魏之琰继续留在日本，"且冀归航东发，不意先生染疾，卒于东洋国中。王念先生勤劳国事，忠信明敏，以师傅典礼葬于高原，穷碑神道列焉"。郑开极行文虽然堂皇，但与魏之琰和魏之瑗兄弟合葬墓的真实情况不符。

郑开极又记述之后魏永昌效法古人，为父亲在家乡设衣冠冢。郑开极在叙述完林太夫人及子孙事宜之后，敬为铭曰：

英雄天纵，拔起风尘，四海为家，天涯比邻。丰姿伟貌，烨然神人，如麟游薮，如龙在田。得时则驾，云雨天津。倚我魏公，忠信谦穆。为王人师，于秉国钧。臣顺教忠，来享来庭。厥功振振，礼葬高埋。兹偕元配，设主附窆。乔梓同穴，体魄相依。天造地成，叶德凝休，仁寿之域，其数无垠。桐山高岳，川辉泽媚，凤仪轩舞，文明日新。

最后是"不孝男永昭、永时，孙男承裕、承诏、承镐、承楷、承华、承美、承顺、承武、承安、承光，仝泣血勒石"。魏之琰长子永昌已经去世，在日本的永昭和永时依例列名诸孙之上。碑文记载："儿时先生客东洋，纳何氏为同室，生二子，永昭、永时"，"次永昭，娶何氏，三永时，娶刘氏，何孺人出，今流寓东土"，武氏夫人误为何氏，永时即年长的魏高，永昭即年幼的魏贵，兄弟次序亦误，应该是仅有故去的永昌知晓其实，他人难明。

郑开极在铭中总结了魏之琰的人生事业，将其描述为一位经邦济世、教化异域的儒者，与真实的魏之琰并无关联，然而"为王人师，于秉国钧"形象却被另一位儒者在异域坚持不懈地追求。

1657 年，流寓安南的朱舜水被割据南方的阮氏政权阮福濒征用，自二月初三开始，至四月二十一日结束，朱舜水特作《安南供役纪事》一卷纪其事。朱舜水坚持参见时不拜，且提出"徵士不拜"之礼，以死相争，广南文武大臣怒欲杀之。但其不参拜的礼仪要求被阮贤主接受，阮主并加礼遇，以太公佐周、陈平佐汉为例，希望出仕，朱舜水虽然拒绝，但又与阮主商讨军国大事。后朱舜水因阮福濒视其为词臣而辞别，其真正的理想是王之师友，即太公、管仲的地位。在历经波折之后，朱舜水居于日本，被德川光圀礼聘为宾师，终于达成心愿。然而只能坐而论道，于施政则无能为力。①

<h1 style="text-align:center">结　论</h1>

明清之际奔走海外的明朝士人中，武功最盛者是郑成功，文名最高者是朱舜水，二人以反清复明为号召，赢得生前身后名。魏之琰一介儒生，继承亡兄之业，卷入 17 世纪东亚世界和明清鼎革的历史大潮中，去国离家，际遇离奇，身份隐秘，在中国、日本、越南形成了多重形象，展现了东亚世界的现实和理想的秩序。

万历朝鲜战争之后，日本与安南的贸易活动兴盛，1639 年幕府锁国，其自行主持的朱印船贸易亦随之结束，由华人接手，魏之琰与其兄魏之瑗即是此中翘楚，并在郑主治下的东京与各国商人展开竞争，因而在安南展现出海商大豪的实际身份，是安南南北双方争取的对象。然而魏之琰在史书中不显，因而 1673 年的《安南国太子致明人魏九使书》书信现世之后，各方学者根据 17 世纪的历史形势进行解读，楚狂认为信件为阮福溙所写，魏之琰与广南阮氏贸易，是反清复明的义士，其解最早且最谬，却是结合越南明乡人的历史进行的推断。

魏之琰为德川光圀所倚重，但朱舜水与之同住长崎五年却无交往，在日本留居政策紧缩之后方寻求魏之琰帮助，这显示了魏之琰与大张旗鼓反清复明人士的交往较为有限，与政治上反清复明的行为有很大区别。魏之琰虽不从事反清复明活动，但曾在明朝习儒学，通音律，面对明清鼎革的天地巨变，虽然并无力挽狂澜的决心和行为，但家国之情却难隔绝。东来禅僧隐元法师自感中土沦丧，乘桴海外，魏之琰亦同辈中人。刘宣义写给魏之琰的寿章即认为其操舟海外，遍历东南，未染腥氛，发全容正，为乘桴海外的高士，魏之琰对此应该亦予以认可，即与东渡的明遗民为同道中人。魏之琰携带明朝乐器东来，弦歌不辍，传于魏贵，再传魏皓，由魏皓编辑行世，在各类刻本的序跋中，魏之琰成为抱乐器避难的明朝人士，此形象与刘宣义所写魏之琰乘桴海外的高士形象相合。

<hr>

① 叶少飞：《朱舜水安南抗礼略论》，刘迎胜主编《元史及边疆与民族研究》第 35 辑，上海古籍出版社，2019，第 169～179 页。

　　魏氏姻亲郑开极根据魏之琰长子永昌所述，将魏之琰的事迹自然套入中华皇帝—藩属国王的朝贡体系之下。郑开极将魏之琰塑造为"为王人师，于秉国钧"佐圣天子教化海外的儒家理想形象，这亦是奔波海外的朱舜水的终生追求。这一思想认识超越了明清的代际之别，是儒家修齐治平的共同追求。

　　17 世纪的历史情境中，中华天子仍是东亚世界的主宰和秩序的核心，虽跨越明清鼎革亦未改变，而周边各国却已有自己的发展态势，海洋贸易使之相互勾连，经济密切往来。魏之琰操舟海外，遍历诸国，对安南和日本的政治情势有清晰的理解，因而能够顺时而动，积累巨富，名重一时。中国士人在巨大的历史惯性中，对魏之琰的海外经历，以儒家理想进行塑造，虽然光辉神圣，却脱离事实。东亚世界秩序的理想与现实在魏之琰身上碰撞、切磋、分裂之后，又隐于青史。魏之琰在当代的重新回归，却是因为其寄思家国之情的明代学校音乐，真正不朽的还是那个笙歌风雅的少年身影。

A Study on the Identity of the Chinese Maritime Trader Wei Zhiyan in the East Asian Seas in the 17th Century

Ye Shaofei

Abstract: In the 17th century one Chinese merchant Wei Zhiyan who came from Fujian province engaged in silver and silk trade between Annam and Japan, he accumulated huge wealth and had considerable influence on Trinh lords in northern Vietnam and Nguyen lords in southern Vietnam. In the year of 1672, Wei Zhiyan settled in Nagasaki with his two sons whose mother was Vietnamese, holding his identity that was the adherent of Ming dynasty. At his hometown, Zheng Kaiji wrote the epitaph for Wei Zhiyan's first wife whose family name was Lin, and represented Wei Zhiyan as an ideal of Confucian who counseled the king with Confucianism in Japan. During the turn of Ming and Qing dynasties, Wei Zhiyan moved from China to Vietnam and Japan. He had presented distinct identities and images in the different historical fields, showing the ideal and reality of East Asian order for us.

Keywords：Wei Zhiyan; Chinese Merchant; East Asian Seas; Identity and Image

（执行编辑：罗燚英）

海洋史研究（第十七辑）
2021 年 8 月　第 129～154 页

越南阮朝对清朝商船搭载人员的
检查（1802～1858）

黎庆松[*]

　　1802 年，阮福映建立越南最后一个封建王朝阮朝，建元嘉隆。阮朝基本承袭阮主政权的入港勘验制度，并根据形势发展进行完善。对商船搭载的人员进行检查是阮朝勘验入港清朝商船的必经环节，目前学界对此已有研究。孙建党与王德林撰写的《试析越南阮朝明命时期的禁教政策及其影响》一文注意到明命时期阮朝严查入港外国商船以限制西洋传教士由海路入越。[①] 郑维宽在《论清代中国商人入越开发对越南社会的影响》一文中提及明命时期阮朝对入港清船搭客[②]的勘验情况。[③] 笔者亦曾撰文对阮朝入港勘

---

　　* 作者黎庆松，中山大学历史学系博士研究生，研究方向：东南亚史、越南史、中越关系史。本文系中山大学高校基本科研业务费——重大项目培育和新兴交叉学科培育计划项目"有关中越关系史越南稀见汉文文献整理与研究"（项目号：19wkjc02）阶段性成果。本文在写作过程中，得到了红河学院叶少飞副教授、广西民族大学韩周敬博士、郑州大学成思佳博士的热情帮助。在此向诸位学者谨致谢忱！
　　① 孙建党、王德林：《试析越南阮朝明命时期的禁教政策及其影响》，《河南师范大学学报》2001 年第 3 期，第 67、68 页。
　　② "呼海船中附载之客曰'搭客'。"参见蔡廷兰《海南杂著》，台湾大通书局，1987，第 6 页。
　　③ 郑维宽：《论清代中国商人入越开发对越南社会的影响》，《云南大学学报》2019 年第 1 期，第 77、78 页。

验点目簿进行初步探讨。① 此外，越南学者陈重金在《越南通史》一书中关注到明命时期阮朝对进出越南港口的外国商船进行检查与阮朝禁教之间的关系。② 张氏燕论文《19 世纪阮朝与华商》及其主编的《越南历史》（第 5卷）均提及入越清船带来的人员流动。③ 在《越南阮朝商业经济》一书中，杜邦使用明命、绍治时期和嗣德前期的部分阮朝朱本档案初步探讨了阮朝检查入港清船随船人员的情况。④ 本文尝试在前人研究的基础上，探讨法国入侵前阮朝对入港清船搭载人员的检查活动。

一　点目簿：对清朝商船搭载人员进行检查的文本依据

"点目簿"，又称"点目册"，是阮朝勘验人员在对进出越南港口的外国商船所搭载的人员进行检查前饬令船户或船长撰修的纸质文本材料。

早在嘉隆初年，阮朝点目簿就已初具雏形，只是当时可能未被称为"点目簿"。自嘉隆四年（1805）起，阮朝开始对外国商船随船人员的信息采集做出规定。"（嘉隆）四年议准：诸商船入港，船户据舵工、水手及搭载人数详开名、贯，纳在地方官。"⑤

此后，阮朝将外国商船随船人员信息采集对象转向商船负责人：

> 嘉隆六年准定：凡受纳港税通商，诸船户、其船主或委借别人看坐者，备将姓名、年、贯记结申详。⑥
>
> （嘉隆）十年议定：凡申纳港税通商，船主写单二张，具开姓名、

---

① 黎庆松：《越南阮朝对清朝商船的入港勘验（1820～1847）》，《"ASEAN＋3"：首届全国东盟－中韩日人文交流广州论坛论文集》，广东外语外贸大学，2018 年 12 月；黎庆松：《嗣德初年越南阮朝对广东商船的入港勘验——以嗣德元年的一份朱本档案为中心》，《"广船的技艺、历史与文化"学术研讨会论文集》，广州航海学院，2019 年 4 月。

② 〔越〕陈重金：《越南通史》，戴可来译，商务印书馆，1992，第 342 页。

③ Trương Thị Yến. *Nhà Nguyễn với các thương nhân người Hoa thế kỷ 19*, Nghiên cứu Lịch sử, số 3, 1981, tr 60. Trương Thị Yến（chủ biên）. *Lịch sử Việt Nam, Tập 5*, Nxb Khoa Học Xã Hội, 2017, tr 409.

④ Đỗ Bang. *Kinh tế thương nghiệp Việt Nam dưới triều Nguyễn*, Nxb Thuận Hóa, 1997, tr 46, tr 85, tr 86.

⑤ 阮朝国史馆编《钦定大南会典事例》（第二册），正编，户部十三，卷四十八，西南师范大学出版社、人民出版社，2015，第 746 页。

⑥ 阮朝国史馆编《钦定大南会典事例》（第五册），正编，刑部七，卷一百八十五，第 2979 页。

年贯，点指。其有委借别人看坐者，并明白申到。①

采集的商船负责人信息包括姓名、年龄和籍贯。该二张"单"可能是专门记载船主、"委借别人看坐者"信息的、类似点目簿的纸质文本材料。"点指"，系越南的一种画押方式。据曾于道光十五年（1835）随遭风清船漂入越南中部广义省思义府菜芹汛的清人蔡廷兰所撰之《海南杂著》记载，伸出"左手中指印纹纸上，谓之'点指'"。②

嘉隆前期，阮朝对入越外国人的管理趋于规范化。那么，阮朝"点目簿"究竟成型于何时呢？史载嘉隆十年（1811）议准："诸船来商，地方官饬该船户详开舱口簿，所载货项数干一一开列，用下本号船钤记夹纸呈纳。"③舱口簿是阮朝勘验人员对外国商船搭载入越的货项进行检查的重要依据，记载随船人员信息的可能就是"点目簿"。也就是说，点目簿有可能成型于嘉隆十年，但不会早于该年。

可以确定的是，阮朝"点目簿"成型的时间不晚于嘉隆十五年（1816）。

> （嘉隆）十五年旨：凡商船来商，例有奉纳上进坤德宫礼，着为皇太子礼。嗣后，钦修表文正、副二封，启文一封，并舱口簿、点目簿甲、乙、丙每簿三本，与抄录船牌，并明乡通言结认单一纸，并递奉纳。④

根据这道圣旨，点目簿须撰修甲、乙、丙三本，说明其呈纳对象有三个。然而，由于阮朝史籍缺乏更详尽的记载，且笔者目前所掌握的阮朝朱本档案亦未提及嘉隆末年的点目簿规定，因此我们无法确定这三本点目簿具体分纳何处。笔者推测，点目簿甲本随地方政府奏报勘验情况的奏折一同呈纳户部，再由户部呈递皇帝，最后返回户部存照，乙本纳所在地方官检认，丙

---

① 阮朝国史馆编《钦定大南会典事例》（第五册），正编，刑部七，卷一百八十五，第2979页。
② 蔡廷兰：《海南杂著》，第6页；戴可来、于向东：《蔡廷兰〈海南杂著〉中所记越南华侨华人》，《华侨华人历史研究》1997年第1期，第42页；郑维宽：《论清代中国商人入越开发对越南社会的影响》，《云南大学学报》2019年第1期，第78页。
③ 阮朝国史馆编《钦定大南会典事例》（第二册），正编，户部十三，卷四十八，第754页。
④ 阮朝国史馆编《钦定大南会典事例》（第二册），正编，户部十三，卷四十八，第747～748页。

本则留于汛口员处，便于其在外国商船回帆时对随船人员进行核查。至于阮朝饬令清船撰修点目簿的目的，在于通过文本材料确认随船人员信息，为进一步检查、登籍受税、后续管理提供依据。

在经历了嘉隆时期近二十年的休养生息之后，阮朝经济逐渐恢复，① 前往越南贸易的清朝商船日益增多。明命帝即位后，开始着手点目簿制度改革。明命元年（1820），入港勘验点目簿须修两本。如阮朝朱本档案记载："臣等遵体征收税礼，依例谨具表文与递伊艚舱口簿二本、点目簿二本、具报单一张、船牌抄一纸一体进奏。"② 明命三年（1822），则只需修一本。③勘验完毕，点目簿须递回奉纳。④ 其奉纳对象为中央部门，确切地说是户部。

通过一份明命初年清朝商船回帆时缮修的出港点目簿所记载的内容，我们大概可以推测入港勘验点目簿的一些信息。其内容如下：

> 广东琼州府琼山县船户林顺发、船长林德兴
> 申计：
> 一、承开由：兹年愚船投来商买，今至期回唐。承据内船所载客数、姓名、年庚、贯址，兹承开点目簿投纳，具陈于次：
> 一、内船客数该
> 船长林德兴　年庚四十六岁　　潮州府人
> 财副黄钟　　年庚四十岁　　　惠州县人
> 舵工王禄　　年庚四十三岁　　漳州府人
> 水手三十二名
> 李乐　年庚四十一岁　漳州府人
> 谢科　年三十二岁
> 郑香　年庚三十六岁
> 吴美　年庚三十七岁

① 梁志明：《阮初经济恢复与中越经贸文化关系的发展（1802～1847）》，《南洋问题研究》2009年第2期，第77、78页。
② 明命元年十二月二十八日直隶广南营留守范文信、记录胡公顺、该簿阮金追奏折，阮朝朱本档案，越南第一档案馆藏，明命集，第1卷，第114号。
③ 明命三年十一月十一日北城总镇黎宗质奏折，阮朝朱本档案，明命集，第1卷，第222号。
④ 明命四年三月十五日义安镇阮文春、阮金追、阮有保奏折，阮朝朱本档案，明命集，第6卷，第51号。

周雅　年庚二十九岁

云云

搭客五拾名

顺发祥　年庚四十四岁　福建府人

顺成号　年庚三十五岁

福珍号

顺利号

泉元号

云云

明命四年七月初　　日申

船长林德兴记①

　　该出港勘验点目簿的内容涉及五个方面：申计人、撰修缘由、船内客数、撰修时间、撰修人。其中，申计人列明了船户姓名、籍贯；撰修缘由是商船即将返航，开具船内人员信息供勘验；船内客数包括船长、财副、舵工、水手和搭客人数、姓名、年龄、籍贯，但并没有逐一详细记载，尤其是水手、搭客人数众多，仅记总人数及个别人信息；撰修时间为出港勘验时间；撰修人为船长。该船在投入越南港口时所撰修之入港勘验点目簿应该也涉及上述五个方面。但相对于出港勘验点目簿而言，入港勘验点目簿所记载的随船人员信息应该更详尽。因为根据阮朝对入越清人的管理规定，清人随船入越后须由所在帮长结领，愿意寓居者则登籍受税，不愿寓居者则在商船回帆时须一并返回。入港勘验点目簿所记载的随船人员的详细信息为阮朝对其在越南期间的管理提供重要依据。

　　需指出的是，簿中注明林顺发籍贯为广东琼州府琼山县，然而一份明命七年（1826）七月十七日吏部的奏折记载："明命六年，在京商舶司册一本见著一款'琼州府文昌县船户林顺发、船长邓用光船一艘，横十三尺四寸，情愿纳从广东税例。'"② 从时间间隔及籍贯信息可推断，该奏折记载的林顺发应该就是上述出港勘验点目簿中的林顺发。至于为何其籍贯信息不完全吻合，笔者认为可能系笔误。

---

① 《商舶税例》，越南汉喃研究院藏，编号：A.3105。

② 明命七年七月十七日吏部奏折，阮朝朱本档案，明命集，第18卷，第203号。

　　进入明命中期后，鉴于入越贸易清船日益增多，阮朝专门出台了针对清船的点目簿规定。"（明命）十年议准：嗣凡清船来商，即将船内人口并登点目册，纳在所入之汛口员，汛口员转纳所在官。"① 对于清船常往贸易之嘉定城，"（明命）十年议准：嘉定城嗣凡清船来商，即将船内人口并登点目册，纳所在地方官"②。这两则廷议均指明点目册纳所在地方官，说明仅需缮修点目册一本。

　　阮朝出台的点目簿规定对入越清人的管理起到了重要作用。然而，清船搭客数多而登籍受税少的问题逐渐显现，其中嘉定城较为突出。明命十三年（1832）八月，权领嘉定总镇印阮文桂并诸曹臣以"城辖自明命十年至本年四月底，清船带来搭客为数颇多，而诸镇登籍受税者无几"为由，奏请在嘉定城范围内推行新的点目簿规定，获明命帝准允。

　　　　请嗣凡清舶来商，于入汛之始，汛守饬据舶上人口修点目册三，明注姓名、贯籍。一纳之所在地方官，一留城，一送部备照。……帝然之。③

　　阮文桂等人请求在清船入港之际即由汛守根据随船人员撰修三本点目册，其内需注明随船人员姓名、籍贯信息，分别纳于所在地方官、嘉定城和户部，强化对入越清人的管理，扩大登籍受税人数范围。

　　至明命末年，阮朝点目簿制度进一步改进。明命二十一年（1840）议准，诸省勘验入港清商船时饬令船户缮修点目簿一本，所递之点目簿"须有糊纸、青皮钉护"，"该省员亦须照依议定章程加心检察，身亲看阅，务期周妥。若或有违条例及失于觉察，致有奸弊别情，一经觉出即行参揭"。④这样，阮朝除了在全国范围内统一点目簿撰修数量以及对点目簿装订办法加以规范，还将勘验人员与在省官员之间的责任连带关系列入点目簿制度改革的重点。显然，阮朝逐渐收紧清人入越政策。

　　绍治朝基本沿袭明命末年的点目簿制度，清船入港时仅需修点目簿一

---

① 阮朝国史馆编《钦定大南会典事例》（第二册），正编，户部十三，卷四十八，第754页。
② 阮朝国史馆编《钦定大南会典事例》（第二册），正编，户部九，卷四十四，第679页。
③ 阮朝国史馆编《大南实录正编第二纪》卷八十二，阮朝国史馆编《大南实录》（七），日本庆应义塾大学言语文化研究所，1973，第337~338页。
④ 阮朝国史馆编《钦定大南会典事例》（第二册），正编，户部十三，卷四十八，第756页。

册，勘验事清后地方政府将其呈递户部备照。如相关奏折记载："船户原开舱口簿、点目簿各一本"①，"除该船户等原开舱口、点目与情愿驶往河省单及船牌抄本一并附递由臣部备照"。② 然而，也存在此类奏折未记载点目簿撰修、递纳情况的特例。如绍治三年（1843），一艘载有 42 名随船人员的清船投入广南大占汛，当地政府的勘验奏折记载，"再饬收该船舱口册一本，并抄出船牌一张，一并发递由户部奉纳"，③ 却只字未提点目簿一事。笔者认为，其可能系漏载。因为绍治年间阮朝对搭乘商船入越清人的检查仍然非常严格，勘验人员应该饬令该船船户缮修了点目簿。

嗣德初年，阮朝规定"凡清船来商，抄船牌、点目簿"④。嗣德前期的阮朝朱本档案亦有关于入港勘验点目簿撰修、递纳的记载，如"船内人口并货项各若干另已据实详开舱口、点目册奉纳"⑤，"原开舱口簿、点目簿该八本并抄出船牌四张另由户部奉纳"⑥，"除抄录船牌一张、点目册一本发递奉纳外"⑦ 等。由此观之，嗣德前期阮朝的入港勘验点目簿制度依然延续明命末年的做法。

二 从阮朝朱本档案看清朝商船搭载人员

在饬船户或船长撰修好点目簿后，勘验人员随即据该簿对商船搭载的人员进行检查。勘验结束后，地方政府上报勘验情况的奏折通常会记载入港清船搭载人员的身份、人数等信息，通过这类奏折我们可以了解商船随船人员的基本情况。因嘉隆朝史料缺乏，在此仅讨论明命、绍治和嗣德前期入港清船搭载的人员情况。

通过梳理相关阮朝朱本档案，我们可将入港清船搭载的人员分为两类：固定人员、流动人员。固定人员是指商船固定编制人员，如船户（船主）、船

---

① 绍治元年闰三月十二日署平富总督邓文和奏折，阮朝朱本档案，绍治集，第 4 卷，第 170 号。
② 绍治六年十二月初六日户部奏折，阮朝朱本档案，绍治集，第 39 卷，第 259 号。
③ 绍治三年正月初九日权护南义巡抚关防署广南按察使阮文宪奏折，阮朝朱本档案，绍治集，第 25 卷，第 4 号。
④ 《国朝典例官制略编》，越南汉喃研究院藏，编号：A.1380。
⑤ 嗣德元年七月十六日署定边总督阮德活奏折，阮朝朱本档案，嗣德集，第 4 卷，第 157 号。
⑥ 嗣德元年十二月十六日平定巡抚护理平富总督关防黎元忠奏折，阮朝朱本档案，嗣德集，第 8 卷，第 96 号。该奏折记载的是勘验 4 艘入港清船的情况，故每艘船修舱口簿、点目簿各 1 本，共计 8 本。
⑦ 嗣德四年八月初五日户部奏折，阮朝朱本档案，嗣德集，第 30 卷，第 193 号。

长、板主、财副、舵工、水手等。流动人员是指其他随船人员，如搭客、亲丁等。其中，亲丁可能是商船固定人员的亲戚或朋友。

自1820年至1858年，阮朝的鼓励政策吸引了众多清船投入越南各港口，形成大规模海上人员跨国流动，明命时期掀起高潮。

从表1可看出，多数船户籍贯为广东省，仅有2名船户为福建人。多数商船还附载搭客。有2艘商船遭风难而投入越南港口，其中1艘搭载240人的福建商船出现了重大人员溺死、落失事故。这20艘清船搭载的862人投入越南北部、中部港口。其中，自广州永宁分府（1艘）、琼州府（7艘）放洋的商船搭载的215人投入栋汛；5艘自虎门（1艘）、潮州府澄海县（1艘）、琼州府乐会县（1艘）、广州永宁分府（1艘）、泉州府晋江县（1艘）放洋的商船搭载的234人投入大占汛；1艘自潮州府澄海县放洋的商船搭载的28人投入会汛；1艘自厦门放洋的商船搭载的240人投入小压汛；1艘自潮州府饶平县放洋的商船搭载的14人投入灵江汛；3艘自潮州府潮阳县黄冈口（1艘）、琼州府文昌县清澜港（1艘）、琼州府陵水县陵水口（1艘）放洋的商船搭载的64人投入施耐汛；1艘自琼州府文昌县铺前港放洋的商船搭载的67人投入菜芹汛。可见，商船搭载的人员主要从广东省投入越南港口，其大多数是广东人。

表1中清船搭载的人员信息仍不够具体，比如缺少水手、搭客的姓名、年龄等信息。一份明命十一年（1830）三月三十日广平镇关于勘验入港清船情况的奏折记载了随船人员的姓名、年龄、籍贯信息。据该奏折记载，明命十一年三月二十四日，广平镇灵江汛守御陈文庄报称明命十一年三月二十三日籍贯为潮州府饶平县的船主陈德理带同舵工、水手、搭客投入汛口。① 随船人员信息如表2所示。该船搭载的人员共计14人，籍贯均为潮州府。值得一提的是，该奏折只字未提点目簿撰修及呈递一事，只在奏折中罗列随船人员信息。

1840年，中英第一次鸦片战争爆发，但中越海上贸易并未被这场战争切断，整个战争期间及之后仍有清船搭载人员、货物进入越南。

在表3中，商船搭载的人员基本来自广东，均从广东出洋投入越南港口。船户籍贯均为广东省。有4艘商船因风难泊入越南汛分，其中1艘船户为陈世香的清船出现重大随船人员溺死事故。这9艘商船搭载的799人投入越南中部、南部港口。其中，2艘自潮州府澄海县、潮州府黄冈口放洋的商

---

① 明命十一年三月三十日广平镇阮文恩、黄仕广等人奏折，阮朝朱本档案，明命集，第41卷，第151号。

表 1　阮朝朱本档案所载明命时期入越清船及其搭载人员信息

奏报时间	投入港口	始发地	船户（船主）		商船搭载人员	
			籍贯	姓名	固定人员	流动人员
明命元年（1820）六月初七日①	山南下镇柒汛	广东省广州永宁分府	—	—	艄长（潘西记）、舵工、水手共21人	—
明命元年（1820）十二月二十八日②	直隶广南营大占汛	虎门	广东省琼州府文昌县	琼顺利	船户、船长、舵工、水手27人	搭客34人
明命三年（1822）十一月二十一日③	山南下镇柒汛	广东省琼州府琼山县	广东省琼州府琼山县	吴长兴	船户、舵工、水手、亲丁、搭客共34人	
明命四年（1823）三月十五日④	义安镇会汛	广东省潮州府澄海县	广东省潮州府澄海县	陈永春	船户、舵工、水手、搭客共28人	
明命五年（1824）十月二十八日⑤	南定镇柒汛	广东省琼州府	—	王长发	客数共22人	
				张永兴	客数共27人	
				潘昌原	客数共25人	
明命六年（1825）六月十四日⑥	南定镇柒汛	广东省琼州府	广东省琼州府儋州新英埠	刘兴利	客数共19人	
明命七年（1826）三月十二日⑦	直隶广南营大占汛	广东省潮州府澄海县	广东省潮州府澄海县	陈合原	船户、船长、舵工、水手共19人	搭客5人
明命八年（1827）正月二十五日⑧	直隶广南营大占汛	广东省琼州府乐会县	广东省琼州府乐会县	琼福兴	船户、船长、财副、舵工、水手共31人	搭客47人
		广东省广州永宁分府	广东省广州永宁分府	洪泰利	船户、船长、板主、财副、舵工、水手共17人	搭客25人
明命十年（1829）五月二十九日⑨	南定镇柒汛	广东省琼州府琼山县	（广东省）琼州府琼山县白沙埠⑩	吴鸿顺	从舶人数28人	
				陈广成	从舶人数39人	

续表

奏报时间	投入港口	始发地	船户（船主）		商船搭载人员	
			籍贯	姓名	固定人员	流动人员
明命十一年（1830）二月二十二日①	广南镇小压汛（商船遭风难泊人，原往遭罗国）	厦门	福建省泉州府同安县	陈德（船主）	船主、板主（林栽）240人（溺死6人、失落92人，存话142人）	舵工、水手、搭客共142
明命十一年（1830）三月二十三日②	广平镇灵江汛	广东省潮州府饶平县	广东省潮州府饶平县	陈德理（船主）	船户、舵工、水手共7人	搭客7人
明命十五年（1834）二月二十一日③	平富施前汛	广东省潮州府潮阳县黄冈口	广东省潮州府潮阳县	陈万丰	船户、舵工、水手共18人	—
		广东省琼州府文昌县清澜港	广东省琼州府文昌县	琼合益	船户、舵工、水手、搭客共32人	
		广东省琼州府陵水县陵水口	广东省潮州府饶平县	陈万胜	船户、舵工、水手14人	—
明命十九年（1838）正月二十一日④	广义莱芹汛（商船遭风难泊人）	广东省琼州府文昌县铺前港	广东省琼州府文昌县	叶金利	船户、舵工、水手、搭客共67人	
明命九年（1838）四月初四日⑤	广南大占汛	福建省泉州府晋江县	福建省泉州府晋江县	陈德兴	船户、财副、舵工、水手共24人	搭客5人

① 明命元年六月初七日钦差北城副总镇黎文丰奏折，阮朝朱本档案，第1卷，第53号。
② 明命元年十二月二十八日直隶广南营留守范文信、记录胡公顺、该簿阮金追奏折，阮朝朱本档案，明命集，第114号。
③ 明命三年十一月一日北城总镇黎宗质奏折，阮朝朱本档案，明命集，第222号。
④ 明命四年三月十五日义安镇总镇阮文春、阮金追、阮有保奏折，明命集，第6卷，第51号。
⑤ 明命五年十月三十八日北城总镇黎宗质、户曹段日元奏折，明命集，第9卷，第169号。
⑥ 明命六年六月三十四日北城总镇黎宗质、户曹段日元奏折，明命集，第13卷，第36号。
⑦ 明命七年三月十二日直隶广南营该簿陈干载、著记录陈该簿登奏仪奏折、著记录陈该簿宗质，明命集，第15卷，第151号。

⑧ 明命八年正月二十五日直隶广南省陈登仪、黎宗珧奏折，阮朝朱本档案，明命集，第21卷，第71号。

⑨ 明命十年五月二十九日北城副总镇潘文璨奏折，阮朝朱本档案，明命集，第30卷，第230号。

⑩ 明命十年六月十九日北城副总镇潘文璨奏折，阮朝朱本档案，明命集，第30卷，第246号。

⑪ 明命十一年二月二十三日广南镇范光元、黎伯秀奏折，阮朝朱本档案，明命集，第40卷，第215号。

⑫ 明命十一年三月三十日广平镇阮文恩、黄仕广等人奏折，阮朝朱本档案，明命集，第41卷，第151号。

⑬ 明命十五年二月二十日富总督富一级留任武春谨奏折，阮朝朱本档案，明命集，第52卷，第144号。

⑭ 明命十九年正月二十一日广义布政使降一级留任，记录三次邓德赡，按察使张国用奏折，阮朝朱本档案，明命集，第64卷，第117号。

⑮ 明命十九年四月初四日护理广义巡抚关防、广南按察使、权掌布政印篆降一级留任，记录一次阮仲元奏折，阮朝朱本档案，明命集，第64卷，第26号。

表2　明命十一年（1830）三月二十三日广东省潮州府饶平县陈德理商船随船人员信息

身份	姓名	年庚	籍贯
船主	陈德理	40岁	潮州府
舵工	袁奕广	42岁	
水手（5人）	翁苏利	36岁	
	林振宜	38岁	
	陈志合	27岁	
	陈阿寻	34岁	
	陈红发	25岁	
搭客（7人）	萧长利	36岁	
	陈得利	48岁	
	黄元利	32岁	
	李明合	28岁	
	吴有合	26岁	
	林朝利	29岁	
	张宜和	25岁	

根据明命十一年三月三十日广平镇阮文恩、黄仕广等人奏折整理而成，参见：阮朝朱本档案，明命集，第41卷，第151号。

表 3　绍治时期入越清船及其搭载人员信息

| 奏报时间 | 投入港口 | 商船始发地 | 船户（船主） | | 商船搭载人员 | |
			籍贯	姓名	固定人员	流动人员
绍治元年（1841）正月二十七日①	平富施耐汛	广东省潮州府澄海县	广东省琼州府文昌县	陈合	船户、舵工、水手共 31 人（籍贯都是琼州府）	搭客 20 人（搭客在潮州府登船）
绍治元年（1841）二月十五日②	河仙省金屿汛	广东省琼州府	广东省琼州府文昌县	新顺发	船户、舵工、水手共 35 人	搭客 15 人
绍治元年（1841）闰三月十二日③	平富施耐汛（商船遭风难靠泊人，原住下洲营南）	广东省潮州府黄冈口	广东省潮州府饶平县	金宝兴	船户、舵工、水手、搭客共 29 人（籍贯都是潮州府饶平县）	—
绍治二年（1842）正月二十四日④	顺庆潘切汛	广东省高州府	广东省高州府电白县	鄠合利	船户、舵工、水手共 23 人（籍贯都是高州府）	—
绍治三年（1843）正月初八日⑤；绍治三年（1843）二月十二日⑥	广南大压汛（商船遇暗沙着浅，波涛撞打船身，荡破卖与下洲商卖）	汕头港	广东省潮州府	陈世香	船户、板主、财副、舵工、水手、搭客共 333 人（存活 232 人，101 人淹死）	—
绍治三年（1843）正月初九日⑦	广南大占汛	广东省潮州府庵埠港	广东省潮州府澄海县	陈财原	船户、船长、财副、舵工、水手、搭客 42 人	—

续表

奏报时间	投入港口	商船始发地	船户（船主）		商船搭载人员	
			籍贯	姓名	固定人员	流动人员
绍治七年（1847）正月初六日⑧	承天府朱买汛（商船遭风难泊人，原住叱呦洲）	汕头港	广东省潮州府饶平县	金永兴	船户、舵工、水手共14人	搭客152人
绍治七年（1847）正月二十六日⑨	广平省灵江汛	广东省潮州府饶平县	广东省潮州府饶平县	金合发	船户、舵工、水手共23人	一
绍治七年（1847）二月初六日⑩	广南大占汛（商船遭风难泊人）	海南	广东省惠州府丰海县	陈四合（船主）	船户、财副、舵工、水手、搭客共82人	

① 绍治元年正月二十七日署平富总督邓文和奏折，阮朝朱本档案，绍治集，第 2 卷，第 37 号。
② 绍治元年二月十五日权掌河仙巡抚关防权署敏达黄文奏折，阮朝朱本档案，绍治集，第 1 卷，第 21 号。
③ 绍治元年闰三月十二日署平富总督邓文和奏折，阮朝朱本档案，绍治集，第 4 卷，第 170 号。
④ 绍治二年正月二十四日署顺庆巡抚寿德奏折，阮朝朱本档案，绍治集，第 1 卷，第 294 号。
⑤ 绍治三年正月初八日权护南又巡护关防署广南按察使阮文宪奏折，阮朝朱本档案，绍治集，第 25 卷，第 6 号。
⑥ 绍治三年二月十二日署南又巡抚魏克循奏折，阮朝朱本档案，绍治集，第 25 卷，第 31 号。
⑦ 绍治三年正月初九日权护南又巡护关防署广南按察使阮文宪奏折，南按察使广南署广南按察使阮文宪奏折，绍治集，第 46 卷，第 45 号。
⑧ 绍治七年正月十六日广平布政使张登第，按察使阮至懋奏折，阮朝朱本档案，绍治集，第 46 卷，第 30 号。
⑨ 绍治七年正月二十六日南又巡抚阮延兴奏折，阮朝朱本档案，绍治集，第 46 卷，第 19 号。
⑩ 绍治七年二月初六日南又巡抚阮延兴奏折，阮朝朱本档案，绍治集，第 46 卷，第 19 号。

船搭载的 80 人投入施耐汛；2 艘自潮州府庵埠港、海南放洋的商船搭载的 124 人投入大占汛；1 艘自琼州府放洋的商船搭载的 50 人投入金屿汛；1 艘自高州府放洋的商船搭载的 23 人投入潘切汛；1 艘自汕头港放洋的商船搭载的 333 人投入大压汛；另 1 艘自汕头港放洋的商船搭载的 166 人投入朱买汛；1 艘自潮州府饶平县放洋的商船搭载的 23 人投入灵江汛。在 9 艘商船中，仅有 2 艘商船未搭客。

嗣德前期，仍有清船源源不断地前往越南贸易，即使是在第二次鸦片战争爆发后至 1858 年法国入侵前，仍有清船投入越南各港口。

在表 4 中，船户均为广东人，有 4 艘商船遭风难泊入越南汛分，其中船户林两顺的商船搭载的人员中有 1 人溺死。这 8 艘商船搭载的 295 人投入越南中部、南部港口。其中，4 艘自高州府放洋的商船搭载的 136 人投入潘切汛；1 艘自琼州府琼山县海口放洋的商船搭载的 33 人投入大古垒汛；1 艘自琼州府文昌县放洋的商船搭载的 20 人投入菜芹汛；1 艘自琼州府琼山县海口放洋的商船搭载的 32 人投入顺安汛；1 艘自潮州府放洋的商船搭载的 74 人投入大占汛。值得注意的是，有 5 艘商船均无搭客。从商船始发地均为广东省来判断，商船搭载的人员主要是广东人。

三　检查清朝商船以加强入越随船人员管理

阮朝检查入港清船搭载的人员是在全国行使国家管理权力的一种重要体现。对入港清船随船人员的检查涉及点目簿撰修、船上核验、公堂讯问、明乡帮长结领、征税等内容，是对随船人员加强管理的具体实施过程。

从史料记载来看，鲜有清船固定人员在回帆日留居越南的情况。其原因除了船长、舵工、水手作为被雇用者角色，更与阮朝对其严格管理有关。如明命十年（1829）八月，廷臣"请嗣有来商者，柁工、水手悉登之点目册，及回汛守照点放去，毋使一丁遗漏"①。明命末年，阮朝更是让船户充当舵工、水手等人的担保人。明命十九年（1838）三月二十日，权掌定边总督关防黄炯等人向朝廷奏报勘验入港福建省漳州府海澄县船户金捷报商船的情况，其奏折记载了这种担保关系：

①　阮朝国史馆编《大南实录正编第二纪》卷六十一，阮朝国史馆编《大南实录》（七），第 4 页。

表 4　嗣德前期入越清船及其搭载人员信息

奏报时间	投入港口	商船始发地	船户籍贯	姓名	商船搭载人员（固定人员）	商船搭载人员（流动人员）
嗣德元年（1848）十二月十二日①	顺庆潘切汛	广东省高州府电白县	广东省高州府电白县	刘兴发	船户、舵工、水手共31人（籍贯都是广东省高州府电白县）	一
		广东省高州府电白县	广东省高州府电白县	新发利	船户、舵工、水手共39人（籍贯都是广东省高州府电白县）	一
嗣德二年（1849）正月十二日②	顺庆潘切汛	广东省高州府	广东省高州府吴川县	陈泰来	船户、舵工、水手共37人	
嗣德二年（1849）正月十二日③		广东省高州府	广东省高州府电白县	李福安	船户、舵工、水手共29人	一
嗣德二年（1849）四月初六日④	广义省大古垒汛（商船遭遇风难泊泊）	广东省琼州府琼山县海口	广东省琼州府琼山县	林胜春	船户、舵工、水手，搭客共33人	
嗣德二年（1849）四月初六日④	广义省莱芹汛（商船遭遇风难泊泊）	广东省琼州府文昌县	广东省琼州府文昌县	张长安	船户、舵工、水手共20人	一
嗣德四年（1851）十二月二十七日⑤	承天府顺安汛（商船遭遇风难泊泊）	广东省琼州府琼山县海口	广东省潮州府澄海县	林两顺	共32人（其中1人溺死）	
嗣德十年（1857）十二月二十一日⑥	广南省大占汛（商船遭遇风难泊泊）	广东省潮州府	广东省潮州府	金合财	船户、财副、水手等共74人	

① 嗣德元年十二月十二日署顺庆巡抚阮登蕴奏折，阮朝朱本档案，嗣德集，第1卷，第17号。
② 嗣德二年正月十二日署顺庆巡抚阮登蕴奏折，阮朝朱本档案，嗣德集，第1卷，第31号。
③ 嗣德二年正月十二日广义省布政使阮德护、按察使阮文谋奏折，阮朝朱本档案，嗣德集，第9卷，第174号。
④ 嗣德二年四月初六日权掌广义省布政印案、按察使阮文谋奏折，阮朝朱本档案，嗣德集，第13卷，第264号。
⑤ 嗣德四年十二月二十七日户部奏折，阮朝朱本档案，嗣德集，第36卷，第273号。
⑥ 嗣德十年十二月二十一日户部奏折，阮朝朱本档案，嗣德集，第82卷，第195号。

金捷报原船牌四十七名，外牌给增雇水手八十二名，搭货客一百
十八名，合共二百四十七名。……至如该船牌、给增雇水手等名，饬
令该帮长张儒结领。再钦遵前谕，饬催该船户到堂问明。据称"船内
柁工、水手仅足护把船内装载货项来商，至回清日返回足数，无有穷
乏空手情愿留居之人。倘后有留居自一名以上，觉出则该等甘受重
罪"等语。①

该船停留越南期间，所有舵工、水手均交帮长张儒结领。让船户保证回
帆时"返回足数"及若有留居则船户一并受重罚，则是通过在商船固定人
员之间建立担保、责任连带关系来强化对其管理。

一份嗣德四年（1851）八月初五日户部奏折也记载了对清船固定人员
的管理："至如船主并舵、水、搭客等名，业饬帮长陈显结领、管束。何日
登纳税例事清回帆，饬令携回扫数。"② 可见，明乡帮长在入越清人结领、
管束和登籍受税方面发挥着重要作用。

相对于商船固定人员而言，入港清船搭载的流动人员为增加阮朝税收
提供可能，故阮朝对其管理更为严格。阮主时期，出于政治、经济双重利
益考量，阮主对中国人入越采取了较为宽松的政策，嘉隆时期阮朝仍鼓励
清人寓居越南。嘉隆四年（1805）议准，外国商船"至日回帆，或何名愿
留本国，或增搭干名，再行开列呈纳"③，其"愿留"者即按例登籍受税。
至明命中期，日渐增多的清船搭客导致不少社会问题，其中尤以嘉定城
为最：

（明命十年八月）又向来清船搭客岁至数千，今间居城辖者十之三
四。间或诳诱吾民盗吃鸦片，或逞凶恣横为窃、为强，累累在案，其弊
亦不可长。④

（明命十年八月）又言前间米价甚贱，一方不过五六陌。近来，虽

---

① 明命十九年三月二十日权掌定边总督关防黄炯等人奏折，阮朝朱本档案，明命集，第60
卷，第49号。
② 嗣德四年八月初五日户部奏折，阮朝朱本档案，嗣德集，第30卷，第193号。
③ 阮朝国史馆编《钦定大南会典事例》（第二册），正编，户部十三，卷四十八，第746页。
④ 阮朝国史馆编《大南实录正编第二纪》卷六十一，阮朝国史馆编《大南实录》（七），第4页。

丰稔之年，而价亦不下一缗者，盖由狡商盗买者众及清船搭客聚食太繁故也。①

嘉定城臣认为，众多清船搭客的到来给当地带来诸多问题，甚至将"清船搭客聚食太繁"视为嘉定城米价暴涨的重要因素之一。米价涨跌历来深受阮朝统治者关注，为确保国内米价稳定和谷米正常供应，阮朝向来严禁外国商船尤其是清朝商船盗买谷米。外国商船来越经营期间，阮朝只允许其购买足充日常食用之谷米，至回帆时，阮朝亦要求其按照随船人员数量限额购买谷米。众多居城的搭客势必会消耗城内大量粮米，从而引起粮米供应不足，致使米价上涨。

针对搭客给嘉定城带来的问题，明命十年八月，阮朝廷臣奏请有条件地允许其入越：

> 至如清人瞻我乐土，咸愿为氓，岂可一概禁止？请嗣凡清船初来者，所在照点目册催问之，有愿留者，必有明乡及帮长保结，登籍受差，使之有所管摄，余悉放回，则留居者有限。既省聚食之费，而顽弄之风亦可革矣。从之。②

廷臣认为不能因噎废食，仍请求对愿寓居之清人敞开大门，但需设置寓居的门槛条件。清船入港即据点目簿催问有无愿寓居者，以必须有明乡、帮长担保且"登籍受差"为条件，达到减少留居者、"省聚食之费"及净化社会风气之目的。

明命十年（1829），阮朝对清船流动人员留居越南的条件及执行办法做出更具体的规定：

> 所在官照（点目）册内除柁工、水手外间有带随搭客者，即催来该船户过堂饬谓。从前清人投来本国者并听留居受税，现成簿籍。今有带来搭客日聚多人，理该不许留寓，但业有情愿留寓者，必须有现在投寓之明乡帮长保结 [潮州人则潮州帮长结领，广东人则广东帮长结领

---

① 阮朝国史馆编《大南实录正编第二纪》卷六十一，阮朝国史馆编《大南实录》（七），第3页。
② 阮朝国史馆编《大南实录正编第二纪》卷六十一，阮朝国史馆编《大南实录》（七），第4页。

之类]，俾有着落。仍照例登籍受税方听留居，不然则扫额带回，毋得
一人留者。俾该船户通饬船内诸搭客咸令知悉，余仍饬该船户一并带
回。再据该船内人口现有保结留居数干并应带回搭客数干分项开载，咨
交各汛口员照数查点，符合，仍放回，违者解到所在官严行惩办。①

对"有带随搭客"的清船，阮朝地方官即催船户到公堂上"饬谓"，再
由船户将留居条件告知"船内诸搭客"，不愿留居者则在商船回帆时均由船
户带回。在此之前，愿留居越南之清人只需"受税"即可，然而随着入越
清人增多，留居越南的条件更加严苛，除了受税，"情愿留寓者"还须有与
其同籍之明乡帮长做担保。将有保结留居的人数及应带回的搭客数分列记
载，则是便于汛口员在该船出港时依此核查，违者严办。

对驶往嘉定城贸易的清船，明命十年阮朝亦做出类似规定："除舵、
水外，间有带随搭客有情愿留寓者，必须有现在投寓之明乡社及各帮长保
结，仍照例登籍管税方听留居，不然则扫额带回。"② 情愿留寓嘉定城之搭
客须同时有明乡社及帮长担保，这说明搭客寓居条件因寓居地不同而异。

在严管清船搭客的同时，阮朝着手制定全国统一的清人税例：

> （明命十一年七月）定诸地方清人税例。先是平顺请籍在辖清人而
> 征其税。准户部议定，以有无物力为差。有物力者岁征钱六缗五陌，如
> 嘉定始附清人税额，无物力者半之，均免杂派。年十八出赋，六十一而
> 免。无物力者，三年帮长一察报，已有产业者将项全征。平和以北亦照
> 此例行。至是，嘉定城臣奏言，城辖清人前经奏准有镪基者全征，穷雇
> 者免，较与部议颇差。帝谕内阁曰："清人适我乐土，既经登籍，即为
> 吾民，岂应断以长穷永无受税之理？城臣前议未为全善，嗣户部分别有
> 无物力酌定全半征收，却不并将城议改定。只就平顺以北而言，又非所
> 以示大同而昭画一。"乃令廷臣覆议。准定：凡所在投寓清人，除有物
> 力者全征，其现已在籍而无力者折半征税，统以三年为限照例全征。不
> 必察报，以省繁絮。间有新附而穷雇者，免征三年。限满尚属无力，再

---

① 阮朝国史馆编《钦定大南会典事例》（第二册），正编，户部十三，卷四十八，第754～
　 755 页。
② 阮朝国史馆编《钦定大南会典事例》（第二册），正编，户部九，卷四十四，第679 页。

准半征，三年后即全征如例。①

制定清人税例的起因是"平顺请籍在辖清人而征其税"，户部议定以有无物力作为划分标准，"无物力者半之"，而嘉定城则是"穷雇者免"，与户部议定"颇差"。为此，明命帝令廷臣覆议，将清人税例征收标准确定为：有物力者全征，已入籍但无物力者半征，三年后全征，为省繁琐，无须察报；新入籍但"穷雇者"则先免征三年，满限后若仍无力则"再准半征"，三年后即如例全征。

此后，各地均照此例执行。明命十三年（1832）八月，针对清船搭客多而登籍受税少的情况，嘉定总镇官员奏请对寓居搭客加强税收管理：

> 其留来搭客，责令诸帮长、里长等盘查现数，分别有无物力，会修帮簿，依例征税。仍常加察核，凡有遗漏即报官续著。若敢用情容隐者，照隐漏丁口律问拟，地方官及总目失察亦并科罪。帝然之。②

先由各帮长、里长盘查搭客之人数，区分其有无物力，再列入帮簿，依例征税。为避免遗漏，需常加察核，遇有遗漏者即报官登籍受税。对于故意容隐者，则依照隐漏丁口律问罪，所在地方官及总目若疏于察觉亦一并受罪。通过对搭客入籍前后的严格管理、强化登籍受税过程中相关人员的责任连带关系，可以在较大程度上解决搭客登籍受税少的问题，故嘉定城臣的建议获明命帝准允。

然而，在该征税措施推行一段时间后，嘉定地区又面临新的问题。明命十五年（1834）三月，潘安省③臣奏报两艘入港清船搭客人数众多且搭客均欲留居船上的特殊情况，明命帝专门就此事谕之。

> 嘉定有清船二艘来商，搭客多至八九百，诘之，皆愿仍留在船，省

---

① 阮朝国史馆编《大南实录正编第二纪》卷六十八，阮朝国史馆编《大南实录》（七），第122页。
② 阮朝国史馆编《大南实录正编第二纪》卷八十二，阮朝国史馆编《大南实录》（七），第337～338页。
③ 明命十三年（1832）十月，阮朝罢嘉定城，改潘安镇为潘安省，嘉定成为潘安省城。直至明命十七年（1836），改潘安省为嘉定省。

臣以奏。帝谕曰："去年逆俍造反，清人多有阿附，自蹈刑诛。今此搭
客投来，已无帮长责令结认。可传旨船户等：此番初误，朝廷姑免深
责。嗣宜胥相报告，如有来商物力者方得搭乘兑卖；若多载无赖游棍盈
千累百，或致惹出事端，必将犯者正法，船户亦从重治，船、货入官。
兹限四月内回帆，倘故意姑留搭客，或上岸滋事，其船户必斩首
不赦。"①

对此，明命帝首先联想到 1833 年有清人参与黎文俍造反一事，显然，
这些搭客的到来引起其高度警惕。对搭客而言，留居船上既能解决栖身之
所，又不受帮长管束，行动较自由，但这也意味着阮朝失去可能的征税机会，
从而再次陷入搭客者多而登籍受税少的尴尬处境。更让阮朝担忧的是，不受
帮长结领、管束的这些搭客无疑会给嘉定的社会治安带来诸多隐忧。为此，
阮朝做出规定：有物力者方得搭乘商船前来贸易，若船户"多载无赖游棍"
之徒，或其惹出事端，则犯者与船户一同严办，并将商船、货物充公。尽管
最终阮朝鉴于二船系"初误"而未予深究，但要求其在限定时间内返航，且
若船户故意遗留搭客，或是搭客有"上岸滋事"者，则将船户问斩。

明命十六年（1835）初，有四艘清船来嘉定经商，阮朝则索性禁止其
搭客登岸。

（明命十六年春正月）嘉定有清商船四艘投来芹蒢海口，省臣以
闻。帝谓户部曰："彼等自远而来，盖以此地易于生业，断无他意。朝
廷柔怀远人，亦所不禁。但水手、搭客多是贫乏无赖之徒。可传谕省
臣，听他就近三岐江照常兑卖，严禁搭客无得一人登岸，仍期以四、五
月间各放洋还。"②

尽管明命帝仍允许清船在越贸易，但鉴于"水手、搭客多是贫乏无赖
之徒"，故严禁搭客上岸。从这段史料看，水手并未受此限制，其应该是由
所在帮长管束。需指出的是，此时黎文俍造反事件尚未平定。显然，阮朝对

---

① 阮朝国史馆编《大南实录正编第二纪》卷一百二十二，阮朝国史馆编《大南实录》（九），
　日本庆应义塾大学言语文化研究所，1974，第 117~118 页。
② 阮朝国史馆编《大南实录正编第二纪》卷一百四十二，阮朝国史馆编《大南实录》（十），
　日本庆应义塾大学言语文化研究所，1975，第 8~9 页。

入越清船搭客的管理日趋严厉与此前清人参与黎文㒒造反一事具有重大关联。

至于绍治时期阮朝对清船搭客的管理，因目前我们尚未掌握相关资料，无法得出确切的认识，但其应该基本承袭明命末年的做法。嗣德前期，清船搭客亦交由帮长结领管束，"何日登纳税例事清回帆，饬令携回扫数"。[1] 嗣德八年（1855）十二月，庆和省臣奏请对投来清人加强管理：

> 又请嗣凡清人投来，无论投寓是何处所，必须有所在帮长保结、纳税方许居住生涯；若无帮长结认，即逐回唐，不许居住，免碍；有敢窝隐，即照律治罪。[2]

清人寓居越南的首要条件依然是必须有所在帮长担保，若无则被驱逐回国，有帮长担保者则仍需纳税后方可居住。值得一提的是，这种管理办法适用于欲投寓越南的所有清人。嗣德帝准其请，且"又以该等初来未有家产，听全年纳税银五钱，俟三年后照明乡例征收"。[3]

此外，阮朝制定的清朝商船停泊条禁也有助于我们了解其对清船搭客的管理。嗣德八年（1855）十二月，阮朝制定《清船停泊条禁》：

> 嗣凡清船来商停碇何汛洋分，欠柴水者假五日，采取帆、樯裂者假十日，补办限销即令起碇。何辖清船来商数多，查检事清，量择空旷之地饬令停泊成帮，以便巡防。至如来商嘉定、定祥、永隆诸辖，每省限十二艘。倘过此数，即由省臣逐令转往他辖商买。[4]

对于补充柴、水和帆、樯等特殊情况的清船，阮朝只允许其在汛口短暂停留，补办完毕即饬起碇离去，其目的是杜绝随船人员长期停留而造成各种问题。对往嘉定、定祥、永隆经商的清船数量加以限制，超过限额即被逐令

---

① 嗣德四年八月初五日户部奏折，阮朝朱本档案，嗣德集，第30卷，第193号。
② 阮朝国史馆编《大南实录正编第四纪》卷十三，阮朝国史馆编《大南实录》（十五），日本庆应义塾大学言语文化研究所，1979，第301页。
③ 阮朝国史馆编《大南实录正编第四纪》卷十三，阮朝国史馆编《大南实录》（十五），第301页。
④ 阮朝国史馆编《大南实录正编第四纪》卷十三，阮朝国史馆编《大南实录》（十五），第301页。

往他省贸易，可以间接减少寓居该三省的搭客人数，缓解因搭客聚食引发的粮米涨价压力。

四　检查清朝商船以遏制天主教向越南渗透

在强调这种检查活动的主要作用的同时，我们也不能忽视它与其他方面的联系，要把它放在一个系统的层面进行考察。但目前限于资料，只能留待后文探讨。在此，我们先讨论其在阮朝禁教方面发挥的作用。具体而言，阮朝在全国各港口对入港清船搭载的人员进行检查还可以遏制天主教依托洋人，尤其是西方传教士由海路向越南渗透。

嘉隆时期，阮朝对法国人在内的洋人持友好态度，允许其在朝廷担任官职和在越传教。然而明命帝即位后，这一情况开始发生转变。尤其是进入明命中期，发生了多起涉及天主教的事件，如明命十三年（1832）五月的"承天阳山社事件"①、明命十四年（1833）西方传教士和越南教徒参与嘉定地区叛乱，② 使明命帝对天主教的态度变得异常强硬。

明命末年，阮朝制定了更为严厉的入港勘验禁令，严禁清船夹带洋人、洋书入港，从而将禁教前沿推进至全国各港口。明命二十年（1839）议准，清船来商者，仍饬开列舱口簿，其内取具船户甘结"'若敢有夹带鸦片禁物与异样人、异样书者，甘受死罪，并将一切船内货项入官无悔'等字样，取结事清，由派出"所在府县或属省佐领何系廉明强察者一员"，"详加查检，除检获鸦片即行拿解由该地方官按照刑部原议问罪外，其有洋人、洋书，临辰由地方官具奉候旨惩办"。③ 与携带鸦片入港的处理办法不同，阮朝对携带洋人、洋书的清船的处置由地方官上报朝廷定夺惩办，足见阮廷对此事之慎重。明命二十一年（1840）又议准，"诸省接报清船来商"，"饬令船户缮修舱口及点目簿各一本，其舱口簿内取具船户甘结'如有检获藏匿鸦片、洋人、洋书及隐减货项即将该船户分别治罪'"④。从年份的特殊性来

---

① 阮朝国史馆编《大南实录正编第二纪》卷八十，阮朝国史馆编《大南实录》（七），第305、306页。
② 郑永常：《血红的桂冠——十六至十九世纪越南基督教政策研究》，台湾稻乡出版社，2015，第188页。
③ 阮朝国史馆编《钦定大南会典事例》（第二册），正编，户部十三，卷四十八，第755页。
④ 阮朝国史馆编《钦定大南会典事例》（第二册），正编，户部十三，卷四十八，第755、756页。

看，1839 年正处于中国禁烟节点，而 1840 年又是中英第一次鸦片战争爆发之际。阮朝在关键时期接连出台这两项规定，其禁教的目的更明显。

至绍治时期，阮朝并未放松对入港清船搭载人员的检查。投入越南汛口的清船只有在诸如"珠、玉、锦、缎各项贵货及炮器、鸦片禁物与西洋人、西洋书并无"①"无有夹带洋人、洋书诸禁物"②"无有洋人、洋书、鸦片诸禁物"③ 的情况下才获准开舱发兑，否则相关人员即被究办。然而，在实际操作中又留有余地：

> （绍治二年）又旨：清船投来南省间有夹带洋人、洋书颇属有违禁例。姑念该船此次因风泊入才抵汛面，随即以事报，勘究无隐匿别情，尚可原谅。业经该省验许开舱发兑，兹加恩不必深究。至如洋人二名，听于铺面同与清商等名就近驻寓，仍交所在帮长严行管束，勿许往来乡村。其洋书并零星字纸者，听留置在船，不屑收贮。④

该船预定目的地并非广南省，只是遭风难才泊入广南洋面，并能如实交代，故获准贸易，免于深究。洋人亦交由所在帮长严加管束，禁止其往来于农村地区，则是为了避免其外出传教。从目前我们所掌握的资料看，该次清船夹带洋人、洋书事件是绍治年间仅有的一次。

嗣德帝即位后，阮朝禁教态度尤为坚决。嗣德元年（1848）六月，嗣德帝同意阮登楷等奏请"耶稣条禁"。⑤ 嗣德四年（1851）三月，嗣德帝谕领南义督臣尊室弼："沱㶞关要地，宜加意防之，不可少忽。耶稣邪教当善为开诱，使之革心，庶不负为尊室中人。"⑥ 嗣德七年（1854）七月，"申定耶稣条禁"。⑦ 嗣德十年（1857）六月，刑科给事中张懿请正风俗以辟邪

---

① 绍治三年正月初九日权护南义巡抚关防署广南按察使阮文宪奏折，阮朝朱本档案，绍治集，第 25 卷，第 4 号。

② 绍治六年九月十九日户部奏折，阮朝朱本档案，绍治集，第 35 卷，第 454 号。

③ 绍治七年正月初六日承天府尊室懋、阮公著奏折，阮朝朱本档案，绍治集，第 46 卷，第 45 号。

④ 阮朝国史馆编《钦定大南会典事例》（第二册），正编，户部十三，卷四十八，第 750 页。

⑤ 阮朝国史馆编《大南实录正编第四纪》卷二，阮朝国史馆编《大南实录》（十五），第 66 页。

⑥ 阮朝国史馆编《大南实录正编第四纪》卷六，阮朝国史馆编《大南实录》（十五），第 148 页。

⑦ 阮朝国史馆编《大南实录正编第四纪》卷十一，阮朝国史馆编《大南实录》（十五），第 244 页。

教，① 十月"科道阮德著奏请嗣凡容隐耶稣道长照例罪之，又必籍没家产以严其禁"②，嗣德帝从之。这种对天主教采取的高压态势延伸至各港口，入港清船被严查有无夹带西洋人、西洋书。③

尽管如此，嗣德前期阮朝对违规之清船仍宽以待之：

> （嗣德元年二月）给风难清商船［广东船泊入广平洋分，内有洋人一名］，船主愿纳西洋铁炮五辆。收之，赐钱三百缗。④
>
> （嗣德九年二月）给风难清商船［一福建船泊永隆汛分，内有洋八人，一潮州船泊边和洋分］，寻命随便搭船回唐。⑤

阮朝对搭载洋人的两艘清船均未予追究的共同原因是二船均系遭风难泊入越南洋分，其预定目的地可能并非越南。再者，广东船船主愿纳之西洋铁炮为数颇多，而当时阮朝又较为缺乏此类重型武器，故在免于追究之列，还获阮朝赐钱。

此外，一份嗣德八年（1855）四月十四日户部奏折记载了雇用洋人为舵工的清船投入嘉定省汛分一事：

> 嗣德八年四月十四日
>
> 户部奏：
>
> 本月初二日，接嘉定省臣黎文让等咨叙，有侨寓新洲庸清商金福兴船投来情愿入港居商受税，再该船有雇玛瑞人即沙文为柁工，乞降该名留交在汛，俟回帆日照领携回等语。该省经察，情辞属实，另饬将该船所雇

---

① 阮朝国史馆编《大南实录正编第四纪》卷十六，阮朝国史馆编《大南实录》（十五），第377页。
② 阮朝国史馆编《大南实录正编第四纪》卷十七，阮朝国史馆编《大南实录》（十五），第393页。
③ 嗣德元年七月十六日署定边总督阮德活奏折，阮朝朱本档案，嗣德集，第4卷，第157号；嗣德元年十二月十六日平定巡抚护理平富总督关防黎元忠奏折，阮朝朱本档案，嗣德集，第8卷，第96号；嗣德二年正月初八日广义省布政使阮德护、按察使阮文谋奏折，阮朝朱本档案，嗣德集，第9卷，第136号；嗣德二年正月十二日广义省布政使阮德护、按察使阮文谋奏折，阮朝朱本档案，嗣德集，第9卷，第174号。
④ 阮朝国史馆编《大南实录正编第四纪》卷一，阮朝国史馆编《大南实录》（十五），第45页。
⑤ 阮朝国史馆编《大南实录正编第四纪》卷十四，阮朝国史馆编《大南实录》（十五），第308页。

玛瑛人一名交芹蔗汛管束，俟该船回日再交该船主照领带回。……再奉查之例定，凡清船投来，不得夹带洋书、洋人，盖防其潜来诱惑左道。惟金福兴船去年来商，曾有雇带柁工沙文入港，愿将该名留交在汛事经臣部声叙，经奉准允在案。兹该船来商，亦有携带该名以资柁水，究无别状。①

金福兴船雇用洋人为舵工两次投入芹蔗汛实属有违夹带洋人入港的禁令。之所以金福兴未受阮朝严惩，主要在于其主动提出将洋人交由该汛管束并承诺回帆日带回该洋人。"凡清船投来，不得夹带洋书、洋人，盖防其潜来诱惑左道"则道出了阮朝通过检查清船搭载的人员，从而构筑一道以全国各港口为据点的海上防线，阻断天主教借助洋人由海路向越南渗透的真正意图。

结　论

阮朝点目簿肇始于嘉隆初年，是阮朝对进出越南港口的外国商船搭载的人员进行检查前饬令船户或船长撰修的纸质文本材料，其内容涉及随船人员的人数、身份、姓名、年龄、籍贯等信息。它是阮朝对入越清船搭载的人员进行检查的重要文本依据，其生成与传递的具体过程反映出中央管理地方事务的运作机制。明命时期，阮朝从点目簿撰修数量、呈递对象、装订办法以及勘验人员与在省官员之间的责任连带关系等方面对点目簿制度进行改革。绍治时期、嗣德前期，阮朝承袭了明命末年的点目簿制度。从检查结果来看，入越清船以广东商船为主，其搭载的人员主要是来自广东的船户、船长、财副、板主、舵工、水手等固定人员以及搭客、亲丁等流动人员。这些人共同构成了自广东乘船进入越南的清人的主体，且两次鸦片战争均未能阻止其入越步伐。从实施成效来看，该检查活动的主要作用是可以加强对清船随船人员的管理，突出体现为点目簿的撰修与传递以及明乡帮长对随船人员的结领与管束。在阮朝禁教的背景下，该检查活动还可以遏制天主教依托洋人由海路向越南渗透。

---

① 嗣德八年四月十四日户部奏折，阮朝朱本档案，嗣德集，第52卷，第133号。

Vietnamese Nguyen Dynasty's Inspection of Personnel on board of Qing Dynasty Merchant Ships Entering the Ports （1802－1858）

Li Qingsong

Abstract: The inspection of personnel on board was an important part of Nguyen Dynasty's inspect to Qing merchant ships entering the ports. The formation and improvement of Nguyen Dynasty's Sổ điểm mục was closely related to this inspection activity. The merchant ships entering the ports were mainly from Guangdong, and the personnel on board were composed of fixed and floating personnel who were mainly from various counties of Guangdong. The main role of this inspection activity was to strengthen the management of the personnel on board, and also to prevent Catholics to penetrate Vietnam by sea with the help of westerners. Examining Nguyen Dynasty's inspection activities on the ships entering the ports before the French invasion helps us to deepen our understanding of China's cross-border movement of people on board in Vietnam's maritime trade, Nguyen Dynasty's management of people from Qing Dynasty entering Vietnam, and Nguyen Dynasty's prohibition on Catholics religion.

Keywords: Nguyen Dynasty of Vietnam; Qing Merchant Ships; Personnel on Board; Archives of Nguyen Dynasty

（执行编辑：罗燚英）

海洋史研究（第十七辑）

2021 年 8 月　第 155～173 页

近代日本"北进"战略
与"北鲜三港"开发

杨　蕾　祁　鑫[*]

日本在经过明治维新的系列改革后，实现了政治、经济、文化的近代化，但也开始"不甘处岛国之境"，逐步走上独霸亚洲、称雄世界的扩张道路。这一对外侵略扩张政策的具体实施，曾出现过"南进"和"北进"两种战略主张。[①] "北进"战略以朝鲜、中国东北和俄国的远东地区为目标，首先通过吞并朝鲜来"粘着大陆"[②]，进而攻占中国东北，染指中国腹地，最终向俄国的远东地区扩张。在这个过程中，位于朝鲜北部的"北鲜三港"清津、罗津、雄基曾对"北进"战略的推进产生过重要影响。

学界以往对"北进"的研究，大多停留在战略决策层面，尤其是从陆

---

* 作者杨蕾，山东师范大学历史文化学院副教授，亚太研究中心副主任，研究方向：日本史、近代中日关系史；祁鑫，山东师范大学历史文化学院 2019 级世界史硕士研究生。

本文是以下基金项目的阶段性成果：北京大学人文社会科学研究重大项目"海上丝绸之路与郑和下西洋及其沿线地区的历史和文化研究"子课题"近代日本在亚太地区的海洋扩张战略"；2020 年度山东师范大学科研创新团队（人文社会科学类）"中外海洋战略研究创新团队"；2019 年度山东省高校青创人才引育团队"中外关系史"。

① 李小白、周颂伦：《日本北进、南进战略演进过程述考》，《抗日战争研究》2010 年第 1 期。

② "粘着大陆"一词见于《日寇陆上交通之梦》［《大公报》（桂林版）1942 年 7 月 11 日第 2版］，指近代日本加强同东北亚大陆的联系，试图与之结为一个整体的企图。

地扩张的角度关注北进问题。① 本文从海洋史角度，通过考察不同历史阶段
"北鲜三港"开发及日本、朝鲜间"陆海交通大干线"从设计到崩溃的史实，揭
示"北鲜三港"在"北进"战略中的重要地位和作用。

一　"日本海横断路"计划的设立与
"北鲜三港"的开发

1910 年《日韩合并条约》签订后，朝鲜沦为日本的殖民地，日本的
"北进"战略迈出了实质性的第一步。继续推进"北进"，加强本土与朝鲜
殖民地之间的联系，并向中国东北地区渗透，成为日本政府的当务之急。为
此，日本试图开辟和扩充往返于朝鲜北部与日本间的轮船航线，通过制造一
张日本海航运网络，密切同朝鲜之间的联系，这就是 20 世纪初期的"日本
海横断路"计划。

（一）"北鲜三港"的开港与"北鲜线"的开通

1905 年，日本强迫韩国签订《乙巳保护条约》，在汉城设立"统监府"
作为殖民统治机构，伊藤博文被任命为第一任"韩国统监"。他在 20 世纪
初提出，应该在朝鲜半岛北部地区建造一个国际贸易港，将来能与俄国的浦
盐斯德港与波西耶特湾对抗。② 这是日本有计划地推进"北进"战略的重要

① 学术界的既往研究，主要关注日本"北进"战略被"南进"战略所取代的时间及其原因，
如李小白、周颂伦《日本北进、南进战略演进过程述考》，《抗日战争研究》2010 年第 1
期；王启生《关于日本南进与北进扩张战略的几个问题》，《厦门大学学报》1983 年第 2
期；徐勇《论日本在二战中的北、南进战略抉择》，《北大史学》1997 年；黄靖皓《1940 ~
1941 年日本"南进政策"与"北进政策"分析》，《军事历史》2015 年第 3 期。也关注中
国战场与日本"北进""南进"战略的关系，如胡德坤《中国战场与日本的北进、南进政
策》，《世界历史》1982 年第 6 期；徐勇《论日本侵华战争与其南进北进战略的关系》，
《抗日战争研究》1995 年第 3 期。

② 「清津港開港の由来、清津を中心としたる当局其後の施設、清津開港以来の貿易趨勢、
清津港の商勢圏、附録」（1929 年 ~ 1932 年）『陸軍省・満洲関係資料：羅津湾の概況、
穩城守備隊状況報告、鍾城歴史等』日本国立公文書館アジア歴史資料センタ
ー、C13010183100。
本文所引日文文献中的"浦盐斯德"，位于俄罗斯穆拉维约夫 - 阿穆尔斯基半岛最南端，
中方称"海参崴"，俄方称"符拉迪沃斯托克"，下文统一使用"浦盐斯德"。
波西耶特湾：俄罗斯东部海湾，属于彼得大帝湾的一部分，原属中国，称摩阔崴海湾，
1860 年中俄《北京条约》签订后，成为俄国的海湾，现由俄罗斯滨海边疆区负责管辖，长
33 公里、宽 31 公里。

步骤之一。经过周密勘察，最终选定拥有优越地理位置、广阔的商业势力范围且具备良港条件的清津、罗津、雄基作为备选港湾，文献中统称为"北鲜三港"。

"北鲜三港"位于朝鲜半岛东北部，具有非常优越的区位优势。在地理位置上的特殊之处在于，不仅临近浦盐斯德港，而且与日本海东岸的各港口之间的直线距离大致相等，类似于圆心与圆周诸点之间的位置关系。以"北鲜三港"中的罗津港为例，它"面对着日本西部的各港口，恰好形成一个扇子形，处在一个重要的地理位置上。也就是说在 430 海里乃至 500 海里范围内的距离上有函馆、新潟、伏木、敦贺、宫津、境、下关等港口"①。在港湾条件方面，三港港湾面积广阔、风浪平静，水资源供给都十分稳定。在商业势力范围方面，清津港以龙井、和龙、延吉等城市为依托，罗津港与雄基港则背靠珲春、汪清。此外，罗津港与雄基港靠近图们江一线，距离俄国的浦盐斯德港与波西耶特湾较近，图们江沿线城镇可通过水运与雄、罗二港进行密切的联系，雄、罗二港的货物也可沿图们江而上，进入中国东北腹地，或经由浦盐斯德港运至欧洲各国。② 可见，"北鲜三港"正好位于日本、朝鲜半岛、中国东北、俄国远东地区的圆心位置，是连通以上地区的重要枢纽。

1908 年，"北鲜三港"中的清津港首先被辟为贸易港，③ 成为日本海沿岸的重要商港。1911 年 3 月日本递信省出台《近海命令航路相关文件》，对已有近海命令航路④进行调整，在浦盐斯德航线的寄港地中增加了"清津"一港，同时开通跨日本海的"北鲜线"，于 1912 年 4 月 1 日以后投入运营。"北鲜线"以神户为起点，经宇品、门司、釜山、元山、西湖津、新浦、城

---

① 〔日〕满史会：《满洲开发四十年史》，王秉忠、王文石等译，东北师范大学出版社，1988，第 403 页。

② 欧阳载祥：《以罗津为中心之朝鲜半岛北部终端港问题》，《中行月刊》1933 年第 7 卷第 6 期，第 17～24 页。

③ 「清津」（1907 年 5 月 8 日～1909 年 2 月 20 日）『外務省外交史料館・戦前期外務省記録・韓国各地開港関係雑件第三巻（木浦、鎮南浦、開城府、薪島、清津）』日本国立公文書館アジア歴史資料センター、B10073399700。勅令案原文翻译如下："自隆熙二年四月一日开始，咸镜北道富宁郡清津港开设外国通商港。清津港出入的外国船只依据其他开港场的现行条例。清津港的土地所有以及税收相关规定附件所示。"

④ 近海命令航路：轮船会社以收取国家、地方自治体或者军队的补助金为条件，并响应补助方命令进行航运和航路维护的航线，其航行范围为日本与中国台湾、中国东北和中国东部沿海。

津、清津，再复航至神户港归航。使用 1500 吨以上的汽船①，开始承担跨日本海航线。

清津港的开港和朝鲜半岛北部航路的开通，对日本控制东北亚有重要的意义。第一，缩短了日本到朝鲜的距离，比以往途经釜山至朝鲜或途经大连至中国东北的距离减少了 700 公里。不仅可以更有效地掠夺大陆资源，还可以缩短从日本往朝鲜以及中国东北地区运输兵力和军事物资的时间，达到"军事上则可防制俄国，同时扼中俄两国之交通命脉"②的目的。第二，打破了朝鲜北部和北满地区只以浦盐斯德港口为商业中心的现状，可以控制中东铁路及浦盐斯德港口，进一步将势力延伸到俄国远东地区。第三，推进"北进"战略，为将来控制远东打下基础，实现将日本海作为"内湖"的目标，将日本本土、中国东北、俄国远东地区、朝鲜半岛连为一体，以更好地控制东北亚。在这个规划中，"北鲜三港"中的清津港俨然已经成为日本插入东北亚的一个楔子，不仅加强了日本本土和殖民地朝鲜的联系，还初步实现了与俄国争夺势力范围的目的。可以说，这是日本在政治上占领朝鲜后，继续以实际行动推进"北进"战略的重要表现。

（二）"日本海横断路"计划对"北进"战略的推动

随着"北鲜线"的开辟，连接朝鲜东海岸与日本西海岸的轮船航线数量逐渐增加。1911 年，日本各地工商业联合会的会长联名呈递了《日本海横断航路开始及建议案》，"日本海横断路"计划开始实施。③轮船航线"北鲜线"的开辟和"北鲜三港"的开发是其重要的组成部分。

"日本海横断路"计划提出后第三年，第一次世界大战爆发，"随着生产和贸易的增加以及欧洲商船因战争造成的航运减退，日本的轮船航运出现了'前所未有的繁荣'"④。日本借第一次世界大战迅速发展了海运业，在全球扩充自己的航运网络，日本海海域的轮船航线数量也有了明显的增长，

---

① 「近海命令航路に関する件」（1911 年）『防衛省防衛研究所・陸軍省大日記・密大日記 4』日本国立公文書館アジア歴史資料センター、C03023026400。

② 《北满与韩民移住问题，满蒙交涉之重要骨干》，《大公报》（天津版）1927 年 9 月 9 日第 1版。

③ 芳井研一『環日本海地域社会の変容「満蒙」・「間島」と「裏日本」』青木書店、2000年、94 頁。

④ 杨蕾：《第一次世界大战前后的日本海运业》，《元史及民族与边疆研究》第 31 辑，上海古籍出版社，2016。

"日本海横断路"计划得以顺利进行。

　　"日本海横断路"包括日本沿岸到朝鲜北部和俄国东北部的定期航路。1914 年 10 月 7 日，朝鲜邮船会社首先开通朝鲜各港与浦盐斯德港之间的定期航路。这条航路从朝鲜釜山出发，经由元山、清津、浦盐斯德，该航线还同朝鲜铁道京元线相连，[①] 初次实现了跨日本海航线与铁路的联动。1919 年 3 月 15 日众议院建议"延长北鲜与里日本[②]的联络航路"，提议将之前政府出资补助的朝鲜和日本北部港口的航路清津、元山、敦贺线延长至日本的伏木和七尾。[③] 这样就可以把更多的日本港口和朝鲜、俄国连接起来。

　　据 1926 年的《朝鲜定期航路一览表》可以看出，此时的日本轮船可通过数十条航线驰骋于日本海海域，朝鲜半岛北部的雄基、清津已经成为重要枢纽港。"日本海横断路"计划的推行，特别是"北鲜线"的开通，加强了日本同朝鲜间的联系，为 20 世纪 30 年代"日本海横断路"的繁荣奠定了基础。

表 1　朝鲜定期航路一览（截至 1926 年）

航路名称	停靠港
大阪清津线(大阪商船株式会社)	釜山、元山、宇品、神户、门司
大阪清津线(朝鲜邮船株式会社)	釜山、元山、城津、雄基、宇品、神户、门司
清津雄基线	梨津
敦贺清津线	城津、元山、舞鹤
神户清津线	元山、釜山、下关、门司、尾道
元山雄基线(朝鲜邮船株式会社)	群山、城津、清津
元山雄基线(冈田汽船株式会社)	群山、端川、城津、大津、清津
清津敦贺线	城津、元山、宫津、舞鹤
雄基关门线	清津、城津、元山、浦项、釜山
釜山浦盐斯德大阪线	元山、城津、清津、雄基、门司(下关、神户)

---

① 「29 朝鮮郵船会社（朝鮮各港浦潮斯德）間定期航路開始計画二関スル件」（1914 年 10 月 7 日）『外務省・航路開設及廃止関係雑件附航路補助金二関スル件　第四ノ乙巻』日本国立公文書館アジア歴史資料センター、B11092504900。

② 里日本：日本本州濒临日本海地区的旧称。"里日本"一词最早见于日本地理学家矢津昌永 1895 年发表的《中学日本地志》中，此时，由于首都东京被看作日本的玄关，太平洋一侧被称为"表日本"，所以，与之相对的日本海一侧得名"里日本"。在明治维新后的近代化过程中，"里日本"被用来与近代化程度较高的"表日本"对比使用，带有轻蔑的意味。现多以"日本海一侧"代替"里日本"的称呼。

③ 「北鮮、裏日本聯絡航路延長に関する建議」（1933 年 3 月 15 日）『内閣・衆議院・議院回付建議書類原議（三）』日本国立公文書館アジア歴史資料センター、A14080180600。

续表

航路名称	停靠港
伏木浦盐斯德线	清津、雄基、七尾、元山
元山清津线	元山、清津
朝鲜西岸线	釜山、关门、横滨、木浦、群山、新义州
长崎—岐、对马线	佐世保、胜本、严原、佐贺、左须奈、釜山
浦项滨田线	浦项、滨田
仁川海州线	江华岛、乔桐岛
关釜联络线	关门、釜山
博多釜山线	左须奈、比田胜、严原、芦边
大阪仁川线	神户、下关、门司、木浦、群山
镇南浦、大阪线	仁川、群山、下关、门司、神户、吉浦、木浦、尾道
仁川阪神线	仁川、群山、下关、门司、神户
北海道、上海、釜山、台湾线	基隆、釜山、小樽、函馆、上海
大阪济州岛线	济州岛、釜山、木浦、下关、门司、大阪
釜山浦项线	长生浦、方鱼津、良浦、九龙浦
新义州大阪线	仁川、群山、木浦、釜山、门司（下关、神户）
朝鲜长崎大连线	釜山、木浦、群山
釜山济州岛关门线	马山、朝天、济州、表善里、大阪
朝鲜北海道大连线	仁川、大连、群山、木浦、釜山、宫津、舞鹤、敦贺、伏木、函馆、小樽

　　资料来源：畝川鎮夫『海運興國史』海事匯報社、1927 年、777～781 頁。

　　从表 1 可以看出，到 20 世纪 20 年代，在日本和朝鲜的 28 条轮船航路中，已有 12 条停泊清津，占朝鲜航路的 43%。"北鲜线"已经成为"日本海横断路"的重要组成部分。

　　1926 年 11 月 25 日，日本政府进一步加强浦盐斯德和朝鲜、日本的海上联络，于是颁布了《浦盐、朝鲜、内地、里日本各港间循环定期航路计划》，航线以苏联浦盐斯德港为起点，经由城津、清津、元山、敦贺、舞鹤，循环定期航行，每月航行两次，航线配备 1950 吨"东洋丸"一艘，由神户川崎汽船会社承担。[①]

　　综上所述，"北鲜三港"具备良好的地理位置和区位优势，是连接日本、朝鲜半岛、中国东北、俄国远东地区的重要枢纽。随着清津港的开港和 1912 年"北鲜线"的开通，日本开始以清津港为枢纽港，推进"日本海横断路"计划，制定更加周密的、加强东北亚各港联络的循环定期航路，逐

[①]　「浦塩朝鮮内地裏日本海各港間循環定期航路船就航ノ件」（1926 年 11 月 25 日～1926 年 12 月 15 日）『外務省外交史料館・戦前期外務省記録・航路関係雑件第三巻』日本国立公文書館アジア歴史資料センター、B11092864700。

步向俄国远东地区延伸势力。这是近代日本循序渐进地贯彻"北进"战略的体现。

二 "北鲜三港"的开发与"北进"战略的推进

第一次世界大战后，日本通过扩充"日本海横断路"，强化了对朝鲜和苏联远东地区的控制，甚至提出了"湖水化日本海"，意图将日本海变成由朝鲜、中国东北、苏联北部、日本西海岸围绕的内湖。接下来，如何吞并中国的东北地区，实现"满鲜一体化"，成为日本政界和军界的难题。经过多方考察和讨论，日本最终决定推动1909年《图们江中韩界务条款》中"吉长铁路延长线"的构想，修筑连接中国吉林至朝鲜会宁的"吉会铁路"，从"北鲜三港"出海，与"日本海横断路"相接，共同构成日本、朝鲜与伪满的"陆海交通大干线"。这成为日本进一步推进"北进"战略的重要步骤。"北鲜三港"也因其枢纽港的地位得到了更为充分的开发。

(一)"吉会铁路的修筑"与"北鲜三港"的开发

日本在中国东北地区，原本有南满铁路及旅顺、大连港作为"开发满洲"的交通线，但此线仅限于"南满洲"，未能深入"北满洲"地区。1927年，田中义一组阁，逐步放弃以南满铁路和大连港为重点开发对象的"大连中心主义"，开始实行"北满""南满"均衡开发的"南北满主义"政策，在保持南满铁路——大连港一线发展的基础上，修建横贯"北满"的吉会铁路。[①]

"吉会铁路"计划之缘起可追溯到1909年中日签订的《图们江中韩界务条款》，其中第六款规定："中国政府将来将吉长铁路接展造至延吉南边界，在朝鲜会宁地方与朝鲜铁路连络，其一切办法，与吉长铁路一律办理。

---

① 《南满公司决定修筑吉会铁路，明年开工，正在筹备》，《大公报》（天津版）1927年10月24日第3版。此文报道称："二十大阪每日新闻载来。南满铁路公司总理山本氏，现拟变更南满公司历来所采之大连中心主义而为南北满主义斯诚为开发满蒙政策上一转机。兹闻其方策之第一步即定自明年度着手建筑十年来悬案中之东北地区东部干线之吉口会铁路。"

至应何时开办，由中国政府酌量情形，再与日本国政府商定。"① 20 世纪 20 年代，吉会铁路实际上已经开始分段修筑，但是由于中国政局的动荡，一直未能进行，1927 年"南北满主义"政策出台后，吉会铁路的修筑得到了日本内阁的重点扶持。

随着吉会铁路的修筑，其终端港的选址问题被提上日程。1928 年，在各方的协调下，决定以清津港为吉会铁路的终端港，雄基港则作为罗津港的辅助港，"北鲜三港"相互协调配合："关于这一点，连日以来外务当局、朝鲜总督府、满铁、东拓等反复协商，根据支那方面的情况，也许今后不得不变更。大致上，老头沟以东取南方线，终端港为清津，雄基港则作为罗津港的辅助港。"②

伪满洲国成立后，吉会铁路基本贯通，为了满足日益增加的货物吞吐量，"北鲜三港"的修筑进入加速阶段，这体现在清津港的扩建与罗津港、雄基港的修筑上。1932 年《大公报》天津版报道称：

> 记者顷赴该港视察，见日人正在日夜赶筑议港。主要之防浪石堤顷已筑成，计长六百米。港内置有浮标多具，以供航洋轮只之碇泊。该港水深自二十英尺至六十英尺，大轮可进出无阻。因港内水深，故石堤建筑至五年之久。清津港新火车站亦筑成，火车轨道与海岸平行，于货物装卸极为便利。该港原来之建筑计划，拟供每年九十万吨轮运之用，现已扩充至每年二百万吨。预料将来满蒙货物，将有大宗自此出口。汉城会宁间铁道行将与吉林通车。此时日人已着手兴修吉会路未完成之一段，预料明年（按即今年）十月间可以完工。③

日本不仅将清津港扩建成每年可吞吐 200 万吨货物的新型港口，还修筑

---

① 《图们江中韩界务条款》通称《间岛协约》。1907 年（光绪三十三年）日本制造所谓"间岛问题"，蓄意侵占中国吉林省延边地区，于 1909 年（宣统元年）强迫清政府签订此约。9 月 4 日清外务部尚书会办大臣梁敦彦与日本驻华公使伊集院彦吉在北京签订。主要内容为：以图们江为中朝两国国界；日本承认间岛为中国领土；允许日本在龙井等地设立领事馆或者领事分馆，承认日本拥有领事裁判权和吉会铁路的修筑权。《辞海》，上海辞书出版社，2009，第 2288 页。本文引用条款来自《图们江中韩界务条约》，《政治官报》1909 年第 670 期，第 16～17 页。

② 「吉会鉄道の終点は清津港に決定か」『大阪朝日新聞』、1928 年 10 月 3 日。

③ 《日人正赶筑清津港，吉会路亦将于今年完成，此港此路之开通皆暴日所昕夕想望》，《大公报》（天津版）1932 年 1 月 3 日第 4 版。

了清津火车站，"预料将来满蒙货物，将有大宗自此出口"。清津港扩建后，
其姊妹港罗津港在 1933 年被确定为吉会铁路"北迴线"的终端港①，并交
由满铁公司承办，满铁公司为其制定了三期筑港计划。"昭和 7 年 5 月帝国
政府通过内阁会议决定建设罗津终点港，并把这个建设任务交给我会社
承当。"②

罗津港的筑港计划分为三期，1933 年正式动工，预计 15 年完成，《申
报》1932 年 11 月 5 日对此有如下报道：

> 计划罗津港之湾，现测量已照预定完竣，定于明年四月解冰期着手
> 工事，计投资达日金四千万元。筑港计书计分三期，十五年完成，届时
> 可停留四千吨至八千吨之大船五十只，并可装卸九百万吨之货物，规模
> 甚大。为贯通日本与大陆之最捷径，且当欧亚联络之冲，北满延吉及朝
> 鲜半岛北部一带丰富之物产，皆可聚集该港，实为一压倒大连港之一大
> 商港也。③

由此可以看出，罗津港修筑对日本推进"北进"具有重大意义：从地
理位置上看，罗津港既是"贯通日本与大陆之最捷径"，又是"欧亚联络之
冲"；在经济利益上看，"北满延吉及朝鲜半岛北部一带丰富之物产，皆可
聚集该港"，罗津港可以成为日本吸纳中国东北和朝鲜资源的前哨，其商业
价值甚至可以超过大连港。

1936 年，罗津港第一期工程修筑完毕，日方决定不再继续扩大罗津港
的规模。"今秋完成之第一期工程突堤三基，能停留三四千吨级轮船八艘，
由经济上观察，此港可以不必较此规模再大，其第二期第三期工程，俱行停
止，第一期工程完成后，每月可输出三十万吨之北满特产，除现在就之大阪
商船，朝鲜邮船外，中村、川崎、泽山、栃木各社均拟分配船只云。"④ 罗
津港初步建成后，吞吐量大大增加，除了大阪商船株式会社和朝鲜邮船株式

---

① 《日伪交通联络线之内容》，《大公报》（天津版）1933 年 11 月 3 日第 4 版。"（东京十二日
　　电通社电）第三次交通审议会于昨晨十时在首相官邸开会后，即就日'满'交通联络案。
　　作如左之决定。一俟经干事会施以整理后，即可提交第四次总会通过。第一，以罗津为吉
　　会路之终点，其通清津一路，则作为辅助交通线路……"
② 〔日〕满史会：《满洲开发四十年史》，王秉忠、王文石等译，第 408 页。
③ 《朝鲜北部日本计划辟港》，《申报》（上海版）1932 年 11 月 5 日，第 21402 号。
④ 《罗津港工程第一期秋季完成》，《大公报》（天津版）1936 年 6 月 11 日第 4 版。

会社等大型航运会社，日本本土的其他小型航运会社也纷纷加入到"日本海横断路"中。这一方面说明港口扩建对物流产生的直接影响，另一方面说明日本为了扩大战争，加紧掠夺东北亚资源的要求更加迫切。

1937 年，经由罗津港的陆海交通干线成为国际客货运输线，大部分原本经由浦盐斯德港转运至欧洲的货物，现转为经由"北鲜三港"，自伪满洲国转运。"目前正在莫斯科召开的欧亚货物联络会议上，满铁提出的经由满洲的货物联络方案得到批准，决定从明年 1 月 1 日起经安东转运，同时也经罗津、博卡拉转运。此次满洲国保税运输制度得到了认可，预计可免除目前经海参崴中转至欧洲的不便，从而增加满洲国中转的货物。"① 由此可以看出，罗津港建成后，"北鲜三港"的地位明显上升。在日本的东北亚航运规划中，日本－罗津－欧洲的联络逐渐取代了日本－浦盐斯德－欧洲的联结方式，"北鲜三港"中的罗津成为欧亚货物运输的枢纽。

雄基港方面，"昭和 8 年朝鲜咸镜北道广兴郡雄基邑的中村直三郎向内阁请愿，主张以国费扩筑雄基港"。② 将雄基港作为罗津港的补充港进行扩建，进一步扩大罗津港的吞吐能力。

此外，为了配合朝鲜半岛北部港口的建设，改变日本沿岸港口"半身不遂"的现状，日本也开始加强日本海西岸港口的改造与扩建。③ 日本海沿岸诸港为了获得更多的国家补助金，繁荣当地经济，纷纷递交请愿书阐述本港的优势，各港间产生了激烈的竞争。1933 年 11 月第三次交通审议会通过《日满交通联络案》，决议"无特在日本海内地指定港口之必要"。④ 此后，日本海沿岸的港口也得到了日本政府的资助，纷纷扩建，港湾规模不断扩大。

---

① 「満洲経由の貨物連絡，欧亜連絡会議で承認さる」『大阪毎日新聞』、1936 年 9 月 29 日。

② 「雄基港拡張ノ件（朝鮮咸鏡北道慶興郡雄基邑士族中村直三郎呈出）」（1933 年 3 月 20 日）『内閣・貴族院・議院回付請願書類原議（十五）』日本国立公文書館アジア歴史資料センター、A14081153200。

③ 《欧战声中的日本海运》，《大公报》（香港版）1939 年 10 月 22 日第 8 版。

④ 《日伪交通联络线之内容》，《大公报》（天津版）1933 年 11 月 3 日第 4 版。原文为："第三次交通审议会，于昨晨十时在首相官邸开会后。即就日'满'交通联络案，作如左之决定。一俟经干事会施以整理后，即可提交第四次总会通过。1. 以罗津为吉会路之终点，其通清津一路，则作为辅助交通线路。2. 无特在日本海内地指定港口之必要。3. 关于日'满'间政府助航路，只须有敦贺罗津线、伏木朝鲜半岛北部诸港线及新潟朝鲜半岛北部诸港线即为已足。"

（二）"日本海横断路"的扩张

20 世纪 30 年代，日本海海域上的命令航线和自由航线数量都迅速增加，"日本海横断路"的北部航路进一步扩张。如表 2 所示，截至 1933 年，朝鲜半岛北部地区的"北鲜三港"完全参与到航路运营中，"北鲜三港"与濑户内海的大阪、神户，日本东海岸的东京、横滨、名古屋、四日等港口间均开通了航线，也与日本西海沿岸自北向南的小樽、函馆、船川、新潟、七尾、敦贺、舞鹤、宫津、境、萩、下关、门司、博多、若松等港口有航线往来，此外，"北鲜三港"还开通了连接苏联浦盐斯德港、中国大连港、中国台湾与日本桦太①之间的航路。"日本海横断路"自南向北逐步扩张，此时已经形成了一张密如蛛网的海运网络。

表 2　1926 年与 1933 年日本海面主要命令航线

1926 年		1933 年	
航路名称	停靠港	航路名称	停靠港
大阪清津线	釜山、元山、宇品、神户、门司	东京北鲜线	京滨、名古屋、大阪、神户、门司、釜山、元山、西湖津、城津、清津、雄基
大阪清津线	釜山、元山、城津、雄基、宇品、神户、门司	雄基东京线	雄基、清津、城津、元山、釜山、萩、门司、下关、名古屋、横滨、东京 临时向浦盐斯德变航，并在罗津、西湖津、注文津、若松、神户、大阪、四日、武丰及清水停靠
清津雄基线	梨津		
敦贺清津线	城津、元山、舞鹤	北鲜名古屋京滨线	雄基、清津、名古屋、清水、横滨、东京、横滨、名古屋、大阪、神户、清津、罗津、雄基
神户清津线	元山、釜山、下关、门司、尾道	名古屋雄基线	名古屋、大阪、神户、广岛、关门、釜山、元山、西湖津、城津、清津、罗津、雄基

---

①　即库页岛，俄语名为"萨哈林岛"，日语名为"桦太岛"，位于北太平洋，日本以北，鄂霍次克海西南部，南北细长。1858 年俄国通过《瑷珲条约》从清政府手中获得了此岛的管辖权，并在 1860 年的《北京条约》中强化了此权力。1905 年日俄战争后，日本与俄国签订《朴次茅斯合约》，日本获得库页岛南部并一度统治全岛。1945 年《雅尔塔协定》将此岛交由苏联。第二次世界大战后，日本在《旧金山和约》中明确提出放弃库页岛南部和千岛群岛的权力。该岛现属俄罗斯萨哈林州。

续表

1926 年		1933 年	
航路名称	停靠港	航路名称	停靠港
元山雄基线	群山、城津、清津	大阪北鲜线	大阪、神户、门司、釜山、浦项、元山、西湖津、城津、雄基、清津
元山雄基线	群山、端川、城津、大津、清津	大阪清津线	大阪、神户、门司、清津、雄基
清津敦贺线	城津、元山、宫津、舞鹤	敦贺北鲜线	敦贺、清津（罗津、雄基回航）
雄基关门线	清津、城津、元山、浦项、釜山	浦盐斯德直航线	敦贺、清津（复航）、浦盐斯德
釜山浦盐斯德大阪线	元山、城津、清津、雄基、门司（下关、神户）	内地朝鲜东岸浦盐斯德线	伏木、雄基（临时在罗津停靠，伏木停泊，七尾、雄基、清津、浦盐斯德 北祐丸：元山、罗南、城津回航
伏木浦盐斯德线	清津、雄基、七尾、元山、	新潟雄基清津直航线	新潟、雄基、清津
元山清津线	元山、清津	北海道新潟北鲜线	函馆、新潟、元山、罗南、西湖津、城津、清津、雄基
朝鲜西岸线	釜山、关门、横滨、木浦、群山、新义州	清津敦贺线	清津、城津、元山、敦贺、新舞鹤、舞鹤、宫津、境、元山、城津、清津
长崎—岐、对马线	佐世保、胜本、严原、佐贺、左须奈、釜山	北鲜北陆线	元山、城津、敦贺、伏木、七尾、新潟、清津、罗津、雄基、元山
浦项滨田线	浦项、滨田	雄基大阪线	雄基、清津、渔大津、城津、端川、汝海津、遮湖、新昌、新浦、洗原（前津）、西湖津、元山、通川、长箭、巨津、注文津、浦项、釜山、门司、下关、神户、大阪。临时延航至西水罗里、罗津、吕湖、泗浦、群山、襄阳、安木、三陟、竹边、丑山浦、□□、博多、广岛、尾道、小豆岛停靠
仁川海州线	江华岛、乔桐岛		
关釜联络线	关门、釜山		
博多釜山线	左须奈、比田胜、严原、芦边		
大阪仁川线	神户、下关、门司、木浦、群山	釜山浦盐斯德大阪线	釜山、元山、城津、清津、门司、下关、神户、大阪、浦盐斯德。临时停靠四日、名古屋，延长至武丰、罗津、渔大津、西湖津、浦项、博多、若松、广岛、尾道、宇□、小豆岛
镇南浦、大阪线	仁川、群山、下关、门司、神户、吉浦、木浦、尾道		
仁川阪神线	仁川、群山、下关、门司、神户	北鲜线	大阪、神户、门司、元山、清津、雄基
北海道、上海、釜山、台湾线	基隆、釜山、小樽、函馆、上海	神户清津线	神户、门司、清津

续表

1926 年		1933 年	
航路名称	停靠港	航路名称	停靠港
大阪济州岛线	济州岛、釜山、木浦、下关、门司、大阪	台湾北鲜线	高雄、基隆、鹿儿岛、长崎、博多、釜山、雄基、罗津、清津
釜山浦项线	长生浦、方鱼津、良浦、九龙浦、	桦太北鲜线	真冈、小樽、船川、伏木、敦贺、舞鹤、雄基、罗津、清津、城津
新义州大阪线	仁川、群山、木浦、釜山、门司(下关)、神户)	大连北鲜线	营口、大连、芝罘、釜山、清津、雄基、芝罘、大连、营口
朝鲜长崎大连线	釜山、木浦、群山		
釜山济州岛关门线	马山、朝天、济州、表善里、大阪延长线		
朝鲜北海道大连线	仁川、大连、群山、木浦、釜山、宫津、舞鹤、敦贺、伏木、函馆、小樽		

资料来源:「北鮮關係航路」(1933 年)『大藏省·昭和財政史資料』第 6 号第 63 册、日本国立公文書館アジア歴史資料センター、A09050537600。

1938 年,为了进一步扩张日本海海运,近卫文麿内阁举行阁议,调整针对中国东北的交通政策:

> (重庆十一日下午十二时发专电)东京讯,十一日午前十一时,在首相官邸举行定例阁议,近卫首相以下各阁僚,全体出席。永井递相所提"对满交通联络大纲"案,于说明后,经八田、末次、荒木、中岛相继质问,结果同意通过。该案内容,尚未公布,但对侵略满洲及今后日伪间军事商业之运输,无疑有重大意义。即日伪连络,取最短距离,由东京、新潟、罗津至长春(伪京),定为干线,从前经由釜山或大连二线,贬为副线。目前积极整理日本海海运,拟将"日本海汽船""北陆汽船""北日本汽船""朝鲜邮船""大连汽船"五船公司合并组织为"日本海海运会社"。闻该五公司即拟以船舶出资,估计资产约有四千五百万元。扩张日本海海运,实为日本大陆政策之一环,同时对于苏联尤为刺激。①

---

① 《近卫拟实施全部总动员法,因感经济窘迫日甚,积极整顿海运》,《大公报》(香港版)1938 年 11 月 12 日第 4 版。

政策调整的内容包括将"北鲜线"提升为"日满"联络干线，取最短距离。将东京、新潟、罗津至长春的航线定为主要干线，同时，将从前经由釜山或大连的线路贬为副线。其次，为了避免私人航运会社之间的恶性竞争，日本政府还将"日本海汽船""北陆汽船""北日本汽船""朝鲜邮船""大连汽船"五家航运会社合并为"日本海海运会社"，统一承担日本海航线的运营。"北鲜线"与"大连线""釜山线"的易位，标志着由吉会铁路和"北鲜线"组成的"日满"联络线到1938年前后已经较为成熟，成为日本连接朝鲜、伪满地区的最短交通干线，可以更迅速吸收中国东北资源，也可以承载战时军事运输。标志着"日本海横断路"已经成为日本进一步推进"北进"战略最为重要的手段之一。

日本可以通过"北鲜三港"以最快的速度运输军队到朝鲜，陈兵朝鲜和伪满洲国北境，以抵抗苏联。1931年8月13日的《申报》刊载道：

> 田中义一曾有言，至欲行明治大帝第三期遗策（即灭亡东北）时，则以福冈广岛二地之国军，由朝鲜入南满，以制支那军之北上；以名古屋关西地方之国军取敦贺海路，而进清津，经吉会路而入北而进清津，经吉会路而入北满；另以关东地方之国军，由新潟出港，直至清津或罗津，仍依吉会路而猛进北满地方；另以北海道仙台名地之国军，由青森及函馆二港出口，而急进浦盐，占领西比利亚路，以直达北满哈尔滨，而南迫奉天，并占领蒙古等地，同时又可阻止俄军之南下，终则与关西军福冈广岛军三面会合。分派为两大军，南则把守山海关，以防支那军北上；北则把守齐齐哈尔，以阻俄军南下，则满蒙之食料原料，皆可听我自由取用。虽战十年，我亦无食料原料不足之忧也。①

从这则名为《南满铁道概论》的报道中可以得知，日军进攻东北大致分成三个方向，南线士兵先进入朝鲜，由朝鲜进入"南满"；名古屋和关西地方的日军，走中部路线，从日本西海岸的敦贺港出发，经过日本海上的航线，在朝鲜的清津港停靠，进入朝鲜，再经由吉会铁路进入"北满"；关东地区的日军也走中部线，从新潟港上船，在朝鲜罗津港或者清津港靠岸，通过吉会铁路进入"北满"。北海道岛的日军走北线，从青森和函馆出口，逼

---

① 《南满铁道概论》，《申报》1931 年 8 月 13 日，第 20962 号。

近苏联的远东港口——浦盐斯德港，占领西伯利亚铁路，同时占领蒙古，阻止苏军南下。由此可见，中部路线承担着关东和关西的军队运输工作，占运输总量的一大部分。日军之所以将运输军队工作的大部分放在中部线上，一方面是因为连接日本西海岸的新潟港、敦贺港和"北鲜三港"的轮船航路，是最短航路，从"北鲜三港"靠岸，就可以在不到一天的时间内完成军队运输任务；另一方面，"北鲜三港"与纵横交错的铁路相连，使日本在很短时间内就可以控制东北的大城市。[①]

此外，日本很少在东北建设兵工厂，战争所需的武器都得从日本运输到中国大陆，物资需求量大，由于距离日本较近，物资通过"北鲜三港"从日本本土运送到朝鲜，无须耗费大量时间，从而提高了战争补给的运输效率。吉会铁路和与之相连接的"北鲜三港"就相当于日本的大动脉。[②]

苏联如果想阻止日军北进，就得在绵延千里的边境线上布防，这对在远东地区军力本来就薄弱的苏联来说，是无法克服的困难。

所以日军在一个短暂期内就可以沿着策略的铁路网集中于自大兴安岭以至乌苏里河的前线，日军指挥部可以在任何方向开始进攻。但是俄国的军队，在战事发生的几星期内，必须布成一个大弧形的阵线，从外贝加里亚经过阿穆尔省而至滨海省。俄方对日军将采取一种大包围的阵势，这种情形显然是于俄方不利的。在这种情势下，惟有人数非常优越的军队方才可以制胜；倘若不然的话，那末胜利将属于被包围的军队。[③]

因此，日本连接朝鲜、伪满地区的最短交通干线的建立大大提高了日军

①　《从战略上探讨太平洋国际问题（七）》，《大公报》（天津版）1937 年 6 月 25 日第 4 版。原文为："与日本最近经营之罗津港相通，北满与'朝鲜半岛北部'相连，将'满鲜'打成一片，以达到日阀多年之名望，其在军事上之意义尤为重大，为日本军运输要道，现住日本国内军队，由朝鲜渡海，取道大连，转南满路而至哈尔滨各地，需时约七十余小时，此路成后，即可径由朝鲜罗津港渡海，取道北路，费时不过二十小时左右，在将来对俄作战上，关系尤非浅鲜。"

②　臧运祜：《近现代日本亚太政策的演变与特征》，《北京大学学报》（哲学社会科学版）2003年第 1 期。

③　《从战略上探讨太平洋国际问题（十）》，《大公报》（上海版）1937 年 6 月 21 日第 4 版。

的机动能力。"北鲜三港"的开发和日本海航路的扩充对于日本控制东北亚，继续推进以"北进"为特征的大陆政策具有重要战略意义。

三 "北进"战略的挫败与"北鲜三港"开发的终结

日本不断挑战华盛顿体系推行"北进"战略，与苏联在远东地区的关系日益紧张，1938 年的"张鼓峰事件"和 1939 年的"诺门坎事件"标志着二者冲突的高峰。① 这两次局部的军事冲突都以日本的失败而告终。诺门坎事件"可谓日本'南进'和'北进'战略转换的临界点，此后直到二战结束，日本再未有过主动'北进'的行动"②。

苏日关系的紧张对日本海洋面航行安全造成威胁。1941 年，日方不断有轮船在该海域沉没。

　　气比丸号 5 日晚 10 时后不久，在前往敦贺的途中被水雷击中，于日本海沿岸遇险，多艘救援船立即赶往现场。③

　　又有日轮一艘白里丸，在海参崴对岸北海道小樽附近海外触及苏联水雷沉没。时间在六日晚，罹难者十五人，失踪者若干。此外有二十四人已经捞起，两日来日轮触及苏联水雷沉没者，此为第二艘，第一艘为气比丸。④

---

① "张鼓峰事件"即"哈桑湖事件"。抗日战争时期苏日间发生的边境武装冲突事件。哈桑湖地区的张鼓峰是中国吉林防川地区（现吉林珲春地区）中苏边境上的一座小山峰。1938 年7 月 11 日，苏军占领张鼓峰。7 月 29 日，日满部队越过哈桑湖地区边境，被苏军驱逐。7月 31 日，日军两个步兵团发起进攻，占据张鼓峰。至 8 月 10 日，日军出动 7000 多人，37门大炮，苏军出动 20000 人，近百门大炮，200 多辆坦克，争夺张鼓峰。8 月 11 日，双方在莫斯科签订停战协定，就地停火。

"诺门坎事件"，即 1939 年 5 月至 9 月日本与苏联在远东发生的一场战争。日本称 1939 年 5月 11 日至 6 月上旬的事件为第一次诺门坎事件，此后至 1939 年 9 月 16 日停火为止，为第二次诺门坎事件。苏联主将为朱可夫，日方主将则为小松原道太郎。战事结局是日本关东军战败，苏联胜利。苏、日双方此后在二战中一直维持停战状态。

② 李小白、周颂伦：《日本北进、南进战略演进过程述考》，《抗日战争研究》2010 年第 1 期。

③ 「気比丸は触雷遭難：ソ連浮流機雷と推定」『大阪朝日新聞』、1941 年 11 月 7 日。

④ 《又一艘日轮触雷沉没》，《大公报》（桂林版）1941 年 11 月 9 日第 2 版。

（汉城十一日电）日轮颂德丸（二百八十三吨）或已触苏联水雷沉没，盖该轮于上月一十七日自清津开出以后，即无消息。[①]

1941 年 11 月 5 日、11 月 6 日，连续有"气比丸""白里丸"两艘轮船在日本海海域遭遇苏联水雷沉没，"颂德丸"自 10 月 17 日开出后没有音信，也被推测为触雷沉没。

日方断定这批水雷系苏联投放，顺洋流漂浮到朝鲜东部海域，击毁了在此航行的日本轮船，日本海航路的安全性因此受到巨大威胁。于是，除了必要的军事物资运输航线，日本一些轮船会社决定停航日本海海域的轮船："（东京八日中央社路透电）据七日清津讯，日本轮船公司两家，鉴于日轮两艘先后触雷沉没，特宣布停航日本与朝鲜间一线。"[②]"日本海横断路"的经营和推进大受影响。

此后，日本开始重新评估自己与苏联间的实力对比，重新审视"北进"战略的合理性。随着日本外交政策逐渐向"南进"转向，日本海航路在经历了 30 年代的繁荣时期后骤然衰落，"北鲜三港"的重要性也因此大打折扣。1945 年，苏联空袭并攻克罗津港，日本对"北鲜三港"的开发以及"日本海横断路"计划彻底走向完结。[③]

结　语

近代日本的"北进"战略是其大陆政策的重要组成部分，主要是以朝鲜、中国东北和西伯利亚远东地区为目标，通过吞并朝鲜，攻占中国东北，进而染指中国腹地，并向西伯利亚远东地区扩张。

日俄战争后，日本推行"北进"战略，曾意图以"北鲜三港"为枢纽，建设连接日本与"大陆"的陆海交通联络线。1908 年，朝鲜政府将朝鲜半岛北部地区的清津港开设为国际贸易港。1909 年，《图们江中韩界务条款》签订后开始计划吉会铁路。扩筑"北鲜三港"并使其与吉会铁路相连接成为主要任务。

---

① 《简讯》，《大公报》（桂林版）1941 年 11 月 13 日第 2 版。
② 《又一艘日轮触雷沉没》，《大公报》（桂林版）1941 年 11 月 9 日第 2 版。
③ 大宫诚「アジア・太平洋戦争期の日本海海上輸送」『現代社會文化研究』第 52 號、2011 年、48 頁。

1910 年，日本吞并朝鲜，迈出推进"北进"、向大陆扩张的实质性一步。随着第一次世界大战爆发，日本海运业迎来飞跃式发展，以"北鲜三港"作为枢纽港的"日本海横断路"政策开始实施。到 1933 年，日本轮船会社在日本海海域开辟的轮船航线有 43 条，其中有 20 条在"北鲜三港"停靠。① 其主要目的是进一步控制朝鲜和中国东北，使朝鲜、中国东北与日本本土结成一个整体，并向苏联远东地区扩张，以获取东北亚地区丰富的资源。

"北鲜三港"的开发以及陆海交通大干线的竣工，与日本"北进"战略密切相关。

首先，"北鲜三港"作为连接吉会铁路和日本海航路的纽带，逐渐取代了苏联浦盐斯德港口，成为日本在远东地区进行客货运输的中转站。日本 - 罗津 - 欧洲的联络逐渐取代了日本 - 浦盐斯德 - 欧洲的联结方式，"北鲜三港"成为欧亚货物运输的枢纽。在此背景下，吉会铁路与"日本海横断路"共同构成的亚洲联络大干线不断蚕食中东铁路，使其最终被苏联所抛售。日本逐渐取得了在远东地区的经济优势。

其次，"北鲜三港"、日本海航路和铁路构成的交通网，除了有切断中东铁路，掠夺中国东北和远东地区资源的作用，战争时期，在加快军队调配，提高补给效率等方面也起到了巨大的作用。"北鲜三港"既是日本吸纳中国东北、朝鲜和苏联资源的枢纽，也是日本在远东地区与苏联进行军事对抗的一大利器。

可以说，构建以"北鲜三港"为枢纽的陆海交通网，是近代日本逐步推进"北进"战略的重要步骤。随着日苏关系的紧张，该交通网在经过近 30 年的发展后走向衰落，日本"北进"战略大大受阻。尤其是 20 世纪 30 年代末期日本在"张鼓峰事件"和"诺门坎事件"遭遇失败后，日本政府不得不重新审视"北进"战略的合理性，开始将关注点进一步转向"南进"战略。此后直到二战结束，日本再未有过主动"北进"的行动。此时，为了维持日益扩大的侵略战争，日本政府不得不将战略重点转向"南进"，以获取东南亚和南亚的战略资源。

学界以往的研究，多把"北进"视为大陆扩张，把"南进"视为海洋

① 「内地植民地間及植民地相互間自由定期航路調」（1933 年 10 月）『大藏省・昭和財政史資料』第 6 号第 63 冊、日本国立公文書館アジア歴史資料センター、A09050537700。

扩张①, 本文对"北鲜三港"的开发和"日本海横断路"计划的考察充分说明大陆政策中的"北进"战略同样和海洋息息相关, 是近代日本海洋战略的重要组成部分。

Japan's "Northward Advance" Strategy and the Development of the "Three Ports in Northern Korea" in Modern Times

Yang Lei　Qi Xin

Abstract: In the process of pursuing the "Mainland Policy" in modern times, Japan had formulated two strategies, the "Northward Advance" strategy and the "Southward Advance" strategy. In order to forge ahead with the "Northward Advance" strategy, to integrate Korea, "Manchuria" with the territory of Japan and to expand to the Russian Far East, Japan had developed the "Three Ports in Northern Korea" and constructed a major land and sea transportation route connecting the Japanese islands with the mainland. In the late 1930s, the relations between Japan and the Soviet Union have deteriorated. Japanese government's "Northward Advance" strategy was blocked. It then turned to the "Sorthward Advance" strategy of expanding to Southeast Asia and South Asia. Consequently, the development of "Three Ports in Northern Korea" was stopped.

Keywords: "Northward Advance" Strategy; Trans-Japanese Sea Route; "Three Ports in Northern Korea"

（执行编辑：林旭鸣）

---

① 参见臧运祜《近现代日本亚太政策的演变与特征》,《北京大学学报》（哲学社会科学版）2003 年第 1 期, 第 134 页。

海洋史研究（第十七辑）

2021 年 8 月　第 174~198 页

中法关于广州湾租借地
设关的交涉（1901~1913）

郭康强[*]

　　19 世纪末，随着胶州湾、旅大（今大连）、威海卫、广州湾、新界几个租借地的出现，胶州湾和旅大先后建立了租借地海关，广州湾、威海卫和新界三个租借地并未另设海关，其进出口管理和关税征收分别由设于这三处租借地周围的粤海关、东海关和九龙关的分支机构，按对外国进出境事务办理。[①] 由于欠缺有效的海关管理，广州湾租借地始终摆脱不了声名狼藉的走私港的负面形象。实际上，清末民初时期中法双方曾一度考虑在广州湾设立租借地海关，并围绕设关问题开展了多年交涉。设立广州湾海关，对增加中国政府税收以及维护广州湾边境的社会治理秩序均有着重要的意义，对此中法两国政府均有深刻的共识，但由于意见的分歧和利益的纠葛，交涉无果而终。学界对广州湾的走私尤其是鸦片走私及设于其周边的海关机构变迁做了较多研究，但对设关交涉史实未有深入的研究。[②] 本文拟利用台北中研院近代史研究所档案馆典藏的晚清政府和北洋政府时期的外交档案、广东省档案

---

　*　作者郭康强，南方医科大学马克思主义学院讲师，研究方向：近现代中外关系史、中国近现代史。

　①　蔡渭州编《中国海关简史》，中国展望出版社，1989，第 110 页。

　②　主要研究有：谭启浩《广州湾地区走私问题的历史考察》，《湛江文史资料》第 5 辑，1986，第 142~150 页；郭丽娜《20 世纪上半叶法国在广州湾的鸦片走私活动》，（转下页注）

馆典藏的粤海关档案以及法国外交部档案等史料，对 1901～1913 年中法两国围绕设立广州湾海关的交涉始末以及决策经过做一考察，深化对近代列强在华租借地走私与缉私问题的认知。

一　广州湾的租借与海关管理新难题的产生

虽然直到 1899 年 11 月 16 日，中法双方才最终签订《广州湾租界条约》，从而确定广州湾租借地的范围和法律地位，但是，自 1898 年 4 月 10 日总理衙门正式允租广州湾给法国开始，广州湾的地位事实上已在发生转变，只不过这种转变是模糊不定的，影响着广州湾海关管理及其与其他口岸之间的贸易往来。

作为德、俄、英、法列强在中国的特殊利益地带，租借地涉及复杂的国际关系，如何管理货物在租借地的进出口是一个敏感而棘手的问题。因此，胶州湾、旅大、威海卫、广州湾、新界等五个租借地产生之日起，总税务司赫德（Robert Hart）便对其予以格外关注，并谨慎地考虑征收来往船只之税钞。

至 1898 年 4 月时，清政府已分别与德、俄签订《胶澳租界条约》《旅大租地条约》，并答应法国租借广州湾、英国租借威海卫和新界的要求。因此，这几个地区的地位和性质实际上已发生改变，不少舆论也指出了这一点。然而，总理衙门与各国驻华使馆对此均仍"保持缄默"，这让各关税务司在处理涉及租借地的商贸问题时无所适从。为此，赫德拟定灵活的行事准

（接上页注②）《中山大学学报》（社会科学版）2015 年第 2 期；〔法〕伯特兰·马托《白雅特城：法兰西帝国鸦片销售时代的记忆》，李嘉懿、惠娟译，王钦峰编校，暨南大学出版社，2016；谭启浩《雷州关发展史略》，《湛江文史资料》第 2 辑，1984，第 81～93 页；谭哲《租借地海关之一的雷州关》，《湛江文史资料》第 9 辑，1990，第 210～214 页；张惠玉《广州湾海关机构设置的变迁及其成因》，《岭南师范学院学报》（哲学社会科学）2017 年第 5 期；李爱丽《1911～1913 年粤海关接管高雷常关始末：一次失败的海关权力扩张》，栾景河、张俊义主编《近代中国：文化与外交》（上卷），社会科学文献出版社，2012，第 456～468 页；张亚威《粤海洋关、高雷常关与粤西北地区的贸易管理（1877～1913）》，中山大学硕士学位论文，2019。法国学者安托万·瓦尼亚尔的《广州湾租借地：法国在东亚的殖民困境》（上卷）（郭丽娜、王钦峰译，暨南大学出版社，2016，第 117～207 页）充分挖掘法国档案，对广州湾的自由贸易港制度、鸦片走私做了深刻的分析，揭示了法国政府在广州湾设关问题上的决策过程，但由于欠缺对中文材料的运用，未能系统还原清末民初中方的内部决策经过以及中法政府间的外交互动。

则，并于 4 月 29 日发出通令："在另有命令之前，对去往及来自上述各地
（指各租借地，引者注）之船只暂按来往于通商口岸之船只对待"，而且
"此际应坚持按现行指令办事，又务须避免触及敏感之处或无事生非或纠缠
于琐事"，"适时保持沉默"。赫德强调，这是"为防止失误及避免采取似是
而非之行动导致之麻烦"以及"为自身利益与安全"而做出的考虑。①

但是，租借地与通商口岸毕竟性质不同，按通商口岸办法来征税只是权
宜之计。五个租借地的租借谈判进度又不一致，胶州湾、旅大、威海卫和新
界的租借条约均已于 1898 年完成签订手续，因而确立了相应的法律地位。
而在广州湾的租借谈判中，由于在边界范围上的分歧，中法双方直到 1899
年 11 月 16 日才签订《广州湾租界条约》。因此，在条约签订前，广州湾的
法律地位实际上处于待定状态，各口岸与广州湾的通商往来该如何管理，是
个亟须解决的难题。

乐观的是，此时中国海关已在胶州湾和旅大实施了暂行方案，可资借
鉴。该方案规定："洋船前往不列通商口岸之胶州、旅顺等处，应暂照往通
商口岸办理，惟复出口运往之洋货，原征税之口应给存票。"② 据此，法国
驻海口领事向琼海关提出，广州湾与胶州湾性质无异，因此在琼海关已完税
之货物复出口运往广州湾，应采取与胶州湾相同的办法处理。接到琼海关的
汇报后，赫德表示很难对此做出答复，因为广州湾是否已租给法国，"尚未
奉有明文"，不敢擅做主张。1899 年 2 月 3 日，赫德请示总理衙门："所有
通商各口新关与该处（指广州湾，引者注）来往一切事宜，应否与往胶州、
旅顺等处一律办理？"③ 2 月 6 日，总理衙门札复称，广州湾已租给法国，但
界址尚未勘定，至于"应否仿照胶澳等处办法"，则让赫德"酌核具复，再
行办理"。④ 随后，中国海关便仿照胶州湾、旅大暂行办法来管理各通商口

①　《为下发总税务司有关胶州及其他由外国控制之中国口岸其驻地税务司之行事准则事》，
　　1898 年 4 月 29 日，海关总署《旧中国海关总税务司署通令选编》编译委员会《旧中国
　　海关总税务司署通令选编》第 1 卷（1861~1910 年），中国海关出版社，2003，第 400 页。
②　《广州湾租与法人未奉明文所有各新关与该处来往事宜如何办理请示复由》，1899 年 2 月 3
　　日，总理各国事务衙门档案 01 – 18 – 090 – 05 – 001，台北中研院近代史研究所档案馆藏
　　（本文所引总理各国事务衙门档案、外务部档案及北洋政府外交部档案均为该馆所藏，下
　　文省略藏所）。
③　《广州湾租与法人未奉明文所有各新关与该处来往事宜如何办理请示复由》，1899 年 2 月 3
　　日，总理各国事务衙门档案 01 – 18 – 090 – 05 – 001。
④　《广州湾界址未定来往事宜应否仿照胶澳等处办法希酌核具复再行办理由》，1899 年 2 月 6
　　日，总理各国事务衙门档案 01 – 18 – 090 – 05 – 002。

岸与广州湾之间的贸易往来。这一办法也在 1899 年 11 月 16 日签订的《广州湾租界条约》中得到部分确认："中国商轮船只在新租界湾内，如在中国通商各口，一律优待办理。"①

法国接管广州湾后，为弥补这块租借地面积狭窄的缺陷，效仿英国统治香港和德国租借地胶州湾的做法，将之开辟为自由贸易港，旨在吸引两广内陆和西江流域以及海外的商品，使广州湾成为远东地区重要的仓储基地之一。② 在此制度下，"所有货物由洋埠运入广州湾，或由广州湾运往外国者，向不完纳中国税饷。惟由中国地方运往广州湾，或由广州湾运往中国地方之货，照例均应征税"。③ 但实际上，清政府未在该租借地内设立海关机构，又加上广州湾边界线漫长且缺乏自然边界，这一方面使得广州湾的转口贸易很快就繁盛起来，另一方面也为广州湾的走私大开方便之门，使之变成向周边省份走私的中心。

为了提高租借地的吸引力，从 1900 年起，广州湾法当局着手建设一些重要的公共基础设施，包括修建有利于航运的硇洲灯塔、白雅特城栈桥式码头以及沙湾码头等。④ 这些措施的出台，吸引了中、法、葡等国商人前来经营广州湾至各商埠的航运业，使广州湾的贸易实现了增长。据统计，1901年已有 208 艘汽船入港停泊，1902 年有 186 艘，1903 年则增加至 272 艘。截至 1906 年，与广州湾有定期航线或者经常往来的港口有香港、广州、新加坡、雷州、海口、北海、黄坡和海防，主要进口商品包括火柴、棉布、面料、帆布、棉纱、中药、鸦片、面粉、煤油与葡萄酒。⑤ 值得指出的是，早在 1900 年就已有两家法国航运公司在广州湾建立了航线，一条为孖地—阿迪

① 《广州湾租界条约》，1899 年 11 月 16 日，王铁崖编《中外旧约章汇编》第 1 册，上海财经大学出版社，2019，第 866 页。

② Paul Doumer, *Situation de l'Indo-Chine*（1897 - 1901），Hanoi：F. - H. Schneider, Imprimeur-Editeur, 1902, p. 120.

③ 《1911 年 11 月（黄帝四千六百零九年十月）中华民国军政府粤省大都督胡汉民公告》，中国近代经济史资料丛刊编辑委员会主编《中国海关与辛亥革命》，中华书局，1964，第 213 页。

④ Antoine Vannière, " Urbanisation et transformations socio-économiques à Guangzhou-Wan sous l'occupation francaise（1898 - 1945）——Essai sur les voies de la moder-nisation locale," 王钦峰主编《广州湾历史文化研究》第 1 辑（《首届广州湾历史文化国际学术研讨会论文集》上册），广东人民出版社，2019，第 208～209 页。

⑤ 印度支那总督府编《广州湾租借地——1906 年马赛殖民博览会出版物》，秦秋福译，王钦峰选编《法国在广州湾：广州湾综合文献选》第二卷，秦秋福、杨宁等译，暨南大学出版社，2019，第 82～85 页。

巴公司（Société Marty et d'Abbadie）下属子公司东京航运公司（Compagnie de Navigation Tonkinoise）开通的海防—白雅特城津贴航线，中途停靠北海、香港、海口，每年获得法国政府近 16 万法郎的补贴，主要条件是应允为法国海军运送往来人员与货物；另一条则为斯居勒弗尔公司（M. L. Sculfort）开通的白雅特城—香港航线。[①] 1901 年，法国勒麦尔公司（Société Lemaire & Cie）也进入租借地的海运市场，开通广州至广州湾的航线，中途停靠澳门。[②]

高雷廉琼下四府传统的对外贸易线路，一是经拱北关而往返于澳门、香港，二是经北海关而进出口货物。广州湾开辟为自由贸易港的结果，"使北海、拱北等地立即感受到贸易线路的变化和随之而来的税收波动"[③]，也"使下四府如入其囊中"[④]。大量的盐、火水（即煤油）、棉纱、火柴等经广州湾走私到中国内地，给拱北关和北海关税收造成巨大的损失。北海关官员在报告中指出，不可低估广州湾在贸易上的竞争力："到今天为止，也已经见到它的主要影响是雷州半岛的东部，那里过去曾经是北海的贸易区，而现在那里的货物，包括盐和鸦片，由法国资助的 A. R. Marty 的轮船载运，大量涌到广州湾。这些货物最终能找到途径进入中国境内，而且实际上逃避了所有的普通征税。除了上述两种货物外，清楚知道还有可观数量的水火油、棉纱和火柴经由这个途径进入中国境内。"[⑤] 此外，北海附近的广西所销之货，也被广州湾所吸引。[⑥] 拱北关的贸易报告则写道："雷州半岛的法属广州湾口岸的开放，亦令澳门的华船贸易受损。除非中国政府采取措施，确保进出广州湾附近府县的贸易缴纳与拱北各关卡相同的税费，否则这种损害将持续扩大。"[⑦]

[①] Bert Becker, "French Indochina and the Kwang-chow-wan Postal Steamer Service, 1900 – 1918," 王钦峰主编《广州湾历史文化研究》第 1 辑（《首届广州湾历史文化国际学术研讨会论文集》上册），第 402 ~ 403、408 页。

[②] 〔法〕安托万·瓦尼亚尔：《广州湾租借地：法国在东亚的殖民困境》（上卷），第 121 ~ 122 页。

[③] 李爱丽：《1911 ~ 1913 年粤海关接管高雷常关始末：一次失败的海关权力扩张》，第 458 页。

[④] 徐素琴：《晚清中葡澳门水界争端探微》，岳麓书社，2013，第 90 页。

[⑤] 《中国海关北海关十年报告（1892 ~ 1901 年）》，梁赏廷译，北海市地方志编纂委员会编《北海史稿汇纂》，方志出版社，2006，第 49 ~ 50 页。A. R. Marty 系孖地—阿迪巴公司（Société Marty et d'Abbadie）的创始人之一，其名常被用以指代该公司，一般翻译为孖地洋行。

[⑥] 梁鸿勋：《北海杂录》，北海市地方志编纂委员会编《北海史稿汇纂》，第 12 页。

[⑦] 《1892 ~ 1901 年拱北关十年贸易报告》，莫世祥等编译《近代拱北海关报告汇编（1887 ~ 1946）》，澳门基金会，1998，第 46 页。

不过，对拱北关和北海关税收影响最大的是广州湾的鸦片走私。1900～
1913 年，法国殖民者在广州湾实行鸦片专营制，却主要着眼于税收，为此
纵容鸦片走私，滋生腐败。① 据拱北关贸易报告记载，"法属广州湾口岸的
开放，使经本关入口的洋药大量减少，大批船载洋药从香港直接运至该地。
根据香港港务当局致九龙海关的船运报告，1900 年下半年运往广州湾的洋
药不少于五百九十二担，1901 年达九百七十四担。这两年的十八个月总共
进口一千五百六十六担，该数字与拱北关统计的先前经由拱北关、而今改由
广州湾供应各府县的洋药入口量非常接近"，又由于"走私洋药与向拱北各
关缴纳税厘的洋药相比，每丸（三斤重）售价便宜三元"，"以致澳门与香
港的华人都出动汽艇、轮船，悬挂法国旗或葡萄牙旗，到该地贸易，从中获
取暴利"。② 《北海杂录》也写道："洋药进口，昔为大宗。查广州湾未租与
法人之时，洋药进北海者，多至一千余担，近年只百余担或二百担不等"，
"廉钦、灵山、郁林、博白，均被其来冲销"。③ 当然，附近的琼海关税收也
难免不受其害。1906 年，署理两广总督岑春煊上奏曰："旋臣考核各关税
收，唯琼海关近年收数较之一百六十八结以前短收颇巨，而以洋药税厘为尤
甚。推原其故，由于雷属之广州湾划为法界，曩昔商贩洋药必须到琼完税
者，现多避入广州湾无税口岸，灌输内地，走漏税厘。"④

面对海关税收的巨大损失，粤督、海关官员和地方士人均希望加强对广
州湾的缉私。1902 年拱北关的报告称："在广州湾运售洋药，仍系奸狡华
商。粤督之意，亦欲严行查禁，以冀弊绝饷充，然尚无善法，甚愿时以此事
为念也。"⑤ 鉴于广州湾鸦片走私的情况日趋严重，早在 1900 年拱北关税务
司就已多次向总税务司和两广总督报告，希望能采取有力措施保护正当的税
收，但迟迟未得到解决。⑥ 客居北海多年的三水士人梁鸿勋则指出："闻从

---

① 郭丽娜：《20 世纪上半叶法国在广州湾的鸦片走私活动》，《中山大学学报》（社会科学版）
　2015 年第 2 期。

② 《1892～1901 年拱北关十年贸易报告》，莫世祥等编译《近代拱北海关报告汇编（1887～
　1946）》，第 59 页。

③ 梁鸿勋：《北海杂录》，第 6、12 页。

④ 《两广总督岑春煊奏报整顿粤海各关口税务办法厘定解支各款折》，1906 年 11 月 2 日，中
　山市档案局（馆）、中国第一历史档案馆编《香山明清档案辑录》，上海古籍出版社，
　2006，第 896～897 页。

⑤ 《光绪二十八年拱北口华洋贸易情形论略（1902 年）》，莫世祥等编译《近代拱北海关报告
　汇编（1887～1946）》，第 222 页。

⑥ 中华人民共和国拱北海关编《拱北海关志》，拱北海关印刷厂，1998，第 163 页。

广州湾入口之货，价值二百万两左右，如中国设关在广州湾内，如胶州例；或设于边界处，如香港、九龙例，税务当有起色，漏厄之塞，其可缓欤！"①

二 法国趁机要价与清政府设立广州湾海关的挫折

为制止广州湾的走私，清政府早在 1901 年就向法国提出在广州湾建立中国海关办事处的要求。新任印度支那总督鲍渥（Paul Beau）在 1903 年 1 月 17 日的一封信函中表示"原则上不反对"，但条件是须获得若干补偿性特权：在广州湾海关总部的公职人员须有法国国籍；依照胶州湾办法，在广州湾周边建立一个大小相当的自由贸易区；将通往西江的铁路承办权给予法国；海关物品对半上交；特许法国人保留发展鸦片种植园以及中国一些省区的赌场；给予特权，为法国人在广州湾运输盐及鸦片提供便利。② 1903 年 4 月底，法国殖民地部批准了鲍渥的建议。③

为获得这些特权，法国对于设关一事颇为积极，甚至利用《广州湾租界条约》的换约作为谈判筹码。该条约规定："此条约自签订之日起立即生效。在此地由中国皇帝签署，待其由法兰西共和国总统签署后，应尽快相互交换所签文件。"④ 实际上，清政府早在 1900 年 2 月 19 日即批准了条约，其后因义和团运动引发北方动乱而未能及时完成换约。1903 年春，驻法公使孙宝琦请求法国外交部订期换约，法国外交部却"欲仿胶州设关，附在正约之内"。⑤ 接到法国外交部的训令后，法国驻华公使吕班（Henry Dubail）也向清政府外务部提及设立广州湾海关事，并表示"须奉其政府训条再行商办"。⑥

其后，鲍渥等人重新审视了上述建议，并做出了调整。因此，吕班直到

---

① 梁鸿勋：《北海杂录》，第 6 页。

② "NOTE SERVICE DE LINDOCHINEN 1ᴿᴱ SECTION"，龙鸣、景东升主编《广州湾史料汇编》第 1 辑，广东人民出版社，2013，第 387～388 页。

③ 〔法〕安托万·瓦尼亚尔：《广州湾租借地：法国在东亚的殖民困境》（上卷），第 146 页。

④ 李嘉懿校译《法中互订广州湾租借地条约》，〔法〕伯特兰·马托：《白雅特城：法兰西帝国鸦片销售时代的记忆》，第 196 页。

⑤ 《函陈数事》，1903 年 4 月 7 日，外务部档案 02 - 12 - 021 - 03 - 018。

⑥ 《函复越南设领缓议俸薪照准学生送入政学院赔款还金广州湾事由》，1903 年 4 月 28 日，外务部档案 02 - 12 - 021 - 03 - 023。

11 月 13 日才正式向外务部提出换约的前提条件是"将与［于］我两国均有裨益之条续订添入该约"，具体包括：一是在广州湾开设海关关局，每年以一半税收补偿法国的亏损，以备广州湾场地、码头支费之用；二是在广州湾设立"如中国、外国已有之免税界址"，以利广州湾之贸易；三是修建由广州湾至梅菉墟及郁林州等处大小铁路，以便利行旅、振兴商务；四是由中国海关"设法将自云南路经越南运往两广之土药，若携有滇省发给原产凭单，运至中国境界时，仍照土货之例办理"。他还为广州湾设关带来的收益算了一笔账，称："广州湾一带私运货物流弊太甚，若在该处开设关局，始能杜绝斯弊，亦能征收巨款。盖现时可征收之款，已据确查，揣度约在五十万两上下，俟日后通商旺盛，私贩既绝，则此项征收之款自必尤为加益。"①

法国的要求已远远超出了广州湾关务的范畴，无疑是欲借换约和设关二事向清政府做进一步的勒索。但不可否认，吕班关于广州湾走私及其对中国税收造成之损失的分析是符合事实的，在广州湾设关对增加清政府税收也是有益的，胶海关就是一个可资借鉴的例子。1899 年 4 月 17 日，中德双方代表在北京签订共含 20 个条款的《会订青岛设关征税办法》，对胶海关税务司及关员的任用、进出口土货洋货的征税办法等方面做出了规定。② 7 月 1 日，作为中国第一个租借地海关的胶海关正式成立。同年，胶海关颁布《胶州新关试行章程》，进一步细化各种货物的进出口管理办法。③ 胶海关的设立为清政府增加了不少税收，1899～1901 年民船货物缴纳的洋税和常税数据提供了最直接的证明：1899 年半年两者总计 38160 两关银，1900 年为 67710 两关银，1901 年则增至 120473 两关银。④ 这种增长速度显示出了一种乐观的前景。

外务部并不怀疑广州湾仿照胶州湾成案设关能给税务带来益处，但法方的附加条件却难以全盘接受。外务部认为除了修建小铁路一项可"咨查广

---

① 《广州湾条款本国政府一面允从一面查核可否将两国均有裨益之条续添入约等因请查照由》，1903 年 11 月 13 日，外务部档案 02 - 14 - 005 - 01 - 001。
② 《会订青岛设关征税办法》，1899 年 4 月 17 日，青岛市档案馆编《帝国主义与胶海关》，档案出版社，1986，第 3～5 页。
③ 《胶州新关试行章程》，1899 年，青岛市档案馆编《帝国主义与胶海关》，第 5～9 页。
④ 《胶海关十年报告：一八九二至一九零一年报告》，青岛市档案馆编《帝国主义与胶海关》，第 57～58 页。

东督抚声复到日再行核办"，其余均"诸多窒碍"。① 1903 年 11 月 17 日，外务部在致总税务司赫德的函件中表示："其所称设关后所收之税按年拨补一半及定立免税界址，均与胶关办法不符。至土药税项，现与英美日各国议订商约，均经声明任由中国自行抽收，亦未便会订章程。"②

　　11 月 19 日，赫德函复外务部，指出广州湾设关的困难在于"中国境内租地与他国，本难防各项违犯税章之事。若租地以前未经定有稽征之善章，租地以后再欲拟订妥法，实属甚难"，因为"始则权在我，继则权在人也"。至于目前该用何种办法管理广州湾的贸易，赫德列举出三种办法：一是在租借地水陆出入之要路添设关卡；二是按照"逢关纳税，遇卡抽厘"之旧章程办理；三是会订在租借地内适中之处稽征，但"应按照各租地不同之情形分别定夺，惟犹须留意在此租地所订与他处租地之办法有无关涉妨碍"。其中，赫德倾向于采用第三种办法，建议"现既由法国自愿照办，自应乘此机会料理"，但对于法国所提出的不合理条件，"势必应详细熟筹，以得进利远害之实效"。③

　　11 月 26 日，赫德再次致函外务部，就法国的各项条件分别表达意见。赫德认为在广州湾设关不但可起到收税防私之效，且可避免其他租借地有不设海关的借口，对中国是有益的。至于分拨部分广州湾海关税收给法国的要求，赫德认为是可接受的，但"分给一半为数较巨"，建议改为"四分之一"，并添注云"在彼设关，除将应用地段照原价让用外，其长年经费应由所拨四分之一数内提出实用经费总数四分之一，补助该关"，法国若同意，即可照办。至于划定免税界址一层，赫德则认为这对广州湾并无大益，而且办理起来甚烦扰，因为"何处为界内应免，何处为界外应征，实难分晰，反开走漏之门，且启争辩之端"，不如按照通商口岸的章程征收出入口货税，按"四分之一之章"办理。此外，赫德认为修建铁路于货物流通、便民富国等事均有裨益，只应由中国备款自行修建和管理。而经越南复进口的云南土药照土货之例办理一层，赫德则认为似于关务无所妨损，而且土

---

① 《法吕使照称广州湾设关办法各节除小铁路一项由本部查复其关税拨补及免税界址土药税项均有窒碍希核复办理由》，1903 年 11 月 17 日，外务部档案 02 - 13 - 011 - 02 - 050。

② 《法吕使照称广州湾设关办法各节除小铁路一项由本部查复其关税拨补及免税界址土药税项均有窒碍希核复办理由》，1903 年 11 月 17 日，外务部档案 02 - 13 - 011 - 02 - 050。

③ 《广州湾设关一事俟熟筹妥治再行详复先将大概情形提论由》，1903 年 11 月 19 日，外务部档案 02 - 14 - 005 - 01 - 002。

货征税章程是由中国主持的，可以随时随势更改，只应订明"路经越南运往广东之土药进口时，除照章完复进口税外，应将沿途陆路未经征纳之各项厘捐补足"。①

从 12 月 16 日外务部复吕班的照会来看，赫德关于分拨海关税收、划定免税界址、予以绕经越南的云南土药征税优惠这三个问题的处理意见最终得到了外务部的采用。不过，关于修建铁路的问题，外务部则保留原来的意见。外务部向吕班表示"已由本部行知两广督抚体察该地方情形是否可行，应俟声复到日再行照复"，并强调"以上所复各节系两国商定设关办法，可无须补入原约"。② 无疑，外务部欲将换约与广州湾设关分为两事，以此阻止法国以设关为借口拖延换约。

然而，法国并不就此罢休。1904 年春，驻法公使孙宝琦再次为换约事会见法国外交部长德尔卡赛（Thophile Delcassé），后者云"当嘱礼官预备"。孙宝琦本以为得此答复，换约问题将可解决。不料，法国外交股侍郎戈登当"横生枝节"，执意要求议定设关之事后再换约。因此，换约一事再次延搁下来。孙宝琦这才醒悟，其实法国是"欲从中再沾利益"。次年，孙宝琦在致外务部的函件中指出："换约原系彼此为信，今彼既有意刁难，我亦不必催迫。未换约者，即不足为信，或者租期未满仍可收回。惟设关于税务有益，自宜早与订妥，免受亏损，不必以换约为轻重也。"对于法国所提出的各项要求，孙宝琦认为：法国未必会同意"关税分给四分之一"；建造小铁路必于商务有益，不必担心法国借助铁路攘夺土地，但必须妥订章程以维护中国自主之权，即"作为借款，由我主持督办，用法工程司，即将广州（湾）新关抵押，分年扣还。还清后，法人永不得干预此路"；免税界限及云南土药进口税章二事"当易磋商"。③ 孙宝琦对法国的认识具有一定的合理性，但也带有理想化的色彩。

继孙宝琦之后，1905 年 9 月刘式训被任命为驻法公使，负责继续与法国外交部商谈在广州湾设关等事。1906 年初，法国外交部向刘式训表示：

---

① 《广州湾设关固属有益他处更可照办分拨半税请改注为四分之一免税界地应作罢论铁路请归自办土药照完税拟改各节请酌办由》，1903 年 11 月 26 日，外务部档案 02 - 14 - 005 - 01 - 003。

② 《照复广州湾设关订办各节分别照复希查照转达见复由》，1903 年 12 月 16 日，外务部档案 02 - 13 - 012 - 01 - 047。

③ 《广州湾改约事》，1905 年 4 月 22 日，外务部档案 02 - 13 - 021 - 02 - 014。

"直隶撤兵一事磋商已有头绪，惟滇省土药绕经越南办法及广州湾设关暨天津东炮台（似指东局）酌偿兵房费三端，务望转告政府速为核准，俾与撤兵事同时定议。"对于法国的"捆绑式"外交策略，刘式训指出："土药绕经越南一端，法人蓄意已久，去夏越督鲍渥亦曾谈及，且面许将所有厘卡计数预缴，此事关系税项，是否可行，想大部已统筹酌夺。至广州湾设关，久经商议，弟告以胶州成案已有办法，若能仿行，自易允给也。"①

总而言之，在法方提出的四项要求中，除了划定免税界址一事，清政府虽然对于分拨税收、经越南复进口的云南土药照土货之例办理、修建铁路三事在具体实施方案上有不同意见，但并非全无商量之余地。其中，法国人对于铁路之修建志在必得，为此做了诸多部署。1903 年 1 月 6 日，印度支那防卫委员会同意将环广州湾铁路段承包给法国人克拉雷－罗贝（Claret-Llobet），前提条件是其要与清政府协商，获准将铁路向东在中国境内延伸大约 93 公里。② 于是，克拉雷－罗贝筹建了一家法国公司，随后与广东士绅、候补四品京堂周荣曜达成协议，由后者负责铁路中国段承包权的谈判，事成之后法国将支付一定报酬。③

由于铁路修建与管理主导权的分歧，直到 1904 年 10 月谈判仍几乎没有进展。鲍渥不得不同意中国企业入股，但要求清政府预先拨出未来关口的全部预期收入作为抵押，以吸引法国债权人进行投资。④ 因此，铁路谈判顺利与否将是决定广州湾设关成败的关键性因素。1905 年 2 月，克拉雷－罗贝通知法国外交部商务处，称其已在巴黎成立了一个"广州湾港口和铁路筹建联合会"，共有 19 名股东，但中国股东被排除在外。这与清政府的方案

① 《遵办南昌教案直隶撤兵事滇省土药办法广州湾设关天津东炮台酌赏兵房法议院因查点教堂产业党意见纷歧内阁总辞职摩洛哥事件未结由》，1906 年 4 月 27 日，外务部档案 02 - 12 - 023 - 03 - 007。

② Jean Bouvier, René Girault, Jacques Thobie, *L'impérialisme à la française: la France imperiale*, *1880 - 1914*, Paris: La Découverte, 1982, p. 87, 转引自〔法〕安托万·瓦尼亚尔《广州湾租借地：法国在东亚的殖民困境》（上卷），第 145 页。

③ Lettre du consul à Canton au ministre des Affaires étrangères, le 12/11/1903, Ministère des Affaires étrangères, Correspondance politique et commerciale (1897 - 1918), Chine, Nouvelle Série 213, fol. 150 - 151, Fonds des archives du ministère des Affaires étrangères, Paris. 转引自〔法〕安托万·瓦尼亚尔《广州湾租借地：法国在东亚的殖民困境》（上卷），第 145 页。

④ Beau au ministre des Colonies le 14/10/1904, Ministère des Affaires étrangères, Correspondance politique et commerciale (1897 - 1918), Chine, Nouvelle Série 214, fol. 48, Fonds des archives du ministère des Affaires étrangères, Paris. 转引自〔法〕安托万·瓦尼亚尔《广州湾租借地：法国在东亚的殖民困境》（上卷），第 147 页。

相去甚远，又加上几个月后中间人周荣曜因担任粤海关库书期间侵吞巨额关税，为署理两广总督岑春煊所参，不仅驻比利时公使的新任职被革，家产被查抄，还遭到通缉，① 因而谈判很快便陷入了困境。克拉雷－罗贝不得不改与另一家中国公司合作，由该公司向广东当局提交承包申请，岑春煊同意了修建梅菉—郁林线。②

　　然而，总税务司赫德并不打算在与铁路命运相关联的广州湾设关问题上给予法国人太多的特权。他于 11 月提出，须削减拨付给法国的广州湾海关关税收入比例，即由原来的四分之一减少到五分之一，同时要求法国人放弃商品进入租借地的免税原则。鲍渥表示无法接受，因为这威胁到了租借地的鸦片进口，但愿意放弃对关税收入的全部要求，将关税用作修建铁路的担保，以换取清政府在免税方面的宽容。法方的让步颇具诚意，1906 年 1 月，岑春煊考虑采纳鲍渥的提议。不过，几个月后，税务处会办大臣唐绍仪提出了异议，认为开设广州湾新关口将对北海关造成严重打击。随后，岑春煊离任，谈判再度陷入困境。接下来两年，尽管中法之间还陆陆续续开展了一些谈判，但始终没能达成协议。③

　　在总结这场谈判失败的原因时，法国学者安托万·瓦尼亚尔认为，"清当局一直对开设广州湾新关口不感兴趣，起码在好一段时间内是这样的"，"在清政府看来，在租借地开设关口和修建广州湾—梅菉线均无利可图"。④实际上，清政府并没有失去对广州湾设关的兴趣，也没有怀疑该关口将带来的税收好处。其之所以最终选择放弃在广州湾设关，主要是为免法国多所要求。⑤ 此外，清政府还对法国修建铁路的意图甚感疑虑。早在 1903 年 11 月 22 日，署粤督岑春煊在致外务部的函电中就曾指出："法自租广州湾后，屡思修建铁路。其欲逐逐，非仅为商务起见，盖欲徐徐达越，一气相联，冀两粤边海各地归其范围，居心叵测。此次法使以广湾设关恬我，恐非好意。"⑥

① 《德宗景皇帝实录》卷五四九，1905 年 10 月 4 日，《清实录》第 59 册，中华书局，1987，第 287 页。
② 〔法〕安托万·瓦尼亚尔：《广州湾租借地：法国在东亚的殖民困境》（上卷），第 149~150 页。
③ 〔法〕安托万·瓦尼亚尔：《广州湾租借地：法国在东亚的殖民困境》（上卷），第 150~152 页。
④ 〔法〕安托万·瓦尼亚尔：《广州湾租借地：法国在东亚的殖民困境》（上卷），第 150、152 页。
⑤ 《广州湾设关卡事法使要求两款已据总税务司议复前来抄送原呈请查照》，1913 年 7 月，北洋政府外交部档案 03－19－102－02－004。
⑥ 《署粤督岑春煊致外部法欲建路囊括两粤边海各地已派员密查电》，1903 年 11 月 22 日，王彦威、王亮辑编《清季外交史料》第 7 册，李育民等点校整理，湖南师范大学出版社，2015，第 3281 页。

清政府的这种疑虑，并不是杞人忧天。印度支那总督府在为 1906 年马赛殖民博览会所编的一份介绍广州湾的公开出版物中，就毫不遮掩法国的野心："当法国工业将广西和广东都纳入自己的铁路网之后，我们就应该将火车头向北推得更远，一直推进到长江流域"，"未来的铁路可以一直修到重庆，以便可以最终抵达四川成都"，交通发达的广州湾"有望为法国在中国的殖民扩张起到决定性作用"。① 中法双方利益分歧过大，注定了这场持续多年的谈判以失败告终。

虽然这场谈判并不顺利，但总税务司始终没有停止过思考解决广州湾贸易管理之法并付诸实践。早在 1903 年 11 月 21 日，总税务司赫德就曾向各关税务司下达通令，将自通商口岸运往广州湾和威海卫的货物分为五类，分别小心对待：（1）"初次出口之土货，应于该口岸完清出口正税"；（2）"已完出口正税复进口半税又复运出口之土货，不再付税，并发还其复进口半税，如同复出口至外国口岸"；（3）"已完进口税之洋货复运出口，可不再另纳任何其他税，并发还其已纳之进口税"；（4）"转船货物，无论土货洋货，均得按有关拨货之专条免税转船照运"；（5）"挂靠汝之船舶其所载复运货物前往租借地者，无论原系发自中国抑或外国港口，各关均不得过问"。② 由于"在广州湾及威海卫等处，租借地既无海关，亦无由海关管理之边界站卡，查办舞弊营私之惟一途径，仅赖由各省税局（如厘金局、常关或其他机构）对进出租借地之货物能否小心对待与作出有效处理"，③ 广州湾的走私并不能被有效遏制，洋药税厘走漏依旧严重。

1906 年，署理两广总督岑春煊对高、雷、琼三属关口税务进行整顿，令总办高雷各口税务委员试用通判荣勋带领督标兵，遍历雷、高各口，巡缉鸦片走私，开导商民不准贩私，勘察地方形势，于雷州设缉私总卡，并扼要设海安、徐闻、踏磊、英利四处分卡，"以两广土药统税缉私隶焉"，同时在高州府水东税口创办巡警。此后，"口税颇有长征"。④ 尽管如此，广州湾的走私并没有遭到根本性的打击。清末拱北关报告和北海关报告中依然频频

---

① 印度支那总督府编《广州湾租借地——1906 年马赛殖民博览会出版物》，秦秋福译，王钦峰选编《法国在广州湾：广州湾综合文献选》第二卷，第 96～97、129 页。

② 《关于运往威海卫货物保障租借地税收利益之相关指令》，1903 年 11 月 21 日，海关总署《旧中国海关总税务司署通令选编》编译委员会编《旧中国海关总税务司署通令选编》第 1 卷（1861～1910 年），第 496 页。

③ 《关于运往威海卫货物保障租借地税收利益之相关指令》，第 496 页。

④ 《两广总督岑春煊奏报整顿粤海各关口税务办法厘定解支各款折》，第 897 页。

提到广州湾的走私及其带来的损害。1909 年，北海商会"群情鼓舞"，向清政府发起在广州湾附近设关的请愿，以"救弊补偏，杜绝奸商取巧之弊"。[①] 清政府响应舆论的呼吁，参考九龙关模式，研究在广州湾沿边陆地和水路要隘设立分卡。经过调查、对比，总税务司认识到九龙关模式效率低下等弊端，拟改用胶海关模式。1911 年，设关谈判又重新启动，法国外交部倾向于同意仿照胶海关模式办理，但殖民地部和印度支那总督府却要求攫取更多的中国土地作为交换条件，遭到了清政府的拒绝，协商再次失败。[②]

　　清政府只好退而求其次，采用成本较为高昂的九龙关模式，掌控广州湾往来各货。广州湾附近的高州府和雷州府原均设有受粤海关监督管辖的总口和分口，最迟至 1910 年时，高州府已有高州总口以及梅菉、黄坡、暗铺、石门四分口，雷州府则有雷州总口以及海安、大埠二分口。[③] 不过，正如论者所指出的那样，"商路早已变迁，而且高雷地区常关的税则和管理办理仍沿袭旧制，所以常关的衰败是一定的，难当重任"。[④] 而且，这些税关均远离广州湾边境，无法对广州湾的缉私起到关键作用。经与两广总督张鸣岐协商，粤海关税务司梅乐和（Frederick William Maze）于 1911 年 10 月 14 日发布常关令，指派三等一级帮办铁德兰（M. H. Picard Destelan）前往筹建广州湾陆路边境税关并负责相关事宜，强调一旦接到粤督的正式通知，即可接管现有的陆路关卡，并在麻罗门、大放鸡两岛建立水路关卡。[⑤] 这些常关分卡环绕广州湾，总称高雷常关。铁德兰从 10 月下旬到 11 月中旬，在雷州半岛进行了实地考察，准备正式接管，并筹划新关卡的选址。孰料由武昌起义掀起的革命浪潮迅速席卷全国，粤督张鸣岐出逃，广东于 11 月 9 日宣布独立，胡汉民被推举为广东都督。同盟会驻广州湾机关负责人孙眉闻讯后即委派陈发初、陈义民率领民军进驻雷州府城，原雷州知府朱兴沂反正，雷州绅商学

①　《北海海关 1877～1945 年贸易资料摘编》，北海市地方志编纂委员会编《北海史稿汇纂》，第 95 页。

②　〔法〕安托万·瓦尼亚尔：《广州湾租借地：法国在东亚的殖民困境》（上卷），第 203 页。

③　广东清理财政局编订《广东财政说明书》（宣统二年铅印本），卷五，广东省立中山图书馆、中山大学图书馆《续编清代稿钞本》第 89 册，广东人民出版社，2009，第 97、99 页。

④　李爱丽：《1911～1913 年粤海关接管高雷常关始末：一次失败的海关权力扩张》，第 459 页。

⑤　粤海关税务司致常关令 No. 207，Establishment of Customs Stations near Kwang Chow Wan，1911 年 10 月 14 日，粤海关档案 94－1－358，广东省档案馆藏（本文所引粤海关档案均为该馆所藏，下文省略藏所）。

界公举朱兴沂为雷州民政长，陈发初为军政长，陈义民为财政长。① 与此同时，同盟会在高州的起义也取得了成功，11 月 13 日，高州军政分府成立，林云陔被推举为分都督。② 政治形势突变，为一切工作的开展增添了诸多变数。

三　短暂合作的破裂与粤海关放弃对高雷常关的控制

在历史鼎革之际，现存粤海关体制的存续以及铁德兰要继续实施原定的设关规划，显然必须获得广东新政权的支持。有惊无险的是，在梅乐和的请求下，胡汉民"同意支持广州和广州湾的海关机构"③，也同意由粤海关继续"管理广州湾各关卡"④，并于 1911 年 11 月颁发公告宣布："梅税务司系中国官员，任事已久，并由总税务司派选中国官员铁德兰帮办前往接管各该卡，禀承梅税务司办理，业经通饬各华官知照，并电饬雷州委员刻即将各卡完全移交铁帮办接管。应由该处地方行政官长出示晓谕，并实力保护铁帮办，及遇事襄助"，"现将于该处沿海地方酌量择要添设水路分卡两处，统归粤海关梅税务司所辖之粤海常关直接管辖"。⑤ 胡汉民此举的背后，很大程度上是出于急需税款以济革命事业之急用的务实考虑。但无论如何，梅乐和认为胡汉民的公告实际上就是完全承认粤海关在高雷常关的"新地位"。⑥

由于广东新政权基础尚不稳固，对高雷地区的控制力甚为薄弱，并不能在实力上给予足够的支持，因此，关务的开展不得不寻求与高雷地区各种势力的合作，以减少困难。对此，高雷常关先后两任帮办铁德兰和克雷摩（P. P. P. M. Kremer）均未曾忽视。例如，铁德兰来到雷州后不久，就十分注意观察革命形势的发展和地方权力格局，主动与雷州知府朱兴沂、住在广州湾的同盟会领袖孙眉、地方商会、士绅等建立了联系，消除他们对于接管

---

① 《来函言雷州情形》，《香港华字日报》1912 年 2 月 2 日，第 2 版。
② 信宜县地方志编纂委员会主编《信宜人物传略》，中山大学出版社，1989，第 74～75 页。
③ 《1911 年 11 月 21 日梅乐和致安格联第 32 号函》，中国近代经济史资料丛刊编辑委员会主编《中国海关与辛亥革命》，第 211 页。
④ 《1911 年 11 月 13 日梅乐和致安格联第 31 号函》，中国近代经济史资料丛刊编辑委员会主编《中国海关与辛亥革命》，第 208 页。
⑤ 《1911 年 11 月（黄帝四千六百零九年十月）中华民国军政府粤省大都督胡汉民公告》，中国近代经济史资料丛刊编辑委员会主编《中国海关与辛亥革命》，第 213 页。
⑥ 《1911 年 11 月 28 日梅乐和致安格联第 8385 号呈》，中国近代经济史资料丛刊编辑委员会主编《中国海关与辛亥革命》，第 212 页。

常关工作的疑虑，争取到了他们的支持。朱兴沂总是友好相待，铁德兰视之为顺利接管常关的关键力量。应朱兴沂的要求，铁德兰也不惜冒着被上司批评干涉地方政治的风险，调动海关巡船等在维护地方秩序方面予以协助。[①] 朱兴沂逃走后，铁德兰又主动与署理雷州民政长陈崇迈通信，后者承认由铁德兰无条件接管高雷常关，甚至派士兵予以护送。[②] 孙眉表示只要铁德兰随时通报关务进展情况，即支持其在任何有需要的地方建立关卡，铁德兰也积极就建立包围广州湾的海关警戒线、税率等问题与之协商。[③] 铁德兰与地方士绅开了一次会，在会上解释了自己来此地的目的，并出示了一封来自雷州知府的信件和一份来自都督胡汉民的电报，对方保证，一俟雷州知府发出通知，就不会妨碍其履职。[④] 经过一番讨论，地方商会也得以消除疑虑，并在原则上接受了比原来负担还轻的5%进口税率。[⑤]

粤海关接管高雷常关的主要目的是管理广州湾的进出口贸易，尤其是防止鸦片走私，因而获得租借地当局的支持尤为关键。为了减少来自法国的阻力，1911年10月至1913年6月间，粤海关税务司先后派出的高雷常关帮办铁德兰和克雷摩均为法国人。粤海关税务司还叮嘱铁德兰要牢记总税务司的指示，在与广州湾法国当局的交往中，要机智、果敢，保持良好的关系，避免问题发生，不要干预广州湾与香港等地的直接外洋贸易。[⑥] 事实证明，这种策略取得了成功，两任帮办均与广州湾总公使相处得甚和睦，并从这种良好的关系中受益颇多。刚来到雷州半岛时，由于没有住处，铁德兰只好住在开办号（Kaipan）海关巡船的船舱内，但到10月底他已被广州湾总公使沙拉贝勒（Salabelle）允许住在租借地内，[⑦] 差不多与此同时被允许派一名巡役以私人身份到赤坎观察广州湾每艘轮船装载

---

① 高雷常关主任致税务司函呈 S. O. No. 15，Destelan to Maze，1911年11月17日，粤海关档案94-1-558；高雷常关主任致税务司函呈 S. O. No. 20，Destelan to Maze，1911年12月3日，94-1-558。

② 高雷常关主任致税务司函呈 S. O. No. 23，Destelan to Maze，1911年12月8日，粤海关档案94-1-558。

③ 高雷常关主任致税务司函呈 S. O. No. 18、19，Destelan to Maze，1911年11月27日，粤海关档案94-1-558。

④ 高雷常关主任致税务司函呈 S. O. No. 17，Destelan to Maze，1911年11月24日，粤海关档案94-1-558。

⑤ 高雷常关主任致税务司函呈 S. O. No. 23，Destelan to Maze，1911年12月8日，粤海关档案94-1-558。

⑥ 粤海关博物馆编《粤海关历史档案资料辑要（1685～1949）》，广东人民出版社，2019，第26页。

⑦ 高雷常关主任致税务司函呈 S. O. No. 4，Destelan to Maze，粤海关档案1911年10月29日，94-1-558。

鸦片的详细情况,[①] 11 月中旬又被允许使用硇洲岛空置的政府大楼,[②] 稍后又被允许在白雅特城为总巡扈依德（W. J. Hewwett）租下一间平房,甚至可以购买房屋和土地。[③] 此外,总公使也不反对海关汽艇抛锚于硇洲岛淡水港,并在硇洲岛南部至蔴罗门之间的水域巡航。[④] 而铁德兰之所以与孙眉认识,也是因为沙拉贝勒从中牵线。[⑤] 当然,反过来,铁德兰也向广州湾法国当局提供了不少重要的信息,例如关于革命领袖孙眉以及葡萄牙轮船将假钞运进租借地的情报。[⑥] 正是由于与各方关系处理得当,高雷关务得以较快推进。至 1912 年 3 月底,铁德兰沿租借地边界接管和新设的关卡已多达 13 个,包括赤坎分局、白雅特城分局、黄坡分卡、大埠分局、乌坭分卡、暗铺路分卡、沈塘分局、遂溪路分卡、斗门分局、雷州分局、海安分局、双溪分卡以及蔴罗门分卡。[⑦] 其中,赤坎分局和白雅特城分局均是设在广州湾界内,这意味着两任帮办及办卡人员均得以在租借地内办理卡务。

　　1912 年克雷摩接任后,进一步加强了与租借地法国当局和高雷地方政府等地方势力的合作关系。克雷摩到达广州湾后不久,就提请粤海关任命负责白雅特城军事医院的医生为高雷常关的医员,同时通过信件向新任广州湾总公使卡亚尔（Caston Gaillard）介绍高雷常关为加强对贸易的管理和预防走私所设各分卡的具体情形,声明不会在对高雷地区进行更彻底的调查前谋求设立新的分卡,并会在能力范围内向其提供所需要的信息和帮助,这给租借地法国当局留下了积极的印象。卡亚尔同意将高雷常关总部由赤坎搬到租借地的新首府白雅特城,并表示愿为建立一个更严肃、持久的海关机构提供

---

① 高雷常关主任致税务司函呈 S. O. No. 6, Destelan to Maze, 粤海关档案 1911 年 11 月 1 日,94 - 1 - 558;高雷常关主任致税务司函呈 S. O. No. 11, Destelan to Maze, 粤海关档案 1911 年 11 月 11 日, 94 - 1 - 558。

② 高雷常关主任致税务司函呈 S. O. No. 15, Destelan to Maze, 1911 年 11 月 17 日, 粤海关档案 94 - 1 - 558。

③ 高雷常关主任致税务司函呈 S. O. No. 21, Destelan to Maze, 1911 年 12 月 4 日, 粤海关档案 94 - 1 - 558。

④ 高雷常关主任致税务司函呈 S. O. No. 47, Destelan to Maze, 1912 年 4 月 14 日, 粤海关档案 94 - 1 - 558。

⑤ 高雷常关主任致税务司函呈 S. O. No. 18, Destelan to Maze, 1911 年 11 月 27 日, 粤海关档案 94 - 1 - 558。

⑥ 高雷常关主任致税务司函呈, 未编号, Destelan to Maze, 1911 年 11 月 26 日, 粤海关档案 94 - 1 - 558;高雷常关主任致税务司函呈, 未编号, Destelan to Maze, 1912 年 1 月 10 日, 粤海关档案 94 - 1 - 558。

⑦ 张亚威:《粤海洋关、高雷常关与粤西北地区的贸易管理 (1877 ~ 1913)》, 第 25 页。

必要的便利条件。① 值得一提的是，1913 年沈塘分局缴获了一批鸦片，总公使居然允许其将之运进白雅特城，甚至可以卖给当地的农民。②

租借地内相对稳定、安全的环境，保障了高雷常关的运行。经过一段时间的考察后，关务人员熟悉了周边地区的地理形势，摸清楚了广州湾鸦片的来源以及走私路线，并缉获了多起走私，对走私者起到一定的威慑作用。然而，不到两年的时间，粤海关税务司梅乐和就于 1913 年 6 月宣布"放弃粤海关对高雷常关的管辖，撤离有关人员，并将其交还给广东省府"。7 月 10 日，高雷常关人员撤离。③

粤海关此时为什么要放弃对高雷常关的管理？以往论者认为原因是高雷常关"分关众多，开支巨大，关艇缺乏，地方不靖"等，使其难以维系。④高雷常关帮办克雷摩在 1913 年 3 月致梅乐和的一封密函中也做了大致相同的总结。⑤ 这些因素确实给高雷常关的运行造成了极大的困扰，以致克雷摩早在 1913 年 2 月就萌生退意。2 月 28 日，克雷摩在致梅乐和的函呈中坦率地指出："整个制度令人非常不满意，从我的经验出发，我建议，这些关卡越早交给省政府越好。如果在采用胶州制度方面存在困难，那表明我们似乎应放弃控制权。"⑥ 次月 17 日，他又重申该意见，认为除非各利益相关方能够达成一项协定，以便能按照胶州湾和旅大现有的海关制度来组织广州湾海关，还有成功的机会，当务之急是告知总税务司，在目前的条件下并不适合继续试图采用现行制度去管理高雷常关。⑦ 不过，最致命的原因实际上是法国政府否认租借地当局的合作政策，强硬要求必须将办卡人员和海关巡船撤出广州湾，破坏了原有的合作局面，这也能解释为什么直到三四个月后粤海关才宣布退出对高雷常关的控制。1913 年 6 月 9 日，总税务司安格联（Francis Arthur Aglen）在信函中告知总税务处："法使来函要求将海关所派现驻法界办理关卡之帮办并其员属暨海关巡船立行出境"，"该界长官越权自擅，

---

① 张亚威：《粤海洋关、高雷常关与粤西北地区的贸易管理（1877～1913）》，第 38～39 页。

② 高雷常关主任致税务司呈，未编号，Kremer to Maze，1913 年 2 月 28 日，粤海关档案 94 - 1 - 558；高雷常关主任致税务司函呈，未编号，Kremer to Maze，1913 年 3 月 17 日，粤海关档案 94 - 1 - 558。

③ 湛江海关编《湛江海关志（1685～2010）》，内部资料，第 97 页。

④ 李爱丽：《1911～1913 年粤海关接管高雷常关始末：一次失败的海关权力扩张》，第 466 页。

⑤ 高雷常关主任致税务司函呈，未编号，Kremer to Maze，1913 年 3 月 17 日，粤海关档案 94 - 1 - 558。

⑥ 高雷常关主任致税务司函呈，未编号，Kremer to Maze，1913 年 2 月 28 日，粤海关档案 94 - 1 - 558。

⑦ 高雷常关主任致税务司函呈，未编号，Kremer to Maze，1913 年 3 月 17 日，粤海关档案 94 - 1 - 558。

其昔日与该卡帮办所议者不能认为有效"。法国驻华公使康德（Alexandre Maurice Robert de Conty）的要求让安格联颇觉为难，一方面，深恐高雷常关在动荡不安的租借地界外无法办公，另一方面，"为其所逼，又不能不略事迁就"，只好命令帮办克雷摩立即停止在该租借地内办公，并查明在华界地面暂时建厂舍办公的可能性。安格联认为法国公使此举殊属强硬无理，事实上是"欲于外交上先占地步，故借广州湾设关为题要求特别权利"，他对交涉的前景甚感消极，因为"法国政府既已提议，断不肯无故而休"。①

来自粤海关的报告指出，在租借地外办公的前景并不乐观，因为"现值高雷地方尚未平靖，若法官不允关员在界驻扎，则该卡未知能否继续办理"。再三思虑之后，安格联最终决定将高雷常关交还给广东政府接管。6月12日，安格联向总税务处请示，称"拟将卡交还粤省政府，不宜在彼界内勉强从事"，理由有二：一是"广州湾设卡，原为稽查洋药并非收税起见，近日禁烟情形比较前年尤为剧烈"；二是"以国际交涉而论，中国实不能因法使之要求复行与之再商"。他在次日致总税务处的函电中又提出："现欲请示办法，俾可饬粤关税司将卡交还地方官接管，并将办卡人员立行撤退。此事粤关税司业已同意，只候该卡帮办复电即可备文请示办理。"②

实际上，正如安格联所分析的那样，法国并非以关员撤出广州湾为最终目的，而是企图以此为筹码，要挟中国与其谈判，满足其利益索求。1913年12月，殖民地部部长阿尔贝尔·勒布伦（Albert Lebrun）在致法国外交部的信函中毫不掩饰地说："在广州湾设立中国海关存在太多不利于租借地经济发展和法国影响力扩大的因素，以至于我们不能不开出高价。除非中国政府能给出一些实际利益作为回报，否则我们绝对不能同意设立海关。"③因此，关员在租借地内办公和居住也是不能被无条件允许的。当然，北洋政

---

① 《法使要求撤退广州湾关卡事抄送总税务司两次来函备查并希与法使往来文件抄送本处》，1913 年 6 月，北洋政府外交部档案 03 - 19 - 102 - 02 - 001。

② 《法使要求撤退广州湾关卡事抄送总税务司两次来函备查并希与法使往来文件抄送本处》，1913 年 6 月，北洋政府外交部档案 03 - 19 - 102 - 02 - 001。

③ Lettre du ministère des Colonies au ministre des Affaires des Affaires étrangères, le 15/12/1913, Ministère des Affaires étrangères, Correspondance politique et commerciale (1897 - 1918), Nouvelle Série 216, fol. 256 - 257, Fonds des archives du ministère des Affaires étrangères, Paris. 转引自〔法〕安托万·瓦尼亚尔《广州湾租借地：法国在东亚的殖民困境》（上卷），第 204 页。

府外交部也并非完全丧失通过外交途径解决问题的期望。6月18日，法国驻华公使康德来北洋政府外交部，向次长刘式训提出，如果中国政府欲于广州湾设立海关，法国政府"甚愿合衷协商一切办法"。刘式训问其意思是否为"将来此种增设海关各事，可按照胶州成约办理"。康德表示"按照胶州成案甚善"，但须满足法国两个条件：一是将蒙自至个旧铁路建筑权归于法国人；二是删改中国海关聘用外国人的章程，"最好能将二十三岁之限制改为二十五岁"，避免与法国人21～23岁服兵役的义务相冲突。康德抱怨说，由于受此章程的限制，"今日海关中之法人不过十分之一，而法人在中国之商务固远超乎此数之上也"。[①] 康德"措词之狡，要求之巨，洵系出人意外"，[②] 刘式训对此甚感厌恶，巧言予以拒绝。

放弃高雷常关并不是安格联草率的决定，而是其综合考虑多种因素后做出的选择。6月30日，总税务处函复外交部，直陈在广州湾界外办公的困难和将高雷常关交还广东政府的必要性：广州湾界外"地方甚属不靖，关员在外居住殊为危险，而广州湾内之河道又为来往必经之要途，若关员不能经过租界，则高雷常关即属难以经理"；据粤海关监督报告，"近来烟禁綦严"，鸦片来源日减，跟初设高雷常关时的情况已大不同；高雷常关经费开支太大，"原定一成，旋改实用实支，竟至五六倍，费巨效寡，殊不合算"，应即遴员前往接收，倘虑地方危险，自当商恳附近营队防护。[③]

鸦片来源的减少，与当时国内外开展的禁烟运动密切相关。20世纪初，美国在国际上倡导禁烟，部分在华传教士以及中国知识分子也大力宣传禁烟主张，推动了清政府禁烟政策的出台。1906年9月，清廷发布上谕，限国人在十年内实现禁绝鸦片烟的吸食和罂粟的种植，随后颁布系列章程并成立各种禁烟组织，禁烟运动逐渐开展。[④] 由于中国在三年禁烟试行期内成绩显著，继1907年达成的禁烟协议，英国于1911年5月8日与中国签订《禁烟条件》，进一步限制印度鸦片的进口。[⑤] 海关报告显示，禁烟运动不但并未

---

① 《广州湾设立海关事》，1913年6月，北洋政府外交部档案03-11-016-02-005。

② 《法使要求撤退广州湾关卡事录前外务部与法使往来照会希查照并转饬通盘筹划妥具办法见复》，1913年6月21日，北洋政府外交部档案03-19-102-02-002。

③ 《广州湾附近之高雷常关收归自办筹划情形函达查照》，1913年6月30日，北洋政府外交部档案03-19-102-02-003。

④ 苏智良：《中国毒品史》，上海社会科学院出版社，2017，第169～170页。

⑤ 《禁烟条件》，1911年5月8日，详见王铁崖编《中外旧约章汇编》第2册，第657～660页。

因辛亥革命而中断，反而被更为有力地推进。① 受此影响，广州湾鸦片的进口量也有所下降。印度支那总督府的一份统计数据显示，1911 年 8 月 1 日 ~ 1912 年 7 月 31 日间广州湾鸦片的进口量为 723 箱，1912 年 8 月 1 日 ~ 1913 年 7 月 31 日间则已减少至 365 箱。② 安格联对此条约所带来的影响十分乐观，称："按该约所订，四五年内每年准其运进之洋药为数尚多，是以在广州湾外环设分卡以免走私，自属极关紧要之事。至现在洋药情势即与前大不相同，约准之贸易将次消灭，则所谓沿边多设分卡保卫税课已失其要义。若一旦广东省亦禁洋药入境，则至时之后广东省内查出之洋药均应充公，该省地方等官既能勉力戒烟，自可恃以禁止洋药由湾入境。若然，则广州湾设卡一案，在海关一面视之，即不甚关乎紧要。"③

对于康德提出的两个条件，安格联亦不以为然。他认为在广州湾界内设关可参照"他租界原有成案"办理以保国权，但广州湾商务尚无振兴之象，因此设关已属无关紧要之事，"不必因彼面让予准设关卡之故，而将中国不愿让予之利权酬之也"。至于删改海关用人章程，安格联则表示"海关用员，不仅法人，各国均有原订关章，既与〔于〕关务有裨，且与他国情形久已相合，未可因一国不便，遽议更改"。安格联当面安慰法公使，称以后遇有得力之法国人，当可通融办理。④ 当然，安格联此举只不过是一种客套，他的言行固然有维护中国利权的一面，但也难免不夹带着一些私心。以他为代表的英国人视中国海关控制权为禁脔，宁愿放弃在广州湾设关，牺牲部分关税，也不愿法国人借此过多插足海关事务。

应该指出的是，安格联的上述言论也有为自己以及洋关系统开脱责任的意图——在接管高雷常关前既欠缺对广东政治形势的评估，又欠缺对高雷地区尤其是广州湾的情况的深入调查。最离谱的是，铁德兰在赴任前以为高雷各常关分卡已经开始运作了，因而带了十几个人同往，到了雷州半岛才发现，一切都要重新组织，甚至连住房问题都解决不了，最终不得不

---

① 《海关十年报告之四（1912 ~ 1921）》，徐雪筠等译编《上海近代社会经济发展概况（1882 ~ 1931）：〈海关十年报告〉译编》，上海社会科学院出版社，1985，第 183 页。

② Gouvernement général de l'Indo-Chine, *Rapports au Conseil de gouvernement*, Partie 1, Hanoi-Haiphong: Imprimerie D'Extreme-Orient, 1913, p. 486.

③ 《广州湾设关卡事法使要求两款已据总税务司议复前来抄送原呈请查照》，1913 年 7 月，北洋政府外交部档案 03 - 19 - 102 - 02 - 004。

④ 《广州湾设关卡事法使要求两款已据总税务司议复前来抄送原呈请查照》，1913 年 7 月，北洋政府外交部档案 03 - 19 - 102 - 02 - 004。

把这批关员送回广州，只留下一名懂得操作打字机且手写较好的员工协助文书工作。① 从总税务司、粤海关税务司到两任帮办都寄希望于与总公使打好交道，从而获得开展工作上的便利，却不知这种私谊根本就不可靠。一方面广州湾总公使更换频繁，多数任期不长，并不能保证每任总公使都会持相同的立场；另一方面，广州湾在政治制度上受印度支那总督府管辖，广州湾总公使自主权力十分有限，远远比不上胶州湾、旅大的行政长官，一旦印度支那总督府或法国殖民地部、外交部进行干涉，此种脆弱的合作便会陷于困境。法国政府正是看准了高雷常关的运作对广州湾的深度依赖，才狮子口大开，借机提出一大堆要求。实际上，早在 1911 年 12 月，广州湾总公使沙拉贝勒就已告知铁德兰，"他接到印度支那总督府的电报，在外交部批准之前，禁止我们在广州湾'设立机构'"，② 但没有引起洋关系统上下足够的警醒。对这些细节的疏忽，为后来粤海关放弃高雷常关埋下了伏笔。

至此，中法交涉无果而终。高雷常关人员于 1913 年 7 月 10 日撤离广州湾后，该租借地的常关业务分别由水东总口和雷州总口所属各分支机构进行管理，③ 但缉私效果并不理想。其后，租借地周边的关口设置及其所属机构几经变迁，但直到 1945 年收回广州湾为止，中国政府均没能实现在该租借地界内设关，而广州湾的走私尤其是鸦片走私始终没能得到十分有效的控制。

结　语

在广州湾设立海关，是该租借地出现后便产生的新需要。法国在广州湾实行自由港制度后，广州湾逐渐变成向周边省份走私的中心，货物走私尤其是鸦片走私日益严重，给拱北关和北海关税收造成极大的冲击。由于《广州湾租界条约》没有涉及设立海关事宜，面对海关税收的巨大损失，两广总督、海关官员和地方士人均希望加强针对此租借地的缉私工作。除此之

---

① 高雷常关主任致税务司函呈 S. O. No. 16，Destelan to Maze，1911 年 11 月 25 日，粤海关档案 94 - 1 - 558。

② 高雷常关主任致税务司函呈 S. O. No. 25，Destelan to Maze，1911 年 12 月 15 日，粤海关档案 94 - 1 - 558。

③ 湛江海关编《湛江海关志（1685～2010）》，第 97 页。

外，法国为索取更多利益，也提出仿照胶海关办法设立广州湾海关的建议。

在清末民初时期，中法两国围绕广州湾设关问题开展了持续多年的交涉，但均无果而终、不欢而散。这种结局产生的原因，与中法双方意见的分歧有关，更与中法双方的利益冲突有关。在清末时期，法国意图通过在广州湾设关问题上的让步换取中国给予其分拨税收、修建铁路、云南土药税收优惠等特权，由于要价太高遭到了清政府的拒绝，交涉最终走向失败。民国初年，法国又以驱逐在广州湾界内居住和管理关务的高雷常关办卡人员和海关巡船相要挟，提出可在租借地内设关，但中国须将蒙自至个旧铁路建筑权让予法国和删改对法国不利的中国海关聘用外国人章程，这样的要求也是民国政府难以接受的。当然，法国人之所以敢于漫天要价，是因为他们深知高雷常关的运作极度依赖来自广州湾法国当局的支持，且广州湾走私通道的存在给中国税收带来巨大的损失，中国人急于堵住该通道，更何况他们在广州湾实行鸦片专营制度，整个租借地的经济发展动力以及财政收入都严重依赖于这种非法贸易，[①] 得不到合适的补偿，自然不愿意配合中国的缉私。此外，英法关于中国海关控制权的明争暗斗对中法交涉结局之走向的影响也不应被忽视。法国一直对英籍总税务司制度甚为不满，且中国海关关员的报考年龄限制对法国十分不利，法国欲以设关问题为筹码，换取插足中国海关事务的特权，加强在中国海关中的影响力。视中国海关控制权为禁脔的英国人自然不会同意，即使放弃在广州湾设关也在所不惜。

为有效地管理广州湾与中国内地及各口岸之间的贸易以及防止鸦片等走私，应实施何种海关制度，中国政府内部在 1901～1913 年从未停止过对该问题的讨论。胶海关制度在实践中的成功，使之更受青睐，并期待可以照搬到广州湾来。高雷常关帮办铁德兰曾指出，"胶州制度无疑是唯一能够确保完全控制贸易的制度"。[②] 这种观点很有代表性。1911 年清政府之所以决定由粤海关接管高雷常关，沿广州湾边界广设分卡，其实是中法交涉失败后不得已的选择。有论者认为，粤海关接管高雷常关，是一次失败的海关权力扩

---

① 〔法〕安托万·瓦尼亚尔：《广州湾租借地：法国在东亚的殖民困境》（上卷），第 159、206～207 页。

② 高雷常关主任致税务司函呈 S. O. No. 49, Destelan to Maze, 1912 年 4 月 18 日，粤海关档案 94 - 1 - 558。

张。① 然而，如果拉长考察的时间线，从贸易管理的角度出发，将之看作近代中国海关机构为管理广州湾租借地贸易、防止走私而做出的一次不成功的尝试似乎更为合适。1936 年成立的制度相似的雷州关，到底在多大程度上从中吸取了教训，已难以得知，但其之实践结果也证明了缉私效果并不理想，尽管它在一定时期内拥有更稳定的政治环境。这些个案之间的联系从一个侧面反映出近代租借地走私与缉私问题的复杂性，两者的此消彼长在很大程度上由制度所决定，而制度的设计与实施又取决于外交交涉的结果。中国争取在广州湾租借地设关的努力失败了，但法国也绝非赢家。被视为"关系到广州湾的生死存亡"的铁路问题没能如愿解决，② 这将在很大程度上限制广州湾辐射力的增强，而引进胶海关制度的失败，也使该租借地错失了一个实现经济结构转型的绝佳机会。

The Sino-French Negotiations

for the Establishment of Customs in the Guangzhou Bay Leased Territory（1901 –1913）

Guo Kangqiang

Abstract：It was necessary to establish customs in Guangzhou Bay after it was leased to France. Due to its free port system, Guangzhou Bay gradually became a center of smuggling to neighboring provinces, from which more and more goods, especially opiums, escaped customs duties, causing serious losses to China's customs revenue. During 1901 – 1913, the Chinese and French governments conducted multiple negotiations for the establishment of customs in Guangzhou Bay, but all finally failed to reach an agreement, which resulted from not only the differences of views and interests between the two countries, but also the power struggle between Britain and France on the control of China's customs. Guangzhou Bay therefore missed the best opportunities to organize a customs system similar to that existed at

---

① 李爱丽：《1911～1913 年粤海关接管高雷常关始末：一次失败的海关权力扩张》，第 456 页。

② 〔法〕查理·洛尔：《我们是否应该把广州湾还给中国?》，杨宁译，王钦峰选编《法国在广州湾：广州湾综合文献选》第二卷，第 141 页。

Kiaochow or Dairen. This was an institutional factor that made it difficult to effectively control the smuggling from modern Guangzhou Bay.

Keywords：France；Guangzhou Bay Leased Territory；Smuggling；Ko-Lui Native Customs

（执行编辑：王一娜）

海洋史研究（第十七辑）
2021 年 8 月　第 199～212 页

宋元环珠江口的县域变迁与土地开发

——以香山县为中心

吴建新[*]

香山县是古代、近代珠江三角洲最大的沙田县。它具备珠江三角洲发育的各种形式，如沿岛屿发育，沿海岸边发育，沿激流之中的洲心发育，使大大小小的平地分布在海上。它的耕地形成是自然冲积和人工围垦结合的过程。文献所载香山的土地开发，汉唐时期初见端倪，北宋已有雏形。香山在南宋绍兴年间建县，建县后到元朝的沙田开发，使沙洲之间的"海"已经变小很多，这是明清以前沙田开发的一个新起点。关于这一问题尚未见专论，本文试对此加以阐述。

一　南宋以前香山开发情况

古代香山有五桂山、黄杨山两大低山丘陵和白水林高丘陵，有卓旗山、旗山、长腰龙山、大尖山、南台山、周东坑山、白云迳山、五桂山、飞云洞山等多条山脉。这些大大小小的山丘在远古时期曾经是珠江古漏斗湾中的孤岛，它们在珠江水系的冲积和南海海潮的相互撞击下，主要以沿岛屿发育的形式形成冲积地。

---

[*] 作者吴建新，华南农业大学历史系教授，研究方向：中国农业科技史、岭南农业史。
本文系国家社会科学基金重大项目"宋元以来珠江三角洲海岸带环境史料的搜集、整理与研究"（19ZDA201）阶段性成果。

香山的开发始于新石器时代，目前已发现不少相关遗址，但低洼地的耕地开发远未开始。汉唐时期，香山已有移民居住，进行初步的土地开发。翠亨村镇平顶曾出土一件汉代铁锸，长 9 厘米，刃宽 11.5 厘米，凹字形，弧刃，两边有槽，可装木叶。① 这是一件实用型工具，是后世珠江三角洲沙田区"木梛"的源头，表明汉代此处已有少量低洼地开发。六朝时，随着北方移民迁入，珠江口的香山也有北方士族在此定居，唐五代时迁入的人口更多。民国十二年（1923）香山修志时对各乡氏族来源做过调查，只查出周族祖先周疆"唐代由陕西长安，宦居邑之神涌乡"。② 其他氏族因年代久远而无法追记。嘉靖《香山县志》称本地大族"汉唐称陈、梁"。③ 东汉末出现一位深受儒家文化浸淫的陈临，官至苍梧太守，"家居海岛，奋志不同蛮俗"，在其任上有政绩，受当地人怀念。此后陈临的子孙"盛播于岭徼，世以为阴德所致云"。④

唐代香山出了第一个进士郑愚，"唐时人，家世殷富，驺僮布满溪谷，皆纨衣鼎食。愚幼颖，力学"。⑤ "纨衣鼎食"表明郑氏也是非常富有的大族，还似乎反映了当时的大族财产主要局限在五桂山区溪谷之间的坑田，石岐四周的低洼地可能也有开发。郑愚从石岐出发到外地时写诗云："台山初罢雾，岐海正分流。渔浦扬来笛，鸿逵翼去舟。"⑥ "台山"指南台山，在元代是香山八景之一。"岐海"即石岐海，"岐海正分流"说明石岐海中发育的沙洲，洲嘴正对着石岐，形成很宽的河床雏形。唐代石岐是香山立县以前的文化经济中心。石岐郑氏有多支，其中唐代迁入石岐的"义门郑族"，其族人"为濠头暨钱山鳌溪分房之祖"。⑦ 郑愚与这支郑氏是否有关无法确定，但这支郑氏是"濠头暨钱山鳌溪分房"，则是从已经开发的盐场迁来。唐代迁来香山镇的，还有岗背水塘头陈氏、隆镇李族、得能都郑氏，⑧ 似乎显示

---

① 甘建波等：《中山历史文物综述》，载中山博物馆编《中山历史文物图集》，中山市博物馆，1991，第 43 页。
② 民国《香山县志》卷三《氏族》，《中国方志丛书》第 111 号，成文出版社，1966，第 164 页。
③ 嘉靖《香山县志》卷八《杂考》，日本藏中国罕见地方志丛刊，书目文献出版社，1991，第 416 页。
④ 嘉靖《香山县志》卷六《人物》，第 374 页下。
⑤ 嘉靖《香山县志》卷六《人物》，第 375 页下。
⑥ 嘉靖《香山县志》卷六《人物》，第 375 页下。
⑦ 民国《香山县志》卷三《氏族》，第 98 页。
⑧ 民国《香山县志》卷三《氏族》，第 166 页。

原居住在低平地带的家族向石岐这一文化中心集中。

北宋时，香山的小榄也有氏族迁来。据华南师范大学地理系调查，小榄在北宋时已有曾、罗、杜、毛等世居家族。宋代香山寨就设在小榄，大黄圃在北宋嘉祐二年（1057）有龙氏墓。[1] 民国《香山县志》根据采访录记载的北宋移民，有仁良都郑氏、汪氏，良字都梁氏，南湖郑氏，雍陌黄氏，平岚林氏，乌石郑氏、南屏郑氏，谭洲杨氏等。[2] 此外，从东莞、新会、南海也有大族前来香山开发沙田，宋代文献称为“侨田户”。

北宋梁杞，出自梁氏大族，庆历六年（1046）进士，为桂阳令。梁杞在任上，“以惠民为本，恤孤寡，抑奸猾，作陂池，教种艺，平赋役，弥盗贼”。致仕后与人联合上书，建议设立香山县，“是时海曲族望称陈、梁二家，而杞家声尤著，稽其谱牒，显仕者十余人，散在他邑凡千余指”。[3] 梁氏精于农业，在香山镇很有势力，必有庞大的田产，包括沙田。梁杞上书建县是在元丰五年（1082），“广东运判徐九思，用邑人进士梁杞言请建为县，不能行，止设寨官一员，仍属东莞”。[4] 朝议认为香山尚不够格设县，但在香山镇所在地建筑营寨，改名香山寨，设寨官一员戍守。

史载徐九思上言时提到元丰年间香山“侨田户主、客共五千八百三十八，分隶东莞、南海、新会三县。凡有斗讼，各归所属县办理”。[5] 即香山立县之前，附近的东莞、南海、新会的大族到香山开发沙田。“侨田户”其实就是后来《香山县志》提到的“寄庄”，这些富有势力的外县家族在香山开发沙田，却不一定向国家交税，发生纠纷时才与官府打交道。香山大族交税要经历远海到东莞，另外“侨田户”到香山开发沙田，也威胁到他们的利益。故立县建言实际上是当时外县寄庄开发沙田和当地势力产生矛盾的结果。也证明大海中的孤岛周边在北宋时已经浮露出大片平地，改变了黄杨山和五桂山周围汪洋一片的情况，沿海岛发育、沿河道中间发育、沿河岸发育的平地大都已经被开发成田，或者是泥沙淤积，具备开发成田的条件，为南宋设县奠定了基础。

---

[1] 李平日等：《珠江三角洲一万年来环境变迁》，海洋出版社，1991，第 75~76 页。
[2] 民国《香山县志》卷三《氏族》，第 97~200 页。
[3] 嘉靖《香山县志》卷六《人物》，第 375 页下。
[4] 嘉靖《香山县志》卷一《风土》，第 294 页上。
[5] 李焘：《续资治通鉴长编》卷三三一“元丰五年十一月癸未”，中华书局，1979，第 7970 页。

二 香山土地大开发的前提——立县与移民

北宋末到南宋初，香山沿岛屿发育的冲积平地扩大，特别是石岐以北浮露的大大小小的洲岛平地已有一定规模。南宋绍兴时，国家财政呈军事化态势，需要加强对岭南所产米、盐的控制。香山以其丰富的土地资源及所产米、盐引起朝廷重视。香山地方人陈天觉请当局再议设县。陈天觉，香山库涌人，"宋绍兴八年戊午试博学宏词科。议论切直，为时贵所黜。不仕，益肆力于学，乡邦宗之。后奏请建寨为县，便民输役。受赐逮今"。① 陈天觉出自香山大族陈氏，他提出的立县理由与北宋梁杞考虑的相同，因为当时交税的宗族越来越多，外县侨户威胁越来越大。立县建议经东莞县令姚孝资请州上奏朝廷。②

陈天觉是在绍兴二十二年（1152）建议立县，"东莞县令姚孝资以其言得请于朝，割南（海）、番（禺）、东（莞）、新（会）四邑濒海地归之，因镇名香山县，属广州"。③ 姚孝资以绍兴十九年（1149）知东莞，绍兴二十二年"孝资疏闻，从其所请，人皆德之"。④ 绍兴二十二年正是南宋王朝财政紧张时候，香山立县事关国家大事，需要长于理财的官员掌控香山的米、盐。理宗嘉熙四年（1240），刘克庄任广南东路提举常平，他总结两宋岭南用人政策时说："逾峤以南，去天尤远。先朝将指，居多馆学之名流。近岁擢才，稍用米盐之能吏。"⑤ "近岁"即南宋时期，"米盐之能吏"即为朝廷增加财政收入，善于理财，能掌控米谷、榷盐之官员。北宋时没有这类官员来此任职，南宋就不同了。香山立县适应了当时的需要。

香山立县是珠江口地区的一件大事，标志着这个最大的沙田区、产盐区成为县一级行政区划，也更加吸引移民到来。民国《香山县志》采访册记录的移民来源，于南宋定居的有：

---

① 嘉靖《香山县志》卷六《人物》，第 379 页。
② 民国《东莞县志》卷四九，《中国方志丛书》第 52 号，第 1845 页。
③ 嘉靖《香山县志》卷一《建置》，第 294 页上。
④ 康熙《东莞县志》卷一《沿革》，东莞人民政府影印本，第 43 叶 B、第 184 叶 A。
⑤ 刘克庄：《广东提举谢李丞相启》，《全宋文》第 328 册，第七五四〇卷，上海辞书出版社，2006，第 73 页。

仁良都：郑氏、杨氏、高氏、李氏（麻洲）、张氏（小榄）、梁氏（张溪）、黄氏（长洲）、马氏、郭氏（槎桥）、杨氏（牛起湾）。隆镇：高氏、刘氏、庞头郑氏、龙头环侯氏、涌边曾氏、涌边李氏，永厚乡蔡氏、缪氏、南村曹氏、婆石村陈氏、叠石余氏、叠石罗氏、申明亭乡杨氏、大涌萧氏、象脚乡阮氏。榄镇：何氏（两支派）、何氏、李氏、李氏、邓氏、梁氏、孙氏。四字都：大车林氏、大屋边林氏、赤坎林氏、赤坎阮氏、莆山陈氏、南边塘简氏、濠涌严氏、麻子乡陈氏、南荫程氏、大鳌溪郑氏（从城中郑氏分出）、平岚林氏、平岚郭氏、乌石陆氏、雅岗郭氏、雅岗刘氏、唐家湾唐氏、谭井刘氏、锦石陆氏、南屏容氏、南屏张氏、山场吴氏、南平乡赵氏

元代定居的有：

仁良都：黄氏、侯氏、徐氏、蔡氏、蓝氏（皆麻洲），石门王氏、叠石王氏、涌头李氏、崖口谭氏、窈窕乡陈氏、神湾陈氏、翠微韦氏、碧岭徐氏、古鹤郑氏、大黄圃刘氏①

南宋定居的移民有郑氏等54个姓氏，元代有黄氏等15个姓氏，都是从岭北迁来的，大多分布在有沙田和盐田的区域。此外，从邻县顺德、南海、东莞、新会迁来的氏族也有几十个。② 可以说，绍兴二十二年香山立县推动了移民的到来，促进了土地开发。

南宋末邓光荐写《浮虚山》说："番禺以南，海浩无涯，岛屿洲潭不可胜计"，在浮虚山建寺庙，官员"请于常平贾其山及四畔水潭数百顷"。③ "番禺以南"地区是指石岐海以北的浮虚山周边的大小沙洲，中心地带是小榄和大黄圃等地，北宋时已有移民开村和耕作，南宋时移民更多。宋代时香山寨是军事设施，就设在小榄。邓光荐为南宋末人，时国家财政紧张，官田被大量出售。邓光荐所言在浮虚山建庙，请"常平"卖其山和山的"水潭"数百顷，与当时历史相符。也可见浮虚山四周有大片可供开发的滩涂。而在

① 民国《香山县志》卷三《氏族》，第97～200页。
② 民国《香山县志》卷三《氏族》，第97～200页。笔者按：宋元的移民中大多同姓而不同宗，可以作为独立宗族，故视作不同姓氏。
③ 邓光荐：《浮虚山》，载嘉靖《香山县志》卷七《艺文》，第385页下。

浮虚山以北的香山大海则以产盐为主。香山盐场所产盐和沙田所产米，都是南宋广东财政收入的重要来源。香山立县促进了移民到来，开发"番禺以南"的沙田、盐田。

三　南宋、元香山县的土地开发

（一）盐田与咸田

香山立县之后，成为东莞之外珠江口最大的盐产地。为了更有效地控制当地盐业，政府采取了一系列措施。绍兴三年（1133），珠江口盐户很少，当局招徕盐户开采盐田。绍兴三十年（1160）五月，广东提盐司言："秉义郎高立，前监广州静康、大宁、海南三盐场，任内同专典。宋初，招置到盐户莫演等六十二名，灶六十二眼，乞推赏事。"① 这是目前所见最早的关于东莞盐场设官的史料，② 这里的东莞盐场包括香山盐场。段雪玉指出，香山立县后，香山县盐场设有"盐场（官）一员"，茶盐提举司主要由提举官、属官、监修置场官组成，包括若干吏员。香山盐场"盐场（官）一员"很可能就是指广南茶盐提举司在香山盐场设立的监修置场官，人数一员。这时香山盐场的地理位置，县志载其位于县南一百五十里名为"濠潭"的地方。考古发现也证实濠潭为香山唐宋时期的重要聚落。这表明濠潭既是盐民聚居之所，也是盐官驻场之地。③

香山立县之后，一些宗族迁到香山盐场。南宋香山郭氏始迁祖致政公"任盐场勾管而来香山"，后生一子，担任东莞盐场总管，兼理黄田七场事。④ 南蓢程族是北宋名臣程师孟的后代，南宋末迁于香山的东乡和大字都的安定、亨美、田边。⑤ 程氏程伯南的长子为香山场盐课司大使。其后代程

---

① 徐松辑《宋会要辑稿》食货二七之三，中华书局，1957，第6册，第5257页。
② 李晓龙、陈萍：《珠江三角洲盐业、城市与地方社会发展》，东莞展览馆编《珠江三角洲盐业史料汇编：盐业城市与地方社会发展》，广东人民出版社，2012，第4页。
③ 段雪玉：《宋元以降华南盐场社会变迁初探——以香山盐场为例》，《中国社会经济史研究》2012年第1期。
④ 天顺四年《香山郭氏族谱·序》，东莞展览馆编《珠江三角洲盐业史料汇编：盐业城市与地方社会发展》，第299页。
⑤ 民国《香山县志》卷三《氏族》，第165页；香山《程氏族谱》卷六《世传》，广东省立中山图书馆藏本，刻本。

达孙，两任东莞归德场管司。程氏还通过联姻，加强其在东莞、香山盐场的地位，如程氏八世祖程义孙的女儿嫁于香山场和崖口的钟氏。程孟章次子娶香山场周氏女儿。① 宋代，这些宗族世代出任香山、东莞盐场摄官，形成一定的氏族势力，以致后来的移民要娶世居大族女子为妻，以获得丰富的嫁妆田。珠海《延陵吴氏族谱》记载其先祖，字宗府，自南雄迁来，"与友人洪师兄弟三人，来广州府香山县恭常都香山场居之"，所娶"本乡鲍氏安人，名五娘"。② 到了鲍氏九世祖用宜公，已经是"家计日兴，增置产业"；明代洪武初，用宜公被任命为灶户的"百夫长"。③ 鲍氏在宋元间所置产业，大部分为盐田。后来鲍姓逐渐发展成强族，与谭族常因盐灶、地界等事情发生争执，进而发生宗族纠纷和械斗。一些弱小的宗族在盐田大族的压力下被迫迁徙到别地。此后，香山主要盐区都被厓口谭，还有鲍、吴、黄等大姓氏控制。

珠江口的盐田还是汇聚各种水产资源的地方。按照珠江三角洲的俗例，占有盐田，其海滨的海利亦归所有者。宗族占有盐田，招徕盐丁耕盐田，同时也占有盐田海面的"罾门海利"，可以租给疍户捕鱼。如上文提及的"濠潭"，即《香山县志》所称的金斗湾，直到清代仍是著名的渔场。海水盐分很高，也是资源丰富的渔场。在海岸边挖盐田，引海水入田，煮、晒海水为盐。绍兴年间香山金斗盐场的产量，《中兴会要》载为一万一千五百石，属中等规模。④ 立县之后盐产量有很大提高，渔业也有发展。

盐场宗族的居住地，往往是背靠有丰富水源的山麓，背山面海，山后有潟湖。这种地形在考古发现中往往有沙堤遗址。在农业时代，潟湖充足的水源会给宗族经营提供"亦农亦盐"的机会。在稻米价格高、盐价走低时，宗族可以将海边盐田的咸水放干，筑土埠挡住海潮，再引潟湖的淡水，使盐田的咸度降低，就可以种植耐咸耐浸的"咸敏"稻。南宋端平年间，县令梁某建陂塘灌田，"濒邑斥卤，化为膏腴"。⑤ 这使盐田变为潮田，招徕疍户耕作，用残存的火耕水耨方法种植水稻，不用牛耕，直播，不施肥和除草，

---

① 程立成等：《（香山）程氏族谱》卷六《世传》，广东省立中山图书馆藏，刻本。
② 东莞展览馆编《珠江三角洲盐业史料汇编：盐业城市与地方社会发展》，第307页。
③ 东莞展览馆编《珠江三角洲盐业史料汇编：盐业城市与地方社会发展》，第309页。
④ 段雪玉：《宋元以降华南盐场社会变迁初探——以香山盐场为例》，《中国社会经济史研究》2012年第1期。
⑤ 刘汉英：《县令梁公德政碑》，嘉靖《香山县志》卷七《艺文》，第384页下。

亩产可以达到一二百斤，有所收成。① 这类田地，土壤咸度较一般潮田高，收获稻粒后的稻秆含盐量很高。清初，屈大均在番禺沙湾种植沙田，那时海岸线已经远离番禺，但咸潮能倒灌那里的沙田，土壤也有一定的咸度。屈大均云："余秆多根株于田，乘北风大作，海水益咸，焚之。以其灰滤而成盐，其白如雪。"② 沙田的稻秆往往很长，秋天收割时，农人趁水涨，坐船只割其短穗。到水退时，将田里的长秆割去，烧稻秆的灰可以出盐，灰则倒回田内为肥。南宋、元朝香山的咸田含盐度高于清初番禺，由盐田改为水稻田的稻秆盐分更高，烧秆后得到的盐会更多。咸田收获谷米，加上烧秆灰滤得的盐，是不错的收入。故南宋和元朝，大族争相占用盐田和咸田。

（二）潮田与围田

有学者认为香山建县最重要的条件是有两种经济资源——鱼、盐，③ 而忽略了米。嘉靖《香山县志》提到五种耕地类型，其中坑田和潮田是主要从事农业的移民耕种最多的类型。坑田是"山径之间颇低润者，垦而种之，或遇涝水流沙冲压，岁用荒歉"。④ 以石岐、小榄和大小黄圃山丘多个地区为典型。南宋时，石岐附近罗氏为刘氏始祖汝贤公夫人，"捐田为址，筑陂引水，借灌得能都诸乡田数百顷"。⑤ 《香山县志》称此水利工程为"罗婆陂"，它将山上的水源挡住，水渠灌溉石岐附近的坑田。但坑田面积有限，而沙田日益冲积，耕地面积会随着时间增加。

移民迁徙到香山，选择水源充足、地势高亢的山麓居住下来，"当开辟时，民族多循山麓以居"。⑥ 住宅坐落在山麓，移民先选坑田耕种，等山麓下的冲积地淤积到一定高度，就耕作冲积地，使之成为潮田。"潮田，东北海通广西，潮漫夕涸，稼宜交趾稻，每西水东注，流块下积，则沙坦渐高，植芦草其上，混浊凝积，久而成田，然后报税，其利颇多。"⑦ 香山黄阁的麦氏，至治三年（1323）到香山黄角定居，"两山高峙，石门迥开，溪谷深

---

① 彭世奖：《中国农业历史与文化》，世界图书出版社，2016，第 238 ~ 239、273 页。
② 屈大均：《广东新语》卷一四《食语·获》，中华书局，1985，第 397 页。
③ 段雪玉：《宋元以降华南盐场社会变迁初探——以香山盐场为例》，《中国社会经济史研究》2012 年第 1 期。
④ 嘉靖《香山县志》卷一《土田》，第 304 页。
⑤ 刘爌芬辑《（香山）刘氏宗支谱》，不分卷，广东省立中山图书馆藏，抄本。
⑥ 梁卓勋：《大榄梁氏族谱》卷首《香山榄都考古纪要》，民国铅印本。
⑦ 嘉靖《香山县志》卷一《土田》，第 304 页。

弯，土沃泉甘，遂相彼原隰，捐钱十万立石基，以防水患，并倡建天妃庙于海滨，以待时清焉"。① 其地"溪谷深弯，土沃泉甘"就是前述的"坑田，山径之间颇低润者"。香山的坑田不同于山区的冷板田，后者呈强酸性，极为瘦瘠。香山县的坑田往往与古代沙堤遗址类型有关，沙堤内有山丘，山丘之间有潟湖，放干水后就变成肥沃的耕地，且承接的淡水水源充足，能按照传统农法耕种，单季稻产量能达到三百斤以上。但如果遇雨天潟湖周边的山水冲泻，田地会受涝，或被流沙所冲压。麦氏先祖建的"石基"，是在潟湖干涸之后形成的坑田与山丘之间的陂坝，不是滨海沙田的石坝。麦氏已经在沙堤边开发冲积地，在海滨建天后庙，显示其经过长久发展，已经从山麓迁移到低地，开发沙田。到了元代，麦氏已经占有大量沙田，又有分支迁徙到小榄，即"逮四世至元俊公，又思山谷有限，子孙无穷，适兹榄土，见五峰拱向，九水潆回，山水秀丽，既归，即奉必达公、妣詹氏太夫人柩葬于葫芦岗，奉庆公、妣莫氏太夫人柩，葬于太平岭，尽以田园周诸族贫乏者，罄其赢余移家榄溪之凤岭之南，遂为小榄一世祖。时至治三年也"。② 小榄的居住环境显然比黄阁要好，麦氏占有大量沙田，是放租的田主，"尽以田园周诸族贫乏者"，众多小姓则为麦氏的佃户。

这是《广东新语》所记载的典型的"庐墓一体"的居住格局。麦氏迁徙耕作的经历，大体反映了南宋到元代，香山宗族开发沙田相似的发展历程。

宋元时期，香山潮田建的多为土堰，土堰须建在远离潮水的地方以防止潮水冲蚀，否则土堰崩卸，潮田会被冲毁。南宋到元代，香山围田不多。当沙坦淤积到一定高度，才可以建设堤堰和围田。地势低的沙田可以利用低矮围堰抵御潮水冲击，地势高的沙田可以加高围堰，使潮田向围田转变。宋元香山地区已经出现一些高堤堰，如横栏的四沙小围③。在香山最南端的三灶岛"有田三百余顷，极其膏腴，玉粒香美甲于一方，在宋为黄字上下二围"④。由于香山位处海陬，众多的小围堰不见于记载，是可能的。

从事沙田开发一般能获得回报，有的还能提升社会地位，如南宋定居的

---

①　麦祈：《麦氏族谱（中山）》卷三《由珠玑巷南迁记》，光绪刻本。

②　麦祈：《麦氏族谱（中山）》卷三《由珠玑巷南迁记》。

③　中山市水利电力局：《中山市水利志》，内部资料，1989 年 10 月，第 73 页。

④　嘉靖《香山县志》卷八《杂考》，第 415 页上。

庞头郑氏是隆都衣冠望族，其子孙在乡者多业农圃，"居附城，科名仕宦尤盛"。① 南宋迁来的永厚乡蔡氏，七世祖"积蓄尤厚"。② 其七世祖大致为元人。石岐的高氏，其先祖为宋朝县丞，在宋末崖山之战中，"献粟饷宋军"，其子孙定居在香山麻洲。③ "献粟饷宋军"，说明高氏到南宋末仍富有米谷。

南宋到元代，香山的外县寄庄更多，如崖山之战，李昴英的儿子李志道率乡兵勤王并捐粟，"帝重其忠，赏以番禺、南海、新会、东莞、香山各县田地八千余顷"。④ 宋亡，番禺李氏族人仍拿着王朝的赏赐占领包括番禺之外的沙田。番禺《石坝乡志》就记载李氏和韩氏因为田土纠纷而结怨。李氏占的田有一部分在香山。元代，新会外海的陈氏娶了李昴英的后代，获得一大片垦田，但李氏兄弟不承认这些垦田，外海陈氏因此和番禺李氏展开了长期的诉讼，在陈氏先祖的遗嘱里，争夺的香山沙田就有"香山县头埋洲、大垦、对岸、楮尾、蚬洲，俱有蕉岗、北畔等田"。⑤ 新会三江的宋朝宗室赵必迎，用放木鹅的方法圈占了包括新会和香山的一大片海滨之地，然后分派世仆前往耕种。⑥

无论外县寄庄还是香山本地宗族扩展沙田，都推动了香山的土地开发。南宋时，香山是"广米"的出产地之一，大族储蓄的谷物很多，如南宋末马南宝，"家饶于财……端宗自潮州之浅湾航海避虏，过邑境，南宝献粟千石以饷军"⑦。马南宝，属沙涌马氏，南宋初定居香山，到南宋末已经是大户。杨余荫，香山著姓，明人文章说杨氏宗族"自宋以来世德相承，至于今益厚"，追述"元季年谷不登，民不聊生。（杨氏）兄弟发所储之粟五千余石以赈贷"。⑧ 杨仲王，南门人，元代海寇起，曾率乡兵义勇参战，至元年间岁饥，出粟五千石赈之，复与乡富人出资助修学校。⑨ 商人来往于香山与广州之间，倒卖米谷和盐，如龚行卿，与邓光荐交往，

① 民国《香山县志》卷三《氏族》，第110页。
② 民国《香山县志》卷三《氏族》，第113页。
③ 民国《香山县志》卷三《氏族》，第101页。
④ 同治《番禺县志》卷三六《李志道传》，《中国方志丛书》第48号，第484页。
⑤ 《（新会）外海陈氏重修族谱》，民国铅印本，新会景堂图书馆藏复印本。
⑥ 《新会赵氏族谱》不分卷，光绪抄本；佛山地区革命委员会编写组编《珠江三角洲农业志（一）》，1976，第81页。
⑦ 嘉靖《香山县志》卷六《人物》，第375页。
⑧ 皮莹《继美亭记》，载嘉靖《香山县志》卷七《艺文》，第394页上。
⑨ 嘉靖《香山县志》卷六《人物》，第381页。

参与崖山一役，后来"避地香山，往来营产业浮虚海上"。①所谓"产业"，就是开发沙田和从事米谷贸易。梁氏先祖"世为商业"，梁弼臣在元末"营麻布业于乡土"。②笔者曾经论述的宋元"富人阶层"在香山立县之后增加了。③

南宋及元代，不论本地主户，还是来自外县的寄庄户，其田地大都位于香山各洲岛，大多由漂浮在水上的疍户来耕作。香山的耕地在宋元时期呈增长态势，大德年间田地山塘为3110.18顷。④如果按大德年间耕地数的七成计算，宋代香山田地可能已达到2100余顷，大部分是沙田。宋代开始特称长期水居而不住陆上者为"蜑"，科大卫所说《岭外代答》中关于蜑户不一定适用于珠江三角洲的说法，并不准确。⑤明代方志称香山海边，"其民皆岛夷也"。⑥将这些人称为"岛夷"，并不始于明代而始于宋，显示岸上人和水上人之间在风俗文化方面的区别。

万历《广东通志》云："高宗绍兴中行经界法，始籍定蜑户。俄放还自便。"⑦"经界法"就是对土地的丈量。但是为什么此事要"籍定蜑户"，但随即又"放还自便"？笔者的理解是在南宋绍兴年间，岭南的"米盐之吏"奉国家之令，在环珠江口各县丈量沙田，而珠江口的蜑民是亦耕亦渔的人群，这些人既打渔，又耕作和占有沙田，生产米谷；水上生计不足时，又为海盗。香山有众多的氏族势力，但在广阔的沙田耕作的民众却是蜑民，他们是开发沙田的主要劳动者。⑧

另外，南宋和元代用种芦苇来加快田土淤积，《东鲁王氏农书》卷十一《涂田》记载："有咸草丛生，候有潮来，渐惹涂泥，初种水稗，斥卤既尽，可为稼田。"⑨所谓"咸草"就是芦苇，稗子和芦苇一样有积淤成田和吸收

① 嘉靖《香山县志》卷五《流寓》，第366页。
② 梁卓勋编《大榄梁氏族谱》卷三《四房世系》，民国铅印本。
③ 吴建新：《从"广米"看宋元珠江三角洲富有阶层的兴起》，《古今农业》2014年第2期。
④ 嘉靖《香山县志》卷二《田赋》，第309页。
⑤ 吴建新：《宋元时期岭南的"蜑"》，载林有能等主编《疍民文化研究（二）》，香港出版社，2014，第150~162页。笔者按：宋元文献中为"蜑"或"蜒"，前者为多。有时"蜒"泛指少数民族，如"蛮蜒"，明以后文献多为"蛋"，1949年后为"疍"。
⑥ 嘉靖《香山县志》卷一《人物》，第301页下。
⑦ 万历《广东通志》卷七《户口》，《稀见中国地方志汇刊》第42册，中国书店出版社，1992，第169页上、下。
⑧ 吴建新：《宋元时期岭南的"蜑"》，第150~162页。
⑨ 王祯撰，缪启愉译注《东鲁王氏农书译注》，上海古籍出版社，1994，第600页。

泥土盐分的作用。《东鲁王氏农书》成书于元皇庆二年（1313），元帝曾下"刊行王祯《农书》诏令书"①，《东鲁王氏农书》和元代官修《农桑辑要》一起被推广到乡村社会。至元以后任职的香山县尹王天祥"劝农省役"、左祥作《劝农文》、张执乐劝民"及时耨籽"，② 可以推论《东鲁王氏农书》已在香山推广，种植咸草加快淤积田地也被围垦的人们所采用。这是元代香山沙田面积增加的一个重要原因。

香山县沙田区有特色的鸭埠制在元代已出现。香山在咸淡水分界线生长的蟛蜞随潮水而上，在潮田禾稻生长芽苗时，蟛蜞成群涌上滩涂，一夜之间会将稻苗吃精光，方志称为"蟹灾"。人工捉蟛蜞显然达不到好的效果，但在田中大规模放养鸭子，能吃掉这些蟛蜞。嘉靖《香山县志》记载明洪武中，县有司收该县老军闸民鸭埠税，"推求其始，皆因于元"③。明代霍韬《书蓄鸭事》记载了洪武、永乐、宣德间的鸭埠。④ 既然洪武有鸭埠，嘉靖《香山县志》说鸭埠始于元，是有道理的。在鸭埠放养鸭子有两个时段，一是禾稻生长初期在稻田中放养鸭子吃蟛蜞和稻螟虫，还可以让鸭子给稻苗松土、除草；二是在秋收时，潮田禾稻易于掉粒（这是沙田水稻的特点），放干水之后，放养鸭子吃遗穗。禾田业主将放鸭的田划分为一个个地段，获取收入，这就是鸭埠的由来。这是沙田区农作制度和农业发展的一大变化，促进了稻米的生产。有可能这一技术是元代香山等珠江三角洲沙田区人民的首创。鸭埠的设立，也牵涉到养鸭民、宗族、官府的关系，⑤ 显示了元代香山社会中宗族在开发沙田中的作用。

结　语

总的来说，香山立县之后，吸引移民前来开发沙田和盐田，香山的辖域不断扩大。南宋香山建县之后有一个耕地开发的高潮，南宋后期方大琮知广

① 梁家勉主编《中国农业科技史稿》，中国农业出版社，1989，第459页。
② 嘉靖《香山县志》卷五《名宦》，第362页；刘复《县尹张公德政记》，载嘉靖《香山县志》卷七《艺文》，第390、391页。
③ 嘉靖《香山县志》卷二《杂赋》，第313页。
④ 霍韬：《书蓄鸭事》，《皇明经世文编》卷一一八，《续修四库全书》第1657册，上海古籍出版社，1995，第622－623页。
⑤ 吴建新：《明清广东的农业与环境——以珠江三角洲为中心》，广东人民出版社，2012，第76、241~242页。

州，他在劝农文里提到："南海、番禺、增城、东莞、新会、香山，邑皆濒海，太半为潮田，宜无荒岁。"① 南宋时"广米"行销江浙和福建，香山县是"广米"的重要产地之一。香山县的耕地数到大德八年（1304）达到高峰，洪武二十四年（1391）增加的耕地只是延续了元大德年间的土地开发高潮。占垦者既有本地宗族，也有外县寄庄，可能还有一些"蛋家王"。而在由海变陆的过程中，原来以渔为生的疍民或亦耕亦渔，或成为盐民。香山县成为珠江三角洲产米、产盐的大县，在珠江三角洲的地位上升，而且淤积沙洲比沿海各县都多得多，土地开发最具有潜力，宋元到明清都是如此。南宋之后"香山文化"地望形成，香山成为珠江三角洲最具"海洋文化"特征的县域。②

County Territory Transition and Land Development around Pearl River Estuary in the Southern Song and Yuan Dynasties

Wu Jianxin

Abstract：Compared with the development of Xiangshan Town before Tang Dynasty and the beginning of Northern Song Dynasty, people from Xiangshan requested to establish a county for governance during Yuanfeng Period. However, it was inconsistent with the national policy of privileging north over south in the Northern Song Dynasty. Until Shaoxing Period in the Southern Song Dynasty, the request to establish a county by the local society of Xiangshan was approved by the state, which was because that the supplies of rice and salt needed by Southern Song Dynasty should be used to support finance. In the 22nd year of Shaoxing Period, after Xiangshan County was established, a lot of immigrants were encouraged from different places to develop salt pan and sand field in Xiangshan. The profile of Southern Song Dynasty also indicated that clansman was the major force for land

---

① 方大琮：《宋忠惠铁庵方公文集》卷三三《广州乙巳劝农文》，《北京图书馆古籍珍本丛刊》第 89 册，北京图书馆出版社，2000，第 726 页。
② 吴建新：《从南宋元时期香山县政看香山文化认同的起点》，《艺术与民俗》2020 年第 4 期。

development. The residents from other counties on rental land property in Ming and Qing dynasties also occupied a lot of sand field. The development of salt pan and tide field made Xiangshan become a big county in Pearl River Delta, which was an important origin to produce salt and rice. Duck breeding in sand malchu also appeared in Yuan Dynasty, which was an important improvement of farming system. These created conditions for the formation and development of counties to be the most ocean culture-featured Xiangshan culture in Pearl River Delta.

Keywords: County Territory Transition; Land Development; around Pearl River Estuary; Southern Song Dynasty

（执行编辑：杨芹）

海洋史研究（第十七辑）
2021 年 8 月　第 213～234 页

民间文献所见清初珠江口地方社会

——"桂洲事件"的再讨论

张启龙[*]

　　明清嬗变之际，中央王朝和各地官吏为了笼络地方势力，吸纳和招抚了不少地方武装，其中就包括那些曾被政府和民间认定是"盗贼"的群体。这一举动在一定程度上助推了地方社会"民盗不分"现象的形成。[①] 自明中后期以来，地方社会的军事化问题与"倭乱""鼎革""迁海"等一系列沿海地区发生的重大事件交织在一起，并引起了中央王朝的高度重视。[②] 因此，如何处理带有军事化色彩的地方基层组织，成为清王朝稳定时局后整合

---

* 作者张启龙，宁夏大学人文学院历史系副教授，研究方向：南明史。

　本文系国家社会科学基金项目"民间文献所见南明史料的收集、整理与研究"（项目号：20XTQ006）的阶段性成果。论文部分内容曾在 2019 年 11 月举办的"大航海时代珠江口湾区与太平洋 - 印度洋海域交流"国际学术研讨会中汇报，得到与会专家学者的点评和修改建议，谨致谢忱。

① 刘志伟、陈春声：《明末潮州地方动乱与"民""盗"界限之模糊》，《潮学研究》第 7 辑，花城出版社，1999，第 112～121 页。

② 参见陈春声《从"倭乱"到"迁海"——明末清初潮州地方动乱与乡村社会变迁》，朱诚如、王天有主编《明清论丛》第 2 辑，紫禁城出版社，2001，第 73～106 页；唐立宗《在"政区"与"盗区"之间——明代闽粤赣交界的秩序变动与地方行政演化》，《台湾大学文史丛刊》，2002；饶伟新《明清时期华南地区乡村聚落的宗族化与军事化——以赣南乡村围寨为中心》，《史学月刊》2003 年第 12 期；肖文评《白堠乡的故事：地域史脉络下的乡村社会建构》，生活·读书·新知三联书店，2011。

地方社会的重要议题。① 本文从学界已经关注到的"桂洲事件"入手，重新审视明末清初珠江口"民盗不分""兵寇难分"的社会现象，探讨清初以平南王为代表的广东官员与民间群众的互动关系。

一 "桂洲事件"及相关研究

康熙元年（1662），桂洲地区②因涉嫌暴乱谋逆，被平南王尚可喜派兵围剿，在陈太常等官吏的大力周旋，以及胡氏族人主动擒交贼首的努力下，该地区才避免了"屠乡灭族"之祸。该事件对于桂洲士民而言具有特别的意义，是胡氏后人不断书写和追溯的家族记忆，这在他们编纂的《胡氏族谱》中可窥见一斑。"桂洲事件"的大体经过并不复杂，但"桂洲事件"如何由一个地方乡寨的内部骚乱发展为受广东最高行政长官高度关注并多次命令官兵屠村剿贼的重大事件，内中情由仍需深入剖析。

鲍炜曾以"桂洲事件"为个案对清初广东"迁海"问题展开过相关讨论。③ 科大卫等学者在探讨明清时期东南沿海的社会变迁问题时，曾在鲍炜的结论上进一步延展。④ 鲍炜关于"桂洲事件"的主要学术观点，与陈春声等学者所主张的"迁界"问题根源不在于海上而在于陆地的看法相一致，⑤他认为，"桂洲事件"是一次迁界前地方盗贼问题的表现，是清王朝镇压广东沿海地方社会盗贼的一次有力行动，被剿的桂洲乡民，自然而然地被认定为地方动乱分子。鲍炜从沿海陆地的"盗贼"问题入手，探讨清初广东"迁界"的前因，该视角对于明清之际的东南沿海地方社会变迁问题具有很

---

① 参见拙文《明清鼎革时期广东地方武装研究》，暨南大学博士学位论文，2017。
② 桂洲乡位于顺德县，属于清政权与南明政权主要交战的区域。胡氏是主掌桂洲地区社会事务的大姓家族。咸丰《顺德县志·志图经目》记载："桂洲堡，凡二村，曰桂洲里村，桂洲外村。隶丞在县南，去城二十有二里，印天度二十二度之四十三分。南界香山之小榄，而西接昌教，东接容奇，北接马冈。"参见（清）郭汝诚修、冯奉初纂咸丰《顺德县志》卷二《图经二》，载广东省地方史志办公室辑《广东历代方志集成》，岭南美术出版社，2007，第20页。
③ 鲍炜：《迁界与明清之际的广东地方社会》，中山大学博士学位论文，2003。鲍炜将其中涉及桂洲事件的章节单独发表，详见《清初广东迁界前后的盗贼问题——以桂洲事件为例》，《历史人类学刊》第1卷第2期，2003，第85~89页。
④ 科大卫：《皇帝和祖宗：华南的国家与宗族》，卜永坚译，江苏人民出版社，2010，第208页。
⑤ 参见陈春声《从"倭乱"到"迁海"——明末清初潮州地方动乱与乡村社会变迁》，朱诚如、王天有主编《明清论丛》第2辑，第73~106页。

好的借鉴和启示作用。但"桂洲事件"背后的社会问题极为复杂,各史料对"桂洲事件"的记载亦有矛盾、冲突之处。"桂洲事件"的若干前因后果在鲍炜的研究中并未完全交代清楚。因此,本文认为有必要在鲍炜研究的基础上再次就该事件展开讨论,探讨该事件的实质及其与明清之际广东地方社会变迁的关联。

二　再议"桂洲事件"的起因

就事件起因而言,各史料记载大体无二,但通过细节的比对仍可看出不同书写者对该事件的认知差异。

作为"桂洲事件"主要当事人之一的当地乡绅胡天球,其在《花洲纪略》一文中称:

> 康熙元年壬寅八月八日,桂洲乡有小丑百辈,夜聚鸣锣,焚劫里村。诘旦贼杀一仇,竿首传街,连日白牌,鸣锣不歇,阖乡惊惶。[1]

在胡天球看来,导致桂洲乡乱的是百余名"小丑",他们聚众报仇,杀了一个人,惊动乡里,演变为乡族范围内的一场骚乱。

如果说作为当事人的胡天球有美化乡人而将罪名嫁祸于他人的嫌疑,那么受命来桂洲剿贼的清军副都统班际盛则没有偏袒桂洲乡民的理由。班际盛在事息后发给乡民的告谕中称:

> 照得桂洲小丑跳梁。本府遵奉王令,统领大兵,前来捣剿。[2]

从班际盛事后对该事件的定性来看,也是认为有"小丑"作乱。

胡天球是桂洲乡绅,班际盛是尚可喜指派的清军都统,亲身经历本次事件的此二人言辞一致,都认为桂洲乡乱是由"小丑"作乱造成的。姑且不论二人口中的"小丑"身份,仅就乡乱的性质而言,二人都认为只是一般

---

① (清)胡天球:《花洲纪略》,载(清)胡锡芬、胡安龙《柳盟胡公纪实》,道光三十年骏誉堂刻本,广东省立中山图书馆藏,第2叶。下文关于"桂洲事件"引文未注明出处者,均出自此版本。

② (清)班际盛:《班公告示》,《柳盟胡公纪实》,第8叶。

的地方骚乱，而非大逆不道的叛乱。

二人均未指明身份的"小丑"具体是些什么人。此后的地方志在记载
"桂洲事件"时均认为"小丑"是指蛋民①：

> 康熙壬寅，有蛋民为鼠窃者，数人混入村市中，莫之觉也。②
> 康熙壬寅，乡蛋为窃，保甲未之觉也。③

鲍炜认为蛋民并不是桂洲动乱的发起者，而是遭到了胡氏一族的栽赃嫁
祸。④ 但从目前的记载来看，作为事件经历者并提供第一手资料的胡天球，
此时对"小丑百辈"的身份并未点明。班际盛作为清王朝的军事将领，也
未提及这些小丑的身份是否为蛋民。

将蛋民认定为引发"桂洲事件"导火线的，主要是不同时期《顺德县
志》的编修者。乾隆《顺德县志》是目前所见最早记载"桂洲事件"的
地方志。⑤ 众所周知，地方志所载与史实之间常常存有误差，更何况乾隆
顺德志的编修时间距离事发已近百年。因此，"蛋民有罪"很可能是后世
地方志修纂者的看法。而鲍炜对"桂洲事件"的解读倾向于桂洲乡民"有
罪"，并认定"蛋民有罪"是胡氏族人推卸责任的自我辩护，此论恐有主
观之嫌。鲍炜对此的解释是，推诿给蛋民的做法在当时颇为常见，胡天球
见怪不怪，从而"未必视之为本乡之耻"，因此在其书写中"未至于考虑
周全"。⑥ "小丑"的身份和事件的起因，详见后文"贼首"一节的论述，

---

① 有关明清时期广东社会蛋民身份和蛋民在地域变迁中的身份和历史作用可参见罗香林、刘
　志伟等人的研究。罗香林：《蛋民源流考》，载广西民族研究所资料组编《少数民族史论文
　选集（三）》，1964，第 141～167 页；Liu Zhiwei, *Lineage on the Sands: The Case of Shawan.*
　In David Faure and Helen Siu, eds., *Down to Earth: The TerritorialBond in SouthChina.* 1995,
　pp. 21 -43；萧凤霞、刘志伟：《宗族、市场、盗寇与蛋民——明以后珠江三角洲的族群与
　社会》，《中国社会经济史研究》2004 年第 3 期，第 1～13 页。
② （清）陈志仪修、胡定纂乾隆《顺德县志》卷十二《人物列传一·忠义》，《广东历代方志
　集成》，第 489 页。
③ （清）郭汝诚修、冯奉初纂咸丰《顺德县志》卷二十五《列传五》，第 601 页。
④ 鲍炜称："自称为良民的岸上人把矛头指向了蛋民……只有那些游离于基层社会约束之外
　的水上人才是作乱者，这种逻辑显然被胡氏族人在作自我辩护的时候所使用。"鲍炜：《清
　初广东迁界前后的盗贼问题——以桂洲事件为例》，第 87 页。
⑤ 乾隆顺德志前尚有两部康熙朝所修《顺德县志》，令人疑惑的是，两部康熙顺德志均未提
　及"桂洲事件"。
⑥ 鲍炜：《清初广东迁界前后的盗贼问题——以桂洲事件为例》，第 85 页。

但需要强调的是，鲍炜对史料书写者主观立场的审视，提醒我们《胡氏族谱》等材料必定对不利于家族的内容有所避讳和修饰，应当细加辨别。

三　顺德知县"王仞"与"桂洲事件"的定性疑团

"桂洲事件"如何引起官方乃至尚可喜的注意，才是影响事件走向的关键。尚可喜之所以派发大兵屠乡，是因桂洲乡乱发生后顺德知县以"谋逆叛乱"罪上报省院。那么，时任知县的顺德长官是谁，他又为何这般处理此事呢？咸丰《顺德县志》记载：

> 先是桂洲有小丑焚劫，为仇陷诬以叛逆，邑令王印误信，申请尚藩剿村。①

此处指出，顺德知县"王印"误信了桂洲乡仇家的言说，将"有误"的情报上交至藩院。

事实上，仇人构陷、乡遭诬剿的言论是后世地方志的一致口径。乾隆《顺德县志》称桂洲"康熙元年，乡遭诬剿"②，指出是有人诬告陷害桂洲乡民才引发了随后的灾难。那么，诬告桂洲乡民作乱之人是谁？乾隆《顺德县志》进一步指出："仇家侦知，诬其乡聚众为变，报县详请藩院征缴。"③此记载成为后世县志编纂的标准，比如咸丰《顺德县志》："康熙壬寅，乡蛋为窃，保甲未之觉也。仇家诬以构变，县令遂请尚藩大发兵围剿。"④ 从地方志的记载来看，有仇家借乡乱之事对桂洲进行诬陷，从而实现打击报复的目的。其中缘由，有可能是桂洲士民得罪了某位权贵，也有可能是地方区域的利益之争，甚至是桂洲乡民在王朝鼎革中曾做出了"错误"的判断和立场选择，等等。⑤ 但从"仇家"轻易能说服知县，并成功使之以谋逆作乱之罪上报藩院来看，其来头似乎不小。

---

① （清）郭汝诚修、冯奉初纂咸丰《顺德县志》卷三十一《前事略》，第 705 页。
② （清）陈志仪修、胡定纂乾隆《顺德县志》卷六《寺庙庵观》，第 346 页。
③ （清）陈志仪修、胡定纂乾隆《顺德县志》卷十二《人物列传一·忠义》，第 489 页。
④ （清）郭汝诚修、冯奉初纂咸丰《顺德县志》卷二十五《列传五》，第 601 页。
⑤ 明清之际广东地方社会的利益争斗十分复杂，王朝鼎革又进一步催化和加深了地方武装和地方权势之间的矛盾纠葛，具体可参见拙文《明清鼎革时期广东地方武装研究》。

从事件的发展来看，"王印"应该在接到信息后，并未怀疑桂洲作乱的真实性，也并未听取桂洲乡民的反馈，而是直接上报叛乱。顺德知县"王印"这么做的原因无非有三：一是他确信桂洲乡有不轨之举；二是为了政绩，在并不熟悉当地局势的前提下直接上报；三是他知道桂洲乡民冤枉仍刻意为之。由此，讨论"桂洲事件"的定性问题，就必须先对这一关键人物进行讨论。

现有史料中对顺德知县"王印"的记载并不多，各方材料对"王印"的记载也十分混乱，最突出的是对"王印"姓名记载的多样。目前可见到的有王印、王仞、王胤、王应、王允五种不同的记载，兹列举部分如表1。

表1　顺德知县"王印"姓名记载差异一览

所载姓名	出处	原文
王印	罗天尺《五山志林》	县令王印、邑令王印
	《平南敬亲王尚可喜事实册》	知县王印
	咸丰《顺德县志》	王印，山西辽州人，元年任
王仞	陈太常《遗爱纪实》	县主王仞
	胡士洪《纪事跋言》	邑令王仞
	康熙十三年《顺德县志》	王仞，山西辽州人，岁贡，康熙元年任
	康熙二十六年《顺德县志》	后宰王仞
	乾隆《顺德县志》	王仞，山西辽州人，岁贡，康熙元年任
王胤	释今释《平南王元功垂范》*	县令王胤
	屈大均《皇明四朝成仁录》	知县王胤
	钮琇《觚剩》	县令王胤
王应	道光《广东通志》	王应，辽东人，贡生，元年任
	光绪《广州府志》	王应，辽东人，贡生，元年任，顺德志作王印
王允	乾隆《番禺县志》	知县王允
	同治《番禺县志》	知县王允。（……据《觚剩》修）

* 康熙十年（1671）九月前后，尚可喜委托与屈大均私交甚笃的乙未科（1655）进士尹源进为之纂修个人传记，编成《元功垂苑》。释今释所编版本，亦是受尹源进委托编订而成。

本文认为顺德知县名为王仞的记载最为可信。首先，作为事件亲身经历者的陈太常以及胡氏族人胡士洪均记载当时的顺德知县名为王仞。其次，康熙十三年和康熙二十六年所编《顺德县志》是距离事件发生时间最近、地点最切合的材料，可靠程度较高，二者亦记载当时的顺德知县名为王仞。

其他史料为何误传，是否有迹可循？康熙十三年《顺德县志》称："王仞，山西辽州人，岁贡，康熙元年任。"① 随后康熙二十六年《顺德县志》、乾隆《顺德县志》亦沿袭康熙十三年《顺德县志》王仞的记载不变。那么，为何咸丰《顺德县志》却将王仞改作"王印"？对此，咸丰《顺德县志》记载：

> 继者王印。按陈志云"后宰王仞"，今考《职官》，策后卜兆麟署，非王也。又《觚剩》作王允，与陈志同误。诸书皆作印，从之。②

可见，咸丰《顺德县志》参考过陈志（乾隆《顺德县志》），但他认为前志"后宰王仞"记载有误，担任顺德知县的顺序应为张其策③、卜兆麟④，其后才是王仞。咸丰《顺德县志》理解"后宰"为紧随其后之意，但若将其理解为在其后，那么乾隆顺德志记载并无问题。⑤

此外，咸丰《顺德县志》指出《觚剩》作"王允"是因为错误地抄录了乾隆《顺德县志》的缘故。乾隆《番禺县志》及同治《番禺县志》均作"王允"，其中同治《番禺县志》在文中明确强调作"王允"是"据《觚剩》修"⑥。但《觚剩》中并非以"王允"为准，而是采用"县令王胤"的说法。乾隆、同治《番禺县志》中的"王允"很可能是为了避讳，才将"王胤"改为了"王允"。其所依据的《觚剩》版本，很有可能也因此进行过修改。事实上，包括《觚剩》作者钮琇在内，用"王胤"之说还有释今释、屈大均，此三人均生活在明清之交，当时尚未有"胤"字的避讳。虽然三人生活在事件发生的年代，但三人均未亲身经历"桂洲事件"，与顺德知县亦无直接交往，因此可信度较之康熙《顺德县志》以及胡天球等人有所不及。

---

① （清）黄培彝修、严而舒纂康熙《顺德县志》卷四《秩官》，《广东历代方志集成》，第 233 页。
② （清）郭汝诚修、冯奉初纂咸丰《顺德县志》卷二十一《列传一》，第 493～494 页。
③ 张其策，顺治十一年（1654）任顺德知县。（清）黄培彝修、严而舒纂康熙《顺德县志》卷四《秩官》，第 233 页。
④ 卜兆麟，顺治十八年（1661）任顺德知县。（清）阮元修、陈昌齐等总纂道光《广东通志》卷四十五《职官表三十六》，《广东历代方志集成》，第 729 页。
⑤ 原文中王仞事迹附于张其策传。康熙、乾隆《顺德县志》均言"后宰"，指王仞于张其策后任顺德知县。笔者认为并非一定为紧随其后之意，且于张其策后任顺德知县的卜兆麟上任不到一年便调离，由王仞接替。
⑥ （清）李福泰修、史澄等纂同治《番禺县志》卷五十三《杂记一》，《广东历代方志集成》，第 657 页。

至于咸丰《顺德县志》所言的"诸书皆作印"，则需要继续考察其参照的范本。对此，咸丰《顺德县志》中称：

> 王印，山西辽州人，元年任。贡生。按：诸书或作王仞、王允，同人。①
>
> 王印，旧志作王仞，当是同声之讹。通志、府志作印，今从之。②

显然，咸丰《顺德县志》的编修者是进行过相应的考证，指出"王仞""王允"以及"王印"都是同一个人，并认为"王仞"的说法是音调讹传造成的，而通志、府志均采纳了"王印"的用法，故咸丰《顺德县志》也以"王印"为准。

需要承认的是，各类史料中关于顺治和康熙初期不少记载的流失也是造成这类讹变的原因之一，时人尚且不能做到明晰各个人物和历史事件的"真实"，后世更是不断将疑团复杂化和神秘化。不论是"王仞"，还是"王印""王胤""王应""王允"，通过对史料的梳理，基本可以确定这些所指称的均为同一人，且不少是语音、避讳等问题造成的记载混乱。

顺德知县王仞于康熙元年上任，具体月份不详，但"桂洲事件"事发于该年八月，可见王仞上任至事件发生时的间隔并不长。由此，王仞对于顺德地方社会基本情况的掌握程度就值得思考。此外，王仞本人就任顺德知县期间的事迹和为人，也是考察的重点。现存史料对王仞的记载不多，地方志和时人对王仞的评价并不高。目前最早记载顺德知县王仞政绩的地方志是康熙十三年《顺德县志》，具体称：

> 王仞，山西辽州人，岁贡，康熙元年任。性愚而贪，被贼破城掳去。③

此外，康熙二十六年《顺德县志》亦称"后宰王仞，失政"④。随后各

① （清）郭汝诚修、冯奉初纂咸丰《顺德县志》卷九《职官表一》，第177页。
② （清）郭汝诚修、冯奉初纂咸丰《顺德县志》卷九《职官表一》，第187页。
③ （清）黄培彝修、严ън舒纂康熙《顺德县志》卷四《秩官》，第233页。
④ （清）姚肃规修、佘象斗纂康熙《顺德县志》卷四《官师》，《广东历代方志集成》，第131页。

个时期的《顺德县志》基本上都延续了对王仞行政不端的记载，如咸丰《顺德县志》称其"多稗政"①。

结合地方志中对其"多稗政"的记载来看，王仞横征暴敛的行为应该有迹可循。生活于康、雍、乾时期的顺德文人罗天尺在其《五山志林》中记载了一则罗孙耀②与知县王仞之间政治纠纷的事例：

> 昔年地方多故，军书旁午，县令王印主见不定，听左右征敛。公为桑梓计，挠之。令深衔公，架词诬陷。时令所布爪牙皆藩党也，多方鼓扇。卒邪不胜正，王宽谕寝其事。③

罗天尺的记载中有几个重要信息：首先，王仞"性愚而贪"的形象与地方志所记载的相一致；其次，由"令深衔公，架词诬陷"可见王仞深谙诬陷地方士绅的做法，同时身边尚有一群"多方鼓扇"的党众；最后，从这些人的身份来看，包括王仞在内，都依附于此时广东最高长官尚可喜。以上信息有助于我们理解顺德知县王仞在"桂洲事件"中起到的作用。

就罗孙耀一事，为何众藩党多有诬陷之词，而尚可喜却宽其事？咸丰《顺德县志》对此记载：

> 会县有军事旁午，令王印夺于吏胥，征敛无艺，孙耀计挠之，揭八大罪陈平，藩令亦污孙耀，庭质知其事直，得寝。遂隐石湖别业，自立生圹，门植松三，号三松处士。④

本应该起到上传下达与沟通协调作用的地方行政官员忘却了自己的职责，致使地方社会成为其暗箱操作、欺上瞒下的平台。藩王尚可喜最先是听取王仞等人的说法认定罗孙耀有罪，但当罗孙耀与尚可喜有了直接面谈的机

---

① （清）郭汝诚修、冯奉初纂咸丰《顺德县志》卷二十一《列传一》，第494页。

② 《五山志林》记载："罗公孙耀，司铎曲江日，事上之体特慕海忠介，韶守深衔之。守幕下腹心为曲江弟子员，所为非法事败，守欲公曲庇，公不奉命。守怒，风波随之。顺治丁酉年事也。期当公车，挈家夜遁，旋登进士，乃获免。"可见罗孙耀秉性耿直，刚正不阿。参见（清）罗天尺《五山志林》卷二《三松处士》，《广州大典》第401册，广州出版社，2015，第434页。

③ （清）罗天尺：《五山志林》卷二《三松处士》，第434页。

④ （清）郭汝诚修、冯奉初纂咸丰《顺德县志》卷二十一《列传五》，第595页。

会后，尚可喜接受了罗的陈词。尚可喜认定罗孙燿"知其事直"的同时，也就间接地承认了王彻"性愚而贪""架词诬陷"的本质。结合这些，便不难理解"桂洲事件"中王彻的所作所为。

在王彻的"操作"下，平南王尚可喜所了解到的顺德地方社会面貌不一定与当地的真实情况相符合。王彻及其党众，如何将地方情况上报给藩院，这决定着一个地区数万生灵的命运。正如胡氏族人对"桂洲事件"的记忆："康熙壬寅年，桂洲为流言中伤，藩委总兵领兵围剿，十万生灵命悬旦夕。"①

值得注意的是，胡氏族人胡士洪对王彻形象的描写以及其在"桂洲事件"中作用的记载：

> 值邑令王彻，邑人所目为王泥团，以失城掳辱而褫官者。徇某甲之谱，以急救危城事申详藩王院宪，谓贼众百数，筑濠寨设船械，致藩院发师进剿。②

通过胡士洪的记载来看，王彻在地方社会的评价也非常糟糕，对其"王泥团"的称呼形象生动地点出了王彻的为人。另外，胡士洪的记载中还有一处值得深究，即胡士洪称王彻"徇某甲之谱"，从而声称桂洲有"贼众百数，筑濠寨设船械"。

综合各方史料来看，"桂洲事件"很可能是一起在乡乱基础上，遭到他人诬告并由顺德知县误判上报的地方危机事件，并产生了随后一系列的危机公关活动。

四　"桂洲事件"中贼首未死的证据

"贼首"问题是鲍炜着重强调的问题之一。这里说的贼首即桂洲胡氏族人胡渐逵。桂洲乡民在与官府妥协的过程中，数次缉拿的动乱分子都不能得到朝廷的满意。最后在朝廷的不断施压下，胡渐逵被迫出头，"挺认贼首就

---

① （清）胡锡芬、胡安龙：《柳盟胡公纪实·今将李向日事迹开列》，第22叶。
② （清）胡士洪：《纪事跋言》，载《顺德桂洲胡氏第四支谱全录》卷八《谱牒外编·艺文》，光绪述德堂刻本，广东省立中山图书馆藏，第52~53叶。

戮"。地方志、胡氏后人以及鲍炜等学者均认为这是桂洲乡难得以解决的主
要原因之一。不同之处在于，地方志和胡氏后人认为胡渐逵乃大义之士，而
鲍炜则怀疑胡渐逵"挺认贼首"的真正动机是因为他确为盗贼，或被人强
迫从而成为替罪羊。①本文结合胡天球《桂洲乡绅老保甲具结》发现，胡渐
逵虽然"挺认贼首"，但并未被杀。地方志、胡氏后人对事件的理解和记载
均有误，那么，鲍炜建立在"贼首就戮"之上的分析也就难以成立。"贼
首"问题的含糊不清正说明此事背后存在隐情。可以说，胡渐逵在"桂洲
事件"中的身份以及最后结局，与"桂洲事件"中的军民博弈息息相关。

关于尚可喜要求桂洲必须交出一个有分量"贼首"的记载，见《胡氏
族谱》：

> 尚藩仍令擒获贼首以绝根株，兵始全撤。乡人缚首祸窃蛋于官，又
> 畏死不承，事方缪辖。②

从上述材料我们看到，桂洲乡民缉拿的"贼首"乃是作乱的蛋民，但该人
并不承认自身所犯的罪行。由此，才有胡氏族人胡渐逵"挺认贼首"一事。

目前可见最早记载此事的地方志是乾隆《顺德县志》，其对"贼首"胡
渐逵挺身就义的记载颇为详细。具体如下：

> 胡渐逵，桂洲人，慷慨尚义。……乡人搜获蛋窃数人，畏死不承，
> 渐逵乃慨然曰："我非盗，然杀一己以活数万人，所愿也。况汝等向曾
> 为窃乎？"拉同赴军前，渐逵挺认贼首，就戮。兵借以解，乡人德之。③

地方志的记载对后世认知胡渐逵产生了重要影响。光绪庚子年（1900）八
月六日，胡氏十九世子孙胡寿荣从地方志中读到了胡渐逵的英雄事迹，感其
义烈，为之立传：

> 余读顺德志。康熙壬寅，阖乡遭难。……有胡渐逵者，慨然出曰：

① 鲍炜：《清初广东迁界前后的盗贼问题——以桂洲事件为例》，第93页。
② （清）胡寿荣：《附识三房十世渐逵公义烈传》，载《顺德桂洲胡氏第四支谱全录》卷八《谱牒外编·列传》，第6叶。
③ （清）陈志仪修、胡定纂乾隆《顺德县志》卷十二《人物列传一·忠义》，第489页。

我非盗，然舍一己以活多人，义固宜之，心甘无悔。乡人不得已解赴军前，渐逵供承如指，乡难始免。

而益叹公之死难，为不可忘也。夫守土官遇贼围城，城陷死之。将弁督兵赴敌，兵败死之。义当死，亦势不得不死也。渐逵公不过一乡人耳，非若当事缙绅之莫可如何也。公不自出首，夫孰得以言喆之，以势迫之耶！而乃力顾大局，舍命不渝，此虽慷慨捐躯，直等从容就义。

读理刑陈公《遗爱实录》于公死难一节，阙略未详。余谓本族王陈二公祠当添置渐逵公神位于右侧，递年恭祝恩主诞，设筵分献，亦祭法以死勤事则祀之义。①

从地方志以及胡寿荣的言论中我们看到，地方社会和胡氏后人均认为胡渐逵原本并不为贼，却在乡难中挺身认贼，牺牲自己救民于水火，可谓全乡百姓的恩人，胡寿荣更以"慷慨捐躯""从容就义"等词对他大加褒赞。

胡渐逵并未就戮的可能在胡寿荣本人所写《附识三房十世渐逵公义烈传》一文中已经可以揣度一二。首先，胡寿荣称"陈公《遗爱实录》于公死难一节，阙略未详"。《遗爱实录》乃在"桂洲事件"中多方为桂洲乡民斡旋的清廷官员陈太常所著，记载了不少"桂洲事件"之事，可惜今已失佚，只能从胡氏族人的转引中得见些许。陈太常作为尚可喜委派剿乡的清廷官员，最终选择替桂洲乡民申冤，其所言可信度无须质疑。显然胡寿荣见过《遗爱实录》，但其中却未记载胡渐逵相关的英雄事迹，这让他颇为遗憾。胡渐逵如果真有牺牲自己解救乡民的义举，陈太常却只字未提，那么胡渐逵"挺认贼首就戮"一事便颇值得怀疑。其次，胡寿荣建议应在"王陈祠"②中树立胡渐逵的神位，以纪念这位在"桂洲事件"中有大恩的先祖。言下之意，胡渐逵这位大义之士，百年来并未受到胡氏族人的重视。倘若胡渐逵真的牺牲自己拯救全乡士民，为何陈太常以及当时胡氏族人都不提及其人其事？如果胡渐逵并未牺牲自己，也未说出上述自我牺牲的豪言壮语，那么这些疑惑自然而然就迎刃而解了。

至此，有必要谈一谈胡渐逵未死的证据。目前记载胡渐逵"挺认贼首

---

① （清）胡寿荣：《附识三房十世渐逵公义烈传》，载《顺德桂洲胡氏第四支谱全录》卷八《谱牒外编·列传》，第6叶。

② "王陈祠"乃桂洲民众为纪念有恩于乡的王来任与陈太常二公而建立。陈太常于"桂洲事件"中为桂洲多方申冤，王于迁界时恳请朝廷复界。

就戮"的材料，除了乾隆、咸丰《顺德县志》①以及胡寿荣《附识三房十世渐逵公义烈传》，道光年间胡氏后人胡斯球为胡渐逵所作《义士诗》，亦是胡氏后人记载胡渐逵义举的代表：

> 知士保身，烈士徇名，身名不顾，念切群生。
> 富者捐金，儒者求直。非富非儒，挺身认贼。
> 身前无累，身后无求。慷慨赴义，义重花洲。
> 七尺微躯，万人同感。代死固难，悬首尤惨。
> 俎豆馨香，监军庙食。独此义士，无称见德。②

鲍炜根据诗中"非富非儒""身前无累，身后无求"等描述，认定胡渐逵"身份颇为普通……这样毫无背景的人在宗族中的地位是可想而知的"③，并以此为根据做出如下推断："（胡渐逵）极有可能是被迫成为了保全宗族其他人性命的牺牲品，甚至是充当了族内真正盗匪的替罪羊。"④姑且不论胡斯球所言"非富非儒"的判断是胡渐逵的真实情况还是文学创作的渲染，鲍炜的结论都存在可商榷之处。胡斯球在《义士诗》序中称：

> 胡公，讳渐逵，慷慨士也。……藩院发师来剿，幸得司李陈公申救，仍责令擒获贼首，方许退兵。然贼不可得，公向未染非，挺身认贼首，就戮，以纾乡难，行谊载郡邑志。⑤

胡斯球强调自己是从顺德地方志中得知胡渐逵事迹的，与胡寿荣获取胡渐逵事迹的渠道一样，都是通过地方志的记载了解到先祖的相关事迹。目前咸丰《顺德县志》是取材于乾隆《顺德县志》，而乾隆《顺德县志》的取材来源并不明确。前文提及康熙两版《顺德县志》均未有记录"桂洲事件"的只言片语，也就是说胡渐逵"挺认贼首就戮"一事并非由时人所写，而

① 咸丰《顺德县志》称材料取材自乾隆《广州府志》以及乾隆《顺德县志》。
② （清）胡斯球：《竹畦诗钞》卷一《义士诗》，清道光刻本，广东省立中山图书馆藏，第5~6叶。
③ 鲍炜：《清初广东迁界前后的盗贼问题——以桂洲事件为例》，第93页。
④ 鲍炜：《清初广东迁界前后的盗贼问题——以桂洲事件为例》，第93页。
⑤ （清）胡斯球：《竹畦诗钞》卷一《义士诗》，第5叶。

是百年后的人对这段历史的"想象"。鉴于地方志一类史料中历史记载的真实性和可信度，学界在使用时普遍比较谨慎。①

此外，笔者在"桂洲事件"的相关记载中发现了另一份证据：

> 忽于前月，突出蠢徒，纠合外贼，明火持杖，夜劫本乡，猖獗纵横，法所不宥。已经县主八月初十日发示安民，谕令解散，数日，就蒙天兵行剿。幸际天台好生，俯念桂洲匪类百余，不忍以数万生灵概加屠戮，分别良歹，谕赐招抚，迨案府四爷详究。……兹蒙将爷天台连日查访山川水陆，并无设寨找船及铳炮器械情形，今抚目胡渐逵等改行从善，而余党谭杜启等亦授首，地方赖宁，间有余孽潜散，乡民极力穷追搜擒，无容隐瞒，只得备详本乡颠末匍赴……为此联结呈报。倘日后有强凶甘同坐罪，枭斩无辞，中间不敢欺瞒，所结是实。康熙元年九月日结。②

这份重要的材料名为《桂洲乡绅老保甲具结》，是桂洲乡绅胡天球等人在"桂洲事件"平息后交给官署的保证书，是地方与官方对"剿贼"事件最终达成的妥协。其中，有几个值得关注的信息：第一，"突出蠢徒，纠合外贼"说明桂洲乡绅虽有"外贼"诱导的推脱之意，但最终还是承认了本族内部存在问题；第二，"匪类百余""数万生灵""分别良歹"等几个关键词引出了一个明清之际地方社会重要的身份判定难题，即地方和官方如何区分"民"与"盗"的身份；第三，"今抚目胡渐逵等改行从善，而余党谭杜启等亦授首"一句证明了本文所持观点，即"贼首"胡渐逵并未"就戮"，"授首"者另有其人。再结合其他材料，胡渐逵未死的事实得以大白。

虽然明确了胡渐逵并未"授首就戮"，但仍有疑点值得思考，比如地方志中胡渐逵牺牲自己解救全乡百姓的言论出自何处？目前可见最早的记载出自乾隆《顺德县志》，而胡氏族谱和胡天球的相关记载中均未对胡渐逵的"英雄事迹"有所标榜，因而此段书写很有可能是乾隆《顺德县志》编修者的讹传。据笔者分析，"桂洲事件"过程中，乡绅胡天球以及李向日二人曾犯险替桂洲乡民陈情被清兵扣押，期间李向日曾表达过不愿独生苟且、愿与

---

① 衣若兰：《史学与性别：明史列女传与明代女性史之建构》，山西教育出版社，2011。
② （清）胡天球：《桂洲乡绅老保甲具结》，《柳盟胡公纪实》，第6~7叶。

乡民共患难的言辞：

> 向日曰："杀一人，活千万人，吾所乐也。"左右怜其诚，代言于帅，由是阖乡获免，乡人至今德之。①

因此，地方志很有可能是将李向日的事迹嫁接至胡渐逵身上，从而导致胡渐逵"挺认贼首就戮"的说法出现。

因胡氏后人的信息渠道来自地方志，同时又添加了不少主观的理解和想象，正如鲍炜所言："这段记载为后人所撰，难免有'为先人讳'的动机在内，把胡渐逵的形象拔高了。"② 总之，本文通过梳理"桂洲事件"的相关文献，发现胡渐逵"挺认贼首"后并未被杀。"贼首就戮"是被塑造出来的历史想象，并非事实。由此，包括地方志、胡氏后人的记载以及相关学者的解读，都被历史书写的假象"欺骗"了。

五　官方整合地方武力背景下的官民博弈

"桂洲事件"的复杂之处在于清廷官员对于桂洲乡民的立场出现了分化，既有人称其谋反叛乱，也有人为其申冤。桂洲乡民之所以能够有时间与知县王彻周旋一二，首先得益于清右卫守备邱如嵩的帮助：

> 时有右卫邱讳如嵩，以征屯粮在乡，备悉厥由，亦为陈解。③

恰逢在乡征粮的邱如嵩熟知桂洲乡的情况，因此他的陈情在一定程度上起到了作用。胡天球也对此记载：

> 赖右卫守备邱公讳如嵩力阻得缓。④

---

① （清）胡锡芬、胡安龙：《柳盟胡公纪实·今将李向日事迹开列》，第22叶。
② 鲍炜：《清初广东迁界前后的盗贼问题——以桂洲事件为例》，第92页。
③ （清）胡士洪：《纪事跋言》，载《顺德桂洲胡氏第四支谱全录》卷八《谱牒外编·艺文》，第53叶。
④ （清）胡天球：《花洲纪略》，第3叶。

从邱如嵩的言辞来看，桂洲乡应属被诬告。但是邱如嵩人微言轻，虽然为桂洲乡争取了一点时间，但是仍不能化解大兵剿乡的危机。那么，尚可喜复派大军屠村，桂洲乡是如何渡过厄难的？对此，胡天球记载：

> 藩令复遣兵络舟南下，委广州司李陈公讳太常监军，偕副都统班公讳际盛。环围骈集，约会廿七日开剿。谓乡故多贼寨，故动大兵。①

这次受命前来的统军将领是陈太常、班际盛二人。二人领兵兴师的原因是桂洲一地"多贼寨"。结合前文可知，这是顺德知县王仞反馈给尚可喜的信息。

陈、班二人也是本着剿贼的心态前往桂洲的。对此，陈太常本人在上呈省院的告帖中也称：

> 广州府理刑陈为密禀事。卑职于八月二十六日抵桂洲堡，随于二十八日具有塘报一纸，已蒙宪览矣。但向来兵势凶横，志在进剿，且屡接王谕，必须照县报擒捕以断根株。②

塘报说明尚可喜完全是以军事行动态度对待围剿一事。再结合陈太常的禀词，"屡接王谕""以断根株"说明尚可喜对待此事不留余地。根据"照县报"的细节来看，尚可喜所依据的正是王仞转达至藩院的信息。可见，"多贼寨"的消息来源多是顺德知县王仞呈交的报告。

面对大兵来袭，桂洲乡绅胡天球"挺身倡赴军前，泣诉难蒙"③，但被扣押，虽然桂洲乡绅未能如愿为桂洲乡民脱罪，却引发了陈太常的疑虑：

> 时监军司李陈太常稍觉其诬，入村巡视并无濠寨。④

咸丰《顺德县志》甚至称陈太常入乡视察时，桂洲仍"塾有书声"⑤，显然

---

① （清）胡天球：《花洲纪略》，第3叶。
② （清）陈太常：《陈公上抚院禀帖》，《柳盟胡公纪实》，第4～5叶。
③ （清）胡锡芬、胡安龙：《柳盟胡公纪实·今将胡天球事迹开列》，第19叶。
④ （清）陈志仪修、胡定纂乾隆《顺德县志》卷十二《人物列传一·忠义》，第489页。
⑤ （清）郭汝诚修、冯奉初纂咸丰《顺德县志》卷二十五《列传五》，第601页。

是后世夸张的记载，而事件经历者胡天球称当时乡民战栗惊悚、百业暂停的景象更为可信：

> 当大兵环绕桂洲，轴轳千百，杀气弥天，悲风震地，士罢于学，农罢于田，商罢于肆，旅罢于途，庶民若釜中之鱼，万姓若鼎烊之鸟。[①]

陈太常实地考察后认为应是顺德官员上报给藩院的信息有问题，"实未尝按名而稽也"[②]。对于监军陈太常积极游说并替桂洲陈情纾难，鲍炜提出质疑："陈太常不过是一个普通的地方官员，他为何会在这次事件中为胡氏奔走，并且能解救胡氏族人，此中有何待揭之隐，则需要在资料中逐步去发掘。"[③] 其论点的前提是桂洲乡确有叛乱之举，因此陈太常等人的求情行为在其看来难以理解。

有关陈太常的相关信息，《柳盟胡公纪实》中引陈太常《遗爱纪实》称：

> 陈公讳太常，号时夏，四川顺庆府大竹县举人，顺治十六年任广州府理刑，康熙二年升任抚院。[④]

从目前可考的材料来看，陈太常在"桂洲事件"前与胡氏一族并无瓜葛，从此后胡天球与陈太常的书信往来中亦可证明二者此前并不相识。因此，陈太常并非因私交而替桂洲乡陈情。事实上，如果跳出桂洲有罪的思路，认清桂洲被诬告的事实，陈太常等人选择帮助桂洲乡的行为就不难理解。

除了邱如嵩、陈太常二人，认为桂洲无罪并选择替桂洲乡说情的清军将领还有两人，那就是同陈太常一同领兵的副都统班际盛与紫泥司杨之华。以班际盛为例，其在发给桂洲乡民的《告示》中明确表达他也因所见与所闻的不一致而起疑：

> 本府遵奉王爷令，统领大兵，前来搞剿。本府因见该乡士民安居乐

---

① （清）胡天球：《募建报德生祠疏》，《柳盟胡公纪实》，第 9 叶。
② （清）陈太常：《陈公上抚院禀帖》，第 5 叶。
③ 鲍炜：《清初广东迁界前后的盗贼问题——以桂洲事件为例》，第 89 页。
④ （清）陈太常：《陈公上抚院禀帖》，第 412 叶。

业，并无濠寨。一知大兵临境，即捉获匪类出献，情似可原。①

　　陈、班等人皆因桂洲实乃寻常百姓而向藩院陈情。为了搞清楚其中缘由，陈太常特意严训了顺德县的一名兵吏，并得到了一些线索：

　　　　（陈太常）遂将县吏兵东夹讯，供吐系某官书瞒县申文致动王师。②

　　因此，陈太常了解到具体实情后，立即向尚可喜说明情况呈请罢兵：

　　　　严鞫县兵吏得令听仇嘱，故亟剀切禀巡抚请之。③

　　按照常理而言，当陈太常将地方实情上报藩院后，事情就应当告一段落。但是事情的发展并没有那么简单，尚可喜在收到陈太常等人的陈情后，依旧不肯罢兵，而是进一步要求桂洲乡擒获贼首后方肯罢休，从而有了前文胡渐逵"挺认贼首就戮"一事。

　　桂洲乡民之所以能够在与官方博弈的过程中化险为夷，主要得益于陈太常等官吏的大力相助。在此过程中，当地士绅大力主张与桂洲恩人建立关系，并通过多种方式表达对这些人的感激之情。如士绅胡士洪《纪事跋言》开篇即称桂洲乡民全赖众恩公之拯救才得以保全，为防年代久远而将义举淹没，故将其事迹载入文册，以供族人世代景仰：

　　　　人享安居乐业之福，不知覆载之为恩，及阽危颠沛中有能脱之汤火而予以衽席，则身之所受者切，而心之所感也深。然或恩在一己，功在一时，亦未能普及广众，垂示无穷也。吾乡受司李陈公、中丞王公之拯救，则人人共切而所感诚深矣。但虑世远年湮，感殊身受，或几同于覆载之相忘，将有欲举似而无从考据者，爰不惮缕烦而叙二事之颠末，以示不朽。……非陈公监君，谁肯疲神竭虑，冒犯詈辱，拮据戢兵，再三请陈，保全数十万之民命乎？阽危颠沛，身受心感，岂独一己一时而已

① （清）班际盛：《班公告示》，《柳盟胡公纪实》，第8叶。
② （清）胡士洪：《纪事跋言》，载《顺德桂洲胡氏第四支谱全录》卷八《谱牒外编·艺文》，第53叶。
③ （清）郭汝诚修、冯奉初纂咸丰《顺德县志》卷二十五《列传五》，第601页。

哉。若右卫邱公之代为陈解，绅士胡天球、李向日等之迎师吁诉，且捐赀营救，是皆有功于乡，例当附书者也。①

当事人胡天球亦号召族人建祠以纪念"桂洲事件"中有恩于乡的陈太常、邱如嵩等人，兹节录其《募建报德生祠疏》一文如下：

> 今观公祖陈老先生极力扶桂洲之事，盖转地轴于坤维之中，而培天柱于九霄之上，其功甚巨，其力甚劳，其心甚苦，其势甚难，可为知者道，难与俗人言也。日者不肖，从青衿保甲后，趋谒幕府见其语恻然、其色凄然，私自语曰："救吾乡者其在斯人乎？"询之左右曰："广州府理刑陈四爷也。"……斯时也，尚有游魂残喘，以睹天日哉。赖陈四尊以西秦照胆之镜，识东海孝妇之冤，兵东一夹，含沙鬼蜮，遂无遁情，手书印钤，铁案不易，士民快离暴网，老稚庆获更生，手示一谕，怆人心脾。……正所谓一字一泪，又复一泪一珠。……阖乡士民捐赀买地，创建生祠，尸而祝之，社而祀之，少伸一念之絷，维永作万年之香火，是即补地之缺，回天之事也。若夫右卫邱公、巡宰杨公，左提右挈，俾无陨坠，皆有功于本乡，庚桑畏垒，与陈公并垂不朽，知德报德，或者惠邀一路福星，长照桂花洲上。②

据乾隆《广州府志》记载，桂洲乡桂宁墟建有怀德祠，便是为纪念"桂洲事件"中有恩于乡的广州理刑陈太常、右卫邱如嵩、紫泥司杨之华，以及迁界过程中奏请复界的两广总督李率泰、广东巡抚王来任五人而建。③

"桂洲事件"的转机，实际上是陈太常、邱如嵩、班际盛等人的努力和游说起到了作用。值得注意的是，陈太常、班际盛等人替桂洲乡陈情游说一事，虽然受到了桂洲乡民的感激，却得罪了对"剿贼"颇有兴致的清兵。在此过程中也能够看出清廷内部在对待地方社会态度上的严重分化。具体情形，陈太常本人称：

---

① （清）胡士洪：《纪事跋言》，载，《顺德桂洲胡氏第四支谱全录》卷八《谱牒外编·艺文》，第52～53叶。

② （清）胡天球：《募建报德生祠疏》，《柳盟胡公纪实》，第9～10叶。

③ （清）张嗣衍修、沈廷芳纂乾隆《广州府志》卷十七《祠坛》，《广东历代方志集成》第384页。

　　卑职等窃幸宪台恩戚，谓地方庶可稍靖，将士庶可凯旋，乃兵心攘臂不已。卑职委曲调停，劳瘁固所不惮，但众口纷纷，辱及宗族，卑职不知何罪而遭此也。①

陈太常认为，桂洲乡并未有造反叛乱的事实，那么围剿贼寇的清兵即可班师。但是来剿的士兵对此却意见颇大，陈太常周旋其中，却被清兵辱骂。

　　这个现象颇值得玩味，陈太常奉尚可喜之命，率兵剿贼，但因所谓的"贼"并非为贼，陈太常申请撤军却遭到了大兵的反对甚至诋毁。胡氏族人对此亦有记载：

　　　　无如将悍兵横，詈辱肆加于陈公，将被羁绅士及乡耆保横加挞辱，诛索犒赏。②

可见，除陈太常、班际盛等人，大部分的清军兵将对于兴师动众而来却无"功"而返颇有意见，不仅对陈太常言语不敬，亦将怨气发泄到被拘的桂洲乡绅身上。前文提及，胡天球以及李向日二人曾赴军前陈情被扣押一个月，此期间"（胡天球）数月几受戮者数"③。

　　为何前来剿村的清兵对于班师一事有如此大的反应？尚可喜得知桂洲一事的真相后为何依旧要求擒拿贼首？要辨析清楚这些问题就需要结合明清之际"兵寇难分"的社会背景：

　　　　顺治十四年丁酉四月十四日，兵以逐贼为名抢散十余良寨。……兵因清查为名，索馈赂横冈、横溪头二寨，少迟违即目以从贼，破之。④

这样的现象在明清之际的广东十分普遍，大兵以逐贼为借口而行贼所为，地方社会若不配合则被视为"贼"伙而遭屠戮，官兵名为剿贼，实为剿民，

---

① （清）陈太常：《陈公上抚院禀帖》，第 5 叶。
② （清）胡士洪：《纪事跋言》，载《顺德桂洲胡氏第四支谱全录》卷八《谱牒外编·艺文》，第 53 叶。
③ （清）陈志仪修、胡定纂乾隆《顺德县志》卷十三《人物列传二·行谊》，第 524 页。
④ （清）陈树芝纂修雍正《揭阳县志》卷三《兵事》，《广东历代方志集成》，第 373 页。

反而不少被清王朝定义的"贼寇"往往并不扰民。①

前文已经提到明清之际清军队伍良莠不齐的情况，掌管广东局势的高级官员也是有心无力。在这样的情况下，大兵对借"剿贼"而大发横财的行为已经颇为习惯，对于他们而言，贼盗也好，良民也好，都不过是横征暴敛的由头而已。陈太常等人陈情成功的结果就是大兵无"功"而返，这便破坏了众兵将谋利的企图，自然而然会受到反对和辱骂。尚可喜在听取了陈太常等人的汇报后，仍坚持听信顺德知县王伋的言辞而不肯罢兵，其中复杂的利益关系可从该事件中管窥一二。

结　语

明清鼎革时期广东地方武装与明、清两个王朝的纠葛，深刻影响着清初政府对这些带有军事化色彩地方武装的立场和态度，数量众多、固守一隅且关系分合不定的地方武装，既是明、清政权争夺广东的棋子，也是影响王朝定鼎的绊脚石。清军对于广东地方武装的态度则充满弹性，既会为了稳定一方、赢取民心而予以镇压，也会因兵力短缺而采取利诱、拉拢的抚慰政策。随着局势向清廷有利一方倾斜，清廷开始收紧政策，加大对武装势力整合的力度，以防范地方武装尾大不掉。清王朝平定广东后，广东地方武装或分离消散，或改头换面融入地方军事体系，逐渐"消失"在鼎革的历史舞台上。②

因此，尚可喜在整合地方武力化的过程中，所持的态度很可能是"宁可错，勿放过"，这是理解和讨论"桂洲事件"的重要前提。桂洲发生乡乱事件是毋庸置疑的，不论是桂洲士绅的记录，还是后世地方志的书写，都承认了这一点。但这场乡乱的起因和祸源，至今仍难定论。史料的含混不清，也反映出桂洲乡乱中多方利益的牵扯和纠缠。

"桂洲事件"牵涉到鼎革之际地方军事化、蛋民叛乱、宗族内乱、兵寇难分、民盗不分等一系列社会问题，是一场错综复杂、各执一词的地方事件。该事件折射出清初整合具有武力化色彩的地方势力之际，官方和地方等多元势力间复杂的博弈互动关系。

---

① 拙文《明清鼎革时期地方武装研究》，第 231~233 页。
② 拙文《明清鼎革时期地方武装研究》，第 233 页。

The Study Basis for Folk Literature about Local Society of Pearl River Delta in Early Qing Dynasty: The Further Discussion on "The incident of Guizhou"

Zhang Qilong

Abstract: A rebellion happened in Guizhou countryside, which was situated in Shunde, Pearl River Estuary, in 1662. The incident had attracted Shang Kexi's attention and he sent troops to suppress the rebellion many times. The incident was finally settled under the coordination of Guizhou villagers and some Qing army leaders. Some scholars took this incident as perspective to discussed the policy of "Coastal Evacuation" in the early Qing Dynasty. However, the specific details and internal reasons of the incident are still unclear. We can make a textual research on the doubts of "The incident of Guizhou", including the the cause of the rebellion and who was the head of the rebels. In essence, the incident was the game and interaction between the official and local forces when the Qing Dynasty integrated the local forces by force in the early Qing Dynasty.

Keywords: Early Qing Dynasty; Folk Literature; The Incident of Guizhou

（执行编辑：林旭鸣）

海洋史研究（第十七辑）

2021 年 8 月　第 235~248 页

清前中期粤海关对
珠江口湾区贸易的监管

——以首航中国的法国商船安菲特利特号
为线索的考察

阮　锋[*]

　　大航海时代，对于欧洲国家来说，就是探索的时代，它伴随着基督教的传播、海外贸易的扩张以及海上的掠夺。在此期间，葡萄牙最先崛起，带着武装商船沿着非洲海岸进入印度洋，强行参与亚洲贸易。之后十几年，西班牙急起直追。葡萄牙主要向东行，发现西非沿岸，开设殖民点或者商埠，发现了西非以外有一个叫"Cape Verde"（佛得角）的群岛。西班牙主要向西行，发现了新大陆，来到加勒比海、西班牙岛（伊斯帕尼奥拉岛）、古巴等地。其间二者冲突不断。当时葡萄牙、西班牙的国王皆属天主教会，由教会调停冲突，划分各自探险航海和传教的范围。1494 年，教皇为了永远结束伊比利亚半岛上的争端，根据《托尔德西拉斯条约》在亚速尔群岛和佛得角群岛以西由北向南画一条直线，东侧属葡萄牙势力范围，西侧属西班牙势力范围。葡萄牙、西班牙两国在大航海时代从世界各地得到不少好处，这吸引欧洲其他国家开始向外探索。其后荷兰及英国亦步亦趋，分别于 1602 年

---

　　[*] 作者阮锋，广州海关教育处科长，研究方向：粤海关史。

和 1600 年底成立各自的东印度公司。同一时期，法国国力也逐渐增强，国王路易十四下令建立舰队和商船队，仿效英国、荷兰、葡萄牙等西欧国家成立贸易公司，大力扩大在亚洲地区的政治与经济利益。法国商船安菲特利特号①就是在这样的背景下开启访华之旅的。

一　安菲特利特号及相关研究

对于法国，清代魏源的《海国图志》引《察世俗每月统纪传》称："法兰西国，东连阿理曼国，西及西班牙国，南及地中海、意大理国，北及英吉利海比利润峡。国广大六十二万七千方里，分八十六部落，田十万三千有余顷，圃园山林万八千有余顷。"② 清朝立国后不久，中法之间曾展开过一些商贸交往，"佛郎机"曾是当时中国人对法国的称谓。此佛郎机有时又被写作佛朗机、佛兰西、佛兰哂、咈哂、弗郎西、发郎西、和兰西、法兰西、佛郎西、佛郎佳、佛郎机亚、佛郎济亚等。③《清朝柔远记》记载中法的首次贸易来往地点在广东，时间是 1647 年④，亦有其他说法，认为法国于顺治十七年（1660）始派商船到广东开展贸易。⑤

在众多来往中法的船只中，尤其值得注意的是安菲特利特号。美国学者乔尔·蒙塔古（Joel Montague）、肖丹指出，全面研究和弄清安菲特利特号的航行细节，有利于我们重新认识地理大发现之后，尤其是大航海时代晚期西方对外贸易的本质。⑥ 大量的史料或者档案，都显示首航中国的商船安菲特利特号揭开了法国对华直接贸易的序幕。尼古拉斯·朗格莱特·德·弗雷斯诺伊

---

① 安菲特利特号（L'Amphitrite），以希腊神话中的海洋女神安菲特里忒（Amphitrite）命名，传说她可以令大海平静并且能够保佑人们安然穿过风浪。关于该商船在不同研究论文有多个中文译名——安菲特里忒号、昂菲德里特号、海后号、海神号等，为便于阅读，除研究论文题目保留原译名外，本文统一使用"安菲特利特号"。
② （清）魏源：《海国图志》卷四十一，岳麓书社，1998，第 1201～1202 页。
③ 庞乃明：《明清中国负面西方印象的初步生成——以汉语语境中的三个佛郎机国为中心》，《明清史研究》2019 年第 5 期。
④ （清）王之春：《清朝柔远记》卷一，中华书局，1989，第 4 页。
⑤ 金体乾：《海关权与民国前途》，文海出版社，1928，第 9 页。亦见陈恭禄《中国近代史》卷一，香港中和出版有限公司，2017，第 45 页。
⑥ Joel Montague、肖丹：《首航中国的法国商船"安菲特里特号"兴衰史——兼论"安菲特里特号"与广州湾之关系》，《岭南师范学院学报》2018 年第 1 期。

（Nicolas Lenglet du Fresnoy）①、英国皇家地理学会②、唐纳德·拉赫（Donald F. Lach）③、克莱尔·勒科比勒（Clare Le Corbeiller）④、希伍德（Heawood）、爱德华（Edward）⑤ 等指出，安菲特利特号首航时间是 1698年。法国学者伯希和（Paul Pelliot）曾有专著对事情缘由、船上人员、所在货物以及在华贸易情况进行了系统考察，该书于 2018 年再版，用法文撰写，目前尚无中译本。⑥ 国内研究方面，耿昇从商船远航缘起、人员及货物分析来考察 17～18 世纪的海上丝绸之路。⑦ 乔尔·蒙塔古、肖丹研究商船的兴衰史，并指出该船从激动人心的商业冒险开始，逐步过渡到涉足剥削、人性堕落和罔顾道德的奴隶买卖的冒险，变成了那个时代的罪犯。⑧ 严锴、吴敏通过商船两次中国之行，指出贸易与宗教同行，有利于法国人将商品、教义及文化传输到遥远的中国。⑨ 伍玉西、张若兰通过商船来华贸易的细节，得出对传教士而言，宗教利益永远高于商业利益的结论。⑩ 沈洋认为古代海上丝绸之路是 1840 年鸦片战争之前中国与海外国家之间的政治、经济和文化

①　Nicolas Lenglet du Fresnoy, *Méthode pour étudier l'histoire : avec un catalogue des principaux historiens : accompagné de remarques sur la bonté de leurs ouvrages, & sur le choix des meilleures éditions*, Paris: chez Debure... [et] N. M. Tilliard, 1772, p. 124.

②　Royal Geographical Society (Great Britain), *The Geographical Journal*, Vol. 19, London: Royal Geographical Society, 1908, p. 652.

③　Donald F. Lach, Edwin J. Van Kley, *Asia in the Making of Europe*, Volume III: A Century of Advance. Book 1: Trade, Missions, Literature, Chicago: University of Chicago Press, 1998, p. 104.

④　Clare Le Corbeiller, John Goldsmith Phillips, *China Trade Porcelain: Patterns of Exchange: Additions to the Helena Woolworth McCann Collection in the Metropolitan Museum of Art*, New York: Metropolitan Museum of Art, 1974, pp. 2 – 3.

⑤　Heawood, Edward, *A History of Geographical Discovery: In the Seventeenth and Eighteenth Centuries*, London: Cambridge University Press, 2012, pp. 205 – 206.

⑥　Paul Pelliot, *Le premier voyage de l'Amphitrite en Chine*, Create Space Independent Publishing Platform, 2018.

⑦　耿昇：《从法国安菲特利特号船远航中国看 17～18 世纪的海上丝绸之路》，《西北第二民族学院学报（哲学社会科学版）》2001 年第 2 期。

⑧　Joel Montague、肖丹：《首航中国的法国商船"安菲特里特号"兴衰史——兼论"安菲特里特号"与广州湾之关系》，《岭南师范学院学报》2018 年第 1 期。

⑨　严锴、吴敏：《贸易与宗教同行——以"安菲特里式"号中国之行为中心》，《法国研究》2013 年第 3 期。

⑩　伍玉西、张若兰：《宗教利益至上：传教史视野下的"安菲特利特号"首航中国若干问题考察》，《海交史研究》2012 年第 2 期。

交往的通道，考察与分析了法国在中欧海上丝绸之路中的历史地位。[①] 最新关于安菲特利号研究的力作则是杨迅凌对该船远航中国时所绘华南沿海地图的探索。[②] 但他们似乎对这一时期在海运枢纽与贸易中心上，商船来华贸易过程中与中国最重要的对外贸易监管机构粤海关关系的研究较少注意。本文拟从商船首航中国切入，结合相关档案史料，探究清前中期粤海关对珠江口湾区贸易的监管及其地位与作用。

二　明清时期的珠江口岸

自古以来，广州一直就是沿海对外贸易的重要商埠，到明清时期先后开辟了多条广州至世界各洲的贸易航线。位于南海北部、广东中部珠江出海口的珠江口湾区，处在太平洋、印度洋海域航海区位之要冲。这里季风吹拂，拥有蜿蜒曲折的海岸带，星罗棋布的岛屿、天然优渥的港湾以及肥沃富庶的珠江三角洲，在历史上是中国大陆与全球海上交通的重要孔道。珠江口湾区一带的季风，使得西洋商船选择航行到这里作为贸易口岸，对于清政府来说，由于广州本身并不处在海岸线上，统治者可以通过珠江河道有效管制外国商人的进出。《粤海关志》记载："粤东之海，东起潮州，西尽廉，南尽琼崖。凡分三路，在在均有出海门户。"[③] 大航海时代欧洲各国纷纷开启冒险征服的航行旅程，这时远航各地的帆船逐渐串起了东西方的国际贸易，这也可称为"帆船时代"。例如马尼拉大帆船（Manila galleon），因运载大量中国商品又有"中国船"（Nao de China）之称，常常带着银块直接从拉美经太平洋来到西班牙控制的亚洲地区。

1698 年 3 月 6 日，在大西洋沿岸的法国拉罗舍尔（La Rochelle）港口，一艘名为安菲特利特号的商船，开始其直航中国的探索之旅。[④] 据史料记

---

① 沈洋：《法国在中欧海上丝绸之路中的历史地位——以"海后"号两航广州为线索的考察》，《南海学刊》2016 年第 1 期。

② 杨迅凌：《法船"安菲特利特号"远航中国所绘华南沿海地图初探（1698～1703）》，《海洋史研究》第 15 辑，社会科学文献出版社，2020，第 133～164 页。

③ （清）梁廷枏：《粤海关志》卷五《口岸一》，袁钟仁点校，广东人民出版社，2014，第 63 页。

④ S. Bannister, *A Journal of the First French Embassy to China*, *1698 - 1700*, London: Thomas Cautley Newby, 1859, pp. 1 - 2.

载，这艘商船在罗什福尔（Rochefort）建造，并从法国海军租借过来。[①] 商船免费搭载了白晋（Joachim Bouvet）等 11 位耶稣会士以及数名法国海军军官。在此之前的康熙二十四年（1685）法国国王路易十四出资派遣洪若翰（Jean de Fontaney）、白晋等 6 名耶稣会士前往中国，当中 5 位辗转到达北京，他们精通天文数理，受到康熙的信任。为了招募更多的欧洲科技、工艺人才，康熙三十二年（1693），皇帝命白晋以特使的身份出使法国，并赠送路易十四许多礼物，同时邀请法国商船来华经商。1697 年，回到法国的白晋向国王路易十四力陈派船直航中国的重要性，指出："一旦建立了贸易关系，在主的庇护下，我们的船只今后将每年运送一批新的传教士到远东，同时在吾王的支持下，每年将搭载许多勤勉的中国人到耶稣基督的国度。"[②]在传教与商业利益的共同作用，以及当时清政府开放海上通商口岸和自由传教等便利条件推动下，路易十四特别批准建造安菲特利特号来华贸易。商船于 1697 年（康熙三十六年）11 月初抵达广州，次年 1 月 26 日，康熙派使者——刘应（Claude de Visdelou，1656 – 1737）、苏霖（Jose Suarez，1656 – 1736）两位神父和一名被白晋记为"Hencama"的内廷满族官员到达广州迎接。[③]

作为一艘越洋帆船，安菲特利特号能顺利到达广州并且开展贸易，深受季风的影响。通过档案可以发现船上人员对季风情况的重视，仅从澳门进入黄埔锚地的过程就有多次记录，如"（10 月 28 日下午 2 点）风向转为东南偏南"[④]、"（10 月 30 日上午 6 点）随着东北偏北风起锚"[⑤]、"（10 月 31 日上午 6 点）乘着东北风迎风而行，并于上午 9 点进入虎门"[⑥] 等。受惠于季风以及地理环境等优势，珠江口湾区呈现出最方便于中国和外国商人进行贸易的港口潜力，广州对中国和欧洲国家的贸易重要性不容忽视。明清时期以广州、澳门为中心的港口城市蔚然兴起，成为明清连接世界的海运枢纽与贸易中心。

①　Joel Montague、肖丹：《首航中国的法国商船"安菲特里特号"兴衰史——兼论"安菲特里特号"与广州湾之关系》。

②　Joachim Bouvet, *Histoire de l'empereur de la Chine*：*presentée au Roy*, Paris：Robert & Nicolas Peple，1699，pp. 168 – 169.

③　陈国栋：《武英殿总监造赫世亨："礼仪之争"事件中的一位内务府人物》，《两岸故宫第三届学术研讨会：十七、十八世纪（1662～1722）中西文化交流》论文集，2011。

④　S. Bannister, *A Journal of the First French Embassy to China*, *1698 – 1700*, p. 113.

⑤　S. Bannister, *A Journal of the First French Embassy to China*, *1698 – 1700*, p. 114.

⑥　S. Bannister, *A Journal of the First French Embassy to China*, *1698 – 1700*, p. 114.

三　清前中期的粤海关

（一）粤海关的设立及相关职能

粤海关之建立，是中国着重开展对西洋贸易之开始，也是中国海关贸易管理制度之开始，对华南沿海等地的对外发展和交往皆有开创性意义。[①] 康熙二十二年（1683）台湾被收复后，清政府考虑开海展界事宜。康熙二十三年（1684）正式解除海禁，"令福建、广东沿海民人，许用五百石以下船只出海贸易，地方官登记人数，船头烙号，给发印票，防汛官验放"。[②] 此后，闽、粤、浙、江海关相继设立，专门负责对海运进出口船舶和货物、人员监管的事务。其中粤海关最重要，专置监督，其余三处海关则归地方将军或巡抚统辖。粤海关口岸监管机构，按功能分类大致分为"正税之口""挂号之口""稽查之口"，这些口岸均承担着监管征税的职责任务。正税口分布在沿海各县，对进出口船货征收正税、船钞等。商人俱赴所在口岸海关正税口纳税。当货船进出贸易口岸之时，所在地的挂号口则办理申报、丈量、查验、核销、放行等通关程序。稽查口负责对进出粤海关各口岸船只及货物的稽查，但不征收关税，如发现偷漏关税行为，则由稽查人员押送到正税口补交关税并交罚款。[③] 属于具体执行总口指令和业务操作的机构，类似当今海关的查验、缉私、稽查等部门。

（二）粤海关对珠江口岸的监管

西洋商船来到广州贸易，不是长驱直入广州，而是需要根据粤海关规章，依次停靠珠江各个口岸，办理相关通关手续，最后抵达省城交易。安菲特利特号的首次来华经历及其相关档案，可以从一个侧面反映粤海关所行使的口岸监管职能。

澳门。澳门设有粤海关澳门总口。康熙二十四年（1685）开海贸易之

---

① 周鑫、王潞：《南海港群——广东海上丝绸之路古港》，广东人民出版社，2015，第 30~31 页。

② 《清文献通考》卷三十三《市籴二》，王云五主编《万有文库》（第二集），商务印书馆，1936，第 5155 页。

③ 戴和：《清代粤海关税收述论》，《中国社会经济史研究》1988 年第 1 期。

后，粤海关沿用旧例，只许外国商船在澳门停泊与交易。康熙三十七年（1698）清帝谕："海船亦有自外国来者，如此琐屑，甚觉非体，着减额税银三万二百八十五两，着为令。"① 在此前后，粤海关当局开始允准外国商船到广州（黄埔）交易。包括安菲特利特号在内的商船驶入澳门后，先要申报挂号，缴纳挂号费，取得具有通行证作用的"部票"后，再由粤海关派拨在当地县丞处登记并取得引水执照的引水员与通事（翻译）等人上船，引领船只驶向广州，同时协助外商完成贸易需要的各种手续。档案显示，安菲特利特号进入澳门之后，船上首席大班贝纳克先生（M. de Benac）的通事带着他到粤海关并与一个较低职务官员交谈，受到官员较为尊重的接待。② 粤海关的澳门总口（香山），专门管理对西洋贸易，"是口岸以虎门为最重。而濠镜一澳，杂处诸番，百货流通，定则征税，故澳门次之"③。同时根据行政组织架构以及海防任务的重要性，设置官员管理，"大关澳门，则设防御；其余五大总口，并置委员"④。

虎门。粤海关在虎门设有挂号口，西洋商船和引水员、通事的证照手续在这个挂号口都要接受粤海关官员的检查，卸下船上所载的护航火炮和所有政府禁止进口的物品，方可启程。安菲特利特号到达虎门时，粤海关监督派员登船进行查验。⑤ 传教士白晋向"当地主官"说明了自己的钦差身份，因此粤海关官员不敢怠慢，特地为商船派来引水员。⑥ 船只在引水员的带领下，航行到虎门，后来进入黄埔。

黄埔。康熙开海后，西洋贸易海船从澳门移泊黄埔，黄埔挂号口（在今广州市海珠区黄埔村酱园码头）为外商货船停泊锚地。粤海关对外国商船来华实行严格管理，指定这些商船在黄埔口岸停泊、装卸、驳运。"乾隆中，粤省开港，以澳门为贸易之区，以黄埔为卸货之地。外洋商船率以七月来此换货，至冬回澳。"⑦ 档案记载，安菲特利特号也是在这个"单桅帆船

---

① （清）王之春：《清朝柔远记》卷三，第47页。
② S. Bannister, *A Journal of the First French Embassy to China, 1698–1700*, p. 107.
③ （清）梁廷枏：《粤海关志》卷五《口岸一》，第63页。
④ （清）梁廷枏：《粤海关志》卷七《设官》，第119页。
⑤ S. Bannister, *A Journal of the First French Embassy to China, 1698–1700*, p. 115.
⑥ S. Bannister, *A Journal of the First French Embassy to China, 1698–1700*, p. 109.
⑦ 梁鼎芬、卢维庆修民国《番禺县续志》卷二《舆地志二·海防》，《中国方志丛刊》第49册，成文出版社，1967，第68页。

以及其他来往广州的小船”的海关监管点下碇。① 《粤海关志》对涉及外国
商船相关业务的收费有详细记载，如"凡夷船禀请批照，雇木匠、漆匠往
黄埔修船，每名收银一钱"②，"凡夷船黄埔起货，每日收银三两四钱八分。
（以上俱纹银九折九八平）"③，"驳鬼货扁艇（每只收银二钱四分），驳鬼货
尾艇三板（每只收银一钱二分）……修整鬼船木匠、漆匠（每名收银二钱
二分）"④。

　　广州（省城大关）。在清代诸海关中，只有粤海关设了大关。《粤海关
志》载："粤海关管理总口七处，以省城大关为总汇，稽查城外十三洋行及
黄埔地方。"⑤ 大关置于粤海关监督署之下，粤海关监督居于此，建有银库、
吏舍，设于广州城五仙门，是海关最高行政机构，负责统辖管理各海关口岸
和兼管黄埔地区以及广州城的洋行商区，承担着领导协调总口或各个子口开
展征收关税和管理贸易等职能。商船停泊黄埔挂号口之后，安菲特利特号的
法国商人来到大关拜见了粤海关监督⑥，向海关申报船上货物情况⑦，以及
办理税费征收减免和签发证照⑧等有关事宜。

（三）粤海关对商船及商品的监管

　　对西洋商船的监管，粤海关规定："至夷船到口，即令先报澳门同知，
给予印照，注明船户姓名。守口员弁验照放行，仍将印照移回缴销。如无印
照，不准进口。"⑨ 一位法国东印度公司人员这样形容粤海关的大致监管流
程："所有欧洲人来到这里时，都会对这样的场景印象深刻。大量的船只来
来往往，川流不息。河岸入口处设有多处关卡，对河口进行防御，防止偷税
漏税……船一停泊至黄埔港，就有海关人员乘两艘中国船只来到船旁，上船
检查。所有的货物都得付进出关税，也有些货物是禁止的，例如带入鸦片、
运出白银。海关人员会发放一张通行证，任何物品在没有得到许可之前是不

---

① S. Bannister, *A Journal of the First French Embassy to China*, 1698 - 1700, p. 120.
② （清）梁廷枏：《粤海关志》卷十一《税则四》，第 218 页。
③ （清）梁廷枏：《粤海关志》卷十一《税则四》，第 219 页。
④ （清）梁廷枏：《粤海关志》卷十一《税则四》，第 224 页。
⑤ （清）梁廷枏：《粤海关志》卷七《设官》，第 121 页。
⑥ S. Bannister, *A Journal of the First French Embassy to China*, 1698 - 1700, p. 120.
⑦ S. Bannister, *A Journal of the First French Embassy to China*, 1698 - 1700, p. 120.
⑧ S. Bannister, *A Journal of the First French Embassy to China*, 1698 - 1700, p. 133.
⑨ （清）梁廷枏：《粤海关志》卷十七《禁令一》，第 342 页。

能卸货的。"①

从安菲特利特号首航中国至鸦片战争前，来华的法国商船基本上停泊广州口岸，法国曾经成为英国之外与中国贸易最活跃的欧洲国家。从《清宫粤港澳商贸档案全集》所摘录的相关档案中看到，在康熙五十四年至雍正十三年（1715～1735），几乎每年都有法国商船出入广州的记录。雍正七年（1729）粤海关监督祖秉圭奏："仰赖我皇上仁恩远播，海外各国群赍所产，争来贸易，自六月十八日起，至今有英吉利、法兰西、河兰等国洋船陆续已到八只，闻接踵而至者尚有数帆。"② 雍正八年（1730）祖秉圭再奏："海外各洋法兰西、嘆咭唎、河兰……等国商船大小陆续共到一十三只，历考从前，实为仅见，是皆圣主仁恩远播，重译闻风向化，是以争来恐后。"③ 18世纪中后期，法国国内以及国际形势发生重大的变化，比如1754～1763年的"七年战争"中法国大量海外殖民地被英国夺去，1774年美国独立战争爆发后欧洲各国海上贸易发生了许多纠纷，1789年法国爆发大革命，都严重影响前来广州贸易的法国商船数量。1778～1782年，没有一艘法国商船来广州。

对于贸易商品，康熙二十三年（1684）九月，清帝下旨："今若照伊尔格图等所呈，给与各关定例款项，于桥道渡口等处概行征税，何以异于原无税课之地，反增设一关科敛乎？此事恐致扰害民生，尔等传谕九卿詹事科道会议具奏。"④ 清政府根据广东地区实际，结合榷关税则制定《粤海关税则》，对进出口货物制定了征税标准。《澳门纪略》记载："（西洋商船）其来以哔叽、哆啰嗹、玻璃、诸异香珍宝，或竟以银钱。其去以茶、以湖丝、以陶器、以糖霜、以铅锡、黄金，惟禁市书史、硝磺、米、铁及制钱。"⑤ 根据高第（Henri Cordier）描述，欧洲船只前来广州贸易的货物是茶叶、瓷器、生丝、丝织品、漆器、画纸和其他物品。⑥ 法国主要从中国输入茶叶、

① Joseph François Charpentier de Cossigny, *Voyage à Canton, Capitale de la Province de ce nom, à la Chine*, Charleston：Nabu Press, 2011, pp. 72－73.
② 中国第一历史档案馆编《清宫粤港澳商贸档案全集》第1册，中国书店出版社，2002，第399页。
③ 中国第一历史档案馆编《清宫粤港澳商贸档案全集》第1册，第434页。
④ 《清圣祖实录》第5册（影印本），中华书局，1985，第212页。
⑤ （清）印光任、张汝霖：《澳门纪略·官守》，广东高等教育出版社，1988，第44页。
⑥ Henri Cordier, *La France en Chine au XVIIIe siècle*, Vol II, Paris：Edouard Champion-Emile Larose, 1913, p. 67.

丝绸、瓷器三样大宗商品。1700 年 1 月，安菲特利特号从广州起锚回航，船上运载的物品包括丝织品、瓷器和茶叶。他们带来的油画、法国宫廷人物肖像画、玻璃、毛纺织品（呢绒），似乎不甚受欢迎，广州的各国大班要想尽办法才勉强卖出。① 而银元则是法国对中国输出的最大宗商品。根据《清宫粤港澳商贸档案全集》收录的法国商船入口广州的档案，发现有大量法国商船运载银元来华贸易的纪录，如康熙五十四年"一只系佛兰西舡，无货，系装载番银来广置货"②，康熙五十五年"法兰西舡六只……俱系载银来广置货"③，雍正八年英、法等国商船已经入口"一十一只，载来货物甚少，银两颇多，业有四十万两"④，乾隆九年瑞典、法国"洋舡四只新开，装载哆啰绒、银子等货"⑤ 等。

（四）粤海关对具外交性质的贡舶贸易的监管

贡舶贸易，是从汉代延续至清代的一种官方贸易方式。宋代中外商人互市贸易，市舶司监官驻守现场，"两通判亦充市舶判官，或主辖市舶司事，管勾使臣并申状"。⑥ 清代前期也有明确规定："会验暹罗国贡物仪注：是日辰刻，南海、番禺两县委河泊所大使赴驲馆护送贡物，同贡使、通事由西门进城，至巡抚西辕门安放，贡使在头门外账房候立。俟两县禀请巡抚开中门，通事、行商护送贡物，先由中门至大堂檐下陈列，通事复出在头门外。两县委典史请各官穿公服，至巡抚衙门，通事引贡使打躬迎接。"⑦ 对于欧洲国家的朝贡贸易记载，可以追溯至顺治年间："（顺治）十二年覆准，广东抚臣题称，荷兰国遣使赍表入贡。"⑧ 对于进贡人员和船只，有明确的要求，如"顺治九年议准……由海道进贡，不得过三船，每船不得过百人"⑨，"（康熙七年）又覆准，西洋国人入贡，正贡一船、护贡三船，嗣后船不许

---

① S. Bannister, *A Journal of the First French Embassy to China, 1698 – 1700*, p. 86.
② 中国第一历史档案馆编《清宫粤港澳商贸档案全集》第 1 册，第 84 页。
③ 中国第一历史档案馆编《清宫粤港澳商贸档案全集》第 1 册，第 98 ~ 99 页。
④ 中国第一历史档案馆编《清宫粤港澳商贸档案全集》第 1 册，第 439 页。
⑤ 中国第一历史档案馆编《清宫粤港澳商贸档案全集》第 2 册，第 933 页。
⑥ （清）梁廷枏：《粤海关志》卷二《前代事实一》，第 20 ~ 21 页。
⑦ （清）梁廷枏：《粤海关志》卷二十一《贡舶一》，第 428 页。
⑧ （清）允裪等撰《大清会典则例》（乾隆朝）卷九十四《礼部·朝贡下》，《景印文渊阁四库全书》政书类史部三七八，台湾商务印书馆，1986，第 929 页上。
⑨ （清）允裪等撰《大清会典则例》（乾隆朝）卷九十三《礼部·朝贡上》，《景印文渊阁四库全书》政书类史部三七八，第 911 页下。

过三，每船不许过百人"。①

　　清代粤海关设立后，与此相关的朝贡②贸易继续占有一定地位，粤海关对贡物也做专门统计，贡舶进口的贡物一般都有清单、清表，详细列明了贡物的名称、数量，核实后方可以放行。安菲特利特号来华后，档案记载："中国人甚少接待外来人士，除了商船，或者贡船，像来自暹罗、东京和交趾支那的王，他们每三年向清朝皇帝进贡一次"③，"然而暹罗王并非有规律地进贡，目前为止，日本人更没有"④。清朝海关对不同种类船只采取不同征税标准，"贡船、渔船则免税"⑤。为了获得税费优惠以及贸易便利等好处，安菲特利特号对粤海关及当地官员宣称为"御船"，随船传教士白晋亦说明自己具有"钦差"的身份。由于在对西洋贸易船舶监管中只有"贡船"和"商船"之别，并无"御船"之说，这令粤海关的官员感到困扰。⑥ 最后粤海关及当地官员把"御船"当作来华进贡的"贡船"，估计减免征收12000 两~15000 两纹银的船钞。⑦

四　清前中期粤海关的地位及作用

　　安菲特利特号来华贸易的经历，反映了清前中期珠江口湾区内形成了两个大"港口城市"（大关总口、澳门总口）和一个贸易中转枢纽"黄埔口"，和一个中途监管要塞"虎门口"。⑧ 到了18 世纪初，珠江口湾区内呈现出最方便于中国和外国商人进行贸易的优势，广州口岸对中国和欧洲国家的贸易日趋重要。粤海关作为当时中国官方的一个监管机构，在当时中西贸易中扮演重要角色。

① （清）允裪等撰《大清会典则例》（乾隆朝）卷九十三《礼部·朝贡上》，《景印文渊阁四库全书》政书类史部三七八，第 912 页下。
② "朝贡"是指藩属国向宗主国表示臣服的一种政治制度和礼仪形式。藩属国朝贡时一般都会向宗主国皇帝进献本国的珍品，宗主国也会回馈大量的珠宝财富，所以到后来，"朝贡"也附带了一定的商业贸易。下文中的"贡物"是清政府与海外诸国官方的进贡和回赐的货物。
③ S. Bannister, *A Journal of the First French Embassy to China*, *1698 - 1700*, pp. 109 - 110.
④ S. Bannister, *A Journal of the First French Embassy to China*, *1698 - 1700*, p. 110.
⑤ （清）梁廷枏：《粤海关志》卷十一《税则一》，第 155 页。
⑥ S. Bannister, *A Journal of the First French Embassy to China*, *1698 - 1700*, p. 109.
⑦ S. Bannister, *A Journal of the First French Embassy to China*, *1698 - 1700*, pp. 140 - 141.
⑧ 还有四个规模相对较小的港口城市佛山口、紫泥口、市桥口、镇口口，有机会另文探讨。

（一）重点实施贸易口岸管控职能

清前中期，欧洲各国商船通过珠江口驶入广州，开展对华贸易，形成了在中西贸易史上重要的"广州贸易体制"。在这种体制下，粤海关负责进出口贸易监管，十三行负责同外商贸易并管理约束外商。在西方史料里，有些记载了在黄埔挂号口"要遭受中国人对外国人的种种刁难"[①]，"对海关胥吏、书办等不使礼银……在办事过程中麻烦不断"，同时要"安排"公司的大班们给广东巡抚、广东粮驿道、粤海关监督送礼[②]，一些外国人对当时广东官府的行为不理解[③]，均表明粤海关在清前中期中外贸易中是重要角色之一。根据史料，安菲特利特号先后停泊澳门、虎门、黄埔等口岸，粤海关会同澳门同知等官员实施具体管控，包括派出内河引水员、签发"部票"、准许开仓贸易，并处罚"在粤海关监督发出贸易许可之前进行贸易的中国私商"[④]。商船最终在广州完成贸易后返回法国，1702 年再度来到广州贸易。此后法国东印度公司在广州设立商馆，1745 年取得在黄埔挂号口附近建造货栈的特别许可，用以堆放船具和存放货物，法国人打消"舍广州求宁波的意愿"。[⑤] 清前中期中西贸易长期在地方政府、军队和粤海关监管之下进行。

根据《清宫粤港澳商贸档案全集》档案，以英法为主的来华商船，其贸易商品除了茶、丝、瓷、银等物，还有哔吱缎、哆啰呢、哆啰绒、羽毛、洋布、鱼翅、胡椒、木香、檀香、紫檀、苏合香、乳香、没药、西谷米、自鸣钟、小玻璃器皿、玻璃镜、丁香、降香、棉花、沙藤、藤子、深藤、黄

---

① 解江红：《清代广州贸易中的法国商馆》，《清史研究》2017 年第 2 期。

② 伍玉西、张若兰：《宗教利益至上：传教史视野下的"安菲特利特号"首航中国若干问题考察》，《海交史研究》2012 年第 2 期。

③ 如 1703 年一艘西洋商船遭风，驶至澳门潭仔碇泊所停泊修葺，由于不接受当地官员的贸易安排，船长汉密尔顿（Capt. Alexander Hamilton）"用了巧计去躲避服从，将船货用小帆船运往广州"。根据清政府对西洋商人"上省下澳"的管理要求，"查外国夷人由澳往省，由省来澳，例应请给牌照，雇坐西瓜扁船，一路经由内海报验放行，以杜走漏之弊，不许私驾三板，来往任由，以致滋事，历经严禁在案"，粤海关承担给发印照的职能。洋商违反有关规定，无证私自进入广州以及运带未办理海关手续的货物，本应受罚，然而清政府仅将他的通事"下狱监禁"，洋商不理解反而认为不合理。根据马士《东印度公司对华贸易编年史（一六三五～一八三四）》第一卷（区宗华译，林树惠校，章文钦校注，广东人民出版社，2016）第 111～112 页内容整理。

④ S. Bannister, *A Journal of the First French Embassy to China*, 1698-1700, p. 133.

⑤ 严错：《18 世纪中法海上丝绸之路的航运及贸易》，《甘肃社会科学》2016 年第 3 期。

蜡、燕窝、黑铅等物，当中涉及不同的税款征收。清政府自康熙二十八年（1689）正式颁布粤海关税则，此后做了多次补充修订和完善，至乾隆十八年（1753）固定下来。该年修订的税则计有"正税则例"、"比税则例"和"估值册"三种，较以前的税则更完整详细。① 粤海关税则包括了进口货物和出口货物在内的系统分类，对进出口货物实行较为明确的"值百抽五"税率；实行不同的征收关税方式（从量税和从价税，以从量税为主）；明确了关税的保管、分配和报解等制度；建立了税收考核，奖惩制度的法律基础。粤海关对进出口商品的结构进行了差别化的设计，使关税在对外贸易发展中起到了重要的调节和促进作用，进一步吸引西洋商人大力前来广州进行贸易活动。

（二）具体执行朝廷怀柔外夷政策

清前中期，广东货物贸易以海上和水上运输为主，船只有贡舶和商舶之分，船只进出均需要向粤海关申报，随之按照船只大小分等级征收不同税额的船钞，类似于后世的船舶吨税。《粤海关志》载："康熙二十四年……应将外国进贡定数船三只内，所有所携带货物，停其收税。其余私来贸易者，准其贸易。"② 当经济利益与政治外交出现矛盾时，清政府更多将政治外交放在第一位，以"怀柔远人"。以安菲特利特号商船为例，当时法国人声称是法国国王的"御船"，而且给中国皇帝准备了"贡品"，粤海关与当地官员根据清政府所赋予的外交及监管职能，派出内河引水员，于黄埔挂号，鸣炮欢迎，依例减免有关税费，把船长当成贡使并请进广州"受赏"。开始之时亦按照规定对船上"贡品"先行禁止贸易，要求所有物品均需要上送北京，同时粤海关也派驻人员看管。③ 及后发现这其实是"四不像的御船"，广东官员无惯例与成法可循，因此先有"模糊的政治联系"和"带有官方色彩"的外交往来、"获得了免征关税的待遇"，后有依例暂时"封仓"、根据皇帝敕令必须"限日驶离黄埔港"等一系列事件。粤海关成为清政府对西欧各国怀柔外夷政策的主要执行者之一，履行了一定的外交职能。

---

① 广州海关编志办公室编《广州海关志》，广东人民出版社，1997，第211～212页。
② （清）梁廷枏：《粤海关志》卷八《税则一》，第157页。
③ S. Bannister, *A Journal of the First French Embassy to China, 1698–1700*, p. 135.

Maritime Trade Supervision of "Yueh Hai-kuan" in the Pearl River Estuary in the Early and Middle Qing Dynasty: Based on L'Amphitrite's First Voyage to China

Ruan Feng

Abstract: The Pearl River Estuary has historically been a major channel for maritime trade between China and the world. Port cities centered on Guangzhou and Macau emerged in the Ming and Qing Dynasties and became a maritime hub and trade center connecting the Ming and Qing empires to the world. In 1684, one year after it unified Taiwan with the mainland, the Qing government established "Yueh Hai-kuan" (Canton Maritime Customs) in Guangdong area. The first voyage of L'Amphitrite, a French merchant ship, to China in 1698 marked the first Sino-French trade. In this paper, based on L'Amphitrite's voyage to Macao, Whampoa, Canton city, etc. , the author mainly explores Yueh Hai-kuan's administration on foreign trade and analyzes its historical position in the Pearl River Estuary in the early and middle Qing Dynasty.

Keywords: The Pearl River Estuary; Supervision of " Yueh Hai-kuan"; L'Amphitrite

（执行编辑：林旭鸣）

海洋史研究（第十七辑）

2021 年 8 月　第 249～265 页

明清珠江口水埠管理制度的演变

——以禾虫埠为中心

杨培娜　罗天奕[*]

引　言

对我国历史上河湖海洋等水域资源管理的研究，是近年学术热点之一，针对不同水域利用的民间惯例及官方制度，涌现了一系列的研究成果。[①] 珠江三角洲的形成与发育是自然规律与人工行为共同作用的结果。一方面，西江、北江和东江及其支流所携带的泥沙，以曾是浅海中的基岩岛屿为核心逐渐淤积、扩展、连接成陆，最终成为河网密布的珠江三角洲。[②] 另一方面，自宋代开始在珠江口修筑堤围，明代人工围垦大规模进行，嘉靖、万历以后尤为迅速。围垦加快了成田速度，也加速了珠江三角洲河网水系的形成。垦

---

* 作者杨培娜，中山大学历史学系、历史人类学研究中心副教授，研究方向：中国社会经济史、海洋史；罗天奕，上海交通大学媒体与传播学院硕士研究生，研究方向：传播学。

本文系国家社会科学基金项目"清代海洋渔政与海疆社会治理研究"（批准号 20BZS061）、广州市哲学社会科学发展"十三五"规划 2020 年度广州大典专项课题（课题编号：2020GZDD06）阶段性成果。

① 徐斌：《制度、经济与社会：明清两湖渔业、渔民与水域社会》，科学出版社，2018；刘诗古：《资源、产权与秩序：明清鄱阳湖区的渔课制度与水域社会》，社会科学文献出版社，2018；杨培娜：《从"籍民入所"到"以舟系人"：明清华南沿海渔民管理机制的演变》，《历史研究》2019 年第 3 期等。

② 吴尚时、曾昭璇：《珠江三角洲》，《岭南学报》第 8 卷第 1 期，1947。

区内涌渠纵横棋布，田与田、田与涌渠之间有供排灌的窦闸连接。① 随着珠江口潮水的涨落，大小水道水位和水流出现周期性变化，沙田区逐渐形成了一套能够适应这种季节性咸淡变化的农业生产节奏。②

三角洲南部低沙田区主要种植高杆耐咸水稻品种，植株间距大，经营方式粗放，"听任洪水和涨潮淹没"③，一年一造。与此同时，这些介于海陆之间咸淡水交界处的滩涂、湾叉水面，富有营养物质，鱼虾贝藻资源非常丰富，沙田区民众逐渐形成多样化生计模式。例如明清时期的稻田养鸭法，因沙田稻禾间多产蟛蜞，易伤禾苗，故人户多有养鸭，"春夏食蟛蜞，秋食遗稻"④，既可除稻害，又可饲鸭出售，获利甚大。⑤ 而其他诸如禾虫、白蚬、蚝等水生物，明清史料也多有记载。这些物产因为自然环境和生物习性的区别，在空间分布、捕捞时间上都有所区别，形成不一样的生产节律。例如禾虫，主要生长于河流入海口咸淡水交界处的低稻田中，以腐烂的稻根为食。⑥ 禾虫平时栖息于稻田等水域的表土层，极少浮出水面，只有在农历八月中旬前后生殖季节，才游出水面，进行交配产卵，形成生殖汛期，这时也是捕捞禾虫的最佳时节，俗称"禾虫造"。⑦ 禾虫入食，明清笔记也有记载。屈大钧《广东新语》言禾虫"得醋则白浆自出，以白米泔滤过，蒸为膏，甘美益人，盖得稻之精华者也。其腌为脯作醢酱，则贫者之食也"⑧。今天，禾虫被誉为"珠江三角洲的水产珍品"，"炖禾虫"也是广府美食的代表之一。

水生物是一种天然资源，但是对这种资源的利用却并非人人可得。例如蓄养鸭只，捞取禾虫、鱼虾的滩涂浅海水面相应被称为鸭埠、禾虫埠、罾门等，各埠往往各有其主。明清时期珠江口沙田区出现岸上拥有仕宦背景的强

---

① 叶显恩：《明清珠江三角沙田开发与宗族制》，《中国经济史研究》1998 年第 4 期。
② 马健雄：《沙水之间》，广州市南沙区东涌镇人民政府、香港科技大学华南研究中心编《从沧海沙田到风情水乡》，中国戏剧出版社，2013，第 46 页。
③ 赵焕庭：《珠江河口演变》，海洋出版社，1990，第 113 页。
④ 屈大均：《广东新语》，中华书局，1985，第 524 页。
⑤ 周晴：《珠江三角洲地区的传统稻田养鸭技术研究》，《中国农业大学学报》2015 年第 6 期。
⑥ 禾虫又称"沙虫""沙蚕""海蜈蚣"，属于沙蚕科。参见管华诗、王曙光主编《中华海洋本草图鉴》第 2 卷，上海科学技术出版社，2016，第 29～33 页。
⑦ 渔工：《珠江口的水产珍品——禾虫》，《江西水产科技》2007 年第 1 期。
⑧ 屈大钧：《广东新语》，第 595 页。

宗大族投资围垦，雇佣濒海疍人耕种经营的结构。① 那么，这些中间状态的
水埠及相关生物资源的利权及政府规制又经历了怎样的变化过程呢？既有研
究或多聚焦于沙田经营管理，强调各种类型水埠是沙田利益的附属，多为岸
上世族所拥有；② 或从环境史角度讨论各类水产资源的空间分布、生产利用
和社会生态的变化，③ 对明清时期政府实际管理不同类型水埠时存在的差异
性和内在逻辑讨论较少。本文尝试以禾虫埠为重点，以《广州大典》收录
的哥伦比亚大学图书馆藏《广东清代档案录》为核心资料，参照其他文献，
梳理明清广东官员对珠江口各类水埠的管理观念和制度演变，以期拓宽对历
史时期濒海物产资源经营管理的认识。

一　埠主制的出现及其变化：从陆向水的延伸

明代是今天珠江三角洲格局形成的关键时期。有明一代，珠江三角洲的
沙田围垦线快速南移，西江、北江三角洲前缘从番禺南部、中山北部和新会
东部一带推展到磨刀门口附近，原珠江口湾内的海岛黄杨山、五桂山等岛屿
已经跟三角洲连成一片，三角洲范围比之前扩大一倍。④ 而伴随着新沙田的
围垦，淡水注入湾区，这种咸水淡水混合的环境非常适宜鱼虾贝藻等水产资
源的发育，蟛蜞、禾虫、白蚬等水生生物生长，浅海各类滩涂、水埠的权利
争夺越发频繁。黄佐编修嘉靖《香山县志》中言：

> 濒海为害者二，曰看鸭船，曰禾虫船，皆顺德大户，相殴至于杀人
> 者有之，不可以不禁也。（顺德人以火伏鸭孳生最多，驾船而来，以食
> 田间彭蜞为名，并损禾稻。禾虫如蚕，微紫，长一二寸，无种类，禾将

---

① 参见谭棣华《清代珠江三角洲的沙田》，广东人民出版社，1993。萧凤霞、刘志伟：《宗
　族、市场、盗寇与蛋民——明以后珠江三角洲的族群与社会》，《中国社会经济史研究》
　2004 年第 3 期。
② 谭棣华：《清代珠江三角洲的沙田》，第 54 ~ 55 页；西川喜久子：《关于珠江三角洲沙田的"沙
　骨"和"鸭埠"》，叶显恩主编《清代区域社会经济研究》，中华书局，1992，第 933 ~ 943 页。
③ 吴建新：《清代珠江三角洲沙田区的农田保护与社会生态——以蚝壳带的个案为中心》，
　《广东社会科学》2008 年第 2 期；周晴：《清民国时期珠江三角洲海岸滩涂环境与水产增养
　殖》，《中国农史》2015 年第 1 期；周晴：《珠江三角洲地区的传统稻田养鸭技术研究》，
　《中国农业大学学报》2015 年第 6 期。
④ 佛山地区革命委员会《珠江三角洲农业志》编写组编《珠江三角洲农业志·初稿1·珠江
　三角洲形成发育的开发史》，1976，第 89 页。

熟时，由田中随水出，俗以络布为罟收之，人所嗜食，其利颇多。)①

香山县地处珠江口湾西侧，属于西江水道主要辐射区。明代，其县境陆域以珠江口湾中的各类海岛如五桂山、黄杨山为核心逐渐淤积、围垦成陆，② 而来自周边的南海、顺德、番禺、新会等县势豪则垄断了该县境内众多沙田资源，香山县专门设立寄庄都图以辖之。③ 黄佐在县志中对这些寄庄户多有批评，并认为，顺德人的牧鸭船和禾虫船是濒海沙田区治安混乱的两大源头。如前文所述，鸭可捕食田间害虫，每年春夏间早稻生长，放鸭入田间以食螟蜕。④ 不过在黄佐笔下，顺德养鸭船极为强横，在稻田强行放鸭，损伤本地禾稻，引发纠纷。嘉靖年间，珠江三角洲已经形成了食用禾虫的习惯，⑤ 捕捞禾虫成为获利颇丰的一种营生。结合上下文，禾虫捕捞多为顺德等寄庄户所垄断。

万历《顺德县志》中对禾虫的捕捞方式有更详细的记载：

> （禾虫）夏秋间早稻晚稻将熟之时，由田中出，潮长漫田，乘潮下海，日浮夜沉，浮则水面皆紫。采者预为布网，巨口狭尾，口有竹，尾有囊，树杙于海之两旁，名为埠，各有主。虫出则系网于杙，逆流迎之，张口束囊，囊重则泻于舟，多至百盘。⑥

沙田围垦过程中会形成大小不同的水道，各水道之间有窦闸分流、控制排灌。在稻禾将熟亦即禾虫成熟时，于沙田水窦处立一定的木桩，然后将一张巨口狭尾网两端挂于木桩之上。八月中潮长，漫入稻田，原来藏于田泥中的禾虫浮出水面，随潮水流出水口时，被网所拦。这是一种季节性极强的定

---

① 嘉靖《香山县志》卷二《民物志》，《广东历代方志集成》广州府部第 34 册，岭南美术出版社，2007，第 30 页。

② 中山大学地理学系《珠江三角洲研究丛书》编辑委员会编《珠江三角洲自然资源与演变过程》，中山大学出版社，1988，第 4 页。

③ 香山县专门设立三个寄庄都图："番（禺）南（海）都图"、"新会都图"和"顺德都图"。参见嘉靖《香山县志》卷一《风土志》，第 9 页。

④ 周晴：《珠江三角洲地区的传统稻田养鸭技术研究》，《中国农业大学学报》2015 年第 6 期。

⑤ 禾虫有多种食用方法，"活者制之可以作酱，炮之可以作浆，味甚美。或淹而藏之为咸，压而爆之为干皆可"。万历《顺德县志》卷十《杂志》，《广东历代方志集成》广州府部第 15 册，第 107 页。

⑥ 万历《顺德县志》卷十《杂志》，第 107 页。

置张网捕捞方式，捕捞禾虫的水域被称为禾虫埠，而拥有禾虫埠的人，则为"埠主。"

珠江三角洲"埠主"制可追溯至明初鸭埠制度。[1] 据出身南海县、祖先养鸭起家[2]、嘉靖年间官至礼部尚书的霍韬所言，珠江三角洲原有"鸭阜米"，源于洪武时期"老军闸民养鸭"，鸭子以田间遗留禾穗为食，官府规定只要他们认纳这些"滞穗之田"的田赋米一石以上，就将这些田地作为他们放鸭的"永业"，即鸭埠，[3] 而承纳"鸭阜米"的人就是鸭埠埠主。霍韬说："洪武永乐宣德年间养鸭有埠，管埠有主，体统画一，民蒙鸭利，无蟓蜞害焉。"[4] 由此可见，鸭埠应该是指可供牧鸭的濒海沙田，有界址区划，有鸭埠图志，[5] 鸭埠主通过承纳"埠米"，即拥有一定范围的低地稻田间放牧鸭群的权力。

成化十年（1474），韩雍革除埠主，开放鸭埠，[6] 使得各方势力均可以插手鸭埠资源，纷争不断。正德年间，两广总督陈金着令广州知府曹琚恢复鸭埠制度，不久又废除。[7] 嘉靖十四年（1535）《广东通志初稿》中记录巡按戴璟颁布数条禁约，第八条"禁养鸭"中言：

> 访得广州等府顺德香山东莞等县一带，沿河嗜利之徒，不守本分，构结群党，专以养鸭为生。打造高头艟船，摆列违禁兵器，装载鸭只，一船或一二千不等，在海。每遇潮田禾稻成熟，纵放践食，及因而抢割，间或被害之人追逐，辄以逞凶持刃，鸣击锣鼓，烧放铳炮拒敌，致伤人命，惨若强盗。巡捕巡司哨江官兵若罔闻之，深为地方之害。[8]

---

① 西川喜久子曾对珠江三角洲鸭埠制度的推行进行梳理，认为鸭埠是指广东沙田地区鸭船的停泊地。参见西川喜久子《关于珠江三角洲沙田的"沙骨"和"鸭埠"》一文。

② 霍韬：《渭崖文集》卷十，《四库全书存目丛书》集部第69册，齐鲁书社，1996，第352页。

③ 嘉靖《香山县志》卷二《民物志》，第25页。

④ 霍韬：《书畜鸭事（复旧制）》，陈子龙辑《明经世文编》卷一百八十八，中华书局，1962，第1946页。

⑤ 叶春及言："鸭埠起于洪武、永乐年间，其图具在，虽非渔业，以之抵课，有四善焉。"叶春及：《石洞集》卷十，《景印文渊阁四库全书》第1286册，台湾商务印书馆，1983，第575页。

⑥ 嘉靖《香山县志》卷二《民物志》，第25～26页。

⑦ 郭棐：《粤大记》卷十二，黄国声、邓贵忠点校，中山大学出版社，1998，第108页。

⑧ 嘉靖《广东通志初稿》卷十八《风俗》，《四库全书存目丛书》史部第189册，齐鲁书社，1996，第337页。

戴璟所言鸭船为匪的现象，正是黄佐县志中所言鸭船之害。这些养鸭之民"以鸭为命，合党并力以拒官兵，或贿诸仕宦之家为之渊薮主"[①]。对此，霍韬认为要维持珠江口的治安，清除盗寇，就需要恢复"埠主"之制。他建议让岸上有恒产之民充当埠主，如此既能减少对抢夺鸭埠的纠纷，同时也能约束大量流动的疍民，是"由埠有定主，田有定界，不出户庭而顽民自不敢肆也"。[②]

对于霍氏的建议，不少广东官员持肯定态度。戴璟亦言可参照曹琚之前所定鸭埠之法，"使凡养鸭姓名尽报于埠官，择良民以为埠长，有事则坐之，亦似有理"，并要求广州府讨论其可行性。[③]

恢复埠主制度，虽是针对鸭埠而言，但其实随着沙田围垦的扩大，沙田所有者往往依托于岸上土地而延伸出对水面权力的占有，成为各类近海滩涂水面资源的"埠主"。嘉靖《香山县志》载：

> 本县沿海一带腴田各系别县寄庄，田归豪势，则田畔之水埠、海面之罾门亦将并而有之矣。[④]

大部分地方官员默许了这种"埠主"制的存在。前引万历年间叶春及纂修《顺德县志》卷三《赋役志》中提到：

> 夫渔业有浮实，乘潮掇取若棹艇往来，浮业也；罾门禾虫埠之类，实业也。邑中实业尽入豪宗，利役贫民而不佐公家之赋，今不欲更而张之，与小民争一手一足之利，并度豪宗，甚非计也。[⑤]

可见时人对渔业的认识有浮实之分。随潮汐起落，驾驶船只，追逐鱼汛生产的，被认为是浮业；而在近岸滩涂、浅海处设立定置渔具如各种扈门、罾门、网门，于固定的水面进行生产的，则属于实业。沙田围垦过程中形成不同水面，田畔水埠和近岸海面水深较浅，适合发展定置渔业，禾虫捕捞就

---

① 霍韬：《渭崖文集》卷十，第322页。
② 霍韬：《渭崖文集》卷十，第322页。
③ 嘉靖《广东通志初稿》卷十八，第337页。
④ 嘉靖《香山县志》卷三《政事志》，第45页。
⑤ 万历《顺德县志》卷三《赋役志》，第32页。这段议论也被收入叶春及《石洞集》卷十，第575页。

是其中一种。叶春及本意是批评那些拥有相对稳定区界和获利的实业基本被"豪宗"所占，而地方官员没有尝试去改变这样的局面，反而跟小民争利，把无征的渔课虚米摊派到内河船夫身上,[1] 加重了他们的负担。但反过来看，实业之名被普遍接受，也意味着包括叶春及在内的大部分地方官员其实是承认了陆上沙田占有者对水埠权利的主张，他批评的重点只是实业不佐公家之赋，而非否定实业的存在。

叶春及认为，有作为的地方官员应该将"禾虫埠""缯门"这些实业的收益用来抵补大量无征的渔课虚米。事实上，万历中期以后，为了应对各方加派，尤其是辽饷所需，广东地方官员即纷纷对鸭埠、禾虫埠等濒海水埠征税充饷。顺德北门《豫章罗氏族谱》卷二十《宪典》中收录了一份天启五年（1625）罗大宗告承鸭埠的给贴：

> 广州府顺德县为酌议抵免辽饷以足军需以固邦本事。天启五年正月二十七日奉道、府信牌，奉两广军门何宪牌前事，转行，仰县即将发来核过该县应抵长饷数目……查得册开，一议复鸭埠饷银三百八十两七钱五分。奉此，案查先奉宪牌，行县酌议抵免辽饷，已经具由详报去后，今奉前因，就据大良堡第四图业户罗大宗呈为遵示确报饷额事，称宗有祖经奏开垦土名半江宪司第四洲东翼外栏沙，万历二十九年，以孙罗约出名告承鸭埠三十顷，纳饷给帖，粮东案证。近奉明文承复，因约已故，今大宗遵承罗约原额鸭埠田三十顷，岁纳饷银三两等情。……为此，帖付饷户罗大宗收执，照依事理，即将所承前项上名鸭埠田三十顷，查照界至，看养鸭只，食田遗下子粒，递年该饷银三两，务要依期赴县秤纳，类解充饷，毋得逋负，如有奸徒纵鸭越界搀食赚饷者，许即指名告究。须至帖者。
> 　右帖付饷户罗大宗执照
> 　天启五年五月初二日给[2]

罗氏照帖中所指何宪，即两广总督何士晋。为抵辽饷，何士晋等广东地

---

①　万历《顺德县志》卷三《赋役志》，第 32 页。

②　顺德北门《豫章罗氏族谱》卷二十《宪典》，转引自谭棣华《清代珠江三角洲的沙田》，广东人民出版社，1993，第 66~67 页。

方官员多方抽补，顺德县鸭埠饷银有 380 多两，其中罗大宗所纳鸭埠饷为每年 3 两。罗氏原于万历二十九年（1601）承纳该鸭埠，天启年间官府为派辽饷，要求其重新确认，获取官府颁发的照帖，罗氏也进一步巩固了自身的资源占有权。

万历、天启年间，军费大增，各级官府需要从多种渠道扩充军饷，于是广东官员大规模确认濒海埠主业权，发放埠贴，征收饷银，埠主制获得官府的正式承认。其适用范围不仅仅是鸭埠，还包括了禾虫埠、鱼埠等各类水埠和其他杂饷。《明熹宗实录》卷六十载："粤自正饷外，有鸭饷、牛饷、禾虫等饷……皆豪门积棍钻纳些须于官府以为名……旧督臣何士晋慨然为抵免辽饷之计而奉行。"[①]

而事实上，承课纳饷，正是濒海众多势豪用于圈占濒海滩涂、水面的手法。[②] 屈大均《广东新语》卷十四《食语》"舟楫为食"条载：

> ……禾虫之埠、蠕蚬之塘皆为强有力者所夺，以渔课为名而分画东西江以据之，贫者不得沾丐余润焉。蛋人之蚬箩虾篮，虽毫末皆有所主，海利虽饶，取于人不能取于天也。[③]

明末清初，禾虫埠与罾门、白蚬塘"皆土豪所私以为利者也"。[④] 平南王尚可喜控制广东时期，仍以承认"埠主"权力为前提，对各类水埠征税。《岭南杂记》言："藩逆时禾虫亦税至数千金。"[⑤] 这样的情形到康熙年间才发生了较大的转变。

二　康熙雍正年间废除埠主与疍船依埠造册

康熙末年，清政府为重构东南沿海秩序，否定、清理各类海主港主名

---

① 《明熹宗实录》卷六十，天启五年六月甲辰条，台北中研院历史语言研究所，1962，第 2860 页。
② 参见杨培娜《从"籍民入所"到"以舟系人"：明清华南沿海渔民管理机制的演变》，《历史研究》2019 年第 3 期。
③ 屈大均：《广东新语》，第 395 页。
④ 屈大均：《广东新语》，第 606 页。
⑤ 吴震方：《岭南杂记》卷下，《丛书集成初编》，中华书局，1985，第 42 页。

色。①《广东清代档案录》"商渔"部分抄录有《禾虫埠坺悉归蛋民装捞岸民商同呈请给管拟不应重律》一条，明确记载："康熙五十二年奉行禁革海主，埠归蛋民采捕，鱼课银米即于里户全数扣出，统按鱼蛋船只摊征。"②海主等对濒海各类水埠、海面的权利被否定之后，"康熙五十五年以前老册□契之有海主名色者，悉作无用废纸"③，各类水埠原则上允许疍民自行捞捕，而渔课米则改由渔疍船摊征。

如果说康熙五十二年（1713）法令取消了埠主独占禾虫等水埠的合法性依据，将禾虫等水埠开放给疍民采捕；那么雍正时期依埠按船对疍户编甲的政策，则建立起编甲疍户与特定水埠之间的对应关系。这意味着朝廷对濒海秩序的调整进入新的阶段。这一变化可以从税收和治安两条线索进行分析。

首先，随着革除海主名色，额定渔课"按鱼蛋船只摊征"，"听渔户自纳"④。取消包纳，濒海渔疍民与强宗大族一样一同纳税。雍正七年（1729）五月皇帝颁布上谕，针对广东疍户遭受歧视的情况，指出"蜑户本属良民，无可轻贱摈弃之处，且彼输纳鱼课，与齐民一体，安得因地方积习，强为区别，而使之飘荡靡宁乎？"⑤强调疍户原本就输纳渔课，是王朝的编户齐民；发布这道谕旨，最重要的目的是要否定一种社会习见，并强调要将疍户与一般民户一同编甲管理，最好能让其务本力田，以享安居之乐。

康熙雍正年间，除了渔课从埠主包纳改为按船摊征，原来疍民交给埠主的私租以及地方官府向埠主征收的陋规也发生了变化。如前所述，明末清初地方官府加征的禾虫饷税等地方私税也是向埠主科征。随着取消埠主独占权利，疍户为获准在水埠采捕，原来向埠主缴纳的私租转变为向官府缴纳的公课，构成了禾虫饷税等地方陋规的一种来源。在耗羡归公改革过程中，这类

① 参见杨培娜《清朝海洋管理之一环——东南沿海渔业课税规制的演变》，《中山大学学报》2015年第3期。
② 《广东清代档案录》"商渔"部分《禾虫埠坺悉归蛋民装捞岸民商同呈请给管拟不应重律》（乾隆三十一年），《广州大典》第37辑史部政书类第41册，广州出版社，2015，第254页。
③ 《广东清代档案录》"商渔"部分《海中礁虫鱼虾螺蟹苔菜蟛蜞等物许附近贫民采取分界造册给照稽查示禁海主名色》（乾隆十八年），《广州大典》第37辑史部政书类第41册，第251页。
④ 《雍正二年六月二十四日孔毓珣奏陈广东内河外海事》，《宫中档雍正朝奏折》第2辑，台北故宫博物院，1977，第802页。
⑤ 《清世宗实录》卷八十一，雍正七年五月壬申条，《清实录》第8册，中华书局，1985，第79页。

陋规性征收被规范化，南海九江鱼苗埠租就是一例。西江下游沿江两岸的鱼苗捕捞和养殖业在明代就非常兴盛。① 自弘治十四年（1501）起，经两广总督刘大夏上疏，将"西江两岸河埠，上自封川，下至都含，召九江乡民，承为鱼阜……给贴照船捞鱼，永著令典"②。由此，地方官府通过承认包纳制度征收饷银，抵补"各水蛋户流亡所遗课米数千石"。此后，凌云翼大征罗旁，采用同样的办法，开放罗旁及都含以下诸处鱼埠，"岁饷约有千金"③。九江鱼埠的包纳制度确定了九江乡民对西江下游沿岸鱼埠捕捞权的垄断地位，而一般疍民捞捕鱼苗，则需要向这些埠主缴纳一定的租金。这样的规制，在雍正年间遭到否定，"雍正七年奉行，埠归官，批租之银解修府属基围"④，也就是将鱼埠收归官府管辖，疍民捞采鱼苗所交租金纳入官库，用来维修"府属基围"。

其次，出于整顿濒海治安的需要，雍正帝在沿海推行"保甲弥盗之法"，通过严格推行依托港澳登记船只并编甲的制度，来强化对水上人群的管理。⑤ 雍正帝认为广东沿海疍民极具流动性，且多易藏奸，需要在其经常采捕、湾泊的地方设立埠头，按船编甲，对疍船也应该如沿海渔船一样，进行编号印烙。雍正二年（1724）七月初四，皇帝给两广总督朱谕三道，命"广东蛋民编立埠次约束"，疍户跟水埠的结合作为原则明确下来。同年十二月二十二日两广总督孔毓珣的奏折中称：

（蛋户）广东惟广惠潮肇四府沿河州县、广西梧州府地方亦有之，世居船上，其承有渔课者，河面即其产业，采捕资生。其支分人众、无课可承者，则向有课之蛋户认租采捕，或不能采捕而略有力量者，则造船装载客货来往，若无力不能造船者，则一叶飘流，竟无定止。臣遵谕旨，分行有蛋户各府县，令各蛋户于采捕贸易附近处所设立埠头为湾泊之地，按船编甲，某埠船若干只，某船男妇若干口，编列造册，每埠选择一老成人为埠长，专司查察，各蛋船无论大小，船尾必粉书某县某埠

① 赵绍祺、杨智维修编《珠江三角洲堤围水利与农业发展史》，广东人民出版社，2011，第300页。
② 屈大均：《广东新语》，第566页。
③ 屈大均：《广东新语》，第566页。
④ 《广东清代档案录》"商渔"部分《禾虫埠埒悉归蛋民装捞民商同呈请给管拟不应重律》（乾隆三十一年），《广州大典》第37辑史部政书类第41册，第254页。
⑤ 参见杨培娜《澳甲与船甲——清代渔船编管制度及其观念》，《清史研究》2014年第1期。

蛋户某人字样，或联合数只采捕鱼虾，则令其共泊一处，不许出十日之外，仍归埠头；或揽载人客来往，必去有定向，住有实据，倘行踪诡秘，形迹可疑，埠长即报官究查。若蛋民为盗事发，查系某埠长管下，并将埠长治罪。若埠长查察不公，欺凌勒索，听蛋户告官责革。现据各县陆续查编，虽尚未编完，凛遵谕旨奉行，自不致如从前之散漫无稽矣。①

由此可知，承充渔课的只是一部分蛋民，其他"支分人众""无课可承"，只能向"有课之蛋户认租采捕"，有课蛋户与无课蛋户的关系类似于早先埠主与蛋户的关系。朝廷为了约束这些"一叶飘流，竟无定止"的蛋户，根据蛋户以船为家的特点，在他们经常停泊船只的地方设立埠头，按船编甲，任命埠长，造册管理。这就强化了蛋户与特定埠头水面的对应关系。该制度客观上有助于某些水埠的采捕贸易利权属于该埠蛋户这一观念的形成。

三　乾隆时期地方官府分类而治的实践

雍正年间所形成的针对广东沿海水埠和蛋民的若干原则和制度，在乾隆年间进一步明晰。乾隆时期，皇帝降旨免广东全省埠租：

> 免广东……通省埠租……再查粤东有埠租一项，亦民间自收之微利。前经地方官通查归公，为凑修围基之费。夫围基既动公项银两修筑，则埠租一项亦着一体免征，以免闾阎之烦扰。该督抚转饬有司实力奉行，毋使奸胥地棍借端私取，致穷民不得均沾实恩。②

乾隆皇帝的这一谕令，其实直接针对的是九江鱼苗埠的处理方法，认为既然取消埠主包纳，那么蛋户捞采也应该取消埠租，以示体恤。但是，谕旨中又没有明确指定为九江鱼埠，所以在政策推行过程中，地方官员也有一些弹性空间可资操作。

① 《宫中档雍正朝奏折》第3辑，台北故宫博物院，1978，第647~648页。
② 《清高宗实录》卷十五，乾隆元年三月乙卯条，《清实录》第9册，第413页。

乾隆元年（1736）这道除蚝埠租令，在相关研究中都有所提及，但是均没有讨论到面对王朝最高权力的关注和直接介入，广东地方官员所形成的应对措施，以及可能对珠江口既有资源分配秩序的影响。而《广东清代档案录》中抄录的乾隆二年（1737）案卷中，详细记载到当时上到督抚，下至香山、顺德知县对境内包括鱼苗、鸭埠、禾虫和缯篅蟟蚬等各类水埠管业的处理办法。① 从这份档案可以看出，在乾隆元年（1736）谕令的压力下，广东地方官员们面对濒海各类水埠管业混杂的情况，形成的处理办法是"分类治之"。

根据乾隆二年（1737）案卷，结合其他相关内容可将乾隆年间各类水埠的处理办法整理为"乾隆年间水埠分类处理办法表"。

乾隆年间水埠分类处理办法表

所涉水埠	援引案件	处理办法*	后续处理
南海九江鱼苗埠	关云兴案	原有印照契据、纳粮由单者，仍照旧管业；无照者，将埠分给疍民承管；若附近无疍民，由附近乡民共同承管，以租利修护基围。	
禾虫埠	余凝堂案	归疍民采捞。具体办法是每年春初，县出公示，疍民赴县呈报，承领印照采捞	乾隆三年(1738)，进一步统一处理原则，明确广州及广海、新宁、新会等卫所屯田内之鸭埠归还业主承管，而禾虫埠应归附近疍民捞采。乾隆二十一年(1756)，明确禾虫埠原则上归蛋民捞采，但若该处无疍民或原分配的疍民不愿捞取，可分给附近岸上贫民暂时捞采，但不给印照，以免岸民借机垄断。
牧鸭埠	杨廷照案	由业主自行发批招租管业	乾隆三年(1738)，进一步统一处理原则，明确广州及广海、新宁、新会等卫所屯田内之鸭埠归还业主承管，禾虫埠应归附近疍民捞采。
缯篅蟟蚬等埠	黄清立案	渔疍按埠编成牌甲，各埠编号，每年春初各甲公推甲长一人到县抓阄，领取照票，同一牌甲内可共同捞采	乾隆三年(1738)，进一步明确渔船疍船编甲以及各埠抓阄分配办法；强调不许岸民蒙混入册，特强争占垄断。乾隆十八年(1753)，明确沿海礁屿所产鱼虾螺蟹鱼菜等物，官府划分不同区域范围，允许附近贫民登记后呈报捞取，按户发给印照。

*表中所列办法均定于乾隆二年，具体办法均系据原文缩略。

---

① 《广东清代档案录》"商渔"部分《鱼苗禾虫牧鸭缯篅蟟蚬各埠事宜》（乾隆二年），《广州大典》第37辑史部政书类第41册，第249~250页。

如前所述，埠租此时已经是地方官府的重要收入，围绕埠租也形成了濒海资源利权分配的秩序，贸然改动牵涉甚多。事实上，广东地方官员并非完全遵照朝廷政令统一取消埠租，而是将沿海各类水埠分成四种类型：鱼苗埠、禾虫埠、鸭埠和缯𥖲蟛蚬埠，实行了不同的管理制度。

其中，顺德九江鱼苗埠和鸭埠的情况相同，二者自明代中期就有较大收益。九江鱼苗埠的收入既是广东军饷的重要来源，同时也是西江沿岸大量基围维修经费的来源，跟地方组织有根深蒂固的关系。① 针对这样的对象，地方官员们的处理办法仍然是承认既有管业权，只要有印照契券、完粮"由串"（"由单串票"的合称），就可以继续管业。如无，也收归地方公用，以维持基围建设。在乾隆二年（1737）的案件中，明确指出这种处理方式"盖专指沿海鱼苗一埠而言，与各县禾虫牧鸭鱼虾等埠无涉"。至于鸭埠，其处理办法"查系小民自有之利，前已奉行归返业主自行批回"，② 即延续从前，强调其跟田业结合，承认持有印照埠贴的业主继续拥有管业权利。

变化最大的是禾虫埠和缯𥖲蟛蚬埠。这两类水埠的处理办法都是否定原有埠主的权利，将之前的"承埠印帖及纳租油单"概行追缴。其中，对缯𥖲蟛蚬等埠的处理是新定章程，具体办法是将各县境内疍户渔船编订牌甲，每甲选一甲长，每年春初到县抓阄，分配股份，同甲疍民公同捕捞。至于禾虫埠的处理，不论屯田、民田，境内禾虫埠原则上应统归疍民捞采。乾隆三年（1738），原广州卫所屯丁吴林英等请求将香山县屯田内之禾虫涌埠归其装捞，藉办科场公费，而地方官员最后形成的处理办法是进一步明确鸭埠仍照旧分配归还原业主，但是"禾虫埠均应并归与附近蛋民捞采"。③ 在这一案卷中，香山县令明确表示，屯田内禾虫埠，虽然在此之前归屯丁管业，但那时候属"未奉免租之前，尚输租于官，自可呈承捞采"，现在奉旨豁免埠租之后，就应"任听附近疍民公聚采捕，不得以原业名色争执"。④ 由此可

---

① 关于南海九江鱼苗埠与地方社会之间关系的讨论，参见陈海立《商品性农业的发展与局限：西樵桑基鱼塘农业研究》，广西师范大学出版社，2015，第27~35页；徐爽：《明清珠江三角洲基围水利管理机制研究：以西樵桑园围为中心》，广西师范大学出版社，2015，第53~54页。

② 《广东清代档案录》"商渔"部分《鱼苗禾虫牧鸭缯𥖲蟛蚬各埠事宜》（乾隆二年），《广州大典》第37辑史部政书类第41册，第249页。

③ 《广东清代档案录》"商渔"部分《广州等卫所屯田鸭埠归返业主禾埠归蛋民捞采》（乾隆三年），《广州大典》第37辑史部政书类第41册，第249页。

④ 《广东清代档案录》"商渔"部分《广州等卫所屯田鸭埠归返业主禾埠归蛋民捞采》（乾隆三年），《广州大典》第37辑史部政书类第41册，第248页。

见，乾隆元年（1736）的免租上谕成为地方官员处理各种旧有水埠管业的分界点。

在其后出现的各种纷争中，地方官员每每以此为原则，不过也稍有变通。如乾隆二十一年（1756），允许若干水埠确查没有疍民捞采后，可以分配给近岸贫民装捞。① 不过，官员们在处理到禾虫埠的分配时，仍很警惕这类生计"非别项世业可比"，强调其与"礁石港澳采于海而必凭照验者不同，若按户给照，必致辗转顶旧，藉名埠主，从而滋弊，亦如所议，止会存案记册，毋庸给予印照"。② 防止岸民借此转卖或以埠主为名霸占。

所以在处理过程中，原则上是将该禾虫埠明确分配给若干登记在册的疍民，由他们负责捞采。即使因当时没有疍船湾泊，临时分配给其他附近岸民，也不发给印照（原先发给的印照要交回销毁），以防止岸民借此"辗转顶旧，藉名埠主"，再起纷争。分配的岸民每年做一次登记，如果有人员变动或者财产变动，则取消承领的资格。而如果此后有疍民前来承采，则仍需归疍民。如香山县黄圃、小榄一带有禾虫埠42处，原先没有疍民采捕，于是允许岸民胡胜万等"暂行采取"，乾隆二十六年（1761），官府照例公开召疍户承采，这时候有疍民冯建德等前来承采，于是原来属于小榄、黄圃二乡贫民之埠垱"概给蛋民承采"。③

通过梳理这些政策演变，可以发现清代广东官员在处理濒海社会经济问题时，更多注意到濒海人员、财产的流动性，并注意区分不同资源的属性和实际运用过程中存在的区别，呈现出据当地实情，进行精细化管理的倾向。官员们强调，禾虫埠跟礁石港澳等具有相对稳定和长期收益的世业不同，其收获物是一种季节性极强的水生物，收获的时间极短。将捕捞禾虫这种短时收益独立出来进行分配，正适应珠江口疍民临时性季节性强的生计方式。

这种管理制度对既有的地方秩序产生了一定的影响。

其一，随着政府力量的介入，关于濒海水埠的管业权争夺变得更加复杂。乾隆《番禺县志》卷十七《物产》"禾虫"条中载：

---

① 《广东清代档案录》"商渔"部分《禾虫埠垱归贫民装捞度活》（乾隆二十一年），《广州大典》第37辑史部政书类第41册，第252页。

② 《广东清代档案录》"商渔"部分《蛋民不愿装捞之埠垱暂给附近贫民承采如有蛋民承赴仍即照例拨给每岁底清查造册通送瞒串私批之埠租追出充公》（乾隆二十五年），《广州大典》第37辑史部政书类第41册，第253页。

③ 《广东清代档案录》"商渔"部分《禾虫埠垱悉归蛋民装捞岸民商同呈请给管拟不应重律》（乾隆三十一年），《广州大典》第37辑史部政书类第41册，第254～255页。

水田中禾根所产，身软如蚕，细如箸，长二寸余，中有浆，初出相连，后自断，邑人取其浆以盐晒，名禾虫酱，东莞爱食禾虫，以为上味。产时在获禾后，禾民以为生吾田，虫随田主捕，蜑民以为育吾水，虫随水户捕，争不息，往往诉于行台，频年不得休。①

如前所述，明代官员以实业看待沿海水埠，暗示承认其因土地而衍生出来的权利。清代国家权力的主动介入，让水埠纷争涉及的主体更加复杂。禾虫埠等采捞权利独立成业，并为蜑民所有。这可看成是依水而生的权利主张，并得到官府的认可。只是，既有的对濒海资源进行强力圈占的格局仍然延续，所以档案中也常见对土豪包揽或蜑民依托土豪而对禾虫埠等进行垄断的批评。②

其二，将禾虫埠采捕的优先权划归蜑民，本身是政府对蜑民权利的照顾，或者在某种程度上是试图弥合蜑民和岸民的间隙；然而这种对蜑民权利的确认，其实反过来在制度上将蜑民与岸民的身份区隔进一步明确化。结合上文，雍正、乾隆皇帝及地方大员对珠江三角洲这种资源开发和分配模式持续专注，从雍正二年（1737）开始，地方官府关于广东沿海蜑民蜑船的登记不断细化，且尝试去厘清所谓岸民跟蜑民的区分，用船只编甲、设立埠长等方式来管理蜑民，同时也借以厘清沙田开发过程中形成的大量水埠的分配秩序。在此过程中，部分进入官府登记之列的水上流动人员成为得到官府认证的蜑民，他们能够介入沿海水埠例如禾虫埠涉的权益关系当中。蜑户之名，在这样的情景下其实也变成一种有利的资源。《广东清代档案录》所收录的案卷中，不时出现蜑民控告岸民冒占水埠的案例，如乾隆二十五年（1760）香山县蜑民梁兴德控告岸民罗永贤即罗永年等假冒蜑民之名承充禾虫埠一案。这是清政府对水上世界的管治进一步细化的结果，也可看作濒海人群对政府政策的一种灵活运用。

结　语

海陆之间各类"活动的"生物资源的利权如何确立、划分归属、政府

---

① 乾隆《番禺县志》卷十七《物产》，《广东历代方志集成》广州府部第19册，第415页。
② 《广东清代档案录》"商渔"部分《海中礁虫鱼虾螺蟹苔菜蟛蜞等物许附近贫民采取分界造册给照稽查示禁海主名色》（乾隆十八年），《广州大典》第37辑史部政书类第41册，第251页。

如何管理是明清濒海秩序形成过程中的重要问题。明清时期是珠江口沙田开
发的重要时期，伴随不同的水陆形态演化，珠江口盛产各类水生生物，由此
也引发对包括禾虫埠在内的各类水埠占有权的纷争。在此过程中，陆上沙田
主强调其由陆上土地权延伸而来的、对田边水埠和近岸海面的控制权。面对
这种惯习，明朝更关心的是民间纠纷对地方治安的影响，嘉靖年间对鸭埠和
禾虫利益的争夺，被众多官员和士大夫视为直接威胁珠江口社会治安的重要
问题。而万历中叶之后，在军事财政压力下，政府急于寻求新的税源，往往
通过明确这些资源利权归属（发放埠帖）建立起课税制度。也就是说，政
府的介入，并没有改变民间惯习，而是承认、强化了原有埠主制度。埠主权
利又可进一步切分，把捕捞权租佃出去，大量沙田疍民通过依附或缴纳私税
的方式得以在这些水埠上进行作业。清政府尝试对濒海资源的分配进行调
整，康熙末年直接否定了各类"海主""埠主"的合法性，"海埠半归蛋
民"。雍正、乾隆年间，随着最高统治者对广东濒海疍民生计和组织状态的持
续关注，地方官府逐渐形成对不同水埠"分而治之"的处理原则，其中，疍
户获得禾虫埠捞采的优先权，有了对水面的权利。伴随着官府依疍民依照水
埠编甲印烙、加强管理，清政府对濒海资源的利权划分和社会治理制度趋于
细密化。在此情景下，疍户的身份也不再仅仅是被歧视的弱势一方，而是可
资利用的资源，导致清代各类濒海资源的争夺主体和权利分层变得愈发复杂。

The Evolution of the Management System of "Water Port" (*Shuibu*) at the Pearl River Estuary during the Ming-Qing Period

Yang Peina, Luo Tianyi

Abstract: Relying on the "sands" (*shatian*) at the Pearl River Estuary which grew quickly during the Ming-Qing period, various aquatic animals flourished and showed great economic value. The coastal waters that nourish these animals were called "water port" (*shuibu*), and there are constant disputes over their control and fishing rights. Since the mid-Ming period, a "port-owner" (*buzhu*) system has been formed in the interaction between officials and the people. The government admitted various rights of the "port-owner" as they pay the quota of fishing tax without taxpayer. The "port-owner" was banned in the late Kangxi period, and the registration of "*Dan*" (people who lived by fishing, on boats, or under awning set up by the water) was strengthened. In this context, the imperial court ordered that the right to benefit from the water port should be attributed to the *Dan*, but the local government adopted different governance measures according to classification of these water ports in practice.

Keywords: "Water Port" (*Shuibu*); Pearl River Estury; Ming and Qing Dynasties

（执行编辑：申斌）

海洋史研究（第十七辑）

2021 年 8 月　第 266~289 页

明清至民国时期广东大亚湾区盐业社会

——基于文献与田野调查的研究

段雪玉　汪　洁[*]

大亚湾是广东众多海湾之一，位于今广东省惠州市惠东县、惠阳区和深圳市宝安区之间，"东靠红海湾，西邻大鹏湾"，"该湾由三面山岭环抱，北枕铁炉嶂山脉，东倚平海半岛，西依大鹏半岛"[①]。据《中国海域地名志》，大亚湾位于 N22°30′~22°50′，E114°29′~114°49′，湾内岛屿众多，岸线曲折，大湾套小湾，有百岛湾之称。[②] 宋元时期大亚湾区就有淡水盐场的记载，明清以降由淡水场分出碧甲栅、大洲场（栅），形成湾区三处场栅鼎立的生产格局。具体而言，淡水场从明代后期开始扩张，隶属于淡水场的碧甲、大洲岛增置为盐栅、盐场，派委员和场大使独立管理，下迄民国成为广东海盐产量最高之地。[③] 对两广盐区盐政而言，大亚湾区盐场（栅）的重要性不言而喻。

2018~2019 年，笔者带领华南师范大学历史文化学院 24 位本科生对港口滨海旅游度假区东海行政村和大园行政村以及稔山镇范和村、长排村等盐

---

* 作者段雪玉，华南师范大学历史文化学院副教授，研究方向：明清史、明清社会经济史；汪洁，广东省惠州市惠东县平海镇平海社区党委书记，研究方向：惠州地方史。

① 中国海湾志编纂委员会编《中国海湾志》第九分册《广东省东部海湾》，海洋出版社，1998，第 221 页。

② 《中国海域地名志》，中国地名委员会（内部印刷），1989，第 56~57 页。

③ 邹琳编《粤鹾纪实》第三编《场产》，华泰印刷有限公司，1922，第 3 页。参见段雪玉《清代广东盐产地新探》，《盐业史研究》2014 年第 4 期。

场村落展开了为期一年的调研。① 根据田野调查搜集所得民间文献、口述史料，结合地方史志文献，大致可以勾勒出明清时期大亚湾区盐场（栅）社会历史。大亚湾区各盐场（栅）社会联系密切，它们生产的海盐部分运销省城广州，其余通过湾区西北部的小淡水厂供应东江流域的惠州府、江西南赣部分州县。乾嘉时期改埠归纲，它被称为"东柜"，属六柜之一。因此大亚湾区三处盐场（栅）与小淡水厂构成相对独立、场栅之间联系密切的盐业生产、运销网络。

一　明清以前大亚湾区盐业扩张

大亚湾区在秦汉六朝时期的行政隶属多有变化，自589年（南朝陈祯明三年，隋开皇九年）后一直属归善县（民国元年改名惠阳县）。汉唐时期，大亚湾区盐业历史记载不详。《汉书》载南海郡有番禺、博罗等六县，其中仅番禺县"有盐官"②。但最近广东省文物考古研究所整理文物，发现2000年广惠高速公路博罗岭嘴头考古出土的一件汉代陶器残件，上刻"盐官"字样（参见图1）。唐代刘恂在《岭表录异》中提到广东有"野煎盐"③，文中仅提及恩州场、石桥场，位于今阳江市和海丰县，分处广东海岸线东西两端，说明此种煎盐法可能在岭海已经普及。

宋代惠州归善县始有淡水盐场的记载，其为广南东路盐场之一。④ 元代关于淡水盐场的记载稍为详细。元于江西行省置广东盐课提举司，下辖盐场13所，淡水场为其一。盐场设有职官，"每所司令一员，从七品；司丞一员，从八品；管勾一员，从九品"。⑤《元典章》称"惠州等处淡水盐司：古隆，淡水"⑥。元

---

① 华南师范大学历史文化学院24位本科生分别是：邓滢滢、李桂梅、邓惠之、朱筱静、张梅、林星岑、黄诗然、骆妍、伍欣仪、张泳琳、陈斯茵、吴奇孟、曾博奥、晏智健、谢泽、梁立基、张浩文、吴福强、黄格林、刘康乐、刘美好、石珂源、杨毅珩、梁旭辉。感谢各位同学参与！本文所用民间文献皆由田野调查中获得，感谢所有文献提供者！谨向平海镇政府致以谢忱！

② 班固：《汉书》，中华书局，1964，第1628页。

③ 参见吉成名《唐代海盐产地研究》，《盐业史研究》2007年第3期。

④ 脱脱：《宋史》，中华书局，1977，第2239页。

⑤ 宋濂：《元史》，中华书局，1976，第2314页。

⑥ 陈高华、张帆、刘晓、党宝海点校《元典章》，天津古籍出版社，2011，第345页。参见吉成名《元代食盐产地研究》，《四川理工学院学报》2008年第3期。古隆位于海丰县，参见邹琳编《粤鹾纪实》第三编《场产》，第1页。

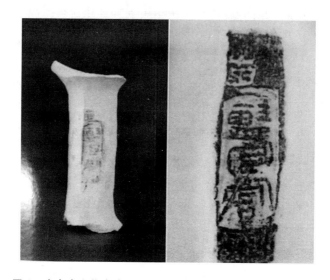

图1　广东省文物考古研究所藏汉代"盐官"字样陶器残件*

*　照片由惠州市博物馆于 2019 年 8 月 27 日提供给汪洁，谨致谢忱。

大德《南海志》载"淡水、石桥二场隶惠州路"，"淡水场周岁散办盐一千九百二引"。[①] 东莞伯何真曾于元至正初任淡水场管勾。[②] 据戴裔煊考订，宋代广东海岸线上皆有盐场，但数量和产量以广州居多。[③] 宋元时期惠州淡水盐场不如广州盐场重要。

二　淡水场分场栅增置

明初承宋元旧制。广东设"广东、海北二提举司"提举盐务，其中"广东所辖盐场十四，海北所辖盐场十五"。[④] 设盐课司驻盐场，设场大使（有的设有副使）管理盐的生产、场课征收。[⑤] 明代后期，广东食盐产地分布发生了重要变化。第一，随着海北盐课提举司下辖盐场裁并或归于州县兼

①　大德《南海志》卷六《盐课》，《续修四库全书》第 713 册，上海古籍出版社，2002，第 7 页。
②　张廷玉：《明史》，中华书局，1974，第 3834 页。参见段雪玉《乡豪、盐官与地方政治：〈庐江郡何氏家记〉所见元末明初的广东社会》，《盐业史研究》2010 年第 4 期。
③　戴裔煊：《宋代钞盐制度研究》，中华书局，1980，第 27~30 页。
④　张廷玉：《明史》，第 1931 页。
⑤　张廷玉：《明史》，第 1846~1848 页。

管，万历时期裁革海北盐课提举司，[1] 两广盐区食盐主要由广东盐课提举司盐场供应。第二，随着珠江三角洲沙田的扩张，广州府沿海地区作为食盐产地中心地位持续衰落。相应地，惠、潮二府的食盐生产持续扩张。如淡水场"原额课银八百六十五两一钱九分七厘五毫。天启四年申详，新垦溢额银二十九两三钱九分，共额银八百九十四两五钱八分七厘五毫"。[2] 表明这一时期有新垦盐田申报盐课银。明末鹿善继也认为梧桂、荆楚食盐实际已由惠潮之盐供应："东粤左襟汀漳，右控梧桂，负荆楚而面溟渤。……潮有隆井、招收、小江，惠有淡水、石桥之饶，其盐为青、生。潮商繇广济桥散入三河，转达闽之汀州，为东界。水商运惠潮之盐贸于广州，听商转卖。"[3]。

民国邹琳认为惠阳县（即归善县）淡水墟"宋时设场当在此地附近，乃因地势变迁，移场署于平海墟"[4]。《惠州史稿》也载宋代惠州盐场在淡水。[5] 不过，明嘉靖时淡水场盐课司已移至平海所城东门外，[6]淡水场盐课司设大使一人，吏攒典一人。[7] 明清鼎革，淡水盐场生产一度受到冲击，不过恢复很快。"归善盐场从前商办，自康熙五十六年裁场商，发帑收盐，改盐课司驻平海所城，督收盐斤，征解引课。至雍正十年又改盐课司为淡水场盐大使，自谢应翰始，而大洲栅、碧甲栅皆委员焉。"[8] 雍正二年（1724）二月，两广总督孔毓珣请于"归善等县淡水等各场产盐甚多之处，请择廉干之员督收，其实心办事者，三年保举议叙，以示奖励"[9]。"乾隆二十一年九

① 张江华：《明代海北盐课提举司的兴废及其原因》，《中国历史地理论丛》1997年第3期。
② 康熙《归善县志》卷十《赋役下》，《广东历代方志集成》惠州府部第6册，岭南美术出版社，2009，第140页。
③ 鹿善继：《鹿忠节公集》卷十《粤东盐法议》，《续修四库全书》第1373册，上海古籍出版社，2002，第226页。
④ 邹琳编《粤鹾纪实》第三编《场产》，第3页。
⑤ 谭力浠、朱生灿编著《惠州史稿》，中共惠州市委党史研究小组办公室、惠州市文化局，1982，第27页。另参见广东省惠州地区地名委员会编《广东省惠阳地区地名志》，广东省地图出版社，1987，第11页。
⑥ 嘉靖二十一年《惠州府志》卷六《公署》，《广东历代方志集成》惠州府部第1册，岭南美术出版社，2009，第183页。
⑦ 嘉靖二十一年《惠州府志》卷六《公署》，《广东历代方志集成》惠州府部第1册，第183页。另参见嘉靖三十五年《惠州府志》卷六《建置》，《广东历代方志集成》惠州府部第1册，第385页。
⑧ 乾隆《归善县志》卷十一《赋役》，《广东历代方志集成》惠州府部第7册，第149页。
⑨ 《清世宗实录》卷二十五，雍正二年二月甲戌条，《清实录》第7册，中华书局，1986，第389页。

月，议准将归善县淡水场之大洲、墩白二栅，海丰县石桥场之小靖栅改为盐场"①，"俱改为盐场实缺，各设大使一员。照例以五年报满，颁给钤记"②。墩白栅位于海丰县境内，"旧统于淡水，后改为墩下场，又分白沙栅，地隶海丰，盐额此不复载"③。广东盐场经过裁并、增置，道光时期广州府仅余上川司一场，产量不足总产量的1%，惠州府、潮州府共计十四场栅，盐产占总产量的70%有余（参见表1）。广东盐产地中心转移至惠州府、潮州府沿海地区，奠定18世纪以后广东食盐产销、税课制度的基础。④

表1　道光十六年（1836）广东盐场额盐统计

所属府	所属州县	盐场名称	额收生、熟盐数量（单位:包）	各场盐包占总额百分比（%）	各府盐场所占总额百分比（%）
广州府	新宁	上川司	熟盐 12158	0.7	0.7
惠州府	归善	淡水场	生盐 126214	7.7	48.2
		碧甲栅	生盐 68961	4.2	
		大洲场(连大洲栅)	生盐 176744	10.9	
	海丰	墩白场(连白沙栅)	生盐 144006	8.8	
		石桥场	生盐 93974	5.8	
	陆丰	小靖场内五厂	生盐 53505	3.3	
		小靖场外三厂	生盐 51648	3.2	
		海甲栅	生盐 70000	4.3	
潮州府	潮阳	招收场	生盐 83793	5.1	23.7
		河西栅	生盐 93785	5.8	
	惠来	隆井场	生盐 30000	1.8	
		惠来栅	生盐 29640	1.8	
	饶平	东界场	生盐 81150	5	
		海山隆澳场	生盐 43740	2.7	
	澄海	小江场	生盐 24000	1.5	

---

① 民国盐务署纂《清盐法志》卷二百一十四《两广一·场产门一·场区》，于浩辑《稀见明清经济史料丛刊》第2辑第10册，国家图书馆出版社，2012，第304页。

② 《清高宗实录》卷五百二十，乾隆二十一年九月丙寅条，《清实录》第15册，第558页。

③ 乾隆《归善县志》卷十一《赋役》，《广东历代方志集成》惠州府部第7册，第150页。

④ 段雪玉：《清代广东盐产地新探》，《盐业史研究》2014年第4期。

续表

所属府	所属州县	盐场名称	额收生、熟盐数量（单位:包）	各场盐包占总额百分比（%）	各府盐场所占总额百分比（%）
阳江直隶州		双恩场	生盐41333	2.5	2.5
高州府	电白	电茂场	生盐159196	9.8	22.9
		博茂场	生盐202269	12.4	
	吴川	茂晖场	生盐10600	0.7	
廉州府	合浦	白石东场	熟盐21404	1.3	2
		白石西场	熟盐10791	0.7	
总　计			额收生熟盐1628911	100	100

说明：表中没列入雷州府、琼州府。明正统以后，琼州府盐场归本府行销。万历时期海北盐课司裁撤后，高州府、雷州府、廉州府、琼州府盐场皆为府佐兼理。清承明制，除高、廉两府盐场归两广都转运盐使司管理外，雷州府、琼州府仍归本地兼理、本府行销。参见张江华《明代海北盐课提举司的兴废及其原因》，《中国历史地理论丛》1997年第3期。

资料来源：道光《两广盐法志》卷二十三《场灶二·额盐》，于浩辑《稀见明清经济史料丛刊》第1辑第42册，图书馆出版社，2009，第225～237页。

　　雍乾以后经过盐场分栅增置，至道光时期归善县共有淡水场、大洲场（大洲栅并入）、碧甲栅等三盐场栅分布于大亚湾区。① （参见图2、图3、图4）

三　淡水场与平海城

　　由上述讨论可知宋代淡水场场署尚设在淡水，至迟明嘉靖时期已迁至平海城东门外，这一过程是大亚湾区盐业生产扩张的结果。不过，为何淡水场场署会迁至平海城？淡水场与平海城有什么关系？

　　明清时期地方志中的淡水场，除官署与场产、课额的记载，生产食盐的盐田区域范围并不清晰，不过前引道光《两广盐法志》卷首《绘图·淡水场图》标注出的"黄甲、四围、港尾"三处地名，据《盐法通志》记载大致可以勾画出盐田区的范围："淡水场，在碧甲栅之南四十五里，（场署）设在平海卫城内西南隅，东至葫芦潭过港，南至黄甲，西北至葵坑，横约九里，纵约一十五里。"② 民国《粤鹾辑要》所载淡水场盐田区方位、生产组

---

① 道光《两广盐法志》卷二十三《场灶二》，于浩辑《稀见明清经济史料丛刊》第1辑第42册，国家图书馆出版社，2009，第225～237页。

② 周庆云：《盐法通志》卷二《疆域二·产区二》，于浩辑《稀见明清经济史料丛刊》第2辑第16册，国家图书馆出版社，2012，第130页。

图 2　道光时期淡水场图

资料来源：道光《两广盐法志》卷首《绘图》。

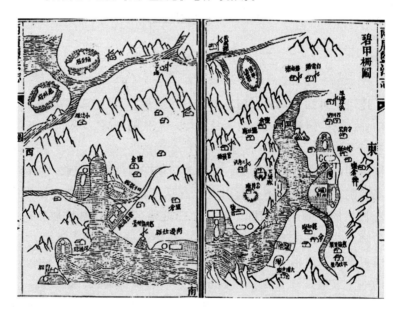

图 3　道光时期碧甲栅图

资料来源：道光《两广盐法志》卷首《绘图》。

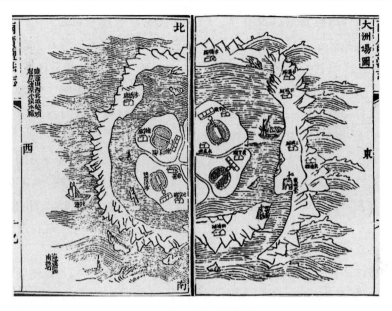

图 4　道光时期大洲场图

资料来源：道光《两广盐法志》卷首《绘图》。

织更为详细："淡水场，坐落惠阳县平海城，距县城一百六十里，盐田区域分东西二处。东路在葫芦潭过港周围，合计一十五方里，距场署约一里许。西路在葵坑周围，合计约五方里，距场署约十七里。东路向分四厂，曰东洲厂、四围厂、黄甲厂、港尾厂，西路厂盐塭因年久荒芜，今不可考。此外，新增应归围盐塭系于民国二年侨商张振勋集款兴筑，故不在东西路范围之内。"① 以上两种记载比较清晰地勾勒了清末民国淡水盐场的盐田区，但这是不是明代以后淡水场的范围并不明确。据方志记载，明嘉靖时期归善县有四巡检司，其内外管巡检司位于"府东南一百三十里饭罗冈，洪武元年建"，有一图、六图等二里。② 崇祯县志称"内外管社"，其中仅有"葵坑"与上述盐田区内地名吻合。③

　　1940 年，惠阳盐场公署报两广盐务局批准，将淡水改称平海，碧甲改

---

① 两广盐运使公署编《粤鹾辑要》，桑兵主编《清代稿钞本三编》第 145 册，广东人民出版社，2010，第 95~96 页。

② 嘉靖三十五年《惠州府志》卷六《建置》，《广东历代方志集成》惠州府部第 1 册，第 384 页。饭罗冈，即今稔山镇范和村，清碧甲栅所在地。

③ 嘉靖二十一年《惠州府志》卷一《图经》，《广东历代方志集成》惠州府部第 1 册，第 118 页。崇祯《惠州府志》卷七《都里》，《广东历代方志集成》惠州府部第 2 册，第 426 页。

称稔山，蔴西改称黄马。1950 年，广东省人民政府盐务局改为两广盐务管理局，产盐地区设盐场管理处，下设分处，分处下设场务所（后改称盐务所）。成立惠阳盐场管理处，下辖稔山、平海、大洲、黄马四场务所。[1] 1961 年，惠阳县改设区、公社建制。平海人民公社下辖四围（平海）渔盐公社，港口渔盐人民公社下辖东海盐业大队，同时隶属惠阳县渔盐工委。[2] 1965 年，成立惠东县盐场管理委员会，同时成立惠东县盐务局，两个机构，同一个班子，合署办公。稔山盐业大队改称为惠东盐场稔山盐业分场，平海盐业大队改称为惠东盐场东海盐业分场，归属惠东盐务局领导。[3] 1984 年成立广东省惠阳盐务局，下辖惠东县盐务局、海丰县盐务局和陆丰县盐务局。1988 年，广东省惠阳盐务局改称为广东省东江盐务局，与广东省东江盐业公司合署办公，隶属于广东省盐务局（广东省盐业总公司）。[4]

从地理位置和行政区划来看，淡水盐场位于今惠东县港口滨海旅游度假区（2008 年由平海镇分出）。2018 年 11 月、2019 年 1 月，笔者和华南师范大学历史文化学院 17 位本科生对港口滨海旅游度假区东海行政村、大园行政村进行了两次田野调查。今东海行政村下辖埔顶村、洪家涌村、东洲村、应大村、罗段村、港尾村、古灶村、头围村、三围村、四围村等 10 个自然村，大园行政区下辖南北寮村、上新村、林厝村、大园村、大塘村等 5 个自然村。根据 15 个自然村的村情信息，[5] 它们都属于淡水盐场的范围，有的村全村村民世代业盐，有的村部分村民世代业盐或从事渔业。而关于祖先来村开基的记忆集中在明清时期，个别村的姓氏自元代迁入。东海埔顶村和大园大塘村都有黄甲玄天上帝庙，虽然现在并没有名为"黄甲"的村，但各村对黄甲玄天上帝庙都有较深的记忆，应是对"黄甲""黄甲厂"盐业生产组织的信仰记忆。另一点让人印象深刻的是，15 个自然村内的民居建筑多为单体建筑，统一修缮为 20 世纪 60～70 年代，建筑面积均为 30 平方米左右，村内缺少岭南地区常见的样式复杂、做工精美的大宅民居，即使是祠堂也与民居相似，颇为简陋，表明这些村落明清时期并没有出现具有一定经济实力或在地方上有大影响力的显要人物。从口述史资料来看，这些村落年纪

---

① 高明奇主编《惠州（东江）盐务志》，中共党史出版社，2009，第 29～30 页。
② 平海镇地方志编纂委员会编《平海镇志》，岭南美术出版社，2019，第 39～40 页。
③ 平海镇地方志编纂委员会编《平海镇志》，第 222 页。
④ 高明奇主编《惠州（东江）盐务志》，第 35 页。
⑤ 东海、大园行政村村情资料由汪洁搜集提供。

稍大盐民的记忆都以租佃盐埠的生活为主，家里是没有盐田的。据《惠州（东江）盐务志》记载，民国 70% 以上盐田掌握在地主、埠主、恶霸、官僚及祖尝管理人手中。占盐田人口不到 10% 的埠主，占有包括由其控制的公尝盐田总数的 60% ~ 70%。① 淡水场盐田生产关系想必不仅民国时期如此，明以降随着珠江三角洲盐业生产的衰落，两广盐区对食盐的需求转而向惠、潮二府集中，位于今港口滨海旅游度假区内适宜生产食盐的沿海滩涂逐渐被开发出来。不过，对这些沿海滩涂的权力掌控可能并不在盐田区的村落内，这些村落整齐简陋的单体式民居布局表明村里的盐民是租晒盐埠的生产者人群，他们以少则百余人多则千余人的规模聚居，形成世代佃晒盐埠的村落。

那么，盐埠主是谁？除淡水盐场所在盐田区的村落，平海所城的军户以及因从事农渔业、手工业、商业等生计而定居于平海的人群同样是淡水盐场社会结构中的重要组成部分。

明洪武二十七年（1394），广东都指挥同知花茂请设沿海二十四卫所，其中有平海守御千户所，隶属于碣石卫。② 平海所城因而修建起来。据记载，平海守御千户所原额旗军一千一百四十五人，经历调防和逃亡，嘉靖年间仅剩四百余人。③ 清代以后，卫所被逐渐裁撤，但平海的军事建置并没有削弱。康熙九年（1670），设右营都司一员、守备一员驻守平海。此外，平海、白云各汛，东江、归善各哨江之兵俱由平海右营拨遣。④ 在"三藩之乱"中，平海所城的军事职能继续加强。康熙十七年（1678）设镇标都司一员、守备一员，领兵六百九十五名驻平海所城。⑤ 康熙四十三年（1704），将顺德镇标左营改为平海营，顺德镇标左营游击移驻平海。⑥ 雍正九年（1731），平海所城正式裁所，改设"巡检一员，以视资缉"⑦，结束了平海守御千户所的历史。明清时期，平海经历了从千户所到平海营的军事建置变化，作为明清两朝广东重要海防营所，平海的重要军事地位相沿不辍，平海

① 高明奇主编《惠州（东江）盐务志》，第 96 页。
② 张廷玉：《明史》，第 3908 页。
③ 嘉靖三十五年《惠州府志》卷十《兵防》，《广东历代方志集成》惠州府部第 1 册，第 453 页。
④ 康熙《归善县志》卷二《邑事纪》，《广东历代方志集成》惠州府部第 6 册，第 164 页。
⑤ 雍正《归善县志》卷二《邑事纪》，《广东历代方志集成》惠州府部第 6 册，第 412 页。
⑥ 张建雄：《清代前期广东海防体制研究》，广东省人民出版社，2012，第 24 页。
⑦ 光绪《惠州府志》卷六《建置·城池》，《广东历代方志集成》惠州府部第 4 册，第 111 ~ 112 页。

城池因而扮演了广东海防军事要塞的角色。① 据平海镇东和村委洞上村《吕氏族谱》记载，"（平海所城）城上有四门四楼（东楼晏公爷、南楼协天大帝、西楼华光大帝、北楼玄天大帝），有四庙（东北角玄檀爷、东南角阿妈庙、西南角张飞公、西北角包公爷）、四局（火药局、冲口局、军账局、沙尾局，以供军士储放军器等用），城内四条正街向四个门楼，并交叉呈十字形，建有两座衙门（守府衙门和大衙门）、七个水井以及义学、盐厂、城隍庙、文昌公、东岳庙、龙泉寺、榜山寺、普照庵，在西门外设置军士练武场"②。

本文作者之一汪洁为土生土长平海人，他根据自己的生活经验，借助盐法志书中的平海城池图及族谱记载，绘制了平海所城示意图。（参见图5）

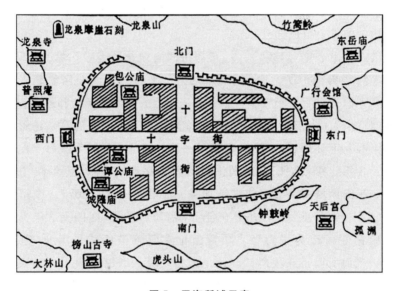

图 5　平海所城示意

资料来源：刘车、汪洁《平海城事》，广东人民出版社，2014，第 28 页。

今平海城内的民宅方位大体上沿袭明代所城的布局，西北村曾家、王家、汪家、翁家、丁家；东大街杨家；南摆村林家、徐家、潘家等都是明代

---

① 参见李珮妮《明清平海所城社会研究》，硕士学位论文，华南师范大学历史文化学院，2019。

② 民国《吕氏族谱》，平海洞上村吕顺财家藏，2018 年 8 月 12 日李珮妮搜集。

的军户家族，大多可与地方志书记载的军户姓氏吻合。他们聚族而居，城内大多民居皆为其各房系后代居住，构成平海所城的主体。[①] 平海城东面临海，海船可在东门外港口停泊，并由此上岸入城。因而东门外形成了贸易集市和手工业、商业性村落上中村和西元村。西元村有街巷名"盐埠头"，即为居住于此的邓氏收取淡水场盐课之地。[②] 今西元村张姓村长家藏有一份民国十七年（1928）分家书，由张氏三房共执。其家产包括东门外利旺街的商铺、农田、东洲厂晒水盐町等，三房在均分农田、商铺后，共同商议将"东洲厂晒水盐町壹塉，又麦元典授租谷捌石正，此二款归朱氏留为口食，供膳费用。倘百年身后，将此田交出做丧费之需，余用有存归众做尝。照三大房轮流。此据"。[③] 这份民国分家书表明可能明清以来淡水场盐相当一部分盐塉归平海大姓所有，以祖尝形式代代相沿，即使有买卖，也在这些地方有势力族群中流动。可以说，淡水场的社会经济结构表现为晒盐权与塉主权在空间上的分离。[④]

四　碧甲栅（场）：稔山镇范和、长排等盐业村

据清末盐法志书记载，"碧甲场坐落惠阳县，属范和冈乡，离县城一百二十里，管理盐田分三厂，左循海坝经芙蓉乡、圆墩乡至红石湾、大石湾等处约二十里归范和厂；右循海坝经大墩、稔山、王公前等处直至崩山地方约八里有奇，并大墩隔海之蟹洲、黄施洲、三连洲三处归稔山厂；又离场西向八十里之盐田归蔴西厂，东西约八九十里，均距县城一百二十里"。[⑤] 这条史料提供了清末民国时期碧甲场地理方位的详细信息，即位于今惠东县稔山镇范和、大墩、芙蓉和长排等村。[⑥]

---

① 李珮妮：《明清平海所城社会研究》，第 33 页。参见张伟海、恭昌青《历史文化名城平海》，广东人民出版社，2005；刘车、汪洁：《平海城事》，广东人民出版社，2014。

② 根据 2019 年 1 月 18～24 日平海调研资料整理。盐埠头邓氏，为惠阳区淡水邓氏分支迁入平海。根据族谱记载，其为东江之盐商。本文第六部分主要讨论邓氏与小淡水厂、东江盐业的关系。

③ 2019 年 1 月 18～24 日于平海西元村村主任家搜集。按：平海关于盐塉的分家书、契约和族谱，我们还搜集到几种，内容和时间都比较接近，限于篇幅，本文举此为例。

④ 2018 年 11 月调研团队罗段村村主任访谈记录，罗段村的盐田塉主 1949 年前大多都是稔山范和村的。

⑤ 两广盐运使公署编《粤鹾辑要》，第 94～95 页。

⑥ 稔山镇地方志编纂委员会编《稔山镇志》，北京图书出版社，2015，第 57 页。

稔山镇位于大亚湾区稔平半岛西北部，依山傍海。明代设内外管巡检司于饭罗冈。清同治年间改归平政巡检司管辖（驻范和冈）。[①] 碧甲场委员署在范和冈。[②] 今稔山镇从事盐业的村落主要有稔山社区、大埔屯社区、范和村、芙蓉村、长排村和大墩村，各村姓氏族群对定居于此的记忆可追溯至宋代。以渔业为主的船澳村地处大亚湾亚婆角海岸，相传南宋末帝昺逃亡时避难于此。文天祥也曾于此地练兵五个月。[③] 规模最大的范和村，"明洪武元年（1368 年），潮州、潮阳县一带渔民因年关躲债漂泊来到范和。后又有部分人从粤东兴梅地区迁来。高、王、郭姓相传于宋末元初落籍范和，陈姓于元末明初迁入罗冈围……林姓于清初迁入吉塘围，欧姓和吴姓都是明末清初分别迁入山顶下和关帝爷。1704～1715 年，有大鹏守备协标右营官兵 548 人进驻饭罗冈"[④]。不过，这些业盐为主的村落有的杂姓超过五十个，陈姓始终是各村大姓。

2019 年 1 月 18～24 日，笔者带领华南师范大学历史文化学院 5 位本科生重点在稔山镇范和村和长排村展开调研。其间搜集到两种共计五本陈氏族谱：一为范和村、芙蓉村陈氏，有《福建莆田浮山陈氏族谱》（2013 年修）、《惠东稔山芙蓉陈氏族谱》（2015 年修）、《诒远堂陈氏三房族谱》；二为长排村、大墩村的陈氏，有《广东省惠东县稔山长排、大墩陈氏族谱》（1992 年修）、《广东省澄海县澄城沟下池陈氏族谱》（1991 年修）。根据族谱所载，两个陈氏并不同宗，各有渊源。

范和村、芙蓉村《福建莆田浮山陈氏族谱》《惠东稔山芙蓉陈氏族谱》记载，其先世出自河南淮阳，唐陈遇后裔举家渡江，后入闽居住在莆田，成为陈氏浮山派入莆田始迁祖。元至正二十四年（1364）入迁稔山开基祖第一世陈从仕（又名陈从周）获赐进士，派任循州判，后迁任候补博罗县正堂。洪武元年（1368）明朝张寒判占领博罗县城，从仕公因此自解弃之，回闽时经过稔山，爱其山水形势，遂定居于此，成为范和、芙蓉陈氏始祖。从仕公生三子：获位、获禄、获寿。长子奉命与母亲携妹妹回原籍继承祖业，次子获禄到"笋冈围"（罗冈围）定居，从仕公与三子到芙蓉立业。后四世祖隆基公携家眷在罗冈围外东山边下一处地方分居立业，取名"三角聚"（三角市）。故范和、芙蓉陈氏自元末明初以来发展为一祖三地：芙蓉陈氏"雍熙堂"，范和南门罗冈围陈氏"诒远堂"，范和三角市陈氏"锡庆堂"，传至今已有二十四代。①

二世祖获禄公与获寿公定居稔山范和、芙蓉时，"兄弟勤苦儒业，（从仕）公躬率工人辟地开荒，有良田千余亩，盐町二百余塥，遵承咸淡粮课注册输纳，编户名陈从周，奏米若干石"。陈氏定居范和、芙蓉，并非佣耕或贸易之无名之辈，谱载："明洪武十四年（1381）辛酉春三月，朝编赋役黄册，秋七月奉谕举孝弟力田贤良方正文学之士，获禄公遂偕弟获寿公同擢南京贡士。获禄公为人敦诚，友爱好善乐施，闾里乐其惠，故以乐字冠诸子侄也。"② 陈氏由元入明，开基祖陈从仕以弃官身份入稔山定居，二世祖兄弟二人入籍，有素封，奠定了明以降稔山陈氏掌控渔盐等丰富资源的大族地位。

不仅陈氏开基祖、二世祖积攒了良田、盐町等财富，其房系后代利用王朝鼎革之机，终扩张为清代碧甲栅的大盐塥主。芙蓉三房后代珠古石公后裔十世祖第三支房自得公，外号"大头公"，生于清康熙九年（1670），公胆识过人，有远见，拥有巨额家财。康熙年间带领族人集资围海建造盐田，从"烧灰港"海滩围至"大围港"一带，共筑海堤三千多米，得可用地三四千亩，给族中后人用作建造盐田和开垦农田。同时还在村东边建造一座大书房，供族中子孙读书，当地人称"芙蓉有个大目易，胜过他乡三个举"。凤地公后裔作求堂第一支房十一世祖英毅公，生于康熙二十九年（1690），经商四方，善通官府。雍正年间，英毅公按当时世道，结交清廷各级官员，将站在芙蓉村放眼能看清的海滩、农地、山岭都圈起来，办"田契证"，交"税赋"，对外乡人凡务耕、探海者都实行按地收租。外乡人有意见，告到惠州府。公以田契证、税单为凭据，赢得官司。五房公后裔妈地公支房十五世祖路稳公，外号"大路稳"，生于清咸丰七年（1857），家庭富裕，住在大路小乡围屋，在归善地区可算富甲一方，拥有盐田七十二塥，年产量二万多担，属惠州府纳盐大税户之一。③ 以上陈氏扩张盐业的事迹，与清乾隆时期碧甲栅因产量大增，由淡水场分出独立成栅的历史同步，乾隆时期碧甲栅

---

① 《惠东稔山芙蓉陈氏族谱》，2015，第 24～26 页。
② 《诒远堂陈氏三房族谱》，第 3～6、11 页。
③ 《芙蓉陈氏历代名贤录》，《惠东稔山芙蓉陈氏族谱》，第 73～75 页。

场产达到 58900 余包。① 道光时期增产达 68900 余包。② 民国时期产量高达 32 万余石，合 8 万余包（1 包 400 斤，每 100 斤 1 石）。③ 可见，碧甲栅的盐埠主主要由范和、芙蓉陈氏的祠堂祖尝或后代子孙掌控。

长排、大墩陈氏追溯自己的祖先来自福建莆田，元末明初迁至潮州澄海，做小生意维持生计。传至八世祖时居住在县城沟下池一带，长房八世祖元勋公中进士，修进士第，宅第前有池塘环绕，名沟下池。《广东省惠东县稔山长排、大墩陈氏族谱》追溯其在稔山开基祖陈氏三兄弟，"一世祖平洲公、易洲公、一五传讳（交洲公移居东莞桥头乡），于明嘉靖末年（约 1566 年）由潮州澄海县沟下池，挈家移居归善县平政司海洲角村（今惠东县稔山镇海洲村），创业垂统，世代繁衍，发展成为稔山一大陈氏家族"④。留在稔山开基并繁衍后代的实际是平洲公、易洲公两兄弟，其中平洲公传至三世祖居伍公为清康熙初年，"康熙元年，始自海洲角约林、李、洪、潘、苏、黎诸亲，共买长排围地，安土敦仁始基于此，围地载米八升，县在里一四甲陈从周户下，康熙三十年收入里六四甲房癸孙户内"⑤。这段记载中特别值得注意的是，长排、大墩陈氏与范和陈氏并非同祖，但在开基入籍时，将税粮登记在了范和、芙蓉陈从周户名之下。从州县的户籍登记来看，稔山范和、芙蓉、长排、大墩陈氏合用一个"陈从周"户名，为同一个陈氏。但在稔山各村陈氏后代来看，他们是不同宗的两个陈氏，二陈泾渭分明。明嘉靖时期入籍的长排、大墩陈氏，借助入籍范和、芙蓉陈氏从而获得了在稔山的合法居住权。从族谱来看，长排、大墩陈氏的扩张过程并不清晰，盐田的买卖事迹记载不详。不过，方志中有一段民国长排填海造盐田的记载，从侧面反映了长排的盐业扩张比范和、芙蓉陈氏来得晚："民国时期，由于盐田有限，盐民为了生计，土法上马填海造盐田。当年，长排村的陈氏'埠主'在稔山沿海一带填海造田，填海近 100 亩（630 公亩）。"⑥

综上所述，碧甲栅所在稔山范和、芙蓉、长排、大墩等盐业村落陈氏大族，利用王朝鼎革时机，通过户籍登记等手段，获得对盐田的合法所有权。

---

① 乾隆《两广盐法志》卷十八《场灶下·盐包》，于浩辑《稀见明清经济史料丛刊》第 1 辑第 37 册，国家图书馆出版社，2009，第 494 页。
② 道光《两广盐法志》卷二十三《场灶二·额盐》，第 228 页。
③ 两广盐运使公署编《粤鹾辑要·灶丁及灶户》，第 135 页。
④ 《广东省惠东县稔山长排、大墩陈氏族谱》，第 11 页。
⑤ 《广东省惠东县稔山长排、大墩陈氏族谱》，第 16 ~ 17 页。
⑥ 稔山镇地方志编纂委员会编《稔山镇志》，第 242 页。

同时通过入籍本地同姓大族，取得合法居住权，并联合他姓合力开垦大围，从而奠定地方大族的地位。手段各异，但都实现了对富饶的渔盐资源的控制和垄断，成为富甲一方的大埠主。稔山碧甲栅的陈氏呈现了不同于平海淡水场的历史过程。

五　大洲场：渔民上岸的盐业社区历史

此外，笔者前些年对大洲场所在盐洲岛（今属惠东县黄埠镇）也做过田野考察。

据清末盐法志书记载，"大洲场坐落惠阳县东，相距约一百六十里，俗名盐洲。周围十三里有奇。原辖十厂，附场四厂，曰望京厂、白沙厂、大南厂、望斗厂，离场署二里曰三洲厂，三里曰下坑厂，八里曰东涌厂，十四里曰西涌厂，二十里曰沙桥厂，三十里曰小漠厂，以上共十处，均属该场所辖范围"[1]。时广东盐场分为五等，大洲场为一等盐场。[2]

盐洲"曾名大洲岛"，"在广东省惠东县考洲东南部，三洲水道与盐洲水道之间，扼洲洋出口，东南距大陆0.35公里。明万历年间（1573～1615年）岛上已有渔民定居开拓盐田，始名盐洲。后依其面积大于洲洋内其它岛改称大洲岛。1987年复名盐洲。南北长2.76公里，东西宽2.25公里，岸线长9.7公里，海拔4.4米，面积3.35平方公里"。"四周筑有16公里长防潮海堤。""全岛大部分为盐田。"[3] 按行政区划，盐洲位于惠州市惠东县黄埠镇，该镇下辖沙埔、望京洲、垦头、联新、三洲、望斗、前寮、白沙、新渔、西冲、霞坑等11个行政村。[4]

较早注意到大洲岛历史的是刘志伟，他在1992年调查了大洲岛。刘志伟对大洲岛的信仰与社区关系做了专题研究。他认为，岛内市仔天后宫作为全岛祭祀中心，把大洲岛上十三个自然村联结成一个自成体系的社区。而市仔天后宫与海口天后宫的紧密联系揭示出岛上居民由海上到陆上定居的历史。大洲居民最早的定居时间已不可考。现在岛上居民大多宣称明末清初来此定居。他见到一手抄本《林氏族谱》记载林姓在大洲的开基祖是七世祖，

---

①　两广盐运使公署编《粤鹾辑要》，第92～93页。

②　两广盐运使公署编《粤鹾辑要》，第88页。

③　《中国海域地名志》，第496页。

④　惠东县地方志编纂委员会编《惠东县志》，中华书局，2003，第83页。

而其父卒于明嘉靖三十三年（1554），因此七世祖迁入大洲当在万历、天启年间。不过，今大洲岛居民对祖先来此开基的回忆并不说明这一时期是大洲岛最早有人居住的年代。大洲岛上有许多以姓氏命名的村，如李甲、唐甲、施甲、翁甲、丁厝、马厝等，但这些村的居民现在大多非原来用作村名的姓氏。刘志伟认为大洲历史上作为一个避风港，海上渔民来来往往，定居的时间不可能是同时的，在定居后的社区整合进程中，岛内各村也存在家族或村落兴衰的过程。大洲岛还有一个值得注意的现象，就是宗族组织的相对不发达，使得大洲岛上以神庙和神明祭祀为中心的地缘组织的作用比血缘组织更为重要，大洲岛的村落是一种由许多来历不同的迁入者共同组成的村社的典型。①

刘志伟对大洲岛的研究恰恰表明盐业是海上渔民上岸定居的重要经济因素，明后期广东东部海盐业的扩张趋势影响到这个深处考洲洋内的海上小岛，由于能够有效避免台风的肆虐，万历以后岛上逐渐有人开垦盐田，定居下来，一直到雍乾时期由于盐产高昂，从淡水场分出独立成栅。"设于前清雍正二年，由淡水场分派委员到场管理。乾隆二十一年始设大使，专员另设大洲栅，以委员分任。乾隆五十年裁大洲栅，归并大洲场，遂相沿至今。其大洲栅故址因年久湮没，今不可考。"② 大洲岛上以神庙和神明祭祀为中心的地缘组织背后的推手无疑是明后期广东东部沿海地区盐业的持续扩张。

六　淡水邓氏：清代东江盐业的盐商家族

2019 年 1 月笔者在平海调研，于平海城东门外西园村盐埠头发现一本《惠阳淡水邓氏族谱》。族谱名称中的淡水显然不是指淡水盐场，而是惠阳区的淡水街道，历史上称作淡水墟，也是前述宋代盐场场署所在地。③ 根据这本族谱的记载，大亚湾区盐业从生产到运销是清代以后东江盐务的重要构成，湾区西北部的淡水墟将淡水、碧甲、大洲诸盐场（栅）的生产与盐商、税课的运作紧密地连在一起。

---

① 刘志伟：《大洲岛的神庙与社区关系》，收入郑振满、陈春声主编《民间信仰与社会空间》，福建人民出版社，2003，第 415~437 页。
② 两广盐运使公署编《粤鹾辑要》，第 124 页。
③ 《惠州市惠阳区行政区划》，2020 年 2 月 26 日，http://www.huiyang.gov.cn/hygk/xzqh/index.html，2020 年 9 月 10 日。

　　如前所述，宋代淡水盐场官署应当在淡水，明代以后才迁至平海。这意味着大亚湾区早期盐业重心当在西北湾区以淡水为中心的沿海地区。几千年前，大亚湾西北湾区海滩"伸延至淡水的桅杆岭、墩头围一带"，此地因海上渔民寻找淡水到此而得名。宋末这里的小市集称上圩，后改称锅笃（乌）圩。① 另一种说法是"传说晋朝时候淡水已有圩集"②。不过有史记载则在明代，明嘉靖时期"归善之市……曰淡水墟"③。

　　归善县的淡水墟除承担圩集功能，还是明清时期重要的东江食盐转运枢纽，盐法志称小淡水厂。大亚湾区的食盐经海运至淡水，统一于此掣验，再溯东江水系运抵各处盐埠。清乾隆时期规定"惠州府属一州九县俱运销场盐"，江西省赣州府"安远、信丰、龙南、定南俱运销广东惠州府场盐"。④ 如惠州府归善埠"场引船赴平海、碧甲等场掣配，由平海港出大星汛，至墩头赴小淡水厂，交官贮仓，领程筑包，经惠粮厅点验，过浮桥抵埠。程限三十五日"。⑤ 其他如龙川埠、连平埠、永安埠，以及江西省赣州府信丰埠、安远埠、龙南埠、定南埠皆按此转运规定，赴小淡水厂点验，再各按程限通过东江水系抵达盐埠。⑥ （参见图6）

　　乾隆五十四年（1789）两广盐区在废除推行七十余年的官帑收盐后，改行纲法，省河一百五十埠设立总局，"举十人为局商，外分子柜六，责成局商……运配各柜。所有原设埠地，悉募运商，听各就近赴局及各柜领销"，此为改埠归纲。⑦ 嘉庆十七年（1812）再次改纲归所，裁去局商，于埠商中之老练者择六人经理六柜事务，组成六柜总商，省城总局改为公所。⑧ 省河六柜包括：中柜设于三水，北柜设于韶州，西柜设于梧州，东柜

① 《淡水镇简介》，《惠阳文史资料》第4辑，1990，第1页。

② 惠阳崇雅中学广州地区校友会编《淡水史话》第1辑，1988，第2页。

③ 嘉靖二十一年《惠州府志》卷五《食货志》，《广东历代方志集成》惠州府部第1册，第180页。

④ 乾隆《两广盐法志》卷十六《转运·疆界》，于浩辑《稀见明清经济史料丛刊》第1辑第37册，第204、206页。

⑤ 乾隆《两广盐法志》卷十六《转运·疆界》，于浩辑《稀见明清经济史料丛刊》第1辑第37册，第234页。

⑥ 乾隆《两广盐法志》卷十六《转运·疆界》，于浩辑《稀见明清经济史料丛刊》第1辑第37册，第237、270、271、272页。参见高明奇主编《惠州（东江）盐务志》，第142页。

⑦ 赵尔巽：《清史稿》卷一百二十三《食货志四·盐法》，中华书局，1977，第3616页。参见黄国信《清代两广盐法"改埠归纲"缘由考》，《盐业史研究》1997年第2期；黄国信《清代乾隆年间两广盐法改埠归纲考论》，《中国社会经济史研究》1997年第3期。

⑧ 邹琳编《粤鹾纪实》第四编《运销》，第3页。

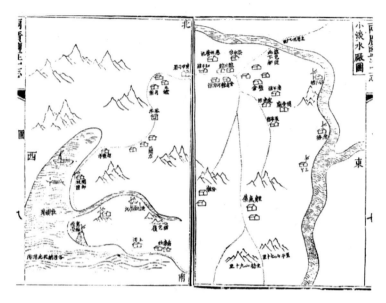

图 6　乾隆时期小淡水厂图

资料来源：乾隆《两广盐法志》卷首《绘图》。

设于小淡水厂，南柜设于高州府梅菉镇，平柜设于廉州府平江口。① 民国实际沿袭清后期六柜运销格局，其中东柜即为后来的东江盐务局。

　　清代至民国小淡水厂承担了惠州府和赣州府食盐转运枢纽的重要职能，那么小淡水厂是否有盐商的经营？幸运的是，《惠阳淡水邓氏族谱》的发现使我们得以管窥清代东江流域大盐商之一斑。

　　《惠阳淡水邓氏族谱》1996 年重修本，收藏于平海城东门外西园村盐埠头邓姓村民。据邓先生介绍，他的祖先清朝由惠阳淡水迁来，在此设立盐埠头，是帮政府收盐税的。② 该谱首列《南阳邓氏族谱源流序》《重修邓氏族谱后跋》《重修族谱字派目》《重修淡水邓氏族谱后跋》《续编邓氏族谱序》《邓氏重修族谱序》等六篇序言。首篇序言由晋王羲之撰（当系假托），第二篇后跋、第三篇字派目由赐进士第翰林院编修邓瀛于清道光十四年（1834）撰。比较重要的是民国二十一年（1932）淡水邓承宜撰写的第四篇后跋，清晰勾勒了淡水邓氏由大鹏城迁入的历史："吾族聚居淡水数百年于

① 道光《两广盐法志》卷十五《转运二·配运程途》，于浩辑《稀见明清经济史料丛刊》第 1 辑第 37 册，第 163～296 页。

② 平海西园村盐埠头邓先生访谈记录，2019 年 1 月 21 日，段雪玉、汪洁、石珂源、杨毅珩采访。

兹矣。族谱所载，利生公于前清初叶由惠州至大鹏城营盐业，旋迁至淡水，因落居焉。溯利生公生奕富、奕贵两公，奕富公迁观音阁，而世居淡水者为奕贵公。我奕贵公生四子，腾龙、云龙、兆龙、从龙四公。自是支分派衍，继继绳绳至于今日。计全族老少男妇达千人，惟其中或迁居惠州，或侨居南洋，移居稔山、平海。考诸族谱，多付阙如。甚且聚居淡水间，有未曾登载。承宜等有见及此，爰为作一次之修辑，凡我利生公奕贵公一脉相传之后嗣子孙，悉分别男妇名字、姓氏详加增订，志在得一淡水邓氏之完备族谱，斯则修订之本旨也。是为跋。十八世裔孙承宜敬撰。1932年冬。"① 第五篇序言写于1996年，集体撰写。第六篇序言写于道光十三年（1833），由赐进士出身文林郎拣选县正堂第九房裔孙邓彬撰。是故六篇序言（派目）除了引王羲之源流序，其余撰写于道光时期至当代1996年，表明淡水邓氏族谱首修于清代后期，重修于民国，新修于1996年。其序言作者邓瀛、邓彬和邓承宜是淡水邓氏重要代表性人物。

邓氏谱称入粤一世为南宋进士文渊公（九十三世祖），游潮州府程乡松口，因爱其山水，遂举家迁至松口铜盘桥琵琶铺开基立业。文渊公生九子，在粤开枝散叶，故俗称九子公，会医术，也称太乙老人。② 入粤第十一世祖维翰，于万历戊午（万历四十六年，1618）科乡试中第三十六名举人。顺治己丑年（顺治六年，1649）委惠州府长宁县教谕。是为邓氏入清以后有科举功名之第一人。③ 邓氏十二世祖邓枌，偕三子由嘉应州到惠州归善县，遂家于县城。其子十三世祖邓利生由归善县城移居于新安县大鹏城。④ 正是邓利生子十四世祖奕贵公，于康乾时期由大鹏城迁居归善县碧甲司，"属淡水镇，创建拔子园老屋。公生平孝友慷慨，乐善好施积德。承先创业，裕后承办东江盐务，商名时宜，是为乔迁开基"。⑤ 康乾时期迁入淡水的奕贵公作为开基祖，生四子腾龙、云龙、兆龙、从龙，是为淡水邓氏四大房：长房、三房、四房、五房。长次之间生一女，出嫁。四房之下又派衍出二十三分支。⑥ 此后直至民国，淡水邓氏通过承办东江埠务，不仅成为淡水大族，

① 《惠阳淡水邓氏族谱》，1996，第6页。
② 《惠阳淡水邓氏族谱》，第31~32页。
③ 《惠阳淡水邓氏族谱》，第41页。
④ 《惠阳淡水邓氏族谱》，第46页。
⑤ 《惠阳淡水邓氏族谱》，第51页。
⑥ 《惠阳淡水邓氏族谱》，第52页。

也成为晚清民国东江最大盐商之一。其后代子孙相继于晚清民国百余年间承担东江埠务，充任两广盐政要职，清末民初交游于孙中山、廖仲恺、陈炯明等广东政要，是晚清民国广东地方横跨政商界的地方大族。

谱载，三房云龙公"自幼佐父创业埠务家务，极其繁剧，悉一手综理所为"。云龙公长房重润公嘉道时期"赞助叔父兆龙经理"东江埠务，重润公二子十七世祖伦斌公"己酉科中式本省乡试第四十二名举人，拣选知县"，其第六子十八世承愔公"光绪辛丑年选岁贡生。宣统己丑年①被选广东咨议局议员，辛亥年任惠阳县县长，民国元年授两广盐政处总理"，"民国成立，奉委为惠阳县县长，旋升充广东盐政处总理，改良鹾政，自由配运，一税收数倍，当道每举以风示僚属，其于国计民生裨益不少"。伦斌公脉系十九世邓启诚于民国二年（1913）"授大洲场场长"。重润公三子伦琛公"中式己酉科本省乡试第十八名举人"，其曾孙二十世邓立云"民国九年（1920）充两广盐运使利深缉私舰舰长，十一年（1922）调充江澄缉私舰长"。重熙公子十七世祖伦升公，"道光癸卯科本省乡试第五十二名举人"，"举孝廉后以会试不第，即捐知府衔回乡，总办东江盐务，拓先人旧业，宏鹾制新猷。于是家成巨富，筑蔬香圃花园以自娱"。伦珠公脉系二十世邓洪"民国二年（1913）奉委广东军法处员。七年（1918）授惠潮梅督办署军务处处长，旋充福建永定县知事。九年（1920）任广东财政厅金库长。十年授潮桥盐运副使。十一年（1922）任粤军总司令部总参议长"。二十世邓靖"民国二年（1913）两广盐运使缉私舰长。七年（1918）署吴川县虎头岭警察署长。十年任潮桥盐务查验局局长"。伦秀公脉系十八世祖邓承宜"民国二年（1913）充香安盐务督销兼缉私委员。五年（1916）代理广东淡水盐场知事。八年（1919）任福建漳浦县产烟苗委员。九年（1920）任潮州广济桥缉私局局长。十二年（1923）充琼崖全属盐务总办。十八年（1929）充惠阳第二局治安委员会主席兼惠阳自治筹备员"。邓承宜即族谱序言作者之一。

淡水邓氏三房云龙支二系十九世邓怀彰"因与廖仲恺、朱执信、黄克强、赵声、邓铿、陈炯明请于游，得晤孙中山先生于香港，遂加入兴中会，致力排满运动。旋受密令返乡编练民团，以树军命根本实力。创办坤德女学校，使清廷不致生疑。设惠工织造工司，集合党人机关，凡此大端，进行最密，非局内人鲜有知者。布置妥帖，出与党人谋进取。辛亥（1911）三月

---

① 宣统年号内无"己丑"年，疑为"己酉"之误。

廿九日，广州之役，公参与焉。宣统三年（1911），武汉革命军与公同乡率民团响应，出师之日身殉国难，而东江革命健儿归邓铿领导，直扑惠城。清提督秦炳直降，全粤因而底定"。其兄弟邓宝渠"民国元年（1912）广东六门缉局利安缉私舰舰长"。

淡水四房兆龙生于乾隆二十年（1755），卒于道光十五年（1835），"壮岁继承家业，守而兼创，恢廓埠务，慷慨好施，不蓄私财，好学乐善，至耄不倦。早岁以诗经受知督学汤公，先甲取进业学生员，旋补增广生转贡，加捐封诸。值海氛不靖，出身禀请招安洋匪，捐备需数以巨万，并给资散归生全无数，功德在民至今传诵"。其子邓文典"由大学生加捐盐大使，分发山西补授河东西盐大使，历署东场盐池巡检"，后殁于山西官署。

淡水五房从龙公长子邓文焕，生活于乾隆、道光时期，"由国子监加捐盐知事，分发两淮，历署丰利、草堰场大使"。文焕十八世孙邓承修，号铁香，名声最著，"清咸丰十一年（1861）中第一百一十九名举人，加捐刑部郎中朝考御史。总办秋审学内廉监试官，考试八旗教习场内监试官，考试内阁中书会试稽察磨勘官，甲戌科殿试分卷官"。"光绪十三年（1887）法国侵越镇南关，却敌后，钦差为中越勘界大臣，议约全权大臣，争回权力不少，让诰授通议大夫，告老还乡，在惠州主讲丰湖书院，设尚志堂以经史理学辞章课士子，于淡水设崇雅书院而崇尚风节，树之风声，一时士风丕变。"著有《语冰阁奏议》若干卷，《清史稿》列传二三一有传。① 五房伦铨公脉系十九世祖邓杰，"民国壬子年（1912）授碧甲场场长，壬申年授淡水圣堂乡长"。五房支四际华公，从龙公四子，其曾孙十九世邓怀灿，"民国元年（1912）充广东盐政徙总务科员，二年（1913）调充广州东汇关监制，查验缉私委员，兼操江缉私舰管带。旋充东汇关委员。后调充淡水场场长。四年（1915）任鹰璘舰长。民国七年（1918）任省河督销局长。民国八年（1919）充潮桥缉私连长，九年（1920）充缉私大队长"。②

淡水邓氏四房后裔业盐事迹，表明其子孙于清后期至民国时期连续以科举出仕，不仅充任两广军政、盐政要职，甚至出任山西、两淮盐政，

① 赵尔巽：《清史稿》，第 12457～12459 页。今惠州市博物馆藏邓承修撰"何处下渔竿"青石刻下联，参见邹永祥、吴定贤编著《惠州文物志》，惠州市文化局、惠州市博物馆，1986，第 84～85 页。

② 除单独注释外，淡水邓氏三房至五房支系子孙业盐事迹皆录自《惠阳淡水邓氏族谱》，第111～275 页。

更重要的是百余年间牢牢把持东江盐务，遍涉碧甲、淡水、大洲盐场场务，盐商埠务，缉私等要职，对清后期至民国大亚湾区历史有着重要影响。

结　语

广东大亚湾区毗邻珠江三角洲，如果说宋元时期岭南盐业生产中心在珠江三角洲沿海地区的话，那么明清以后中心就转移到了广东东部海岸。尤其是大亚湾区在清至民国时期成为两广盐区的高产之地，有着相当重要的经济地位。

宋元时期，大亚湾区盐业以淡水盐场命名，但具体生产地域记载不详，其重要性不如珠江三角洲。明中叶以降，随着广东西部、珠江三角洲盐业生产衰落，大亚湾区盐业生产开始起飞，淡水场署也转移到平海。两广盐区的生产重心开始向粤东沿海地区转移。清康熙时期，通过官帑收盐改革和盐场裁减、增置，政府厘清广东盐场的生产区域，重新建立起对高产盐场的严密管控。大亚湾区淡水场因此析出碧甲栅和大洲场（大洲栅并入），这一格局直至20世纪下半叶都没有太大改变。

大亚湾区盐场、盐栅所在的村落，有着多元的历史过程。明后期以降，淡水场署迁至平海城东门外，标志着此地成为淡水场的生产中心。平海城外的盐田区分布着大大小小十余个自然村，村民祖先多以制售盐为业，但他们都不是盐场埠主，而是受雇佣的盐民群体，平海与淡水场的关系体现在埠主与晒工聚落的空间分离。碧甲栅所在的稔山镇范和村、长排村中，范和村大姓陈氏祖先于元末明初来此定居，随即开垦盐田，成为碧甲栅最大的埠主。长排村陈氏于明后期始迁入，通过在范和村陈氏的州县户籍登记获得合法身份，进而通过在清初联合村内其他姓氏家族修建大围等策略，也成为拥有碧甲栅盐田的大埠主。大洲场以大洲岛为中心，明后期渔民陆续上岸拓殖盐田，建立起大洲岛盐业村落，天后崇拜等民间信仰整合了岛上的盐业村落，使得岛内村落之间势均力敌，呈现出与淡水场、碧甲栅不同的盐业社会扩张过程。清代淡水墟邓氏家族代际房系成员维系食盐经营，以及历任地方盐政职官，表明清代东江流域食盐运销实际由地方大盐商家族垄断。

The Salt Yards Society in *Guangdong Daya* Bay in Ming-Qing and Republican China: A Study Based on Literature and Field Work

Duan Xueyu, Wang Jie

Abstract: In the Ming and Qing dynasties, there were three salt yards in Guangdong *Daya* Bay became the new center of salt production. These salt yards villages have different historical contexts. There are employer's villages, hired workers' villages, single surname villages and fishermen's villages. Deng salt merchant family in *Xiaodanshui* of Northwest *Daya* Bay Area monopolized salt sales rights from the Qing Dynasty to Republic of China. Three salt yards and Deng salt merchant family formed a production, distribution system of salt in *Dongjiang* River Basin.

Keywords: Ming and Qing dynasties; Guangdong *Daya* Bay Area; Salt yards; Salt Merchant Family

（执行编辑：申斌）

海洋史研究（第十七辑）
2021 年 8 月　第 290~309 页

再造灶户：19 世纪香山县近海人群的
沙田开发与秩序构建

李晓龙[*]

　　海岸带是陆海交互作用的过渡地带，尤其是江河入海口地带，历史上人文环境和地理环境的变迁，常常带来海岸带人地关系和区域经济的复杂变化。在我国，长江、黄河、珠江等重要河流的入海口区域，无不交织着丰富多彩的海洋生态资源开发，其历史过程由此引起学界的高度关注。[①] 刘淼、鲍俊林等学者关于明清江苏沿海荡地开发和人地关系的研究，蒋宏达讨论的杭州湾南岸地区退海还沙下的区域历史，谭棣华、李晓龙等关于珠江三角洲的沙田、盐田的开发和人群生计变迁的讨论等，都显示了江海之间存在的一种从海盐生产到农业垦作的生计转变，或可称之为从盐田到沙田（荡地）的历史过程。[②]

　　* 作者李晓龙，中山大学历史学系（珠海）副教授，研究方向：明清社会经济史。
　　本文系中央高校基本科研业务费专项资金资助"清末民初的盐务改革与央地财政实践"
　　　（项目号：19wkzd08）阶段性成果。本文曾在 2019 年 11 月"大航海时代珠江口湾区与太
　　　平洋-印度洋海域交流"国际学术研讨会及 2019 年 12 月"再识岭南：滨海社会经济与
　　　人群"暨第三届岭南历史文化研究年会上宣读，得到许多与会学者的宝贵建议，特致
　　　谢忱。

① 姜旭朝、张继华：《中国海洋经济历史研究：近三十年学术史回顾与评价》，《中国海洋大
　　学学报》（社会科学版）2012 年第 5 期。
② 刘淼：《明清沿海荡地开发研究》，汕头大学出版社，1996；鲍俊林：《15~20 世纪江苏海岸
　　盐作地理与人地关系变迁》，复旦大学出版社，2016；蒋宏达：《明清以来杭州湾南岸的社会
　　变迁》，博士学位论文，香港中文大学，2015；谭棣华：《清代珠江三角洲的沙田》，（转下页注）

上述从盐田到沙田（荡地）的自然地理和区域社会历史变迁，深刻影响着近海人群的人地关系、生计模式和聚落形态。但另一方面，海岸带聚落发展的不稳定性和明清王朝的海洋政策也同样提醒我们注意，在普遍重视文字书写的传统中国，从盐田到沙田的变化过程除了作为一种历史事实存在，还可能存在被以文本书写的形式加以塑造的过程。如果存在，那么文本书写的从盐田到沙田的历史过程只是一种历史陈述呢，还是包含着近海人群的现实诉求呢？①

位于海岸带的、珠江口西岸的香山县（包括现中山市和珠海市），最初虽是以盐场而立县，而明代以降主要因其沙田开发史而被学界关注和熟知。① 香山县从盐田到沙田的过程中，对于当地声称为传统盐场地方的村落和人群来说，如何实现生计的转移以及社会秩序的构建，正是回答上述问题的重要观察点，也是理解 19 世纪海岸带社会转型的一个重要内容。因此，本文通过对香山县近海若干村落人群活动的考察，讨论 19 世纪当地普遍以沙田开发为主业的村落，如何处理盐作历史和农垦社会之间的联系，以及这种联系又如何通过与近海海洋制度演变相结合，影响着地方社会变迁和社区人群关系。

一　沙田与盐场：18～19 世纪近海村落人群的生计方式

清代以前，香山县很多地区都只是汪洋大海中的一些小岛屿。而 18～19 世纪正是香山大量开发沙田的时期。到光绪初，两广总督张之洞曾称："粤省沙田，以广州府属香山为最多。"② 民国《香山乡土志》也称："东南一带沙田上腴，种稻者夥，西北一带者蚕业为盛。……东南滨海诸乡，如恭常都，属民亦有业渔者，然不及农业之盛也。"③

（接上页注②）广东人民出版社，1993；李晓龙：《明清盐场制度的社会史研究——以广东归德、靖康盐场为例》，博士学位论文，中山大学，2013；廖欣妍：《从盐田到沙田——晚明以降广东香山盐场的生计、制度与社会研究》，学士学位论文，中山大学，2020。

① 参见谭棣华《清代珠江三角洲的沙田》，广东人民出版社，1993；叶显恩《明清珠江三角洲沙田开发与宗族制》，《中国经济史研究》1998 年第 4 期；刘志伟《地域空间的国家秩序：珠江三角洲"沙田-民田"格局的形成》，《清史研究》1999 年第 2 期；黄健敏《伶仃洋畔乡村的宗族、信仰与沿海滩涂：中山崖口村的个案研究》，硕士学位论文，中山大学，2010；李铭建《海田逐梦录：珠江口一个村落的地权表达》，广东经济出版社，2015 等。

② 彭雨新编《清代土地开垦史资料汇编》，武汉大学出版社，1992，第 603～604 页。

③ 民国《香山乡土志》卷九，中山市地方志编撰委员会办公室，1988，第 1～2 页。

　　相应地，我们也可以在香山尤其是现珠海一带的乡村宗族文献中觉察到相关沙田经营的记载。如生于崇祯壬午（1642）、卒于康熙甲午（1714）的翠微村韦士俅，据说"中岁起家，置田扩业"。又韦豹炫，生于顺治己丑（1649），卒于雍正戊申（1728），"晚年勤俭成家，扩田百余亩"。① 那洲村的谭杰士，生于康熙甲戌（1694），卒于乾隆丁亥（1767），"尝在三灶耕围田，载谷归里"。② 康雍年间的学士惠士奇在为北山村杨默撰序时称："北山村邨四环皆海，青溟白浪，浮峙三山，其中有田数十顷，居民数百家，日出而耕凿，日入而休息。"③ 又如其族"西窗祖佛仔阁等处数十亩之田及锦岳祖南大涌等处五十余亩"皆康熙四十六年（1707）生人杨作凤"司理"。④ 上栅村非常重视的生计也是沙田。到光绪年间，上栅村因邻村官塘人试图抢占其海边沙坦而争讼多年，最终由香山署理知县柴廷淦派员进行调解并亲到两村"督同立碑"，至今碑文尚存。⑤ 可见这些家族的生计主要以沙田开发为主。

　　而这些地区实际上也是明代香山盐场所在地。光绪《香山县志》称香山盐场在"县南一百二十里"，⑥ 若结合笔者的研究，即明弘治前后的盐场灶户编审形成与州县图甲的对应关系，⑦ 那么嘉靖《香山县志》所记载的县南一百二十里的恭常都可能即是香山盐场的范围。即"村二十二，曰上栅、北山、南大涌、圃袖园、界涌、那州、蚝潭、东岸、下栅、神前、楼前、纲涌、鸡拍、唐家、翠眉（微）、灶背、上涌、南坑、吉大、前山、沙尾、奇独澳"。⑧ 这些家族修于晚清的族谱中也不回避盐场的历史。在光绪《香山翠微韦氏族谱》中则明确说明其祖先为盐场灶户，据载"里正慕皋公，旧谱叙公讳方寿，碧皋公长子，幼聘翠微梁氏，既长，家于梁，遂居翠微，置产业二顷余，明洪武〔十〕四年，初造黄册，随田立灶籍"。⑨ 邻近前山村的徐氏家族，也在光绪年间所修的族谱中，说明其祖先入籍盐场灶户的情

① 珠海《香山翠微韦氏族谱》卷四，光绪三十四年刻本，广东省立中山图书馆藏，第60、63页。
② 珠海那洲《谭教本堂族谱》卷三，民国壬申年重修本，第10页。
③ 珠海《北山杨氏族谱》卷三，咸丰七年刻本，哈佛大学燕京图书馆藏，第71页。
④ 珠海《北山杨氏族谱》卷七，第19页。
⑤ 碑文现存珠海市金鼎镇上栅村合乡祠内。
⑥ 光绪《香山县志》卷四，《广东历代方志集成》广州府部36，岭南美术出版社，2006，第111页。
⑦ 李晓龙：《生产组织还是税收工具：明中期广东盐场的盐册与栅甲制新论》，《盐业史研究》2018年第4期。
⑧ 嘉靖《香山县志》卷二，《广东历代方志集成》广州府部34，第8页。
⑨ 珠海《香山翠微韦氏族谱》卷一，第88页。

况，称："吾族奉延祚公为始祖。公长子广达公……见前山山水明秀，可为子孙计长久，因徙居之。数年，弟广德公访兄至前山，亦家焉。同占县籍，购得朱友仁田二百九十四亩，编为二场第一甲灶户，则洪武二十四年及永乐元年先后登之版籍者也。"① 上栅村主要居住着卢、梁、蔡、邓、黄等五姓后人。蔡姓据说是东莞靖康盐场的灶户，明洪武时期迁入香山县莲塘，邓姓则称祖先来自东莞归德盐场。北山村杨氏也称其二房先祖西窗公大致在明成弘年间"同云隐公工筑大围，开漏煎盐，会刘、容诸亲开图立户"。②

关于香山盐场，嘉靖《香山县志》记载："（明初）香山场盐课司廱编民二里，今存一百一十户，五百一丁。"又称 501 丁是成化八年（1472）时的数据。③ 康熙《香山县志》进一步说明，香山场"明初灶户六图，灶排灶甲约六七百户，正统间被寇苏有卿、黄萧养劫杀盐场灶丁"。之后，弘治年间广东盐法道"吴廷举奉勘合，令查民户煎食盐者拨补灶丁，仅凑盐排二十户，灶甲数十户"，并言明"分上下二栅，许令筑塥煮盐，自煎自卖，供纳丁课"。④ 康熙《香山县志》对香山场的这一记载基本构成了清朝当地人的重要记忆。

但是从明代后期，尤其是清代康熙朝以后，香山盐场已经发生了很大的变化。先是明初以来，香山县"其东南浮生，尽被邻邑豪宦高筑基坐，障隔海潮，内引溪水灌田，以致盐塥无收，岁徒赔课"。⑤ 至万历年间，香山"苗田多而斥卤少，煎盐之地日削，丁额犹循旧版，以故逃亡故绝者多，虚丁赔课为累甚大"。⑥ 明末的香山场已是"场灶无盐"，更于天启五年（1625）一度"裁汰场官，场课并县征解"。⑦ 清初的迁海对于盐场的影响更甚。清朝初年，"因江南、浙江、福建、广东濒海地方，逼近贼巢，海逆不时侵犯，以致生民不获宁宇，故尽令迁移内地"。⑧ 广东从康熙元年（1662）开始长达八年的迁界。广东大部分盐场均难幸免，香山盐场也在迁界之列。北山村杨氏在康熙十九年（1680）的族谱中称："（我）朝禁海洋勾接，康

---

① 珠海《前山徐氏宗谱》卷首，光绪甲申年重修，上海市图书馆藏，第 6～7 页。
② 珠海《北山杨氏族谱》卷四，第 2 页。
③ 嘉靖《香山县志》卷三，第 44 页。
④ 康熙《香山县志》卷三，《广东历代方志集成》广州府部 34，第 206 页。
⑤ 光绪《香山县志》卷七，第 112 页。
⑥ 康熙《香山县志》卷五，第 227～228 页。
⑦ 光绪《香山县志》卷七，第 112 页。
⑧ 《清圣祖实录》卷四，顺治十八年八月己未，中华书局，1985，第 84 页。

熙壬寅季春，京官奉旨插界，仲夏寨兵赶逐人眷，焚祠毁屋，平墙伐木，梓里悉成坦荡，田地竟俱抛弃，乡族萍梗，散离恭谷，露处山园。"① 康熙《香山县志》也称："康熙元年，沙尾、北山等乡奉迁，除去（灶丁）一百五十四丁。"② 康熙三年（1664）五月广东巡抚卢兴祖奏称"场课一项系藉灶丁煎盐办纳，今则丁迁灶徙，场属丘墟，煎办无人，灶户流散，此场课之缺额万难派征"，嗣后准将"广州等府州县所辖十六场迁徙无征银七万一百一十五两零，免其摊派"。③

康熙八年（1669）以后，广东沿海陆续展复。从迁海到展界，沿海的盐场制度也发生一些变动。据康熙《香山县志》记载，"今四大、恭常各都场外民户煎盐卖商，不纳丁课，场内办课灶丁反与埠商煎盐，计工糊口"，"灶户不过办纳丁课而已"。④ 康熙十二年（1673），香山场正式展复，当时原存及招复灶丁 598 丁，盐田 118.37 顷多。但这个数据也许并不准确。该志又称，康熙五十八年（1719）时"尚虚灶税"77.99 顷多，共虚灶丁灶税银 479 两多。实际上只有康熙二十三年（1684）展复灶税 20.26 顷多，又康熙五十八年"上下栅灶户自首"共税 12.67 顷多。所以盐场缺征还是十分严重。康熙五十四年（1715），香山县"准将里民承垦溢坦老荒升科起征，陆续移抵该场虚课"。⑤ 民田的抵补额在光绪《香山县志》中有明确记载，称：盐场实正场课总额 404 两多，其中"民田沙坦升科抵补灶虚场课银"337.6 两多，康熙三十五年（1696）"上栅、下栅灶户甲丁添立畸岭栅"征课丁银 18.3 两多，还缺课 48 两多。⑥ 实际上，到乾隆中期，广东盐场因"从前灶丁迁逃，盐田池塥荒弃，难以垦复"，而缺征的盐场课银已达 3800 多两。⑦ 这里反映出一个事实，即清代康雍时期，香山县百姓并不愿意成为灶户。这其中很重要的原因是康熙二十一年（1682），广东巡抚李士桢奏请朝廷"将灶丁名下原报垦复田塘等项，一概俱作盐田计算，每亩加增

① 《四修北山杨氏迁移家谱序》，珠海《北山杨氏族谱》卷一，第 5~6 页。
② 康熙《香山县志》卷三，第 206 页。
③ 《盐法考》卷六《广东事例》，未分页，清抄本，中国国家图书馆藏。
④ 康熙《香山县志》卷三，第 206、207 页。
⑤ 乾隆《香山县志》卷三，《广东历代方志集成》广州府部 35，第 76~77 页。
⑥ 光绪《香山县志》卷七，第 112~113 页。
⑦ 杨应琚《题为核明广东各府州县上年灶丁迁移田漏荒缺征银两数目事》，乾隆十九年十二月二十日，档案号 02-01-04-14803-011，中国第一历史档案馆藏。户部尚书永贵《题为遵查乾隆三十七年份广东新宁县海晏场招回灶丁征复盐课银两事》，乾隆三十九年四月二十六日，档案号 02-01-04-16545-011，中国第一历史档案馆藏。

银二分至五分不等"。① 康熙十二年（1673）香山盐场灶田 118 顷 37 亩多，征盐课银 28 两多，康熙二十一年盐田加增后，灶田 98 顷 11 亩多，征课银 490 两多，到康熙三十二年（1693）"豁免加增一半"后仍征银 245 两多。② 康熙末年，盐田加增银经奏准取消，但随着盐场发帑收盐改革的推行，再次让沿海百姓望而却步。据称，"从前灶丁煎盐自卖，有利可图，后经发帑官收，止领帑价资生，实无余利可觅，并灶丁又有逃亡事"。③

香山盐场在乾隆三年（1738）才重新设立。新立的香山盐场产盐数量有限，"该场地方灶座甚属零星"，④ 香山县日常的食盐供给需要到别的盐场去采买。乾隆《香山县志》称，当时"许商人径赴盐课提举司承纳，另纳水客引饷银两，告给旗票，印烙船只，往东莞归德等处场买盐运回，经县盘验，嗣派发龙张〔眼〕都、大小榄、黄旗都、灯笼洲等处水陆地方散卖"。⑤ 原盐场产盐区的盐课缺征严重，而香山县南部高澜、三灶岛一带，自展复后，逐渐有香山及"南、新、顺各县里民陆续呈承垦筑，共池塥一百六十三口零，例以九亩五分为一塥"，"每塥一口，岁输饷银二钱三分一厘一毫"。⑥ 香山盐场的生产区在不断南移。香山场署也随着迁到三灶。据称"香山场委员署向在恭〔常〕都，乾隆十三年大使沈周详建在黄粱都三灶栅"。⑦ 乾隆《两广盐法志》的"香山场图"也表明，香山场的主要产盐地是在三灶、澳门一带的海岛上。

不同于明代，清代盐场并没有专门从事生产的灶户户籍，在盐与课分离之后，明代灶户所纳的"丁课"已经"归县征收"，盐业生产则听民户自行煎晒。也就是说，所谓的"灶户"身份在清初已经不复存在。而原产盐区的百姓，实际上生计仰给于沙田，乾隆五十年（1785）广东巡抚孙士毅《请开垦沿海沙坦疏》中称："向来滨海居民，见有涨出沙地，名曰沙坦，开垦成田，栽种禾稻，实为天地自然之美利，海民藉以资生者甚众。"⑧ 经

---

① 《清高宗实录》卷二十八，乾隆元年十月甲子，中华书局，1985，第 598 页。
② 乾隆《香山县志》卷三，第 76～77 页。
③ 广东巡抚王謩《题为广东编审各场新增垦复灶丁事》，乾隆三年，档案号 02 - 01 - 04 - 13038 - 008，中国第一历史档案馆藏。
④ 光绪《香山县志》卷七，第 114 页。
⑤ 乾隆《香山县志》卷三，第 77 页。
⑥ 道光《香山县志》卷三，第 347 页。
⑦ 光绪《香山县志》卷七，第 114 页。
⑧ 孙士毅：《请开垦沿海沙坦疏》，《皇朝经世文编》卷三十四，《近代中国史料丛刊》第 731 册，文海出版社，1966，第 1247 页。

营沙田是明中叶以后香山盐场地区的主要生计方式，实际上也是受到珠江口沙田开发的重要影响。在这样的一个盐业生产环境下，加上乾隆朝的一些政治因素，乾隆五十四年（1789），广东宣布裁撤包括香山盐场在内的珠江三角洲的主要盐场。①

至此我们可以发现，18～19世纪的香山县原盐场地区，人群生计以沙田经营为主，大多数的百姓并不希望从事盐业生产，趁着迁海的机遇，开始与有着沉重盐业赋役的盐民身份脱离关系。官府实际上也承认这种做法，并采用以新垦民田抵补缺征盐课的措施。但我们同时也看到，在19世纪所纂修的族谱中，本应该逐渐淡化的盐场历史记忆，却在祖先故事中不断被书写。不再是盐场的地方，为何地方百姓却如此重视盐场历史呢？

二　对明代灶户组织的新造——香山场《十排考》的年代考订与新解

《香山翠微韦氏族谱》中收录的一篇题为《十排考》的短文，是了解明清香山盐场制度的重要文献。②《十排考》首先说明了明初香山盐场的组织构成，即"明洪武初，于下恭常地方设立盐场，灶排二十户，灶甲数十户。分为上下二栅，名曰香山场"。该文献还明确指出香山场上下栅具体二十户的名称，即："二十户者，上栅一甲郭振开，二甲黄万寿，三甲杨先义，四甲谭彦成，五甲韦万祥，六甲容绍基，七甲吴仲贤，八甲容添德，九甲杨素略，十甲鲍文真；下栅一甲徐法义，二甲刘廷琚，三甲谭本源，四甲林仲，五甲吴在德，六甲鲍祖标，七甲张开胜，八甲黄永泰，九甲吴舆载，十甲卢民庶。"然后称："各户皆恭〔常〕都诸乡之立籍祖也。合上下栅统名十排。"③翠微韦氏、前山徐氏、南屏容氏、北山杨氏等的祖先皆名列其中，由此构成他们从明初入籍盐场的历史证据。但是我们认为，"十排"组织的形成，未必如其所言，是洪武初的制度产物，反而可能与清代的区域历史有密切相关。

《十排考》中明确了灶排二十户的姓名，并统名为"十排"。十排是与

---

① 李晓龙：《乾隆年间裁撤东莞、香山、归靖三盐场考论》，《盐业史研究》2008年第4期。

② 段雪玉：《〈十排考〉——清末香山盐场社会的文化记忆与权力表达》，《盐业史研究》2010年第3期。

③ 珠海《香山翠微韦氏族谱》卷十二，第21页。

山场村内的城隍庙联系在一起的。城隍庙位于现珠海市香洲区的山场村内，据说供奉的是盐城隍。这里也是明代香山盐场场署的所在地。据该庙内现存碑文记载，城隍庙曾于康熙五十八年（1719）、乾隆四十四年（1779）和光绪二十九年（1903）有过较大的修葺。《十排考》中讲述了城隍庙与盐场二十户的关系，据称：

> （盐场二十户）在山场村内建立城隍庙，为十排报赛聚会之所。享其利者亦有年。厥后沧桑屡变，斥卤尽变禾田，盐务废而虚税仍征，课额永难消豁。追呼之下不免逃亡，利失而害随之，灶民贻累甚大。及万历末年江西南康星子但公启元来宰是邑，询知疾苦，始详请而豁免过半，灶民齐声额颂。爰择地于翠微村之西建祠勒碑以礼焉。自但侯施惠后，十排得以休养生息，害去利复兴，积有公项，购置公产，又拨赀设立长沙墟市，趁墟贸易者则征其货。先招有力者投之，岁可得投墟税银数十金。积储既厚，因定为成例。将所入之银计年分户轮收，析二十户而四分之，五年一直，周而复始。当直之年，均其银于四户，除完纳国课及赛神经费外，户各归其银于太祖。每年逢城隍神诞，各户绅者到庙。赛神前期一日，直年者修主人礼，设筵具餐，以供远客。赛神之日，主祭、执事别设盛筵，各户例馈一桌。桌有定物，物有定数，毋增毋减。别具一桌，饷郭公以治之子孙，盖报功之典也。先是，长沙墟初开时，贸易颇旺，无何为邑豪绅夺收其税。十排人欲讼之，绅使人谕之曰：无庸，但十排人有登科者即当归赵。既而郭公以治登康熙乙酉科乡荐，绅果如言来归。郭公洵有功于十排矣，故报之也。迄今数百年来，欲寻当日煮盐故迹，故老无有能指其处者，而十排遗业则固历久常存，年年赛神，户户食德，亦恭［常］都内一胜事。[①]

城隍庙中供奉的据说是香山盐场的"盐举"谭虔源（一说为谭裕）。传说他是当地谭氏的祖先，因为在当地维持盐业市场的经营而被封为城隍爷。《十排考》还着笔于"郭公"即郭以治的功劳。郭以治的贡献在于他考取了功名，由此使当地豪绅兑现了"十排人有登科者即当归赵"的承诺。即因为郭以治登康熙乙酉科乡荐，由此十排人从"豪绅"那里拿回长沙墟的收

---

① 珠海《香山翠微韦氏族谱》卷十二，第22页。

益。上述碑文还讲述了另外一个故事，即盐场二十户合建城隍庙，时间应在“但侯施惠”后，即万历香山知县但启元实施对盐场灶户的优免之后，二十户的“公项”用于共同开垦沙田“长沙”，并设立墟市，“趁墟贸易者则征其货”作为城隍庙的收入。

《十排考》是盐场十排组织的最重要的文献来源，除了《香山翠微韦氏族谱》，南屏《容氏谱牒》也收录了这一文献。① 前山徐氏在叙述其祖先故事时，则直接指出明初义彰公在“香山场拟造城隍庙，久而弗集，公首倡，输重资，众闻之，醵金从公，后庙貌立新”。②

但《十排考》并未说明成文的时间，因此对于我们理解这一文本的意义造成了一定障碍。这一段文献常被认为讨论的是明初香山盐场的盐场制度，由此也常被认为这二十户就是明代香山盐场的人群组成。值得注意的是，在更早的提到“二十户”的《但侯德政碑记》中，却是有“灶排二十八户”的不同表述。立于翠微乡三山庙侧的碑文称：

> 粤东以南，滨海而遥，为香山县治，称岭海岩邑。第土瘠人稀，民疲财困，劳心抚字，而哀鸿遍野、伏莽盈眸，令其邑者实难。但侯以洪都名士奉命来莅兹土，甫下车即问民疾苦，恤民孤寡，坚持清白，所措事业有古遗爱风。禁蠹耗而宽秋夏之征输，饬营哨而免水陆之抽掠。祷雨而雨应，天格其诚；折狱而狱息，人服其公。其间善政难一一举。又东南一带，枕控沧溟大海，民间煮海为盐，一时利之。国初，设立盐场灶排二十户，灶甲数十户，分为上下二栅，详令筑塌煮盐，上以供国课，下以通民用。年来沧桑屡变，斥卤尽变禾田，而课额永难消豁。灶民有一口而匀纳一丁二丁以至三四丁者，有故绝而悬其丁于户长排年者，即青衿隶名士籍而不免输将。斯民供设艰于蚊负。由是多易子折骨，逃散四方，避亡军伍，琐尾流离，靡所不至。侯备得此状，遂慨然以苏困救疮为己任，退而手自会计，将升科粮银四十五两有奇，通请于上官以抵补丁课，因得豁免九十七丁。灶民咸举手加额……赐进士第文林郎四川道监察御史邻治生潘洪撰文。赐进士第刑科给事中奉敕主考山东治生郭

① 参见珠海南屏《容氏谱牒》卷十六，1929 年刻本，第 21 ~ 22 页。
② 《大宗祠记》（康熙五十九年），珠海《前山徐氏宗谱》卷十一，第 2 页。

尚宾书丹。万历四十三年岁次乙卯仲秋吉旦。盐场灶排二十八户同敬立。①

　　碑文于万历四十三年（1615）由潘洪执笔，涉及的是万历年间但启元以升科粮银抵补盐场丁课的事情。这可能是我们可见的较早关于香山盐场上下二栅的记载。而《十排考》可能是在此基础上，对二十户的名单进行更详细的说明。但我们注意到当时的立碑者为"盐场灶排二十八户"，即万历年间香山盐场应为28户而非20户。而这关键之处在《十排考》中并未得到说明。《十排考》看起来更想呈现明初确立的"二十户"的具体组成。但是，这"二十户"真的是《但侯德政碑记》所称的"国初设立盐场灶排二十户"吗？

　　近年在山场村发现的一通残碑足证我们对此的质疑。该残碑现立于城隍庙内，正文已经不可见，现只存该碑文落款，包括"今将灶排上下栅二十户本名开列于后"及二十户名单。名单与《十排考》完全一致。更重要的是，该碑文还提供了一个时间点，即立碑时间为嘉庆二十三年（1818），立碑人"首事黄明炜、吴泽怡、吴泽庄、吴宏昌、鲍仁守、吴宗启、鲍绍妍、吴宗和、鲍仁邦"九人。我们可以猜想，"二十户"的形成有可能是嘉庆二十三年的这一次立碑才明确下来。上述《十排考》有"迄今数百年来欲寻当日煮盐故迹，故老无有能指其处者"的说法，也说明"十排"的确立时间应当较晚。

　　我们再看这"二十户"的具体名单。《十排考》称"各户皆恭〔常〕都诸乡之立籍祖"。②而《香山翠微韦氏族谱》则称"考立籍祖多称里正公"，并指出其里正公即韦慕皋。但在十排中却只有上栅五甲韦万祥户，二者并不相符。再如前山徐氏，据说"广达公占籍香山，官注户名曰徐建祥，复编为第二场第一甲十排栅长，俾以灶户世其家"。徐氏最早立籍祖的户名似应为徐建祥，但在十排中的户名却为徐法义。故其族谱又解释称："旧版有之曰灶户徐法义，法者公兄法圣公，义即（义彰）公也。"③北山杨氏的例子更直接说明二十户户名并非来自明初。二十户中的上栅三甲杨先义和九甲杨素略都属于北山杨氏。乾隆五十八年（1793）《长房六修家谱序》称："始祖泗儒一族两户，长曰素略，次曰先义。"④虽然二者对应上了，但杨素

① 光绪《香山县志》卷六，第86页。
② 珠海《香山翠微韦氏族谱》卷十二，第21页。
③ 珠海《前山徐氏宗谱》卷十一，第1页。
④ 珠海《北山杨氏族谱》卷一，第9页。

略户却非明初始祖时候就形成的户名。据称万历三十八年（1610）"以本户田产日厚，告迁杨素恂为里长"。①"素恂公卒"后，雪松公讳素忠，"以讳素忠顶名为里长"。②到了天启壬戌（1622）"届造册，以钦宇公讳素谅顶素忠为里长，本县以略字各有田，改名素略"。③如其所述，杨素略户应该形成于天启年间。此外，我们在前面提到明代香山盐场的村落范围，但明显这二十户并不包含明代所有的盐场村落，如唐家村的唐氏就不在其中。

还有一个细节值得注意，城隍庙中的乾隆四十四年（1779）《北帝庙重修序》并未提及该庙是城隍庙，而称之为北帝庙，并称：

> 真武大帝我香山场亦有是焉，由来尚矣。或曰建场时设立，或曰未建场时原有，姑不具论。第以乡邑滨海，于广府属，尤为水国边陲，而本场一方，地接零仃，外环夷岛，以潮以汐，悉鼋鼍龟鳖之与居，迄今数百年。朴者为田，秀者敦诗，无扬波之为患，有化日之舒长，非帝默默调护能致此耶。④

此碑主要强调了北帝对于香山盐场百姓的意义，也同时指出该庙曾于康熙乙亥（1695）修葺，再修则是乾隆四十四年，经"父老倡议，众喜捐资"而成。但似乎到了嘉庆二十三年（1818）前后，北帝庙变成了城隍庙，也有了城隍庙与长沙墟联系在一起的故事。而《香山县志》称，"官拨长沙墟税及灶田一顷零供（城隍庙）香火"。⑤相信读者也已经注意到，《十排考》中主要也在强调"二十户"对于"长沙墟"的拥有权。城隍庙二十户不仅成为"长沙墟税及灶田一顷"的业主，也同时成为其收益者。长沙墟是当时恭常都内的两个重要墟市之一，另一个墟市是上栅村的下栅墟。通过城隍庙和盐场故事，当地形成了以长沙墟为核心，以"十排"为名，以山场城隍庙为仪式场所的地方组织，并获得了官方认可，盐场"灶户"的身份也同时得到确认。

盐场的故事、祖先灶户的身份再次被强调，但有意思的是，盐场记忆并

---

① 珠海《北山杨氏族谱》卷三，第30页。
② 珠海《北山杨氏族谱》卷三，第21页。
③ 珠海《北山杨氏族谱》卷三，第31页。
④ 碑存珠海市香洲区山场村城隍庙内。
⑤ 道光《香山县志》卷二，第325页。这可能是可见的关于山场城隍庙的最早记载。

不是沿袭明末清初当地盐场制度的变化过程。这一方面反映在盐场记忆被锁定在明洪武初和景泰弘治年间盐场二十户初立时。在上栅村一座名为"莲塘西庙"的小庙里，遗存的牌匾有趣地刻录了两个时间，即"弘治年间"和"道光庚子重修"。另一方面，清前期见于文献的一些灶排并没有进入"二十户"的名单。如乾隆三十三年（1768），香山场业户梁禹都恳请将盐田改筑稻田，准于"灶排梁昆户内梁禹都名下豁除塭课"。① 而"灶排梁昆"并不见于十排，十排之中也并无梁姓。综上可见，我们似乎可以猜测，盐场十排二十户的组织更可能是形成于清代中期。

三　成为"十排"户与沙田换斥卤

联结十排组织的城隍庙经历了从乾隆碑刻中的北帝庙到城隍庙的转变，而城隍庙的关键是拥有长沙墟墟税银和一顷灶田。据《十排考》记载，成为二十户之一后，长沙墟的"所入之银计年分户轮收，析二十户而四分之，五年一直，周而复始"。该年当值的户，"所入之银""除完纳国课及赛神经费外，户各归其银于太祖"。② 也就是当值的四个宗族可以从中获得收入。

不过，成为灶排"二十户"的意义不仅仅是分享"长沙墟"的收益。据说《十排考》和城隍庙石碑上的"二十户"的名单中，包括了山场谭氏、吴氏、鲍氏、黄氏，翠微韦氏、郭氏，前山刘氏，北岭徐氏，南屏容氏、林氏、张氏，北山杨氏，上栅卢氏等香山近海人群众多大姓的先祖。这些家族大多是在乾隆年间才开始兴起，如前述翠微韦氏就是自乾隆五十五年（1790）以后逐渐发迹，乃至"得金二千余两"，到嘉庆五年（1800）时开始编修族谱。③

在这些家族的清季民国新修谱中，多可明显觉察到与明代家族历史叙述的断裂。1921年卢国杰在香山《上栅四修卢氏族谱序》中称："康熙壬午，逸南、直庵两公，创建祠宇。越至雍正戊申，赛宾、殿槐、燮斋三公，更而新之。乾隆六年，文起公曰：有祠以聚族，不可无谱而志之。遂与廷臣、裕庵、治斋、子雄、竹溪、岐麓六公，创修斯谱。然精心苦思，

---

① 刘纶、英廉《题为遵旨密议广东省沿海盐漏改筑稻田应征银米等项事》，乾隆三十三年七月十六日，档案号02-01-04-15978-003，中国第一历史档案馆藏。

② 珠海《香山翠微韦氏族谱》卷十二，第22页。

③ 珠海《香山翠微韦氏族谱》卷一，第6页。

搜寻考订。"① 可见，上栅卢氏的族谱实际始修于乾隆六年（1741）。《上栅卢氏开族记》也称："乾隆六年辛酉，始倡修谱。"② 卢性存《香山上栅重修族谱序》指出："我族自大振祖之肇基于此也，丧乱频经，家乘沦没，至十三传明府斗韩公，始行创修。"③ 上栅卢氏在乾隆六年修谱以前，对其家族在明代的历史并不十分清楚。

翠微韦氏的族谱在清代的第一次编修是在康熙五十三年（1714）。在该年的《甲午纂修家谱序》中，编修者特别考证了始迁祖迁义公和二世祖里正公的墓地所在，并指出当时可见的崇祯己巳年（1629）谱中未录二祖墓葬所在，是"镌谱诸人有所图"，祖茔实际存且族人至今相沿祭扫。于是族人又搜出"拳石公嘉靖己未所修旧谱数页"，"载列先世甚明"，"自始祖至六世则字字不磨，举族欢欣鼓掌，以为几经兵燹而断简犹存，实列祖在天之灵"。④ 借用嘉靖谱，翠微韦氏也得以将里正公和嘉靖谱中的六世祖慕皋公对应起来，认为其应该为同一人，由此建立起和盐场灶户的联系。翠微韦氏第二次修谱是在乾隆十年（1745），再修于嘉庆五年（1800）。嘉庆《庚申纂修家谱序》中称，自乾隆修谱后，"久而未修者，非敢怠缓也，祖先之遗业无多，集众编修费用难以措办也"，到乾隆五十五年（1790），"阖族联成百子一会"，"设法生殖"，到嘉庆五年"除完供外，得金二千余两，置田二顷有畸"，才得再修族谱。⑤ 有意思的是，这里的"置田二顷"与族谱中称洪武年间里正慕皋公"置产业二顷余""随田立灶籍"竟意外相合，这也值得我们思考。

前山徐氏在康熙四十八年（1709）修谱时，也主要致力于"综三谱为一谱"。所谓"三谱"，其一为嘉靖三十八年（1559）七世祖达可公"辑观佐公以下一支为前山谱"，其二为崇祯二年（1629）信斯公"辑观成公以下一支为北岭谱"，观佐和观成据称皆为广达公之子。其三为"近时"慧子新修一谱，使"广达公之子孙乃无轶于谱之外"。但是这三谱均未有声称是广达公弟弟的广德公子孙的记录。所以广德公十世孙徐景晃另修"一谱以附

① 《新会潮连芦鞭卢氏族谱》卷二十五上，1949 年增修本，广东省立中山图书馆藏，第 17 页。
② 《新会潮连芦鞭卢氏族谱》卷二十六，第 17 页。
③ 《新会潮连芦鞭卢氏族谱》卷二十五上，第 8 页。
④ 珠海《香山翠微韦氏族谱》卷一，第 1 页。
⑤ 珠海《香山翠微韦氏族谱》卷一，第 6 页。

于前二谱"，但又思"此谱之不兼列广达公子孙，犹彼二谱之不兼列广德公子孙，敬宗收族，比物此志也"，因此便有"综三谱为一谱"之作。① 经此最新一谱，广德公千里访兄，而后"同占县籍"，同"为二场第一甲灶户"的说法才得成立。在晚清编修的族谱中，这些家族对于明初祖先入籍盐场灶户的记忆十分清晰，而这种清晰主要来自他们对晚明族谱的抄录和设法衔接。

　　如果联系到上一节的讨论，我们就会发现其中的巧合。即盐场十排二十户的建构与清中叶以后新修族谱对明代盐场祖先历史的叙述可能是有意的联系。那么为何嘉庆年间要重申明代盐场的"二十户"呢？这可能是与乾隆后期香山近海社会发生的变化有关。这个变化就是乾隆末裁撤香山盐场之后地方官府对盐场的相关政策。濒海人群借机开始强调自己是明代的灶户，并再造了盐场十排二十户。香山盐场裁撤发生在乾隆五十四年（1789），当时经两广总督福康安奏准，将珠江口的丹兜、东莞、香山、归靖等盐场裁撤，"其裁撤盐额均摊入旺产场分运配督收，将池塪改为稻田，准令场丁照例承耕升科"。② 乾隆五十七年（1792），广东巡抚郭世勋提到裁场时也说："至裁撤各场池塪，现据地方官谕令晒丁实力上紧，垦筑改为稻田，照例详报升科。"③ 也就是说，香山等盐场的盐田，在盐场裁撤之后，将改为稻田进行耕种，而后由属于盐场的"场丁"承垦。

　　根据裁撤盐场时候的规定，以及广东巡抚郭世勋的说法，对于盐场盐田的处理办法是，令晒丁垦筑改为稻田，照例升科。④ 在嘉庆十六年（1811）两广总督蒋攸铦奏准东莞场灶户姜京木盐塪改筑稻田一案中，地方官员原本以盐田无法养淡且照斥卤升科所得银两不足抵补场课为由，反对盐田改筑。而姜京木的盐田则"委系沙泥久积，咸淡交侵，不能煎晒"，并且他愿意按照"新安水田下则例，每亩征粮银壹分柒厘叁毫"来纳课。按照新安水田下则例，姜京木名下的盐田可纳银 1.2396 两，较按照"斥卤升科，每亩征银肆厘陆毫肆丝"仅纳 0.3294 两为多。因较原定处理办法多纳不少税粮，

① 《增修前山徐氏宗谱原序》，珠海《前山徐氏宗谱》卷首，第 8~9 页。
② 张茂炯等编《清盐法志》卷二百一十四，盐务署 1920 年印行，第 2 页。
③ 《署理两广总督印务郭世勋奏报估变裁撤东莞等盐场旧署桨船折》，中山市档案局、中国第一历史档案馆编《香山明清档案辑录》，上海古籍出版社，2006，第 740 页。
④ 关于灶户户籍的问题，由于此时盐场管理已经演变成主要以盐田的登记和管理为主，而灶户更重要的是表现为一种身份认同而非户口划分，因而裁场之后也并不见有对于灶户户籍的处理方法。参见李晓龙《盐政运作与户籍制度的演变——以清代广东盐场灶户为中心》，《广东社会科学》2013 年第 2 期。

因而得到批准。① 嘉庆《新安县志》称，经新安、东莞二县知县查勘，"东莞、归靖二场盐田无几，本系沙石之区，咸水泡浸已久，难以养淡改筑稻田，况照斥卤升科每亩征银四厘六毫四丝，统计征银有限"，"请将额征场课银两全归局美完纳"，不对盐田进行"养淡升科"。② 道光《香山县志》也提到相似的说法，称："盐田税自裁场后准令各商丁养淡升科，抵补盐课，现在未据呈报详升。"③ 香山盐田升科似乎一直到道光时期也未落实。可见，盐田并没有随着盐场的裁撤而尽数消失，反而保留下来，继续承担盐课，盐田改筑需要提请官府批准。这样一来，当地人群生计也就可能存在多样的经营方式。表1给出了乾隆朝及之后香山近海人群可能需要缴纳的三种赋税方式的大致比较数据。

表 1　香山沙田、盐塌改田和盐田的税则比较

事项	比照税则	每亩折银数	文献出处
沙田 1 （雍乾年间）	中　税	2.7242 分	乾隆《香山县志》卷二
	下　税	2.1885 分	
	斥卤税	0.464 分	
沙田 2 （道光年间）	民税中则例	3.27 分	光绪《香山县志》卷七
	民税下则例	2.8465 分	
	斥则例	0.464 分	
盐田改筑	斥卤例	0.464 分	中国第一历史档案馆藏科题本
盐田	盐　田	0.2396 分 （另加增银 2.5 分）	乾隆《两广盐法志》卷十八

第一种是直接报垦沙田，除了少数可以按斥卤例起征，大多数面临每亩折银 2.19～3.27 分的课额。第二种是经营盐田，每亩征银 0.2396 分，但可能面临着每亩银 2.5 分的盐课加增银和每灶丁征丁银 46.5 分的附加。这里的灶丁银不一定对应盐田，同时盐课加增银在乾隆朝之后逐渐免除。第三种是照斥卤例每亩银 0.464 分起征。据称盐田改成的稻田，一般采用"香山斥卤例"，"每亩科米四合二勺八抄"，折"征银四厘六毫四丝"。比较这三种

---

① 庆桂等《题为遵议广东东莞场盐田改为稻田升科抵课事》，嘉庆十八年五月二十三日，档案号 02 - 01 - 04 - 19374 - 026，中国第一历史档案馆藏。
② 嘉庆《新安县志》卷八，《广东历代方志集成》广州府部 26，第 321～322 页。
③ 道光《香山县志》卷三，第 348 页。

方式，以盐塲改田名义起征斥卤税或仅缴纳盐田课银都相比直接报垦沙田纳税低得多。如陆丰县小靖场原征盐课银 3.4281683 两的盐田，向官府申请改为稻田之后，照"斥卤例"征税，折收银 2.83934476 两。① 又如乾隆三十三年（1768）时，香山场业户梁禹都将其盐田四塲七分九厘申请改为稻田，香山知县连同香山场委员查勘后，同意"照依斥卤例"征收。改田之后征银计 0.211 两，比原盐课银 1.107 两减了不少。② 从缴税组合情况看，盐场裁撤给近海人群带来了新的制度套利空间。

实际上沿海以开发盐田的名义经营沙田并不少见，两广总督就曾经指出："有商民串通滨海灶丁，巧借开筑盐漏为名，呈官给照，居然栽种禾稻，并未熬盐。及被告发，又变为养灶名色，饰词搪抵。"③ 由此可见，强调灶户的身份，不仅由此可以确立自己的产权，在乾隆五十四年（1789）以后还可以将盐田"援例改为稻田"，或"照依斥卤税例"，或"照水田例六年起科"，④ 以此获得种种田赋上的优惠政策。城隍庙的建设过程中就得到了香山知县拨给的"灶田一顷"。为了享受制度的优惠，近海人群需要证明自己盐户的身份。因此，在香山等这些裁场地区，近海人群重新强调自身的灶户后代身份，城隍庙灶排"二十户"就是在这样的制度改革背景之下发生的。

而我们确实也发现，这些所谓的"大族"从 19 世纪开始在宗族名下拥有不少照斥卤升科的田地。城隍庙附近的翠微韦氏在道光以前似乎田产不多，《尝产经费谱》称："我族当道光季年祭祀之需，几乎不给，遑论其他。"⑤ 雍正七年（1729），该族"置买文曦号下咸田菜田一丘、田二丘，共该下则民税四亩九分三厘二毫四丝九忽九微，价银五十六两"。置买田产从乾隆五十八年（1793）开始，一直到嘉道年间，其中最大规模的是嘉庆二十四年（1819）置买的"梁耀明田土名池塘前，该下税二亩四分，价银一百六十两零八钱"。族谱显示，翠微韦氏在之后开始陆续不断地置买土地，而且如翠

---

① 李元亮、蒋溥《题为遵议广东省陆丰等县盐漏改筑稻田分数应征应豁钱粮事》，乾隆二十三年十一月初三日，档案号 02－01－04－15132－021，中国第一历史档案馆藏。

② 刘纶、英廉《题为遵旨密议广东省沿海盐漏改筑稻田应征银米等项事》，乾隆三十三年七月十六日，档案号 02－01－04－15978－003，中国第一历史档案馆藏。

③ 孙士毅：《请开垦沿海沙坦疏》，《皇朝经世文编》卷三十四，第 1247 页。

④ 庆桂等《题为遵议广东东莞场盐田改为稻田升科抵课事》，嘉庆十八年五月二十三日，档案号 02－01－04－19374－026，中国第一历史档案馆藏。

⑤ 《尝产经费谱》，珠海《香山翠微韦氏族谱》卷十二，第 2 页。

微"祖韦荣业堂"名下的田产就是大量置买的"起征升斥卤加征税"的潮田。如："置买唐廷禧潮田第三围，该起征升斥卤加征税二十四亩，价银九百八十九两正，印契似字六十五号，业户韦慕皋祖、韦荣业堂"；"置买唐廷禧潮田也字环第三围，该起征升斥卤加征税十九亩，价银七百八十五两正，印契似字六十九号，业户韦碧皋祖"；"置买黄裕经堂潮田蜘州涌土名裕兴围，该起征升斥卤税十九亩，价银九百一十二两正，印契启字三十三号，业户韦康寿社"；等等。① "祖韦荣业堂"田产置买记录中，印契字号是连续的，说明这些田产赋税的勘定并非反映最初置买田地时候的情况，而是同治、光绪年间重修发给印契时候核定的税额。也就是说，在此之前，这些田地有可能是作为盐田而存在。

我们可以进一步印证。在翠微韦氏不断"置产"之下，那么是不是意味着他们也要缴纳巨额的赋税呢？我们在该族的支出项目中找到了以下几项与赋税相关的内容，称：

一、完纳坑田、潮田粮务银米，伸算合计司平实银七十两有奇。
一、缴潮田沙捐，每顷银二十两，业主着八成，合计银七十七两四钱四分。
一、缴潮田巡船捕费，业主着五成，合计银三十二两有奇。
一、完纳十排灶税银一两零一分二厘。②

我们从这里的税收登记可以看到翠微韦氏的赋税，以及沙捐和巡船捕费等，总计约 180.452 两。那么，翠微韦氏的产业能够获利多少呢？族谱中记录有"潮田岁收租价"，可以供我们了解翠微韦氏大致的收入情况。据载：

西城围该税二十五亩，现批每年上期租价银九十七两五钱正。
新丰围共该税一顷五十亩，现批每年上期租价银七百二十两正。
第二、三围共该税三顷零九亩，现批每年上期租价银一千五百两有奇。③

---

① 珠海《香山翠微韦氏族谱》卷十二，第 7～9 页。
② 珠海《香山翠微韦氏族谱》卷十二，第 14 页。
③ 珠海《香山翠微韦氏族谱》卷十二，第 11 页。

仅就较大的四围而言，租税收入约 2317.5 两。除此之外，除了祖祠，隶属于祖祠的康寿社、禀遗社也拥有不少田产，据载：

> 裕兴围共该税一顷七十亩，现批每年上期租价银七百八十两正。
>
> 沙窦围该税三十一亩三分三厘四毫，现批上年租价银一百六十两正。
>
> 高坵等双造田共该税一十六亩一分，现批每年上期租价银八十五两二钱五分。
>
> 第二、三围共该税一顷零三亩，批每年上期租价银五百两有奇。①

通过简单的计算我们大致可以了解到该族在批租上的收入至少达3842.75 两，而上述的赋税及其他费用的支出只有 180.452 两。其中包括了灶排"二十户"所需要缴纳的十排灶税银 1.012 两。这 1 两多的灶税银的继续缴纳，并单独在族谱中列出，也表明了灶税银在宗族日常运作中的重要性。当然我们还需要对翠微韦氏等宗族在嘉道以后的宗族历史进行深入考察才能完全明晰"二十户"是如何在嘉庆时期作为盐场灶户组织凸显出来，并对之后的区域历史产生影响，但限于篇幅，本文并不在此展开。

结　语

18 世纪末，朝廷裁撤香山盐场，香山作为盐场的历史宣告终结。实际上，明万历以后，盐业经济已经不是香山近海地区人群的主要生计方式，他们的主要利益追求是经营沙田。但是裁场之后盐田的有利政策，却使得灶户身份已经湮灭的近海人群再次通过宗族、信仰等各种方式，重新寻回自身的灶户"血脉"。

清初的香山盐场地区，百姓是不愿意成为灶户的。近海人群更希望摆脱盐户身份，成为民户——即便他们可能仍然从事与食盐贸易相关的事情，因为灶户要承担沉重的盐场赋役。另一方面，清代盐场制度与明前期通过灶户确认户籍，生产、办纳盐课不同，在盐场课盐分离的情况下，确认盐场产盐资格的标准主要是该户拥有盐田。灶籍身份在明末清初的盐场盐业生产中已

---

① 珠海《香山翠微韦氏族谱》卷十二，第 11 页。

经不再重要。我们看到香山县的记载中很明确地指出灶户纳课，民户贩盐的事实。官府为了加强香山盐场的食盐征收，甚至在乾隆初，将食盐生产较为集中的三灶岛等地纳入盐场管辖范围，同时将盐场衙署迁至该岛，以便加强管理。这些痕迹都表明清代原香山盐场盐署所在地的山场村，及其周边如翠微、前山、北山等大多村落已经远离食盐生产作业。

灶户身份在 18 世纪晚期到 19 世纪在香山近海人群中再度被重视起来，但这一过程更多地体现在文献中，已经和盐场、制盐业本身没有太大关系，而是地方上因为某种目的而构建起来的"历史记忆"。这一记忆强化了盐场历史书写，却不一定完全符合真实历史。若深入考察这二十户的宗族历史，便可明白"灶户"身份在裁场之后对于近海人群经营沙田有着重要的意义。这些表明自己拥有"灶户"身份的家族，可以在当时享有很多赋税上的优惠政策。在这一过程中，裁场后的盐田优惠政策被地方大族所广泛利用，从而构建了《十排考》中的地方历史，并形成城隍庙十排二十户的地方社会组织模式。可见，海岸带近海生计的转变提供了近海社会重构的多样性选择，上述历史过程也反映了地理环境的变化只有和区域社会变迁结合起来，才能更深刻地被理解。

Reconstruction the Saltern Households: The Sand Fields' Development and Order's Construction of Coastal Crowd in Xiangshan County in the 19th Century

Li Xiaolong

Abstract: The livelihood of people in coastal zones changed from salt production to farming in the turn of the Ming and Qing dynasties. This transformation also provided a variety of options for the reconstruction of coastal society. The agricultural development in Sand Fields has become the main livelihood of local coastal people in Xiangshan county since the 18th century. After the shutdown of Xiangshan Salt field in 1789, the history of the salt field in Ming dynasty was reawakened and became an important resource to build local order, which was completely different from the situation of refusing to producing salt in the early Qing Dynasty. Many cases show that the history memory of salt fields in Xiangshan coastal area was formed under the background of local Sand Fields' Development after the mid-Qing Dynasty. With the development of clan construction, the coastal crowd used the local system of salt fields to formed a new local power structure.

Keywords：Coastal Society；Saltern Households；Sand Fields；Clan；Identity

（执行编辑：王一娜）

海洋史研究（第十七辑）
2021 年 8 月　第 310～328 页

戏金、罟帆船与港口：
广州湾时期碑铭所见的硇洲海岛社会

吴子祺[*]

在以往的海洋史研究中，研究者对边陲小岛关注不多，也较少讨论水上人对陆地的控制。这些岛屿虽不及广州、厦门和澳门等主要港口重要，但也有值得学界关注之处。学界普遍认为，是否在陆地定居是水上人与陆地居民的划分标准。[①] 若透过历史人类学的视角，已有一些研究成果聚焦于滨海和海岛社会。例如对于疍家（或称为"水上人"），贺喜和科大卫的编著中提出水上人并非区别于陆地居民的种族，而是牵涉到了经济权益、社群结构和身份认同等问题。[②] 此类理论在黄永豪等人关于沙田的研究中得到了充分验证[③]，现有的珠江三角洲地方社会在一定程度上就是由一群从岛屿沙洲上岸的水上人所营造的。但是这一解释并非普遍适用于所有滨海和海岛地区。水上人不一定都有上岸的意愿，海岛社会也未必自然而然朝上岸定居"线性

---

　* 作者吴子祺，法国社会科学高等研究学院（École des Hautes Études en Sciences Sociales，EHESS）博士研究生，研究方向：广州湾租借地史（1898～1945）和近代中法关系史。
　　本文广州湾时期指的是 1898 年至 1945 年。1898 年 4 月法军侵占广州湾，次年 11 月中法两国签订《广州湾租界条约》，规定法国租借广州湾 99 年。1943 年 2 月日军占领广州湾，1945 年 8 月中国政府提前收回广州湾租借地，随后成立湛江市。
　① 黄向春：《"流动的他者"与汉学人类学的"历史感"》，《学术月刊》2013 年第 1 期，第 134～141 页。
　② Xi He and David Faure eds., *The Fisher Folk of Late Imperial and Modern China: An Historical Anthropology of Boat-and-Shed Living*, London: Routledge, 2016.
　③ 黄永豪：《土地开发与地方社会：晚清珠江三角洲沙田研究》，香港三联书店，2005。

历史"发展。此外，就关于硇洲岛的研究而言，程美宝对珠江三角洲沙田开发者与王朝国家之间利益角力的解释①也有"生搬硬套"之嫌。② 正如东南亚研究者反复强调的，地方社会并非必然走向国家整合，而是有一个复杂的逃离与规避政权管治的过程。③

简言之，我们不应以"是否在陆地定居"作为水上人与陆地居民的划分标准，也不应默认陆地居民排斥水上人上岸定居，从而导致水上人生活模式、信仰形态和社会组织的独特性。关于硇洲岛，我们要思考：20 世纪 50 年代之前，经历清中期至近代法国管治时期（1898～1945 年）的变迁，水上人是否真的难以上岸定居？还是他们更愿意享有浮生水上的便利和经济优势，便于以多种方式参与陆地社会的公共事务，从而发展与港口其他群体的互惠共生关系？此外，清代官府和广州湾法当局自上而下的介入对海岛社会产生什么影响，水上人如何抵制或接受，他们之间的角力亦将在文中讨论。本文以硇洲岛的水上人为例，试图对上述问题予以作答。

一　水上人在硇洲北港的经营

硇洲岛位于粤西南雷州半岛的东部海域，是地壳运动火山爆发形成的岛屿，清代属吴川排县管辖（为该县南四都），同治年间的硇洲巡检司王近仁概括其地貌："虎石排乎三面，鸿涛环于四周，斯亦海岛之绝险者也。"④ 该岛海岸密布体积较小的玄武岩，虽然小型渔船可以在礁石之间靠岸停泊，但难以躲避风暴巨浪。就北部海岸而言，礁石尤为密集，只有烟楼村沿海有较为平坦的烟楼湾沙滩，但其过于开阔，亦不宜船只避风。相较之下，西面海岸背风且有东海岛作为屏障，地势又相对平缓，因此淡水南港（也称"下港"）和北港皆坐落于西海岸。19 世纪初，为捕捞海产和躲避风浪，官民决

---

① 程美宝：《国家如何"逃离"——中国"民间"社会的悖论》，《中国社会科学报》2010 年 10 月 14 日。

② 林春大：《湛江硇洲海岛社会历史族群构成的人类学考察》，《曲靖师范学院学报》2019 年 第 5 期，第 26～31 页。

③ Jennifer L. Gyanor, *Intertidal History in Island Southeast Asia: Submerged Genealogy and the Legacy of Costal Capture*, Ithaca, NY: Cornell University Press, 2016.

④ 《重建翔龙书院碑志》，引自钱源初《从"停贼之所"到"邹鲁之风"：粤西硇洲岛地方开发考察记》，《田野与文献：华南研究资料中心通讯》第 91 期，2018 年 7 月，第 14～15 页。

定加深北港。道光八年（1828）硇洲水师营①官兵与地方民众共同捐资开港，并撰《捐开北港碑记》记录此事：

　　兹硇洲孤悬一岛，四面汪洋，弥盗安良，必藉舟师之力。且其水道绵澳，上通潮福，下达雷琼，往来商船及采捕罟渔，不时湾聚。奈硇地并无港澳收泊船只，致本境舟师、商渔各船坐受其飓台之害者，连年不少。本府自千把任硇而升授今职，计莅硇者十有余年，其地势情形可以谙晓。因思惟北港一澳，稽可湾船，但港口礁石嶙峋，舟楫非潮涨不能进。于是商之寅僚，捐廉鸠工开辟，数越月厥工乃竣，迄今港口内外得其夷坦如此，则船只出入便利，湾泊得所，纵遇天时不测，有所恃而无恐。

　　特授广东硇洲水师营都阃府邓旋明②、千总阮廷灿、把总何朝升、吴全彪、林凤来、外委唐振超、苏维略、房士元、吴勇、陈必成暨合营记名百队兵丁等。

　　　　监生李超明两罟□景全　　李振启两罟黄信扬　李图振两罟□□□
　　　　　　　　石□□　　　　　　　　何士贤　　　　　　　　□□□
　　　　吴作舟两罟□□□　　　□□□两罟□文贤　李佳珍两罟□□□
　　　　　　　　□□□　　　　　　　□永兴　　　　　　　　周志全

　　　　吴方骏两罟□□□
　　　　　　　　□□□

　　　　以上各棚助银四元
　　　　罟棚总理吴景西助银二元

　　　　　　　　　　　　　　　　　　道光八年岁次戊子季秋下浣吉旦立③

---

①　乾隆年间起，硇洲营兵额逐渐裁减，至道光二十年守兵实有389名。嘉庆十五年硇洲营归阳江镇管辖，光绪十三年改归高州镇管辖，设千总一员，各级把总若干。见光绪《吴川县志》卷四《兵防八十七》，《广东历代方志集成》高州府部，岭南美术出版社，2009，第407页。

②　疑为硇洲都司邓旋启。邓旋明之名未载于光绪《吴川县志》及《高州府志》，似有误。参见光绪《高州府志》卷二十四《职官七》，《广东历代方志集成》高州府部，第344页。

③　《捐开北港碑记》，引自钱源初《从"停贼之所"到"邹鲁之风"：粤西硇洲岛地方开发考察记》，第13页。

　　此碑立于港头村镇天帅府（光绪《吴川县志》记为"三七庙"）前。[①]
北港地形呈袋状，船舶可自西驶入港内，南岸为杂姓村港头村，居民来自吴
川县和岛上其他村落，北岸有黄屋村、梁屋村和后角村等。根据碑文，开港
资金部分来源于官兵，部分来源于水上人。碑文中的"罟""罟棚"代表水
上人（疍户）集体捕鱼的经济生产组织。[②] 结合碑文与贺喜的研究来推测，
每个作业单位（可能是一艘罟帆船）有一人为小头目，两个单位之上有一
头目，再由他们推举一名罟棚总理。即吴景西为罟棚总理，李超明、李振
启、李图振、李佳珍、吴作舟、吴方骏等为头目，□景全、石□□、黄信
扬、何士贤、□文贤、□永兴、周志全等为小头目。

　　北港的开发，带动了沿岸经济的繁荣。至 20 世纪初，港头村有若干商
号分布其间，并形成了小型市埠，各类物资一应俱全。[③] 然而，硇洲岛清初
以来的衙署格局却没有因此而改变。负责军事的硇洲水师营和具有缉捕治安
职能的巡检司[④]仍设在淡水附近的上街。下文将要提及的广州湾时期的公局
亦在淡水，在法当局修筑公路以前，相距约 7 公里的北港与淡水之间的陆路
交通应不算便利。那么谁来管理或分享北港的权益？广州湾时期淡水公局所
立的《黄梁分收立约碑》为我们提供了一些信息。

黄梁分收立约碑

　　广州湾属硇洲第三起公局为谕饬遵照事。现据黄村头人[⑤]黄福秋、
黄金养、黄金口等禀称，彼村设立境主神庙，每年演戏分黄、梁两村，
各演合同戏一本，按照各该村船只多少相替派钱。现两村公议，将船只
分定收派，以照公允。其梁村即收烟楼、吊□、谭井船只之钱币为戏
金，黄村全后角即收本港来往商船、虾船、鱼罟等船之钱币为戏金，
□□□□。为免彼此争论，□□□□冒亵渎神明，应请给谕遵照办理，

①　光绪《吴川县志》卷首图三十五，第 269 页。
②　贺喜：《流动的神明：硇洲岛的祭祀与地方社会》，李庆新主编《海洋史研究》第六辑，社
　　会科学文献出版社，2014，第 236 ~ 258 页。
③　根据法国人绘制的地图《广州湾租借地地图》（Carte du territoire de kouang-Tchéou-Wan，
　　1900 年初版，1935 年修订版），北港南岸的港头村形成一个小型市镇聚落。另外，黄炳南
　　回忆该处有多个商行和生活设施。
④　关于清代巡检司的职能，参见胡恒《清代巡检司时空分布特征初探》，《史学月刊》2009 年
　　第 11 期，第 42 ~ 51 页。
⑤　"头人"即村中父老。

□□并先分梁村□□事同一体各等情。据此，复查两村先后所禀均为神愿戏金起见，如此□议□□□并所派事极妥当，□□照准分别给谕，以照公允。除出示并分谕梁村遵照外，合就□饬为此谕给黄村头人、船户□□□遵照，□□仝后角村准收本港来往□□□□□各船之□□派戏金之用，派□越收生事致干血究，各宜禀官□□□谕。

公元一千九百零三年□□□□号谕①

该碑是目前仅见的广州湾时期（1898～1945 年）的公局②碑铭，相较于其他公局碑铭，③ 其特殊之处为弃用清代纪年，而采用公元纪年，这应该与当时广州湾受法国管治有关。④ 根据碑铭，每年神诞期间，黄屋村和梁屋村各出钱演戏一本，并以演戏敬神的名义，按照规定数额向北港（碑文为"本港"）和硇洲岛北部沿海村落的各类船只征收名为"戏金"的款项。后双方达成共识，由梁屋村征收硇洲岛北部沿岸烟楼和谭井等村船只的戏金，而黄屋村及有黄姓定居的后角村则征收北港来往商船、虾船和鱼罟等船只的戏金，村和船户（水上人）划分征收范围，并将情况禀告淡水公局，请公局给谕，以示各方遵照。

各村分别征收不同区域不同类型船只的戏金，反映了硇洲北部船只丰富各异的生意经营或作业模式，背后是当地不同群体经济和社会情况的差异。"烟楼、吊□、潭井船只"，当指硇洲岛东北部村落平时就近停泊本村海岸，每当售卖渔获或遇风暴避险则驶入北港的近海作业小型渔船。至于"本港来往商船、虾船、鱼罟等船"，则是经常停泊北港的各类渔船，主要包括体型较大的罟帆船和外港帆船，主要用于远海捕捞。此外亦有途经此处的载货

---

① 碑原在湛江市经济技术开发区硇洲镇黄屋村海边，2009 年文物普查移入该村调蒙宫（大王公宫）内。2019 年 5 月 16 日吴子祺、陈国威、赖彩虹拓录碑文。
② "公局"又称"公约"，从士绅权力机构化的乡约演变而来。（王一娜：《明清广东的"约"字地名与社会控制》，《学术研究》2019 年第 5 期，第 132～139 页。）尽管不是官方正式的行政机构，但在官府的认可下，在广东乡村社会具有稽查、缉捕、处理民事案件以及代官府传递命令和征税等职能，虽然有助于清廷统治秩序延伸到基层，但又经常引起局绅和官员的利益摩擦，影响国家与乡村基层社会的关系。（邱捷：《晚清广东的"公局"》，《晚清民国初年广东的士绅与商人》，广西师范大学出版社，2012，第 75～89 页。）
③ 现广州市番禺区沙湾镇仁让公局旧址存有四通碑铭（详见王一娜《清代广府乡村基层建制与基层权力组织》，南方日报出版社，2015）。
④ 类似的碑铭还有湛江市坡头区麻斜村张氏始祖墓的"奉天诰命"碑，同样采用公元纪年。

商船（往来潮州府、广州府、高州府、雷州府和琼州府之间①的海上航线）。② 这些来自不同地方或常泊港内的船只都需要使用北港，向神祇奉献戏金是其享有港口便利的代价。

从道光年间官民开挖北港，到 20 世纪初港口北岸的黄、梁两村因为戏金征收问题产生矛盾，在涉及港口的公共事务中，水上人均占一席之地。甚至可以说，在官府和地方权力机构之外，更有水上人控制着硇洲北港的地方社会。

二　三忠信仰所反映的渔业经济

《黄梁分收立约碑》所在地黄屋村调蒙宫③，为笔者考察 20 世纪初北港社会的利益关系提供了更多线索。据该村村主任黄炳南介绍，调蒙宫在 1949 年前已是两进格局的建筑，20 世纪 20 年代曾被用于革命活动，1950 年解放海南岛战役时也被征用，后经村民争取，1985 年获政府批准得以恢复使用，2011 年、2015 年先后被公布为区级和市级文物保护单位，官方制作的文保牌匾记作"大王公宫"。而庙中以神主牌表示的神祇正式名称则是"境主敕封调蒙灵应大侯王"。"境主"是一片地域（往往包括若干村落）的主要守护神。据黄炳南讲述，调蒙宫所覆盖的"境"（即信仰范围）包括硇洲岛西北部的七个村：那甘、那凡、大浪、庄屋、后角、梁屋、黄屋。它们都属于今北港村委会管辖，除了调蒙宫，北港村委会管辖范围内还有港头村供奉的镇天帅府（三七庙），另外南部村落也各有神祇，所以北港管区另外八个村都不属于调蒙宫的"境"。

在黄氏村民口耳相传中，调蒙宫境主是南宋末年抗元忠臣左丞相陆秀夫（1237～1279）。为强化该认知，20 世纪 80 年代重修庙宇时还制作了两块刻有陆秀夫相貌的木板置于神龛两侧。调蒙宫对联"国祚虽移尽瘁鞠躬唯有

---

① 20 世纪 30 年代，由海口经过徐闻、海康、硇洲至广州湾西营的帆船，顺风一二日可至，逆风则需数日。每艘容量二三百担，每年平均二千五百余艘，共载货六十万担。参见陈铭枢等编撰《海南岛志》，神州国光社，1933，第 210～220 页。

② 关于北港船只的类别，来自黄炳南和窦天南口述。黄炳南记得附近村落只有梁屋村有一个"地主"购置了一艘货船，往来北港和广州湾西营之间运输百货，其他村民均无力从事外海运输。

③ 据黄屋村民介绍，"蒙"为异体字，中间第二横写为"口"，读音近"凡"或"粉"。故将"调蒙"解读为"调教启蒙"有牵强附会之嫌。

宋，民心可用输诚矢志欲驱元"，也昭示了神祇与抗元忠义事迹的关联。[1]

根据方志，硇洲在明代已有三忠祠。[2] 1918 年一名法国学者考察硇洲岛宋末史迹的记录也提到，明人在硇洲岛已建有三忠祠。[3] 康熙五十三年（1714）知县何美将三忠祠迁往吴川县城，设于县学内。[4] 然而硇洲的三忠信仰并未消失。[5] 同治年间巡检王近仁重建翔龙书院，于偏殿恢复三忠祠。[6] 并且，"宋末三忠"的历史形象被附会为岛上三座庙宇的主神（即"境主"）——西园村平天宫供奉的文天祥，那林村调但宫供奉的张世杰，以及调蒙宫供奉的陆秀夫。20 世纪 30 年代，曾在硇洲岛生活、与水上人结婚的浙江文人程鼎兴[7]曾到访筑有防浪堤的北港并指出港内渔船规模甚大，他描绘岛上的三忠信仰称："此岛上住民为纪念宋末三忠陆秀夫、张世杰、文天祥，到处供奉，真是不遗余力。"[8] 钱源初认为，此种现象体现了国家正统文化借助三忠信仰强调忠义观。[9]

与调蒙宫"境主"所蕴涵的王朝正统文化"三忠信仰"不同，该庙的"神诞"活动，体现的是水上人的社会经济生活。调蒙宫境主神诞定在农历五月初五，与屈原投水自尽为同一日，俗称"五月节"。20 世纪 50 年代水上人离开北港迁往红卫社区[10]以前，每年"五月节"都要举行盛大的龙舟赛。如今红卫社区的水仙宫神诞亦是五月初五，更将水仙公视为屈原的化身。黄炳南关于 20 世纪上半叶北港渔业经济的忆述，更清楚说明围绕着港

① 湛江市郊区人民政府地方志小组编《湛江郊区志》，内部资料，1993，第 235 页。

② 光绪《吴川县志》卷三《坛庙十一》，第 337 页。

③ Henri Imbert, *Recherches sur le séjour à l'île de Nao-Tchéou des derniers empereurs de la dynastie des Song*, Hanoi: La Revue Indochinoise, 1918.

④ 光绪《吴川县志》卷三《坛庙十一至十二》，第 337 页。

⑤ 乾隆晚年吴川知县沈峻和教谕欧阳梧写诗颂扬硇洲岛的三忠信仰。见道光《吴川县志》卷十《艺文三十四至三十五》，《广东历代方志集成》高州府部，第 230 ~ 231 页。

⑥ 《重建翔龙书院碑志》，引自钱源初《从"停贼之所"到"邹鲁之风"：粤西硇洲岛地方开发考察记》，第 14 ~ 15 页。

⑦ 关于程鼎兴（1904 ~ 1937）的生平及其来到广州湾的缘由，参见刘中华《一丝鲁迅缘——读〈金淑姿的信〉引起的》，https://www.meipian.cn/1uxeelhv，2019 年 1 月 11 日。

⑧ 程鼎兴：《广州湾一瞥（下）》，《中央日报》1936 年 8 月 29 日。

⑨ 钱源初：《从"停贼之所"到"邹鲁之风"：粤西硇洲岛地方开发考察记》，第 10 ~ 12 页。

⑩ 公社化过程中，政府将罟帆渔组建为"渔业大队"，集中定居淡水。参见《湛江市地名志》"淡水街"条，广东省地图出版社，1989，第 52 ~ 53 页。大跃进时期，罟帆社、津前社、南港社并存，政府协助渔民为增产而改良渔具、增加作业范围及时间和发展养殖。参见《硇洲巨变——硇洲人民公社先进事迹介绍》，载《湛江市社会主义建设先进单位及积极分子先进事迹选编》，中共湛江市委办公室，1959，第 37 ~ 40 页。

口的陆地村落、水上人和外来商户的互惠共生关系。① 黄炳南表示，北港港内的"疍家佬"与黄屋村人存在雇用和交易关系。由于黄屋村濒海少田，贫穷的村民又无资本制造出海船只，故他们多在"疍家佬"的罟帆船上打工，随船出海捕鱼，按每转"流水"（即每次出海周期）付工钱；或者撑艇在港内活动，为罟帆船供应淡水，将船上渔获搬运到港头村小型商埠的"鱼头栏"仓库，以及摆渡渔民上岸。物资交易方面，罟帆船腌鱼剩下的汤汁廉价售给村民制成鱼露酱汁，村民则回售番薯等粮食作物。被黄炳南称为"老板船"的罟帆船近二十艘，都是三桅帆船，每艘船要有十多人操作，需要颇多的资本投入。船员住在船上，妇女儿童安置在北港两岸沙滩上的高脚棚屋，向不落地居住。这些自北而来的水上人操"咸水白话"，有吴、周、李、黄等姓氏，往往是船与船之间的罟帆人家通婚，个别船上供奉"水仙公"。②

北港水上人之所以选择五月节作为当地最主要的社区节庆，更与他们的远海渔业作业方式密切相关。民国初年的资料记载，硇洲罟帆渔民所使用的"头号密尾船长六丈，广一丈五尺，载鱼十万斤。船上有三桅……顺逆风均可行驶。如遇顺风，其速率可比轮船"。捕鱼时，渔民使用车盘（绞盘）下网，两船并行将前方鱼群收入大网中，每次可得一千斤以上，多则四五千斤，但每天只下网一次。头号密尾船除了船主及其眷属，另有雇工 11 人，每船连渔具值二千元。至于二、三等密尾船和开尾船，其长宽度、渔网重量和雇工人数依次递减。③ 由此可知，硇洲渔民的船只需要相当的人力和物力投入，作业天数也较长。根据 1949 年后的政府调查，硇洲罟帆船每艘都有技术员（即船主）、副技术员、大工、船头工、下脚仔（实习生），分别依附各自的"鱼头栏"，每年有三个鱼汛期：春汛，农历正月初一至五月初三；小春海，农历五月初四至七月十三；秋风头，七月十四至年三十。④ 五月节恰好处于两个汛期之间，且小春海渔获较少，五月节符合水上人庆祝和修整所需。

1937 年日军全面侵华，一帮在南海作业的硇洲渔船避难于香港，渔民代表李达华和吴宏清（恰好对应北港水上人的主要姓氏）等携带向港英当

---

① 黄炳南讲述，吴子祺记录，湛江市硇洲镇黄屋村，2020 年 1 月 25、26 日。
② 如此描述符合贺喜等学者所称的"家屋"社会形态。随着水上人迁到红卫社区居住，加上北港海沙流失和淤塞，高脚棚屋今已不复可见。
③ 李茂新：《农业畜牧讲义·农业养鱼学全书》，上海科学书局，1916，第 338～339 页。
④ 《湛江郊区志》，第 203～205 页。

局和广州湾法当局注册的牌照，向香港渔民协进会请求援助。据协进会交给港英政府的呈文所知，这帮硇洲渔船规模甚大，67 艘大小渔船的人口共有2000 人之多，他们每年秋冬"结队出海捕鱼，若有所得，则来港销售"。①硇洲渔民趁着鱼汛结队出海，作业范围颇广，所需的人力、物力亦非小数，这也反映了他们财力之殷厚。

罟帆船以拖网捕鱼，每次出海少则七八日，多则十几日，主要在硇洲岛东部和北部海域作业。不同批次的渔获在船上不同舱室腌制，总重量可达数吨。回到北港雇用小艇运到鱼头栏的"大池"，由港头村的鱼头栏处理后再运销外地。北港的另一类渔船是外港渔船，来自雷州乌石和海南临高等港口。这类渔船体型略小于罟帆船，多是两桅加上前置三角帆，每年春秋两季在硇洲海域捕鱼，并在北港补给物资。此外，还有来自吴川的小型渔船"三人拖"，船员有三人。由于多艘罟帆船和外港渔船、商船聚集，港头村的小型商埠颇为繁荣。该埠既有收购渔获的鱼头栏，也有供应盐的东海盐户，还有鸦片烟馆和嫖娼"娘馆"等。每逢农历五月，各类船只聚集北港，共同参与盛大的"五月节"。

五月节是北港社区关系的集中体现，既展示不同群体的身份差异和经济差距，又展示彼此之间的包容和合作。黄炳南回忆，1949 年前征收戏金已经约定俗成，多年来形成黄屋村、梁屋村和罟帆船三个"单位"轮流更替的惯例。每年农历五月初三至初六演出粤剧四本，第一晚是最重要的正本，由上述三者每年按序轮换，余二者承包第二晚、第三晚的剧目。当年出钱演正本者有权向"境"内村落、"境"外邻村和港内船只收取戏金，以便集资演出第四晚的粤剧。每年来演出的粤剧戏班由掌庙公从广府地区或粤西的吴川和廉江等地请来，有二三十人之多，住在村民临时搭建的"戏馆"。五月初五节庆正日全天演戏，戏班分为三班轮番上台，景况热闹。若将黄炳南的回忆理解为 20 世纪 30～40 年代的情况，我们可发现这已与 1903 年碑铭所约定的戏金分派略有不同，而碑铭中几乎没有出现的罟帆船或水上人（仅提及"船户"一次）在黄炳南的认知中却相当重要：虽然黄屋村、梁屋村和罟帆船每年都以各自名义出钱演戏一本，但村民按人数所捐的戏金有限，"境"外收的戏金也是自愿捐献。既然陆上村民出资总数不多，因此需要仰仗出钱较多的罟帆船老板。有时轮到他们做正本时，由于忙于出海，甚至委

---

① 《广州湾渔船请求护送》，《香港工商日报》1937 年 10 月 13 日。

托黄屋村人去收钱。1985 年调蒙宫恢复信仰活动，北港水上人早已加入渔业大队（后称罟帆社、红卫大队）离开北港，失去这一重要戏金来源的北港民众已筹不够钱请粤剧戏班，只能请价格不足一半的雷州歌班。

演戏之余，"扒龙船"（龙舟竞渡）也是五月节的重要活动。龙舟竞渡只限于罟帆船渔民参加——因为制作和维护龙船所费甚多，陆地村民不能负担。渔民以船为单位组成六七支龙舟队，每艘龙舟长七八米，两排人划桨，有鼓手敲鼓，五月初五潮水退去之时从港外逆流划入港内，最先到达终点者赢取烧猪一只，当场分食，输者也可获得猪肉，而其他民众则在两岸观看。当日还在庙前发射多束"火箭炮"（烟花），罟帆船老板对此颇为热衷，甚至雇用黄屋村小孩捡拾炮头以讨得好彩头。

经营罟帆船的水上人占有经济优势，并以"老板"身份受到岸上居民尊重，他们通过五月节演戏和龙舟竞渡等活动积极参与社区事务，维持其与不同群体的友好关系。黄炳南直言，1949 年前的黄屋村人以打工为生，要么在罟帆船和外港渔船务工，要么四五人经营一艘小艇为大船提供服务。在他的记忆中，村民不会为难在岸边搭棚的"疍家"，也不会向其收钱，理由是沙滩"天然形成"——笔者认为，黄炳南童年时，水上人与黄屋村的互惠共生关系已形成有年，容许水上人在岸边搭棚是双方的默契，以及对前者经济支持的回报。

调蒙宫供奉陆秀夫的现象固然来自官府认可的三忠信仰，但不足以解释1903 年碑铭所载的社会关系。通过田野考察和口述访谈，笔者认为从事远海捕鱼的北港水上人，为了长期湾泊北港，需要发展与陆上社区的关系。他们利用经济优势和以调蒙宫"大王公"为中心的五月节活动，将北港各色群体整合在一起。水上人无须上岸定居，亦能与陆地居民发展互惠共生关系。

三　反思硇洲岛的社会分化

19 世纪至 20 世纪初的北港水上人有着区别于陆地居民的经济活动和社会生活——尽管彼此之间关系紧密。那么海岛社会的分化从何而来，体现在哪些方面？水上人和陆地居民从而形成怎样的社会关系？我们不妨扩大视野，讨论硇洲岛不同区域的信仰和宗族活动的差异。贺喜关注硇洲岛的民间信仰和水上人"家屋"社会结构，提出"轮祀"的信仰圈层结构——民众以轮流的方式居家供奉神明。轮祀的方法大体分为三类，第一类驻于庙中，调蒙宫属于此类；第二类有庙却不驻庙；第三类没有庙宇，完全居于民居。

贺喜指出不能以水陆对立的预设观念去理解水上人的社会，社会的分化并非全然来自上岸的先后。在宗族发展不甚成熟的硇洲岛，分属不同轮祀圈的村民通过轮祀活动，将彼此整合到一个共同体中。①

硇洲岛的确存在数个不同的村落群，② 如今调蒙宫神祇也参与全岛性的祭祀活动——正月初八游神。但硇洲岛各地的内部组织方式不尽相同，轮祀和水上人上岸结合的理论范式不能普遍运用于硇洲全岛，因为该岛既有不发展宗族的水上人，也有宗族组织发展较好的村落。传承光绪年间族谱抄本的硇洲岛东北部潭北湖及其周边窦姓村落的宗族活动情况可作为一个反例。③据《窦氏族谱》记载，沿海复界后，康熙四十三年（1704）二世祖根心迁回硇洲岛居住。咸丰六年（1856）族内 68 名男丁凑钱创制祖尝，说明他们开始形成宗族组织。这笔族尝年年生息，按例每年冬至"分肉"回馈上述男丁及其继承人。到了光绪年间，窦氏宗族进一步扩大规模，新丁可到祠堂"告祖立名"和题捐，从而参与"分肉"，而 68 名创始人后代的权益保持不变。与此同时，族人购买田地用来收租，以求稳定收入，并且在祠堂办私塾提倡文教。

窦氏宗族的发展除了年代偏晚，似乎与广东宗族的一般进程并无二致。就笔者所见，窦氏宗祠前厅供奉象征文教的"九天开花结果文昌梓潼帝君"，正厅悬挂近年重制的"仁厚传家"牌匾，据传原为乾隆四十六年吴川知县和遂溪知县共同致送以褒奖该族三世祖世昌（卒于乾隆四十年）。村人另有一件辗转流传、多番重抄的诔文长布——吴川知县宋景熙领衔硇洲巡检和水师营等官人联名表彰世昌长子、四世祖广明（逝于乾隆四十七年）。从诔文可知，窦广明"功名不就，出学馆而持家政，德行昭著……建祠以祭先延，师儒以育幼"。由此可见，乾隆年间窦氏宗族颇为迎合官府的文明教化，践行儒家礼仪，尽管他们仍无法通过科举获取功名。两件颇具象征意义的文物原件均已不存，村民仍将相关文字代代相传，对此甚为重视，甚至将其纳入丧礼——每当村中有人亡故，村民都会在棺材前方悬挂这件长约三

---

① 贺喜：《流动的神明：硇洲岛的祭祀与地方社会》，第 242～245 页。
② 以 2019 年硇洲岛正月初八游神为例，全岛村落分为八个方队参加，分别是淡水、潭北、南港、孟岗、北港、津前、宋皇和红卫，对应硇洲镇辖下的八个管区。
③ 潭北湖村北巷族编《窦氏族谱》附件一、二、三，2017 年印刷本，存于湛江市经济技术开发区硇洲镇潭北湖村窦氏宗祠，吴子祺、梁衡 2019 年 9 月 15 日查阅。

米、宽约两米的谍文复制品，至今如旧。① 潭北湖村作为硇洲岛上少见的有族尝、族谱、祠堂和祭祀礼仪的村落，也证明硇洲岛并不存在一种通用的地方社会组织形式，或是统一、分层次的"轮祀圈"。

若是说潭北湖村窦氏宗族的情况可证明"轮祀"理论有其局限性，且王朝国家向地方的扩张促进祭祀礼仪的演变；那么调蒙宫所属的三忠信仰的差异化现象，亦能体现三忠信仰在硇洲岛不同区域环境所发生的分化，其背后力量以经济为主。笔者在考察过程中发现，多地村民对宋末三杰等历史人物或神主牌上的名字同样不甚熟悉，他们一般将神明称为"侯王"或"公"，视之为保护一方地域的境主。村民之所以传说调蒙宫等庙宇供奉的境主是宋末的忠义之臣，应是地方社会对明清以来官府推广的儒家教化及其塑造的文化景观——三忠信仰加以回应和利用的结果。由此村民积累本地文化资源，迎合王朝正统，这一变化应发生在康熙年间的沿海复界之后，与硇洲渔业和海上交通的发展大有关系。然而，同样是三忠信仰的继承者，西园村和那林村虽然分别建有平天宫和调但宫，但神像却不常居庙内，而是以轮祀的形式居于村民缘首家中。笔者认为，西园村和那林村不濒临海岸，未如黄屋村享有北港的渔业经济条件，更没有水上人或商户的支持，因此既缺乏足够财力，也没必要在庙宇中固定供奉神祇和"做节"，这正是造成岛上不同村落情况差异的原因所在。

更有甚者，同一个调蒙宫神祇，水上人视作亲水的大王公，黄屋村等村民则奉之为庇佑一方的境主，但又以陆秀夫形象的三忠信仰迎合官方礼仪并向外扬名。或许可以借用人类学家华德英所提出的意识模型（conscious model）② 加以解释：境主是基于日常生活的"直接的意识模型"，而陆秀夫的历史形象则是符合官府倡导的"理想的意识模型"。两者并行不悖，村民面对不同人或场景使用不同的意识模型，用相互有别的话语来介绍神祇。他们对于"境"内外范围的界定，也成为界定他者的标准，所以他们不能强求"境"外村落捐献戏金。作为节庆活动的重要捐款者，水

---

① 窦天南口述，吴子祺记录，湛江市经济技术开发区硇洲镇潭北湖村窦氏宗祠，2019 年 9 月 15 日。
② 华德英（Barbara E. Ward, 1919－1983）长期从事华南渔民的研究，考察香港滘西洲等地，指出渔民具有三种意识模型，分别是"直接的、家庭中形成的意识模型"、"他者的意识模型"和"理想或意识形态的意识模型"。Barbara E. Ward, "Varieties of the Conscious Model: The Fishermen of South China," in *Through Other Eyes: Essays in Understanding 'Conscious Models'—Mostly in Hong Kong*, Hong Kong: Chinese University Press, 1985, pp. 41－60.

上人并不反对神祇同时兼具境主和陆秀夫的身份，而是将其视为联系北港各群体的纽带。此外，这也使得调蒙宫和镇天帅府成为硇洲岛上为数不多始建于清代的庙宇建筑，超越陆上居民轮祀的内部限制。

一旦渔业经营模式发生重大改变，昔日由水上人主导的信仰生活也就势难持续。如今生活在红卫社区、20 世纪 50 年代初父亲以两艘罟帆船加入合作社的梁荣木也表示，咸鱼是水上人的主要出售产品。1949 年前北港的避风条件优于淡水，二十多艘大型罟帆船根据需要停泊北港或淡水，每次经过北港都会向大王宫（即调蒙宫）燃放鞭炮做礼。[①] 1949 年以后政府动员水上人上岸，罟帆渔民移居淡水，他们与北港的关系渐趋疏远。虽然 80 年代调蒙宫恢复信仰活动后，水上人的头人一度募捐继续支持北港五月节，但随着长老故去，红卫社区的居民宁愿重建当地水仙宫并奉屈原为神祇，90 年代之后便不再参与调蒙宫的仪式。

综上所述，硇洲岛水上人的渔业经营与信仰生活密不可分，北港调蒙宫和镇天帅府（三七庙）因为水上人的支持和需求而具有鲜明特征。三忠信仰的推广和北港的开辟皆体现了清中期以来硇洲岛的社会经济变迁。三忠信仰本来带有明显的官方属性，但在民间的仪式实践中，北港水上人将其对于亲水神祇的信仰融入供奉陆秀夫的调蒙宫，与陆地居民共同塑造互惠共生关系，也使得调蒙宫与同属三忠信仰的平天宫和调但宫显著区分开。水上人是推动这一系列变化的重要力量，既迎合国家礼教和官府治理，也着力发展建基于经济合作的在地关系。北港的案例亦说明，由于群体的多样性，我们很难总结一个覆盖全岛的信仰模式来消弭海岛社会的内部差异，必须具体问题具体分析。而 20 世纪初的法国管治，在延续硇洲岛社会分化的同时，也带来若干新变化。

四　法国管治带来的变化

我们不能以为硇洲海岛社会的发展单靠渔业经济和民间信仰的内部力量，而忽略"国家"带来的影响。20 世纪初法国殖民势力的入侵，对硇洲岛影响重大，使之走上不同于邻近地区之路，公局是其中一项变化。有学者

---

① 梁荣木讲述，吴子祺记录，湛江市经济技术开发区硇洲镇红卫居委会水仙宫，2020 年 1 月 26 日。

指出设在广州湾乡间的多处公局的主要职能是维护公共秩序，充当"沟通法国统治者与广州湾民众之间的桥梁"。① 印度支那总督保罗·杜美（Paul Doumer，1897－1902 年在任）主张改造和利用地方基层组织，将其纳入统治手段。硇洲岛很早就被法军占领，成为一个重要的战略据点。1898 年 7 月法国海军登陆占领硇洲岛淡水炮台，② 1899 年 11 月中法签订《广州湾租界条约》，硇洲岛被划入广州湾租借地范围。1900 年 1 月保罗·杜美宣布在广州湾实行民政管理制度，2 月初驻军长官马罗（Marot）随即发布公告，将租借地划分为"三起"，每起设一帮办（即副公使），所有界内墟市村庄事务由各起公署办理，其中第三起"由东海至硇洲，公署设在硇洲大街"。③ 这也就是《黄梁分收立约碑》将硇洲淡水公局名为"广州湾属硇洲第三起"的由来。随后的 1902 年，清廷正式将硇洲司巡检以"移驻"之名撤到吴川内地，改设"塘塝巡检"④，以应对法国入侵广州湾造成的变局。

　　自 1900 年起淡水成为硇洲和东海两岛的行政首府，1903 年法当局在硇洲设有副公使（一名）、驻军（警备军，俗称"蓝带兵"）和法庭（由法国长官和四名当地乡绅组成）。⑤ 1910 年广州湾法当局改组地方行政，辖域改划为七区，蓝带兵驻扎在淡水，其营官兼任行政工作。法当局十分重视硇洲岛在航道上的战略价值，硇洲灯塔是租借地最重要的航标。法国海军占领之初就在西北角的庄屋村建造了一座简易石质灯桩，以便进出广州湾的船只辨识。⑥ 1900 年 3 月，河内当局批准广州湾航道的照明和灯标工程，启动招标建造硇洲灯塔。⑦ 1902 年在硇洲岛中部的马鞍山正式动工，两年后竣工启用，法当局持续派遣一名法籍公务员常驻管理灯塔，下属有"安南师爷"

① 景东升、何杰主编《广州湾历史与记忆》，武汉出版社，2014，第 16～17 页。
② 《两广总督谭钟麟致出使庆大臣电》，载龙鸣、景东升主编《广州湾史料汇编（一）》，广东人民出版社，2013，第 34 页。
③ 《大法国五划官广州湾海陆军马为出示晓谕事》，引自《广州湾历史与记忆》，第 14 页。
④ 朱寿朋编纂《光绪朝东华录》（第五册），中华书局，第 4875 页。转引自廖望《明清粤西州县杂佐的海防布局探论》，苏智良、薛理禹主编《海洋文明研究》第四辑，中西书局，2019，第 71 页。
⑤ Gouvernement Général de l'Indochine, *Annuaire général de l'Indo-Chine (1903)*, Hanoi: Imprimerie d'Extrême-Orient, 1904, p. 636.
⑥ 苏宪章编著《湛江人民抗法史料选编（1898～1899）》，中国科学文化出版社，2004，第 80～81 页。
⑦ Paul Doumer, *Situation de l'Indo-chine (1897－1901)*, Hanoi: Imprimeur-Éditeur, 1902, pp. 214－215.

（越南籍文职人员）和本地招募的多名劳工。与此同时，法当局在烟楼村海滩建造了一座灯桩，辅助硇洲灯塔在北部航道的照明引导。硇洲灯塔的作用亦不限于照明导航，更在 20 世纪 20 年代具备了通信和气象观测功能。法当局对灯塔的投入所费不少，以维持硇洲灯塔及其附属设施的航行交通和通信联络功能。① 由此可见，相较于租借地其他区域，法当局颇为重视硇洲的管治和建设。至于渔业方面，1912～1915 年担任广州湾总公使的卡亚尔（Gaston Caillard）指出当地渔民多是使用两艘船一起作业，然而硇洲渔船则是成帮结队，且每年鱼汛期间硇洲岛周边海域总会吸引各地渔船前来捕捞。此外硇洲岛的礁石海岸盛产龙虾，以及用于出口的各种日晒干虾。② 由此可见，硇洲岛的渔业资源丰富，引起广州湾法当局的格外重视。而基层权力机构公局正是法当局管理民间事务的主要权力下达渠道。

处理 20 世纪初北港纠纷的机构是淡水公局，就广州湾境内及其周边的公局而言，这种基层组织应与鸦片战争以后广东地方军事化和团练武装的兴起有关，反映了乡绅参与管理地方事务，再经法国当局改造利用而形成制度的历史过程。法国人占领广州湾之前，硇洲是否已有公局，其管辖范围如何，仍有待考证。在黄炳南的记忆中，三个法国人管理整个硇洲岛，这显然是不可能完成的任务，故法当局必须借助公局。公局位于数公里以南的淡水——广州湾法当局机构的所在地，也是今硇洲镇政府驻地。相对于法当局派驻硇洲的法籍副公使或营官，华人充任的淡水公局如同辅助机构，主要负责治安和调解事宜。公局长均由硇洲本地人出任，其下设有一名文书和若干局兵，经费由法当局财政支拨。1900 年 6 月，保罗·杜美向法国殖民地部汇报，根据 1 月 27 日的广州湾行政组织法令，各所公局，或当地乡绅委员会（Conseils des notables indigènes）已经完成重组并且开始运作。③ 1902 年，法国人的管治已初步建立，在相对"令人满意"的内部政治形势之下，首任总公使阿尔比（Alby）也指出若干隐忧：商人逐渐接受法当局的"保护"，乡村民众也减少了偏见，但法当局尚未与村民建立更为直接和持续的联系，仍不讨村

① 吴子祺：《广州湾时期建造的硇洲灯塔》，湛江市政协编《新中国成立以来湛江文史资料选编》第七册《文化建设（下）》，内部资料，2017，第 335～341 页。
② Gaston Caillard, *Notre domaine colonial, tome VIII：L'Indochine；Kouang-Tchéou-Wan*, Paris：Notre Domaine Colonial, 1926, p. 122.
③ *Le Gouverneur Général de L'Indo-Chine à Monsieur Minister des Colonies*, N. 826, le 5 Juin 1900, INDO/NF/627, ANOM.

民喜欢。当地民众经常要求法当局介入村中甚至家庭事务——尽管在阿尔比看来，比起当地乡绅，法国官员更能不偏不倚，免除个人利益的纠葛。阿尔比也委婉批评公局滥用权力，法当局不能置之不理。[①] 公局虽然受命于法当局，但其两项主要职能——治安和调解——与法国官吏之职能有所重叠，他们共同治理一万两千多名硇洲居民，[②] 难免发生龃龉。此外，在公局之下，还有各村的"保长"和"甲长"，黄屋村相关人士负责每年向渔船收取船牌税等费用，交给法当局。[③] 到了 20 世纪 20 年代初，硇洲已增设北港公局（具体年份不详），赖博仁担任公局长，曾与权势颇大的赤坎公局长陈学谈合作容纳陈振彪匪帮。[④] 北港公局的设立，或许说明法当局意识到硇洲岛事务非淡水公局一家可以治理，有必要另设公局治理渔船汇聚的北港。

要言之，19 世纪末法国侵占广州湾，硇洲岛扼守航道的战略价值及丰富的渔业经济价值受到殖民者重视，因此广州湾法当局在岛上颇有建设，其管治为当地带来许多变化。随着广州湾城市建设的发展和航运的开拓，一方面硇洲渔民出产的海产品销往首府西营和香港的大型市场，另一方面硇洲岛上的设施为雷琼等地的帆船提供中转补给或为远洋轮船导航照明（图 1）。而法国官员和军队的驻扎，以及改造公局等举措，延续和加强了"国家"对于海岛社会的治理。不过公局未必体现法当局管治有效深入民间，而只能说明广州湾法当局利用晚清已出现的公局来间接"以华治华"。故《黄梁分收立约碑》所载的公局处事方式，似乎仍离不开当地社会的情理和社会关系。目前学界关于广州湾公局或基层组织的研究相当欠缺，笔者希望以上的讨论可引起注意，将来进一步探讨更多案例。

结　语

浮生海上、从事渔业的水上人并不总是被动地流离迁徙和选择居住方式，也未必在社会结构中处于弱势。水上人就算不上岸，亦可主导社区的日

---

① *Note sur la Situation du Territoire de Quang-Tchéou*, Septembre 1902, INDO/GGI/5106, ANOM.

② 据广州湾法当局 1902 年的统计，硇洲岛共有居民 12668 人，村庄 93 个。*Annuaire général de l'Indo-Chine française*, Hanoi: F. H. Schneider, 1902, p. 606.

③ 黄炳南讲述，吴子祺记录，湛江市经济技术开发区硇洲镇黄屋村，2020 年 1 月 25、26 日。

④ 赖博仁（Lai Poc Yen）事迹见钟侠《法帝国主义在广州湾豢养的陈学谈》，《广东文史资料》第十四辑，内部资料，1964，第 7 页。另据 1931 年的广州湾法当局职官文件，仍是赖博仁担任北港公局长。

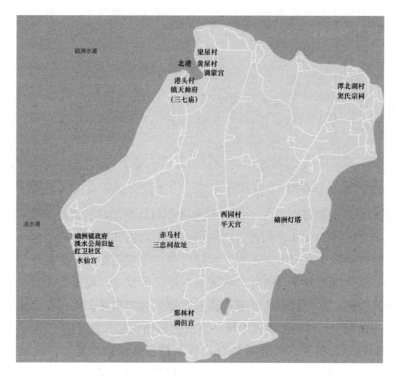

图1　文中提及的建筑物分布

常生活秩序。在官府缺位或只是施予间接影响的情况下，19世纪中期以来以罟帆船为家的硇洲岛水上人能够发挥经济优势，与陆地居民和港口商户形成供应合作，促进北港的渔业和商贸发展。水上人出"戏金"，奉献经济资源来推动民间信仰和渔业经营相配合，从而以"五月节"节庆的形式发展北港社区的互惠共生关系，建立当地的社会秩序。正如马木池指出的，民间信仰的宗教仪式作为一种展演方式，所展示的意义会随着支配仪式的社会内部权力转变，而出现不同的演绎与诠释。① 以调蒙宫为中心的戏金征收和演戏争议在20世纪屡经变迁，受到广州湾时期法国管治和50年代合作化运动的影响，反映了政治变动对地方社会造成冲击，明显改变北港各群体的内部权力和利益关系。

　　近年来硇洲岛的渔业生产脱离集体化的约束，但也日益受到政府基建和

---

① 马木池：《宗教仪式与社群结构的互动：香港长洲岛水陆盂兰盛会的发展》，王加华主编《节日研究》第十四辑，山东大学出版社，2019，第116~134页。

财政政策影响。在硇洲和外地注册船籍的大型机动渔船大多停泊在南港——这是硇洲镇的驻地，也是国家级中心渔港和省级示范性渔港。与之相对，北港已经淤塞，在民间自治乏力的情况下无人倡议疏浚。目前已少有渔船停泊北港，当年的水上人早已迁到淡水红卫社区居住，旧日节庆规模已不复再有，调蒙宫限缩为黄屋村和梁屋村等“境”内村落的信仰，缺乏渔业经济的支持。概而论之，渔业生产以及渔民使用港口情况等经济方面的变化，在根本上改变了地方社会的组织结构和日常生活，进而影响民间信仰的表现形式。

诚然，不论是清代还是广州湾时期，也不论硇洲如何偏远，“国家”总是笼罩在海岛社会之上，王朝国家和法当局在硇洲交替进行直接或间接的统治。尤其是20世纪初法国管治对粤西南地方社会带来的变化，至今还较少引起学界讨论。若我们将北港水上人和陆地居民视作能动的历史主体，就能重新理解碑刻和档案文献所不载的当地海岛社会的结构过程。[①] 道光年间，水上人借助驻扎岛上的水师营之名义开辟北港，建成避风港和商品交易之地；广州湾时期，他们借助硇洲公局订立戏金征收的规矩，重新确立社会秩序，利用法当局建设所带来的销路和便利。另外，临港的黄屋村人受雇于水上人挣得经济收入，且他们一同利用地方传统的“三忠”文化资源为调蒙宫神祇增添合法性，长期分享北港渔业商贸的红利。

或再追问这项关于硇洲北港水上人的个案研究的学术意义，不妨回到中国社会的历史人类学早期学者华德英提出的问题：水上人如何自我定位？为何看似被陆地居民轻视的水上人，反复在她面前强调自身习俗的中国文化正统性？同样的问题也可以反问硇洲岛的罟帆船水上人——身为不在陆上拥有固定住所的渔民，不上岸未必是一件有失体面和利益的事情，他们长期以来已经发展出一套“不上岸的艺术”，利用海岛社会环境和渔业经济占据优势地位。若非国家的强力干预，上岸定居可能并非他们的意愿，亦非其命运的必由之路。

---

① 参见赵世瑜《历史人类学的旨趣：一种实践的历史学》，北京师范大学出版社，2020，第60~61页。

Tributes, Fisher Folk and Port:
Insights from a Twentieth-Century
Inscription on Island Society of Naozhou

Wu Ziqi

Abstract: Previously, in the Chinese maritime history researches, the role of remote islands was neglected as the scholarly attention was usually given to the commercial exchanges initiated from principal ports in southern China. However, benefiting from the studies of historical anthropology on costal area and island especially fisher folk in recent decades, scholars are taking steps to unfold the veil of the complicated local society in China. This paper starts with an inscription dated back to 1903, which was issued by Kong-Koc (*gongju*), local agency of French colonial government in Guangzhou Bay. Oral testimonies, French archives and local documents are also used in this case study: A group of boat and shed living people played a key role in a port community of Naozhou Island. They enhanced economic privilege and developed reciprocal relations with land villagers and merchants through their contribution to temples and fishery cooperation. From them, there was the "art of not being settled (on land)"; by advantage of the officially-recognized cultural and religious resources in annual Dragon Boat Festival, they secured their position during the turbulent transfer from imperial state period to colonial state period during the early 20th century.

Keywords: Guangzhou Bay; Local Society; Fisher; Colonial Governance

（执行编辑：王一娜）

海洋史研究（第十七辑）
2021 年 8 月　第 329～343 页

辽西新石器时代的海陆互动

——以出土海贝为中心

范　杰　田广林*

　　根据目前的考古资料，辽西地区自新石器时代中期的兴隆洼文化开始到春秋战国时期的夏家店上层文化中均有海贝出土，可见该区域有着浓厚的海洋文化色彩。但目前对于辽西地区海贝的研究，多集中于青铜时代出土遗物，尤以夏家店下层文化中出土宝贝科海贝的相关研究最为丰富。而新石器时代出土的海贝，除部分动物考古学的相关研究中对其种属进行了简单辨识，尚未有专文对海贝进行更深入的研究。尤其是这类遗物的来源与传播途径，以及由此反映出的海陆互动等问题的讨论至今仍旧是空白。因此，笔者拟以辽西出土海贝为中心，对上述问题进行进一步的研究和讨论。

一　基本概念界定

　　辽西一词最早见于《史记·匈奴列传》："燕亦筑长城，自造阳至襄平。置上谷、渔阳、右北平、辽西、辽东郡以拒胡。"[①] 战国时期燕国所置辽西郡所辖范围已不可考，但秦汉时期辽西郡的管辖范围基本处于秦汉所称大辽水（今辽河）以西，《汉书·地理志》："大辽水出塞外，南至安市入海。"[②]

---

* 　作者范杰，辽宁师范大学博士研究生，研究方向：辽海文明史；田广林，辽宁师范大学教授，研究方向：辽海文明史。

　　本文为国家社会科学基金重点项目"中国五千年文明起源与连续性发展机制研究"（项目号：10AZS016）及国家社会科学基金一般项目"草原丝路东端汉以前石构石刻遗存与中西交通研究"（项目编号：20BZS151）阶段性成果。

① 　司马迁：《史记》卷一百一十，中华书局，1982，第 2886 页。
② 　班固：《汉书》卷二十八下，中华书局，1962，第 1626 页。

安市在今辽宁海城市东南，可见辽西郡得名与大辽水有关。其范围东至辽河，西达燕山，南临渤海，北到秦汉长城。历代辽西所指地域虽有变迁，但基本不出这一范围。今日行政区划上所言辽西，则专指朝阳、锦州、葫芦岛和盘锦等地级市所在辽宁西部地区。

不同于历史地理学以及行政区划上所定义的辽西，考古学上辽西地区是一个文化区概念。其以所在地域考古学文化面貌为主要依据，不具备诸如长城等人为划定的硬性边界。这一概念源于苏秉琦先生文化区系学说，他认为辽西地区的考古学文化自成体系，范围应"东起辽河或辽河西的医巫闾山，西至内蒙古的锡林浩特到河北张家口一线，北抵辽河流域，即西拉木伦河两侧，南到大、小凌河流域或燕山山脉。从水系讲，包括西拉木伦河、老哈河、大凌河、小凌河及它们的支流；行政区域上看，内蒙古的赤峰市、辽宁的阜新市和朝阳市为其核心区域"。[①] 其地域远大于历代行政区划范围。其后学者对辽西地区的认识虽有不同，但皆认为西辽河、大凌河、小凌河及其支流所涵盖地域是辽西地区的核心区域，其北界已过秦汉长城，其他地区则应视为波及区。从今日的行政区划上看，则包括辽宁省西部、内蒙古自治区东南部和河北省东北部。本文所说辽西地区皆指这一区域。

辽西地区新石器时代考古学文化中，小河西文化处于新石器时代早期，距今约9000年；兴隆洼文化和西梁文化处于新石器时代中期，皆距今8200～7000年；赵宝沟文化、富河文化、红山文化、哈民忙哈文化等处于新石器时代晚期，分别距今7000～6500年、6700年左右、6500～5000年、5600～5000年；新石器时代末期有小河沿文化，距今5000～4000年，南宝力皋吐类型，距今4500～4000年。其中兴隆洼文化、赵宝沟文化、红山文化、哈民忙哈文化、小河沿文化、南宝力皋吐类型[②]均发现了海生贝类遗物，时间

① 苏秉琦：《辽西古文化古城古国——兼谈当前田野考古工作的重点或大课题》，《文物》1986年第8期。

② "南宝力皋吐类型"以南宝力皋吐墓地为代表，其中包含小河沿文化、偏堡子文化、嫩江流域以及俄罗斯贝加尔湖周围地区的多种文化因素。大多数学者认为这类遗存与已知的考古学文化差异显著，应属于一种新的文化类型。但目前仅南宝力皋吐墓地进行了发掘，暂时无法称之为"文化"，因而学界普遍称之为"南宝力皋吐类型"。本文同样采用这一命名。见内蒙古文物考古研究所、扎鲁特旗文物管理所《内蒙古扎鲁特旗南宝力皋吐新石器时代墓地C地点发掘简报》，《考古》2011年第11期；朱永刚、吉平《关于南宝力墓地文化性质的几点思考》，《考古》2011年第11期；郑钧夫《燕山南北地区新石器时代晚期遗存研究》，吉林大学博士学位论文，2012；陈醉《辽西地区新石器时代聚落变迁与早期社会》，吉林大学博士学位论文，2019。

跨度 4000 多年。

　　另外需要强调的是，在相关研究中海贝的概念是不同的，可以分为狭义和广义两类。狭义的海贝概念特指生长于热带海域的宝贝科海贝，如殷墟出土的虎斑宝贝、阿文绶贝、货贝、拟枣贝等宝贝科海贝，皆被称为海贝。[①]《尚书·盘庚》谓："兹予有乱政同位，具乃贝玉。"[②]《史记·平准书》："农工商交易之路通，而龟贝金钱刀布之币兴焉。"[③]《说文解字》："古者，货贝而宝龟，周而有泉，至秦废贝行钱。"[④] 中国古代文献中提到的"贝"大多是指宝贝科海贝。商代甲骨文中贝字作🐚（集成 3990），显然也是宝贝科海贝的象形。而广义的概念上，部分考古报告和研究使用更为宽泛的"蚌"来指代包括海贝在内的所有贝类。而本文所指的海贝，不单指宝贝科海贝或以贝定名的海生软体动物，而是指贝、螺、蚌、蚶、蚬、蛤等具有碳酸钙质坚硬外骨骼的各类海洋软体动物的总称。

二　出土海贝概况

　　第一，兴隆洼文化中，白音长汗遗址二期甲类和乙类遗存属于兴隆洼文化，海贝发现于二期乙类墓葬 M2 中，经鉴定为东海舟蚶，共 6 件。[⑤] 其中 M2：17 为左壳，M2：18 为右壳，出土于墓主头骨右侧（图一，14）。M2：25 为左壳，M2：26 为右壳，位于头骨左侧。M2：30 为左壳，位于头骨下。这几件海贝均见圆形钻孔或磨成的圆孔，显然是做佩戴之用。M2：17 为左壳，位于右腿股旁，这应为握贝葬俗的反映。

　　兴隆沟遗址第一地点发现 20 余枚泥蚶壳。[⑥] 其出土地点为房址 F31 内两座居室葬 M26 和 M27，墓主分别为儿童和一成年男性。海贝均钻孔，与长条形蚌壳成组出土于墓主腿部或肩部，应为装饰品。

---

① 戴志强：《安阳殷墟出土贝化初探》，《文物》1981 年第 3 期。

② 孙星衍：《尚书今古文注疏》卷六，中华书局，1986，第 236 页。

③ 司马迁：《史记》卷三十，第 1442 页。

④ 许慎：《说文解字》卷六下，中华书局，1985，第 203 页。

⑤ 内蒙古自治区文物考古研究所编著《白音长汗——新石器时代遗址发掘报告》，科学出版社，2004，第 569 页。

⑥ 中国社会科学院考古研究所内蒙古第一工作队：《内蒙古赤峰市兴隆沟聚落遗址 2002～2003 年的发掘》，《考古》2004 年第 7 期；邵国田：《敖汉文物精粹》，内蒙古文化出版社，2004，第 20 页。

泥蚶在我国沿海地区分布广泛，常栖息于低潮线到潮下带 56 米处。舟
蚶在我国主要分布于东海和南海海域的潮间带到潮下带 55 米处。① 白音长
汗距离最近的渤海海岸足有 400 公里，距离东海的距离则更加遥远，可见兴
隆洼文化时期便与东海沿岸考古学文化产生了直接或间接的交流。

第二，赵宝沟文化中，仅在赵宝沟遗址发现海贝 5 件，皆为四角蛤蜊。
其中 3 件有加工痕迹，F9①：66 表面有刻槽和使用痕迹（图一，2），F9①：
64 表面有刻划痕迹（图一，3），F9①：51 尾部有刻划痕迹（图一，4）。发
掘者认为这几件海贝为制陶工具。2 件无加工痕迹，分别为 F9①：168（图
一，1）和 F7②：58（图一，5）。② 四角蛤蜊在我国沿海分布极广，以辽
宁、山东为最多，生长于潮间带中下区和浅海泥沙滩中。③ 这几件海贝或来
源于渤海。

第三，红山文化中，兴隆沟遗址第二地点在一处窖藏坑 H17 内发现 290
余枚毛蚶的贝壳，约三分之一有钻孔。这是迄今为止红山文化遗址出土海贝
最多的遗址。毛蚶在我国沿海均有分布，是一种常见的海洋贝类，生活于低
潮线至水下 10 米的泥沙中，尤喜河口处。④

魏家窝铺发现两类海贝，共 11 件。一类为毛蚶，共 3 件，分属两个个
体，顶部皆有穿孔。另一类为帘蛤科海贝，具体种类未知，共计 8 件，至少
分属 3 个个体。部分壳体有加工痕迹，如 2011CHWG4③：225，依壳体走势
打磨，在两侧有钻孔。⑤ 帘蛤科海贝种类繁多，我国沿海皆有分布。

西水泉遗址发现海贝 28 件，包括饰件和刀两种，皆有穿孔（图一，6、
7、8、9）。发掘者认为其用料与赤峰红山后遗址所出相同，而《赤峰红山
后》鉴定为海产的紫斑文蛤。⑥ 文蛤属于帘蛤科，中国大陆和周边岛屿、日
本、朝鲜半岛沿岸皆有分布。⑦

牛河梁遗址第二地点一号冢冲沟内清理出 3 枚玉贝，经研究是红山文化

① 黄宗国、林茂：《中国海洋物种多样性（上）》，海洋出版社，2012，第 584、586 页。
② 中国社会科学院考古研究所编著《敖汉赵宝沟——新石器时代聚落》，中国大百科全书出
版社，1997，第 71 页。
③ 黄宗国、林茂：《中国海洋物种多样性（上）》，第 602 页。
④ 黄宗国、林茂：《中国海洋物种多样性（上）》，第 586 页。
⑤ 陈全家、张哲：《赤峰市魏家窝铺遗址 2010～2011 年出土动物的考古学研究》，《草原文
物》2017 年第 1 期。
⑥ 〔日〕东亚考古学会著，戴岳曦、康英华译，李俊义、戴顺校注《赤峰红山后：热河省赤
峰红山后史前遗迹》，内蒙古大学出版社，2015，第 113 页。
⑦ 黄宗国、林茂：《中国海洋物种多样性（上）》，第 614 页。

遗物，推测原本是墓葬内随葬品。三者形制相近，正面刻一条凹槽，上下各钻一孔，凹槽两侧多刻划数道平行短线。背面较平滑，并磨出一个小平台（图一，11、12、13）。[①] 其形态应是仿制背部经过磨平的"磨背式"[②] 宝贝科海贝。宝贝科海贝多呈椭圆形，壳口狭长，两唇有齿状结构，一般长约2.5厘米，宽约2厘米，在世界上热带和亚热带水温较高海域的潮间带到较深的海底均有分布。我国则主要分布于浙江以南海域，其中台湾、海南和南海数量较多。[③]

第四，哈民忙哈文化中，仅在南宝力皋吐遗址 D 地点[④]发现了 1 组由 3片扇贝壳制成的遗物。出土地点为房址 F8 灶口堆积。海贝底端内侧磨成凹槽，底端有对称的 4 个圆孔，贝面边缘均匀分布 5 个圆孔（图一，10）。扇贝表面有连缀破损处的密集且对称的铆孔，应经过较长时间的使用。扇贝中较为常见的是栉孔扇贝，于中国沿海地区均有分布，其他种类多生长于东海及以南海域。[⑤] 辽东半岛的大潘家遗址、王家村遗址以及胶东半岛北阡遗址[⑥]等环渤海地区新石器时代贝丘遗址中均发现了扇贝。

第五，小河沿文化中，在大南沟遗址发现海贝 1 件，出土于 M27。海贝顶部钻孔，且出土时位于墓主颈部，为一件坠饰（图一，15）。经鉴定，该螺坠饰为榧螺科贝类。[⑦] M27 面积较大，出土遗物较多，墓主应较为富裕。榧螺科多栖息于潮间带 200 米左右的细沙和泥沙质海底，主要分布于热带和亚热带海域，少数种类在温带海域也可见到。在中国主要分布于南海和东海，其分布北限可到黄海南部。[⑧]

上店遗址发现海贝 13 件，皆出土于墓葬 M1 中。海贝呈白色，通体经

---

① 辽宁省文物考古研究所编著《牛河梁——红山文化遗址发掘报告（1983～2003）》，文物出版社，2012，第 114～115 页。

② 钟柏生：《史语所藏殷墟海贝及相关问题初探》，《中央研究院历史语言研究所集刊》（第64 本第 3 分），1993 年第 3 期，第 687～737 页。

③ 张素萍：《中国海洋贝类图鉴》，海洋出版社，2008，第 91 页。

④ 内蒙古文物考古研究所、扎鲁特旗文物管理所：《内蒙古扎鲁特旗南宝力皋吐遗址 D 地点发掘简报》，《考古》2017 年第 12 期。

⑤ 黄宗国、林茂：《中国海洋物种多样性（上）》，第 592～593 页。

⑥ 山东大学历史文化学院考古学系、青岛市文物保护考古研究所、即墨市博物馆：《山东即墨市北阡遗址 2007 年发掘简报》，《考古》2011 年第 11 期。

⑦ 辽宁省文物考古研究所、赤峰市博物馆编著《大南沟——后红山文化墓地发掘报告》，科学出版社，1998，第 43～44 页。

⑧ 张素萍：《中国海洋贝类图鉴》，第 219 页。

过打磨。在贝壳扣合部磨有椭圆形孔，用以穿绳。具体种属不明，但从外形上看，似为蚶科海贝（图一，16）。① M1 随葬器物共 106 件，分别为陶器、石器、玛瑙、骨、蚌质饰件，显示出墓主人有较高的地位。

朝阳洞遗址出土 5 件海贝。壳体顶部皆有穿孔，但多不规则，应为磨制，边沿经打磨，未做物种鉴定（图一，17、18、19、20、21）。② 其壳体有数十条呈纵向分布放射肋，与上店遗址海贝基本一致，应为蚶科海贝。洞穴内发现了火烧人骨，推测此处为墓葬遗址。

第六，南宝力皋吐类型中，仅在南宝力皋吐遗址发现海贝 3 种，共 81件，皆出土于墓葬。在 AM123 中发现扇贝所制饰片 1 件（图一，22）。出土毛蚶壳 8 件，分布于 AM172、BM39 等少数墓葬中。其中 BM39 出土的 1 件壳体外侧缘经过打磨修理，变得圆钝。顶端有椭圆形磨孔，应为佩戴物（图一，23）。AM172 出土毛蚶壳未经过人为加工。纵肋织纹螺共计 72 件，全部出土于 BM5（图一，24）。所有螺塔上都有不规则的穿孔，应是磨制而成。③ 纵肋织纹螺在辽西首次发现，其在中国沿海潮间带到水深 40 米处均有发现。④

另外在赵宝沟文化和南宝力皋吐类型的部分遗址中还发现有河蓝蚬，但其生长范围广泛，淡水和咸水中皆有同类物种。在没有更为详尽的物种辨别研究的前提下，无法判定其为海生还是淡水生。因而暂不做讨论。

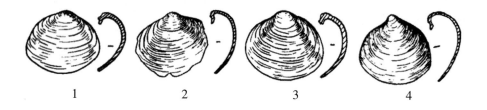

1　　　　　　2　　　　　　3　　　　　　4

---

① 克什克腾旗博物馆：《克什克腾旗上店小河沿文化墓地及遗址调查简报》，《内蒙古文物考古》1992 年第 1 期。

② 刘雅婷、于长江：《喀左县朝阳洞小河沿文化洞穴遗存》，《辽宁省博物馆馆刊》2010 年，第 121～136 页。

③ 内蒙古文物考古研究所、科尔沁博物馆、扎鲁特旗文物管理所：《内蒙古扎鲁特旗南宝力皋吐新石器时代墓地》，《考古》2008 年第 7 期；宋姝：《内蒙古南宝力皋吐墓地动物遗存及相关问题研究》，硕士学位论文，吉林大学文学院，2016。

④ 黄宗国、林茂：《中国海洋物种多样性（上）》，第 536 页。

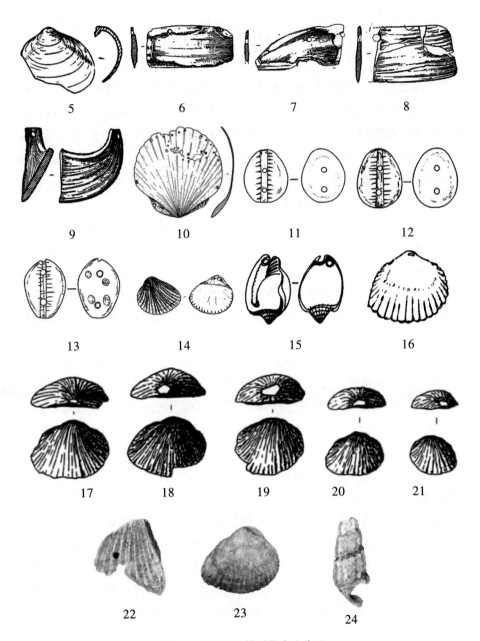

图一　辽西新石器时代出土海贝

1～5. 赵宝沟（F9①：168、F9①：66、F9①：64、F9①：51、F7②：58）　6～9. 西水泉（F17：25、T25②：1、F17：22、T14⑧：2）　10. 南宝力皋吐 D 地点 F8：7－1　11～13. 牛河梁（N2Z1C：3、N2Z1C：4、N2Z1C：5）　14. 白音长汗 M2：18　15. 大南沟 M27：8　16. 上店 M1：8　17～21. 朝阳洞（KD：11.1、KD：11.2、KD：11.3、KD：11.4、KD：11.5）　22～24. 南宝力皋吐 A、B、C 地点（AM123：71、BM39：8、BM5：20）

三　与渤海沿岸的交流

辽西地区新石器时代出土海贝的种类较为丰富，共涉及 2 纲，5 目，7 科。具体来看，舟蚶属双壳纲，蚶目，蚶科；毛蚶属双壳纲，蚶目，蚶科；泥蚶属双壳纲，蚶目，蚶科；文蛤属双壳纲，帘蛤目，帘蛤科；四角蛤蜊属双壳纲，帘蛤目，蛤蜊科；扇贝属双壳纲，珍珠贝目，扇贝科；纵肋织纹螺属腹足纲，新腹足目，织纹螺科；榧螺科海贝属腹足纲，新腹足目，榧螺科；宝贝属腹足纲，中腹足目，宝贝科。

其中双壳纲海贝在中国沿海地区贝丘遗址中均有发现。一般认为，贝丘遗址中的海贝，皆是食用后遗留下的“副产品”。《韩非子·五蠹》曰："上古之世……民食果蓏蚌蛤。"[①] 可见中国食用贝类有着很长的历史。但海贝极易变质腐坏，无法长途运输。在缺少保鲜技术和快捷运输的条件下，只靠步行运输到辽西内陆地区是不可能的。因而辽西所见的海贝不是渔猎的收获，而应当是内陆与沿海居民交换后获得的。

除了东海舟蚶，辽西发现的海贝中绝大多数双壳纲海贝在渤海均有分布。其中辽西地区濒临渤海北岸，因而这部分海贝可能是渤海北岸史前居民将贝类食用后，再将贝壳与辽西内陆交换的结果。渤海北岸虽发现有一定数量的新石器时代遗址[②]，但这些遗址大多数与海岸有一定的距离，且遗址无一例外发现于地势较高的山坡、台地之上。渤海北岸也尚未发现沿海地区常见的贝丘遗址，甚至未发现海生贝类遗物。因此辽西地区出土海贝来源于渤海北岸的推测似乎并不充分。

此外，辽西地区南部是地理学上所称的辽西山地，其范围一直延续到了渤海北岸，其南侧有狭窄的滨海平原。而据地质学学者研究，这一区域的 I 级阶地、沿岸堤、连岛坝和湾口坝等古岸线遗迹是距今 4300～1000 年前形成的。8 米～10 米的 II 级阶地、溺谷和沿岸古侵蚀遗迹形成的时间距今 7000～5000 年。15 米～20 米的 III 级阶地形成于距今 27000～21000 年的晚更新世中期。[③]

---

① 陈奇猷校注《韩非子集释》，上海人民出版社，1974，第 1040 页。

② 李恭笃、高美漩：《一种时代偏早的原始文化类型的发现——赴辽西走廊锦县、绥中考古调查记》，《北方文物》1986 年第 3 期。

③ 符文侠、贾锡钧：《第四纪以来辽宁海岸升降问题的探讨》，《辽宁师院学报（自然科学版）》1982 年第 3 期。

同时由于渤海地区反复的海侵，这一区域的自然环境并不稳定。[①] 直到辽金时期这一区域才真正具有沟通南北的作用。[②] 这就意味着在相当长的一段时间内，沿海平原并不适合人类的生存与繁衍。而诸如辽东半岛和山东半岛史前先民以渔捞为重要生业似乎并不适合这一区域。因而辽西地区的海贝应不是采集于渤海北岸，当另有来源。

　　渤海的南岸和东岸分别是胶东半岛和辽东半岛，这两处半岛发现有大量的贝丘遗址。就生长贝类而言，两者与渤海北岸不存在差异。辽西出土海贝在这两处半岛的新石器时代遗址中均有发现。辽西地区出土的部分陶器可在同时期辽东半岛和胶东半岛找到同类器物，可见三地存在文化上的交流。同时，辽西地区所见玉器多为黄绿色，学者们多认为其产地很有可能就来源于辽东的岫岩地区。而胶东半岛地区则出土了部分具有辽西特色的玉器，进一步证实辽西与辽东和胶东存在较为密切的人群往来。由此看来，辽西地区出土海贝应来自海洋活动更为频繁的辽东半岛与胶东半岛。

　　此外，南宝力皋吐遗址出土纵肋织纹螺，从其分布地域来看，也应当是从辽西邻近海域获得的。但在沿海遗址中基本未见织纹螺科海贝，这应当与多数织纹螺科海贝存在河豚毒素有关。[③] 虽然纵肋织纹螺为无毒品种，但当时尚无法很好地分辨有毒种和无毒种，因此便不会使用这类海贝。马尔代夫土著居民会专门为了交换而打捞和加工宝贝科海贝，而不是为了食用。[④] 这或是 70 余件纵肋织纹螺集中出现于同一墓葬的原因。

四　与渤海以南海域的交流

　　兴隆洼文化出土舟蚶表明在距今 7200 年前后，辽西便与热带和亚热带沿海地区产生了直接或间接的联系。作为同一时期最为强盛的一种考古学文化，其影响范围已远远超出辽西地区。马家浜文化和河姆渡文化发现了兴隆

---

① 崔向东：《辽西走廊变迁与民族迁徙和文化交流》，《广西民族大学学报（哲学社会科学版）》2012 年第 4 期。
② 辛德勇：《论宋金以前东北与中原之间的交通》，《陕西师大学报（哲学社会科学版）》1984 年第 2 期。
③ 张农、刘海新、苏捷：《织纹螺及其毒性》，《中国水产》2007 年第 3 期。
④ 钱江：《马尔代夫群岛与印度洋的海贝贸易》，《海交史研究》2017 年第 1 期。

洼文化的同类玉玦和玉匕，表明兴隆洼文化影响范围已经到达了长江到东海一线。而其波及范围更远达朝鲜半岛、日本群岛、俄罗斯远东地区以及长江以南地区。[①] 这使得东南沿海地区物产传播到辽西地区成为可能。

小河沿文化出土榧螺具体种类不明，但除个别种类如细小榧螺和伶鼬榧螺的分布北界可到黄海南部，绝大部分分布于东海南部与南海海域，因而该件榧螺应来源于交换。中国境内出土榧螺的遗址并不是个例。处于旧石器时代末期至新石器时代早期过渡阶段的海南三亚落笔洞遗址，发现有彩榧螺，年代距今10000年左右。[②] 彩榧螺主要分布于台湾、广东、海南以及南海海域低潮线下，落笔洞遗址南距海岸仅15公里左右，该件彩榧螺应产于本地。

中山寨遗址裴李岗文化遗存中，M5出土榧螺科海贝10枚，其中口含6枚，未辨明具体种属。中山寨遗址位于河南省汝州市纸坊乡，地处淮河支流汝河北岸。遗址可分为五期，其中第一期遗存属裴李岗文化。据测年数据，遗址年代应距今7500～7000年。[③]

宝鸡北首岭遗址大地湾文化遗存中，77M9出土3枚，77M10出土若干，77M13出土2枚，77M14出土1枚，77M18出土2枚，年代距今约7000年。处于仰韶文化早期的78M7出土1枚，距今6700～6000年。处于仰韶文化晚期的房址F35出土3枚，距今5500～5000年。[④] 具体种属不明，绝大多数榧螺科海贝均被磨掉了螺塔尖。

相距不远的福临堡遗址也有榧螺科海贝出土，具体种属不明。整个遗址可分为三期，但由于出土榧螺的分布单位和具体数量未做统计，因而尚不明确其出土单位。整个遗址年代距今5500～4800年，出土榧螺的年代应处于这一范围。[⑤]

江苏金坛三星村遗址墓葬M764出土两件海贝饰，未做鉴定。但根据发掘报告提供的图片，其整体呈弹头形，壳口狭窄，可以确定其属于榧螺科海贝。榧螺饰长2.8厘米，顶部螺塔已被磨平，可见一穿孔，应是为佩戴进行的加工。三星村遗址位于江苏省金坛市西岗镇东南，太湖平原西侧。根据出

① 邓聪、邓学思：《新石器时代东北亚玉玦的传播——从俄罗斯滨海边疆地区鬼门洞遗址个案分析谈起》，《北方文物》2017年第3期。
② 郝思德、黄万波：《三亚落笔洞》，南方出版社，1998，第40～110页。
③ 中国社会科学院考古所河南一队：《河南汝州中山寨遗址》，《考古学报》1991年第1期。
④ 中国社会科学院考古研究所编著《宝鸡北首岭》，文物出版社，1983，第74～112页。
⑤ 宝鸡市考古工作队、陕西省考古研究所编著《宝鸡福临堡——新石器时代遗址发掘报告》，文物出版社，1993，第222页。

土器物来看，三星村遗址的年代应当为距今 6500～5500 年。发掘者认为其有别于同期的其他考古学文化，将该遗址命名为"三星村文化类型"①。也有学者将其归入马家浜文化进行探讨。②

大汶口文化王因遗址第③层墓葬 M2575 出土一组榧螺，共 35 枚。其整体呈枣核形，螺壳为卷叶状，长 2.5 厘米左右，经鉴定属于伶鼬榧螺。第③层墓葬属于大汶口文化早期，其年代距今 6200～5600 年。③ 伶鼬榧螺分布北界可到山东南部海域，但同时期的山东沿海地区并未发现同类海贝，王因遗址榧螺很可能来源于更遥远的海域。

山东郭井子遗址龙山文化地层中发现了榧螺，距今 4700～4000 年，具体种属和数量不明。④ 郭井子遗址位于寿光市卧铺乡郭井子村，东北距离莱州湾 15 公里，包含了龙山文化和周代贝壳堤。莱州湾所属的渤海海域并不适合榧螺科海贝生长，因而遗址中所见榧螺科海贝应当来自更温暖的海域。

从上述材料的年代和地域上看，最早发现榧螺科海贝的遗址位于其种群分布最为广泛的东海南部和南海海域。其后在距今 7000 年前后开始在淮河流域和渭河流域的个别遗址中有零星发现。稍晚在距今 6500～5000 年，黄河下游的汶泗流域、长江下游太湖流域等地区也开始出土榧螺科海贝，渭河流域也延续了这一传统。龙山时期则扩展到辽西和莱州湾沿岸。

不难发现，出土榧螺科海贝遗址的年代和区域有着明显的由北向南、由西向东的发展趋势。这一方面是因为其主要分布区域位于我国东南部沿海，在向外交换和流动的过程中必然形成南早北晚的特点。另一方面，从大地湾文化一直到仰韶文化晚期，渭河流域先民对榧螺有着长期而稳定的使用传统，这一传统在仰韶文化强势向东扩张的过程中便可能被其他文化吸收和接纳。由此便造成更靠近海洋的地区，出土榧螺科海贝的年代反而更晚的现象。

在此基础上观察的话，小河沿文化虽与大汶口文化有着密切联系，但目前来看大汶口文化以及山东龙山文化时期出土榧螺科海贝产自其邻近海域的

①　王根富、张君：《江苏金坛三星村新石器时代遗址》，《文物》2004 年第 2 期。
②　王斌：《马家浜文化研究》，博士学位论文，上海大学文学院，2019。
③　中国社会科学院考古研究所编著《山东王因——新石器时代遗址发掘报告》，科学出版社，2000，第 288 页。
④　李慧冬：《海岱地区先秦时期贝类资源的开发利用研究》，博士学位论文，山东大学历史文化学院，2014。

可能性并不高。巧合的是，小河沿文化发现的八角星纹同样存在由南向北传播的趋势。这提示我们，小河沿文化榼螺应当来源于更为遥远的东海与南海海域。

五 印度洋海域的交流

辽西地区周边海域并不生长宝贝，因而红山文化宝贝的来源与路径便成为需要探讨的问题。有关中国宝贝科海贝的来源与传播路径，论著颇丰，归纳起来可分为三种。第一种以考古发现、传世文献和品种鉴定为依据，认为宝贝科海贝是从包括中国东南沿海在内的西太平洋，沿海岸线北上或从陆路传播到内陆地区。第二种观点认为，中国沿海地区发现的宝贝科海贝来自印度洋，其线路又可以分为两条。其一是从印度洋沿岸的印度和中南半岛向北传播到云南地区，其二是北方草原地带连接起印度洋和中国内陆地区。第三种观点则认为，海贝传播可能存在多条路线。认识上虽有差异，但不外乎中国沿海地区和印度洋沿岸两类。

辽西地区虽然在距今万余年前便发现了宝贝[1]，但在之后相当长一段时间内便再无相关发现。可见这一时期宝贝的传播应当具有偶然性，尚未形成大规模的使用宝贝的趋势。直到距今 5500~5000 年才在辽西地区的红山文化晚期，黄河上游地区的马家窑文化早中期墓葬[2]以及广西内陆地区的冲塘遗址[3]中再次出土相关遗物。其中前两者所在北方地区从此开始大量出土宝贝，这表明中国对宝贝需求的扩大是从距今 5500~5000 年开始的。

广西冲塘遗址距今中国南海并不遥远，其宝贝科海贝应当来源于南海。其后距今 4000 年左右的香港马湾岛东湾仔北遗址也出土了 1 枚宝贝。可见有学者提出的史前南海沿岸不生产宝贝的说法并不准确。然而从目前的考古发现来看，东南沿海地区虽发现了丰富的贝丘遗址且沿岸皆有宝贝生长，但

---

[1] 汤卓炜、王立新、段天璟：《吉林白城双塔新石器时代遗址的动物遗存及其环境》，《人类学报》2017 年第 4 期。

[2] 青海省文物管理处考古队：《青海大通县上孙家寨出土的舞蹈纹彩陶盆》，《文物》1978 年第 3 期。

[3] 何安益、杨清平、宁永勤：《广西左江流域贝丘遗址考古新发现及初步认识》，《中国历史文物》2009 年第 5 期。

长江以南的广大区域内并不见宝贝的身影。可见该区域对于宝贝的获取尚停留在偶发的阶段，影响范围也仅限周边地区。我国南海沿岸居民未出现同时期北方地区对于宝贝的偏爱并赋予其特殊含义的现象。虽然无法排除通过多次交换从而传播到北方的可能性，但从发展态势和现有考古材料看，这一假设的可能性并不高。

同时，红山文化的波及范围也尚未到达这一区域。多联玉璧是红山文化对外影响范围最大的一类器物，其在大汶口文化的大汶口、周河、野店、花厅、尉迟寺、小徐庄等遗址，崧泽文化的营盘山、青墩等遗址，凌家滩文化的凌家滩遗址，薛家岗文化的塞墩遗址皆有发现。红山文化对大汶口文化以及江淮地区凌家滩文化有着重要影响，但到长江北岸，其影响力明显下降。从遗址的地理位置看，其波及范围最终停留在了长江一线，尚未触及南海沿岸的宝贝产地。这或可进一步证实红山文化海贝可能并不源于南海沿岸。

相较而言，红山文化向西获得宝贝的可能性更大。靠近印度洋的南欧、西亚、中亚和南亚以及中国西北的甘青地区出土的宝贝的年代存在明显的西早东晚的趋势。目前已知最早的宝贝，发现于法国境内的拉杰里－巴塞（Langerie-Basse）洞穴和巴马－格兰德（Barma-Grande）洞穴[1]以及以色列斯胡尔（Skhul）洞穴[2]等分布于地中海沿岸及其周边地区的旧石器时代中期到晚期遗址。距今10000年左右纳吐夫文化中发现有人头骨中以宝贝代替眼睛的现象。海贝的使用在西亚地区延续了相当长的时间。到距今8000~6000年，海贝开始在中亚地区哲通文化，印度河流域的梅尔加赫文化[3]以及伊朗高原[4]等地区出现。

而距今5500~5000年宝贝同时出现于甘青地区的马家窑文化和辽西地区的红山文化。其后在龙山时期，甘青地区出土宝贝或仿贝的遗址愈发密

① 〔瑞典〕安特生：《阿芙罗狄忒的象征》，陈星灿译，彭劲松校，《南方文物》1992年第3期。
② M. Vanhaeren, F. d'Errico, C. Stringer, S. L. James, J. A. Todd, H. K. Mienis, "Middle Paleolithic Shell Beads in Israel and Algeria," *Science*, 2006, 312 (5781), pp. 1785–1788.
③ 〔法〕A. H. 丹尼、〔法〕V. M. 马松：《中亚文明史（第1卷）》，芮传明译，余太山审订，中国对外翻译出版公司，2002，第81~90页。
④ B. Helwing, "The Iranian Plateau," Daniel T. Potts: *A Companion to the Archaeology of the Ancient Near East*, Chichester: Wiley-Blackwelly Publishing Ltd., 2012, pp. 501–511.

集。而同时期更偏东的陕西石峁、寨峁等遗址①，山西下靳、陶寺等遗址②，内蒙古朱开沟遗址③才始见宝贝或仿贝。甘青地区南部的西藏昌都卡若遗址④和四川理县建山寨遗址⑤也是这一时期首次发现宝贝。海贝出现在欧亚大陆各地的时间差异，应当是文化传播的结果。而甘青地区的宝贝应当是向西通过河西走廊连接欧亚草原地带获得的。

红山文化所在辽西位于欧亚草原东部，与欧亚草原腹地有着频繁且畅通的交流互动。其常见的平底筒形罐在内蒙古中部距今6200～5500年的仰韶文化王墓山坡下类型和距今5500～5000年的海生不浪文化也有类似器物。而更靠西的俄罗斯米努辛斯克盆地、新西伯利亚、托姆斯克、阿尔泰等地区，在距今4000年左右也常发现同类器物。⑥红山文化中出土大量的体态丰腴的女性陶塑，具有欧罗巴人种特征的石像、石制容器等遗物则是与更为遥远的中亚、西亚存在文化交流的证明。这一时期欧亚草原腹地也时有宝贝出土，可见红山文化已经与拥有宝贝的居民产生接触。这提醒我们，红山文化很有可能并未经过河西走廊，而是直接通过欧亚草原地带获得印度洋的宝贝。

结　论

从距今8000年开始到距今4000年前后，辽西地区各新石器时代文化遗址中均有海贝出土，共涉及2纲5目7科。可见海贝在辽西新石器时代有着长期而稳定的使用传统。部分海贝来源于邻近的胶东半岛和辽东半岛沿岸居民的物质文化交流，而非取之于辽西濒临的渤海北岸。兴隆洼文化、红山文化和小河沿文

① 陕西省考古研究院、榆林市文物考古勘探工作队、神木县文体广电局：《陕西神木县石峁遗址韩家圪旦地点发掘简报》，《考古与文物》2016年第4期；陕西省文物考古研究所：《陕西神木县寨峁遗址发掘简报》，《考古与文物》2002年第3期。
② 下靳考古队：《山西临汾下靳墓地发掘简报》，《文物》1998年第12期；山西省临汾行署文化局、中国社会科学院考古研究所山西工作队：《山西临汾下靳村陶寺文化墓地发掘报告》，《考古学报》1999年第4期；中国社会科学院考古研究所山西队、山西省考古研究所、临汾市文物局：《陶寺城址发现陶寺文化中期墓葬》，《考古》2003年第9期。
③ 内蒙古文物考古研究所编著《朱开沟——青铜时代早期遗址发掘报告》，文物出版社，2000，第274页。
④ 西藏自治区文物管理委员会：《西藏昌都卡若遗址试掘简报》，《文物》1979年第9期。
⑤ 四川大学历史系考古教研组：《四川理县汶县考古调查报告》，《考古》1965年第12期。
⑥ 田广林、梁景欣：《红山文化时期欧亚大陆交流显著》，《中国社会科学报》2016年3月18日，第5版。

化中出土的部分海贝则产自更为遥远的亚热带和热带海域。其中兴隆洼文化舟蚶和小河沿文化榧螺应当来源于中国东海和南海海域，红山文化宝贝则很有可能是直接通过欧亚草原地带从印度洋获得的。这表明辽西不仅与邻近海域有着密切的往来，同时也与东海、南海以及印度洋海域有着频繁的交流。

一直以来，学者们对于辽西的文化交流多局限于陆地上的邻近区域，这造成了人们对其文化基因中只存在大陆属性的刻板认识。但需要注意的是，辽西地区位于内陆欧亚草原东段，背靠大陆，面临海洋。自然地理上的优越区位，使其文化互动绝不仅限于周边内陆地区。联系辽西出土大量海贝的现象，以及从中反映出的辽西与不同海域间的海陆互动，我们认识到海洋文化因素已经深植于辽西新石器时代文化的基因中。基于与邻近地区的频繁文化交流，兼有跨区域、长距离的海陆互动才应是这一区域不同属性文化交流汇聚的主要特征和模式。

The Interaction of Sea and Land in the Neolithic Age in Liaoxi Area
—Centered on the Unearthed Seashells

Fan Jie, Tian Guanglin

Abstract: The Neolithic people in Liaoxi Area have a long and stable tradition of using seashell. Some of the seashell originate from the coast of the Jiaodong peninsula and the Liaodong Peninsula, and some of the seashell excavated from the Xinglongwa culture and the Xiaoheyan culture should be from the waters of the East China Sea and the South China Sea, the cowry from Hongshan cultural were probably acquired directly from the Indian Ocean through the Eurasian Steppe. The close communication between the Liaoxi Area and the inshore of China and the Indian Ocean shows that the Liaoxi Area has a strong marine culture color, which provides a new perspective for us to sort out the cultural interaction network and path of the Neolithic Age in the Liaoxi Area.

Keywords: Liaoxi Area; Neolithic; Seashells; Sea-land Interaction

（执行编辑：林旭鸣）

海洋史研究（第十七辑）

2021 年 8 月　第 344~360 页

广东南海西樵山新发现细石器年代
与海侵现象研究

张　弛　余章馨　黄　剑　朱　竑[*]

引　言

　　广东南海西樵山遗址是 20 世纪 50 年代珠江流域史前时代研究领域最重要的考古发现之一，在我国华南地区人类演化与石器技术发展史中具有极为重要的学术意义，其遗存规模与文化现象在国内十分罕见。1958 年西樵山遗址最先由黄玉昆发现[①]，1960 年贾兰坡、尤玉柱首次提出"西樵山文化"的概念[②]。此后，安志敏[③]、张光直[④]、苏秉琦[⑤]、严文明[⑥]、曾骐[⑦]、黄慰文[⑧]、杨式

　　[*]　作者张弛，华南师范大学历史文化学院副研究员，研究方向：岭南考古；余章馨，华南师范大学地理科学学院副研究员，研究方向：海洋环境与热带地理；黄剑，广州大学地理科学学院讲师，研究方向：华南历史地理；朱竑，广州大学地理科学学院教授，研究方向：华南人文地理与文化地理。

　　①　莫稚：《广东南海西樵山出土的石器》，《考古》1959 年第 4 期。

　　②　贾兰坡、尤玉柱：《广东地区古人类学及考古学研究的未来希望》，《理论与实践》1960 年第 3 期。

　　③　安志敏：《中国新时期时代考古学上的主要成就》，《文物》1959 年第 10 期。

　　④　张光直：《古代中国考古学》，辽宁教育出版社，2002。

　　⑤　苏秉琦：《石峡文化初论》，《文物》1978 年第 7 期。

　　⑥　严文明：《西樵山文化》，《中国通史》第二卷《远古时代》，上海人民出版社，1999。

　　⑦　曾骐：《试论华南地区新石器时代文化》，《史前研究》1983 年第 1 期。

　　⑧　黄慰文、李春初、王鸿寿、黄玉昆：《广东南海县西樵山遗址的复查》，《考古》1974 年第 4 期。

挺①等学者，都对"西樵山文化"进行过论述，确定了西樵山遗址作为石器时代"石器加工场"的特殊地位。

目前学界关于西樵山细石器与双肩石器存在两种不同的观点：（1）"二元对立"说，认为细石器与有肩石器是两个孤立的工艺范畴，分别代表了渔业狩猎经济与早期农业生产两种模式，认为两者存在明显的年代差异，并以此作为分期的依据，强调细石器的绝对年代早于有肩石器；（2）"同期异相"说，认为细石器与有肩石器虽工艺不同，但两者年代同期，是渔业狩猎与农业生产共存的结果。本文在综合前人研究的基础上，对新发现的西樵山细石器进行年代学研究，结合西樵山及周边地区的海侵现象，分析西樵山细石器与有肩石器的年代关系与成因，进而探讨西樵山先民的生业模式与环境适应策略。

一　西樵山细石器遗址及分布

西樵山位于广东省佛山市南海区西南部珠江三角洲平原上，东临北江下游干道，西濒西江下游干道，地理坐标北纬 22°55′~22°57′，东经 112°56′~113°0′，属于典型的南亚热带季风气候，最高峰大科峰海拔 344 米，其余山丘高度在 300 米左右。整个山势中部平缓，边缘陡峭，山麓间分布有新老洪积扇。

西樵山山体主要由粗面岩、凝灰岩、硅质岩、霏细岩等构成，形成于白垩纪晚期至新第三纪（N_2）喜马拉雅旋回晚期的多次火山喷发，喷出熔岩冷凝形成粗面岩，岩浆迸发形成部分粗面质火山集块岩和凝灰岩。由于岩体受风化导致裂隙发育，裂隙中多有填充后期浅色岩脉霏细岩、燧石等。古近纪至第四纪以来，西樵山岩体经历多次埋藏和暴露地表的演化过程，而距今最后一次出露剥蚀，逐渐形成山顶一级古夷平面。

西樵山细石器主要分布于旋风岗、火石迳、太监岗、张坑、南蛇岗、富贤村，以及西樵山周边的柏山村、大同灶岗、太平螺岗、南庄藤涌岗等地。细石器石料主要为黑、棕绿及青灰色燧石，半透明粗质玛瑙或硅质灰岩，偶见少量霏细岩石器，器形以刮削器、尖状器、石核、石叶等小型渔猎工具为主，可制成复合工具。此类石器表面分布有浅而清晰的痕迹，主要使用骨角或木制等软性材质击打而成，边缘处平齐规整，有石锤修整的明显迹象。据

---

① 杨式挺：《试论西樵山文化》，《考古学报》1985 年第 1 期。

不完全统计，目前西樵山出土细石器数量在 60000 件以上，其分布特点是：
（1）分布区域集中，主要位于珠江三角洲平原低山丘陵地带；（2）单位空间
分布密度大，最高密度可达 4000 件/米³；（3）石料、废品及石核荒坯比例
高，占到出土总量的 2/3 以上。①

2019 年 3 月，华南师范大学地理科学学院考察组在西樵山富贤村一级
台地剖面上，发现一处保存状况良好的细石器遗址剖面并对其进行清理，共
发现石器 17 件，包括刮削器、石斧、石核、石球、镞、尖状器六大类。

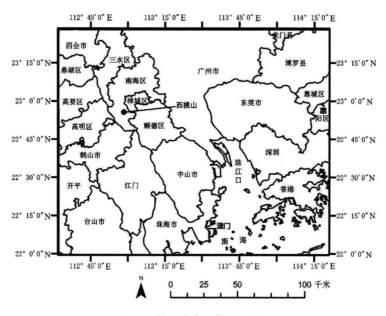

图 1　佛山南海西樵山区位

1. 刮削器

（1）标本 FNX2019：F1，燧石，长 3.6 厘米，宽 2.5 厘米，厚 0.5 厘米~
0.2 厘米，一端尖状，一端扁平，表面有修整痕迹，一侧有明显火烧痕迹。
用火加工石器的行为在法国旧石器时代晚期 Solutrean 遗址中也有发现。②

（2）标本 FNX2019：F2，燧石，长 5.3 厘米，宽 3.2 厘米，厚 0.8 厘米~
0.2 厘米，斜刃尖状，表面有长期使用形成的锯齿状豁口。

---

① 中山大学人类学系：《1986 年西樵山考古发掘》，《史前研究》1990~1991 年合订本。李松
　生：《西樵山考古研究的发展》，《中山大学学报》1991 年第 4 期。
② 武仙竹：《微痕考古研究》，科学出版社，2017。

（3）标本 FNX2019：F3，硅质岩，长 5.5 厘米，宽 3.2 厘米，厚 1.1 厘米，一段斜刃尖状，边缘锐利，另一端有明显打击痕迹。

（4）标本 FNX2019：F7，燧石，长 3.9 厘米，宽 2.0 厘米，厚 0.6 厘米，尖端残损，两侧边缘锐利。

（5）标本 FNX2019：F13，硅质岩，长 3.1 厘米，宽 2.3 厘米，厚 0.3 厘米，一端斜刃尖状，一端扁平，可镶嵌成复合工具。

（6）标本 FNX2019：F17，燧石，长 4.7 厘米，宽 3.3 厘米，厚 0.6 厘米，中部有脊，边侧边缘锋利，一端斜刃尖状。

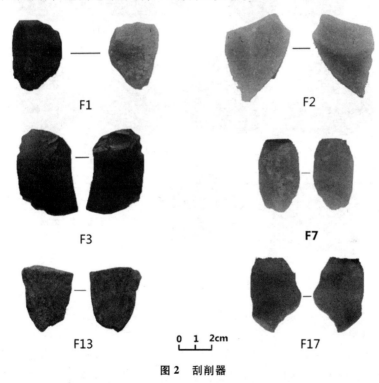

图 2　刮削器

2. 手斧

（1）标本 FNX2019：F6，燧石，长 6.3 厘米，宽 4.8 厘米，厚 1.5 厘米，呈三角形，双面打制，周边较薄。

（2）标本 FNX2019：F8，燧石，长 5.2 厘米，宽 4.3 厘米，厚 1.3 厘米～0.2 厘米，一侧薄刃，对侧有尖。

（3）标本 FNX2019：F9，燧石，长 5.6 厘米，宽 5.1 厘米，厚 1.8 厘米～0.2 厘米，呈扇贝形，一侧薄刃。

（4）标本 FNX2019：F10，硅质岩，长 4.8 厘米，宽 3.9 厘米，厚 1.2 厘米~0.2 厘米，单面打制，一侧薄刃。

（5）标本 FNX2019：F11，燧石，长 4.1 厘米，宽 3.4 厘米，厚 1.1 厘米~0.4 厘米，单面打制，一侧薄刃。

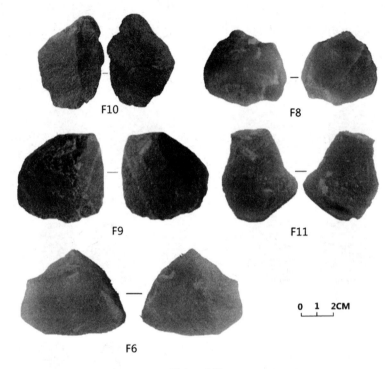

图 3 手斧

3. 石核

（1）标本 FNX2019：F14，燧石，龟甲状石核，长 3.8 厘米，宽 3.4 厘米，厚 1.2 厘米，一侧为自然岩面，另一侧有多处击打痕迹。

（2）标本 FNX2019：F15，燧石，柱状石核，长 3.1 厘米，宽 3.0 厘米，厚 0.9 厘米，有明显石片剥离痕迹。

（3）标本 FNX2019：F16，燧石，楔状石核，长 3.3 厘米，宽 2.6 厘米，厚 1.2 厘米，背部有脊，两侧有肩，类似于有肩石器。

4. 石球

（1）标本 FNX2019：F12，硅质岩，长 5.3，宽 4.9 厘米，厚 4.5 厘米，呈不规则球状，表面密布疤痕，为长期使用的结果。此类球形石器过去有学者认为

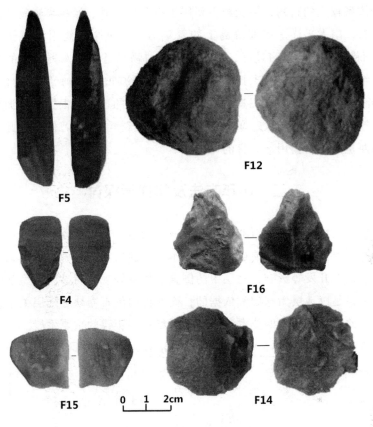

图4　石核、石镞、石球和尖状器

是开凿燧石、玛瑙等硅质灰岩的石锤。① 根据西樵山周边发现的亚洲象、黑熊、梅花鹿、水鹿及马来鳄等动物的大量骸骨推测，此类石球主要用于狩猎大型动物。

5. 镞

（1）标本 FNX2019：F4，粉砂岩，长3.8厘米，宽2.3厘米，厚0.2厘米，边缘锋利，有击打疤痕。

6. 尖状器

（1）标本 FNX2019：F5，硅质岩，长6.2厘米，宽1.3厘米，厚0.6～0.3厘米，剥离痕迹清晰，顶端尖锐。

对上述石器用途的试验考古学研究表明，刮削器切割兽皮、肉类的效果最好；手斧适宜剔骨，在敲骨吸髓时，砍砸器更为方便；石球、箭镞主要用

① 黄慰文：《关于西樵山石器制作场的几个问题》，《文物》1993年第9期。

于狩猎体型较大的猎物；尖状器主要用于撬开贝、蚌、蛤蜊类食物。根据民族志材料，南太平洋萨摩亚群岛上的青年男子，至今仍使用细石器工具刺鱼。[①] 西樵山属于亚热带地区，植被茂盛，植物也是史前人类重要的食物来源。用细石器加工的复合工具，在处理某些植物时，也具有明显的优越性。细石器除了作为狩猎采集工具，还可以作为文身的工具。根据大洋洲和南美洲的民族志材料，毛利人、印第安人有使用细石器文身的习俗。因此，也不能排除西樵山细石器用于文身的可能。

二　测年方法及年代学探讨

西樵山遗址虽然出土石器较多，但缺乏陶器、骨、贝等遗物，也没有居址、墓葬等史前人类活动遗迹。西樵山本身的地层堆积较为复杂，又受到山洪冲刷、人工开发等影响，地层中的倒置、扰乱等现象明显。类型学中，相对早晚关系是以地层为基础和依据的，而西樵山细石器缺乏地层关系的有力支撑。因此，利用碳十四技术测年是推断细石器年代的重要手段。

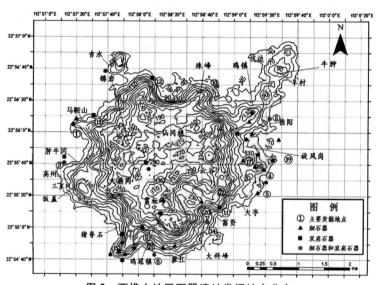

图 5　西樵山地区石器遗址发掘地点分布

图片经陈熙泞、凌锐锋和廖健怡修改完成，谨致谢忱！

---

① 〔美〕梅尔文·恩伯、卡罗·R. 恩伯：《获取食物》，彭景元译，载《厦门博物馆建馆十周年成果文集》，福建教育出版社，1998，第 244~256 页。

表1　西樵山遗址碳十四测年数据*

样品	地点及层位	距今年代(年)
贝壳	第15地点②层	5050±100
贝壳	第15地点③层	5470±100
贝壳	第18地点⑤层	6275±120
贝壳	第7地点②层	5660±125
贝壳	第7地点③层	6120±140
贝壳	镇头第2层	4905±100
贝壳	镇头第3层	5313±100
贝壳	镇头西坡第二层	3710±125
贝壳	镇头西坡第三层	4170±140
贝壳	太监岗底层(N-18)	6120±130
贝壳	太监岗底层(BK-87040)	6765±90
贝壳	太监岗底层(GSU-88-7)	5955±135
炭屑	锦岩T6-2	4080±80
炭屑	锦岩T6-3(PV-847)	4250±80
炭屑	锦岩T5-3(PV-848)	4290±100
炭屑	锦岩T6-3(PV-849)	4270±80
炭屑	锦岩T5-3(PV-850)	4140±90
炭屑	多石岗第2层(深1米)	4330±90
炭屑	多石岗第2层(深1.45米~1.46米)	2160±70
炭屑	多石岗第3层(深2.3米~2.4米)	3690±70

* 易西兵:《西樵山遗址考古研究》,广西师范大学出版社,2015。

对目前已有的测年数据分析显示,西樵山遗址的大多数地点应归属于新石器时代中晚期。其中,太监岗BK-87040样品的测年数据年代最早,为距今6765±90年。西樵山细石器出现的年代不晚于距今约6700年,双肩石器出现的年代不晚于距今约5300年。

西樵山石器已有测年数据主要以地层中的贝壳和洞穴中附着的炭屑为样本,且二者间存在较大的数据差别,因此西樵山细石器的年代问题还有进一步探讨的余地,其观点可归纳为:(1)原有碳十四数据测定完成于20世纪

80～90年代，缺乏定量的校正方法，因此年代误差分析缺失；（2）炭屑测年获得的是早晚期炭层附着物的平均值，只能代表岩洞内人类活动的年代，不能与细石器年代画等号。

本次调查在埋藏石器地层剖面处，采集到部分贝壳样本，后送往美国BETA实验室进行放射性碳十四测年，经数据校正后的年代为距今3350±30年，相当于中原地区的商代中期。测年数据误差主要有以下两个因素①：（1）贝壳等碳酸盐类表面容易与外界进行交换而受污染，使其测年数据偏晚；（2）珠江三角洲贝类生长时，可能吸收部分上游石灰岩区流下来的碳酸盐，使碳十四浓度略低而年代偏早。关于上述问题，已有前人对该地区的采样进行过对比实验，证明珠江三角洲地区贝壳的碳十四测年，与实际年代接近。② 因此，目前西樵山细石器测年数据区间为距今6765±90年至3350±30年；有肩石器的测年区间为距今5313±100年至2160±70年，细石器年代整体早于有肩石器，但两者在时间上存在近2000年的共存期。笔者认为，这种共存关系与珠江三角洲海侵现象导致的环境变迁及人类生存的适应性有关。

三　珠江三角洲海侵现象与人地关系

学界研究表明，珠江三角洲地区第四系一共记录了两次海侵过程。第一次发生在中、晚更新世的末次间冰期（距今12万～8万年，相当于深海氧同位素阶段MIS5），由于当时珠江三角洲地区的古地形基岩面还处于较高的位置，此次海侵海水覆盖范围较小，最北到达顺德平原及珠江口狮子洋一带，对位于珠江三角洲地区西北部的西樵山周缘影响不大。③ 第二次海侵发生于冰后期全新世（距今1万年以来，相当于深海氧同位素阶段MIS1）。由于珠江三角洲地区中、晚更新世以来的持续沉降以及全新世高海面的扩张，

① 李松生：《关于西樵山遗址的两个问题》，易西兵主编《西樵山遗址考古研究（下）》，广西师范大学出版社，2015，第337～389页。

② 中国科学院考古研究所实验室：《碳–14年代的误差问题》，《考古》1974年第5期。北京大学历史系：《石灰岩地区碳–14样品年代的可靠性与甑皮岩等遗址的年代问题》，《考古学报》1982年第2期。

③ Yu Zhangxin, Zhang Ke, Li Xiaoyang, Liang Hao, Li Zhongyun, "The Age of the Old Transgression Sequence in the Pearl River Delta," *China. Acta Geologica Sinica (English Edition)*, Vol. 91, 2017, pp. 1513 – 1516.

此次海侵影响到整个珠江三角洲地区地貌和沉积物的发育。

关于西樵山古人类的生产生活环境有两种观点。一种观点认为全新世海侵期西樵山周缘地区曾为浅海滩，西樵山为一孤岛，近 3000 年以来随着珠江河口三角洲陆源沉积物向海进积，逐渐使西樵山四周成为沼泽进而成为今日所见之平原。[①] 另一种观点认为西樵山在全新世海侵期从未成为过孤岛，一直位于最北古海岸线以北，周缘缺乏海相沉积和海蚀、海积地貌证据[②]。这两种观点孰是孰非，至今未有定论。

据前人研究，南海北部海面于末次冰期极盛期（距今 1.8 万年）曾低于现代海面 130 米。[③] 此后古海面较为快速、匀速地抬升[④]，李平日对 9 类古海面标志物和 107 个样品年代数据进行沉积深度校正、构造升降幅度校正后绘出了 8000 年以来珠江三角洲海平面大体的变化曲线，大约 8000 年前珠江三角洲海平面低于现今海平面约 25 米，在距今 6000～5000 年达到海侵盛期，海平面接近现今海平面，此后海平面相对稳定，波动幅度在 ±2 米范围内。其他学者的研究结论大体相同，6000 年之前差别在 5 米之内，6000 年至今较为一致。[⑤] 然而，对全新世各时期内海侵的范围则讨论较少，一些具体地点的历史海陆环境研究还较为模糊。

20 世纪 80 年代以来，因科研和工程建设的需要，珠江三角洲已积累有数千个钻孔编录资料，各类出版物发表过的钻孔资料也有一百多个。较为密集的全新统沉积相及测年数据，使恢复各时期海侵范围，解决西樵山古人类生产生活环境这一问题成为可能。

全新世海侵所形成的海相沉积物底部年龄，可在一定程度上代表该地区最早接受海侵的年代。本文收集历年发表的珠江三角洲钻孔全新统海相沉积层序及底部的绝对年代数据，结合部分自有资料，进行统计分析，结果如图 6 和表 2 所示。

---

① 中山大学调查小组：《广东南海县西樵山石器的初步调查》，《中山大学学报》1959 年第 1 期。

② 曾骐、李松生：《1986～1987 年西樵山考古的新收获》，《中山大学学报》1988 年第 3 期。

③ 陈欣树、包砺彦、陈俊仁、赵希涛：《珠江口外陆架晚第四纪最低海面的发现》，《热带海洋》1990 年第 9 期。

④ 李平日：《珠江三角洲一万年来环境演变》，海洋出版社，1991。

⑤ Yim WWS, "Radiocarbon Dating and the Reconstruction of Late Quaternary Sea-level Changes in Hong Kong," *Quaternary International*, Vol. 55, 1999, pp. 77 – 91. Y. Zong, "Mid-Holocene Sea-level Highstand along the Southeast Coast of China," *Quaternary International*, Vol. 117, 2004, pp. 55 – 56.

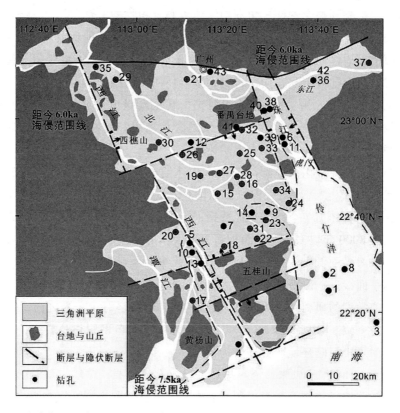

图 6　北方期（距今 10000～7500 年）和大西洋期（距今 7500～5000 年）海侵范围

　　数字所对应钻孔见表 2，点位 1～14 为北方期海侵范围，点位 15～35、37 为大西洋期海侵范围，点位 36、38～43 为亚北方期海陆交互潮坪带。

表 2　珠江三角洲钻孔全新世海侵层底部年龄统计

图6中点位	钻孔编号	钻孔位置	测年材料	全新世海侵层底部 ^{14}C 年龄	高程（米）	文献来源
1	ZK19	伶仃洋	贝壳	10310 ± 85	-30	瓦西拉里等,2016
2	L16	伶仃洋	淤泥	9560 ± 140	-35.6	陈木宏等,1994
3	OL62	外伶仃岛海域	贝壳	9400 ± 210	-26	黄镇国等,2007
4	D6	斗门灯笼沙	淤泥	8050 ± 200	-54	黄镇国等,1982
5	PRD05	西江大鳌沙	贝壳	7925 ± 195	-25	刘春莲等,2008
6	PRD15	狮子洋海鸥岛	贝壳	7930 ± 100	-9	贾良文等,2010
7	PRD11	中山东升	贝壳	7910 ± 110	-11.5	刘纯瑶等,2016
8	L2	伶仃洋	—	7750	-20	陈木宏等,1994

图6中点位	钻孔编号	钻孔位置	测年材料	全新世海侵层底部 ^{14}C 年龄	高程（米）	文献来源
9	ZK201-2	中山三角	贝壳	7730±40	-14.2	谢叶彩等,2014
10	PRD04	西江大鳌沙	贝壳	7650±180	-26	何志刚等,2007
11	PRD16	狮子洋海鸥岛	贝壳	7420±120	-9	贾良文等,2010
12	PRD20	顺德八顷围	贝壳	7400±30	-10	殷鉴等,2016
13	ZK03	西江大鳌沙	含贝壳淤泥	7340±140	-38	冯炎基等,1990
14	ZK203-2	中山三角	贝壳	7120±30	-10	刘纯瑶等,2016
15	PRD10	顺德大福基村	贝壳	6760±120	-15	韦惺等,2011(a)
16	QZK4	顺德团范村	贝壳	6500±30	-10	陈双喜等,2014
17	PK11	斗门大赤坎	淤泥	6350±180	-16	黄镇国等,1982
18	Δ15	中山大涌	贝壳砂质泥	6390±170	-20	蓝先洪等,1987
19	Δ02	顺德大良	蚝壳砂	6220±170	-13	蓝先洪等,1987
20	Δ09	新会礼乐	贝壳	6520±170	-16.5	龙云作等,1997
21	D7	南海盐步	淤泥	6510±170	-5	黄镇国等,1982
22	ZK01	中山石歧	贝壳	6060±110	-9	冯炎基等,1990
23	PK27	中山三角	蚝壳淤泥	5790±170	-9	黄镇国等,1982
24	A23	万顷沙	淤泥蚝壳	5360±160	-21	黄镇国等,1982
25	PK14	番禺灵山	淤泥	5020±170	-9.7	黄镇国等,1982
26	PRD06	顺德勒流	贝壳	5210±40	-9.6	韦惺等,2011(b)
27	D2	顺德伦教	贝壳	6600	-11	韦惺等,2011(a)
28	ZK18	顺德雁起村	贝壳	6100	-12.5	韦惺等,2011(a)
29	D20	三水联沙村	贝壳	5800	-2	韦惺等,2011(a)
30	D24	顺德龙江	贝壳	6100	-5	韦惺等,2011(a)
31	Δ05	中山港口	贝壳	4710±120	-8	蓝先洪等,1988
32	PRD09	番禺区南	贝壳	4200±130	-3	贾良文等,2010
33	PRD17	顺德大筒村	贝壳	4400±100	-7	刘春莲等,2012
34	W2	万顷沙	炭屑	4040±180	-12.8	曹玲珑等,2012
35	K5	三水西南	腐木	6300±330	-7	黄镇国等,1982
36	PK16	东莞中堂	腐木	6150±160	-12.9	黄镇国等,1982
37	PK4	博罗园洲	腐木	5900±300	-4.7	黄镇国等,1982
38	GG81	番禺茭塘	贝壳	3840±95	-11.2	李平日,1991
39	PD	番禺东涌	贝壳	3725±30	-7.5	杨小强等,2007

续表

图6中点位	钻孔编号	钻孔位置	测年材料	全新世海侵层底部 ^{14}C 年龄	高程（米）	文献来源
40	JT	番禺茭塘	贝壳	3470 ± 30	- 9.5	余章馨等,2016
41	PRD08	番禺区南	贝壳	2690 ± 80	- 2.5	贾良文等,2010
42	38	东莞中堂	淤泥	2670 ± 85	- 2	冯炎基等,1990
43	40	广州大南路	贝壳	2320 ± 85	- 5	冯炎基等,1990

1. 瓦西拉里、王建华、陈慧娴、吴加学、陶慧等：《伶仃洋 ZK19 孔晚第四纪沉积地球化学特征及其古环境意义》，《热带地理》2016 年第 3 期；2. 陈木宏、赵焕庭、温孝胜、张乔民、宋朝景：《伶仃洋 L2 和 L16 孔第四纪有孔虫群与孢粉化石带特征及其地质意义》，《海洋地质与第四纪地质》1994 年第 1 期；3. 黄镇国、蔡福祥：《珠江口晚第四纪埋藏风化层及其环境意义》，《第四纪研究》2007 年第 5 期；4. 黄镇国、李平日、张仲英、李孔宏：《珠江三角洲地区晚更新世以来海平面变化及构造运动问题》，《热带地理》1982 年第 1 期；5. 刘春莲、Franz T. Fürsich、董艺辛：《珠江三角洲 PRD05 孔的高分辨率介形类记录与晚第四纪古环境重建》，《古地理学报》2008 年第 3 期；6. 贾良文、何志刚、莫文渊、吴超羽：《全新世以来珠江三角洲快速沉积体的初步研究》，《海洋学报》2010 年第 2 期；7. 刘纯瑶、殷鉴、刘春莲、黄毅、吴月琴：《珠江三角洲全新世软体动物群记录与古环境演化》，《热带地理》2016 年第 3 期；8. 谢叶彩、王强、龙桂、周洋、郑志敏、黄雪飞：《珠江口小榄镇－万顷沙地区晚更新世以来的海侵层序》，《古地理学报》2014 年第 6 期；9. 何志刚、莫文渊、刘春莲、吴超羽：《从沉积速率和沉积物粒度看冰后期海侵以来珠江三角洲西江大鳌沙的形成》，《古地理学报》2007 年第 3 期；10. 殷鉴、刘春莲、吴洁、黄毅、吴月琴：《珠江三角洲中部晚更新世以来的有孔虫记录与古环境演化》，《古地理学报》2016 年第 4 期；11. 冯炎基、李平日、谭惠忠、方国祥：《珠江三角洲第四纪沉积年代学研究》，《热带地理》1990 年第 3 期；12. 韦惺、吴超羽：《全新世以来珠江三角洲的地层层序和演变过程》，《中国科学：地球科学》2011 年第 8 期（a）；13. 陈双喜、赵信文、黄长生、孙荣涛等：《现代珠江三角洲地区 QZK4 孔第四纪沉积年代》，《地质通报》2014 年第 10 期；14. 蓝先洪、马道修、徐明广等：《珠江三角洲若干地球化学标志及指相意义》，《海洋地质与第四纪地质》1987 年第 1 期；15. 龙云作：《珠江三角洲沉积地质学》，地质出版社，1997；16. 韦惺、莫文渊、吴超羽：《珠江三角洲地区全新世以来的沉积速率与沉积环境分析》，《沉积学报》2011 年第 2 期（b）；17. 蓝先洪、马道修、徐明广、周青伟等：《珠江口晚第四纪沉积物中粘土矿物及其指相意义》，《应用海洋学报》1988 年第 2 期（a）；18. 蓝先洪、马道修、徐明广、周青伟等：《珠江三角洲地区第四纪沉积物地球化学特征及古地理意义》，《热带海洋学报》1988 年第 4 期（b）；19. 刘春莲、杨婷婷、吴洁、夏斌等：《珠江三角洲晚第四纪风化层稀土元素地球化学特征》，《古地理学报》2012 年第 1 期；20. 曹玲珑、王建华、王晓静等：《珠江口全新世沉积物粒度与磁化率的变化特征及其所反映的气候环境变化》，《海洋湖沼通报》2012 年第 1 期；21. 杨小强、Rodney Grapes、周厚云等：《珠江三角洲沉积物的岩石磁学性质及其环境意义》，《中国科学：地球科学》2007 年第 11 期；22. 余章馨、张珂、梁浩、李忠云：《对珠江三角洲第四纪断裂运动的再认识》，《热带地理》2016 年第 3 期；23. 李平日：《珠江三角洲一万年来环境演变》，海洋出版社，1991。

　　珠江三角洲全新世以来的垂向沉积序列从底部向上可以划分为六个主要沉积相，分别为河流相、河漫滩相、滨海沼泽相、河口湾－浅海相、潮坪相和泛滥平原相，代表了全新世低海面—高海面—三角洲向海进积的海侵旋回。其中河口湾－浅海相地层代表了沉积环境较稳定、水动力较平缓的海相环境；潮坪相地层代表了河海交互作用较强、水动力较为动荡的潮间带环境。统计各钻孔海相地层底部绝对年代数据，可得三个较为明显的分段：（1）距今 10000 ~ 7500 年，该阶段海相沉积只发育在珠江三角洲南部及河口、河谷等基岩面较低的地区，未波及珠江三角洲北部、西北部；（2）距今7500 ~ 4000 年，该阶段海相沉积广泛发育于现代珠江三角洲范围之内，最西北部达三水区西南镇，最北部达现代广州市区，其中距今 6000 年左右的年代数据尤为集中，可能代表海侵最大范围开始的年代；（3）距今约 4000年以来，珠江三角洲东北部珠江口狮子洋地区该年代段比较集中，可能代表河口三角洲向海进积的动荡潮间带环境，前述最大海侵期的沉积物难以保留，被冲刷改造，只能留存后期的较新的沉积。

据此珠江三角洲地区全新世以来的发育可分为四期，每一期对地处珠江三角洲西北部的西樵山及周缘古环境的影响各不相同。

第一阶段：北方期（距今 10000 ~ 7500 年）

末次冰期极盛期南海北部海面低于现代海面 130 米左右，现代珠江三角洲整个地区河间带发育代表风化剥蚀的花斑黏土，河流深切河谷，发育河床相沙砾层。随着海平面上升，距今 10000 年左右三角洲南部以及东北河口一些地势较低的地区开始受海进影响，出现一些海陆交互相沉积。

第二阶段：大西洋期（距今 7500 ~ 5000 年）

此阶段前期，珠江三角洲地区海平面以约 11 毫米/年的速度迅速上升，大部分地区接受海进沉积。距今约 6000 年，全新世海侵达到盛期，海面与现今海平面相当，海水深入内陆。该时期的珠江三角洲地区除了周围边缘地区为堆积阶地，大面积为河口湾，该时期主要为河口湾 – 浅海相沉积，河流相沉积只有在湾头出现。湾内星罗棋布 160 多个大大小小的基岩岛丘和台地，包括西樵山、五桂山、番禺台地等。河流带来的沉积物大部分在内古河湾堆积下来。而散布在内古河湾的诸多岛屿往往成为河流来沙的沉积核心。

第三阶段：亚北方期（距今 5000 ~ 2500 年）

亚北方期古珠江河口不断接受河流沉积物的充填，但由于复杂边界对河流与海洋动力的重塑和改造，沉积物的输运、沉积分布受到巨大影响。在番禺台地东面、南面水域，由于海陆交互作用，水动力环境不稳定，距今约4000 年才开始接受沉积，之后的沉积发育模式为南北向中间收窄。在西樵山周缘区域，河流沉积物逐渐由陆向海进积，形成滨海沼泽相至三角洲平原相沉积环境。

第四阶段：亚大西洋期（距今 2500 年以来）

随着珠江北岸、海珠岛南岸的淤浅和中部各平原的继续发育，西樵山一带进一步淤浅成陆，开阔水面逐渐收窄，成为河道。现代珠江河网框架基本形成。此时中原文明开始大举南下，铁器、牛耕等先进农业技术伴随人群的流动开始扩散传播。金属工具替代石质工具，原本以狩猎采集为主的经济模式逐渐被农业生产所替代。

结　语

一种石器工具的流行，主要是为了满足生产与生活的需要，能够在实践中易于操作和利用，其研究也必须涉及当地环境、生业模式及文化习俗等诸多因素，并考虑到遗址与周边区域人群的迁移与文化互动情况。

在我国边疆地区，细石器与磨制石器常出现共存现象，且地层年代较晚。如四川雅安沙溪文化中，细石器、磨制石器与陶器处于同一地层，碳十四测年数据为距今 3100 年[①]；新疆乌鲁木齐柴窝堡墓地中，细石器与彩陶、铁器同出，年代下限已至战国末至西汉初[②]。因此，细石器与磨制石器在不同区域的年代并不绝对，这种共存关系与人类的环境适应性密切相关。西樵山细石器出现的年代虽然较早，但沿用的时间较长，与所处滨海三角洲独特的环境有关。

根据碳十四数据分析，这次发现的细石器的大体年代在距今 3350 年前后，属于第三阶段亚北方期。由于珠江流域自然植被丰茂，江河含沙量小，三角洲发育十分缓慢，该区域仍是山丘、沼泽密布的海陆交错地区[③]。这一时期由于海陆交互作用，水动力环境不稳定，西樵山周缘区域河流沉积物逐渐由陆向海进积，形成滨海沼泽相至三角洲平原相沉积环境，原本主要依靠的河口 - 近海渔业、采集业开始遭遇挑战，近海鱼、贝类资源开始被淡水鱼、贝类资源替代，农业生产和野生陆生动植物逐渐成为重要的食物来源，因而导致有肩石器大量出现。当环境发生改变，狩猎采集社会对食物生产会做出预适性，并采取一种更稳定的方式开发和利用食物资源。食物来源更加

---

① 李明斌：《四川雅安沙溪遗址陶器及相关问题的初步研究》，《考古》1999 年第 2 期。
② 王炳华：《新疆考古文存》，兰州大学出版社，2010。
③ 赵焕庭：《珠江河口演变》，海洋出版社，1990。

多样化和周期化，为避免环境和生态因素的制约，从而发展出一种更集约化和专门化的方式来适应环境，而这种改变会直接体现在劳动工具——石器的形态上。

狩猎－采集型人群具有将自然与社会紧密结合的能力。石器工具的标准化与细小化生产同人类的流动性密切相关。标准化生产的石器便于替换，且轻便耐用，可以适应不同的复杂环境。但此类工具需要质地细腻坚硬的石料和高超的加工技术。目前，全世界能复制此类工具的试验考古学家屈指可数，可见此类石器原料与人力成本的高昂。基于"机会成本原理"，若非特殊需要，生产此类工具并不经济，即细石器技术的存在是一种对生计风险与不确定性的适应。[①] 而西樵山地区处于海洋与陆地的交接地带，兼有海洋与陆地两个生物群体，狩猎资源相对丰富。与之相应的是，该区域亦处于农业生产的边缘地带，洪水与海侵频繁，加之史前农业生产技术相对落后，为了分散风险，只能采用多样化的生计方式，渔猎、狩猎、采集与农业兼而有之，从而形成了独特的西樵山石器文化。

综上所述，西樵山发现的细石器和有肩石器与史前先民的生业模式息息相关。由于海侵、洪水等不稳定环境因素的作用，人类为降低生存风险，增加食物来源的多样性与稳定性，采取了渔猎、狩猎、采集与农业混同的经济生业模式，因此细石器与有肩石器经历了近 2000 年的共存时期，两者此消彼长，数量比例因环境变化的差异而有所不同，是一种适应性策略的体现。

Study on the Chronology Newfound Microlith and Transgression in Xiqiaoshan, Guangdong

Zhang Chi, Yu Zhangxin, Huang Jian, Zhu Hong

Abstract：The chronology of microliths and shouldered stone tools of Xiqiaoshan culture in Nanhai has always been the focus of neolithic archaeology in south China. This paper summarizes and analyzes the archaeological sites and dating data of the unearthed microliths and shouldered stone tools in Xiqiaoshan by

---

① 陈胜前、李彬森：《〈小工具的大思考：全球细石器化的研究〉的再思考》，《边疆考古研究》第 16 辑，科学出版社，2014。

predecessors, and makes carbon dating of the microliths in 2019. The results show that the age range of the microliths in Xiqiaoshan is 6765 ±90 B. P. to 3350 ±30 B. P.. The age of shouldered stone tools is from 5313 ±100 years ago to 2160 ± 70 years ago. The transgression of the pearl river delta data combined with nearly 10000 years, the microlith and shoulder stone tools is in the sub-boreal period, the ancient Zhujiang river estuary accepts fluvial sediment filling, but dues to the complicated boundary with rivers remodeling and ocean dynamics transforming, sediment transport and deposition distribution is not stable, border changing in the land and sea. To adapt to the complexity of the environment, ancestors in Xiqiaoshan were forced to adopt a mixed mode of fishing, hunting, gathering and agriculture to obtain a stable source of food and reduce the risk of survival. This environmental adaptation strategy contributed to the formation of the Xiqiaoshan Culture.

Keywords: Xiqiaoshan Culture; Microlith; The [14]C Dating; Transgression; Model of Livelihood

（执行编辑：林旭鸣）

海洋史研究（第十七辑）
2021 年 8 月　第 361～380 页

越南发现的巴地市沉船初议

秦大树　王筱昕　李含笑[*]

　　2020 年以来，中国收藏界和文博市场出现了大批由越南商贩销售而来的唐代低温铅绿釉印花器物和白釉瓷器，引起学界关注及对相关问题的讨论。这些器物据传出水于越南南部的一条沉船，但并非正式发掘的器物。[①]经越南社会科学院皇城考古研究所杜长江（DO Truong Giang）博士核实，该沉船位于今胡志明市东南约百里的巴地市近海（图 1），因此权且称之为"巴地市沉船"。

　　从目前所知资料可见，这条沉船出水的器物比较有特点，白釉器物在船货中占大多数，主要有北方产白釉瓷器，包括碗、托盏（图 2）、印花的多曲长杯（图 3）和少量的盘口穿带瓶等（图 4）；还有一些白釉绿彩器物（图 5）。引人瞩目的是绿釉印花方盘、菱形盘（图 6）、四瓣花口圆盘（图 7）和多曲长杯（图 8）等单色低温铅釉器物，也有少量两彩器物（图 9）。这些低温铅釉器物都带有非常明显的仿金银器的造型和纹饰风格。还可见很少量的越窑细线划花器物，如多曲长杯等（图 10）。[②]据说还有少量的长沙窑瓷器。

---

　*　作者秦大树，北京大学考古文博学院教授；王筱昕，李含笑，均为北京大学考古文博学院博士候选人。
　　本文为国家社会科学基金重大项目"非洲出土中国古代外销瓷与海上丝绸之路研究"（项目批准号：15ZDB057）的成果之一。
　①　许多沉船在正式发掘以前都曾经历过盗捞的阶段，如"黑石号"沉船、"玉龙号"沉船等，希望这条沉船也可在不久的将来得到正式的发掘。这两件器物是在越南盗捞出后被销售到中国的标本。
　②　本文所用所有巴地市沉船出水器物的照片均承李昊先生、赵敬先生提供，谨致谢忱！

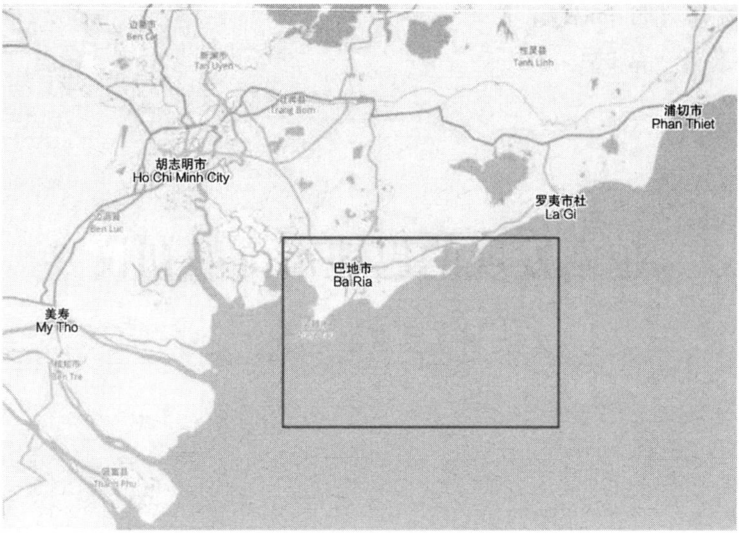

图 1　巴地市沉船所在位置

注：沉船位置图由越南社会科学院皇城考古所杜长江（DO Truong Giang）博士提供，谨致谢忱！

图 2　白釉五瓣托盏

迄今为止，越南的学术机构还未对这条沉船进行正式考古发掘，所有的盗捞、运输和销售均为民间行为。由于中国收藏界对这批船货的关注，数量可观的器物源源不断地运销到中国，收藏在私人博物馆和私人藏家手中。尽管有关这艘沉船的整体情况尚不清楚，但丰富的实物已足资对一些相关问题展开讨论，这是本文题名"初议"的原因。北京大学赛克勒考古与艺术博物馆最近入藏了两件巴地市沉船出水的瓷器，一件为唐绿釉印花菱形花叶纹委角方盘（图11），一件为唐白釉玉璧底碗（图12），这是迄今仅有的公藏的巴地市沉船船货。

图3   白釉印花鱼纹多曲长杯

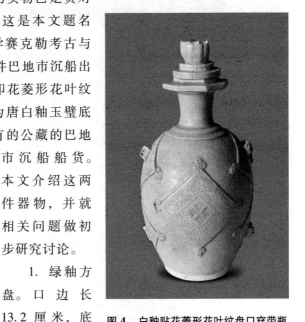

图4   白釉贴花菱形花叶纹盘口穿带瓶

本文介绍这两件器物，并就相关问题做初步研究讨论。

1. 绿釉方盘。口边长13.2厘米，底边长9厘米，高1.7厘米。盘方形，四角内曲（委角），曲口下接通向盘底的压出的凸棱；圆唇，敞口，斜直壁，底部曲折，平底微鼓的浅圈底。浅灰白胎，胎质较细，疏松。低温绿釉，通体施釉，底部有三枚细小的圆形支钉痕迹，为裹足支烧。印花，腹壁与底部的交界处印出双线四瓣壶门，勾勒出底部的形状，内底为菱形花叶纹，中部为四出的瘦长型壶门，构成变形菱形框，内有八瓣朵花；菱形的四角各出一朵三瓣两叶的折枝花，构成带有宝装意味的"菱形花叶纹"，四壁内侧的图案两两对称，

图5   白釉绿彩深腹碗

图 6　绿釉印花菱形花叶纹委角方盘、绿釉印花摩羯纹菱形盘

图 7　绿釉印花菱形花叶纹四瓣花口圆盘

图 8　绿釉印花双鱼纹多曲长杯

图 9　两彩印花菱形花叶纹委角方盘

图 10　越窑细线划花多曲长杯

一组为龟背纹，一组是近似盛开莲花的朵花纹。这件方盘为李昊先生捐赠。

2. 白釉碗。口径 14.7 厘米，足径 6.8 厘米，高 4.1 厘米。小唇口，敞口，浅腹，腹壁斜直稍曲，矮圈足，较窄的玉璧底；浅灰白胎，胎质较细，疏松。白釉泛灰黄，略失光，裹足刮釉，素面。这件白釉碗为赵敬先生捐赠。

图 11　北京大学藏唐绿釉印花
菱形花叶纹委角方盘

图 12　北京大学藏唐白釉
玉璧底碗

从目前掌握的资料可见，这条沉船的船货比较单一，应该都是北方地区的产品，绝大部分很有可能来自一个窑口或窑区。至于这两件器物的年代和窑口，目前与绿釉方盘类似的产品在河北邢窑西关窑址有发现，窑址上调查采集到了一些低温釉器物，造型和纹饰都与巴地市沉船出水器物高度相似（图 13，①、②），但邢窑发现的标本胎质似乎更为细腻、坚实，并呈浅灰色。

同样生产这类器物的还有河北井陉窑，2005 年河北省文物研究所等单位在河北井陉矿区凤山镇白彪村清理了两座唐墓，均为圆形仿木结构砖室墓，[①]其中 M1 出土的绿釉印花多曲长杯（图 14）和委角方盘，与沉船出水器物

---

① 河北省文物研究所、石家庄市文物研究所、井陉矿区文物旅游局：《石家庄井陉矿区白彪村唐墓发掘简报》，河北省文物研究所编《河北省考古文集（四）》，科学出版社，2011，第 170～188 页。

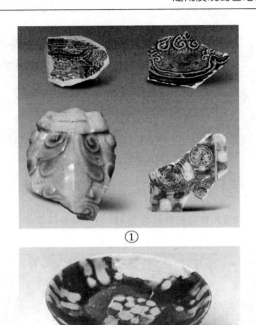

图13　河北内丘西关窑址采集的低温铅釉
器物和白釉绿彩器残片

资料来源：照片承张志中先生提供，谨致谢忱！

造型相同，只是纹样有所不同；M2出土的白釉多曲长杯和委角方盘（图15），与沉船出水器物的造型相同。发掘者根据井陉窑区晚唐时期的生产面貌，认为白彪村唐墓出土的器物就是当地井陉窑的产品。而在井陉发掘的唐家垴唐墓中出土的一件印花鱼纹多曲长杯（图16），则与巴地市沉船出水的同类器物不论造型和纹样都非常相似；唐家垴窑址是井陉窑的核心生产区，[①]墓葬的位置距窑址很近，出土的器物大概率是唐家垴窑址的产品。也有学者认为这类器物是山西晋城泽州窑的产品。[②]然而，迄今在晋城未发现与这批沉船出水器物相似的标本。

---

① 井陉窑址由十余个窑址组成，其中唐家垴窑址是一处核心窑址。参见孟繁峰《井陉窑的调查、勘探与发掘》，载孟繁峰《初论井陉窑》，人民出版社，2019。

② 闫焰：《"黑石号"沉船所出白地绿彩窑器的产地和其他》，上海博物馆，"唐宋时期的海上丝绸之路国际学术研讨论"会议发言摘要，2020年11月19~20日。

图 14　河北井陉白彪村唐墓 M1 出土绿釉印花多曲长杯

图 15　河北井陉白彪村唐墓 M2 出土白釉多曲长杯和委角方盘

图 16　河北井陉唐家垴唐墓出土绿釉印花摩羯纹多曲长杯

注：唐家垴墓的发掘资料尚未刊布，这件器物的刊出见于网络文章《专家
揭秘井陉窑瓷：点沥戳印青剔花》，http：//news.51bidlive.com/contents/6/
3746.html。此器的图片由孟繁峰提供。承河北省文物考古研究院黄信先生告
知此器出土于唐家垴唐墓中。

北京大学收藏了这两件器物以后，考古文博学院科技考古部门对这两件器物进行了成分分析，以确定其产地，以下为鉴定报告中的一些数据（表1）。[①] 李家治先生曾指出，中国古代同一窑场生产的瓷器的胎体成分数据呈现总体分散、区域集中的特点。造成这一现象的主要原因是，中国古代制瓷原料一般都是就地取材，一旦发现某些原料适合制瓷，就能相当稳定地生产一段时间。[②] 从大范围讲，各地所产原料不同，直接导致了各窑系产品成分特征的差异。如表1所示，这两件样品的氧化铝（Al_2O_3）含量极高，特别是白瓷碗胎体的氧化铝含量接近58%，这在目前已发表的古陶瓷数据中是绝无仅有的。

表1　高温白瓷与低温绿釉样品胎体的成分数据（wt%）

	Na_2O	MgO	Al_2O_3	SiO_2	K_2O	CaO	TiO_2	MnO	Fe_2O_3
白瓷	0.39	0.18	57.82	36.85	0.82	1.51	0.36	0.03	2.05
绿釉	0.45	0.21	42.66	51.13	0.63	1.9	1.09	—	1.93

一般认为，中国北方古代瓷器具有"高铝低硅"的特征，其中邢窑白瓷氧化铝含量在24%~35%之间，巩义窑氧化铝含量在26%~37%之间，定窑氧化铝含量在27%~32%之间，已经符合现代高岭-石英-长石质瓷，但均未有超过40%的报道。此外，安徽地区繁昌窑样品氧化铝含量均低于24%，且氧化钙（CaO）含量极低，可以完全排除。尽管我们尚未对所谓"宣州窑"的标本进行过测试，但根据安徽地区矿藏的总体情况，也可完全排除其产品的可能。

考虑到高岭石氧化铝的理论含量为39.5%，这两件瓷器胎体均已超出高岭石的理论组成，因此必然使用了莫来石质高铝耐火黏土，如铝矾土、一水硬铝土、三水铝石、刚玉等。这种原料在中国是不多见的，主要分布于山西、内蒙古地区，用作各式锅炉的衬壁材料。囿于该地区古陶瓷数据的缺乏，目前还无法给出准确的产地。需要指出的是，这样高的氧化铝含量需要极高的烧成温度（>1500℃），是非常不利于大规模瓷器生产的，即使在现代也不会使用这种原料制作日用陶瓷。就古代窑炉水平而言，其成品必然严重生烧，吸水率很高而机械强度很低，抗热震性能亦很差，所以产品烧造成本

① 本报告的测试和数据由崔剑锋、姜晓晨阳、吕竑树完成，未来将对这两件器物做进一步的研究，成果将另文发表。
② 李家治主编《中国科学技术史·陶瓷卷》，科学出版社，1998，第161页。

很高但整体质量不高，因此我们推测这类产品的烧造时空范围应该比较有限。

在对这两件器物的釉的分析方面，使用便携式 XRF 对釉层进行无损分析，选用设备为美国赛默费舍尔公司生产的 NITON XL3t，并采用内建于该设备的土壤模式对样品以及邢窑、黄冶窑等考古出土样品的釉层进行了分析，所分析的元素包括了 Zr、Rb、Sr、Th、Zn、Fe、Mn、Ti、Ca、K 等。选择 Zr、Rb、Sr、Th、Zn、Mn、Ti 等元素进行主成分分析，基于特征值大于 1 的条件下共得到三个主成分。应用这三个主成分作三维散点图（图 17），从图中可以看出，本次所分析的白瓷碗样品不属于邢窑和黄冶窑的产品。[1]

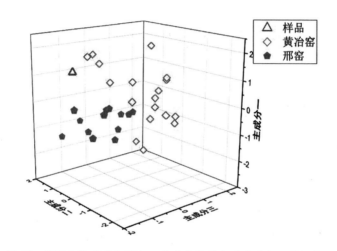

图 17　样品白瓷碗釉与邢窑、黄冶窑瓷釉主成分分析三维散点图

目前我们尚未对河北井陉窑和山西晋城泽州窑的标本进行比对研究，所以还无法做出准确的产地判断，正在寻求相关标本，以期做更全面深入的研究。不过我们看到，本件方盘内底的主题纹饰是一组非常精致的"菱形花叶纹"。关于菱形花叶纹，学界占主流的并且由来已久的观点认为是来自伊斯兰地区的一种纹饰。[2] 这种纹饰具有多变的组合，细节也千差万别，由中部的菱形为主体结构，四角伸出不同形制的花、草叶纹，这种基本结构或曰母题是很清楚的。西方学者将其描述为棕榈花，也有学者称之为"柿蒂纹"

---

① 采用指纹元素比对是判断器物产地的可靠方法，由于北京大学尚未建立低温铅釉的数据库，所以本次只比对了白瓷碗。

② 刘朝晖：《唐青花菱形花叶纹补说》，上海博物馆编《大唐宝船：黑石号沉船所见 9～10 世纪的航海、贸易与艺术》，上海书画出版社，2020，第 338～350 页。作者在文章中梳理了将这种纹饰认定为伊斯兰风格的过程。

(*quatrefoil sepals of the persimmon fruit*)，认为是北方唐三彩的一种流行纹样；[1] 尽管从盛唐时期开始在唐三彩器皿类器物上就出现了菱形纹饰，但标准的菱形花叶纹主要出现在 9 世纪早中期，沉没于宝历二年（826）或稍后的"黑石号"沉船中出水的器物上大量发现这类纹饰，在出水的长沙窑、越窑器物上都有发现，尤以北方地区生产的白釉绿彩器物上最为流行（图18）。但明显可见，"黑石号"沉船出水瓷器上的菱形花叶纹还比较简单，表现出早期阶段的特点，而这件绿釉方盘上的菱形花叶纹就显得比"黑石号"沉船器物上的要成熟、精美得多了，大部分纹饰以双线勾勒，具有唐代后期建筑柱础上常见的宝装莲瓣纹的风格。所以，这种外来的纹饰母题，在伊斯兰地区本比较随意，并无程式化的表达方式（图19），传到中国以后得到了程式化、规范化，并加上了中国元素的壸门作为组合纹样的线段，使这种纹饰达到了一种新的装饰效果和艺术高度。这种变化为我们提供了这件绿釉印花器物的年代依据。从纹饰风格的发展变化看，巴地市沉船的年代应该晚于"黑石号"沉船。

图18　"黑石号"沉船出水的带有菱形花叶纹装饰的器物

资料来源：上海博物馆编《宝历风物："黑石号"沉船出水珍品》，上海书画出版社，2020，第 74、171、203 页。左下角一张为笔者在新加坡圣淘沙旅游公司拍摄。

---

[1] Nigel Wood，" Chinese Low-fired Glaze "，in *Chinese Glazes：Their Origins，Chemistry，and Recreation*，University of Pennsylvania Press，London，A & C Black；Philadelphia，1999，p. 205.

图 19　伊斯兰釉陶器上的菱形花叶纹

资料来源：图片采自前揭刘朝晖《唐青花菱形花叶纹补说》。

　　目前所见最重要的年代资料就是出土了造型相同、纹饰接近的器物的白彪村唐墓了。这两座唐墓中都出土了背面带铸钱地点纪地文字的"开元天宝"，即"会昌开元"钱，表明墓葬的年代上限为会昌开元钱始铸的会昌五年（845）。^① 这两座墓葬均为仿木结构砖室墓，目前在河北中部和北部发现的最早使用仿木构拼砌砖装饰的墓葬出现在大中年间（847～859）及以后，典型的例子有北京市海淀区八里庄大中二年至六年（848～852）王公淑与吴氏合葬墓，^② 墓葬用砌墓所用的制式砖拼砌出仿木斗拱、家具乃至人物的方式与白彪村唐墓的做法相同，稍晚的时候就出现了用磨制的，或特异型甚至是专门制作的砖来表现斗拱、家具等。白彪村 M1 出土的绿釉印花委角长方形盘与偃师杏园"会昌五年"泸州参军李存墓中出土的一件滑石盘造型相同。^③ 可见，白彪村唐墓的年代大体应在唐会昌年间。白彪村唐墓出土的绿釉多曲长杯底部的纹饰有了新的风格，表现出比巴地市沉船上绿釉器物上

① 出土的五枚会昌开元钱分别有背文"昌""蓝""润""洛"等字。会昌开元钱背面的铸字有早晚之分，但最早的铸字就是"昌"字，因此墓葬的年代上限可到会昌开元钱始铸之年。
② 北京市海淀区文物管理所：《北京市海淀区八里庄唐墓》，《文物》1995 年第 11 期。
③ 中国社会科学院考古研究所编著《偃师杏园唐墓》，科学出版社，2001，第 179～181 页。另见谢虎军、张剑《洛阳纪年墓研究》，大象出版社，2013，第 523～529 页。

的印花纹样有了变化，出现了类似金银细工中的錾刻纹饰的并列细线纹填充花、叶的瓣内——是巴地市沉船中那些绿釉器物上纹饰的承继类型，因此该多曲长杯可能稍晚于巴地市沉船。此外，在隋唐洛阳城发掘的履道坊白居易故居也曾出土过一件绿釉印花摩羯纹菱形盘和一件白釉绿彩委角方盘（图20），菱形盘与巴地市沉船出水的器物完全相同（参见图6，下），委角方盘的造型也十分相似。白居易53岁时（长庆四年，824）回归洛阳，居住在履道坊本宅，直至寿终（会昌六年，846）。[①] 这两件低温铅釉器物的年代应与白居易返回洛阳后的居住时间相同。根据以上考证可见，巴地市沉船出水的这批低温绿釉器物的年代大体应当在9世纪的第二个25年期间，即唐大和到会昌年间（827～846）。

图20　洛阳唐城履道坊白居易故居出土的绿釉方形、菱形印花盘

资料来源：中国社会科学院考古研究所编著《隋唐洛阳城——1959～2001年考古发掘报告》，文物出版社，2014，彩版11～1、2。

巴地市沉船出水的这类低温绿釉器物，造型和纹饰都带有西亚、中东地区风格。其重要的使用方向应该是外销，巴地市沉船所在的位置正好在唐德宗宰相贾耽所著《皇华四达记》中记录的"广州通海夷道"的航线上，[②] 位置即在贾耽所记的奔陀浪洲（越南藩朗，Phan Rang[③]）一带。"广州通海夷道"的航线在到达"佛逝国"（室利佛逝，今印尼苏门答腊岛巨港，Palembang[④]）以后分为两条路线，一条前往爪哇岛的诃陵国，一条前往波

① 中国社会科学院考古研究所洛阳唐城队：《洛阳唐东都履道坊白居易故居发掘简报》，《考古》1994年第8期。
② 欧阳修、宋祁：《新唐书》卷43《地理志七》下引《皇华四达记》，中华书局，1975，第1153页。
③ 韩振华主编《我国南海诸岛史料汇编》，东方出版社，1988，第489页。
④ 韩振华主编《我国南海诸岛史料汇编》，第463页。

斯湾，最终到达缚达（巴格达）。① 而这类器物由于带有中东地区的文化因素，应该是运销到中心港以后再转运到波斯湾方向的船货。恰好这类器物在中东地区也有相应的发现，在波斯湾东岸接近海湾端头地区的伊朗法尔斯塔黑里城的古代尸罗夫遗址（Siraf），就曾出土过与巴地市沉船所出相似的两彩印花多曲长杯（图 21）②。位于底格里斯河东岸的伊拉克萨玛拉遗址，曾经在半个多世纪的时间（836～892）内作为哈里发的都城，这处遗址在1911～1913 年由德国人弗里德里克·萨勒（Friedrich Sarre）等人主持开展过大规模的考古发掘③。出土的部分器物，现在保存在德国柏林的佩加蒙博物馆（Pergamon Museum）中，包括两件两彩印花葵口平底盘（图 22）④，以及白釉绿彩的侈口碗和宽平折沿盘（图 23），这些器物明确是哈里发宫殿遗址出土的，代表了当时输往中东地区最高等级的中国瓷器。萨玛拉出土的两件两彩印花盘均为五曲葵口平底盘，但在曲口下凸起部分的制法和纹饰风格等方面都与巴地市沉船出水的委角方盘和四瓣圆盘同型同类，纹饰风格更接近白彪村唐墓出土的多曲长杯和方盘的印纹。

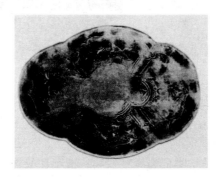

图 21　伊朗尸罗夫遗址出土的两彩印花多曲长杯

① 陈佳荣、谢方、陆峻岭：《古代南海地名汇释》，中华书局，1986，第 825 页。
② 三上次男「イラン発見の長沙銅官窯磁器と越州窯青磁」，東洋陶磁学会編『東洋陶磁』，1974－77，VOL. 4，9－27 頁。
③ Friedrich Sarre, *Die Keramik Von Samarra*, 1925, Berlin.
④ 印花小碟共两件，一件见 http://www. smb－digital. de/eMuseumPlus? service = direct/1/ResultLightboxView/result. t1. collection _ lightbox. $ TspTitleImageLink. link&sp = 10&sp = Scollection&sp = SfieldValue&sp = 0&sp = 0&sp = 3&sp = Slightbox_ 3x4&sp = 0&sp = Sdetail&sp = 0&sp = F&sp = T&sp = 10，另一件见 http://www. smb－digital. de/eMuseumPlus? service = direct/1/ResultLightboxView/result. t1. collection_ lightbox. $ TspTitleImageLink. link&sp = 10&sp = Scollection&sp = SfieldValue&sp = 0&sp = 0&sp = 3&sp = Slightbox _ 3x4&sp = 0&sp = Sdetail&sp = 0&sp = F&sp = T&sp = 11。

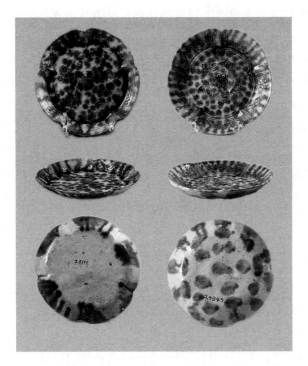

图 22   德国佩加蒙博物馆藏萨玛拉哈里发宫殿遗址出土的两彩印花盘

图 23   德国佩加蒙博物馆藏萨玛拉哈里发宫殿遗址出土的唐白釉绿彩碗、盘

关于巴地市沉船有以下几点思考：

第一，巴地市沉船的船货表现出绝大多数是北方产品的特点，这为以中心港为中心的转口贸易的观点提供了证据。作者以前讨论过以中心港为中心的转口贸易模式，指出应该是有商船从不同港口出发，装载着不同地区的产品驶往中心港。中心港建有大规模的仓库，吸纳从东亚到西印度洋地区不同地域的产品。从中国港口（产地港口）驶向中心港的商船则会表现出船货的单一性，而在中心港完成交易的海舶就会表现出船货的异常多样性。① 巴地市沉船是迄今发现的船货来源最为单一的沉船，是驶往控扼马六甲海峡的室利佛逝王国的。

第二，从各种迹象看，巴地市沉船的出发港很可能是北方的登州港。唐德宗时宰相贾耽所著《皇华四达记》中记载当时由唐朝境内四出的 7 条道路，其中凫海的道路有 "登州海行入高丽渤海道" 与 "广州通海夷道" 两条，② 说明当时登州是最重要的海上贸易港口之一。尽管在洛阳白居易故居出土了与巴地市沉船相似的器物，传说在淮北隋唐大运河遗址中也曾出土过类似的器物（图 24）③，但经过长时间大规模发掘的扬州城遗址内却未见报道出土过这类器物，甚至沉船中大量出土的白瓷碗也很少见于扬州城遗址④。因此这样大量的白瓷和低温彩釉器物最有可能的放洋地点，就是北方地区便于运送到达的登州港。沉船中还有少量的越窑瓷器，据传还有一些长沙窑瓷器。这些瓷器则有可能是从扬州转运到登州，统一装船后前往室利佛逝。船是否沿途还停靠过广州目前尚不得而知。登州出现少量越窑和长沙窑瓷器并不意外，因为在巴地市沉船出海的时期（9 世纪中期），通往高丽、日本的航路是 "黄海道"，即从扬州起航到登州（亦可从登州起航），沿朝鲜半岛西侧到南端，过对马海峡，然后到日本九州博多。⑤ 而后来最常航行

---

① Dashu Qin & Kunpeng Xiang, "Sri Vijaya as the Entrepot for Circum – Indian Ocean Trade: Evidence from Documentary Record and Materials from Shipwreck of the 9th – 10th Centuries", in "*ETUDES OCEAN INDIEN*（《印度洋学》)" No. 46 – 47, 2011, Institute National Des Language et Civilizations Orientales, 2012, pp. 307 – 336. 另见秦大树《中国古代陶瓷外销的第一个高峰——9～10 世纪陶瓷外销的规模和特点》，《故宫博物院院刊》2013 年 5 期。

② 欧阳修、宋祁：《新唐书》卷 43《地理志七》下，第 1153 页。

③ 安徽 "隋唐大运河古陶瓷馆" 收藏有几件丁仰振收藏的绿釉委角方盘。据言为安徽淮北隋唐大运河遗址出土，但终究不是正式发掘出土的器物。参见李广宁《古瓷片的收藏及价值评估（原始社会 – 北宋）》，知识出版社，2002，第 172 页，图 110。

④ 中国社会科学院考古研究所王睿博士是该所扬州城考古队负责研究出土陶瓷的人员，她认为没有出土过各种绿釉印花器物，但出土有白釉绿彩器。由于白釉绿彩器物在北方地区普遍生产，很难与巴地市沉船的船货相联系。参见秦大树《论磁州窑的白釉绿彩装饰及其源流》，乔登云主编《追溯与探索——纪念邯郸市文物保护研究所成立四十五周年学术研讨会文集》，科学出版社，2007，第 317～331 页。

⑤ 吴玉贵：《唐代文化·对外文化交流编》，李斌城主编《唐代文化》（下卷），中国社会科学出版社，2002，第 1735 页。

的"东海道"，应该是 9 世纪末在三江口筑明州城以后①，才出现的从明州直航博多的航线。因而在巴地市沉船航行时期，应该不断有从扬州到登州的海舶。少量的越窑和长沙窑器物是从扬州转运而来的，非主流船货。至今，能相对确认是从登州出海的沉船还仅见这一艘。

图 24　安徽"隋唐大运河古陶瓷馆"藏丁仰振收藏的绿釉委角方盘

　　第三，巴地市沉船装载的低温铅釉器物和白釉绿彩器，在西亚、中东地区较为多见，目前在西印度地区所见的唐代低温釉器物，早于巴地市沉船的资料极为少见。② 这说明较大规模的面向西印度洋地区的海上贸易主要始于 9

---

① 宋人胡榘撰《宝庆四明志》记载，明州刺史黄晟始筑罗城。该书卷 3 "叙郡下"称："罗城周回……计十八里……唐末刺史黄晟所筑。"（见《宋元方志丛刊》第五册，中华书局，1990，第 5020 页）《新唐书》记载，黄晟于景福元年（892）自称刺史，卒于后梁开平三年（909），明州筑城时间当在此期间。见欧阳修、宋祁《新唐书》卷 10，第 288 页。

② 由于低温铅釉色彩鲜艳，较为引人瞩目，也更易判断年代。据笔者判断，能够早于"黑石号"沉船和巴地市沉船的三彩器物，或曰可以早到 8 世纪的三彩器，在西印度洋地区仅见意大利法恩莎博物馆所藏传出土于埃及福斯塔特遗址的一件三彩戳印宝相花盘残片。参见 Tsugio Mikami "China and Egypt：Fustat"，*Transactions of Oriental Ceramic Society*，Vol. 45，1980 – 1981，pp. 36 – 53.

世纪前半叶，可以以"黑石号"和巴地市沉船为代表。这些海船装载的大量中国瓷器进入伊斯兰地区后产生了重要的影响。西亚、中东地区仿制的唐三彩，主要就是巴地市沉船装载的这类器物。如伊朗国立博物馆所藏的一件尸罗夫生产的白釉绿彩锡釉陶多曲长杯（图 25，②），造型和釉色均来自中国北方地区生产的薄胎、仿金银器造型的器物，与巴地市沉船年代相同。据研究，这种仿中国白釉绿彩的釉陶，在伊朗的尸罗夫、尼沙布尔、锡尔詹、设拉子都有生产。[1] 另一件两彩釉陶盘（图 25，①），也受到晚唐时期中国产的两彩器物的影响，与内丘西关窑址采集的标本十分相似（参见图 13，②）。伊朗生产这种仿中国生产的模仿金银器造型的三彩器或白瓷器主要在 9 ~ 10 世纪，[2] 与 9 世纪前半叶中国的低温釉器物以较大规模的输入有直接关系。以往提到唐三彩，我们总是十分自豪地说受其影响产生了新罗三彩、奈良三彩和萨玛拉三彩。[3] 关于唐三彩与新罗三彩、奈良三彩的关系，学界已有较为深入的探究，唯有对西亚、中东地区的影响尚较少研究，即便有一些研究，也都比较浅表，并未能真正厘清两边相关器物的年代，[4] 遑论对影响和技术传播的讨论。巴地市沉船出水的资料至少为我们提供了影响产生时间的一个坐标。

①   ②

图 25　伊朗国立博物馆藏 9 世纪本地产釉陶器

资料来源：作者摄于伊朗国家博物馆伊斯兰馆展厅，两件器物的说明认为是布什尔省尸罗夫的产品。

---

[1]　Ehsan Hejbari, Dr. Abbas Akbari, "Study of the technique of splashing glaze in Iranian and Chinese pottery", Quarterly Journal of Applied Arts, No. 4, Spring and Summer 2014.

[2]　Zeinab Barati, Mohsen Javari, "*Pottery of Neishabour and Samarra in the third and fourth centuries AH* ", Iranian Handicrafts, No. 1, Autumn and Winter, 1997.

[3]　李知宴：《中国釉陶艺术》，轻工业出版社，1989。

[4]　Rawson J, Tite M, Hughes M J. "The export of Tang Sancai wares: some recent research" *Transactions of the Oriental Ceramic Society*, Vol. 52. 1989, pp. 39 – 61.

　　要之，这两件北大藏绿釉印花委角方盘和白釉玉璧底碗出水于越南南部的一条未经正式发掘的唐代沉船——巴地市沉船；这条沉船上大量的这类单彩或两彩印花器物应该是被运往西亚、中东地区的；这类器物的产地目前尚不能确定，通过科技分析和观察可以排除是巩义窑和邢窑，则这类器物的产地很可能是北方地区井陉窑或山西泽州窑，乃至其他未知的窑场。器物年代为 9 世纪的第二个 25 年，造型和纹饰都带有强烈的伊斯兰风格，很可能是波斯、阿拉伯商人定制的器物。巴地市沉船起航的港口很可能是登州港，驶往位于马六甲海峡的中间港。9 世纪前半叶是中国输出低温彩釉器物，特别是仿金银器造型和纹饰器物对西印度洋地区产生影响，技术传播的时期。

Preliminary Discussion on the Ba Ria Wreck, Vietnam

Qin Dashu, Wang Xiaoxin, Li Hanxiao

Abstract: The Ba Ria Wreck is the latest Tang Dynasty Wreck found in Vietnam, which has not been officially excavated. The two pieces of ceramics from the wreck, introduced in this paper, are from the collections of Peking University. According to preliminary scientific and technological analysis, and comparison with archaeological materials, it is suggested that the origins of these two wares could be from kilns in northern China, apart from Gongyi Kiln（巩义窑）or Xing Kiln（邢窑）, more likely to be Jingxing kiln（井陉窑）. This paper also demonstrates the date of the Ba Ria Wreck is the second quarter of the 9th century, which is slightly later than the Belitung Wreck. Both two shipwrecks are important evidence of the ceramics exportation, which was conducted by kilns from northern China in the first half of the 9th century. The Ba Ria Wreck could be expected to have taken off from Dengzhou Port（登州港）in Jiaodong Peninsula, Northern China and then have sunk in southern Vietnam on the way to entrepot located around the Strait of Malacca. The ceramics from the Ba Ria Wreck have distinctive Islamic style on the decorative motifs, suggesting its target markets could be Islamic region. Numbers of similar wares have been found in the western Indian Ocean region, which provides an important reference for the research of the low-temperature ceramics made in the Middle East and West Asia which have been influenced by Chinese lead glazed ware（Tang Sancai）resembling the metal object style in late Tang dynasty（9th century）.

Keywords：Late Tang Dynasty, Ba Ria Wreck in Vietnam, Low-temperature Ceramics, Islamic Style, Indian Ocean Rim Trade

（执行编辑：杨芹）

海洋史研究（第十七辑）
2021 年 8 月　第 381~408 页

双屿港 16 世纪遗存考古调查报告

贝武权[*]

　　16 世纪上半叶，葡萄牙人在发现绕经好望角的东西方航线之后，沿马六甲海峡北上，试图在明朝东南沿海寻找贸易立足点，建立包括中、日、朝鲜半岛的东方贸易体系。在广东沿海的尝试挫败后，受福建海商引诱，北上浙江双屿港，即今舟山群岛新区的六横岛，与中、日等国海商进行国际贸易。这与明朝厉行海禁政策相违背，嘉靖二十七年（1548）明军剿灭了双屿港的葡萄牙人，并以木石将港区填塞。天启《舟山志》卷二"山川·双屿港"条下载："去城东南百里，南洋之表。为倭夷贡寇必由之路。嘉靖间，总制军务朱公纨命备倭都指挥卢镗率兵堵塞之。"[①] 东亚国际贸易大港从此销声匿迹。双屿港址在哪里，双屿港贸易规模有多大等，成为近 500 年来史学界、考古界一直在追寻的问题。

　　关于双屿港地望，主要有以下几种说法：（1）主张双屿港的贸易和居留地主要在六横岛西岸和佛渡岛东岸，即涨起港、棕榈湾、大脉坑、上长涂、下长涂、火烧地等七八个天然湾澳；[②]（2）认为双屿港在六横上庄、下

---

　　* 作者贝武权，浙江省舟山博物馆副研究员，研究方向：东亚史研究，水下（港口）考古。本文系国家社会科学基金重大项目"中国东南海海洋史研究"课题（项目号：19ZDA189）阶段性成果。

　① 何汝宾：（天启）《舟山志》卷二《山川·双屿港》，舟山市教育志编纂办公室影印，1989，第 101~102 页。

　② 王建富、包江雁、邬永昌：《明双屿港地望说》，《中国地名》2000 年第 4 期。

庄之间，即今六横张家岙、岑山一带；① （3）主张南港即双屿港，北港即大麦坑港，在今六横西北海岸的涨起港、棕榈湾、大脉坑、沙呑一带，台门港可能是葡萄牙贸易区；② （4）主张石柱头与邵家之间、积峙山与大教场之间、蟑螂山与大沙浦之间等这些"海域"，都可以形成双屿，也是很好的港区。③

考究双屿港地望，最可靠的方法无疑是考古发掘。不过由于六横岛历史环境变化很大，滩涂淤积，岛上人口与文化都经过了多次变迁，生产生活的区域也相应有所变化，要正确地定位发掘地点难度较大。因此，科学地开展田野考古调查显得尤为必要和重要。

我们认为，作为港区意义使用的双屿港，当与双屿水道和沿岸港口加以区分。《两种海道针经》④ 分得十分清楚，前者作"Syongicam"，后者作"Porto Liampó"。"Liampó"是"宁波"的闽南语拼读。"Porto Liampó"的直译是"宁波港"。中国人将"Port Liampó"译成"双屿港"，属意译，即葡语文献"Port Liampó"对应中国文献的"双屿港"。由中外海商开辟的双屿港，事实上包括多个港口。我们注意到，品托作"Liampó诸港"，⑤ 即"双屿诸港"；中国文献称"双屿列港"，⑥ 王世贞也说"舶客许栋、王直辈，挟万众双屿诸港"。⑦ 表示港口是复数，不是传统的双屿港一个点。中国称"双屿列港"，而西方称"Liampó诸港"，这正符合自称与他称的命名规律。中国人以小地名加以区别，而西方人用大地名加以命名，因为当时宁波外港只有双屿。"多元港口说"可以突破学界长期坚持的单一港口思维，拓宽我们的研究视野。

需要说明的是，作为古港史迹调查，除了港口、沉船及贸易遗留货物如陶瓷标本，我们十分注重与之相关的疏港系统如道路、驿站、仓储，补给系统如饮用水源、木作材料，以及航海信仰体系如观音庙（泗洲文佛信仰）、天后宫（妈祖信仰）等祈禳场所的调查研究。

---

① 毛德传：《"双屿"考略》，《中国方域（行政区划与地名）》1997年第2期。
② 钱茂伟：《明代宁波双屿港区规模的重新解读》，张伟主编《浙江海洋文化与经济》第一辑，海洋出版社，2007。
③ 乐佳泉：《寻找六横岛上的双屿港迷影》，《舟山日报》2009年3月22日。
④ 包括《顺风相送》和《指南正法》两书，原稿现存英国。向达校注本编入《中外交通史籍丛刊》，中华书局，2000。
⑤ 金国平、贝武权：《双屿港史料选编》，海洋出版社，2018，第319～322页。
⑥ 章潢：《图书编》卷五七《海防总论》，明万历刻本。
⑦ 王世贞：《王弇州文集·倭志》，《明经世文编》卷三三二，中华书局，1962，第3556页。

2009 年 4 月至今，中国国家博物馆水下考古中心舟山工作站工作人员在六横本岛及其周边小岛，开展全方位、各层面、多角度的文物普查，水陆并举，获取了大量口述传说、宗谱家书、碑刻史料、遗存实物，并对水下沉船及文物疑点进行出海定位，取得了丰富翔实的第一手资料。通过对现存古港遗址、遗迹、遗存、遗物进行排比、梳理、分析，结合中外文献史料，初步廓清了双屿古港的大致轮廓，即"一条干线、两支航道、三大港区"，初步确立双屿港"多元港口说"。为下一步探寻双屿港址，特别是 16 世纪葡萄牙人在六横岛的居留地，实施田野考古和水下探测探摸铺垫了基础。

所谓"一条干线"，即是从六横岛西北到东南长 20 余千米的"石蛋路"。"两支航道"，一是以六横岛南部海域为入口的南部航路；二是以六横岛西北部为通道的北部航路。"三大港区"，一是以陆路干线中段为主的中心港区，由岑山、清港、张家塘、礁潭等古港组成；二是南部航线周边的南部港区，由大菁箕、田岙、苍洞等古港组成；三是北部航路周边沿线的北部港区，由双屿水道周边的佛渡、五星、涨起港、大脉坑、龙浦等古港组成。

一　一条干线

明嘉靖二十七年（1548），浙闽海防军务提督、浙江巡抚朱纨在《双屿填港工完事疏》中说：

> 五月十六日，臣自霸衢所亲渡大海，入双屿港，登陆洪山，督同魏一恭等，达观形势。……
> 入港登山，凡逾三岭，直见东洋中有宽平古路，四十余里，寸草不生。贼徒占据之久，人货往来之多，不言可见。[1]

顺着上述记述线索，我们认为双屿港畔可能有一条陆上道路。实际上，六横岛各处，均有细石铺砌的"石蛋路"，应该是这一干线和支路的残留。

"石蛋路"一般宽 1 米左右，长度不等。铺设方法：先在就势平整后的地面上稍加黄泥夯实基础，接着用稍大石块砌筑路基两侧，然后就地取材，在夯基上紧密铺设大小差不多的鹅卵石，间杂小型山石，横截面略呈弧形，

---

① 朱纨：《双屿填港工完事疏》，《明经世文编》卷二〇五，第 2165 页。

稍事平整，既成。这是舟山海岛传统"驿道"或旧时乡道的典型样式，民间习称"石蛋路"。现今舟山本岛上，从马岙至定海的山岭间仍保留有部分古驿道，为当时陆路交通的干线，并有止善亭古建筑。民国《定海县志》"交通·陆道"条下载："狮子亭，六横上庄狮子山，光绪十八年；适中亭，六横上下庄间，光绪三十三年。"① 这种路、亭结合的古代交通网络，遍布六横岛，串联起各个港湾岙口。

图1　六横岛石蛋路（作者摄）

（一）六横岛北片区：大浦石路、大脉坑古道

六横岛北部龙浦西侧西浪嘴地方，建有古渡口，外连佛渡岛、双屿水道，远接郭巨山、梅山岛等地。六横岛西侧的石蛋路以此为起点，向南经大

① 陈训正、马瀛纂修（民国）《定海县志》卷三《交通·陆道》，民国十三年旅沪同乡会铅印本，第7页。

脉坑形成三条分支，两条分别通往棕榈湾与涨起港，另一条向东南经青庙会山和双顶山等山岭，与蛟头、嵩山、五星等连接，突破双顶山等地形阻隔，形成六横西部与中部交汇的基干交通体系，使双屿水道东侧各个独立的临海港湾连成一体。

双顶山东侧山麓的大浦水库库区内有一段石蛋路，是从西浪嘴向六横岛中部古道的一部分。东南—西北走向，残长不足 10 米，残宽 1 米有余。大浦水库库区外原有山路古道，西北一直延伸到龙浦一带即今中远集团舟山（中国）船舶工业城，东南越龙山隧道和黄荆寺山岭抵达峧头东侧海边的石柱头。在龙山隧道山岭下，也有一段残留古道，路面宽约 0.5 米，形制与大浦水库库区内石蛋路相似。大脉坑通往嵩山与大沙浦的山道，铺路材料不是用规格较一致的鹅卵石，而是用扁平石块。

在龙山隧道山岭北麓坡地石蛋路旁，发现了数片宋元时期的青白瓷，路基中零星散落有明代厚胎厚釉的青瓷和明清时代的青花瓷。附近居民说，路旁的瓷片是修路时从石蛋路中翻掘出来的。在野草丛生的古道石隙间，又找到了数片明清时代的青花瓷。此外，在大浦水库库区内石蛋古道旁也采集到相同类型的碎小瓷片。可见这条石蛋路是始于宋元，历经明清的古道。

（二）六横岛中南片区：双塘石蛋古道断面、仰天至清港古道、田岙古道

双塘社区中部张家塘村后峧的一个分界小山岭路边，存在一片西北朝向的坡地断面，长约 10 米，文化层叠压相对明显，表层为民居石基，基下厚约 0.2 米为熟土层，以下厚约 0.6 米~0.8 米为一层包含了碎瓷片、瓦砾、卵石及深褐色土的文化层，瓷片系明清青花瓷。此岭位于六横岛中部，为东西两大港区分界线，山岭不高，向东可达马鞍峙与西文山码头，向西抵双塘广阔的环形港区，是为一处交通要地。此岭西侧的张家塘一带平缓坡地上，先期发现较多宋元明清的瓷片，是一处内涵较为丰富的外销瓷分布点。

仰天岙至清港岙被一座名为"庙山"的小山坡阻隔，坡间现存接连两岙的石蛋路，东北—西南走向，从清港岙的竹湾延伸至仰天岙村东北侧，现存数百米，路面构筑形式与上述类同，保存基本完整，因长期踩踏，路面圆润光滑。在路基缝隙及两侧草坡、山地表面屡有各类碎瓷片发现，以青花瓷为主，但也有宋代芒口青瓷。此道一直为两岙口来往的交通要道，是双塘地区古道交通网络的一部分。

田岙石蛋路位于岙口西侧螺蛳岗，东北—西南走向，南起赵家岙，北经小沙浦，全长约 1000 米，宽约 1 米，蜿蜒盘绕，下距海边的礁岩只有 10 余米。赵家岙内的古道修造得比较精致，以紫红细卵石拼出圆环花形图案，保存较好。向东北道路并未被荒草掩盖，一直通入小沙浦岙口西侧，此路建于海边，位置较偏，使用者不是很多。在路面及两侧沿线，可见明清青花瓷零散分布，与田岙沙滩等处发现的青花瓷片并无二致。

连接海港的栈桥、驿道是海港考古的组成部分。朱纨称"宽平古路"有 40 余里，现在的古道由于后期扰动和破坏，分区块呈段状分布，已无法形成连贯的线路，长度更难估计。不过将岛上分布的石蛋路缀连成线，古代陆路交通体系仍然可以呈现出来。

二　两支航道

"两支航道"，即是以六横岛西北部为通道的北部航路和以六横岛南部海域为入口的南部航路。《筹海图编》《航路总集》等都有记叙。该海域南接粤闽以取南洋，北通津鲁可抵朝鲜、日本，溯长江可直入内地，历来为沿海船只航行的必经之路。唐宋以降，明州海港繁荣，经六横岛北上取道入明州，南下海外，多经此路，也是明嘉靖后倭寇重点侵扰地。清光绪《定海厅志》"兵制"记载："（贼）过崎头洋、双屿入梅山港，则犯霩䃼……过韭山、海闸门、乱礁洋，登蒲门，则犯钱仓所……"[①] 我们在两支航道的节点上发现了 4 处水下文化遗存：齐鱼礁宋代沉船疑点、佛渡水道北口元代龙泉窑青瓷遗存（图 2）、小尖苍山水下遗存和葛藤水道清代德化窑青花瓷器。可见两支航道是古代中外海路交通体系的重要一环，也应该是明代中国海商、日本人、葡萄牙人在双屿港的商贸通道。

（一）北部航路

六横岛西北部与宁波穿山半岛海岬遥相对峙，中有梅山岛、佛渡岛等。海水穿行岛间，形成多条狭长的水道，统称佛渡水道。西南—东北走向，长约 20 千米，宽约 8.4 千米，中部水深 10 米～20 米，靠近大陆处水深 5 米～

---

① 史致训、黄以周等：《定海厅志》卷二〇《军政·海防附》，御书楼藏版，光绪十年刊，第 9 页。

图 2　双屿港附近海域出水的瓷器（作者摄）

10 米。其中佛渡岛与六横岛之间因有上双峙、下双峙（也称屿）两个小岛，故被称为"双峙水道"，也称双峙港、双屿港，西南分三支连接双屿门、青龙门及汀子门。因汀子门较窄，有淤积，船只一般不经此门。前二者为主航道，水道中段北侧水深 7.1 米处有沉船，尚不知何时沉没。水道内规则半日潮，涨潮流向东北，落潮流向西南，流速 3～5 节，春夏季多偏南风，秋冬季多西北风。可通 3000 吨级船只，导航设备完善，昼夜可航，水道南口东侧有响水礁灯桩，青龙门西侧有汀子山灯桩，上、下双峙岛上有双屿灯桩，南口有鸦鹊礁灯桩，均是导航的良好目标。为我国东南沿海中小型船只必经航道之一。

　　双屿水道呈南北走向，长约 7.6 千米，宽约 1.4 千米，最窄处在上双峙岛与板方礁之间，宽仅 900 米，水深 10 米～91 米。水道东侧的六横岛上，因山势曲折回环，临海沿线形成多处港岙，由北向南依次为龙浦、大脉坑、棕榈湾、竹湾、涨起港、长涂岙等。各岙口进深不一，其中以龙浦最为深阔，未淤积前海水直达大浦水库。在双屿水道正中，东西耸立着上、下双峙岛，此两岛西有棺材礁（干出高度 2.2 米），北口西侧有高块礁，水深 5.4 米，水道南口东为鸦鹊礁，西有温州峙，左右对峙，把守双屿水道南口。温州峙在佛渡岛西南约 500 米处，据传昔时有一商船发现此岛与温州所见一岛形状相同，故取名温州峙，清康熙《定海县志》载有此岛名。岛呈不规则的馒头形，长约 500 米，宽约 400 米，面积约 0.137 平方千米，最高点海拔77 米，基岩系砾岩，表面杂草覆盖。鸦鹊礁东北距六横岛火烧山嘴约 800米，形似鸦鹊，故名。明嘉靖年间《两浙海防类考》有载。此礁呈长条形，东北—西南走向，高 14.8 米，长约 250 米，宽约 100 米，由花岗岩组成。鸦鹊礁与附近的鹊尾礁、鲨尾礁等组成礁岩群。在这组礁岩与火烧山嘴之间有一风水礁，潮流过礁即分道，也称"分水礁"，南北走向，高度 4.7 米，长形，由凝灰岩组成，涨潮时海水半没礁岩，对航行有碍。北口入峙头洋西侧有野佛渡岛，另有响水礁、板方礁、黄礁等礁岩分布，对航行有一定影响。

调查发现，双屿水道埋藏有丰富的水下文物。佛渡社区佛东村陈老大称，1987 年前后，他在上双峙板方礁西北拖蚶壳时捞获许多青花瓷片，其中有 3 只青花瓷小盅非常完整，惜现已不见。我们将采自佛渡社区大沙吞天后宫下沙滩的青花瓷片请他辨认，他说与当初捞获的物品类同。同村孙老大也有同样的说法。涨起港社区上长涂村李区长在 1960 年前后任佛渡乡书记，当地渔民在上双峙板方礁附近进行虾拖网作业时捞获到大量碗、盘、杯等青花瓷，当时文物意识不强，未能保存下来。经与大沙吞碎瓷比对，他认为基本一致。涨起港社区大吞村贺家门口、堂屋中央水泥地坪上有青花瓷碎片镶嵌，贺家并藏有一只完整青花瓷盘，口径 23 厘米，底径 14 厘米。

双屿门历来是南方船只进入宁波港、象山港的主要通道。明永乐年间郑和船队下西洋曾取此道。该海域航海和战略地位十分重要，海底可能埋藏有丰厚的古文化遗存。此外，海图①和航路指南②标注或记录该海域有 6 处沉船，分别在鸦鹊礁灯桩西偏北约 0.6 海里处，水深 54 米；鸦鹊礁灯桩西北约 1.0 海里处，水深 10.2 米；鸦鹊礁灯桩西南约 1.6 海里处，水深 4.4 米；鸦鹊礁灯桩西南 2.0 海里处，水深 5.0 米；鸦鹊礁灯桩南偏西约 2.3 海里处，水深 7.6 米；鸦鹊礁灯桩南偏西约 2.7 海里处，水深 5.6 米。

（二）南部航路

南部航路以台门港、南兆港和葛藤港为中心，以海闸门为界，把南部分

---

① 中国人民解放军海军司令部航海保证部编《舟山群岛及附近》NO.13300，中国航海图书出版社，2008。

② 中国人民解放军海军司令部航海保证部编《中国航路指南·东海海区》，中国航海图书出版社，2006，第 120 页。

成南北两大片海域。台门港口一带外海，环绕诸多小岛，以长条状的悬山岛面积最大，北部散布有金钵盂岛、凉潭岛、走马塘岛等，另有黄礁、夫人屿、马足山屿等低矮小岩礁。悬山岛东北侧与虾峙岛相望，中为笪帚门水道，是外海进入六横岛，绕过峙头洋，出入宁波港的一条通道。葛藤水道，别名葛藤港，介于悬山岛与六横岛、对面山之间，由水道西侧六横岛上的葛藤山得名。水道东南—西北走向，长约 6 千米，宽 300 米～1500 米，水深 5 米～30 米。南端距悬山岛约 200 米处有水深分别为 0.9 米、5.9 米的两个暗礁。20 世纪 80 年代，当地渔民在此捞获一批清代瓷器。对面山东侧有急流，西侧与六横岛之间又称台门港，一小岛名为大铜盘峙，立于台门港口，上建灯桩。港内通航便利，区域内凡水深 5 米以上均可抛锚，能避 8～9 级东南、西风。规则半日潮，涨潮流向西北，落潮流向东南，流速 3 节，强风向西北、北，常风向偏南、偏北。南兆港南北走向，长约 6.5 千米，宽约 3.5 千米，锚地面积约 10 平方千米，水深 3.7 米～7 米，大部泥底质，规则半日潮，可避 6～7 级西风、西北风。港南口为主航道，宽约 3.6 千米。

悬山岛以南散布诸多小岛礁，呈环形分布于南兆港周边。岛礁之间形成各个水口。对面山与六横台门之间跨度不大，中立老鼠山，扼守险要，悬山岛东侧与对面山相接，不可通航，岛西侧水道称为海闸门，宽百余米，水势湍急，稍不注意即有倾覆危险。但此地扼守南部港区南下北上的咽喉，故在风帆航海时代已成为重要节点，明嘉靖《两浙海防类考》中有标注。

对面山与悬山岛以南、梅散列岛以北的大片海域，南北向分布诸多小岛礁，呈链状排列，依地理位置分为两部分。北部岛礁群从北向南依次为连柱山、砚瓦岛、斧头山、笔架山、大荒山、小蚊虫山、大蚊虫山等。岛间水口成为进出南兆港的通道：长腊门，介于笔架山与小蚊虫山之间；笔架门，介于砚瓦岛与笔架山之间；黄沙门，介于对面山与砚瓦岛之间；小山门，介于对面山、砚瓦岛与悬山岛之间；鹅卵门，介于大、小蚊虫山之间。这些岛礁屏障东部外海，使南兆港成为过路船只避风停泊的天然港池。

大蚊虫山西南、六横岛田岙龙头跳以南约 2 千米的海域，集中散布的一组岛礁通称梅散列岛，由大尖苍、小尖苍、上横梁、下横梁、和尚山、龙洞、菜子、荤连槌、素连槌、鞋楦头等 10 个岛和 10 个礁组成，岛、礁呈南北排列，分布在长约 5.35 千米、宽约 3.6 千米的海域中，岛礁总面积 1.294 平方千米。主要由花岗斑纹岩组成。主岛大尖苍山最高点海拔 158.5 米，面积 0.776 平方千米。

大尖苍山以南约 8.8 千米处为东磨盘礁，西南约 3.9 千米处为西磨盘礁，位于舟山群岛的最南端，与宁波象山县的韭山列岛隔海相望。分界处为磨盘洋与牛鼻山水道，是进出象山港与北上双屿水道的重要海域之一。

六横岛东北部、悬山岛以北与虾峙岛之间海域称为筶帚门水道，又称凉湖港，西北—东南走向，长约 20.3 千米，宽约 4 千米，中段较窄，其中走马塘岛与小黄礁之间宽 740 米，水深 18 米 ~ 106 米，东出大海，东南与台门港外葛藤水道相连，西北部海域称头洋港，与广阔的佛渡水道连成一片。水道内规则半日潮，涨潮流向西北，落潮流向东南，流速 1 ~ 5 节，底质大部分为泥及泥沙，强风向西北、北，常风向偏南、偏北，海面平均风速为每秒 4.5 米，最大风速每秒 35 米，7 ~ 9 月为台风季节，3 ~ 6 月为雾季，年雾日数 26 ~ 52 天。沿水道内散布诸多岛礁，或为荒山野礁，或为住人小岛，部分岛名民国《定海县志》有载。

为获得更多的航路信息，我们登上了航道旁具有重要地标意义的岛礁，实地考察了以下诸岛。

1. 洋小猫岛

洋小猫岛曾名筱洋梅岛、小洋猫岛，距穿山半岛峙头角东北 2.3 千米，距大陆最近点 1.5 千米。洋小猫岛由穿山半岛的乌峙山向东延伸入海形成。民国《镇海县志》记载："乌峙山自郭巨所城东横窜入海，长约五十里，此其尽处，故名峙头，俗呼大嘴头。"[①] 该岛面积 0.088 平方千米，海拔 41 米，平面呈卵形，地势平缓，为孤立岛礁。附近海域潮流较急，流向复杂，有激流旋涡。岛东、西各有简易码头可登陆，山顶建灯塔，是船舶往来佛渡水道和螺头水道的重要助航标志。

当地渔民讲述，岛上曾铺设有石蛋路。1995 年山顶改建灯塔，于东西两侧各修建了一条水泥小路，路边散布着一些铺石蛋路用的小石块。此岛无人居住，但位置极其重要。据湖泥岛渔民陈老大回忆，过去峙头外海一带是海盗猖獗之地，海盗劫掠过往渔船等，附近渔民深受其害。

2. 金钵盂岛

金钵盂岛隶属普陀区虾峙镇，位于虾峙岛西约 1.9 千米处，岛形似和尚用的饭钵，当地视这种饭钵为吉祥之物，故尊称为"金钵盂"，民国《定海县志》有载。此岛介于虾峙岛与六横岛之间。岛平面呈三角形，东北—西

---

① 洪锡范等：《镇海县志》，民国二十年铅印本，成文出版社有限公司影印，第132页。

南走向，长约 1.4 千米，宽约 950 米，面积约 0.48 平方千米，最高点海拔 114 米，整岛由流纹质凝灰岩组成，表土较厚，植被茂盛；地势东部较高，由东向东南、西北倾斜延伸入海；东北—东南岸较陡峭，西面山岙筑塘围垦为一片平地，塘外为一片海涂，西北侧有小片的碎石滩，沿海有张网生产作业区。

岛上无常住居民，现实行整体开发，原始面貌大为改变，难以判断该岛早期人类活动情况。在其南侧未经覆盖破坏的平地表面，发现零碎散布的瓷片，多为明清时期的青花瓷，此外无明显遗存发现。

3. 走马塘岛

走马塘岛隶属普陀区虾峙镇，位于虾峙岛西偏南约 1050 米处，岛呈狭长形，东南—西北走向，长 1.8 千米，最宽处 900 米，最窄处仅 90 米，陆域面积 0.71 平方千米，海岸线长 5.93 千米，最高点柴岗海拔为 141 米。岛形似一匹行走的马。据传该岛未有人定居前，常有匹马在海岸石塘走动，雾天昂首嘶鸣，遂名"走马塘"。

走马塘岛原有一个行政村，2000 年时有居民 122 户，408 人，以捕鱼为业。现岛民整体搬迁至虾峙岛。荒废的村落位于岛西侧山岙，岙口坡度较陡，民居从海脚一直延伸到半山冈，两条小溪流从中穿过，建于 20 世纪 80 ~ 90 年代的楼房大都被杂草掩盖，空荡破落。村落岙口外建有一条人工防浪堤，堤内沙土中发现较多碎瓷片，以明清时期青花瓷为主，伴有少量宋元时期的器物，部分碎片釉面剥落，明显是受海水长期冲刷的结果。

另在虾峙齐鱼礁附近发现有宋代沉船遗址，位于走马塘岛东北侧，表明此岛附近海域为古代航道的一部分。

三　三大港区

这里所说的"港区"，是指古代涉水濒海，自然联结，易于形成海陆贸易区域或水陆中转网络的港口群。按照六横岛地理实体，可划分为三大区块，一是陆路干线中段的中心港区，由岑山、清港、礁潭、仰天等古港组成；二是以台门港为中心，南连南兆港，北接葛藤港，包括周边岛屿的南部港区，由大蚊虫山、砚瓦岛、大筲箕、田岙、苍洞等岙门、口岸组成；三是双屿水道航线周边的北部港区，由佛渡、五星、嵩山、龙浦、大脉坑等港岙组成。

（一）中心港区

从自然地理上看，中心港区地势较平缓，地域范围囊括六横镇的双塘社区，北有五星社区，南括台门、小湖、平峧社区部分。我们重点调查了岑山、清港、仰天一带。中部为一连接南北的小山岭，断续分布，山岭两侧岙口众多，大多为海涂围垦后形成的大片平地，因历史上迭次垦殖，腹地有多处旧海塘遗址。

1. 岑山古港遗址

岑山位于双塘社区西侧，六横岛中部。据该村岑书记回忆，2004 年村里挖井时，距地表 2 米～3 米处发现大量船板和青花瓷片，当地村民在村委会办公楼前荡田挖虾塘时也有大批类似器物出土。但当时缺少文物保护意识，船板散失，瓷片又扔回塘内。所幸有一只青花瓷杯和一只青花瓷碟被带回家里，器形较完整。

岑山村原名涨家峧，地处临海港区沿线，面对象山港口。旧时，制高点岑家山把六横本岛分为上、下两庄，海水直薄岑山庙后，岙门广阔，藏风纳气，是古代船舶较为理想的避风、锚泊、候潮、补给地。据说，该处原为六横岛西南侧一大港口，明末清初，淤积成陆。该处调查发现，口述资料翔实，实物佐证有力，文化内涵丰富，疑似古代港口遗址，底下淤积滩涂中可能埋藏有沉船及其他实物遗迹。

2. 清港

清港位于六横岛中部，因方言音转，清港又被称"清江岙"，据传过去岙内有泊船小港，水较清，故名"清港"，亦称"清港岙"。岙口朝北，与双塘西部朝海的半环形港湾相通，为一自然形成的山岙，岙两侧为小山岭，南北走向，狭长，进深颇大，两山于东南侧相交形成岙底，建有水库，背接清岗后山冈大山岭，山上植被茂盛，并种植有部分经济林木，后山岗海拔 152 米，为附近区域较高的山地。登高望远，双塘西部一览无余。水库以下岙口狭长，中有淡水溪直通入海，两侧为大片平地，山清水秀，条件优越，是理想的港池。

据清港当地俞姓居民介绍，此岙原先一直有人居住，而且人数较多，在水库建成以前，海水一直通到岙脚下，捕鱼船只可直达岙底，靠泊上岸。此处为俞姓祖先所居，其约 300 年前从宁波迁居于此。1958 年迁民建坝拦水，形成现在的清港水库，拆迁搬建的原库区居民于坝外再建村庄，称为"新农村"，现仍可见大片迁房后遗留的石垒地基。几年前平地种树时，于水库边曾挖出烧制陶器的小型拱窑，窑内充满大量炭灰，伴随发现的还有成摞的韩瓶，其址现已被填平植树。另据其所述，在水库东侧较浅的水淹部位，有一座古寺庙遗址，散落有大量的青瓷、佛像、瓦片等物，还有几块表面为锯齿形的建筑顶板。遗址现已被水淹没。光绪《定海厅志》"清江岙"标有"青山庙"与"资福庵"，未知孰是。

　　此外，在水库东侧临水处建有一座泗洲庙。据介绍，当初清港岸边建有一座泗洲庙，建水库后被水淹没，遂择址于此重建。原庙址曾出土石像、石香炉、石构件、小青瓦，以及大批的铜钱等物。现庙内供奉有一座石像，浮雕，长约0.4米，宽约0.3米，风化较严重，造像有宋元风格（图3）。庙后墙上嵌有一块小型石构件，系佛龛。庙前摆放与石像一同出土的石制香炉，青石圆雕，元宝造型，下部正面有双龙抢珠装饰，从其艺术风格与器物表面磨损情况分析，当系清代所制。泗洲文佛是古代航海所崇信的神明。于现远离海岸的清港发现这些遗迹遗物，证明此地是一个优越的古港。

图3　清港泗洲文佛石像（作者摄）

　　在水库边西侧一个断面上，距地表约0.8米处发现嵌于土中的青白瓷。在水库两侧，特别是与泗洲庙相对的另一侧坡地上，发现有相当数量的明清青花瓷碎片。在水库坝下一户王姓居民家中，悬挂一幅原祖堂内的对联，上书"世出山东追祖业，交流海外沐宗功"，其世代"交流海外"之意，似与双屿港海交史暗合。

3. 双塘西部沙头、仰天一带古港遗迹

仰天与沙头之间有大片平地，为历代围垦或者长期淤积后逐步形成，面积数万亩。当地人回忆，原沙头至仰天一带都是海水，沙头一带为孤立小岛，清后期筑芦杆塘。在沙头北侧与芦杆塘之间有道低矮的土坝，当地称为"北塘"，长约 500 米，东西走向，已有近 400 年历史。北塘东侧接仰天吞山脚，向南约 200 米处有一隆起的长条土坡，隐现于大片的农作物间。在坡上（海拔 4 米）约 30 平方米的堆积中，散布有小卵石，其间偶现碎瓷片以及海洋生物残骸，居民反映是古船压舱之物。南塘距北塘约 400 米，塘长约 300 米，为沙头青山村与陈家村黄沙最近点的连线，直接阻断乱门港进出仰天一带的海水。乱门港原为海港，后港内逐步淤积，遂废。民国《定海县志》"水利"载："庆余塘，在小沙头，长一百八十丈，光绪甲申王居良等筑。"[1]

仰天吞位于双塘社区西南侧，地处六横岛中部，属亚热带海洋性气候，四季分明，雨水充沛，吞口朝西北，面向大海，北靠太平岗，植被丰富。吞口北侧称为庙山，沿山脚都为民居。庙山南侧称为对面山，中夹吞口。溪流从庙山边侧穿过，吞底为仰天水库，建于 20 世纪 60 年代。

仰天吞口两山相夹，间距 216 米，中为农田。2007 年于田中央建污水池（海拔 6 米，测点位于池面正中），池长 9 米，宽 5.5 米，池底发现有附着牡蛎壳的凝灰岩石块，还有明显带有人工斧砍痕迹的松木桩。仰天徐姓村民带我们去村里辨认原先未受破坏的溪流位置，溪流从仰天 14 号宅院屋基下通过，宽 3 米~4 米，底部为自然山岩，较为平坦，溪水顺流而下，水势分季节大小不一。村后山曾开设采石场。在修筑仰天水库坝基时，曾发现有瓶、碗、盆等物。我们沿水库坝北侧坡面搜寻，果然找到许多散乱的瓷片，以明清青花瓷为主。又据仰天村村主任回忆，2007 年建污水池时，挖土机下掘 3 米~4 米，挖出大量带壳石块，底部土中留有网状交错分布的木桩群，东北—西南走向，横截吞口。木桩网阵宽约 2 米，桩间充塞石块。石块表面附着牡蛎、藤壶等海洋类生物，推断原先此处为临海接潮之处。朱纨在《双屿填港工完事疏》中提及"聚桩采石填塞双屿港"，[2] 是否在此，待考。

---

[1]　陈训正、马瀛纂修（民国）《定海县志》卷一《舆地·水利》，第 31 页。

[2]　朱纨：《双屿填港工完事疏》，《明经世文编》卷二〇五，第 2164 页。

图 4　仰天岙出土的松木桩（作者摄）

4. 杜庄"闽山古迹"摩崖石刻

杜庄位于在六横岛西南侧，三面环山，朝向西南海域，港外正对里、外青山，正南处距岸约 270 米处有白马礁，礁形似马，呈白色，故名。岙内溪流婉转，地势平缓，坡度较小，西侧隔山岭与清港岙相接，岙侧建有水库。杜庄原名"涂庄"，以围垦的海涂建村而得名，民国《定海县志》"水利"记载有三塘筑于此："杜庄塘，长一百二十丈，嘉庆二十五年刘齐贵筑；耕余塘，在涂庄，长三百丈，光绪辛丑俞兆熊等筑；庆丰塘，在涂庄，长一百二十丈，光绪癸卯刘起蟠等筑。"[1]

"闽山古迹"摩崖石刻位于小湖社区杜庄村杜庄半塘 22 号东北面约 30 米金寺山咀，坐东南朝西北，据题款推测刻于清道光年间（1821～1850）。整块石刻高 3 米，宽 5 米，距地面约 10 米，石刻岩石为沉积岩质，表面有海蚀痕迹，阴刻"闽山古迹"四个大字，每字宽约 30 厘米，落款直刻小字二行，共十二字，尚可辨认"浙江督学使书，福州廖鸿荃题"。廖鸿荃（1778～1864），字应礼，号钰夫，祖籍将乐县，后迁侯官县（今福州市区）。清嘉庆十四年（1809）中进士第二名，授编修，累升至工部尚书、经筵讲官，赐紫禁城骑马。道光元年（1821）八月，典试陕甘，生平总裁会

---

①　陈训正、马瀛纂修（民国）《定海县志》卷一《舆地·水利》，第 31 页。

试一次，典乡试、分校京兆试各三次，参与朝考阅卷，殿试读卷，又督学江苏、浙江等省，可谓"门生半天下"。朝廷以其谨慎可任大事，重要水利工程皆命鸿荃督办。

福建一带航海兴盛，每至一地多建妈祖庙以为神佑。史料记载明季浙江沿海一带武装商人多为闽人，著名的双屿港海商大头目李光头、许二等即是。明清之际六横岛居民较少，福建渔民来舟山海域捕鱼，因避风、停泊之需，留驻六横岛，进而开垦居住，发展成为较大的聚落，并留下福建地域特色的文化遗存，是合乎情理的。以致廖鸿荃在巡视此地时有若入闽同景之感。"闽山古迹"摩崖石刻是闽人参与开发六横岛的一个佐证，也是浙闽航海交通的历史印记。

（二）南部港区

南部港区以台门港为中心，南连南兆港，北接葛藤水道，连头洋港。这片港区包括周边诸多临海港口与悬水小岛，行政区划包括悬山、台门社区全部，平峧、小湖社区一部分。调查中在各处都有较多文物信息发现。

1. 苍洞

苍洞地处六横岛南部，三面环山，一面临海，岙门深阔呈"C"形。中间苍洞山余脉延伸入海，形成"苍洞""三坑"两个自然村落。苍洞原名"大樟洞"，因村里一大樟树底部有树洞得名，因"苍""樟"音近演化成"苍洞"。境内有6条大溪坑（其中三坑就有3条，是故村名"三坑"），溪流绵延不绝。北面苍洞山（海拔234米）和大尖峰山（海拔261米）合拥屏障，可避东北、北、西北之风。苍洞发现大河更遗址，苍洞、三坑外销瓷遗存及天后宫、苍洞庙等古文化遗址遗迹，是古代海外贸易的历史见证。

大河更遗址：位于六横镇小湖社区苍洞村大河更31号，遗址面积约300平方米，主要分布在陈家老屋地基中，暴露的几处断面相对清晰，文化层厚0.8米~1.0米，粗略可以划分为4层。第一层：陈家老屋基面，包含有混凝土和盐田缸窑砖。第二层：明清砖瓦层，包含有大量青砖和少许明代青花瓷片。第三层：唐宋文化层，距地表0.5米~0.75米，包含有唐越窑玉璧足底青瓷碗、宋代龙泉窑青瓷莲花碗等碎片。第四层：卵石堆积层。遗址海拔5米左右，地势较平坦。从遗址向南平缓延伸约百米到海口，是1978年围塘以后的滩涂养殖场。初步观察，唐宋元明时期，该遗址距海岸线不足百米。据断面和包含物分析，该遗址分属两种不同文化类型，一是以第三层外销瓷为代表的唐宋元港口遗址；二是以第二层砖瓦为代表的明清古建筑废墟。

苍洞外销瓷遗存：位于六横镇小湖社区苍洞村村委会驻地前，当地村民在耕作中翻掘出大量宋元明清瓷片，散布在面积 3000 平方米左右的坡地上。瓷片个体碎小，以明代漳窑系"沙足器"为大宗，唐宋青瓷、青白瓷次之，清嘉庆道光年间青花瓷再次之。近年，村民在距该遗存百米，仅一溪之隔的村东首坡地挖长河时，挖出许多瓷片。苍洞外销瓷遗存北山麓中有一座苍洞庙，始建年代不详。庙里供奉"射鹿英雄鲍侯王"，民间相传与明代嘉靖年间"抗倭"有关。

三坑外销瓷遗存：位于六横镇小湖社区苍洞村三坑水库北坡，散布面积约 2 万平方米。因村民多次耕作翻掘，瓷片裸露在外，个体碎小，以明代漳窑系"沙足器"为多，宋元青白瓷、龙泉窑青瓷次之，清嘉庆道光年间青花瓷再次之。据当地居民说，20 世纪 60 年代建三坑水库时，在大坝夹心墙中挖出许多瓷片及大、小韩瓶，深度距地表约 4 米。

苍洞和三坑外销瓷遗存面积大、分布广，基本集中在境内 6 条大溪坑的垂直面上。虽然苍洞和三坑之间有苍洞山余脉相隔，但是，根据采集的瓷片类型和遗址地层分析，我们仍可以把它们归为同类性质的外销瓷遗存。占采集样本比例最小的清嘉庆、道光年间青花瓷，可能是苍洞"复垦"以来居民生活所弃；占采集样本比例最大的漳窑系"沙足器"，可能是明代海禁时期民间私贸易遗留的外销瓷；比例居中的宋元外销瓷，可以与大河更遗址第三层合并，视作早期海外贸易在苍洞的古代港口遗存。

三坑外销瓷遗存所在地东北山麓建有天后宫，据传是六横全岛最古老的妈祖庙，现存建筑为近年村民拾旧址重建。天后宫西侧坡地散布有宋元明清瓷片，瓷片类型与三坑水库北坡基本相同。三坑天后宫为航海和早期苍洞海外贸易古港的客观存在提供了旁证；苍洞庙填补了明代海禁时期苍洞人类活动的空白，特别是传说中"老爷菩萨"与抗倭史迹的联系，值得重点关注。

2. 西文山古码头

西文山隶属于六横镇平峧社区，旧名"戏文山"。相传旧时外地一戏文班子到六横岛演出，载剧团的船只不幸在该地附近海面遇难，人们看不成戏文，呼之"戏文散"，谐音戏文山。西文山码头是古代六横岛的主要交通埠头之一（图 5）。清光绪《定海厅志》"大事纪"记载，同治元年（1862）二月，太平军何文清一部发战船 42 艘进攻六横，首登龙山棕榈湾，次绕道于西文山附近登陆，后被当地监生张为贤等率民团在平岩礁击溃。何部边战边退，陷于涂中，又适逢潮汛初涨，溺水者不计其数。当地有"浙东第一功"摩崖石刻纪其事。

图5 西文山古码头（作者摄）

古码头修筑方法老旧，建筑在相对平缓的自然生成的海湾岬角上，南北走向，整体呈扇形。西文山码头保留得较为完整，东向埠头无损，西南侧弧形迎波堤局部在台风中被海浪冲毁，近代多有维修，用水泥石子混凝土敷设地面。埠头凡7阶，用条石叠砌。迎波堤用大型石块砌筑，上铺长条形块石。埠头左侧立缆柱一根，条形方块石，疑似浇灌卵石加糯米汁和石灰黏合剂，表面附着牡蛎等海生物。栈道长7.2米，宽1.7米，铺设长条形块石，整齐平坦。码头西北约70米处有候船亭一座。民国《定海县志》"交通·陆道"条下载："海宴亭，六横下庄戏文山埠头，清光绪三十一年。"① 近代屡有维修。该亭坐北朝南，共两间，中间用两根木柱加以支撑，无隔断。两侧山墙内用穿斗式梁架支撑，上盖小青瓦。檐柱用条形石柱，柱内侧阴刻对联一副，因海风剥蚀，字迹较模糊。室内东侧供奉财神，西侧供奉土地公。

① 陈训正、马瀛纂修（民国）《定海县志》卷三《交通·陆道》，第7页。

　　西文山石质均匀，易于加工，附近居民多以打制石料为生，石制品销往六横岛各岙，另通过渡船北运至桃花、虾峙等岛，现仍有老石匠在世，山体靠海侧岩石已多被开采。清末民初时，该码头为六横岛下庄北上沈家门、定海，以及西至宁波郭巨山的重要交通节点，与上庄同侧海岸的石柱头码头并称。码头以南与悬山岛对望，正中大、小葛藤山当初为悬水孤岛，外中为广阔的半环形海湾，沿西文山直至海闸门一线，湾口朝向东南，宽约 2 千米，对面为南部航线北上重要水域的葛藤港，隔港大小凉潭岛与悬山岛围护成障，海水直通西南侧内部的礁潭等处。迟至清末民初方筑塘成陆。礁潭等处发现的大量历代瓷片，特别是悬山岛发现的明代嘉靖间的红绿彩瓷，有力地佐证了明代嘉靖年间海外交通的史实。

3. 田岙龙头跳沙埠

　　龙头跳沙埠位于六横镇台门社区田岙村龙头跳。龙头跳背枕海拔 280 米的炮台岗，群山蜿蜒连绵，一条长约千米的山涧流经山村，穿沙滩入海，涧水充沛，终年不绝。龙头跳沙滩长约 500 米，宽 20 米～40 米不等，西北—东南走向。沙岸堆积成丘，高 1 米～5 米不等，周广 10 余亩。沙丘上现存古黄连木林，大多树龄百年以上，个别枯树达 300 年以上。

　　龙头跳沙滩沙质细腻，沙层下为鹅卵石。在龙头跳沙滩、沙丘、沙岸以及被涧水冲刷的鹅卵石堆积沙岸后坡地中发现大量的瓷片堆积。除了坡地上瓷片棱角分明、釉色清新，其余水蚀严重，系海浪搬运冲刷所致。瓷片年代跨度较大，多为明清青花瓷，唐宋青瓷次之。

　　沙埠即土埠，是古代利用自然生成的沙滩、沙岸停靠船只的简易码头。龙头跳沙埠地处田岙湾，面南临海正对大、小尖苍山，可避北、西北、东北之风。该海湾东邻南兆港，西贯孝顺洋，航路四通八达，入口处水深约 10 米，海底干净无障，在帆船时代是一处较为理想的港口锚地。

　　龙头跳沙埠散布大量唐宋明清瓷片（图 6），其中一件唐越窑系玉璧足底碗，古称瓯，茶具，兼作乐器。作乐器使用时，在一组瓯内分别注入不等量的水。用筷子打击乐器，其音妙不可言。同器在邻村苍洞也出土了一件，造型得体，釉色鳝黄，釉层丰润，是当时明州（今宁波）对外贸易的典型外销瓷之一。

　　值得关注的是，龙头跳沙埠生长有一古黄连木林，龙头跳村落及附近田岙沙城中也有少量黄连木分布。黄连木（拉丁文名 Pistaciachinensis）是漆树科黄连木属的植物，主要分布于菲律宾以及中国长江以南、华北、西北、

图 6　龙头跳沙埠采集的青花瓷（作者摄）

台湾等地，生长于海拔 140 米至 3350 米的地区。黄连木嫩芽可供茶饮，树皮是上好的软木材料。舟山境内除了朱家尖和普陀山有零星分布，其他地区均未见。龙头跳沙埠遗存的古木林与港口本身是否有内在联系，尚待进一步考证。

4. 悬山岛

悬山岛又称元山岛，位于六横岛东侧，西距六横岛约 700 米，呈西北—东南走向，岛形狭长，长约 7.95 千米，最宽处约 2.6 千米，海岸线长约 37.69 千米，陆地面积 7.58 平方千米。据传悬山岛系张苍水最后栖身、被捕之地。张苍水诗云："此中有佳趣，好作采薇吟。"乡人又称海盗蔡牵曾踞此为巢穴。该岛海岸曲折，绝壁高耸，怪礁林立，岩洞遍布，海滩众多，绿树成荫。居民大多以捕鱼为业。

调查范围包括该岛大筲箕、小筲箕和马跳头、铜锣甩，以及悬山岛南面的对面山等涉海涉港涉渔村落，在大筲箕和马跳头山间坡地表面及部分台地断面中发现了大批瓷片。初步明确了南部港区——台门港外悬山岛涉水临港文物遗存的基本情况。

大筲箕外销瓷遗存：周边发现瓷片分布点 2 处，分别在大筲箕 17 号房屋右侧和屋后，面积达 1 万平方米左右。首先，大筲箕 17 号房屋右侧朝向西南的剖面显示，距梯层地表约 3.5 米为沙砾层，系自然冲积海岸。沙砾层上包含有少量青花瓷和白瓷片，无明显层位。出土白瓷碗残片除圈足内侧通体施釉，碗内心琢刻一"位"字；另一块青花瓷片口沿部位有绿釉彩绘，年代较晚。该遗存位于梯层地表下 3.25 米处，上部土质松软无文化包含物。因此，该遗存可能是一级梯层滑坡或塌陷所致，属二次生成。

其次，在大笆箕 17 号屋后坡地表面及部分台地断面中，分布有大量青花瓷片。我们在一处溪水冲刷后出现的断面中做了剖面，测得遗物所在位置距上部地表约 0.3 米，文化层厚 0.1 米左右，包含有酱釉瓷、青白瓷、青花瓷。下层为自然淤积层，土色偏灰，夹杂沙砾。另在剖面附近采集到一片红绿彩瓷，高温白瓷，施红彩，釉上加绿彩（图7）。

图 7　大笆箕出土的红绿彩瓷片（作者摄）

马跳头外销瓷遗存：位于悬山岛北部东岸，在马跳头村山坳坡地和舀口沙滩上遍布大量瓷片，个体碎小零乱，仍以青花瓷、白瓷居多。

铜锣甩：铜锣甩位于岛的最东侧，山石林立，峭壁丛生，水蓝流急。铜锣甩最狭处有一崩断，开凿有落脚石阶，以为对外联系的通路。该舀原有数十户世居岛民，现已外迁。村落聚居地虽经翻修扰动，但地表仍散布有各类瓷片。

在铜锣甩的最东侧，天然侵蚀形成一座独立的山峰，当地称为"送子观音峰"。此峰外即是汪洋大海，此峰形成一处自然的海上路标。该处水势湍急，北侧笤帚门口的独立礁石上建有灯桩，南侧的梅散列岛向南一路顺延，形成对南兆港的环形围护，外部出入水道的各类船只都可一览无余。

从岛上发现的瓷片来看，主要是漳州窑系的青花瓷，其次是青白瓷，所属年代为明末清初。大笆箕 17 号屋后山坡地表采集的红绿彩瓷，与广东上川岛发现的相似，颇多明代嘉靖因素，值得关注。悬山岛大笆箕和马跳头山坳坡地及岙口沙滩上散布有数量较多、相对集中的历代瓷片，非所弃生活用瓷，应与古代海上贸易有一定关系。

5. 砚瓦岛

砚瓦岛位于六横岛东侧，岛呈长条形，东南—西北走向，长约 2.1 千米，宽约 600 米，面积约 0.563 平方千米，最高点海拔 89 米。

砚瓦岛西临南兆港，东濒东海，北望悬山岛，南连梅散列岛，紧靠海闸门，岛南侧的笔架山与北侧悬山岛东侧都有航标灯桩。砚瓦岛周边大多是火山喷发后凝积形成的变质岩，附近水道较深，水流较急，缺少自然冲积的滩涂，唯岛西北侧的山岙一带水势较缓，堆积有一条百余米长的沙滩，山势可阻强劲的海风，利于船只停泊。此岛原先无人居住，20 世纪 90 年代末，砚瓦岛作为休闲旅游岛实施整体开发，命名为"假日岛"。据当地知情人回忆，假日酒店使用挖土机整理地基时，带出成批的陶瓷碎片，后都被做回填处理。瓷片出土区域位于岛西北侧沙岙内，在实地调查中，我们在周边发现零星青花瓷碎片，初步判断为明中后期外销瓷类。

6. 大蚊虫山

大蚊虫山，距六横岛东南约 3.2 千米，该山形似蚊虫，又多蚊子，面积大于近旁东北侧的小蚊虫山，故名"大蚊虫山"。整岛平面呈凹形，东西走向，长约 1.7 千米，最宽处约 900 米，面积约 0.8 平方千米，最高点海拔105.6 米，岛基主体由凝灰岩构成，土层多为黄色酸性土和香灰土，适宜抗风能力强的树木生长，山上树木有大叶黄杨、山合欢、柞树等；茅草、芦秆较多。东北向岙口底部有一自然形成的沙滩，长约 300 米，港池水深 2 米 ~ 5 米，可避 6 ~ 7 级东南风。

在沙滩以西的山坡上，我们发现一座石板拼建的小型建筑，当地人称为"土地堂"，坐西朝东，三面围石板，顶以两块石板拼成拱形顶，各面宽均约 1 米，堂口两侧石柱上刻"财如春草发，土生玉其中"，落款"光绪五年"（1879）。堂内摆石制香炉，青石圆雕。题款为"道光元年镇海人所供"。证明此岛当时除六横本地人，尚有外岛人泛海活动的历史。

因开发建设，山林表面裸露部分有大量的砖红壤，并有滑坡迹象。我们在一处坡面的塌方面上，找到较为清晰的文化堆积层，厚度约 0.2 米，距地表约 0.4 米，中嵌明清之际的各类碎瓷片，部分青花瓷片有记号款。

在土地堂周边，散布有一定数量的各类陶瓷碎片。有宋代的越窑青瓷，较多的仍为明代外销青花瓷类，清代的瓷片也有发现。在沙滩西侧与山体交接处海边，有一人工堆积的简易古码头遗迹，始建年代不详，东北—西南走向，现存长约 15 米，宽约 5 米，一头靠沙滩，另一头西侧建于礁石上，船只可靠泊在码头的东侧临水处。

（三）北部港区

北部港区以双屿水道为中心，涵盖六横岛西北部临海诸港岙，西侧的佛渡岛，六横岛贺家山与积峙山、郭巨山一线以西部分的大片区域。调查范围包括佛渡岛与六横岛西北部多个地点，重点在佛渡岛、龙浦、五星一带实地考察，于佛渡岛的石门村做考古试掘，取得一定的成果。

1. 佛渡岛美女地古文化遗址

佛渡岛位于六横岛与宁波梅山岛之间，东距六横本岛约 1.8 千米，西距梅山岛约 2.4 千米，岛呈长形，南北走向，长约 5.1 千米，最宽处约 3 千米，最窄处约 600 米，面积约 7.128 平方千米，最高海拔 183 米。该岛名称最早出现于宋代，南宋宝庆《昌国县志》"县境图"称"渤涂山"，位于"双屿山"以西；明嘉靖《筹海图编》称为"白涂山"；康熙《定海县志》称"佛肚山"，民国《定海县志》因之。因方言中各字音近，现通称为佛渡岛。岛上历建海塘，围涂多处，与岛南的小佛渡岛相连。居民多以渔业、农业为主。岛东侧有码头接六横涨起港码头渡船。

美女地临港型古文化遗址在六横镇佛渡社区石门村。据该村李姓老人说，该村美女峰山脚下相传有一座古庵，他藏有一件庵基出土的韩瓶，高 18.5 厘米、口径 6.5 厘米、底径 6.0 厘米、最大腹径 11.0 厘米。同村徐姓老人说，庵基附近地下 2 米～3 米处是流动质淤泥层，他们在挖井时发现下面有石构建筑。根据他们提供的线索，我们到实地进行了踏勘，在地表上采集了一些青花瓷片。同类青花瓷片在涨起港上厂跟井旁溪坑、大岙村溪坑里也有零星发现。2009 年 4 月 25～29 日，舟山市水下考古工作站和浙江省文物考古研究所以及当地文化部门联合对该遗址进行了为期 5 天的考古试掘，在 10 米×2 米的探方里发现了两座叠压清晰的古代房基，第一期房基约为晚清居住遗迹，第二期房基距地表深 0.7 米～0.8 米，被第一期房基紧紧叠压，基层包含有龙泉窑、越窑、吉州窑、同安窑等宋元时期的精美瓷器碎片（图 8）。

此外，考古队还在距发掘现场西北约 100 米的荡田中探明了一处约长 200 米，宽 2 米，距地表深 0.6 米～0.8 米的古代石构夯土建筑。在距发掘

图 8　佛渡岛美女地古文化遗址发掘现场（作者摄）

现场西北约 500 米的长河里采集到一批青花瓷片和建筑构件，估计整个遗址面积约 20 万平方米。

石门村三面环山，一面临海，西北朝向，地处双屿港区，正对梅山港，与宁波咫尺相望。美女峰山体起伏，犹如美女箕坐，故名。美女地在美女峰山脚下，台地宽旷，屿门宽阔，藏风纳气，比较适合古代人类居住和航海贸易活动。美女地古文化遗址口述资料翔实，实物佐证有力。经初步试掘，该遗址规模较大，文化内涵丰富，瓷片等包含物属二次生成，原生环境如何有待探明。

2. 小支屿

小支屿位于六横镇西侧，因较邻近的大支屿小，故名。小支屿三面环山，屿口朝南，捍海坝塘两侧接小咀头与湾刀咀，屿西侧的石水岗海拔 156 米。屿口外与郭巨山之间，有大片的沉积泥涂，西望则为佛渡岛，中夹双屿港航道。屿内西侧山谷溪流绵长，水源充沛。村内过去多以捕鱼为业，现住居民已经不多，村口南侧与海塘间为大片养殖场，气候、植被等自然环境与六横其他临海屿口差别不大。

据当地居民介绍，屿口的海塘为 20 世纪 80 年代建成。现村口与养殖场间仍有一片沙滩，部分沙层剖面可见一层比较明显的贝壳、砾石堆积层，距地表约 0.2 米，当地居民称此处为"沙塪"。原有沙土大部分在开垦养殖场时被挖除，在外海塘建成之前，捕鱼船只可直接驶到村口的沙滩上。他们在挖沙时，曾从地下挖出瓷片及船板等物。在原沙埕位置的带状区域与养殖场内侧，我们调查发现零星散布有各个时期的碎瓷片，以明清青花外销瓷为主，因长期受海水冲刷、搬运，釉面有脱落现象。

在原沙埕内侧采集了若干瓷片，胎体灰白，釉层厚色青，施釉不均，为宋代的青瓷碗。另在溪流旁发现石蛋路，从村边一直蔓延向上，直到山冈。居民介绍在东侧山谷也有这样的石蛋小路，海塘未建前为小支岙通向小长途、涨起港等的必经之路，与本岛陆上交通网相衔接。从发现的各个时期的瓷片来看，时间可以上溯到唐宋之时，说明小支岙已成为北部港区的一个重要组成部分。

3. 五星岙

五星岙位于六横岛西部，属五星社区管理，背靠横被岭，地势从东北向南渐低，岭上的双顶山海拔 299 米，为六横岛最高峰。与之对峙的嵩山海拔288 米，为岛内第二高峰。五星村以岙建村，居民以清展复后迁入为主，分居西坑、中岙、东坑三个自然村。村南有蓄水量达 70 万立方米的五星水库，水源出双顶山、嵩山。

五星岙背靠大山，三面环形，岙门深阔，港口外立积峙山，成挡避风浪的屏障。出积峙山，西可绕双屿水道，东可至双塘西部环形港湾，并通岑山水道贯穿六横岛中部，地理位置较为理想。在五星村中岙溪两侧山谷及茶树坡地上，散布有各时代、各类型的瓷器碎片，以明清青花瓷为主，宋元青瓷次之。据民国《定海县志》"水利·六横"记载，清代于现五星水库南，积峙山与大支岙交接的临海处筑有"振绪塘"，振绪塘"中有韭菜屿，屿南一百二十丈、屿北二百四十丈，道光十七年林祥开等筑"。① 于积峙山东侧水道建有"济庶塘""靖余塘"，两塘南北平行，靖余塘在南，西接积峙山，东靠夹礁峙，"（靖余塘）在滚龙岙，长六百丈，民国三年俞兆熊等筑"。②

五星岙建有庄穆庙，为当地供奉岳飞所建，始建年代无考。当年建水库时，在距地表约 0.2 米处发现大量沙、贝、砾石等形成的自然堆积层，据传原先此处为"沙埕"，海水直薄，船只从外海可直接入港泊岸于庙下。在沙城以南居民曾挖出瓷片、船板等物。

4. 嵩山大教场

在六横岛嵩山南麓，当地人俗称为"大教场"的村落，发现有大量古

---

① 陈训正、马瀛纂修（民国）《定海县志》卷一《舆地·水利》，第 31 页。
② 陈训正、马瀛纂修（民国）《定海县志》卷一《舆地·水利》，第 31 页。

代瓷片和砖石残构，与文献记载比对后初步判定，此即是古代舟山东南水军的演武场——嵩山大教场。

南宋水军相当发达。宋元之际，舟山创设"海上十二铺"，藩篱两浙。明代郑若曾《江南经略》卷八云："舟山诸山者……三吴之屏翰也……东南有沈家门、乌沙门、石牛等山。"[①] 天启《舟山志》"山川目"载，舟山东南有沈家门、白沙、石牛、沰泥诸港，"示险要，列兵防"。嘉靖《宁波府志·海防》对军船出哨情况记述得更加详细："初哨三月三日，二哨以四月中旬，三哨以五月五日，由东南而哨，历分水礁、石牛港、崎头洋、孝顺洋、乌沙门、横山洋、双塘、六横、双屿、乱礁洋，抵钱仓而止。"[②] 为杜绝作弊，"每哨抵钱仓所，取到单并各处海物为证验"，这是舟山东南方向的巡哨。由此看来，宋元以降，舟山东南驻扎着一定规模的水军。而军队必须有练兵习武的地方。当时水军训练内容依旧以冷兵器为主，弓弩远距离攻击，枪刀近战。所练各种阵法也主要是陆军阵法的改进。虽然水军在南宋晚期出现了部分火器，对此训练也相应做出改变，但是，陆军阵法仍然是必修课目。因此，就在今六横岛嵩山南麓设置了当时舟山东南水军的大教场。

一般来说，大教场的旁侧要建造一些兵营和教官休息、办公的设施，如阅兵台和成组的合院建筑；在合院附近或在大门外设立台基，台基上做旗杆台，以便竖杆挂旗。有的大教场还设立双旗台座，还有的建造双柱或四柱牌坊。由是观之，发现的砖石残构或许是嵩山大教场的建筑遗存。

5. 龙浦

龙浦位于六横岛西北部，现为龙山社区管辖，因最初龙泉、大浦两条河流通过其境，故名。地势南高北低，西南侧是以双顶山为中心的山岭，山势呈八字形向北张开形成三角形呑口，山上植被丰富，树木茂盛，地势顺延至北侧海边，山丘间建有上、下两座小水库，大浦河从南侧山谷一直通大海，河两侧是经围塘后形成的大片平地。因历史上靠海处有多条沙浦，因而现自然村地名多有沙、浦等字。

在龙山下水库库区内，有一口老水井，井边一地原为当地孙姓地主所

---

① 郑若曾：《江南经略》卷八上《洋山记》，《景印文渊阁四库全书》第 728 册，台湾商务印书馆，1986，第 445 页。

② （嘉靖）《宁波府志》卷二二《海防书》，转引自俞福海《宁波市志外编》，中华书局，1966，第 501 页。

有，当年长工耕地时曾挖出一根几米长的木头，表面十分光滑，推测为船桅杆。另外，在 20 世纪 50 年代大浦河筑塘和清淤时，在河床泥底挖出长剑、火铳、铜钱等物，现下落不明。可见，大浦河是通海的航道，船只从海上经河道也可直通龙山下水库。此外，我们在龙山上水库坝调查时，发现该水库库区原为交通要道，水下淹没有从龙浦到嵩山与蛟头的石蛋路，还有泗洲庙的基址。坝外溪流两侧的农田坡地上，散落着各类瓷片，仍以明中后期的外销青花瓷为主。据传在龙山下水库中原有几十株合抱的大柏树，可能是当年船只系缆所用，后建路时移除。种种传说与发现的实物，特别是泗洲庙的发现，说明龙浦古港确实具备航运与商贸的作用。

　　双屿港田野考古调查在没有找到切实的实物证据之前，一切工作仍是在不断地探讨检索，不断地接近真相。通过挖掘新史料来论证双屿港的可能所在，是为一途；而以考古调查发掘实证，也是另一途径。最佳的办法莫过于"考古实证，文献佐证，口述补证"。至于"一线二路三港"的提法，并不是结论性的表述，只为一种简单的梳理归纳。无论通过何种方式、何种理念，都是基于对学术研究的一种审慎态度，以此为基点与切口，向纵深拓展，最终目的在于揭示双屿港文化内涵，还原双屿港历史原貌，进而推动双屿港历史文化研究，为 21 世纪海上丝绸之路建设服务。

Archaeological Survey Report of Liampó

Bei Wuquan

Abstract：During the first half of the 16th century, the Spanish and the Portuguese, together with the businessmen in Jiangsu, Zhejiang, Fujian, Guangdong and Huizhou, business Groups of Japan and Nanyang, run their business for over twenty years in Shuangyu Port of Liuheng, which was known as "16th century's Shanghai". The island of Liuheng is located in the south of Zhoushan and you can get there easily by the waterway from Ningbo. It is the third largest island in Zhoushan archipelago with a total area of over 120 square kilometers. Liuheng possesses a deep hinterland, stretching coastlines, and numerous harbors. Taimen port, in the east of the island, is the first-class fishing port of China, while Shuangyu port, in the west of the island, enjoys a great fame both at home and abroad. Apart from these, there are other ports and bays, such as Da'ao, Sha'ao, Shizhutou, Xiaohu, Cangdongao, Tian'ao, Pingjiao, Dajiatun. In the 16th century, Pintuo, a native Portuguese, visited Shuangyu port and wrote in his works: "There are eight coasts on the island altogether so it is convenient for ships to berth there." Therefore, we should carry out field archaeology to testify the correct location of the settlement of the Portuguese in the 16th century in Shuangyu port. It has been a long time since we performed field research and underwater Archaeology in Liuheng. All the cultural relic information about the earth surface and the seabed are carefully recorded. We summarize what we have found in the form of reports in order to provide you with the first-handed information.

Keywords: Liampó; Field Work; Under-Water Archaeology

（执行编辑：杨芹）

海洋史研究（第十七辑）
2021 年 8 月　第 409～429 页

上川岛海洋文化遗产调研报告

肖达顺[*]

　　上川岛位于广东省台山市广海湾南侧的川山群岛东部海域，西与下川岛隔海相望，东北距大陆 9.19 公里，东邻香港、澳门及珠海，距香港、澳门分别为 87 海里和 58 海里，距大陆山咀码头 9.8 海里。上川岛是珠江口西侧最大的岛屿，呈哑铃形，南北走向，长 22.54 公里，最宽处 9.8 公里，最窄处 1.2 公里，海岸线长 139.8 公里，面积 137 平方公里，有多处港湾。考古发现先秦时期的陶片、石器，明清甚至近代青花瓷片、天主教堂建筑基址等海洋文化遗存，彰显上川岛海洋性历史文化特质。宋代之后，上川岛是中国古代海上丝绸之路上的重要航标，葡人东来后更是中西文明交流的标志性岛屿。耶稣会传教士方济各·沙勿略来到并长眠于此，该岛一度被西方奉为天主教圣山，西方朝圣者络绎不绝。清同治年间，法国人在岛上建立两座教堂，岛上宗教文化交流甚盛。

　　1965 年，朱非素等到上川岛做过考古工作，并在沙勿略教堂附近海滨发现明代外销瓷遗址。21 世纪以来，北京大学师生和台山博物馆等多次上岛调研，并发表系列研究成果。[①] 2014 年开始，广东省文物考古研究所及国

---

　　* 作者肖达顺，广东省文物考古研究所副研究馆员，研究方向：水下考古、田野考古、陶瓷考古。

　　① 蔡和添、叶玉芳、黄清华：《广东上川岛发现明代外销瓷遗址》，《中国文物报》2004 年 2 月 25 日第二版。黄薇、黄清华：《广东台山上川岛花碗坪遗址出土瓷器及相关问题》，《文物》2007 年第 5 期。林梅村：《大航海时代东西方文明的冲突与交流——（转下页注）

家文物局水下文化遗产保护中心相继在岛上及周边海域做了一系列田野调查和水下考古调查工作，[①] 获得一批考古材料，对上川岛海洋文化有进一步了解。

一　地理环境与气候条件

上川岛自古就是石头山，孤悬海外，但能存淡水，具备人类生存的必要条件。山脚下方济各·沙勿略墓园教堂下方的"圣井"，与海边潮水近在咫尺，数百年来源源不断渗出淡水。附近山涧小溪潺潺，山脚下多处发现磨圆度很高的鹅卵石，说明水流量大、持续时间长。山上天然水体众多，淡水资源丰富。

上川岛岸线曲折，多港湾，港湾丘陵台地海岸占岸线总长的96.3%，其特点是：（1）具有凹入的海湾和两侧突出的呷角，形成深嵌于丘陵台地中的港湾；（2）湾内堆积有沙堤、潟湖平地等；（3）近岸岸坡较缓，5米等深线离岸较远，但很多湾内水深仍有8米～10米。由于岛上河流短小，中、上游植被覆盖较好，水土流失轻微，河流的输沙量有限，而且湾内水较深，一般不会引起波浪掀沙，所以这些湾内淤积是极为缓慢的。上述地貌特征为港口建设提供了良好条件。[②] 先秦时期的打铁湾遗址，明代中葡早期贸易外销瓷遗址——大洲湾遗址等都处于这样的海湾中。

南亚和东南亚是世界上著名的季风区，冬季的东北季风和夏季的西南季风尤为显著。表层海水在风的推动下又会沿着一定方向流动，形成特定方向的洋流，其流速可达每小时0.9公里～2.8公里。每年冬季中国东南沿海盛行东北风，受其影响近海沿岸洋流方向由北向南，海水从长江口向南一直流

（接上页注①）16世纪景德镇青花瓷外销调查之一》，《文物》2010年第3期。林梅村：《澳门开埠以前葡萄牙人的东方贸易——15～16世纪景德镇青花瓷外销调查之二》，《文物》2011年第12期。黄薇、黄清华：《澳门开埠前中葡陶瓷贸易形态初探——以上川岛花碗坪遗址为例》，载广东省博物馆编《海上瓷路国际学术研讨会论文集》，岭南美术出版社，2013，第235～256页。

①　王欢：《台山市海上丝绸之路遗存发现与研究》，《福建文博》2015年第1期。广东省文物考古研究所：《台山川岛镇上川岛航海标柱、大洲湾及天主教堂文物考古调查、勘探工作简报》，载《江门市海上丝绸之路文物图录》，云南美术出版社，2017，第110～131页。广东省文物考古研究所：《广东台山上川岛大洲湾遗址2016年发掘简报》，《文物》2018年第2期。

②　林晓东：《上下川岛地貌考察》，《热带地理》1986年第2期。

到爪哇岛，一条下南洋的天然航线就此诞生。当航线延伸到印度洋并继续向西向南拓展时，受印度洋东北季风和季风洋流的影响，航行依旧顺风顺水。夏季，印度洋盛行西南季风，季风洋流也调转方向，海商们则可以随之驶向中国。此时，中国杭州湾以南，东海、南海的沿岸流与外海暖流（主要是台湾暖流）汇合在一起，自南向北流动。①

季风造成中国东南沿海到南海海域有不同季节的风向和洋流方向，也造就古代海上丝绸之路的东方季节性航路。广东省南部沿海地带正处于这条季节性航路的亚热带季风区，是古代海上丝绸之路必经的一段航路，也是近现代中西方海上交流必经的一段。"大金门海在海晏都，流接铜鼓海，在上川之左。诸夷入贡经此。上川之右，又曰小金门海。诸夷入贡，遇逆风则从此入。"② 上川岛正是这条季节性航路的必经之地，也是其重要路标。

二　海岛先民的文化遗存

新、旧石器时代之交，珠江三角洲地区人类活动已有一定发展。该时期清远青塘遗址考古荣获 2019 年度"全国十大考古新发现"。新石器时代遗址大量发现并扩散到现代海岸线一带，形成特色鲜明的沙丘遗址或贝丘遗址。甚至还呈现大陆人口向太平洋岛屿及东南亚地区岛屿扩散的迹象，这些岛屿的人都操着同源的"南岛语"。

在上川岛对岸大陆海边的台山核电项目建设工地，曾发现新石器时代的沙丘遗址。2015~2017 年，广东省文物考古研究所联合国家文物局水下文化遗产保护中心对广东上下川岛海域进行水下考古系统调查。2016 年，在沙堤港南面的打铁湾发现一处先秦遗址，出土一些夹砂陶片，以及少量石吊坠、石锛等石器。2018 年，对打铁湾遗址做进一步调查和试掘，又获得一批陶器与石器，以及晚期的青花瓷等。其中的一片夔纹陶片对比博罗横岭山遗址出土的同类纹饰，应该属于西周晚期（图 1）。2019 年，当地退休教师在该遗址又捡到一片夔纹陶片（图 2），与前一年调查采集的一致。因此可

---

① 单之蔷：《一个中国海盗的心愿》，《中国国家地理》2009 年第 4 期。

② （嘉靖）《新宁县志》卷一《封域志·山川》，《广东历代方志集成》广州府部（二九），岭南美术出版社，2007，第 17~18 页。

推断，至少在距今 3000 年前，上川岛就有古代人类的海洋活动了。遗址具体内涵还有待考古工作的深入。

图1　2018 年水下考古国际培训班采集的夔纹陶片（杨荣佳摄）

图2　2019 年当地采集的夔纹陶片
（退休教师关容佳提供）

三　古代海上丝绸之路文化遗存

上川岛暂未发现先秦到宋代以前相关遗迹遗物。据考证，最早的、直接与江门海上丝绸之路相关的舆图，是从明代《永乐大典》中辗转抄录、辑佚而来的《广州府志辑稿》中所收录的《广州府新会县之图》。该图标注有上川岛以及周边地方军事机构、海防要地及通江海口"崖山门"的位置等。至少在明代之前，上川岛作为广东海洋活动的标志性岛屿之一已广为人知了。①

1987年"南海Ⅰ号"沉船在下川岛西南大小矾石海域被发现，2007年整体打捞成功，2013年进行全面保护发掘，至2019年底提取了南宋瓷器等各种文物达18万件，可见上下川岛海域宋代海上贸易之繁盛。岛上一个施工现场曾经发现了一些宋代青瓷碗的碎片（图3），但究竟是生活遗址还是临时贸易点，有待进一步调查研究。

图3　下川岛发现的宋代青瓷（退休教师关容佳提供）

---

① 石坚平编著《江门海上丝绸之路文献资料汇编》，广东人民出版社，2016，第3页。

史书记载："上川洲、下川洲，在县南二百六十里大海中。其洲带山，湾浦极广，出煎香，有盐田，土人煎盐为业。"① 2016～2018 年在打铁湾遗址下面沙滩上采集到大量疑似陶灶的陶器残件，未见可复原器（图4）。这些残件是否与岛上盐业有关，具体年代、性质均有待深入研究。不过可以肯定，宋代上川岛已经有一定的手工业，也有一定的海洋贸易活动。

图 4　2018 年采集的大量疑似陶灶残件（作者摄）

四　大航海时代中葡贸易文化遗存

16 世纪葡萄牙人占领马六甲后，顺着古代季风航线来到中国，建立直接的贸易联系。葡萄牙获得罗马教皇的东方保教权，积极向东方传播天主教，试图在经济上和精神上一举征服东方世界。几经波折，葡萄牙人在广东、福建、浙江沿海先后建立过短暂的贸易据点，最终入居澳门，建立稳定的东方据点。

入居澳门之前，葡萄牙人曾经在上川岛建立起贸易据点，大洲湾遗址至今还散落有明代中葡贸易留下的大量青花瓷片。该遗址位于上川岛西北部三洲港的西北角，方济各·沙勿略墓园的南侧，当地人称之为"花碗坪"。大洲湾海滩上散落着大量的碎石、蚝壳，部分地方有自然礁石延伸至海中。这

---

① 乐史：《太平寰宇记》卷一五七《岭南道一·广州》，王文楚等点校，中华书局，2007，第 3021 页。

些礁石以前是一处码头，据称1949年后被炸毁，现在还能看到礁石上人为钻孔的多处痕迹。

　　自2016年8月9日开始，广东省文物考古研究所对大洲湾遗址进行了抢救性发掘，在遗址中心区方济各墓园牌坊下方较平整平台上布置了5米×5米发掘探方两个。以发掘区为中心又清理了附近长达80余米的断崖，断面上能刮面的都刮净并划出地层线。这段断崖上能清楚看到底下有一层碎石层堆积。通过对发掘区周边断面的观察，以及其他区域的局部断面刮面分析，该碎石层堆积沿大洲湾海边分布，直接叠压在山体基岩上，长约200米，表面大致在一个水平线上浮动，内含磨圆度较高的卵石类石块，明显是人为在水边采集堆筑而成。因此，该碎石层堆积很可能是当时的防潮工事，更可能是为便于岛上贸易活动而修筑的人工平台——当地称为"花碗坪"也是有一定历史根据的。此次发掘清理中，大量青花瓷片出现在坡面及碎石堆积上（图5～7）[①]。

图5　2016年发掘区断壁层位概况（作者摄）

　　上川岛出土青花瓷片，近年来引起考古界关注。大洲湾遗址出土的瓷器碎片，基本来自景德镇窑口，有青花、青花红绿彩或红绿彩瓷器，除了花鸟

---

① 广东省文物考古研究所：《广东台山上川岛大洲湾遗址2016年发掘简报》，《文物》2018年第2期。

图 6　2016 年发掘区以东断壁典型碎石层（作者摄）

图 7　2016 年探沟瓷片堆积（作者摄）

纹、龙狮纹、八卦纹和人物故事等中国传统纹样，还有些疑似西方人形象，特别是青花圣十字架纹饰以及葡文瓷片的发现（图 8、9），更证实其属于中葡早期外销瓷性质。目前学界认为这批瓷器产于景德镇，运至粤闽浙沿海港口，再辗转到上川岛交易，转运至东南亚、印度、西亚甚至非洲和欧洲地

图8　2016年发掘出土的青花圣
十字架纹饰瓷片
（作者摄）

区，往东则运往日本。这种贸易兴盛一时，以至上川岛成为西方人熟知的航标。天主教耶稣会士方济各·沙勿略等人的书信明确记载了中葡贸易，以致有学者认为葡萄牙人首航中国到达的岛屿即是上川岛。①

由于上川岛是中葡贸易的据点，方济各·沙勿略在1552年上岛驻留，随后病逝长眠于此（图10）。得益于方济各·沙勿略在天主教界的地位和圣名，上川岛在西方世界名气很盛，西方船只过境上川岛海域时，无不注目瞻仰其胜迹。

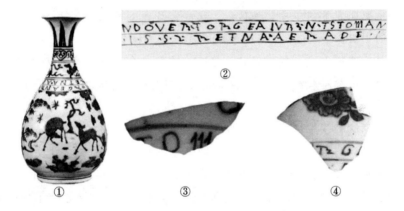

图9　大洲湾遗址采集的瓷片与葡萄牙文玉壶春瓶的铭文对比

①1552年葡文玉壶春瓶；②玉壶春瓶铭文展开图；③大洲湾花碗坪"（T）OM"铭葡文瓷片；④大洲湾花碗坪"（JO）RG（E）"铭葡文瓷片

资料来源：吉笃学《上川岛花碗坪遗存年代等问题新探》，《文物》2017年第8期。

---

① 黄清华、黄薇等到上川调查，并在《文物报》《文物》等发表相关文章。此外相关文章有：林梅村《大航海时代东西方文明的冲突与交流》，王冠宇《葡萄牙人东来初期的海上交通与瓷器贸易》《早期来华葡人与中葡贸易——由一组1552年铭青花玉壶春瓶谈起》，吉笃学《上川岛花碗坪遗存年代等问题新探》等。关于上川岛贸易具体时间，金国平、张廷茂等先生已有研究成果，《广东台山上川岛大洲湾遗址2016年发掘简报》中明确该遗址主体年代上限应为葡萄牙人1549年被逐闽界重返粤海，下限为"华人于1555年将他们移往浪白澳并于1557年迁至澳门"（1549～1554）。

图 10　上川岛象山，左侧为墓园教堂，右侧为大洲湾遗址（2016 年作者摄）

五　16 世纪以来西方宗教建筑遗存

葡萄牙学者徐萨斯在《历史上的澳门》一书中指出：

> 他（方济各·沙勿略）逝世后，去上川的葡人总要去瞻仰他的墓地。
> 尽管后来他的遗骸被运回果阿，但人们的吊唁活动并未停止。这引起了
> 当地明朝官员的不安。据估计，这些官员担心葡人打算占下那块地盘，
> 因为中国有个风俗，死者的亲属对墓地有着神圣的权利。1554 年，葡人
> 被禁止涉足上川。与此同时，邻近的浪白滘岛被指定为对外贸易中心。
> 据说，葡人同意缴纳税金，被准许在那里居住，还可以去广州做生意。[1]

这段话解释了上川岛大洲湾作为中葡早期贸易据点结束的时间和原因。
从此，上川岛与西方世界的直接接触即从经济贸易转向宗教文化交流，方济
各·沙勿略和天主教主题史迹也开始更多地出现在该岛。

方济各·沙勿略去世后，虽然官方禁止洋人登岛，但还是有不少神甫或
信徒陆续上岛。"7 月 20 日我们来到了上川岛。梅尔乔尔（Mestre Melchior）
神甫登岸去我们尊敬的沙勿略曾下葬处的坟穴做一弥撒。"[2] 至 1639 年（崇
祯十二年）澳门耶稣会神甫在方济各·沙勿略墓地上建起中葡文石碑（现
教堂内石碑为复制品，图 11）。1699 年（康熙三十八年），经广东当局批
准，法国耶稣会的特科蒂神甫在原墓冢上建成小墓堂，并立了一块中文铭文
的墓碑（图 11）。[3]

---

① 〔葡〕徐萨斯：《历史上的澳门》，黄鸿钊、李保平译，澳门基金会，2000，第 12 页。
② 《平托修士致果阿耶稣会学院院长巴尔塔扎尔·迪亚斯神甫的信函（1555 年 11 月 20 日发自亚马港）》，引自金国平《中葡关系史地考证》，澳门基金会，2000，第 27 ~ 28 页。
③ 台山市上川镇志编纂委员会编《上川镇志》，2008，第 305 ~ 306 页。

图 11　方济各·沙勿略墓园教堂内的明代石碑复制品与清代墓碑（作者摄）

1700～1813 年，葡萄牙及澳门耶稣会士被逐出中国，岛上"朝圣"活动中断，小教堂也受到破坏，康熙年间的墓碑也被折断。1813 年墓碑被重新立起，到鸦片战争前，扫墓活动断断续续。大洲湾中葡贸易据点上又建起了中式海神庙。2016 年发掘确认，该处早年发现的石构建筑并不是明代建筑（图 12），证实文献关于明朝不允许葡人在岛上建设长久居住建筑的记载是准确的。

图 12　2016 年发掘暴露出来的房址墙基航拍图（作者组织拍摄）

明清之际，除了西方来华，国内商船出洋仍以上川岛为主要地标，尤其是上川岛东南，是古代海舶往还东西洋的一座重要望山。又《东西洋考》记：

"乌猪山，上有都公庙，舶过海中，具仪遥拜，请其神祀之。回用彩船送神。"① "都公者，相传为华人，从郑中贵抵海外归，卒于南亭门。后为水神，庙食其地。舟过南亭，必遥请其神，祀之舟中。至舶归，遥送之去。"②乌猪山上何时及如何出现都公庙还有待考证。另《上川镇志》记有乌猪岛娘妈庙，建于清朝嘉庆年间，毁于抗日战争时期，现仅遗留几段残墙断壁。③ 近年江门五邑大学石坚平等曾上岛调查，采集少量遗物。④ 未见明代遗物，更应属于《上川镇志》所记的娘妈庙（图 13）。

图 13　乌猪岛海神庙附近散落遗物

资料来源：石坚平编著《江门海上丝绸之路遗产图录》，广东人民出版社，2016，第 39 页。

　　除了岛上古迹，乌猪岛南侧悬崖陡壁，下面水域碎石成堆。2015～2018年，广东省文物考古研究所、国家文物局水下文化遗产保护中心在此发现铁炮 6 枚，打捞起 3 枚。铁炮沉点周边见零星的铁皮包的残断木块，还有大量鹅卵石，应该是战船发生事故沉没被海浪推到乌猪岛南面海域，船体被打散，铁炮沉落在石缝间。铁炮被捞起后移交台山博物馆，现仍在保护处理中

① 张燮：《东西洋考》卷九《舟师考·西洋针路》，中华书局，1981，第 172 页。
② 张燮：《东西洋考》卷九《舟师考·祭祀》，第 186 页。
③ 台山市上川镇志编纂委员会编《上川镇志》，第 312 页。
④ 石坚平编著《江门海上丝绸之路遗产图录》，广东人民出版社，2016，第 39 页。

（图14、15）。该沉船应该属于清代中晚期，是否属于外国沉船，有待进一步研究。

图14　乌猪洲沉船遗址发现的其中一枚铁炮（作者摄）

**图15　2015年中国水下考古船"考古01"在渔船配合下
打捞起一枚铁炮（作者摄）**

此外，广东水下考古工作者还在上川岛南部围夹洲水道上发现一些清代瓷片（图16）。沙堤港口的墨斗洲北岸礁石、打铁湾沙滩上以及其他小湾口，都发现过一些清代瓷片，说明清代上川岛贸易活动仍然十分频繁。

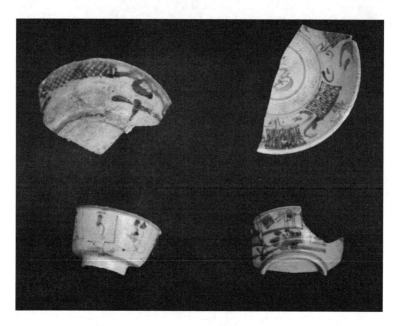

图16　围夹洲水道出水的瓷碗（作者摄）

第二次鸦片战争后，天主教逐渐向上川岛渗透。为纪念方济各·沙勿略，澳门耶稣会为其建立墓园，1869年法国巴黎外方教会更修建了一座墓园教堂（即现存教堂，图17），同时在新地村大洲小学内建立一座圣母教堂，为希腊式，坐东朝西，面向大海。用来接纳新入教的天主教徒，旁边附有学校和神甫居所等。①

1942年，新地村教堂及其附属建筑为侵华日军摧毁，其基址在1949年以后被反复利用，地方多有拆解、取用砖石。今新地村天主教堂遗址，仅存教堂基础结构，神甫楼则是1949年前重建的。2016年，广东省文物考古研

---

① 1868年里昂出版的《传教年鉴》上载明稽章上报总部的报道中提及相关内容。转引自陈静《〈黄埔条约〉签订后法国教会在粤活动研究（1844～1885）》，中山大学博士学位论文，2008。佚名《广东上川岛历史及归化始末记》（《圣教杂志》第三年第一期，1914年）载："祁主教初至岛上……经营二载，甫成圣堂两所。"该教堂与圣墓教堂同等建于1867年，并于1869年4月25日"行圣堂大礼"。

图 17　方济各·沙勿略墓园教堂（作者摄）

究所对教堂礼拜区铺砖地面进行清理，基本了解了各个部位结构和不同时期的活动面（图18、19、20）。

图 18　2016 年清理出来的教堂礼拜区铺砖地面（作者摄）

教堂北侧原小学食堂树丛里，有一段石构基础的墙基，可以确认为1914 年民华天主教会机关刊物《圣教杂志》上刊登的早年照片左侧的建筑，

图 19　教堂东北角探沟露出的几个时期的活动面及石条下堆石（作者摄）

图 20　教堂前庭底层铺石及翻动过的条石（作者摄）

推测即是与教堂同时的学校（图 21、22）。《圣教杂志》记载："今夏 7 月 22 日，飓风骤至……岛中四堂，虽云未倒，而损失之巨，不下二三万余。"[1] 教堂损失严重。

———————————

① 佚名：《上川岛盗患与风灾》，《圣教杂志》第十二年第十期，1923 年。

图 21　1914 年《圣教杂志》上刊登的新地村天主教堂全景照片

资料来源：佚名《广东上川岛历史及归化始末记》，《圣教杂志》第三年第一期，1914 年。

图 22　教堂北侧探沟内暴露的石墙局部（作者摄）

除了圣墓教堂、新地村天主教堂，岛上还有两座小教堂：一在西牛村，一在浪湾村。这两处教堂早被改造或废弃，原貌难以辨识。西牛村教堂为

1919 年美国天主教会所建，为十字形结构。1949 年后改为马山小学校舍，后因台风蚁蛀等成为危房，拆建改成单一横向两层教学楼（图23）。①

图 23　西牛村教堂原址（作者摄）

上川岛最高处塔顶山，海拔约 370 米，山顶上有一处外国人建造的石构建筑，岛民认为影响风水，将其捣毁，今残存一些石头基础（图24）。

《广东上川岛历史及归化始末记》对该建筑有记载：

> 一八六七年……经营二载，甫成圣堂两所……无何，又建二碑。一碑在山中，石座高三十尺，一碑在岛上最高处圣堂之后，作石柱式，高有三十迈当，上置十字圣架。小堂后面又立一圣人铜像，自地面起高约一百尺。主教之意欲使外人至中国者，舟行至此，即能瞭见此十字记号，追念东洋宗徒之事迹也。②

近年香港关于教堂设计者的一篇文章中亦有提及，其中一幅油画上也可清晰看到上川岛两座教堂及其后山山顶十字架（图25）。③ 该建筑遗迹位于

---

① 台山市上川镇志编纂委员会编《上川镇志》，第 314 页。
② 佚名：《广东上川岛历史及归化始末记》，《圣教杂志》第三年第一期，1914 年。
③ Stephen Davies, "Achille-Antoine Hermitte's Surviving Building," *Journal of the Royal Asiatic Society Hong Kong Branch*, Vol. 56, 2016, pp. 92–110.

图 24　塔顶山遗址近景（作者摄）

新地村天主教堂东面塔顶山山顶，底部呈阶梯式金字塔状。底部基础除西北角较清晰，周边各处都破坏严重。边长约 7 米，周边未见古代遗物。因此，该山顶石构建筑是新地村天主教堂同时期的宗教遗迹。

图 25　油画的上川岛两座教堂及山顶十字架

资料来源：Les Missions Catholiques，2426（3 December 1915）p. 577.

六　海岛文化遗产的保护

新地村天主教堂及附属建筑，与方济各·沙勿略墓园教堂以及相关其他教堂，都是中西文化交流的重要载体，体现了天主教"东方圣人"方济各·沙勿略的影响，是上川岛海上丝绸之路主要文化遗存。20 世纪 80 年代起，台山县政府便组织重修上川岛方济各·沙勿略墓地、教堂等文化遗产，又修山道，并申报为省级文物保护单位。2015 年，经广东省人民政府批准，包括上川岛周边海域在内的"南海Ⅰ号"水下文物保护区成为第一批广东省水下文物保护区。2016 年，配合国家海上丝绸之路申遗工作，广东省文物考古研究所在大洲湾一带开展了一系列的考古调查发掘工作，中国文化遗产研究院、五邑大学等陆续开展一批文物保护规划与建设工程，岛上海洋文化遗产得到实际性保护。新地村天主教堂原址旁边一个学校教学楼还被改造成上川岛海上丝绸之路博物馆，以供了解上川岛海上丝绸之路文化。

A Research Report on Marine Cultural Heritage of Shangchuan Island

Xiao Dashun

Abstract：Located in the southern coast of Guangdong Province, Shangchuan Island is an important place for the ancient Maritime Silk Road in the South China Sea. Marine cultural relics of different periods can be seen everywhere on the island. Since the new century, through some island investigation, field archaeological excavation and underwater archaeological investigation and trial excavation, people found pottery and stone tools of the pre-Qin period on Shangchuan Island. It shows that Shangchuan island had been developed and utilized by human beings as early as the bronze age. Since then, no ancient remains before the Song Dynasty have been found, but some surrounding underwater sunken ships of the Song Dynasty have been found. It shows that at least since the Song Dynasty, Shangchuan Island has been an important node on the ancient Maritime Silk Road in China. The early ceramic trade site by China and Portugal was discovered in the Dazhou Bay of Shangchuan island, and on the hillside beside the site was the cemetery Church of Jesuit missionary Francis Xavier. These archaeological remains confirm that Shangchuan island directly participated in the trade and cultural exchanges between China and the West after the opening of the era of great navigation.

Keywords：Shangchuan Island；Marine Archaeology；Marine Cultural Heritage

（执行编辑：杨芹）

海洋史研究（第十七辑）

2021 年 8 月　第 430~458 页

2020 年海洋史研究综述

林旭鸣　刘璐璐 *

　　2020 年，海内外学者以中文发表、出版的海洋史论著（含研究生学位论文），共约 428 篇（部），研究内容涵盖了海洋政策与海防、海洋权益与开发、海洋人群与海洋社会、海洋贸易与物品、海洋文化与信仰、海洋史料等问题，研究空间超越传统的中国海域、东亚海域，远及南太平洋、地中海、印度洋、大西洋海域，均取得可喜成果。本文择要加以介绍，疏漏、不当之处，敬请方家指正。

一　海洋政策与海防研究

　　海洋政策、海防与海疆治理等是学界长期关注的话题，发表了不少有新意的成果。或从宏观角度、长时段视野，考察中国历代海疆经营，[1]或探讨某一朝代的海疆治理模式。[2]朱文慧从晚宋沿海制置使吴潜入手，

---

　　*　作者林旭鸣、刘璐璐，均为广东省社会科学院历史与孙中山研究所（海洋史研究中心）助理研究员。
　　本文在前期的资料搜集过程中，得到广东省社会科学院历史学硕士研究生何爱民、刘瑶、吕乐奇、李雅欣、张智鹏、丁帅东、钟青的大力帮助，谨致谢忱！
　① 刘俊珂：《先秦至五代时期的海疆经营研究》，云南人民出版社，2020。
　② 王晓鹏：《清代"内—疆—外"治理模式与"通三统"的边海疆特性》，《南海学刊》2020年第 4 期；王晓鹏：《清代"内—疆—外"治理模式与南海海疆治理》，《社会科学战线》2020 年第 5 期；刘永连、林才诗：《民国时期我国海疆管理制度的确立和管理体系的形成》，《海南热带海洋学院学报》2020 年第 6 期。

梳理其任职期间的海防举措，指出南宋沿海防务越到后期，弭盗治安远甚于御寇，海防让位于江防的现实。① 孙中奇论述了明万历时期倭乱与朝鲜李朝处理降倭的政策。② 王宏斌对 18 世纪初开始的清代内、外洋划分以及相应的管辖政策的探析，指出清代"内洋""外洋"与当时西方国家的"内海""领海"划分有一定的相同点，都是以海岸或岛岸为标志，向其他国家宣示本国海域的主权范围。巡洋会哨的清代水师既是海上的武装力量，又是海上的执法机构。③ 侯彦伯围绕 1843 年英国在广州租地兴建领事馆的交涉，旧行商在中外关系日趋紧张下的应对方法展开讨论。④ 张赛群指出晚清财政压力与身份认同是政府将捐纳政策从国内延伸到海外华侨的基础，捐纳成为晚清政府争取海外华侨经济支持和政治认同的重要手段。⑤

明清东南海防形势变迁与海防机构建置是学界关注的焦点之一。朱波对清代海岛厅的设置做系统分析，认为该设置是国家行政管理方式适应海岛地区人地关系变化的结果，是海岛政区的重要制度渊源。⑥ 徐笑运辨析晚清海防股与海军衙门之间的关系，认为海防股是等同于六部各司的秘书机构，而海军衙门是统筹全国海防事务的直接领导机构，平行并独立于六部、总理衙门、军机处等。⑦ 陈悦透过沈葆桢与李鸿章的私人通信，揭示出清末海防政策、战略的产生经过，评价首任船政大臣沈葆桢在中国近代海防建设中的重要作用。⑧ 一些研究生学位论文选取琼州府、北部湾、肇庆府等地的海防问题为研究对象，⑨ 也

① 朱文慧：《御寇与弭盗：吴潜任职沿海制置使与晚宋海防困局》，《国际社会科学杂志（中文版）》2020 年第 3 期。
② 孙中奇：《万历朝鲜之役中朝鲜处理降倭的政策与影响》，《海交史研究》2020 年第 4 期。
③ 王宏斌：《清代内外洋划分及其管辖权研究》，中国社会科学出版社，2020。
④ 侯彦伯：《条约贸易初期广州的旧行商与商业形势（1843 年）：兼论清朝官方立场》，《国家航海》2020 年第 2 期。
⑤ 张赛群：《晚清海外捐纳政策分析》，《安徽史学》2020 年第 4 期。
⑥ 朱波：《聚岛为厅：清代海岛厅的设置及其意义》，《海洋史研究》第十四辑，社会科学文献出版社，2020。
⑦ 徐笑运：《清季海防股与海军衙门关系考辨》，《海洋史研究》第十六辑，社会科学文献出版社，2020。
⑧ 陈悦：《从船政到南北洋——沈葆桢李鸿章通信与近代海防》，福建人民出版社，2020。
⑨ 付永杰：《康乾时期琼州府经略研究》，华中师范大学硕士学位论文，2020；向红霞：《明清时期北部湾钦廉海域"珠盗"治理及相关问题研究》，广西民族大学硕士学位论文，2020；张璐瑶：《明清肇庆府的海患与海防建置》，广东省社会科学院硕士学位论文，2020。

有的从建筑学的角度解析某些海防工程与乡村军事聚落。①

关于明清海防思想、战略研究，廖闪对《筹海图编》海防情报思想进行详尽的梳理。② 阮慧玲探究蓝鼎元关于东南海疆蓝图的勾画，认为其可被视为一个较为完整的国家海洋防卫体系，包含近代化启蒙的思想意识。③ 陈贤波指出，《平海投赠集》的流布和诗文内容，反映了清人在史事选择和记录中实际上经历了选精集萃的过程。④ 谢茜、夏立平分析孙中山的海权思想，指出其三大支柱是提升海权为国家战略、建设强大实用海军、发展海洋经济以补充海权体系等理念。⑤ 商永林、曹景文提出郑观应主张通过加强海防建设、商战与兵战结合、与列强争夺海关控制权等方式来维护国家海权，是对"师夷长技以制夷"思想的继承与发展。⑥ 赵书刚对近代军事战略家杨杰的海权观念做了探讨，认为他在近代中国率先提出国防现代化，并摒弃重陆轻海的传统观念，站在战略高度倡导海权。⑦ 李强华透过古今中西之争看晚清海防战略变化，指出古今中西之争既促进了海防战略嬗变又制约其西化的彻底性，对晚清海防产生了深远影响。其他学者还讨论了康有为、张謇的海防思想。⑧

关于沿海区域海防研究，黄友泉关注到明代东南沿海士绅对海疆治理的影响。⑨ 杨梦利用《筹海图编》研究此前较少被留意的明代山东海防问

---

① 王珍珍、刘国维：《明代广东海防卫所城防工程形制分析》，《南方建筑》2021 年第 1 期；陈家欢：《基于明清广东动乱形势的乡村聚落防御性研究》，华南理工大学博士学位论文，2020；谭立峰、于君涵、张玉坤、周佳音：《明代广东海防防御性军事聚落空间布局研究》，《中国文化遗产》2020 年第 3 期。

② 廖闪：《〈筹海图编〉海防情报思想初探》，《南方论刊》2020 年第 10 期。

③ 阮慧玲：《蓝鼎元东南海疆蓝图述论》，《集美大学学报（哲学社会科学版）》2020 年第 2 期。

④ 陈贤波：《"平海纪事"：新见嘉庆十五年〈平海投赠集〉的史料价值》，《国家航海》2020 年第 2 期。

⑤ 谢茜、夏立平：《孙中山的海权思想刍议》，《边界与海洋研究》2020 年第 3 期。

⑥ 商永林、曹景文：《郑观应的海权思想》，《洛阳师范学院学报》2020 年第 4 期。

⑦ 赵书刚：《近代中国"军学泰斗"杨杰的海权观》，《江苏师范大学学报（哲学社会科学版）》2020 年第 4 期。

⑧ 李强华：《古今中西之争视域中的晚清海防战略嬗变》，《宁波大学学报（人文科学版）》2020 年第 4 期；《康有为海防思想及其实现路径》，《浙江海洋大学学报（人文科学版）》2020 年第 3 期；《张謇海权思想和实践：内容、特点及启示》，《鲁东大学学报（哲学社会科学版）》2020 年第 4 期。

⑨ 黄友泉：《明代东南沿海士绅与海疆治理——兼论明代月港部分开禁政策蓝本的构画》，《中国海洋大学学报（社会科学版）》2020 年第 2 期。

题。① 李贤强、吴宏岐对《擒获王直》的作者做了长篇考订。② 韩虎泰探讨明代广东海防地理重心的时空演变过程，揭示出明代广东海防重心乃至陆海防御格局的基本演变趋势。③ 陈政禹对明清惠州与海防相关的建置及其遗存做了翔实考究。④ 王珍珍等探讨了明代广东海防卫所规划方法与特征。⑤ 黄忠鑫、廖望考察明清时期雷州半岛诸州县佐杂与海防布局的变迁，认为佐杂官员变化折射出雷州半岛为中心的粤西地区海防地位的提升：从明代东南沿海倭乱的尾哨，转变为清代防范越南和西方势力的前哨。⑥ 唐翔、王琼对福建宁德海防传统村落的数量、分布特征、类型与案例进行分析。⑦

二　海洋权益与海洋开发研究

近代中国维护海洋权益的行动，是学界关注的一个重要内容。黄俊凌关注到 20 世纪 30 年代国民政府对法交涉，维护西沙群岛主权，外交部详细掌握了西沙群岛自古以来属于中国的地理、历史和法理依据，有理有据地反驳了法方的无理要求，然而法国依旧百般阻挠。随后日军侵占西沙群岛，国民政府对西沙群岛的维权被迫暂停。⑧ 王琦、陈平殿则注意到国民政府成立水陆地图审查委员会，目的在于应对 1933 年法国殖民者侵占中国南沙九小岛所带来的挑战，同时亦兼有向国民普及海洋意识与海疆观念的意图。⑨ 林勰宇认为民国时期琼崖改省的动因有经济、文化发展的需要，也有民族意识、本土意识与海洋意识的觉醒，而且自始至终均与维护南海诸岛主权完整、捍

① 杨梦：《〈筹海图编〉中的明代山东海防问题》，《滨州学院学报》2020 年第 1 期。
② 李贤强、吴宏岐：《〈擒获王直〉作者考论》，《海洋史研究》第十六辑。
③ 韩虎泰：《明代广东海防指挥体系时空演变研究》，中国社会科学出版社，2020。
④ 陈政禹：《明清惠州海防建置及遗存述略》，《惠州学院学报》2020 年第 1 期。
⑤ 王珍珍、陆琦、刘国维：《明代广东海防卫所规划方法与特征研究》，《建筑学报》2020 年增刊第 1 期。
⑥ 黄忠鑫、廖望：《明清时期雷州半岛诸州县佐杂与海防布局的变化》，《中国历史地理论丛》2020 年第 4 期。
⑦ 唐翔、王琼：《宁德海防传统村落的分布、类型与保护》，《福州大学学报（哲学社会科学版）》2020 年第 5 期。
⑧ 黄俊凌：《20 世纪 30 年代国民政府维护西沙群岛主权的对法交涉——基于国民政府外交档案所列史实和法理的探讨》，《边界与海洋研究》2020 年第 3 期。
⑨ 王琦、陈平殿：《民国时期水陆地图审查委员会与南海岛礁维权考》，《海南大学学报（人文社会科学版）》2020 年第 2 期。

卫中国海洋权益密切相关。[①] 郭永虎、王梦分析 20 世纪 70 年代美国《纽约时报》关于中国钓鱼岛的早期报道，认为其具有一定程度的客观性，但也存在意识形态偏见。这种偏见源于美日同盟框架下的冷战思维，并延续至今。[②]

关于近代日本在南海的活动与扩张，许龙生利用日本外务省的相关档案，探讨 1925～1931 年东沙岛海产纠纷事件。他认为东沙岛海产品开采过程中日本政府希望获得最大利益，也尽量避免与中国政府直接对抗、冲突，但在市场风险与外交危机叠加之下，冲突与摩擦仍不断发生。[③] 而冯军南则留意 20 世纪前半叶日本南沙群岛政策，指出日本早在 20 世纪初已关注南沙群岛，但由于认知模糊及国际关系复杂未有积极动作，随后逐渐重视南沙群岛的军事价值，利用台湾总督府推进侵占，全面侵华以后驱逐法国势力。[④]

在海岛、三角洲等海洋空间的开发研究中，谭世宝、谭学超对澳门、台湾、南海等地的马角、莲峰、干豆、麻豆等地名的来源以及天后庙名称之源流做了详细的考究。[⑤] 金国平通过文献与实物证据，否定了上川岛上发现的"石笋"是葡萄牙人所立"发现碑"的结论。[⑥] 刘永连、常宗政对晚清两广总督对东沙、西沙群岛的开发做了系统论述。[⑦] 鲍俊林、高抒则聚焦于明清时期崇明岛的开发。[⑧] 吴俊范认为传统农业时期舟山群岛的开发具有农耕为本、农业先发的特征，并注重居住环境安全性的风水观念。[⑨] 薛理禹指出晚清花鸟山的兴起得益于近代国际交往增加和全球化日益紧密，而随着外来势力的离开和主权的恢复，花鸟山重归萧索沉寂。[⑩] 聂有财利用满文档案及相

---

① 林黻宇：《民国年间南海岛礁维权与琼崖改省运动始末》，《南海学刊》2020 年第 4 期。

② 郭永虎、王梦：《美国〈纽约时报〉关于中国钓鱼岛早期报道初探（1969—1979）》，《历史教学问题》2020 年第 2 期。

③ 许龙生：《1925～1931 年东沙岛海产纠纷问题再探——以日本外务省档案为中心》，《海洋史研究》第十四辑。

④ 冯军南：《1910～1930 年代日本对南沙群岛政策探析》，《海洋史研究》第十四辑。

⑤ 谭世宝、谭学超：《马角、莲峰、干豆、麻豆等地名及有关天后庙名源流探真》，《海洋史研究》第十六辑。

⑥ 金国平：《关于"葡王柱"商榷二则——葡萄牙"发现碑"简述》，《海洋史研究》第十六辑。

⑦ 刘永连、常宗政：《晚清两广总督府开发建设东沙、西沙群岛述要（下）》，《海南热带海洋学院学报》2020 年第 1 期。

⑧ 鲍俊林、高抒：《沙岛浮生：明清崇明岛的传统开发与长江口水环境》，《史林》2020 年第 3 期。

⑨ 吴俊范：《清中期以来舟山群岛的聚落生态与地理环境》，《国家航海》2020 年第 2 期。

⑩ 薛理禹：《从交通枢纽到避暑胜地——晚清花鸟山的兴衰变迁》，《海洋史研究》第十四辑。

关朝鲜文献，对清代吉林东南海岛的开发与治理做了深入探讨，并讨论了俄国对中国权益的侵害。① 周晴分析珠江三角洲海岸带沙田经营中应对自然灾害的农业技术与社会特点，在防灾、减灾以及灾害的应急管理方面积累了许多有益的技术和经验，形成了具有地方特色的社会适应制度。②

三　海洋贸易与进出口商品研究

2020 年，学者对"海上丝绸之路"的关注度有所下降，③ 而海洋贸易、商品交易、物种交流受到较多注意。李镇汉对来往高丽的宋商开展研究，探讨其贸易政策、类型。④ 马光指出，明朝允许朝鲜官民来华贸易，朝鲜使臣借赴中国朝贡之机，往往会携带大量的私人物品沿途贩卖交换，获利颇丰，所购求的明朝物品多为朝鲜王公贵族的必需品，以及百姓的一些日常所需。⑤ 赤岭守通过《道光十八年冠船付评价方日记》看中琉之间因朝贡而发生的"评价贸易"，对"评价贸易"的流程、弊病以及相关人员做了详细的分析。⑥ 此外，王巨新对清前期中缅、中暹贸易的比较研究，认为二者在贸易方式、贸易路线、贸易主体及主要商品等方面存在较大差异，其原因有地缘交通和物产因素，也有清朝分别对待的政策差异及双边关系的不同。⑦

在全球视野下探讨海洋贸易及其相关问题是一个重要取向。王国斌认为近代早期中国海洋历史，既是明清政治经济史的固有部分，也是亚洲区域海洋贸易网络的关键部分，更应将其放在全球贸易中来考量。⑧ 包乐史认为 18 世纪中国人驶往东南亚并发展出有弹性的网络，获得需要的热带商品，同时

① 聂有财：《清代吉林东南海岛的开发与治理》，《海洋史研究》第十四辑。
② 周晴：《传统时代珠江三角洲海岸带沙田区的自然灾害与社会适应》，《中国农史》2020 年第 1 期。
③ "海上丝绸之路"的相关代表作，如肖宪《海上丝路的千年兴衰》，中国书籍出版社，2020；鲍展斌《"海上丝绸之路"与中外货币文化交流》，中华书局，2020。
④ 李镇汉：《高丽时代宋商往来研究》，李廷青、戴琳剑译，江苏人民出版社，2020。
⑤ 马光：《朝贡之外：明代朝鲜赴华使臣的私人贸易》，《南京大学学报（哲学·人文科学·社会科学）》2020 年第 3 期。
⑥ 〔日〕赤岭守：《从〈道光十八年冠船付评价方日记〉看评价贸易——以告示、禀文、批示、札、单、甘结、领状等文书分析为中心》，徐竞译，陈硕炫校译，《海交史研究》2020 年第 3 期。
⑦ 王巨新：《清前期中缅、中暹贸易比较研究》，《海洋史研究》第十六辑。
⑧ 王国斌：《国家、区域与全球视野下的近代早期中国海洋历史》，《海洋史研究》第十五辑，社会科学文献出版社，2020。

在交换中提供自己的产品。他们乐意遵守马来王国传统的贸易规则，也能忍受殖民城市外国人的管理。早在 19 世纪欧洲国家进入之前，中国经济已经延伸到中国南海海域的所有国家。①

一些与东印度公司相关的著作被翻译为中文出版。羽田正详细叙说英国、荷兰等国东印度公司在亚洲各地的活动概况，对当地以及整个亚洲或世界的历史动向产生的冲击、影响，进而以"亚洲之海"的新视角描绘出全新的两百年欧亚大陆整体史。② 浅田实围绕英国东印度公司崛起、发展过程，英国的经济、外交政策，东印度公司重要政商人物，东印度公司与英国工业革命的关系进行了系统论述。③ 此外，约翰·尼霍夫出使中国时写成的见闻实录也被翻译出版，该书描述了 1655～1657 年荷兰首次派遣使团觐见顺治皇帝的旅程。④ 日本文献《唐船风说书》是日本江户时代前期长崎奉行通过询问调查中国商船人员，上报给德川幕府的中国形势报告书，是研究明末清初中日贸易与东亚交流的原始资料，被引进出版。⑤

对于早期贸易全球化体系下世界贸易的研究，万志英认为 10～17 世纪东亚海上贸易世界可分为形成、重整、复兴、转型、萧条几个阶段，以"国际贸易的主要商品"为核心的"港口政体"占有突出地位。⑥ 吉浦罗对明末清初中国的海洋贸易组织与人员构成做了详尽分析，发现宋代以来海上贸易中的合作关系未有太多发展，海洋贸易积累的财富无法通过投资转化为生产资本，其贸易的组织方式与制度安排有很大局限。⑦ 王华认为北太平洋被纳入近代世界经济体系是国际贸易不断拓展影响的结果，北太平洋的早期贸易全球化，更新和发展了全球贸易网络，并为自由贸易时代的到来和世界经济"去大西洋中心化"奠定了基础。⑧

关于区域贸易，刘巳齐对明清易代之际皮岛贸易做了专门研究，提出东江贸易加强了东北亚海陆区域之间的联动性，后来征战华南的东江旧将尚可

---

① 包乐史：《华人与 18 世纪的中国海域》，《海洋史研究》第十五辑。
② 〔日〕羽田正：《东印度公司与亚洲之海》，毕世鸿、李秋艳译，北京日报出版社，2020。
③ 〔日〕浅田实：《东印度公司——巨额商业资本之盛衰》，顾姗姗译，社会科学文献出版社，2020。
④ 〔荷〕约翰·尼霍夫：《荷兰东印度公司使节团访华纪实》，文物出版社，2020。
⑤ 〔日〕林春胜、〔日〕林信笃编著《唐船风说书》，文物出版社，2020。
⑥ 〔法〕万志英：《13～17 世纪东亚的海上贸易世界》，陈博翼译，《海洋史研究》第十五辑。
⑦ François Gipouloux，"Maritime Trade Organisation in Late Ming and Early Qing's China: Dynamics and Constraints,"《海洋史研究》第十五辑。
⑧ 王华：《海洋贸易与北太平洋的早期全球化》，《史学集刊》2020 年第 6 期。

喜、耿仲明利用担任毛文龙部属时获得的贸易经验，继续经营广东的通洋贸易。① 洪维晟探究 17 世纪潮州商品在海外的流通，指出在闽潮区域经济一体化的背景下，潮州商品向海外流动，形成一个与闽南商品竞争合作的转运路径，潮州商品通过荷兰东印度公司与台湾郑氏家族转运到海外各地。② 张书学、于周顺利用明代福建市镇数据，考察了不同海禁政策下海外贸易对商品经济发展的影响程度。③ 安乐博基于文献资料及田野调查，以连阳贸易体系为个案，考察广东内陆商品到达沿海港口、港口商品进入内地的网络，将区域内、跨地域和跨国性的商贸，及沿海港口与沿河及高地墟市连接起来。④

　　关于商品的进出口贸易与物品传播，外销瓷始终是最受瞩目的领域之一。赵冰认为长沙窑瓷器是 9 世纪印度洋与中国海域海上贸易的典型商品。⑤ 贺云翱、干有成阐述宁波越窑青瓷与东亚海上陶瓷之路互为影响、互为促进的互动作用。⑥ 刘净贤认为至迟在北宋末年，闽北仿龙泉青瓷主要为外销而生产，其产品已运销东南亚地区，到南宋早中期仍是重要的外销船货。⑦ 钱江利用在婆罗洲海岸沉没的东南亚缝合帆船的考古材料，研究元代海外贸易及龙泉青瓷之流布，认为宋元时期中国与南海渤泥国之间确曾保持着密切的贸易往来，而浙江龙泉青瓷在古代海上丝绸之路的开拓与发展过程中扮演了相当重要的角色。⑧ 陈冬珑通过东溪窑考古调查采集的明清青花瓷标本，对漳州明清青花瓷器生产与外销进行分析与研究。⑨ 此外，越南学者黄英俊通过分析荷兰和英国东印度公司有关越南陶瓷贸易的档案资料等，展示了 17 世纪东南亚和国际贸易背景下越南（北河）陶瓷出口的

① 刘巳齐：《明清易代之际的皮岛贸易与东北亚》，《海洋史研究》第十四辑。

② 洪维晟：《17 世纪潮州商品在海外的流通——以台湾为转运中心》，《广东社会科学》2020年第 2 期。

③ 张书学、于周顺：《要素禀赋视角下海外贸易对商品经济的影响——以明代福建地区为例》，《山东财经大学学报》2020 年第 5 期。

④ 〔美〕安乐博：《山、河、海：从历史角度看广州与连阳贸易系统》，何爱民译，《海洋史研究》第十六辑。

⑤ 赵冰：《长沙窑瓷器：9 世纪印度洋 – 中国海域地区全球型海上贸易的典型商品》，《文物》2020 年第 11 期。

⑥ 贺云翱、干有成：《考古学视野下的宁波越窑青瓷与东亚海上陶瓷之路》，《海交史研究》2020 年第 3 期。

⑦ 刘净贤：《试论宋元明时期闽北地区的仿龙泉青瓷》，《考古与文物》2020 年第 1 期。

⑧ 钱江：《元大德年间的南海渤泥国沉船与龙泉青瓷》，《国家航海》2020 年第 2 期。

⑨ 陈冬珑：《明清东溪窑青花瓷器生产与外销研究》，《文物鉴定与鉴赏》2020 年第 4 期。

基本情况。①

　　一些珍异之物的交易、物产交流、物种引种等问题颇受学界关注。中岛乐章论述了 15～16 世纪琉球王国在香药中转贸易尤其是龙脑贸易中的地位。② 高良仓吉着眼于琉球从中国进口的青石，认为它们是彰显权威之物，一度盛行，成为琉中交流史的实物资料。③ 何康对中外鹦鹉螺杯的形制进行考察，欧洲鹦鹉螺杯以金、银装饰为主，为非实用饮酒器，常见于欧洲贵族的收藏中，其工艺样式在欧洲的兴盛与大航海时代的开启有关。④ 李昕升对美洲作物的引种与中国人口增长之间的关系进行审视，指出"美洲作物决定论"系后人夸大，深层次原因是受 20 世纪心理认同和"以今推古"心理的影响。⑤ 叶农、李鼎研究近代广东地席外销美国，指出美国市场的巨大需求刺激了广东蒲草种植和地席外贸的发展，形成了产销一体化的格局，1906年广东地席业逐渐走向衰落。⑥ 梁立佳通过对俄美公司的考察，指出沙俄政府与哥萨克武装、毛皮商人、毛皮猎人建立起广泛的联系，国家权力与私人商业逐渐走向联合，但伴随沙俄政府对外战略的转移与美洲太平洋区域国际形势的变化，沙俄政府与毛皮商人的矛盾日益激化，展示了公共权力与私人商业在近代欧洲国家的海外扩张中的关系。⑦ 此外，张锦鹏对宋代进口商品香药进行研究，⑧ 罗一星介绍了明清时期广锅从国家礼品到民间用器的变迁过程。⑨ 林日杖从医疗史、全球史及物质文化史角度考察了大黄的对外贸易。⑩

① 〔越〕黄英俊：《17 世纪末东亚贸易背影下越南北河的陶瓷贸易》，刘志强译，《海洋史研究》第十五辑。
② 〔日〕中岛乐章：《龙脑之路——15～16 世纪琉球王国香料贸易的一个侧面》，吴婉惠译，《海洋史研究》第十五辑。
③ 〔日〕高良仓吉：《舶来于中国的琉球青石考略》，徐竞译，陈硕炫校译，《海交史研究》2020 年第 3 期。
④ 何康：《海交史视野下的鹦鹉螺杯》，《海交史研究》2020 年第 3 期。
⑤ 李昕升：《美洲作物与人口增长——兼论"美洲作物决定论"的来龙去脉》，《中国经济史研究》2020 年第 3 期。
⑥ 叶农、李鼎：《近代广东地席外销美国研究》，《中国经济史研究》2020 年第 6 期。
⑦ 梁立佳：《皮毛与帝国——俄美公司在北太平洋地区殖民活动研究（1799～1825）》，中国社会科学出版社，2020。
⑧ 张锦鹏：《闻香识人：宋人对进口香药的利用与他者想象》，《福建师范大学学报（哲学社会科学版）》2020 年第 1 期。
⑨ 罗一星：《从国家礼品到民间用器——明清广锅的海外贸易》，《海洋史研究》第十六辑。
⑩ 林日杖：《何为大黄？——全球流动、历史演进与形象变迁》，《福建师范大学学报（哲学社会科学版）》2020 年第 1 期。

石涛等人对近代中国茶叶生产、运输及产业化程度进行考察。① 罗龙新讨论了 19 世纪英国人在印度的茶业兴衰历史。② 郭卫东对清代中英铅贸易也做了细致研究。③ 金国平从历史语言学、中西比较等角度详尽叙述了舶来品"面包"自中国澳门传入大陆的历史，④ 一些学者还关注到西瓜的起源及其在全球的传播，⑤ 南瓜在中国的传播引种。⑥

四　海洋社会与华侨华人研究

关于海洋活动人群与海洋社会的研究，主要集中在海商群体、渔民与渔业、岛民、海外移民等方面，以及对使者、海洋漂流事件的考察，挖掘史料，内容相当丰富，佳作甚多。屈广燕从海患、海难和海商三个方面展示了明清时期浙江海商的生存环境、生存状态和发展空间。⑦ 胡铁球等利用福建海商家谱等史料，探究海商家谱所展现的家族文化、商业文化、教育教化、文学艺术、海洋信仰等内容。⑧ 孙杰、于逢春从海商家谱入手，研究东海西岸的商业文化。⑨ 船上人员的航行生活是海洋生活史的重要内容。孙卓对明清使琉球"封舟"航海生活做了较系统的梳理研究。⑩ 范岱克从 1816～1817 年英国东印度公司有关"阿米莉娅公主号"上 380 名中国水手的记录，揭示了 18 世纪末 19 世纪初航海世界丰富多样的生动面。⑪ 张晓宇围绕 1887 年万年青号事件，对近代领事裁判权体系下华洋船舶纠纷法律交涉展开了讨论。⑫

① 石涛等：《近世以来世界茶叶市场与中国茶业》，社会科学文献出版社，2020。
② 罗龙新：《帝国茶园：茶的印度史》，华中科技大学出版社，2020。
③ 郭卫东：《英国向清代中国输铅问题研究》，《中国史研究》2020 年第 2 期。
④ 金国平：《试论"面包"物与名始于澳门》，《海洋史研究》第十五辑。
⑤ 刘启振、王思明：《西瓜的起源及其在全球的传播》，《海交史研究》2020 年第 4 期。
⑥ 崔思明：《南瓜在中国传播引种的新探索——兼论明清中国乡村社会对外来作物的接受心态》，《海交史研究》2020 年第 4 期。
⑦ 屈广燕：《海患、海难与海商——朝鲜文献中明清浙江涉海活动的整理与研究》，海洋出版社，2020。
⑧ 胡铁球等：《古代福建海商家谱整理与研究》，海洋出版社，2020。
⑨ 孙杰、于逢春：《东海西岸传统海商家谱与海洋文化研究》，上海交通大学出版社，2020。
⑩ 孙卓：《明清使琉球"封舟"航海生活》，广东省社会科学院硕士学位论文，2020。
⑪ 〔美〕范岱克：《满载中国乘客的船只——1816～1817 年"阿米莉娅公主号"从伦敦到中国的航行》，张楚楠译，《海洋史研究》第十五辑。
⑫ 张晓宇：《近代领事裁判权体系下的华洋船舶碰撞案——1887 年万年青号事件的法律交涉》，《史林》2020 年第 3 期。

对于海洋渔业与渔村社会，陈亮指出，1545～1765 年朝鲜半岛东岸鲱鱼资源变化受洋流而非气候的影响，而渔业资源的变化也对该时代的经济生活产生作用。① 李玉尚研究清代黄鱼汛护鱼，认为清代官方督巡渔汛成果甚微，反而民间自发护渔比较发达，渔业公所起到了关键作用。② 郑俊华、林晨辰通过明清时期浙江竹枝词，分析浙江渔业资源种类、渔业生产和饮食文化等的发展。③ 方胜华对民国时期舟山群岛渔业文献进行了整理与分析，探察当时的海岛渔业历史、渔业社会的转型与变迁。④ 冯建章、徐启春从建筑、宗族、宗教与文化习俗等方面考察了琼海潭门镇排港村，认为该村建筑文化、宗族文化、海洋文化是三位一体的，是海南岛渔业文化的活化石，应予以保护。⑤ 谢湜以岛述史，考察中国东南近海岛屿人群的海上经济活动与迁移，探讨该地域独特文化区域的形成，以及从宋元到明清王朝海疆经略的转变对中国东南海域社会产生的深刻影响。⑥ 唐纳德·狄侬主编的《剑桥太平洋岛民史》被译成中文，该书聚焦太平洋岛民群体，全面探讨了岛民早期定居、与欧洲人接触、殖民主义、政治、商业、核试验、传统、意识形态和妇女的作用等主题。⑦

学界对海外华人华侨及华人社区的研究取得不少新进展。日本长崎华侨社会在明末清初特殊历史背景下快速产生。松浦章、徐纯均关注清代"展海令"与长崎唐馆间的关系，指出因"展海令"的发布，沿海居民纷纷出海贸易，长崎人口急剧膨胀，德川幕府制定了将短期留居的中国人隔离起来的方法，建造唐人屋敷，以供居留。⑧ 黄燕青、任江辉指出，长崎华侨社会发展虽然受到了中日之间政治经济关系的制约，但随着贸易繁荣，华侨人数激增，对加强当时中日经贸往来、促进中华文化在日本传播，发挥了重要的

① 陈亮：《朝鲜半岛东岸鲱鱼资源变动探析（1545～1765）》，《海洋史研究》第十四辑。
② 李玉尚：《清代黄鱼汛护渔初探》，《国家航海》第二十五辑，上海古籍出版社，2020。
③ 郑俊华、林晨辰：《从竹枝词看明清浙江濒海民生——以海洋渔业为中心》，《浙江海洋大学学报（人文科学版）》2020 年第 4 期。
④ 方胜华：《民国时期舟山群岛渔业文献整理与研究》，《浙江海洋大学学报（人文科学版）》2020 年第 1 期。
⑤ 冯建章、徐启春：《走进排港：海南岛古渔村的初步考察》，《海洋史研究》第十四辑。
⑥ 谢湜：《山海故人——明清浙江的海疆历史与海岛社会》，北京师范大学出版社，2020。
⑦ 〔澳〕唐纳德·狄侬主编《剑桥太平洋岛民史》，张勇译，社会科学文献出版社，2020。
⑧ 〔日〕松浦章、徐纯均：《清"展海令"的实施与长崎唐馆设置的关系》，《海交史研究》2020 年第 1 期。

历史作用。① 吕品晶、韩宾娜聚焦日本江户时期东渡的中国人，指出他们以唐船商人为主体，以唐馆为活动中心，在日常生活和节庆习俗等方面对日本文化潜移默化，可见以人和空间为载体的中国文化对日本文化的影响。②

许序雅考察了 17 世纪荷兰人在东南亚和东亚开展殖民扩张过程中与穆斯林商人、日本海商、中国海商和东南亚本地王公等围绕东南亚和东亚的海上贸易权展开的激烈争夺。③ 杭行以越南郑天赐为例，分析了 18 世纪活跃在湄公河三角洲的多元华商，认为河仙是东亚海域普遍出现的跨国华侨社区的一个例子，其繁荣建基于儒家朝贡体系与东南亚的曼德拉外交框架之间不稳定的平衡，以及清朝对海外贸易和移民充满矛盾的政策，而这些矛盾最终导致河仙这座自治港口政体的垮台。④ 宋燕鹏从宗族组织、方言与地缘认同的角度对 19 世纪英属槟榔屿闽南社群进行探讨。⑤ 基于柬埔寨华人社团在不同时期的组织发展脉络，罗杨梳理了柬埔寨华人唯一的统一社团"柬华理事总会"的成立、发展和转型过程，勾勒出当地华人在二十年战乱后通过社区结构重建和组织功能变革，建构族群身份与融入当地社会的集体行动过程。⑥

张秋生考察澳大利亚早期华人商业活动，指出华人商业和经济活动维持和满足了早期华人移民对生活必需品的基本需要，维系了华人社会的经济网络和经济生活，也推动了澳大利亚经济与社会发展和移民文化的形成。⑦ 费晟、毕以迪认为 18 世纪末至 20 世纪初中国与南太平洋地区建立起以海上贸易为基础的交通网络，华人劳工和其后兴起的华人资本积极参与并推动了南太平洋地区农牧矿经济开发，对南太平洋地区生态及文化的影响经历

---

① 黄燕青、任江辉：《明末清初长崎华侨社会的建构及影响》，《邯郸学院学报》2020 年第 4 期。

② 吕品晶、韩宾娜：《江户时期东渡日本的唐人及其对日本的文化影响——以唐馆为中心》，《海交史研究》2020 年第 1 期。

③ 许序雅：《17 世纪荷兰人与远东国家和海商争夺东南亚和东亚的海上贸易权》，《贵州社会科学》2020 年第 9 期。

④ 杭行：《18 世纪湄公河三角洲的多元华商：郑天赐的事例》，《海交史研究》2020 年第 2 期。

⑤ 宋燕鹏：《宗族、方言与地缘认同——19 世纪英属槟榔屿闽南社群的形塑途径》，《海洋史研究》第十五辑。

⑥ 罗杨：《"生成"中的融入之道：柬埔寨华人社团的组织变革与社会适应研究》，《华侨华人历史研究》2020 年第 4 期。

⑦ 张秋生：《澳大利亚早期华人商业的兴起及其经营活动评析（1850～1901）》，《历史教学问题》2020 年第 4 期。

了由海及陆、由间接到直接、由劳动密集到资本密集的扩大过程。① 费晟还以瓦努阿图为例，分析海洋网络与大洋洲岛屿地区华人移民的生计变化。②

关于美欧华侨华人研究，朱祺分析了美国排华法案颁行后华人女性赴美入境问题，揭示出华人女性为能入境团聚，不得不努力应对美国海关严苛的入境调查审问。③ 马一关注晚清时期围绕墨西哥托雷翁排华血案而起的中墨侨案交涉，认为当时华侨没有强大祖国支持，在墨西哥社会变革中受害极深。④ 徐晓东利用荷兰文档案，考察晚清契约华工移民苏里南问题，认为苏里南招募华工并不具备太多积极色彩和意义，注定华工在苏里南生活困顿艰难，但华工仍为当地的发展做出了贡献。⑤ 吕云芳、俞云平以福建建瓯移民莫斯科的跨国女性经商群体为例，分析跨国移民经商群体的发展，认为跨国经商是对市场结构的响应，同时也是跨国女商人积极运用个体资源的结果。⑥

对于晚清以降政府与华侨组织之间的关系，张亚光、沈博考察了晚清海外华商的境遇和反应，⑦ 并聚焦于晚清南洋各埠中华商会的创办及其在保障当地华人华商权益、增进海内外同胞沟通与交流等方面所发挥的作用。⑧ 王学深以新加坡为例，探讨晚清政府对海外华侨认知的转变和逐渐推动对海外侨民管理工作的努力，建立新型的"国家—侨民"思维模式。⑨ 严海建关注中荷新约的谈判，指出中方尤其注重华侨在荷属东印度法律地位的改善以及维护与增进该地华侨的利益，借助战时盟国的新身份及中英、中美

---

① 费晟、毕以迪：《近代华人移民与南太平洋地区复合生态的形成》，《历史研究》2020 年第 1 期。
② 费晟：《海洋网络与大洋洲岛屿地区华人移民的生计变化——基于瓦努阿图案例的研究》，《海洋史研究》第十四辑。
③ 朱祺：《美国排华法案后华人女性入境因应初探》，《海洋史研究》第十六辑。
④ 马一：《晚清中墨托雷翁侨案交涉》，《海洋史研究》第十六辑。
⑤ 徐晓东：《从荷兰文档案看晚清契约华工移民苏里南》，《历史档案》2020 年第 2 期。
⑥ 吕云芳、俞云平：《机会结构·连锁移民·主体性成长——莫斯科福建建瓯跨国女性商人群体研究》，《华侨华人历史研究》2020 年第 4 期。
⑦ 张亚光、沈博：《冲突与融合：晚清海外华商的境遇和反应》，《中国经济史研究》2020 年第 3 期。
⑧ 张亚光、沈博：《晚清时期南洋地区中华商会的角色定位及其实践》，《华侨华人历史研究》2020 年第 1 期。
⑨ 王学深：《晨曦微露：清政府对海外侨民身份认知的转型——以新加坡为例》，《华侨华人历史研究》2020 年第 3 期。

新约达成的示范效应，对荷方施加压力，最终在新约谈判中取得相当的成果。①

关于海外移民与宗教的关系，吕俊昌考察近代早期亚洲海域华人天主教徒的活动与角色，华人教徒的身份有利于与西方人、本地人打交道，更好地适应亚洲海域的社会环境，开拓自身的生存与发展空间。② 张晶盈分析了华侨地缘性社团和传统宗教的内涵界定、东南亚华侨地缘性社团与传统宗教的渊源及传统宗教的特点、互动模式。③

关于华侨与侨乡之间的关系，蒋楠聚焦福建泉州湾地区，指出近代泉州侨乡不是突然形成的，明清时期的海禁既未能阻拦海洋活动，中国基层社会的自治方式给民间提供了海外拓展的组织资源。④ 张钊指出，近代旅暹华侨时常对与家乡土地有关的一系列问题表示关切和重视，"家乡"对于他们来说有着文化上和经济上的双重意义。⑤ 陈蕊以改革开放 40 多年来潮汕地区的产业经济发展进程为例，比较海外华商在侨乡经济发展中扮演的角色，探究了海外华商影响侨乡经济的机制。⑥ 冉琰杰、张国雄以广东侨乡为例，认为"侨乡"概念最迟出现在 20 世纪 40 年代，中外文化融合是其本质特征，侨乡文化是跨行政区跨地域的分散存在，其分布范围从东南沿海的传统侨乡向西南、西北、东北沿边乃至内地扩展。⑦

需要介绍的是，黄显堂所编《近代华侨史研究资料续编》收录了有关近代华侨史的研究资料 100 余种，包括华侨概略、华侨问题、华侨年鉴、华侨人物、华侨汇款、侨务行政、海外华侨支持抗战等方面的资料，涉及南洋、欧美、日本等地，⑧ 为华侨华人史研究的基础性文献。

---

① 严海建：《中荷新约谈判与荷属东印度华侨权益（1942～1945）》，《抗日战争研究》2020年第 2 期。

② 吕俊昌：《近代早期亚洲海域华人天主教徒的活动与角色》，《海洋史研究》第十四辑。

③ 张晶盈：《华侨地缘性社团与传统宗教的渊源及互动——以东南亚为例的分析》，《华侨华人历史研究》2020 年第 4 期。

④ 蒋楠：《流动的社区：宋元以来泉州湾地域社会与海外拓展》，厦门大学出版社，2020。

⑤ 张钊：《近代旅暹潮侨的家乡土地观念管窥——以〈潮汕侨批集成〉为中心的解读》，《暨南史学》2020 年第 1 期。

⑥ 陈蕊：《关系邻近性视角下的海外华商与侨乡经济——以改革开放后广东潮汕地区为例》，《华侨华人历史研究》2020 年第 2 期。

⑦ 冉琰杰、张国雄：《地域视野下的侨乡文化——以广东侨乡为例》，《广东社会科学》2020年第 6 期。

⑧ 黄显堂编《近代华侨史研究资料续编》，上海科学技术文献出版社，2020。

五　海域文化、宗教交流与传播研究

海洋是沟通世界、文明交流的桥梁和纽带。胡嘉麟在物质与图像、原料与技术、思想与信仰三个方面探讨秦汉时期南海文化交流的整体面貌。[1] 张慧琼从诗学的角度分析明代抗倭诗——主要体现为对海洋审美本体、海洋诗歌意象、海洋主题背景等进行不同程度的书写，从海洋题材、文学地域、海疆边塞等方面拓展了中国诗学的版图。[2] 范若兰以汉唐时期广州、交州、扶南和室利佛逝为节点，分析南海僧人的弘法求法经历，认为僧人通过南海，串联起南海区域的佛教传播，也串联起印度与中国的佛教联系。[3] 尼古拉斯·雷维尔探讨了施说法印倚坐佛像在东南亚的起源与传播。[4] 钱灵杰聚焦东印度公司的汉学家及他们对中国典籍的翻译，客观评价汉学家群体在中国典籍英译史和中西文化交流史中的地位和作用。[5] 童德琴、米歇尔考察了江户时代日本出岛商馆外籍医师中的代表人物在日活动情况，梳理当时西方医药学在日本传播、发展的过程，指出幕府对西洋科学知识技能的关心，对日本近代医学、药学科学研究起到重要的推动作用。[6] 此外，法国学者苏尔梦对15~18世纪中国南海及临近海域的沟通语言做了精细研究，揭示了马来语与葡萄牙语作为通用语和贸易语言在中国南海及附近海域扩展，华人船员和海商在马来语的长期传播过程中曾起到一定的作用。[7] 越南学者阮玉诗、黄黄波考察了越南潮州人"明月居士林"（明月善社）的信仰崇拜，指出该华人宗教综合了中国佛教、道教、民间信仰、日本密宗佛教和纯越南净土宗佛教，20世纪80年代传播到加拿大、美国和澳大利亚，形成一个跨国宗教

---

① 胡嘉麟：《从考古资料看南中国海秦汉时期的文化交流》，《海交史研究》2020年第2期。

② 张慧琼：《明代抗倭诗的海洋文学特色》，《中州学刊》2020年第7期。

③ 范若兰：《海路僧人与古代南海区域佛教传播（3~10世纪）》，《海交史研究》2020年第3期。

④ 〔泰〕尼古拉斯·雷维尔：《7~8世纪东南亚倚坐佛像起源与传播研究新视野》，冯筱媛译，《海洋史研究》第十五辑。

⑤ 钱灵杰：《英国东印度公司汉学家典籍英译研究》，中国科学技术大学出版社，2020。

⑥ 童德琴、〔日〕米歇尔（Wolfgang Michel）：《江户时代日本出岛的商馆医师与异域医药文化交流》，《海洋史研究》第十四辑。

⑦ 〔法〕苏尔梦：《中国南海及临近海域的沟通语言（15~18世纪）》，宋鸽译，《海洋史研究》第十五辑。

网络。①

　　关于妈祖（天后）信仰研究，福建莆田学院主办的《妈祖文化研究》刊登了大量文章，涉及地域从国内的山东②、西南地区③、福建、台湾、潮州等地，到域外的朝鲜④、越南、马来西亚，甚至远至澳大利亚⑤。赵逵以福建会馆和天后宫为专题，对全国范围内的福建会馆和天后宫进行了全面的梳理和解读，探讨天后宫、福建会馆的传承与演变关系。⑥ 李立人通过南宋庆元三年大奚山起义宋廷的处理方式看出，南海神至高无上的地位开始动摇。南海神信仰体系自身的局限和南宋理学家对妈祖信仰体系的建构，导致宋元之际"妈祖"的地位逐渐取代"南海神"。⑦ 陈支平、鄢姿讨论了明代士大夫知识分子关于"天妃"封号的论辩。⑧ 宋建晓则提出福建省利用妈祖信俗与乡土文化促进乡村治理的策略。⑨

　　其他与海洋信仰相关的研究，李庆新分析了明清航海针路簿、更路簿中的海洋神灵及其祭祀空间，提出妈祖信仰的重要性，但并不具唯一性，探究明清时期沿海地区涉海人群的海洋信仰，要加强海洋神灵的系统研究与整体研究。⑩ 牛军凯提到崖山海战之后，越南形成以杨太后为核心的南海四位圣娘信仰，以杨太后为代表的中国历史人物成为越南乡村信仰的神灵，并广泛传播，是中越文化密切交流的体现。⑪ 张贺宇指出清代北洋地区妈祖信仰影响深远，但部分地区依然有属于自身的本土信仰，当地人民常常多个神灵共

① 〔越〕阮玉诗（Nguyen Ngoc Tho）、〔越〕黄黄波（Huynh, Hoang Ba）：《越南南部华人文化传播与变迁：明月居士林》，《海洋史研究》第十五辑。

② 倪浓水：《妈祖文化与北方"海丝"交集中的登州节点——基于古代相关涉海文献的分析》，《妈祖文化研究》2020 年第 2 期。

③ 管庆鹏：《西南地区明清妈祖信仰体系的构建》，《妈祖文化研究》2020 年第 2 期。

④ 翟金明：《妈祖文化研究的新资料、新视野——读〈妈祖文化与明末朝鲜使臣〉有感》，《妈祖文化研究》2020 年第 4 期。

⑤ 林亦瀚：《妈祖文化在澳大利亚的传播和发展》，《妈祖文化研究》2020 年第 2 期。

⑥ 赵逵：《天后宫与福建会馆》，东南大学出版社，2020。

⑦ 李立人：《宋元之际"妈祖"取代"南海神"考——兼论南宋庆元三年大奚山起义》，《海交史研究》2020 年第 3 期。

⑧ 陈支平、鄢姿：《明代关于"天妃"封号的论辩》，《史学集刊》2020 年第 2 期。

⑨ 宋建晓：《闽台妈祖信俗与乡土文化互动发展研究——基于乡村治理视角》，人民出版社。2020。

⑩ 李庆新：《明清时期航海针路、更路簿中的海洋信仰》，《海洋史研究》第十五辑。

⑪ 牛军凯：《异域封神：越南"神敕"文献中的宋朝杨太后信仰》，《海交史研究》2020 年第 2 期。

同祭祀。① 尤小羽考证了明教与东南滨海地域的关系，认为明教能在东南沿海立足，首先应归因于教团组织的成形，其次在于该教的数术小传统有利于融入尚巫的东南滨海百姓。②

六　港口、船舶、航路与历史地理研究

关于海港或港口城市的研究，黄学超对元明时期刘家港港区进行考证，认为元代港区中心在太仓城，明初南移，核心港区集中在城南海运仓一带。③ 徐文彬对明清以来福州、厦门的城市格局变迁加以梳理，指出与海外贸易联系、侨商优势的发挥、城市功能的定位是决定福州、厦门城市格局变迁的主要因素。④ 罗一星认为在广州"一口通商"之前，佛山市舶曾经作为澳门贸易对接港市，本地洋商行的经营和本地大宗商品的出口，使佛山成为清代重要的出口商品集散地和澳商云集之区，推动佛山完成了传统型市镇向开放型市镇的转变和整合。⑤ 胡德坤、王丹桂指出，室利佛逝的式微和元朝海上丝绸之路的盛况，促使古新加坡崛起成为繁荣的国际港口和区域商业中心，而明朝中国的海洋贸易政策变化又导致此后古新加坡港口的衰微湮没。⑥ 黄晓玲对新加坡开埠早期港口城市规划、华人商业活动、粤籍批局的经营网点分布进行考察，指出该地区华人的发展，一方面顺应了政府的规划，另一方面又有强烈的族群特色，影响新加坡市区及华人商业区域的形成。⑦

关于中国古代帆船的研究，王煜等对中国古代 1500 余种舟船的资料进行整理分析，精细地勾画出中国古代造船技术与航海事业的画卷。⑧ 蔡薇等通过对宋代海船"华光礁 I 号"与"南海 I 号"的测绘数据资料进行拼接、

---

① 张贺宇：《清代北洋地区漂流民神灵信仰文化初探——以"问情别单"为中心》，《广东农工商职业技术学院学报》2020 年第 2 期。

② 尤小羽：《明教与东南滨海地域关系新证》，《海洋史研究》第十六辑。

③ 黄学超：《元明刘家港港区考》，《海交史研究》2020 年第 4 期。

④ 徐文彬：《海上丝绸之路与明清以来福厦城市格局变迁》，《地方文化研究》2020 年第 2 期。

⑤ 罗一星：《论清代前期的佛山市舶》，《中国社会经济史研究》2020 年第 2 期。

⑥ 胡德坤、王丹桂：《古代海上丝绸之路与新加坡早期港口的兴衰》，《史林》2020 年第 4 期。

⑦ 黄晓玲：《新加坡早期港口城市规划与华人商业——兼论粤籍批局的经营网点分布》，《海洋史研究》第十四辑。

⑧ 中国航海博物馆、王煜、叶冲编著《中国古船录》，上海交通大学出版社，2020。

复原，推算同类海舶的尺度及排水吨位。① 顿贺、梁国庆、廖军令对史书关于水密隔舱的相关术语"梁"、"舱壁"和"舱"进行解读与考证。② 叶冲等对近代外国关于中式帆船的调查成果进行梳理，指出该种调查成果与中国古代文献对木帆船的历史记录存在差异，该文对开展中式帆船研究有很高的参考价值。③ 温志红考究了 1904 年圣路易斯世界博览会中国各海关提供的参展船模。④ 陈悦考察了近代"平远"舰的设计、建造渊源、不同时期的外观和武备变化。⑤ 张兴华介绍了晚清民国时期黑龙江、松花江与辽河中的各种船型。⑥

围绕海上航路与海运，杨家毅指出，元明清时期京杭大运河分别向北、向南，与陆地丝绸之路和海上丝绸之路相连接，形成贯通欧亚大陆的交通、贸易体系。⑦ 杨海英关注到明万历援朝战争中，面对大量的粮食输送，海运的开通与运行十分重要，辽东、天津、山东是朝鲜战场主要的后勤供应基地。⑧ 王煜通过港口物流网络视角，分析中国东南沿海枢纽港口成因、外贸港口兴替和相关的支线物流通道问题。⑨ 另外，阿兰·达扬根据其自身航海与拍摄纪录片的经验，对历史上的航路及相关事物进行了总结。⑩ R. G. 格兰特对灯塔的发展、技术进步以及守塔人做了概括性的叙述。⑪ 有学者将目光聚集在海上航行沿途的景观上。谢忱对清乾隆年间中国册封琉球活动的《奉使琉球图卷》全二十幅图画进行解析，描绘了祭拜海神、过黑水沟、牵舟过洋等航海有关细节。⑫

---

① 蔡薇、席龙飞、吴轶钢：《海上丝绸之路上宋代海船的尺寸与排水量》，《国家航海》2020年第 1 期。

② 顿贺、梁国庆、廖军令：《中国古船术语梁、舱壁和舱的考证》，《国家航海》2020 年第 1 期。

③ 叶冲、沈毅敏、李世荣：《近代外国关于中式帆船的调查成果概述》，《国家航海》2020 年第 1 期。

④ 温志红：《1904 年圣路易斯世博会中国参展船模探析》，《国家航海》2020 年第 1 期。

⑤ 陈悦：《福建船政"平远"舰考》，《国家航海》2020 年第 1 期。

⑥ 张兴华：《东北地区传统木帆船与复原》，《国家航海》2020 年第 1 期。

⑦ 杨家毅：《京杭大运河与陆海丝绸之路关联的历史考察》，《江南大学学报（人文社会科学版）》2020 年第 3 期。

⑧ 杨海英：《明代万历援朝战争及后续的海运和海路》，《历史档案》2020 年第 1 期。

⑨ 王煜：《唐宋南海航线物流通道的嬗变——基于港口物流网络视角的回望》，《中国港口》2020 年增刊第 2 期。

⑩ 〔法〕阿兰·达扬：《5000 年海上航路折叠》，温诗媛译，世界图书出版公司，2020。

⑪ 〔英〕R. G. 格兰特：《灯塔之书》，王枫译，中国画报出版社，2020。

⑫ 谢忱：《乾隆年间〈奉使琉球图卷〉探析》，《海交史研究》2020 年第 3 期。

七 海洋考古、海洋文献整理与研究

　　"顺风相送定海波——沉船文物展"于 2018 年 11 月 25 日在福建省福州市连江县博物馆揭幕，《博物院》杂志为此组织刊登了一批专题稿件。[①] 李榕青对新安沉船上的福建酱黑釉陶瓷做了分析，注意到该种瓷器在日本的影响。[②] 联系"南海 I 号"考古成果，黄静对明清德化白瓷外销的器形、原因与影响进行了深入的分析。[③] 李岩对"南海 I 号"上发掘出的金叶子进行判读，推断该船曾在临安停泊与采买。[④] 孙键对"南海 I 号"的考古工作做了阶段性总结，认为该船属"福船"类型，是南宋时期从中国泉州港出发的贸易商船，船货种类丰富，以铁器、瓷器为大宗。[⑤] 北洋海军沉船调查是中国水下考古的新篇章，为研究北洋海军史以及晚清史提供新的珍贵的实物史料。2020 年度《自然与文化遗产研究》杂志组织刊登了一期以北洋海军水下考古为主题的学术文章。[⑥] 学者对致远[⑦]、定远[⑧]、经远[⑨]等舰进行了调查研究。[⑩]

　　对海洋考古资料与器物的整理研究，出版了多种成果。《面向海洋》一书集中呈现长沙窑的文化内涵及其在海上丝绸之路上的重要地位，揭示长沙窑对世界瓷器烧制工艺所产生的影响。[⑪]《泉州海外交通史博物馆藏宗教石刻精品》收录了泉州海外交通史博物馆藏 200 余幅基督教、印度教和伊斯

---

① 栗建安：《从"摇篮"走向大海——"顺风相送定海湾——沉船文物展"始末》，《博物院》2020 年第 1 期。

② 李榕青：《新安沉船上的福建酱黑釉陶瓷》，《博物院》2020 年第 1 期。

③ 黄静：《试析明清德化白瓷外销的器形、原因与影响》，《博物院》2020 年第 1 期。

④ 李岩：《小议南海 I 号出土的金叶子》，《博物院》2020 年第 1 期。

⑤ 孙键：《宋代沉船"南海 I 号"考古述要》，《国家航海》2020 年第 1 期。

⑥ 宋新潮：《序：北洋海军沉舰调查——我国水下考古的新篇章》，《自然与文化遗产研究》2020 年第 7 期。

⑦ 周春水：《辽宁丹东致远舰遗址调查》，《自然与文化遗产研究》2020 年第 7 期。

⑧ 王泽冰、孟杰、杨小博：《山东威海定远舰的发现与论证》，《自然与文化遗产研究》2020 年第 7 期。

⑨ 冯雷、于海明、周春水：《辽宁庄河经远舰遗址水下考古发现与水下文化遗产的研究价值》，《自然与文化遗产研究》2020 年第 7 期。

⑩ 禾多米：《北洋海军在德国建造战舰的档案研究——基于什切青机械制造公司 Vulcan 造船厂档案的初步调查》，《自然与文化遗产研究》2020 年第 7 期。

⑪ 西汉南越王博物馆、长沙博物馆编著《面向海洋》，岭南美术出版社，2020。

兰教宗教石刻照片。① 《宁波海交史籍举要》结集宁波历代重要海交史料达40 余种，对研究该地区海交史有帮助。②

2020 年度学界对涉海文献的整理与研究有新的进展。徐春伟等出版了《浙江海防文献集成》第二辑。③ 浙江海洋大学编撰了"清代海洋活动编年"系列图书。④ 新近出版的《近代华南海盗纪事》系芬兰探险家、作家与摄影家阿莱科·利留斯（Aleko E. Lilius）所著《与中国海盗同行》（*I Sailed with Chinese Pirates*）、《广州与虎门——在中国六个月的传奇经历》（*Canton and the Bogue：The Narrative of an Eventful Six Months in China*）两书的合译本，对清代广州河南茶叶加工场有精细的考察，对研究 19 世纪 70 年代至20 世纪初的华南海盗、国际茶叶贸易、广州城市史等都有很高的史料价值。⑤ 陈博翼回顾和介绍了一批稀见的环南海原始文献，考察近代以来五百年间环南海地区各强权和势力纵横捭阖及兴衰的历史，所涉包括域外势力进入环南海地区、环南海航海记录、档案和大型调查报告、南海各区内重要文献等。这些资料除了有很高学术价值，也反映了中国学界亟待加强认识的几百年来自身和周边历史的演变过程⑥。

中国第一历史档案馆整理了与海洋史相关的馆藏档案，包括军机处上谕档、录副奏折及宫中朱批奏折中行商商欠案史料（分两期刊发）。⑦ 郭晶萍、徐珊珊利用美国海关档案对清末南洋公学留美生的留学活动进行考证。⑧ 刘勇对荷兰东印度公司对华直航贸易档案的形成、管理及其归类编目过程做了系统探析。⑨ 侯彦伯分析了 1949 年以来国内海关资料研究的困境，认为要克服未能整体理解海关资料的困境，就需要理解当时人编纂海关

① 泉州海外交通史博物馆编《泉州海外交通史博物馆藏宗教石刻精品》，海洋出版社，2020。
② 国家图书馆编《宁波海交史籍举要》，国家图书馆出版社，2020。
③ 徐春伟编《浙江海防文献集成》第二辑，宁波出版社，2020。
④ 楼正豪编《清代前期海洋活动编年》，武汉大学出版社，2020；闵泽平编《清代道光朝海洋活动编年》，武汉大学出版社，2020；鲁林华编《清代咸丰、同治朝海洋活动编年》，武汉大学出版社，2020；王颖编《清代光绪朝前期海洋活动编年》，武汉大学出版社，2020；马丽卿编《清代光绪朝后期海洋活动编年》，武汉大学出版社，2020。
⑤ 〔芬〕利留斯：《近代华南海盗纪事》，沈正邦译，何思兵校译，花城出版社，2020。
⑥ 陈博翼：《稀见环南海文献再发现：回顾、批评与前瞻》，《东南亚研究》2020 年第 3 期。
⑦ 伍媛媛：《清代中西贸易商欠案档案（上）》，《历史档案》2020 年第 4 期；伍媛媛：《清代中西贸易商欠案档案（下）》，《历史档案》2021 年第 1 期。
⑧ 郭晶萍、徐珊珊：《美国海关档案与清末南洋公学留美生史实》，《历史档案》2020 年第 1 期。
⑨ 刘勇：《荷兰东印度公司对华直航贸易档案探析》，《海交史研究》2020 年第 2 期。

资料的制度，而不是沿用后人重新编排海关资料的分类方式。① 吴松弟认
为中国旧海关内部出版物是研究中国近代经济史乃至近代其他方面的资
料宝库。② 滨下武志总结中国海关史研究，认为有三个循环，一是自然气
象循环，二是市场的循环，三是地方社会生活循环，这些循环都可以利
用海关档案史料进行研究。③ 李培德亦对香港地区的中国海关史研究进行
了总结。④ 伊巍、龙登高利用浚浦局档案研究近代海关附加税与疏浚事业
资金供给模式，认为在政局动荡的近代中国，通过海关代征转移交付浚浦
税，不仅保障了疏浚事业充足的运营资金，而且使浚浦局能够保持独立稳
定与长期持续发展。⑤ 曹曦亦利用"中国旧海关史料"研究中国近代宣纸出
口路线及影响因素。⑥ 有学者对涉海方志也做了分析研究。⑦

　　古人对海洋的认知、海洋知识的积累、海洋知识的交流，是人类海洋文
明进步的标志。陈刚认为"流求国"是古代中国认知海洋异域世界、积累
海外交流经验的重要知识载体。《隋书》的"流求国"记录并不能被理解为
隋朝同单一特定地区的交往，"流求国"认知形成的经验源于隋炀帝时期多
次海外经略活动。⑧ 林日举对最早见于宋代文献、明清时期趋于成熟的海南
民众风候潮观测经验进行了考察，认为这项技术与海南渔业经济的发展息息
相关，源于民众又服务于民众。⑨ 赵磊探讨《海潮辑说》的写作，表达了
"应月之说为长"和"浙江之潮为大"的观点。⑩ 罗丰通过对台北"故宫"
藏《职贡图》的考察，认为梁元帝号称重视与周边国家的关系，但实际上

---

① 侯彦伯：《1949 年以来国内海关资料研究的困境与解决途径》，《中国社会经济史研究》
　2020 年第 3 期。
② 吴松弟：《中国旧海关内部出版物的形成、结构与学术价值》，《史林》2020 年第 6 期。
③ 〔日〕滨下武志：《中国海关史研究的三个循环》，《史林》2020 年第 6 期。
④ 李培德：《香港地区的中国海关史研究：议题、成果和资料》，《史林》2020 年第 6 期。
⑤ 伊巍、龙登高：《近代海关附加税与疏浚事业资金供给模式——以浚浦局档案为中心》，
　《中国经济史研究》2020 年第 3 期。
⑥ 曹曦：《近代宣纸出口路线探析——以"中国旧海关史料"为中心》，《中国农史》2020 年
　第 3 期。
⑦ 胡世文、朱丽芳：《中国涉海方志十六讲》，海洋出版社，2020；吴巍巍：《"东南锁钥"：
　中国地方志中的台湾海洋史料探略》，《闽台缘》2020 年第 1 期；郭晓红：《基于海丝文化
　的福建汀州府地方志研究》，《图书馆学刊》2020 年第 12 期。
⑧ 陈刚：《制造异国：〈隋书〉"流求国"记录的解构与重释》，《海洋史研究》第十四辑。
⑨ 林日举：《南海文明视野下明清时期海南风候潮候观测》，《南海学刊》2020 年第 4 期。
⑩ 赵磊：《清海宁俞思谦纂辑〈海潮辑说〉研究》，《浙江海洋大学学报（人文科学版）》
　2020 年第 4 期。

未能达到左右逢源、尽善邻邦的地步。① 高志超留意中朝双方对黄海海界的认知，认为 19 世纪中叶以前均主要集中于黄海北部海域"岛陆"的归属上，该海域"水空间"部分仍保持"公共水资源"属性，近代随着中朝海疆危机的加深和海洋资源依赖性的增强，洋面归属问题提上日程，《中朝商民水陆通商章程》成为双方渔民在各自领海从事渔业活动的行为规范。② 马榕婕指出海权理论在 20 世纪初期传入中国，中国的海洋意识兼有近代化含义，国人通过报刊了解海洋，海权意识逐渐觉醒，不断展开维护海权、维护国家主权的实践活动。③

海洋知识在跨国、跨海域中交流与传播，加深了对彼此国情、地情、民情乃至深层次精神文明的互相认识和理解。周佳探讨中国、印度、西方世界三个体系中对印度蓝牛羚的描绘和记录的异同，思考 15 世纪起世界各国和地区在互相交流中增进了解的进程。④ 廉亚明挖掘稀见阿拉伯、波斯语史料中的海南史料，揭示这个南海大岛在古代东西方海上交往中的作用及地位。⑤ 郭筠对中世纪阿拉伯地理图籍中有关中国的文献进行翻译整理，考证其中重要的城市、地名、人名以及中阿交往史。⑥ 陈春晓爬梳中古时代波斯、阿拉伯语文献记载及参考同时期欧洲旅行家记录，对印度半岛西海岸的一些重要航海地名做了考证，确定相应的地理位置、地貌特征、物产及贸易情况。⑦ 裴艾琳探讨明末以降来华西方传教士对古希腊史、古罗马史的塑造，认为一方面是为了迎合中国本土的知识架构，另一方面借助历史中的"神迹"叙事达到论证基督教正当性和吸引信徒的目的，直到艾约瑟《希腊志略》《罗马志略》的翻译和创作，这种神学史学的观念才被学术传教取代。⑧ 王维江研究

① 罗丰：《邦国来朝——台北故宫藏职贡图题材的国家排序》，《文物》2020 年第 2 期。
② 高志超：《从岛陆到洋面：明清时期中朝对黄海北部海界认知及演进》，《中国历史地理论丛》2020 年第 3 期。
③ 马榕婕：《近代国人对海权认知的历程——基于报刊资料为核心的考察》，《新西部》2020 年第 17 期。
④ 周佳：《郑和下西洋所携入异兽"糜里羔"再考——图像与文本中的蓝牛羚》，《福建师范大学学报（哲学社会科学版）》2020 年第 1 期。
⑤ 〔德〕廉亚明：《阿拉伯、波斯史料中的海南岛》，《中山大学学报（社会科学版）》2020 年第 2 期。
⑥ 郭筠：《阿拉伯地理典籍中的中国》，商务出版社，2020。
⑦ 陈春晓：《中古时代印度西海岸地名考——多语种文献的对勘研究》，《海交史研究》2020 年第 2 期。
⑧ 裴艾琳：《冲击与重塑——明末以降来华传教士对古希腊、罗马史的阶段性塑造及其转变》，《史林》2020 年第 2 期。

德国东亚艺术品鉴赏、收藏和研究先驱格罗塞，指出其由收藏日本艺术品到收藏中国艺术品的转变，是由中国文物外流、世界博览会勃兴以及欧美工艺品发展的强烈需求所促成。[①]

海洋历史地图研究为多学科关注的热点。韩昭庆对中国海图史研究进行系统深入的梳理和总结，以 1929 年为界，将中国海图史研究分为两期。在对海图整理分类的基础上，提出要加强对相同谱系海图的比较研究，开展中国与世界海图史的比较研究。[②] 汤开建、周孝雷对明代《全海图注》中《广东沿海图》进行深入分析，挖掘出正德、万历初发生的重要海事信息。[③] 周鑫对汪日昂《大清一统天下全图》的刊绘与知识源流做了深入梳理，展现了 17～18 世纪中国南海知识形成与传播的多种样态。[④] 近年来《塞尔登图》备受关注，刘爽通过对图中印度洋海域 4 座大岛的解析，借助发迹于欧亚大陆两端的"金洲"概念，展现了一条中西交汇的财富想象之路。[⑤] 朱鉴秋指出 18 世纪前期《东洋南洋海道图》的地理底图绘制参考了西方的地图，该图详细描绘了中国至日本及东南亚各国港口的航路，并标记航向和距离，配置了两个 32 方位的罗盘等，具有独特重要的史料价值。[⑥] 成一农认为明代郑若曾所画《万里海防图》谱系是海防总图的主流，清初具有代表性的是陈伦炯的《海国闻见录》，第一次鸦片战争后出现用新的绘图方式绘制的海防总图，标志着海防总图朝向近现代转型。[⑦]

对于外国绘制的海图，丁雁南指出某些学者提出"古 Pracel"（西沙群岛）概念是对地图史和相关地理知识谱系的误读，荷兰人的三角状"pruijs droohten"是地图史上最早对西沙群岛局部的正确描绘，对帕拉塞尔的测绘最终由英国东印度公司完成。[⑧] 陈国威通过对《布劳范德姆地图集》中《东京湾和华南地区海岸图》的解读，探析 17 世纪前后雷州半岛与域外的交往

---

① 王维江：《格罗塞与中国艺术品入藏德国》，《史林》2020 年第 1 期。
② 韩昭庆：《中国海图史研究现状及思考》，《海洋史研究》第十五辑。
③ 汤开建、周孝雷：《明宋应昌〈全海图注·广东沿海图〉研究》，《中国历史地理论丛》2020 年第 3 期。
④ 周鑫：《汪日昂〈大清一统天下全图〉与 17～18 世纪中国南海知识的生成传递》，《海洋史研究》第十四辑。
⑤ 刘爽：《"金洲"重现："塞尔登图"新解》，《国家航海》2020 年第 2 期。
⑥ 朱鉴秋：《略论〈东洋南洋海道图〉》，《国家航海》2020 年第 2 期。
⑦ 成一农：《明清海防总图研究》，《社会科学战线》2020 年第 2 期。
⑧ 丁雁南：《两个"帕拉塞尔"之谜：地图史理论变迁与西沙群岛地理位置认知的演化》，《南海学刊》2020 年第 3 期。

历史。①杨迅凌探讨了 1698～1703 年远航中国的法国商船"安菲特利特号"所绘制的华南沿海地图，并对其背景、种类、内容、版本等加以梳理、分类。②

关于航海针路、更路簿的研究，刘义杰对南海航路问题进行系统研究，发表了南海海道"再探"和"三探"，廓清了中国南海交通的诸多问题③。阎根齐对苏德柳《更路簿》进行深化研究，指出《驶船更路定例》篇是明中后期从福建一带《针路簿》传抄而来，经后人补充，近现代仍被使用。④李文化、陈虹、袁冰注意到了苏标武家藏两种更路簿的更路航向表述形式的特别之处，认为这种航向表述形式隐含有海南渔民熟记于心的岛礁之间的相对位置，形成独特的四种类型的"子午线航向角"表述形式，与 360 度真北航向表述存在高度可信的转换关系。⑤张侃、吕珊珊考察了南麂岛相关的明清针路文献，指出航海针路上以海岛为核心形成的海路坐标，其空间意义并不在于岛屿本身，而在于它所连接的周边岛屿与海域，而随着航海实践增多，开辟的航线更为多元，针路文献更为详细，形成的海洋知识也更为多样。⑥

八　海洋国别史、海域史研究

从全球宏观的角度，以海洋为本位，立足区域，纵向深入的国别史、海域史研究是 2020 年国外海洋史研究的一大趋势。新出版的《剑桥古代史》第四卷有两册与海洋史有关，其中一册述及地中海东部从古风时代向古典时代过渡的历史进程，另一册关注罗马对地中海地区政治上的有效控制。⑦王大威、陈文以葡萄牙为例，探讨欧洲早期民族国家的海洋发展与

---

① 陈国威：《17 世纪及其前后雷州半岛与域外海路交往史料探析——从一幅荷兰古海图说起》，《海洋史研究》第十四辑。

② 杨迅凌：《法船"安菲特利特号"远航中国所绘华南沿海地图初探（1698～1703）》，《海洋史研究》第十五辑。

③ 刘义杰：《南海海道再探》，《南海学刊》2020 年第 1 期；《南海海道三探》，《南海学刊》2020 年第 3 期。

④ 阎根齐：《苏德柳〈更路簿〉考述》，《社会科学战线》2020 年第 5 期。

⑤ 李文化、陈虹、袁冰：《苏标武两种特殊藏本更路簿研究》，《南海学刊》2020 年第 1 期。

⑥ 张侃、吕珊珊：《从明清针路文献看南麂岛的航线指向及其历史变迁》，《海洋史研究》第十四辑。

⑦〔英〕J. 博德曼，〔英〕N. G. L. 哈蒙德编《剑桥古代史，第 4 卷，波斯、希腊与西地中海地区，约公元前 525～前 479 年》，张强等译，中国社会科学出版社，2020；〔英〕A. E. 阿斯廷，F. W. 沃尔班克编，陈恒等编，《剑桥古代史，第 8 卷，罗马与地中海世界，至公元前 133 年》，中国社会科学出版社，2020。

国家治理策略。[①] 雅克·阿塔利在《海洋文明小史》里回顾了人类与海洋之间的互动历史。[②] 他的另一本著作《何为海洋史？》从理论角度对海洋史进行思考，探讨了为什么海洋史是一个重要的研究领域。[③]

对中国海洋文明历史的研究，张海鹏总主编《中国海域史》分"总论卷""渤海卷""黄海卷""东海卷""南海卷"五卷。该书以通论形式说明中华文明不是仅限于陆地的"黄色文明"，同时也是深具"蓝色基因"的海洋文明，海洋文明对中华文明的形成和变迁都发挥着重要作用。该书是第一部从"海域史"角度系统反映中国各大海域历史文化变迁的通史。[④]

东亚国家及其与西方的关系素为学界所关注。罗丽馨讨论 7～19 世纪日韩两国间的政治经济往来与相互认识问题。[⑤] 万明探讨了明代中国与爪哇的历史关系，重新认识全球化发生与衍化过程，认为以往过分强调西方大航海影响的观点应加以修正。[⑥] 白蒂详细阐述了郑成功多次向日本请求军事支援的过程，论述了 17 世纪郑氏政权与德川幕府的关系。[⑦] 郭满从中国、东亚和世界三个视角重新审视海洋琉球，认为琉球国向明朝确立藩属地位，是明朝在东亚区域建构国际秩序的表现。[⑧] 李郭俊浩、赖正维通过琉球王家档案《尚家文书》的记载，展现了清朝册封使团在琉球的活动细节，揭示了册封正、副使对随封人员严格的管理以及与琉球方面良好的沟通与交流。[⑨] 顾卫民考察了荷兰在 15～18 世纪之间海上帝国扩张史，认为荷兰人带来了多元开放的文化，开启了现代社会金融业的滥觞、现代企业的萌芽、股份制的创建等。[⑩] 陈琰璟利用荷兰语文献探究 1622 年荷葡澳门之战，认为荷兰人选择武力攻打澳门是战略上的严重失策，参与作战人员无论数量或质量均不如

① 王大威、陈文：《欧洲早期民族国家的海洋发展与国家治理策略：以葡萄牙为例》，《广东社会科学》2020 年第 5 期。
② 〔法〕雅克·阿塔利：《海洋文明小史》，王存苗译，中信出版集团，2020。
③ David J. Starkey, "Why maritime history?" *International Journal of Maritime History*, no. 2 (2020).
④ 张海鹏总主编《中国海域史》，上海古籍出版社，2020。
⑤ 罗丽馨：《十九世纪前的日韩关系与相互认识》，Ainosco Press，2020。
⑥ 万明：《明代中国与爪哇的历史记忆——基于全球史的视野》，《中国史研究》2020 年第 2 期。
⑦ 〔意〕白蒂：《郑氏政权与德川幕府——以向日乞师为讨论中心》，阮戈译，《海洋史研究》第十五辑。
⑧ 郭满：《中国、东亚与世界——琉球国藩属地位的三重变迁》，《边界与海洋研究》2020 年第 5 期。
⑨ 李郭俊浩、赖正维：《从〈尚家文书〉看清末赵新使团在琉球的活动及其管理》，《历史档案》2020 年第 3 期。
⑩ 顾卫民：《荷兰海洋帝国史（1581～1800）》，上海社会科学院出版社，2020。

人意，作战指令意图不清晰，且与盟友英国同床异梦。①

　　关于东南亚国家海洋历史研究，李庆讨论了明万历时期所谓往吕宋采金事件。② 成思佳考证了清人高熊徵对明代佚名《交趾志》的增补及形成的《安南志》在中越两国的流传。③ 李塔娜以越南历史上的"四个时刻"为例，揭示了越南历史书写中一些与中国有关的因素被严重忽略。④ 法国学者苏尔梦对越南派往"下洲"（南方国家）的使者进行了考察。⑤ 马琦、余华考察了乾隆朝中缅战争前后两国贸易的变化过程，指出迫于贸易制裁的压力，缅甸主动恢复宗藩关系。⑥ 王杨红审视清朝与暹罗传统朝贡关系在清末终结的进程，发现暹罗提升自身地位的需求与清朝维持宗藩体制的设想相冲突，加上一些意外事件，最终导致朝贡关系走向终结。⑦

　　学界对国际漂流事件、海难救助等问题亦有关注。孙峰通过分析康熙三十二年普陀山僧众救助遭风漂流至舟山群岛的日本商船的事件，提出普陀山—长崎是明末清初中日民间贸易的重要航线，普陀山是当时中日贸易的重要港口。⑧ 李超关注清代琉球漂流至中国之难民的物品处置，指出允许难民在华期间变卖携带物品是一偶然行为，除有保护国防安全、维持贸易垄断的目的，也是清廷基于"怀柔远人"思想下的变相抚恤行为。⑨ 崔英花关于朝鲜对中国漂流民救助制度的研究，指出其契机是清礼部 1689 年"己巳咨文"的发布，其后朝鲜执行了自愿、省弊的漂流民救助方式，运行了一个半世纪之久。⑩ 邢媛媛则指出，首位漂流到俄国的知名日本人传兵卫，是开启俄日关系的第一位特殊使节，其口述日本消息是俄国制定对日政策的重要参考和

①　陈琰璟：《荷兰语文献中的 1622 年荷葡澳门之战》，《海洋史研究》第十六辑。

②　李庆：《早期全球化进程中的东亚海域：明万历海外采金事件始末》，《国际汉学》2020 年第 4 期。

③　成思佳：《高熊徵与〈安南志〉新论》，《中国边疆史地研究》2020 年第 3 期。

④　〔澳〕李塔娜：《"半潜的越南"？从长时段历史看越南与中国》，罗燚英译，《海洋史研究》第十五辑。

⑤　〔法〕苏尔梦：《越南使者对下洲或南方国家的观察（1830~1844）》，成思佳译，《海洋史研究》第十六辑。

⑥　马琦、余华：《乾隆朝中缅战争前后的贸易变动与宗藩关系》，《中国边疆史地研究》2020 年第 3 期。

⑦　王杨红：《中暹传统朝贡关系的终结（1869~1893）》，《海交史研究》2020 年第 2 期。

⑧　孙峰：《清康熙年间一起普陀山日本漂流民事件的史料考证》，《浙江海洋大学学报（人文科学版）》2020 年第 4 期。

⑨　李超：《清代琉球漂风难民物品处置考》，《清史研究》2020 年第 3 期。

⑩　崔英花：《清代东亚海域和朝鲜对中国漂流民的救助制度》，《海交史研究》2020 年第 4 期。

有效情报，对俄日关系影响深远，俄国对传兵卫的救助与优待，根本出发点是寻找新大陆、保障国家政治经济利益的现实需求。①

在海域史研究中，地中海史研究有不少新成果值得注意。英国学者查尔斯·弗里曼著《埃及、希腊与罗马：古代地中海文明》一书，超越了传统的政治史框架，通过文学、艺术、哲学、建筑以及社会经济等多种维度，全方位解释古代地中海诸文明兴衰，探讨西方文明的起源与形成。② 徐松岩、李杰对处在希腊化三大强国之间的东地中海罗德岛展开研究，指出该岛时常遭受海盗袭扰，外部环境尤其外部敌对因素刺激了该岛海洋意识的觉醒，促进其国家机器的发展与完善，然而其自身实力有限，难逃被罗马帝国征服的命运。③ 武鹏以多元文化互通交融的观念，考察 4～6 世纪东地中海历史的复杂性和特殊性，该地区在这一时期形成了有别于西地中海的面貌，最终被整合在一个共同的拜占庭帝国之中。④

学界对南亚-印度洋史的研究成为新热点。苏尼尔·阿姆瑞斯著《横渡孟加拉湾——自然的暴怒和移民的财富》叙述了近五百年印度东海岸人群尤其是底层与边缘群体向孟加拉湾对岸的移民历史及该地区经济整合的过程。⑤ 约翰·麦卡利尔著《印度档案——东印度公司的兴亡及其绘画中的印度》一书，以大英图书馆等处珍藏的与英国东印度公司相关的 18～19 世纪的艺术作品为研究对象，分析这些艺术品蕴含的重大事件、地理景观、人物形象，揭示英国与印度次大陆之间的互动关系，不少为首次披露，具有相当高的价值。⑥

《海洋史研究》第十六辑发表了"英国海洋史"专栏，共七篇论文，成为大西洋史研究的一大景观。该专栏集中讨论三个问题。一是对英国本土及殖民地的海洋商贸活动进行探究。周东辰以中世纪英国重要外港大雅茅斯为

---

① 邢媛媛：《太平洋上的相遇：日本漂流民传兵卫与俄日关系的发端》，《史林》2020 年第 4 期。
② 〔英〕查尔斯·弗里曼：《埃及、希腊与罗马：古代地中海文明》，李大维、刘亮译，民主建设出版社，2020。
③ 徐松岩、李杰：《论希腊化时期罗德岛海上势力的兴衰》，《海洋史研究》第十四辑。
④ 武鹏：《东地中海世界的转变与拜占庭帝国的奠基时代（4～6 世纪）》，北京大学出版社，2020。
⑤ 〔印度〕苏尼尔·阿姆瑞斯：《横渡孟加拉湾——自然的暴怒和移民的财富》，尧嘉宁译，朱明校译，浙江人民出版社，2020。
⑥ 〔英〕约翰·麦卡利尔：《印度档案——东印度公司的兴亡及其绘画中的印度》，顾忆青译，湖南人民出版社，2020。

例，分析 16 世纪英格兰渔业的兴衰。① 王伟宏考察 17 世纪以后英属新英格兰殖民地海运业的崛起，为日后美国工业化的开展奠定基础。② 王伟、李晶梳理曼彻斯特海船运河的修建过程、开凿带来的影响及其衰落的原因以及 20 世纪 70 年代以来的转型，其兴衰体现了英国制造业的兴衰。③ 二是涉及英国与亚洲地区尤其是中国、日本之间的交往。刘钦论述了 17 世纪初的英日贸易。④ 叶霭云考察了阿美士德使团中的中方译员。⑤ 刘啸虎分析了 19 世纪英国航海家巴塞尔·霍尔笔下的琉球。⑥ 三是探讨与海洋相关的英国制度。徐桑奕探析了 1783～1793 年英国海军在装备、技术上的革新与人员组织的改革。⑦ 此外，张烨凯介绍了荷兰史家威姆·克娄斯特所著《尼德兰时刻：十七世纪大西洋世界的战争、贸易与殖民》一书，对这部杰出的汇通性作品做了中肯点评和反思，为大西洋史研究揭示了新的进路。⑧

学术会议回顾与展望

8 月至 12 月厦门大学海洋文明与战略发展研究中心围绕"从印度洋、海岛东南亚到列岛"等主题，在线上举办了"多元文明共生的亚洲"青年学者系列讲座。11 月 7～8 日，海南大学在文昌市清澜港举办"第六届南海《更路簿》暨海洋文化研讨会"，多角度讨论了更路簿和南海文化。11 月 14～15 日，广东历史学会、广东省社会科学院历史与孙中山研究所（海洋史研究中心）联合在上川岛主办"海洋广东"论坛暨广东历史学会成立 70 周年学术研讨会、2020 年（第三届）海洋史研究青年学者论坛，来自北京、上海等 20 多个省、区、市的高校、科研机构、文博部门的学者代表 130 余人参加会议，议题包括历史上"海洋广东"与东亚海洋文明、"海洋广东"与全球海域交流、当代"海洋广东"与"一带一路"、粤港澳大湾区建设等，

① 周东辰：《16 世纪英格兰海洋渔业由盛转衰及原因分析——以大雅茅斯为例》，《海洋史研究》第十六辑。
② 王伟宏：《英属新英格兰海运业的崛起》，《海洋史研究》第十六辑。
③ 王伟、李晶：《曼彻斯特海船运河兴衰探析》，《海洋史研究》第十六辑。
④ 刘钦：《17 世纪初的英日贸易》，《海洋史研究》第十六辑。
⑤ 叶霭云：《阿美士德使团（1816～1817）中方译员研究》，《海洋史研究》第十六辑。
⑥ 刘啸虎：《"有趣"与"真实"之间——英国航海家巴塞尔·霍尔笔下的琉球》，《海洋史研究》第十六辑。
⑦ 徐桑奕：《1783～1793 英国海军舰船和人员领域的策略探析》，《海洋史研究》第十六辑。
⑧ 张烨凯：《〈尼德兰时刻〉与大西洋研习进路的思索》，《海洋史研究》第十五辑。

是年度规模最大的高水平海洋史学盛会。11 月 28～29 日，厦门大学历史系在线上举办了"多元文明共生的亚洲：南亚、中亚、西亚"青年学者工作坊。11 月 28～29 日，中山大学历史学系、广州口岸史研究基地主办了"全球语境—广州视角"历史专题工作坊，围绕"一个千年与两个广州""金属、口岸与全球科技史""政府、商人与市场""现代世纪新篇章""文献、文物与新知识""国家与生态的边疆"等议题展开讨论。

总的来说，2020 年海洋史研究令人振奋，海洋史研究继续入选本年度"中国历史学研究十大热点"①。在本体上建构中国海洋史学体系获得学界共识，以至有建构"新海洋史"之思考。相关研究领域都出现了一批出色的作品，不少重要的涉海公藏档案、海图资料、海外华侨文献、民间文书等得到挖掘利用，为海洋史研究奠定了良好的基础。面向未来，以海洋为本位，以海域史、全球史、整体史相结合的视野，注重人海关系、海陆互动、比较研究，加强原创性、专题性研究与学术创新，加强海洋史学规划，推进学科团队建设与学科整合，建构中国特色的海洋史学体系，是中国海洋史学发展的一个努力方向。

（执行编辑：王潞）

---

① 《2020 年度中国历史学研究十大热点在澳门发布》，"人民资讯"，发布时间：2020 - 04 - 20，17：02。

海洋史研究（第十七辑）

2021 年 8 月　第 459~473 页

19 世纪英国档案对海峡殖民地
华侨华人的文献概述

黄靖雯（Wong Wei Chin）　　安乐博（Robert J. Antony）[*]

前　言

　　1786 年，英国率先占领槟榔屿，随后合并马来半岛的马六甲与新加坡等地，于 1826 年成立海峡殖民地（Straits Settlements）。海峡殖民地位于中印海上贸易、东南亚海域与东西方航海交通的交会点，新加坡、马六甲与槟榔屿因而成为盛极一时的口岸，留下大量有关英国、印度、海峡殖民地和中国经济贸易往来的英国官方书信与文献档案。

　　随着近年"一带一路"倡议的提出，中国政府对海外华侨越发重视，中国学界对东南亚华侨文献的调研和搜集也越加活跃和深入。由于地理、交通与语言的诸多便利，许多学者陆续选择新加坡和马来半岛（简称"新马地区"）为研究据点，对近代海外华侨文献展开大规模的搜集与实地调研工

---

　　* 作者黄靖雯（Wong Wei Chin），北京师范大学 – 香港浸会大学联合国际学院助理教授，研究方向：东南亚华人移民史、西方殖民史；安乐博（Robert J. Antony），美国哈佛大学费正清中国研究中心研究员，研究方向：海盗史、海洋社会史。

　　本文系 2019 年度广东省普通高校特色创新类项目"华南地区东南亚研究的回顾与展望（1978—2018）"（项目号：2018WTSCX193）和 2020 年度北京师范大学 – 香港浸会大学联合国际学院研究项目"18 至 20 世纪殖民地档案有关东南亚华人移民的叙述"（项目号：R202047）的成果之一。

作。短短十数载，国内有关新马地区华侨文献的整理工作卓有成效，文献大致可分为以下类别：乡团会馆与宗族组织内部资料和出版品、战前华文报章、侨批、早期华人墓地与义山碑刻、庙宇与地方志、新加坡人口普查等资料汇编。① 上述中文文献史料价值高，在生动反映"南洋"华侨民间色彩的同时也展示了 20 世纪新马地区华侨移民社群丰富的地缘、血缘与方言群的地方生活面貌。然而，由于这些资料大多属于马来西亚半岛的地方文献，加上马来西亚档案馆不重视中文史料的保存，许多中文资料存在开放程度不高、原始性不足且分散在各个不同州属等问题，对大部分学术研究者而言往往难以搜集，更遑论被中国学界广泛使用与辨别证伪。

相比中文文献，英国官员在殖民时期于当地留下大量的原始文书档案，涵盖内容极广，并更具系统性地收藏在新加坡、马来西亚与英国国家档案馆（The National Archives，London）。其中内容涉及 19 世纪海峡殖民地华侨华人经济、社会活动的档案，是英属殖民地系列为 CO（British Colonial Office）的官方殖民文献档案。CO 官方文献内容极其丰富，得到海外学者的重视和广泛应用。相对而言，中国研究东南亚华侨移民史的学者难免陌生，对该档案的参考和引用也相应缺乏。有鉴于此，本文将对 19 世纪 CO 英国档案的构成与分类进行广角镜式的梳理，探讨有关 19 世纪时期东南亚新马地区的华侨资料概况，以期抛砖引玉，希望英国档案未来为国内学者广泛利用，为日后东南亚移民和华侨华人研究的资料搜集与史料整理提供方向。

一　英属殖民地系列 CO 官方文献档案之概况

19 世纪的英国是一个世界性帝国。从历史学的角度而言，英属殖民地系

---

① 丁荷生、许源泰编《新加坡华文铭刻汇编（1819～1911）》，广西师范大学出版社，2017；陈蒙鹤（Chen Mong Hock）：《早期新加坡华文报章与华人社会（1881～1912）》，胡兴荣译，广东科技出版社，2008；陈荆淮主编《海邦剩馥：侨批档案研究》，暨南大学出版社，2016；黄清海：《海洋视野下的侨批探微》，黑龙江教育出版社，2019；王炜中主编、汕头市档案局等合编《潮汕侨批业档案选编（1942～1949）》，天马出版有限公司，2010；山岸猛：《侨汇——现代中国经济分析》，刘晓民译，厦门大学出版社，2013；苏瑞福（Saw Swee-Hock）：《新加坡人口研究》，薛学了、王艳等译，厦门大学出版社，2009；广东省档案馆编《侨批档案图鉴》，中山大学出版社，2020；黎俊忻：《海外华侨文献搜集与当地历史脉络关系探讨——以马来半岛近代广东华侨文献整理为例》，李庆新主编《海洋史研究》第 15 辑，社会科学文献出版社，2020；宋燕鹏：《由碑铭看 1800 年前后马六甲华人甲必丹之活动》，《汉学研究学刊》第四卷（2013），马来亚大学中文系。

列为 CO 的官方文献不仅详实记录当时英国和其他西方势力在远洋各殖民地的商务活动和法律规程，同时也是研究世界历史、东西方交流和海洋史的重要史料来源。这批档案几乎涵盖了全世界各个地区，分别有：欧洲，包括地中海的直布罗陀、塞浦路斯、科西嘉、马尔他等；非洲；亚洲，包括东亚、东南亚、南亚、西亚、中东（巴勒斯坦、伊拉克、阿拉伯）等；美洲，包括北美、中美、南美等；大洋洲，包括澳大利亚和新西兰等；大西洋诸岛，包括福克兰群岛和圣赫勒拿岛；巴布亚新几内亚太平洋岛屿，斐济和圣诞岛；毛里求斯和塞舌尔的印度洋岛屿等。与此同时，CO 文献档案亦针对当时的亚洲进行了丰富的文献收藏，内含包括全南亚、东南亚和中国等地区的文献资料。

19 世纪以来，全世界各地曾经被英国殖民过的区域所产生的官方文件和民事记录皆一一收藏在英属殖民地系列为 CO 的文献档案中。从规模层面而言，英属殖民地系列为 CO 的官方文献档案记录，收罗从 1570 年到 1970 年所有与英属殖民地有关的文献记录。这批殖民档案数量庞大且内容繁杂，涵盖了与殖民地的通信、财政和民事记录，以及与各个英国殖民地管理有关的通信登记册。早期的记录大部分是来自各殖民地州长的来往邮件，但后来的记录则包括了办公室记录和外派电报的草稿，以及与其他殖民地相关的来往信件，此外还收录了部分海峡殖民地官员在 19 世纪以前在各个殖民地的游记与随笔。CO 文献档案中的大部分记录按照下列三种文件类型以时间顺序方式进行分类与排列：（1）派送给总督的信件；（2）办公室（政府部门和其他组织）信件；（3）个人信件（一般按字母顺序排列）。为了方便研究人员进行搜索，从 1570 年开始到 1926 年的文献档案，使用各个文件类型主题的英文字母来标示每个绑定的微型胶卷（microfilm），而每个微型胶卷首页将会展示其内容列表，清楚列出通讯员的姓名、信函日期和主题等，为研究人员带来了极大的便利。1926 年之后，分类方式则有所改变，采用了各个官方文件所处理的英文主题来进行排序与分类，这与 1926 年以前的分类方式有所区别，研究者必须多加留意。

目前，英属殖民地所有的原始档案被完好保存在英国伦敦西南方列治文区的邱园（Kew Garden）英国国家档案馆。这批数量庞大且包罗万象的文献档案极其珍贵，但英国国家档案馆并未藏私，他们将 CO 档案定义分类为"公共记录"，并将其开放给世界各地所有人浏览。只要登入英国国家档案馆的官方网站 www. nationalarchives. gov. uk，任何人都可以随时在弹指之间搜索到与世界各地英国殖民地相关的原始文件。对学术研究者来说，浏览英国国家档案馆的官方网站将是最快了解该档案馆丰富馆藏的最佳方式。英国国家档案馆官方网页上设有一项使用者在线订购的服务，任何文件都可以透过网站进行订购。每页文件将收取 8.40 英镑（大约人民币 74.50 元）费用。订购后，英国国家档案馆会将所订购的档案文件透过可携式文件格式（PDF）进行拷贝并储存到数码光碟内，随后通过传统邮件的邮寄方式将光碟寄到世界各地订购用户的手中，操作过程一般需时 24 个工作日。

自 19 世纪初开始，位于东南亚海域的海峡殖民地（新加坡、马六甲与槟榔屿）是往来英国、印度、中国与亚太地区多国的主要航道，先后成为盛极一时的口岸，许多殖民官员在当地留下了大量的官方书信与第一手文献资料，本文将引介其中记载海峡殖民地的 CO 系列文献档案。

二　有关海峡殖民地文献档案的分类概况

对许多不太熟悉东南亚区域以及西方殖民当地历史的人士来说，"海峡殖民地"这一名称往往给人非常模糊的印象。"海峡殖民地"包含哪些地域？它究竟如何形成？海外华侨与移民社群又是如何聚集在当地的？追根溯源，海峡殖民地的形成过程非常复杂。18 世纪，英国东印度公司商人与英国殖民官员在东南亚海域寻找合适的贸易口岸时，与马来半岛、苏门答腊岛屿各个马来王朝以及爪哇岛上的荷兰东印度公司，进行了无数次的政治与外交磋商，英国海峡殖民地正是在这一过程中发展演变而成。本文认为，理解海峡殖民地的成立及其历史背景非常关键，因为它与系列编号 CO273 文献档案的内部分类架构息息相关，这将有效协助研究者加深了解英属殖民地档案的资料排序与分类逻辑。

如下列表 1 所显示，1786 ~ 1946 年，英国殖民政府在现今的新加坡和马来西部半岛逐步形成行政管理区域。自 18 世纪末开始，英国官员便采用"分而治之"的统治概念，从经济活动层面来鼓励马来半岛和新加坡当地不同种族迁到不同的州属居住，在按照肤色进行经济分工的同时阻止种族融合，其中的海事贸易、矿业与商业性种植业皆由华人移民主导；马来原居民主要负责农业和渔业生产；19 世纪下半叶来自印度南部的移民劳工则纷纷被雇佣到特定州属，负责橡胶种植[①]。透过海峡殖民地（Straits Settlements）、马来联

[①]　参考 C. M. Turnbull, *The Straits Settlements*, *1826 – 67*: *Indian Presidency to Crown Colony*, London: Athlone Press, 1972; K. C. Tregonning, *The British in Malaya*, U. S. A. : The University of Arizona Press, 1965; Khoo Kay Kim, *The Western Malay States*, *1850 – 1873*: *The Effects of Commercial Development on Malay Politics*, 1972. Reprint, Kuala Lumpur: Oxford University Press, 1975.

邦（Federated Malay States）和非马来联邦（Unfederated Malay States）一步一步地阶段性组成英属马来亚（British Malaya），显而易见，英国在将近百年不同时期的时间内，以经济活动之名在新马地区采取了非正式的种族隔离政策，巧妙地分化了当地居民，进而有效输送马来半岛的天然资源与贸易利益到欧洲去。

表 1　英属马来亚（British Malaya）行政区域的组成与分类（1786～1946）

行政单位	州属	组成年份	主要经济活动	主要居住人口
海峡殖民地 （Straits Settlements）	1. 新加坡 2. 槟城（槟榔屿） 3. 马六甲 4. 基灵岛* 5. 圣诞岛* 6. 纳闵岛*	1826～1946	海上贸易	华人
马来联邦 （Federated Malay States）	1. 霹雳 2. 雪兰莪 3. 森美兰 4. 彭亨	1895～1946	矿业与农业生产	华人与印度人
非马来联邦 （Unfederated Malay States）	1. 吉打 2. 玻璃市 3. 吉兰丹 4. 登嘉楼（丁家奴） 5. 柔佛	1909～1946	农业与渔业生产	马来人

　*基灵岛（Keeling/Cocos Islands）在 1886 年合并到海峡殖民地；圣诞岛（Christmas Island）和纳闵岛（Labuan）则分别在 1900 年和 1907 年被纳入海峡殖民地。

　J. E. Nathan, *The Census of British Malaya 1921: The Straits Settlements, Federated Malay States and Protected States of Johore, Kedah, Perlis, Kelantan, Trengganu and Brunei*, London: Waterlow and Son Limited, 1922; C. A. Vlieland, *British Malaya: A Report on the 1931 Census and on Certain Problems of Vital Statistics*, England: Office of the Crown Agents for the Colonies, 1932; M. V. Del Tufo, *Malaya Comprising the Federation of Malaya and the Colony of Singapore: A Report on the 1947 Census of Population*, London: Crown Agents for the Colonies, 1949; R. L. Jarman, comp., *Annual Reports of the Straits Settlements, 1855 – 1941*, London: Archive Editions Limited, 1998.

　资料来源：英属马来亚 1921～1947 年人口普查和海峡殖民地 1855～1941 年年度报告

　　分析海峡殖民地与英属马来亚行政区域的形成，将有助于研究者理解当时的英国如何在人手严重短缺的情况下，依然可以在远洋的东南亚区域统治异地人民与资源。从表 1 英属马来亚行政单位的组成来看，当年的英国无疑采用了渗透性的殖民模式，一步一步蚕食马来半岛的土地资源，谋取暴利。

虽然迟至 1867 年，位于英国伦敦的皇室才正式承认并授权海峡殖民地为
"皇家殖民地"（Crown Colony），从原本的隶属英国驻印总督府改为由英国
殖民地部（Colonial Office）直接管辖，并在当地首次正式成立其殖民政府
体制与警卫部队，然而，殖民政府的成立与其警力的正式入驻对当地居民的
日常生活影响极少，因为英属马来亚当地的多个族群聚落早已在早期"分
而治之"的殖民统治方式下在当地生活了半个世纪以上。

如先前所述，海峡殖民地的档案文献，是采用如表 1 所显示的行政单位
来进行分类与整理的。从规模层面而言，编号系列 CO273 的官方档案文献收
录了 1838～1938 年所有有关派送给总督的信件、办公室（政府部门和其他组
织）信件以及个人信件（一般按字母顺序排列），共计 660 多卷微型胶卷。前
六卷主要收录 1838～1867 年来往印度的英国殖民办公室总部与海峡殖民地之
间的官方书信。1867 年，在马来亚半岛的英国殖民官员获得伦敦皇室授权，
正式成立海峡殖民地政府，之后有关海峡殖民地的文献档案就按照表 1 所示的
行政单位进行分类。整体而言，1867 年后，编号 CO426 的微型胶卷收录了所
有有关海峡殖民地的文件书信；1867～1919 年，有关马来联邦和非马来联邦
等地的文件书信则收录在系列编号 CO786 的微型胶卷中；1920 年后有关派送
给英国总督的信件、当地办公室与其他政府部门和组织信件及个人信件则收
录在系列编号 CO717 的微型胶卷中；有关纳闽岛的官方文献则集中收录在系
列编号 CO144 的微型胶卷中。总的来说，有关海峡殖民地的官方文献档案内
容极其丰富且数量庞大，包含 CO273、CO275、CO276、CO277、CO425、
CO426、CO486、CO537、CO717、CO786、CO940、CO991、CO1010 等微型胶
卷与单片胶卷（microfiches），内容涵盖海峡殖民地至东南亚甚至亚洲区域有
关海事、行政蓝图、民事、医疗、基础设施建设、经济、贸易、外交等课题。
由于 CO 官方文献数量庞大，本文将重点介绍海峡殖民地编号为 CO273 的英国
官方殖民文献，从史料范围来关注早期远渡"南洋"的中国移民，以英属殖
民政策在地视角来研究与书写身处海外的中国下层社会史（China's history
from below）。

三　海峡殖民地编号 CO273 文献档案对华侨华人的叙述

根据作者对海峡殖民地档案的了解，编号系列 CO273 的文献档案收录
较多有关马来亚海域与贸易口岸的文件，以及早期移民到新加坡、马六甲

与槟榔屿打拼求存的华侨华人的原始资料。如前所述，研究者可以透过英国国家档案馆官方网站的浏览器，直接针对 CO273 海峡殖民地的文献档案进行初步的搜寻。譬如，以"华人"（Chinese）为关键词在英国国家档案馆的线上数据库进行搜寻，弹指之间就出现 88 份与"华人"的英文单词相关的文件。其中 87 份文件的时间较为靠后，大多处于 1931～1949 年，内容包括限制中国移民到马来半岛的文件，以及与当地华人事务相关的官方文件，只有一份文件记录的是有关 1898 年 4 月在当地犯下罪行的华人案件。

除了从英国国家档案馆的浏览器获得有关 CO273 文献的信息，对中国移民和东南亚华侨华人课题感兴趣的研究者其实也可以在新加坡和马来西亚档案馆查询有关 CO273 的复制档案。除了储存在伦敦邱园英国国家档案馆的原始档案，编号系列 CO273 的文献档案资料同时也可以在新加坡国家档案馆（The National Archives of Singapore）、新加坡国家图书馆（The National Library，Singapore）、新加坡国立大学图书馆（National University of Singapore Library）、马来西亚国家档案馆（Arkib Negara Malaysia），以及马来亚大学中央图书馆（The Main Library，University of Malaya）借阅浏览，它们都是从英国国家档案馆的殖民原始档案文件直接复制过来的微型胶卷版本，研究者皆可免费借阅，使用相机拍摄。研究者可事先透过新加坡国家档案馆的在线数据库进行搜寻，获得初步的微型胶卷参考编号与文件年份，在抵达马来西亚和新加坡后再到该地的图书馆或档案馆直接浏览及阅读文献资料的详细内容。

和英国国家档案馆线上浏览器相似，透过新加坡国家档案馆的在线数据库搜索有关"华人"（Chinese）的档案文献，研究者可在线上大致浏览每个微型胶卷内容列表的电子版本，然后再决定是否需要在线订阅或者实地借阅浏览个别文件。以下是有关 CO273 第 567 卷的检索范例（中英对照）：

范例：

主题：海峡殖民地原始书信（CO273 第 567 卷）

在线浏览：http：//www. nas. gov. sg/archivesonline/private＿ records/record－details/282b40b3－47e7－11e6－b4c5－0050568939ad

---

日期：01/01/1930 – 31/12/1931

内容范畴：

内容包括：槟城；华人遭受羞辱；驻槟城的华民事务官员对当地的观察；对新加坡建筑师实施的条例（1926）修正案；废除来自爪哇岛的契约劳工制；提议废除来往英属马来半岛和暹罗的签证要求。到阿拉伯捷达朝圣；1930 年有关朝圣者和朝圣船法令；1929 年海峡殖民地气象调查报告；纳闽和圣诞岛；国防贡献；马来亚新闻的审查制度；立法会。

档案登入编号：CO 273/567/1 – 14

媒体图像编号：D2016050713

登入条件：允许观看。若使用和复制文件则需透过书面申请获得许可。

备注：

任何用于"私人学习、学术或研究以外的任何目的"都不获允许。如果用户私自用在私人学习、学术或研究以外的目的将被追究侵犯版权的责任。用于其他出版与商业等用途，如书籍、杂志或线上出版品必须正确标明出处、引用格式和缴付指定的出版费。任何疑问请联系国家档案馆图像库：image – library@ nationalarchives. gov. uk

搜寻日期：21. 12. 2020

Example One：

Title：CO 273/567：Straits Settlements Original Correspondence（CO 273/567/1 – 14）

Web-link：http：//www. nas. gov. sg/archivesonline/private _ records/record – details/282b40b3 – 47e7 – 11e6 – b4c5 – 0050568939ad

Covering Date：01/01/1930 – 31/12/1931

Scope and Content：

Highlights in this series include：Penang；Chinese humiliation days：Chinese consul in Penang's continued observance of these days；Proposed amendments to the Singapore Architects Ordinance, 1926；Abolition of indentured Javanese labour；Proposed abolition of visa requirements for travellers between British Malaya and Siam；Pilgrims to Jeddah：Pilgrims and Pilgrim Ships Enactment 1930；Straits Settlements Report for 1929；Survey Department（Meteorological Branch）；Labuan and Christmas Island：defence contributions；Press censorship in Malaya：Legislative Council.

Accession Number：CO 273/567/1 – 14

Media-Image Number：D2016050713

Conditions Governing Access：

Viewing permitted. Use and reproduction require written permission from copyright owner or source.

Remarks：

Any copy or reproduction is not to be "used for any purpose other than private study, scholarship, or research". If a user makes a request for and later uses a copy or reproduction for purposes other than private study, scholarship or research, that user may be liable for copyright infringement. Any other uses or commercial uses such as illustrative use in books, magazines or online, require an image library license, with correct citation and a publication fee. To use documents in this context, please contact The National Archives image library at：image – library@ nationalarchives. gov. uk

Accessed 21 December 2020.

早在 1990 年，专攻英属马来亚与东南亚区域史的历史学家兼教授保罗·奎托斯卡（Paul Kratoska）联合马来西亚理科大学多位师生的力量，为数量超过 660 卷的 CO273 文献档案编制了一本索引目录。除了更为详细记录 CO273 文献档案中更为多元的主题，这本索引目录还叙述了 CO273 系列档案的历史属性与内容特质，其学术贡献功若丘山①。通过奎托斯卡教授对 CO273 文献档案上千个关键词的目录汇编，笔者在短时间内便成功在数量庞大的各个微型胶卷中，搜寻到有关 19 世纪在英属马来半岛生活的"华人"（Chinese）、"劳工"（labour）、"移民"（immigrant）、"秘密会社"（secret

① Paul H. Kratoska, *Index to British Colonial Office Files Pertaining to British Malaya*, Kuala Lumpur：Arkib Negara Malaysia, 1990.

society）、"条例"（ordinance）等议题的一手文献资料，文献数量多达 1050
页。值得一提的是，许多与以上关键词相关的档案文献都是重叠的，这说明
19 世纪英属马来亚的华侨华人与移民、劳工、秘密会社、政策条例等议题
息息相关，因果关系密不可分①。其中编号为 CO273/70 的档案内就详细记
录了海峡殖民地于 1868 年颁布的《中国客船条例》。该档案提供了华人移
民在海南、澳门、香港、广州、汕头、厦门、上海等中国南方沿海口岸与海
峡殖民地之间往来的珍贵资料（见表2）。如表2所显示，19世纪中叶漂洋
过海南来新加坡、槟城、马六甲的华侨移民只能乘坐帆船，而海上路程所需
时间往往取决于东北季风与西南季风的影响。例如当时从香港码头顺风行
驶，帆船一般可以在大约 17 天内抵达新加坡码头，倘若逆风行驶则需时 54
天。这些往来各个海峡殖民地的中国船只除了运送贸易货物与中国商品，同
时也承载了许多中国劳工到东南亚区域。

表2　1868 年来往海峡殖民地码头与中国各个港口的航行天数

码　　头	海南 （Hainan）	澳门 （Macao）	广州 （Canton）	香港 （Hong Kong）	汕头 （Swatow）	厦门 （Amoy）	上海 （Shanghai）
西南季候风,4 月至 9 月 （During South-West Monsoon between the months of April and September）							
到新加坡	13 天	17 天	18 天	17 天	22 天	24 天	29 天
到马六甲	16 天	20 天	21 天	20 天	25 天	27 天	32 天
到槟城	21 天	25 天	26 天	25 天	30 天	32 天	37 天
东北季候风,10 月至来年 3 月 （During North-East Monsoon between the months of October and March）							
到新加坡	38 天	54 天	56 天	54 天	64 天	72 天	83 天
到马六甲	41 天	57 天	59 天	57 天	67 天	75 天	86 天
到槟城	46 天	62 天	64 天	62 天	72 天	80 天	91 天

资料来源：Proceeding of the Steamed "Fitzpatrick", November 5, 1873. Colonial Office: Straits Settlements Original Correspondence, CO273/70, The National Archives, Kew, London.

海峡殖民地所颁布的上述客船条例虽然并未提及各个口岸的乘船人数、
票价，以及往来海峡殖民地和中国各个口岸的详细移民路线与网络，但笔者

① Wong Wei Chin and Robert J. Antony, "Coolies, Pirates, and Secret Societies: Narratives of Chinese Underclass in Hong Kong, Macao, and the Straits Settlements as Revealed in British Colonial Office Records, 1838 – 1938," *Review of Culture*, International Edition, no. 60 (2019): pp. 16 – 33.

在翻阅 CO273 殖民档案的过程中逐步累积，不难发现，当时海峡殖民地的英国官员对所有抵达马来海港的中国移民了如指掌。研究者不妨顺藤摸瓜，逐步深入或扩大 CO273 相关资料的搜集，相信对东南亚华侨华人的文献积累与研究工作必定有所贡献。

　　早在 19 世纪 50 年代，在槟城驻守超过 20 年的英国籍殖民官员乔纳斯·沃恩（Jonas Vaughan），在其个人手稿里记录了 19 世纪当地华工招募与移民途径的详情：

　　　　运送华人劳工到马来亚的船只通常拥挤不堪，不过总体上仍然待遇不错。他们在 1 月、2 月和 3 月抵达这里。经营船只的负责人一般被称作"客头"（kheh-tao）。客头一般会为刚抵达马来亚，一般被称作"新客"（sinkheh）的新移民，制定市场价格，譬如具备一些熟练技能的工人如裁缝、金匠或木匠等，一般价格 10～15 元。不具备任何技能的新移民将被视为"苦力"，一般价格 6～10 元；老弱的移民则价格更少，一般 3～4 元。这些"客头"随后会和当地的"会社"（Hoés）进行交易，这些"会社"会按照"客头"开出的价格为这些"新客"缴付船票；作为交换条件，这些"新客"必须用其劳动力为帮助他们的"会社"无薪工作至少 12 个月，以便还清这笔债务。在这前 12 个月，当地的"会社"将为属下的劳工提供住宿、食物和衣服，直至届满 12 个月。一般情况下，这些华人劳工都会忠实地履行其义务，届满一年后，经过双方同意，这些"新客"便可以以自由身在当地成为受薪一族，在当地开始积累个人财富①。

　　分析乔纳斯·沃恩对 19 世纪上半叶在英属槟城打拼求存的华侨劳工的观察，可以看出其笔下的这些"会社"和民间的劳工团体并没有太大的区别。由于 19 世纪英属马来亚当地的英国殖民官员人数原本就异常缺乏，依靠当地华工组织的会社或劳工团体来协助中国移民迅速投入殖民地的经济劳动顺理成章。

---

① Jonas. D. Vaughan，"Notes on the Chinese of Pinang,"*Journal of the Indian Archipelago and Eastern Asia*，1854，pp. 2－3；Wong Wei Chin，"The Word 'Macao' and its Special Meaning in the British Colonial Records of Nineteenth-century Malaya,"*Quarterly Journal of Chinese Studies* 2，no. 1，2013，p. 123.

　　随着华人劳工人数持续不断地增加，华人会社的规模日渐壮大，例如 CO273 档案记载，19 世纪 70 年代在新加坡、槟城、霹雳、雪兰莪等地相继发生了多起华人械斗，导致数千人伤亡。随着华人械斗事件的增加，英籍殖民官员相继在 CO273 官方文件中把早期的"会社"改口称作"秘密会社"（secret societies）。其实早在 19 世纪 40 年代的新加坡和槟城码头等地就曾发生零星的华人帮派打斗，这也是英属殖民官员为何在 1867 年获得英国皇室授权成立"皇家殖民地"后，立即成立正式的殖民政府，并行使其司法统治权的原因之一——以便名正言顺地管制华人劳工，进而铲除"秘密会社"日益壮大的势力①。

　　根据 CO273 档案记载，英国殖民政府率先借助当地谙悉英语的华人商贾势力，通过他们的通力协助和相关司法程序的推行，英国殖民官员在 19 世纪 70 年代成功推动各个会社进行正式注册，作为有效揪出各个"秘密会社"领导头目的重要手段。经过 20 多年对相关"秘密会社"黑名单的搜罗与控制后，英国殖民政府终于在 1890 年颁布《社团法令》（Societies Ordinance），正式"镇压"所有在英属马来亚当地活跃将近一个世纪的"秘密会社"②。随着黑名单内"秘密会社"的瓦解，英国殖民政府立即取代"秘密会社"承担华工招聘和组织劳工的职能，这也正好解释了为何 1870～1940 年，CO273 档案中出现众多有关英国殖民政府处理"华人移民"（Chinese immigration）事务的官方书信、政策法令与会议文件。例如 CO273 档案就包含了 1873 年英国海峡殖民地政府如何定义"华人移民"、启动实施有关保护马来亚当地华人移民劳工，以及探讨历史性注册当地华工程序的文献③。接下来的 20 年，英国殖民政府积极投入巨额的经济资源来处理与华人移民相关的事务，包括成立华民事务厅（Chinese Protectorate）来有效保护当地华人，杜绝华人劳工被任意贩卖，在各个主要码头建立华人移民专用的临时住所和健康检查，培训与雇用更多华人翻译人员，以及更严谨地制

---

① Wong Wei Chin, "Interrelations between Chinese Secret Societies and the British Colonial Government in Malaya, 1786 – 1890," Ph. D. Dissertation, University of Macau, 2014, pp. 153 – 173.

② Chinese Secret Societies, October 6, 1890, Colonial Office: Straits Settlements Original Correspondence, CO273/168, The National Archives, Kew, London.

③ The Criminal Procedure Bill, September 19, 1873, Colonial Office: Straits Settlements Original Correspondence, CO273/69, The National Archives, Kew, London.

定和修订与华人移民事务相关的法律条文①。迈入 20 世纪，在浏览 CO273
档案的过程可发现，英国殖民政府对华人移民限制令（Restriction of Chinese
Immigration）的多项讨论与政策修订大部分发生在 1930 年英属马来亚出现
失业问题之后②。因此，海外华侨文献的调研和搜集工作需要从当地殖民
政策出发，从不同时段和历史脉络层面进行讨论，作为官方第一手资料，
CO273 文献档案将极大地弥补当地中文文献资料流失和历史细节不足
之处。

余 论

通过本文对海峡殖民地 CO273 这批档案的梳理，不难发现海峡殖民地
自 19 世纪初崛起，发展成颇具影响力的重要贸易港口，这其实有赖于下层
的华人劳工所付出的汗水。然而，当地华侨华人在过去往往不是被忽略，便
是受尽当地殖民政府官员所制定的政策的剥削或差别对待；华人在海峡殖民
地的自助行为或劳工组织亦被污名化，一则被视为犯罪型组织，二则被视为
祸乱社会的根源。这意味着，随着英国殖民政府架构的完善及司法制度的建
立，19 世纪华侨华人的在地角色也出现了盛衰的转换。经过上述分析，有
关早期新马地区华侨华人研究文献的搜集和使用，应当以了解西方殖民东南
亚历史和当地殖民政策为前提，从不同时段的历史脉络进行探讨。

虽说 CO273 殖民档案的数量庞大且内容复杂，但是在海峡殖民地成立
之前或成立早期，远在数千里之外的中国移民究竟透过什么途径，在清朝政
府实施海洋禁令、英属殖民官员并未提供实际许可的情况下，漂洋过海、离
乡背井到海峡殖民地③？上述问题对东南亚华侨华人研究非常重要，但是
CO273 殖民档案却鲜少提及这方面的内容。2016 年的一场日常师生聚会上，
作者黄靖雯获得恩师范岱克（Paul A. Van Dyke）教授的启发与指点，开始
着手查阅东印度公司事务部档案（India Office Records，简称 IOR）系列为

① Chinese Immigrant Examination Depots, January 20, 1897, Colonial Office: Straits Settlements
Original Correspondence, CO273/224, The National Archives, Kew, London.
② Restriction of Chinese Immigration, January 1, 1933, Colonial Office: Straits Settlements Original
Correspondence, CO273/590, The National Archives, Kew, London.
③ 笔者将要出版的中、英文著作详细讨论了该问题。黄靖雯（Wong Wei Chin）《离乡别境：
英属马来亚的华侨华人》（广东人民出版社，即将出版）；Wong Wei Chin, Governing
Chinese Secret Societes in British Malaya（Manuscript under review）.

G/12 的中国商馆（China Factory Records）文献档案。笔者经过数年的查阅发现，G/12 系列英文手写体的书信和会议记录档案内存有 1810 年以前，有关海峡殖民地华工和移民路径的叙述。上述记录纵使有些零碎，却详实反映了海峡殖民地早期更多有关华侨移民劳工的历史细节，资料弥足珍贵。国内学界过去经常使用 G/12 系列来研究海洋史、中西交流史、清代对外商贸史、英国东印度公司对华贸易以及广州口岸史等议题，鲜少有学者引用东印度公司事务部档案来研究东南亚华侨华人和海外移民史。藉此文引介东印度公司事务部档案，本文冀望这批英国档案也能够进入东南亚华侨华人和海外移民的研究者视野，成为研究海外华侨历史另一个宝贵的文献来源。

综上所述，英国国家档案馆编号 CO 系列殖民文献记录弥足珍贵，毋庸赘言。它们可以有效协助历史学家增补 16~20 世纪英国殖民地的原始史料，重新建构这段历史。结合不同类型的地方性资料交织参考，CO273 殖民地文献也能从不同角度检视同一史实。虽然 CO273 文献档案是研究华人下层社会在英属海峡殖民地求生存的重要史料，但对学者而言，关于中国移民、海外华人以及东南亚华侨华人的研究课题，CO 档案并不是"唯一"的研究史料。事实上，除了英国国家档案馆的资料，还有许多中外史料都应该尽可能参考，如中国第一历史档案馆、中国第二历史档案馆、荷兰国家档案馆藏的荷属东印度公司档案，以及当地的马来语档案文献等，这样才能进一步贴近真实的历史面貌。

附记：

本文完稿于 2019 年，原为纪念韦庆远老师 90 周年诞辰而作。作者安乐博，是韦庆远老师第一位美国学生，1985 年始于中国人民大学师从韦老师，与韦老师时相往还，亦师亦友。作者黄靖雯，生于马来西亚，2014 年毕业于澳门大学，是安乐博老师指导的第一位博士生，以治东南亚历史与海外华侨华人为毕生之志。韦庆远老师教导："治史者应以史料为重。以史料为骨，才能旁征博引，才能言之有物，才能触类旁通，才能发人之所未见。"安乐博老师秉承师训，教导学生，史料查询，列为首要。黄靖雯亦秉承师训，治史之始，首重档案。特以此文纪念韦老师，以志师承，不敢忘前辈之教导也。

Narratives of Chinese in the Straits Settlements as Revealed in Nineteenth-Century British Colonial Office Records

Wong Wei Chin, Robert J. Antony

Abstract: The purpose of our paper is to introduce the British Colonial Office records pertaining to Chinese subjects dwelled in the Straits Settlements during the nineteenth century. We begin with a general introduction to the British Colonial Office records, explaining where they are located, how they are organized, and what they contain. Because the archival collections are quite huge, we will limit our scope to descriptions about "Colonial Office, Straits Settlements, Original Correspondence" (commonly referred to as CO273). The British Colonial Office records are essential documents not only because they can help us fill in the gaps, but also because they provide us with a new perspective for studying the history of Chinese migration during the heydays of colonialism in the Southeast Asian context.

Keywords: British Colonial Office Records, Straits Settlements, Chinese, Southeast Asia

（执行编辑：徐素琴）

海洋史研究（第十七辑）
2021 年 8 月　第 474~499 页

粤海关税务司署档案目录
与文本问题初探

李娜娜[*]

　　中国近代海关档案文献的史料价值一直为海内外学术界所称道。半个多世纪以来，在几代学界同仁的努力下，已整理出版诸如《中国近代经济史资料丛刊——帝国主义与中国海关》（再版为《帝国主义与中国海关资料丛编》，11 册）[①]、《中国海关密档——赫德、金登干函电汇编（1874~1907）》（9 卷）[②]、《中国旧海关史料（1859~1948）》（170 册）[③]、《旧中国海关总税务司署通令选编》（5 卷）[④]、《中国近代海关总税务司通令全编》（46 册）[⑤]、

---

　[*]　作者李娜娜，郑州大学信息管理学院助理研究员，研究方向：近代中国海关档案。
　　　本文为国家社会科学基金重大项目“近代广东海关档案文献整理与数据库建设研究”（项目号：17ZDA200）、广东省社会科学基金青年项目（省重大决策）“粤海关档案的形成机制和内容构成研究”（项目号：GD17YLS01）、郑州大学青年教师启动基金项目（哲学社会科学类）“中国近代海关档案文献目录研究”（项目号：110/32220563）阶段性成果。

　[①]　中国近代经济史资料丛刊编辑委员会主编《帝国主义与中国海关资料丛编》（11 册），中华书局，1983。
　[②]　陈霞飞主编《中国海关密档——赫德、金登干函电汇编（1874~1907）》（9 卷），中华书局，1996。
　[③]　中国第二历史档案馆、中国海关总署办公厅编《中国旧海关史料（1859~1948）》（170 册），京华出版社，2001。
　[④]　海关总署《旧中国海关总税务司署通令选编》编译委员会编《旧中国海关总税务司署通令选编》（5 卷），中国海关出版社，2003、2007。
　[⑤]　中华人民共和国海关总署办公厅编《中国近代海关总税务司通令全编》（46 册），中国海关出版社，2013。

《美国哈佛大学图书馆藏未刊中国旧海关史料》（283 册）①、《民国广州要闻录
（近代广东海关档案·粤海关情报卷）》（20 册）② 等一系列价值颇高的第一
手史料。与此同时，也出版了《中国近代海关常用语英汉对照宝典》③《中
国近代海关高级职员年表》④ 《近代中国华洋机构译名大全》⑤ 等工具书。
这些成果，为近代海关档案文献的利用研究提供了极大的方便。随着我国各
级档案馆开放程度的加大，近代海关档案的真容逐步浮出水面，其 20 万卷
左右的数量超出想象，从宏观上对其目录和版本展开研究，或许可以为数字
时代的中国近代海关档案文献研究利用探寻到新的路径。

目录与版本是我国古文献研究领域重要的内容，其中目录的重要性尤为
古代学者称道。清代学者王鸣盛曾说："目录之学，学中第一紧要事。必从
此问途，方能得其门而入。"⑥ 这同样适用于中国近代海关档案文献的研究
和利用。粤海关税务司署档案由近代外籍税务司管理制度下的粤海关税务司
署在运作过程中形成，按照形成时间和档案转移历史，有早期和晚期之分。
目前，广东省档案馆藏的第 94 全宗"粤海关档案"是粤海关税务司署档案
的主体部分，本文拟以此为对象，就目录与文本问题展开探析，不足之处敬
请方家批评指正。

一　广东省档案馆藏粤海关档案的索引与目录

广东省档案馆藏第 94 全宗"粤海关档案"共计 5128 卷，现有全宗索
引和逐卷对应的案卷目录，这是目前了解该全宗的结构和内容最为便捷的途
径。但是该索引和目录也存在缺点，即未显示该全宗的形成历史，也无法透
过案卷探知每件文献的内容。

1. 粤海关全宗案卷分类索引

根据粤海关税务司署档案目前的分类情况，粤海关档案包括秘书、人

---

① 吴松弟主编《美国哈佛大学图书馆藏未刊中国旧海关史料》（283 册），广西师范大学出版
社，2014、2016。
② 广东省档案馆编《民国广州要闻录（近代广东海关档案·粤海关情报卷）》（20 册），广东
人民出版社，2018。
③ 陈诗启、孙修福编《中国近代海关常用语英汉对照宝典》，中国海关出版社，2002。
④ 孙修福编译《中国近代海关高级职员年表》，中国海关出版社，2004。
⑤ 孙修福编《近代中国华洋机构译名大全》，中国海关出版社，2002。
⑥ （清）王鸣盛：《十七史商榷》卷一《史记一》，上海书店出版社，2005，第 1 页。

事、专题、社会情报、总务、验估、缉私、监察、会计、税款、贸易年报、民船管理、接收日伪财产、总税务司署广州办事处及粤海关"应变"活动15类，其中秘书类又分为法规章则、通令布告、批发文稿、上行函件（与总税务司署）、平行函件（与各关税务司）、内部函件（与本关各课、各友关、职员）、往来电报、外界函件（与各国领事、各机关、商人）8类，具体的案卷分类索引如表1。

表1　广东省档案馆藏粤海关全宗案卷分类索引

序列号	类项		所在案卷号
一	秘书	1. 法规章则	秘字 62 – 104
		2. 通令布告	秘字 276 – 427;448 – 451;1629 – 1744 O_2　O_6　O_7
		3. 批发文稿	秘字 1318 – 1520
		4. 上行函件（与总税务司署）	秘字 452 – 525;567 – 864;1880 – 1924 O_9
		5. 平行函件（与各关税务司）	秘字 865 – 975;1925 – 1946 总字 96 – 111 O_4
		6. 内部函件（与本关各课、各友关、职员）	秘字 1521 – 1574 总字 67 – 95 O_4
		7. 往来电报	秘字 1597 – 1628
		8. 外界函件（与各国领事、各机关、商人）	秘字 985 – 1317;1947 – 2116 总字 112 – 116
二	人事		秘字 428 – 447;2158 – 2198
三	专题		秘字 1745 – 1879 O_9
四	社会情报		秘字 1580 – 1596;2200 – 2206
五	总务		总字 1 – 36
六	验估		总字 37 – 116
七	缉私		总字 117 – 219 秘字 2224 – 2229 O_1
八	监察		总字 220 – 352
九	会计		总字 353 – 384

序列号	类项	所在案卷号
十	税款	总字 385 - 853
十一	贸易年报	秘字 2211 - 2223
十二	民船管理	总字 854 - 925
十三	接收日伪财产	秘字 2245 - 2249 总字 926 - 991
十四	总税务司署广州办事处及粤海关"应变"活动	另 1 - 2 A - B

资料来源：根据广东省档案馆藏粤海关档案整理。

　　由表 1 可知，该索引建立在对案卷来源和内容进行分类的基础上。对用户而言，这是从宏观上了解粤海关税务司署内部构成的有效途径，是认识粤海关税务司署案卷和内容构成的基础和前提。

　　该索引当中存在专业用语，各个类项皆有其具体含义和指称对象。"秘书"类是由原粤海关税务司署秘书课保存的案卷，"人事"类即粤海关税务司署档案中的人事档案，"专题"类即专卷档案，"社会情报"类即粤海关税务司署搜集的情报类资料案卷，"总务"类即总务课档案，"验估"类即验估课档案，"缉私"类即缉私课档案，"监察"类即监察课档案，"会计"类即会计课档案，"税款"类即税款课档案，"贸易年报"类即粤海关税务司署形成的贸易年报案卷，"民船管理"类即 1931 年以后新设的民船管理处的案卷，"接收日伪财产"类即抗日战争胜利后粤海关税务司署接收原"日伪海关"相关的各类案卷，"总税务司署广州办事处及粤海关'应变'活动"类中，"总税务司署广州办事处"即 1949 年 2 月 10 日总税务司李度在广州设立的总税务司署办事处，由粤海关税务司方度兼任主任，为总税务司署南撤做准备①。

　　其中，"秘字""总字"是原粤海关税务司署对于案卷类型的简称。目前广东省档案馆藏粤海关档案包括目录 1、目录 2 和目录 3 三部分，其中目录 1 部分应与原"秘字"类案卷一致，目录 2 部分应与原"总字"类案卷基本一致。此外，旧案卷号并存。近代海关系统原有档案管理中采用的列号方式并非按照阿拉伯数字排列，而是按照 26 个英文字母的顺序，采用复式

---

① 孙修福主编《中国近代海关史大事记》，中国海关出版社，2005，第 498 页。

排列，例如 A1、A2、A3……，然后再分为 A1（a）、A1（b）、A1（c）……因此，索引中出现的 O_1、O_9 等列号即原有的案卷列号。在弄清楚索引具体内容的基础上，可以对粤海关税务司署档案的宏观结构有初步的了解。

索引存在一定的不足之处。一是该索引未包含粤海关税务司署档案的所有案卷。索引应当方便易用、一目了然且包罗所有对象，这样利用者才能通过索引便捷地实现对目标的查询。该索引的"类项"和"所在案卷号"未能网罗所有内容，例如目录 3[①] 中职员个人档案在索引中未得到体现。二是索引与目录分开，索引中的案卷列号例如"秘字""总字"以及 O_1、O_9 等列号在目录中不存在，未能建立更为便捷且有效的关联，特别是在目前没有电子目录的情况下，不便于查找和利用。因此，有必要在现有索引基础上，深入研究现有的案卷和内容构成，形成新的分类索引和更为具体的类型，将类项、目录号、案卷号统一到一张表中，实现该类档案更为便捷有效的查询和利用。

2. 粤海关档案案卷目录

了解档案的目录构成是了解其案卷构成的前提。根据广东省档案馆统计，馆藏粤海关税务司署档案共计 5128 卷，其中案卷目录 1 有 2135 卷，案卷目录 2 有 1134 卷，案卷目录 3 有 1859 卷，分别是行政类档案、业务类档案、人事类档案[②]。

目录 1 包括"卷号""案卷标题""年代"（由"卷内目录页次"与"保管期限"合并更改）、"附注"四个部分。"卷号"按照阿拉伯数字排列，始于第 62 卷，止于第 2250 卷，其中案卷编号有间断和重复的情况。具体而言，第 1～61 卷、第 81～103 卷、第 105～274 卷无案卷目录存在。列号为 463 的案卷共计 3 卷，分别为 463、463A、463B；列号为 1879 的案卷共计 5 卷，分别为 1879、1879A、1879B、1879C、1879D；列号为 2237 的案卷共计 2 卷，分别为 2237、2237A。"案卷标题"是了解粤海关档案内容最直观的方式，也是目前进行内容检索的唯一途径。透过粤海关档案的案卷标题可知，这部分档案是按照文种有序编排，案卷内部的文件按照形成时间依次编号，文本方面有正式版本、"稿本"、"抄件"、"副本"的区别，从同

---

① 现粤海关档案目录 3 案卷与上述索引部分无法对应。经笔者考证，粤海关目录 3 案卷以职员履历表为主，涉及人员不仅有原粤海关职员，还包括原九龙关、潮海关、江门关等其他近代广东海关职员。该部分档案应为广东省档案馆接手后以粤海关职员履历表为主，同时整合其他各关档案中包含的职员履历表，重新整理形成的新的目录案卷，但仍归档于粤海关全宗。

② 陈永生、李娜娜：《粤海关税务司署档案的构成与内容概述》，《岭南文史》2017 年第 4 期。

一文种编号连续性可知案卷的完整程度。“年代”为案卷的形成时间。“附注”所载内容为案卷所在的缩微胶片的轴号以及轴内页码，部分还标注有档案所存箱子的编号。

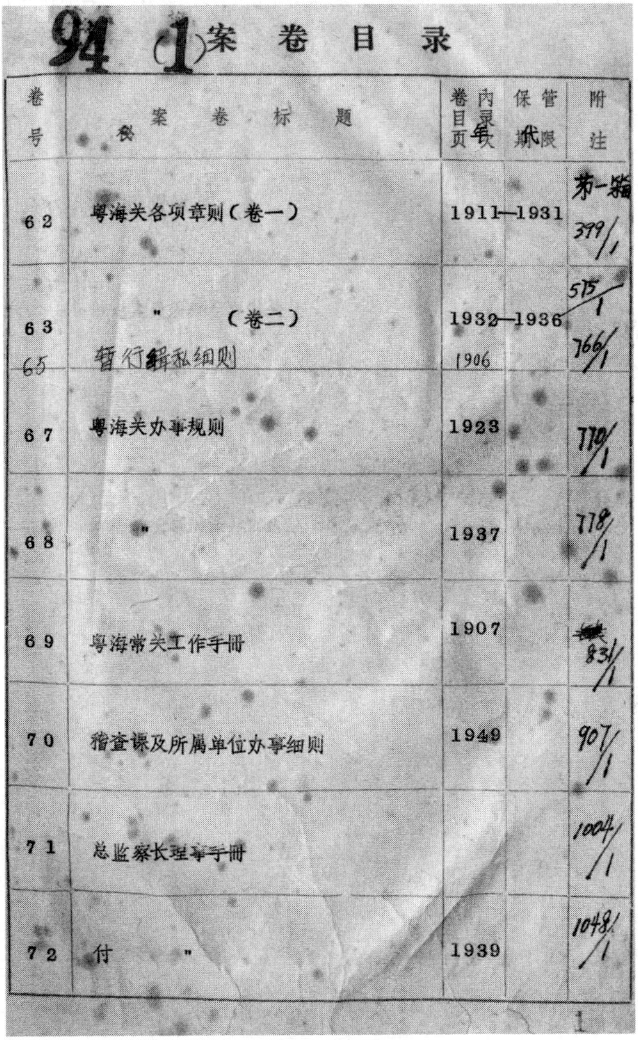
94 (1) 案 卷 目 录

卷号	案卷标题	卷内目录页次 年代	保管期限	附注
62	粤海关各项章则（卷一）	1911—1931		第一箱 399/1
63	" （卷二）	1932—1936		515/1
65	暂行缉私细则	1906		766/1
67	粤海关办事规则	1923		770/1
68	"	1937		778/1
69	粤海常关工作手册	1907		831/1
70	稽查课及所属单位办事细则	1949		907/1
71	总监察长理事手册			1004/1
72	付 "	1939		1048/1

1

图1-1 粤海关档案目录1第一面

资料来源：广东省档案馆藏粤海关档案。

目录2包括总务课、验估课、缉私课、监察课、会计课、税款课、民船管理处的档案，这部分档案被按照这些形成部门进行相应的划分。相较于目录1，目录2中“附注”缺少内容，只有“序号”、“案卷标题”、“年代”

三部分内容。其中案卷编号情况复杂，前991卷按照阿拉伯数字从1列号至991，剩余144卷档案仍旧采用原有列号，包括"另1-2"、A卷、B卷和C卷，然后采用复式列号的方法，例如C类包括"（C1）1-（C1）23"、"（C2）1-（C2）14"、"（C4）1-（C4）16"等等，其中"（C4）3"又包括"（C4）3A-（C4）3C"。

卷号	案卷标题	卷内目录页次	保管期限	附注
	案卷目录			
	总务课			
1	总务课各台办事细则草稿	1947		
2	九龙关及各关致常务付税务司函	1931—1933		
3	常务付税务司与各关往来文件（附1938年付税务司移交文启）	1932—1944		
4	常务付税务司与民船管理处来往函笺	1933—1936		
5	梧州分关致常务付税务司函件	1947·9—1948·12		
6	常务付税务司致梧州分关函件	"		
7	各课与常务付税务司往来文件	1947—1949		

图1-2　粤海关档案目录2第一面

资料来源：广东省档案馆藏粤海关档案。

目录3为职员的个人档案，包括"序号"和"案卷标题"两部分内容，其中案卷标题为职员个人姓名，其他栏均空缺。目录3存在两种编号方式。现有目录编号用阿拉伯数字从1排到1729，但是馆藏案卷数量显示目录3

共计 1859 卷。笔者经过清点，发现造成这种差异的原因在于现有目录编号中将同属一人的两册或多册档案编为一个号码，案卷数量统计之时以册为单位逐册统计。

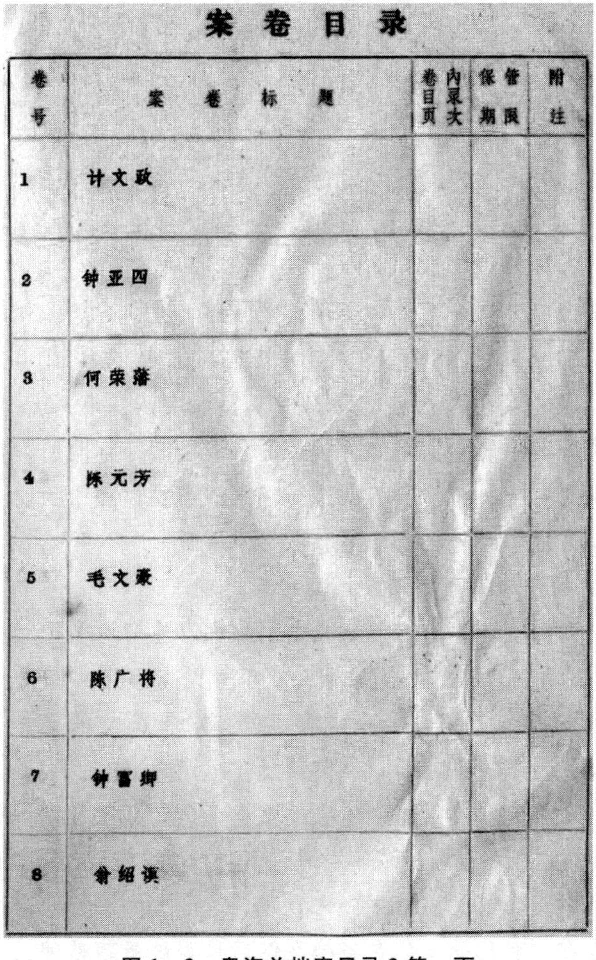

卷号	案 卷 标 题	卷内页目大	保管期限	附注
案 卷 目 录				
1	计文欧			
2	钟亚四			
3	何荣藩			
4	陈元芳			
5	毛文蒙			
6	陈广将			
7	钟富卿			
8	翁绍滇			

图 1-3　粤海关档案目录 3 第一面

资料来源：广东省档案馆藏粤海关档案。

总体来看该目录存在两个问题。

首先，三部分目录各自的构成情况不一。目录 1 包括"卷号""案卷标题""年代"和"附注"四部分内容，其中"卷号"是档案的案卷编号，"案卷标题"是各个案卷的题目，"年代"是指案卷中档案的生成时间，"附注"标记的是案卷所在缩微胶片的轴号和页码，该目录便捷好用，利用者可以直接通过案卷题目查询案卷内容，工作人员可以通过案卷所在缩微胶片的轴号和页码快速调出档案。第二，目录 2 不同于目录 1，该部分皆未对案卷所在缩微胶片的轴号和页码进行标注，但其档案涉及部分更多，具体包括粤海关税务署下辖总务课、验估课、缉私课、监察课、会计课、税款课、民船管理处 7 个部门，以及粤桂闽区财特处。第三，目录 3 属于职员的个人档案，由"卷号"和"案卷标题"两部分内容构成，其中"案卷标题"部分皆为职员的个人姓名。

其次，各部分案卷独立编号，互不联系。目录 1 的案卷列号起始于 62，止于 2250 号，中间列号有间断。目录 2 列号最为复杂，阿拉伯数字编号和复式编号同时存在，应为不同档案整理者多次整理且整理规范不统一所致。目录 3 档案文种以表格为主，主要由表格 F45 < MEMO. OF SERVICE >（职员履历表）、F51 < CHINESE OUT – DOOR STAFF CONDUCT BOOK >（华员外班履历表）及相关附件表格组成，分别是海关内班和外班职员的个人档案，一份表格即为一册。由于部分职员的个人档案存在两册，在列号的时候因人列号，两册合为一个号。但在进行档案清点的过程中因册立卷，每册即为一卷，于是造成了列号与实际案卷数量不一致。

3. 广州海关资料室藏粤海关档案目录

经与广州海关交流，笔者发现其资料室亦存有粤海关档案目录，内容包括"卷号""案卷标题""截止日期""备注"四部分。其"备注"部分与广东省档案馆藏粤海关档案目录内容不同，对于英文的案卷内容"备注"中有"英文本"字样。其中第 1 ~ 61 卷目录尚存。透过"案卷标题"可知这些案卷内容主要是一些规章制度类的案卷，例如《关税法令辑要》《海关法规索编》《海关规章概要》《海关理账诚程》等。至于具体的案卷内容目前在广东省档案馆粤海关档案中尚未发现，这部分内容为何会在现存粤海关档案中不复存在，其移交至广东省档案馆后是否被重新整理，是否在随后的整理中被编入"海关资料"全宗，皆有待进一步的考证。

表 2 广州海关资料室藏粤海关档案目录示例

卷号	案卷标题	截止日期	备注
1	关税法令辑要	1927	
2	关税法令辑要	1927	英文本
3	奢侈品月表	1927	
4	奢侈品月表	1927	英文本

续表

卷号	案卷标题	截止日期	备注
5	领事签证货单章程	1932	
6	进口税则暂停章程税则分类估价评议会章程及办事细则	1929	
7	海关法规索编	1933	
8	海关法规索编	1935	
9	海关法规索编　增改册第一辑	1935	
10	海关法规索编　增改册第二辑	1935	
11	海关法规索编　增改册第三辑	1936	
12	海关法规索编　增改册第四辑	1936	
13	海关法规索编	1937	
14	海关法规索编	1933	英文本
15	海关法规索编　增改册第一辑	1934	英文本
16	海关法规索编　增改册第二辑	1934	英文本
17	海关法规索编	1935	英文本
18	海关法规索编　增改册第三辑	1936	英文本
19	海关法规索编　增改册第四辑	1937	英文本
20	海关法规索编	1937	英文本
21	中国海关人事制度		
22	中国海关人事制度	1936	英文本
23	中华民国刑法节录	1937	
24	海关规章概要第一册	1943	
25	海关规章概要第二册	1943	
26	海关规章概要第三册	1943	
27	海关规章概要第四册	1943	
28	海关缉私条例及海关惩罚评议会组织规程暨办事细则	1946	
29	新关内班各项诚程	1883	
30	新关外班诚程	1876	

资料来源：广州海关资料室藏粤海关档案。

　　上述粤海关档案分类索引和案卷目录，是目前了解和利用该档案的钥匙，具有较强的实用性。该案卷以形成部门为单位的分类方式反映了案卷的来源，目录中的"案卷标题"和"年代"可以反映案卷的文种、事由、起止时间，这可为读者提供便利。广州海关资料室藏粤海关档案目录，在某种程度上弥补了广东省档案馆藏案卷目录的缺失，为认识粤海关档案的历史构成提供了线索。但是，这些索引和目录皆为中文书写，而大量的档案内容则由英文或其他语言书写，如何构建英文版的案卷目录，进而保持目录与案卷内容书写的一致性是值得关注的另外一个问题。

二　《粤海关档案清表》——民国时期的
粤海关税务司署档案目录

　　《粤海关档案清表》（以下简称《清表》）是广东省档案馆藏粤海关档案目录 1 中的案卷，编号为 2237A，形成时间不详。经与粤海关档案现有目录和案卷核对，可知该卷档案原为民国年间粤海关税务司署编订的其机构保存档案的目录。经过清点可知，《清表》共计录入案卷 1132 卷。按照格式，该清表案卷目录包括"系列"（SERIES）、"案卷号"（VOL. NO.）、"文种号码"（Document Type Number）、"年代"（PERIOD），如图 2 - 1：

轴页码：004233					SERIES A-1	
SERIES	VOL.NO.	DESPATCH NUMBER		PERIOD		
		FROM	TO	FROM		TO
A - I	1	I	51	NOV.20, 1860		DEC.I2,1862
A - I	2	52	136	JAN. I, I863		DEC.30,I865
A - I	3	137	191	FEB. 8, I866		DEC.31,I867
A - I	4	2	49	JAN. 7, I868		DEC.29,I868
A - I	5	31	131	JAN.I2, I869		DEC.20,I869
A - I	6	2	53	JAN. 3, I870		DEC.27,I870

图 2 - 1　粤海关档案目录 1 第 2237A 卷《粤海关档案清表》截图

资料来源：广东省档案馆藏粤海关档案。

1. 《清表》与粤海关税务司署档案英文案卷目录

　　《清表》与现有粤海关档案案卷目录不同，主要用英文书写，可谓粤海关档案目录的英文版，这为丰富粤海关档案目录类型提供了可行性。

　　通过将现有案卷中包含的案卷标题、文件列号、形成时间与《清表》中相应项目进行核对，可以确定目前馆藏案卷与《清表》记录是否为同一案卷，最终确认与现存粤海关档案目录一致案卷数量达 749 卷。如此，这部分案卷已拥有中文和英语目录。由于《清表》中案卷所属系列号和案卷号已经失去实用价值，故未来在重新整理中英文目录时，可以以广东省档案馆现有粤海关档案案卷编号为基础，沿用现有目录中文案卷标题，同时添加《清表》所载英文案卷标题于其中。此外，《清表》中案卷的起止时间会具体到某年某月乃至某年某月某日，因此可以在"形成时间"一栏采用《清表》所写日期。在此基础上，形成的粤海关税务司署部分案卷中英文目录如表3。

表 3　广东省档案馆藏粤海关税务司署部分案卷中英文目录节略

案卷目录号	案卷号	中文标题	英文标题	形成时间
94 – 1	474	税务司密呈	S/O Letters With Inspector General	1901. 11. 18 ~ 1908. 2. 26
94 – 1	519	税务司致总税务司署各科函	S/O Letters To & From I. G□S Secretaries *	1918. 8. 24 ~ 1921. 6. 16
94 – 1	572	总税务司令文第 443 – 676	Despatches From Inspector General No. 443 – 676	1903. 6. 7 ~ 1903. 12. 30
94 – 1	683	呈总税务司文第 4986 – 5214	Despatches To Inspector General No. 4986 – 5214	1902. 5. 12 ~ 1902. 12. 16
94 – 1	820	总税务司致各关令文副本第 1 – 173	Despatches From Inspector General To Ports No. 1 – 173	1933. 8 ~ 1936. 12
94 – 1	811	呈总税务司文附件第 1 – 108	Enclosures To Despatches To I. G. No. 1 – 108	1906. 6. 4 ~ 1906. 12. 12
94 – 1	827	各关呈总税务司文副本第 1 – 81	Despatches To Inspector General From Ports No. 1 – 81	1933. 8 ~ 1934. 12

资料来源：根据广东省档案馆藏粤海关档案整理。

＊ 此处字母原档看不清，用方框替代。下表同。

现有中文案卷目录对于同一文种的档案有不同的表述，而英文目录则可以对案卷的文种一目了然。例如，上述"密呈""函"皆为"S/O Letter"这类半官函，"呈文""令文"都是"Despatch"这一文种。此前查询案卷文种需要调阅案卷逐卷登记，建立英文目录以后则可以直接通过案卷目录查询文种。此外，中英文案卷目录的建立也将便于非汉语世界的使用者检索利用。

2. 粤海关税务司署早期档案目录

有别于现有案卷目录，《清表》的另一价值在于对 1901 年之前粤海关档案有登记，为追踪早期粤海关税务司署档案提供了线索。按 1933 年 1 月 5 日总税务司署第 91 号机要通令的规定，1901 年前设立的各地海关需将 1901 年12 月 31 日前"总税务司署之所有训令、备忘录、信件等原件及有关记录簿""呈总税务司署与致各关咨文抄件""来自中国官员，领事或其他政府官员之文件、信函等以及具有历史意义之来自商界人士及公众之信件""无论在 1901年以前抑或以后开港之各口岸税务司……图书馆藏书目录副本"寄送到"上海新闸路 1714 号海关图书馆"①。笔者此前在对广东省档案馆藏粤海关档案清点过程中发现，其中只有极少量的 1901 年之前的档案，结合 1933 年各地方税务司署档案移交至上海海关图书馆的历史记载，可知粤海关税务司署档案在 1933 年确实存在档案移交的情况。故笔者在研究中将 1901 年 12 月 31 日前的粤海关税务司署档案界定为早期档案，将 1902 年以后的粤海关税务司署档案界定为后期档案②，其中对于早期的粤海关税务司署档案的认知非常有限。经过对《清表》所登记案卷逐一清点，发现有 1860～1901 年粤海关税务司署早期档案的记载（见表 4），这为了解早期粤海关税务司署档案提供了更为清楚的信息。

表 4　1860～1901 年粤海关税务司署部分案卷情况

系列号	形成时间	案卷数量	英文标题	中文标题
A－1	1860.11.2～1901.12.26	38	Despatches From Inspector General	总税务司令文
A－2	1861.8.4～1905.5.12	33	Despatches To Inspector General	呈总税务司文
A－3	1867.5.7～1901.11.12	25	Enclosures To Despatches To I. G.	呈总税务司文附件
A－5	1896.11.6～1901.11.3	2	S\O Letters With Inspector General	税务司密呈
A－7	1885.5.1～1902.7	3	Register Of Telegrams To □From I. G. And Ports	与总税务司署来往电报
A－7a	1893.6.20～1901.5.24	1	Telegram Copies To And From I. G. And Ports	致总税务司署及各关电报存底
C－1	1859.9.1～1867.8.22	3	Reg. Despatches To & From Chinese Officials	
C－1	1861.12.18～1868.8.18	1	Despathes From Chinese Officials	
G－1	1862.6.14～1901.12.30	19	Despatches, Letters, Etc. From Merohants	商人来函
G－2	1859.10.25～1893.9.3	17	Despatches, Letters, Etc. . To Merchants.	致商人函
G－3	1870.4.23～1901.12.26	17	Despatches, Letters, Etc. From Consuls And Outside Officials.	各国领事及机关来函

① 海关总署《旧中国海关总税务司署通令选编》编译委员会编《旧中国海关总税务司署通令选编》（第 3 卷），第 208 页。

② 李娜娜：《粤海关税务司署档案的构成和史料价值研究》，博士学位论文，中山大学，2016。

系列号	形成时间	案卷数量	英文标题	中文标题
G-4	1870.5.19 ~ 1901.8.20	4	Despatches, Letters, Etc. To Consuls & Outside Officials.	致各国领事及机关函
G-5/ G-5b	1859.10.23 ~ 1901.6.5	5	Register Of Despatches, Letters, Etc. To& From General Public. .	与各国领事等来往公函文件登记簿
G-5a	1886.1.2 ~ 1903.10.16	4	To And From Merchants And General.	与商行及外界来往文件登记簿
P-1	1860.6.27 ~ 1901.12.18	61	Despatches. Etc From Ports. (Including Statistical Secretary. Non-Resident Secretary, Engineer-In-Chief. Etc.)	各关公函及笺函
P-2	1861.11.19 ~ 1903.4.9	16	Despathes. Etc. To. Ports. (Including Statistical Secretary, Non-Resident. Secretary. Engineer-In-Chief. Etc.)	致各关公函
P-2a	1892.6.5 ~ 1911.6.26	1	To Coast Inspector and Engineer-In-Chief.	致海务巡工司及总工程司公函
P-2b	1876.6.7 ~ 1882.10.14	1	To Statistical Secretary; Non-resident; Eng. -In-Chief; Coast Inspector; Audit Secretary.	
P-3	1881.5.13 ~ 1892.9.3	3	S/O Letters To And From Ports.	税务司与各关税务司来往函
P-5	1885.12.29 ~ 1903.5.2	6	Register Of Despathes. Etc. To& From Commissioners Ect.	与总税务司署各科及各关来往公函登记簿
S-4	1870.5.3 ~ 1874.5.26	1	Letters To Members Of Marine Dept. From Commissioner.	
S-5	1861.9.16 ~ 1896.10.20	2	Sundry Papers.	
S-6	1876.6.3 ~ 1876.12.31	1	Letters. Etc. From Staff Counsels Merchants Etc.	
S-7	1869.11.17 ~ 1888.5.28	4	Revenue Steamers	
S-8	1869.4.15 ~ 1888.12.31	2	Tung Wen Kuan	
S-9	1861.8.30 ~ 1875.12.31	4	Local Matters.	

系列号	形成时间	案卷数量	英文标题	中文标题
S – 10	1861. 8. 22 ~ 1874. 6. 1	1	Applications：Indoor Staff	
S – 10	1871. 6. 1 ~ 1873. 9. 2	1	Applications：Out-Door Staff.	
S – 11	1860. 4. 26 ~ 1873. 12. 17	1	Pilotage	
S – 12	1862. 3. 3 ~ 1872. 8. 27	1	Opium ：Hong Kong，Macao，Documents.	
S – 13	1869. 11. 2 ~ 1872. 9. 19	1	Whampoa	
S – 15	1860. 6. 26 ~ 1873. 12. 13	1	Emigration Papers	
S – 16	1875	1	Inventory Of Furniture In The Commissioner's House.	
S – 17	1865. 6. 11 ~ 1872. 7. 23	1	Customs Building.	
S – 18	1894	1	Treatment Of Ocean And River Steamers ' Launches.	
S – 19	1872. 3 ~ 1903. 10	1	Index To Order Books No. 1 to 6998.	

说明：为保证此处内容的客观性和准确性，此处"中文标题"是在同"案卷目录"逐一核对的基础上提取的，"清表"与"案卷目录"无法对应者留白，不自行翻译以免错漏。

资料来源：根据广东省档案馆藏粤海关档案《清表》整理。

上述粤海关税务司署早期档案共计 284 卷，目前尚无法确认其是 1933 年粤海关税务司署移交至上海海关图书馆档案之全部还是部分。1949 年以后，上海海关图书馆的图书和档案被移交他处，其具体案卷构成目前尚不明确。

通过上述目录可知，粤海关（洋关）在设立不久即有档案形成。先前戴一峰教授在《晚清粤海关（洋关）设立问题考辨》一文中指出，关于粤海关税务司署设立时间先前学术界存在两种观点，一者认为其设立于 1859 年 10 月 24 日，另一种观点认为其设立于 1860 年 10 月 1 日[①]。通过

① 戴一峰：《晚清粤海关（洋关）设立问题考辨》，《中国社会经济史研究》2009 年第 1 期。

上述目录可知，早在 1860 年 6 月 26 日粤海关税务司署已经开始形成档案文献，这为戴一峰教授提出的粤海关（洋关）开办于 1859 年 10 月 24 日提供了新的证据。

上述目录也可以揭示粤海关税务司署早期档案的内容构成。通过上述案卷可知早期粤海关税务司署档案的内容同样十分丰富，其所包含的文种与后期档案差异不大。同时其案卷内容也涉及早期粤海关以及广州当地历史，如果能够找到这部分档案想必对于 19 世纪下半叶广州地方历史的研究会非常有益。

三　粤海关税务司署档案的文本类型

在文献学领域，版本是指"以刻本为主体，同时也包括了活字本、抄本、批校本等"① 不同类型的古籍本子。不同于古籍版本，本文所指粤海关税务司署档案的文本类型指的是档案中不同用途的稿本、正式文本、副本、底本等。在利用相关案卷的内容之前，需要对这些不同类型的档案文本进行了解。

1. 稿本

稿本是在拟定文件期间形成的文本，形成于正式文本产生之前，一般称为"底稿"或"草稿"（Office Copy）。不同于最终形成文本的权威性，稿本能够反映文件形成之前相关的内容信息以及正式文件的生成过程。从内容上看，同一档案中稿本具有重要的参考价值。

粤海关税务司署档案中也保存了大量的稿本档案，例如税务司令稿（铨字令、总字令、人字令）、粤海关布（通）告稿、税务司密呈稿、呈总税务司文稿（省字、粤字）、呈总税务司代电稿、致总税务司各处长函稿、税务司有关中文函件的英文草稿、英译发文稿、道字函稿、钞字函稿、批文稿（批字）、致各关函稿（不列号）、函电稿（不列号）、各项通知稿（不列号）、电报稿、《总务课各台办事细则草稿》、《验货厂办事程式（草稿)》，涵盖了粤海关税务司署多种档案，数目颇大。

稿本类档案具有非正式性、可更改性、不成熟性特征。首先，稿本类文书在形成之时其属性为"草拟"，是官方文书形成的基础，在税务司署内部

---

① 黄永年：《古籍版本学》，江苏教育出版社，2012，第 7 页。

流通，如"缮稿人员""税务司""副税务司""秘书课""关系部门"等人员和机构进行审阅与修改，这使得其与最终形成的官方文书相比具有一定差异，但这并不影响其价值。通过该类档案能够了解不同时期粤海关税务司署正式文本形成之前相关决策的形成过程、文件的管理流程等方面的信息，也可以对正式文本起到补充作用。

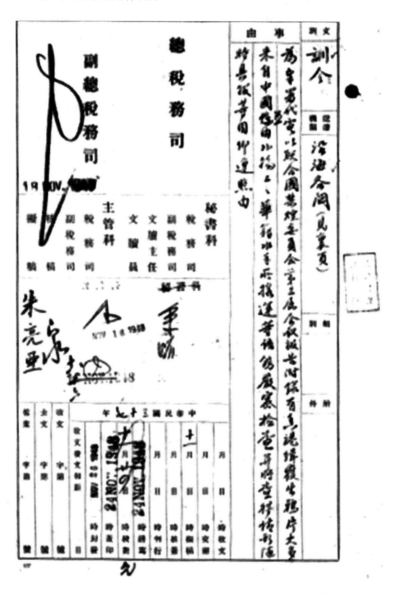

訓令稿

令各海關稅務司

奉

關務署三十七年九月二十八日政字第七六三〇號代電開：

"照抄全文．．．．．．．．．．．．．．"

茲因、附付、奉此、令亟換發厚附付，令仰轉飭所屬

財平部令署移財，另日注意

此令。附抄件

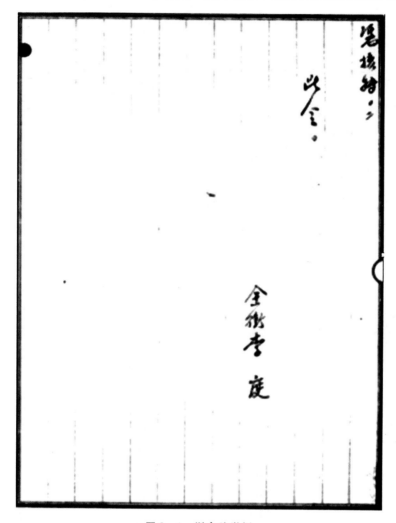

图 3 - 1　训令稿举例

Robert Bikes, Hans van de Ven, *China and West：The Maritime Customs Service Archive from Second Historical Archives of China*, Nanjing, Reel 219 - 679 (1) 20365.
　　资料来源：中国第二历史档案馆藏海关档案。

2. 正式文本

　　正式文本是文书形成阶段的最终版本，也是正式的官方版本，代表着税务司海关机构或者机构内部不同岗位的工作人员在某一或者某些问题上的态度和意见。

　　正式文本类档案一般有一些明显的标志。首先，文别、列号详细清晰，发文机关以及收文对象见诸题头和结尾处。其次，结尾处一般都有发文机构负责人或者发文者的手写签名，档案内容若为英文，除去签名外皆由机打，易于辨识，手写签名则个人特征明显。再次，若是以机构名义发布的官本，多会盖上官方印章以示正式。

3. 底本

底本亦称存本、底稿、存册，该类档案一般同正式文本一致，不同于正式文本是发文机关递送给收文对象的正式版本，底本则是发文机关的存底，其本质是对正式文本的一种复制，多用于往来函件当中。

粤海关税务司署档案中的《副税务司呈税务司及致外界文存底》① 《外班副税务司呈税务司及致外界文存底》② 《致总税务司署及各关电报存底》③ 《总务课致副税务司及各课笺函存底》④ 《超等验估员致高级验货员笺函存底》⑤ 皆属于底本类。

4. 副本

副本英文名称为 Press Copy，在内容方面同正式文本完全一致，但因其收文对象有别于正式文本，多由发文机关抄送至相关机构，亦可称为抄本。

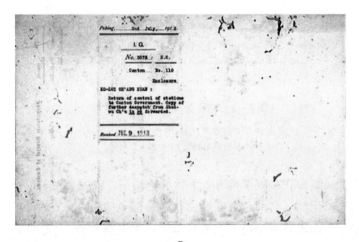

①

---

① 广东省档案馆藏粤海关档案 94 - 1 - 1093 至 1096。
② 广东省档案馆藏粤海关档案 94 - 1 - 1097 至 1099。
③ 广东省档案馆藏粤海关档案 94 - 1 - 1609 至 1612。
④ 广东省档案馆藏粤海关档案 94 - 1 - 20。
⑤ 广东省档案馆藏粤海关档案 94 - 2 - 89。

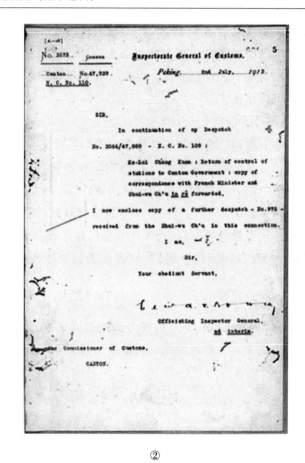

②

图 3 - 2　总税务司令文第 47939 号

①封面；②内容页。

广东省档案馆藏粤海关档案 94 - 1 - 592。

　　粤海关档案中现存副本具有如下特征。第一，收发文对象广泛，涉及多个税务司署。例如《各关税务司致总税务司密函呈副本》《总税务司致各关税务司密手令副本及副总税务司致总税务司密函副本》①《总税务司与各关税务司来往函副本》②《总税务司致各关税务司手令副本》③《各关税务司致总税务司函呈副本》④ 等，均为总税务司署与其他税务司署间的来往文书，

---

①　广东省档案馆藏粤海关档案 94 - 1 - 463A、463B、470、471、472、473。

②　广东省档案馆藏粤海关档案 94 - 1 - 567。

③　广东省档案馆藏粤海关档案 94 - 1 - 568。

④　广东省档案馆藏粤海关档案 94 - 1 - 569 - 571。

有些还是机要函件。由此可见副本拓宽了粤海关税务司署保存档案的范围，可能涉及税务司海关系统内的所有海关。第二，副本文种多样，如前所述密函呈、密手令、函呈、令文、电文等文别类型均存在。第三，副本由“抄送”渠道获得，例如民国三十七年七月二十八日东海关呈副总税务司的文在结尾就标有“本件副本抄送查缉科江海关、台北关、粤海关”的字样[①]。

由上可知，副本有着不同于其他文本的独特之处，使得粤海关档案的范围拓展至其他各关，进而能够反映整个中国近代海关的情况。由于副本类档案的内容同正式文本类档案完全一致，在正式文本档案缺失的情况下，其使用价值可等同于正式文本。粤海关税务司署保存有其他海关的档案副本，同理其他税务司署海关也保存有粤海关税务司署档案副本，总税务司署档案以及各个地方税务司署档案既是独立存在的单元，也是一个不可分割且有机联系的整体。

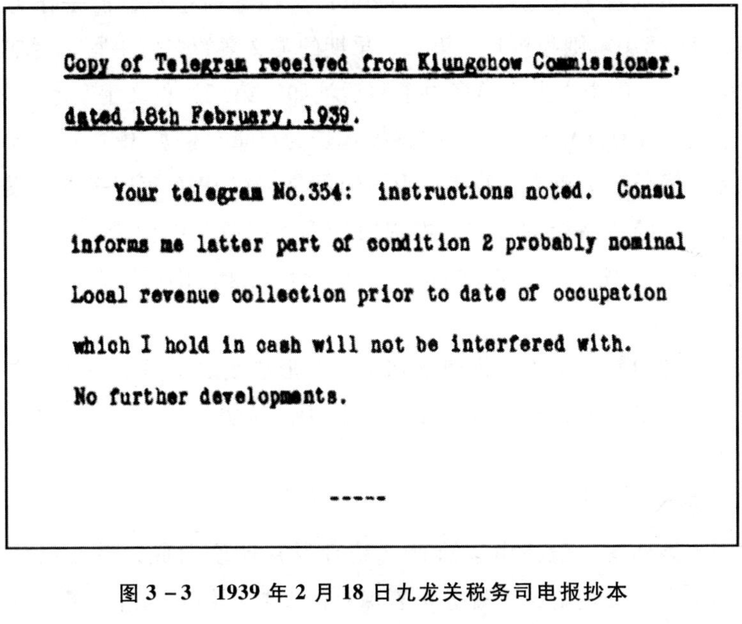

Copy of Telegram received from Kiungchow Commissioner, dated 18th February, 1939.

Your telegram No.354: instructions noted. Consul informs me latter part of condition 2 probably nominal Local revenue collection prior to date of occupation which I hold in cash will not be interfered with. No further developments.

图 3-3 1939 年 2 月 18 日九龙关税务司电报抄本

Robert Bikes, Hans van de Ven, *China and West*: *The Maritime Customs Service Archive from Second Historical Archives of China*, Nanjing, Reel193-679 (6) 1213.

资料来源：中国第二历史档案馆藏海关档案。

① 广东省档案馆藏粤海关档案 94-1-848。

四　粤海关税务司署档案的书写形式

通过粤海关税务司署档案可知，该档案的书写形式有手写、打印机打印和造册处（后称"统计科"）印刷三种书写形式，不同的书写形式对档案的流通范围以及当前的辨识有不同的影响。

1. 手写本

由手写形式构成的档案可称为手写本，英文为 Hand Writing，由于个人书法风格各异，手写本档案各具特色，不易辨识。

笔者曾对粤海关税务司署部分手写本档案进行过清点，发现有如下特征。第一，手写本是某些案卷的主要书写形式，但很少有案卷全部由手写构成，多数案卷属于手写体和机打的混合。例如《税务司令总字第 2475 - 2789 号》① 中的税务司总字令（General）类档案为手写，但是作为附件的《Circular No. 3570》则为机打。第二，早期的英文案卷多由手写，后期的英文案卷则由机打，而中文类案卷多由手写后油印。第三，英文手写本不易辨识，同时由于其形成时间较早，该类档案损坏较为严重。例如 1901 ~ 1908 年形成的《税务司密呈》为英文手写本，形成时间早，在 1986 年广东省档案馆展开缩微工作的时候对该卷就有"此卷损毁严重不缩微"的记录。② 第四，手写本档案由于手工书写，往往形成的文本数量和流通范围有限，其价值颇高。

2. 机打本

机打本即由打字机工作形成的档案，其形成较之手写本类档案方便却不如印刷本类档案高产，其生成数量一般较少。该类档案由于字体格式一致，便于识读。

3. 印刷本

印刷本类档案一般指由造册处（统计科）印刷而成，后按照总税务司署的各类指令，分发给各个税务司署保存的案卷，例如，总税务司通令多由造册处（统计科）统一印制后分发给各关保存。

印刷本类档案一般具有如下特征。第一，封面一般会标明出版物名称、出版时间以及出版单位（例如 The Inspector General of Customs）。第二，该

---

① 广东省档案馆藏粤海关档案 94 - 1 - 299。
② 广东省档案馆藏粤海关档案 94 - 1 - 474。

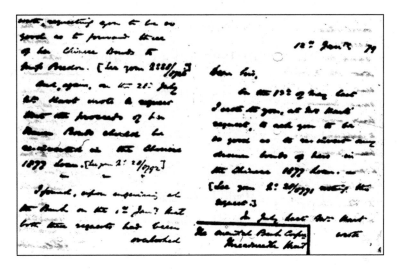

图 4 – 1　海关档案手写本示例

Robert Bikes, Hans van de Ven, *China and West: The Maritime Customs Service Archive from Second Historical Archives of China*, Nanjing, Reel66 – 679（1）32820.
资料来源：中国第二历史档案馆藏海关档案。

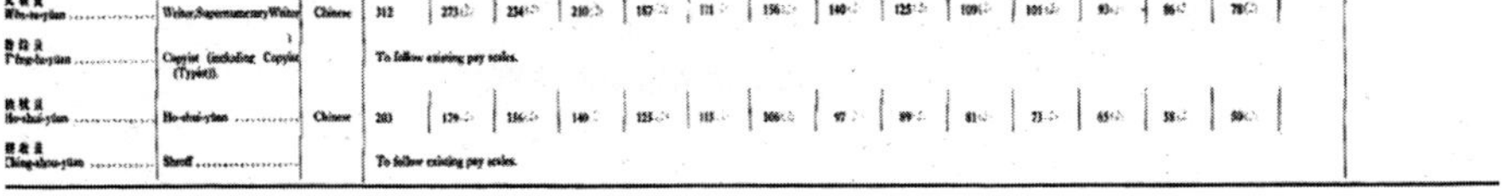

图 4 – 2　海关档案机打本示例

Robert Bikes, Hans van de Ven, *China and West: The Maritime Customs Service Archive from Second Historical Archives of China*, Nanjing, Reel312 – 2085865.
资料来源：中国第二历史档案馆藏海关档案。

类档案因通过印刷出版的方式生成，具有量大和存储分散等特征，若其中一馆藏该类档案缺失，在其他馆藏中补缺的可能性较大。第三，相较于手写本和机打本类档案生成数目和存世数量较小的特征，该类档案的存在相对广泛且较为常见。

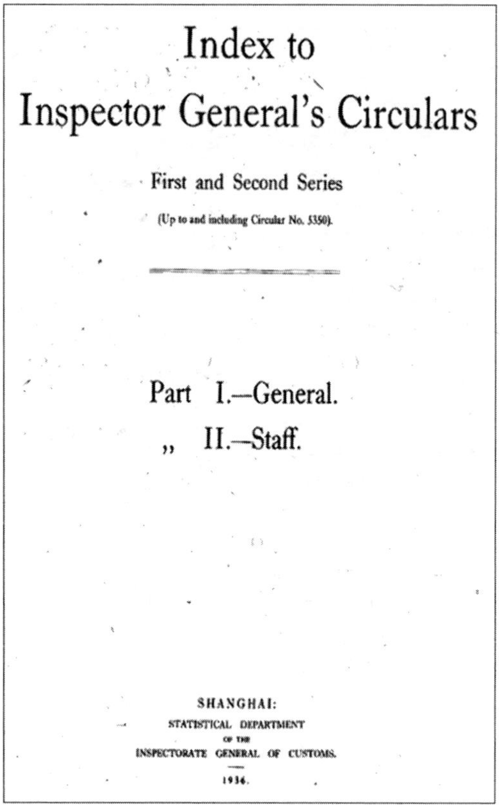

Index to
Inspector General's Circulars

First and Second Series

(Up to and including Circular No. 5350).

Part I.—General.
,, II.—Staff.

SHANGHAI:
STATISTICAL DEPARTMENT
OF THE
INSPECTORATE GENERAL OF CUSTOMS.
1936.

图 4－3　海关档案印刷本示例

Robert Bikes, Hans van de Ven, *China and West*: *The Maritime Customs Service Archive from Second Historical Archives of China*, Nanjing, Reel1－679（1）26918.

资料来源：中国第二历史档案馆藏海关档案。

余　论

综上所述，透过目录可知，粤海关税务司署档案形成于不断构建和拆分移交的历史进程之中，这在该档案的目录和版本中皆可探寻出踪迹。以目录和版本为基点，从宏观上研究粤海关税务司署档案的内容构成、形成历史的目的，在于加深对该类档案的认知，进而便于当下和以后的档案研究和利用。此外，笔者在清点粤海关税务司署档案的过程中发现，其中还有索引、摘要、登记簿等专门的目录索引类案卷存在，鉴于个人研究尚浅且文章篇幅有限，暂不赘述。

Study of the Catalogue and Text about Canton Customs House Archives

Li Nana

Abstract：The Canton Customs Archives is one part of modern maritime customs archives. The main part of the Canton Customs House Archives conserved in Guangdong Province Archives Center and the fonds' number is the 94th. The fonds includes 5128 files (about 100 million pictures). This article discusses the Catalogue and Text about these archives. Classified index of the files divided the files into fourteen categories, but it couldn't include all the files. Catalogue of the files is the index of every file. Classified index of the files and catalogue of the files are the points of penetration to utilize and study these archives. We can understand the organization structure about these archives through Classify index of the files and catalogue of the files. Index of Canton Customs House Archives is one file in the fonds and the number of the file is 2237 Ath. Index of Canton Customs House Archives is different from the catalogue of the files. Index of Canton Customs House Archives was used by commissioners in the history and wrote in English. The catalogue of the files was using now and the language is Chinese. So, the content of Index of Canton Customs House Archives is different, and it included the catalogue of files before December 31, 1901. These archives have different editions, such as Office Copy, Official Press, Master Copy and Press Copy. At the same time these archives have different written forms, such as hand writing, typewriter printing and printing. In short, this article presents the different kinds of catalogue, index and text of the Canton Customs House archives. The catalogue, index and text present different ways to study the archives.

Keywords：Canton Customs House Archives; Catalogue of the Files; Index of Canton Customs House Archives; Text Versions

（执行编辑：徐素琴）

海洋史研究（第十七辑）
2021 年 8 月 第 500~511 页

中国近海污染史研究述评

赵九洲　刘庆莉[*]

环境史最早发端于 20 世纪 70 年代中期的美国,[①] 中国环境史则兴起于 80 年代末,[②] 进入 21 世纪,特别是最近十多年来,迅速发展并成为学术热点。[③] 海洋环境史为环境史中的新兴领域。环境史自诞生之日起即具有浓厚的陆地本位主义色彩,相关论著层出不穷,海陆不均极为明显,关注海洋环境史者甚少。然而海洋是生命的摇篮,也是人类生存发展的资源宝库,当下海洋经济日渐成为现代经济体系的重要组成部分,国家重视海洋经略,海洋环境史必将越来越受到重视,有望成为环境史与海洋史中的现象级研究领域。

---

[*] 作者赵九洲,青岛大学历史学院教授,研究方向:海洋环境史;刘庆莉,青岛大学历史学院硕士研究生,研究方向:海洋环境史。
　本文系下列项目的阶段性成果:国家社会科学重大项目"《中国生态环境史》(多卷本)"(项目号:13&ZD080)、山东省高等学校"青创科技计划"项目"跨越海岸线的物质与能量流动:胶东海洋环境史研究"(项目号:2019RWD007);青岛市社会科学规划项目"青岛海洋环境史研究"(项目号:QDSKL1901062)。
① 高国荣:《环境史在美国的发展轨迹》,《社会科学战线》2008 年第 6 期。
② 侯文蕙发表了国内最早的环境史论文,有中国大陆环境史拓荒者的美誉,参见氏著《美国环境史观的演变》,《美国研究》1987 年第 3 期。
③ 如环境史即入选 2006 年度国内重要学术热点,参看《"2006 年度中国十大学术热点"评选揭晓》,《学术月刊》2007 年第 1 期。

海洋浩瀚无际，运动不息，具有强大的容纳、消解和除污能力，[①] 但这样的能力却不是无限的。随着经济发展，人类造成的海洋污染问题越来越严重。有学者指出，"自从进入工业时代后，我们的发展史几乎就是一部海洋的受难史"[②]。近海污染对人类社会影响显著，相关对策研究尤为迫切。但整体来说，我国海洋环境史研究尚在初级阶段，近海污染史概念界定、理念方法等方面的研究进展有限，特撰此文稍做梳理，敬请方家批评指正。

一 中国近海环境史研究现状

近年来，历史学者对近海污染的关注不断升温。李尹介绍了 20 世纪 80 年代以来的海洋史研究的进展，同时也观照到海洋环境史，但列举的研究成果中并没有涉及近海污染问题研究。[③] 张宏宇、颜蕾指出，海洋污染和海洋灾害方面的研究是海洋环境史的四大重点内容之一，将海洋污染分为海洋垃圾、石油泄漏、核泄漏几类。[④] 毛达勾勒了 1870～1930 年美国废弃物海洋处置活动的整体状况，对垃圾倾倒、污水排放、石油工业与石油产品对海洋的污染等问题都有深入解读。此外，毛达还撰文探讨了美国海洋污染及治理的历史进程。[⑤]

受制于学科与领域知识的局限，对于中国近海污染问题的实证研究，历史学还没有太多建树，其他学科研究者的成果则为数不少，大体上可以分为近海污染总体状况、近海石油烃类、重金属、塑料污染等四个方面，择要分述于后。

（一） 近海污染总体状况研究

崔凤、葛学良对 1989～2013 年我国海洋环境变迁史进行了全面的梳理，

---

① 毛达：《海有崖岸：美国废弃物海洋处置活动研究 (1870s～1930s)》，中国环境科学出版社，2011，第 34～35 页。

② 孙英杰、黄尧、赵由才：《海洋与环境——大海母亲的予与求》，冶金工业出版社，2011，第 1 页。

③ 李尹：《20 世纪 80 年代以来中国海洋史研究的回顾与思考》，《中国社会经济史研究》2019 年第 3 期，第 97 页。

④ 张宏宇、颜蕾：《海洋环境史研究的发展与展望》，《史学理论研究》2018 年第 4 期，第 71～72 页。

⑤ 毛达：《海有崖岸：美国废弃物海洋处置活动研究 (1870～1930s)》；《海洋垃圾污染及其治理的历史演变》，《云南师范大学学报》（哲学社会科学版）2010 年第 6 期。

涉及海洋污染问题之处颇多。[①] 许阳对 1982～2015 年的海洋治理政策演变进行了细致分析。[②] 孙英杰、黄尧、赵有才在其专著中以相当大的篇幅介绍了海洋污染问题，并主张通过法律法规，合理规划近岸海域以及控制路源污染等方式积极保护海洋生态环境。[③] 刘勇和黄朋江综述了近海污染的特点并分类分析了近海污染源，阐述了近海污染保护措施[④]。刘海洋、戴志军也对中国近海污染现状进行了系统的分析，并提出系列措施以促进中国海洋事业的可持续发展。[⑤]

总体研究之外，对具体海域的污染状况研究成果也不少。李佳桐等人选用 EKC（环境库兹涅茨曲线假说）对海南经济发展与近海污染之间的关系进行了探究。[⑥] 杨东方观察胶州湾的海水污染问题，对主要污染物类型、分布、变化进行了深入探究。[⑦]

（二）近海石油烃类污染研究

石油开采与运输过程中很容易造成海洋污染，"海洋黑潮"便是石油污染的又一代称。陈尧考察了我国近海石油污染现状，主张以"双管齐下，标本兼治"的方式对石油污染进行防治。[⑧] 马喜军、陆兆华、姚文俊通过 SPSS 软件，对盐城自然保护区近海油污染状况进行了详细分析与对策研究。[⑨] 郭志平从整体的角度出发，详尽分析了我国近海石油污染的背景、原因、危害和防治方法。[⑩] 马朝亮等人则分析了我国近海石油烃类污

---

① 崔凤、葛学良：《"从快速恶化到基本稳定"：论 1989～2013 年我国海洋环境的变迁》，《中国海洋社会学研究》2015 年卷。

② 许阳：《中国海洋环境治理政策的概览、变迁及演进趋势——基于 1982～2015 年 161 项政策文本的实证研究》，《中国人口・资源与环境》2018 年第 1 期。

③ 孙英杰、黄尧、赵有才：《海洋与环境——大海母亲的予与求》。

④ 刘勇、黄朋江：《近海岸海洋污染源分析和保护措施》，《北方环境》2013 年第 7 期，第 94～96 页。

⑤ 刘海洋、戴志军：《中国近海污染现状分析及对策》，《环境保护科学》2001 年第 4 期，第 6～8 页。

⑥ 李佳桐、俞花美、葛成军：《基于 EKC 对海南省经济发展与近海污染的关系研究》，《特区经济》2016 年第 10 期，第 23～25 页。

⑦ 杨东方：《胶州湾主要污染物分布与变化》，科学出版社，2016。

⑧ 陈尧：《中国近海石油污染现状及防治》，《工业安全与环保》2003 年第 11 期，第 20～24 页。

⑨ 马喜军、陆兆华、姚文俊：《基于 SPSS 的盐城自然保护区近海海域水质污染状况的分析》，《环境科学与管理》2007 年第 7 期，第 35～38 页。

⑩ 郭志平：《我国近海面临的石油污染及其防治》，《浙江海洋学院学报》（自然科学版）2004 年第 3 期，第 269～272 页。

染物的状况及其对环境的影响，并且从理化、物化方法两个方面介绍了处理石油污染的方法。[①] 柳婷婷、田珊珊则对海上溢油事故的危害、海上溢油的来源和类型进行分析，主张根据海上溢油程度的不同采取物理、化学和生物或者三者相结合的方式进行处理。[②] 何桂芳等人以涠洲油田为例，论述了油田开发过程中可造成污染的行为以及油田环境质量和评价。[③]

(三) 近海重金属污染研究

作为国民经济的支柱性产业，工业在拉动经济增长、提供就业机会等方面起到关键作用，但工业产生的废水、废渣排放入海，不可避免地造成海洋环境污染，重金属海洋污染便是其中的主要一项。董永鹏、朱志鹏从近海海域的海产品入手，对欧洲、中东地区以及中国海产品中汞铅砷的含量进行了量化分析。[④] 戴纪翠等人则通过深圳近海沉积物的监测资料，分析了该海域的重金属污染情况。[⑤] 李莉和李林川以铅元素为着眼点，对辽东湾北部浅海沉积物污染进行了采样和分析。[⑥] 盛菊江等人对长江口及其邻近海域沉积物重金属分布特征进行细化分析，并评价其环境质量。[⑦] 甘居利等人以红海湾为例，对近岸海域底质重金属进行了初步研究，分析其沉积物的重金属生态风险。[⑧] 杨东方及其合作者则对胶州湾金属污染问题进行了较系统全面的研

[①] 马朝亮、齐树亭、李斯、李亮、宋兵魁：《中国近海海域石油烃类污染及生物防治》，《应用化工》2015 年第 S2 期，第 103~109 页。

[②] 柳婷婷、田珊珊：《海上溢油事故处理及未来发展趋势》，《中国水运》(理论版) 2006 年第 11 期，第 27~29 页。

[③] 何桂芳、袁国明、林端、蔡伟叙、雷方辉：《海上油田开发对海洋环境的影响——以涠洲油田为例》，《海洋环境科学》2009 年第 2 期，第 198~201 页。

[④] 董永鹏、朱志鹏：《近海海域海产品汞、铅和砷污染状况的研究进展》，《食品科学》2015 年第 23 期，第 301~306 页。

[⑤] 戴纪翠、高晓薇、倪晋仁、尹魁浩：《深圳近海海域沉积物重金属污染状况评价》，《热带海洋学报》2010 年第 1 期，第 86~90 页。

[⑥] 李莉、李林川：《辽东湾北部浅海沉积物铅污染分析》，《河北地质大学学报》2019 年第 3 期，第 68~71 页。

[⑦] 盛菊江、范德江、杨东方、齐红艳、徐琳：《长江口及其邻近海域沉积物重金属分布特征和环境质量评价》，《环境科学》2008 年第 9 期，第 2405~2412 页。

[⑧] 甘居利、贾晓平、林钦、李纯厚、王增焕、周国君、王小平、蔡文贤、吕晓瑜：《近岸海域底质重金属的生态风险评价初步研究》，《水产学报》2000 年第 6 期，第 533~538 页。

究，先后出版关于汞、铅、铬、铜、砷、锌等污染物分布、迁移、变化的专著。[①]

（四）近海塑料污染

塑料制品因其便利性和廉价性，得到人们的偏爱，但因其不可降解性，对环境产生了极大的危害，海洋首当其冲，成为处理废弃塑料的"大型垃圾场"。微塑料也越来越受到人们的重视。孙承君等介绍了微塑料的来源和分布、对生态环境的影响，从五个方面讨论其发展与应对策略。[②] 江秀萍主要论述了海洋中微塑料的来源，并主张从微塑料对生物单独的毒理效应，以及与其他污染物联合的毒理效应两方面，审慎对待其造成的污染问题。[③] 殷岑、魏碧晨、刘会会探讨了海洋微塑料的来源与分布，并论述了中国水域塑料污染现状、微塑料与有机污染物的复合污染、微塑料对海洋生物的影响。[④] 武芳竹等介绍海洋微塑料的来源、类型以及分布规律，集中探讨海洋微塑料污染对鱼类产生的毒理效应。[⑤] 王维、徐桂亮探讨了海洋微塑料对生物、污染物的富集与迁移以及经济和社会的影响。[⑥] 孟范平则着重探讨了微塑料对海洋动植物的危害及其控制措施。[⑦] 但是，相对于近海水域的其他污染物来讲，由于对微塑料的研究起步较晚，其研究理论和方法未臻完善，亟待加深研究。

---

① 杨东方、陈豫：《胶州湾汞的分布及迁移过程》，海洋出版社，2016；杨东方、黄宏、张饮江：《胶州湾重金属铅的分布、迁移过程及变化趋势》，科学出版社，2016；杨东方、王凤友、朱四喜：《胶州湾重金属铬的分布、迁移过程及变化趋势》，科学出版社，2017；杨东方、陈豫：《胶州湾铜的分布及迁移过程》，科学出版社，2018；杨东方、陈豫：《胶州湾主要污染物砷、锌、氰化物和挥发酚的分布及迁移过程》，科学出版社，2019。此外，杨东方还研究了六六六污染问题，见氏著《胶州湾六六六的分布及迁移过程》，海洋出版社，2011。

② 孙承君、蒋凤华、李景喜、郑立：《海洋中微塑料的来源、分布及生态环境影响研究进展》，《海洋科学进展》2016 年期第 4 期，第 449～461 页。

③ 江秀萍：《海洋微塑料的来源和危害》，《南方农机》2019 年第 15 期，第 276～277 页。

④ 殷岑、魏梦碧、刘会会：《微塑料污染现状及对海洋生物影响的研究进展》，《环境监控与预警》2018 年第 6 期，第 1～11 页。

⑤ 武芳竹、曾江宁、徐晓群、王有基、刘强、徐旭丹、黄伟：《海洋微塑料污染现状及其对鱼类的生态毒理效应》，《海洋学报》2019 年第 2 期，第 85～98 页。

⑥ 王维、徐桂亮：《海洋中的塑料和微塑料污染》，《科技风》2019 年第 13 期，第 123～126 页。

⑦ 孟范平：《海洋中微塑料的生态危害与控制措施》，《世界环境》2019 年第 4 期，第 58～61 页。

二　近海污染史研究的界定

需要指出，近海即离海岸较近的海域，我国近海广义上可涵盖自海岸线向外延伸的渤海、黄海、东海、南海全部海域。① 而学界关于环境史的定义众说纷纭，海洋环境史的定义亦无定论。② 参照学界对环境史和海洋环境史的诸多定义，我们认为，对近海污染史可做出如下界定：近海污染史是海洋环境史的重要组成部分，该学科主要研究人类近海排污活动所展开的人与自然交互作用及彼此因应的历史演进历程。这样的界定谈不上严密和完备，但我们相信能将绝大部分的近海污染史研究纳入这一范畴。进而言之，近海污染史主要问题可分为三个层面。

（一）近海排污的变化及其对海洋生态环境的改变

需要观照污物的种类、数量、排放方式随着时间推移而发生变化：

——从早期滨海城市固体垃圾与废水的直接排放，到晚近时期的处理后排放，各有其阶段特征和演进脉络。

——重金属污染物的主要来源、去向、累积数量、影响范围，相关事项随着时间推移而变化。

——石油污染从出现到步步加剧，油田开发与油轮事故泄漏产生的石油影响，油轮清洗等人为倾倒出现的污染情形。

——塑料污染愈演愈烈，现状堪忧。③

——近海养殖过程中投放饲料、化学药品与抗生素的种类与数量变化，

① 夏征农、陈至立主编《辞海》（第六版彩图本），上海辞书出版社，2009，第1136页。

② 关于海洋环境史，国内外不少学者给出了自己的界定，可参看 W. J. Bolster, "Opportunities in Marine Environmental History," *Environmental History*, Vol. 11, No. 3, 2006, pp. 567 –597; Cristina Brito, "Portuguese Sealing and Whaling Activities as Contributions to Understand Early Northeast Atlantic Environmental History of Marine Mammals," in Aldemaro Romero and Edward O. Keith, eds. *New Approaches to the Study of Marine Mammals*, Intech Open, 2012, pp. 206 – 222; 张宏宇、颜蕾《海洋环境史研究的发展与展望》，《史学理论研究》2018年第4期，第68页；童雪莲、张莉《近十年来美国环境史研究的动向——以〈环境史〉期刊为中心的探讨》，《中国历史地理论丛》2013年第3辑，第157页。

③ 关于微塑料问题，可参看许彩娜、张悦、袁骐、蒋玫、郑亮、隋延鸣、穆景利、王云龙、王翠华《微塑料对海洋生物的影响研究进展》，《海洋渔业》2019年第5期，第65~75页；王佳佳、赵娜娜、李金惠《中国海洋微塑料污染现状与防治建议》，《中国环境科学》2019年第7期，第151~160页。

波及范围不断扩展。

——近海放射性污染日渐成为严重的问题，泄漏影响往往是灾难性的。[1]

——将海洋作为核废料处置场的做法对海洋造成严重的威胁。[2]

近海污染对自然环境的影响，大致包括以下几个方面：

——海水富营养化，赤潮、绿潮的爆发频次、范围与危害程度的历史演进，在不同海域有不同影响。

——海洋风貌变化，岛屿、港湾与海水表面的各种垃圾堆积与色泽变化，海水的浑浊化与恶臭化。

——海洋毒化的生态效应影响，各种有害物质如何在生物体内积累甚至威胁生物的生存，影响近海生物种群。

——石油污染的生态效应，石油在海水中的扩散如何影响海洋生物的生存。

——特定类型垃圾的生态效应，其中影响最大的是塑料，塑料直接伤害海洋动物，以及塑料颗粒大举进入食物链的历史进程。

——玻璃碎片、陶瓷碎片对沙滩、海底的永久改变。[3]

（二）近海污染对人类的影响及人类的应对

海水富营养化，会导致藻类疯长，水生动物大量死亡，不仅严重影响近海渔民的渔业生产，恶化的水质与刺鼻的气体也不利于人体健康，影响海上运动项目的开展。堆积在海滩上的藻类会严重影响滨海景观，损伤旅游业。于是人们不得不采取种种措施加以应对。以青岛为例，自 2007 年以来，浒苔连年爆发，影响巨大，青岛市设置海洋大型藻类灾害专项应急指挥部，提前监测，重点区域设置拦截网，出动渔船进行海上打捞，组织人力、车辆、

---

① 2011 年 3 月 12 日日本福岛核泄漏事件直接导致近海地区遭受严重污染，可参看王曼琳、夏治强《日本福岛核泄漏事件的环境危害与思考》，《中国环境科学学会会议论文集》2011 年第 4 卷，第 3567～3571 页；李占桥、吴宝勤、袁延茂、薄文波《福岛核泄漏污染物漂移轨迹影响分析》，《海洋测绘》2011 年第 4 期，第 47～49 页。而 1979 年 3 月 28 日美国三里岛核泄漏事件虽发生在内河区域，但也可能对近海地区有一定影响，可参看石家磊、何宇浩、徐思倩《浅谈美国三里岛核电站事故经过及影响》，《科技经济导刊》2019 年第 16 期，第 132 页。

② 可参看〔美〕Carolyn Hunsaker John Kelly、唐庆龙《核废料的海上处理》，《交通环保》1988 年第 2 期，第 55～59 页；余世诚《核电站放射性固体废物的处置》，《核动力工程》1986 年第 2 期，第 35～38 页。关于美、苏在冷战时期的核废料海洋排放，可参看〔美〕J. R. 麦克尼尔《阳光下的新事物：20 世纪世界环境史》，韩莉、韩晓雯译，商务印书馆，2013，第 350～351 页。

③ 麦克尼尔曾采用全球史视野对近海污染的诸多问题进行研究，提出了一系列独到的见解，虽然对中国观照较少，但对我们开展相关研究仍有较高的参考价值。见〔美〕J. R. 麦克尼尔《阳光下的新事物：20 世纪世界环境史》，韩莉、韩晓雯译，第 140～150 页。

机械进行岸上清理，积极变废为宝，用浒苔来制备生物刺激素、海藻肥、动物免疫增强剂等产品。①

又如重金属污染，海水中的重金属会在海产品体内富集，最后又通过食物链进入人体，对人体造成显著的伤害，最为严重的是汞，紧随其后的是铅。历史上近海重金属污染最著名的案例是日本的水俣病，从疾病发现到病因溯源，从对簿公堂到积极治理，从设置隔离网到湾底清淤，学界都有深入研究的成果。②

（三）人类对近海污染的感知与应对及治污效能

人们对近海污染的观感并不是始终如一的，人们对环境恶化的耐受力与社会经济的发达程度成反比。在经济起飞阶段，人们的注意力主要集中在发展经济和改善生活水平上，对近海环境恶化的感知较为迟钝，即使有所察觉，也更倾向于接受现实。但经济发展到一定程度后，人们对环境恶化的感知便会更加敏锐，而且接受程度也更低。彼得·索尔谢姆研究空气污染时即指出，关于污染与环境破坏的认知，实际上也是文化的发明与建构，会随着时间与地点的变化而不断变化，近海污染问题也是如此。③ 关于近海污染的认知问题，值得引起重视，深入探究。④

---

① 可参看王娉《"空、天、海、陆"四位一体监测：青岛布下"三道防线"拦截浒苔》，《青岛日报》2019 年 7 月 5 日，第 1 版。关于青岛浒苔的成因，可参看陈磊、王希明、张绪良《青岛近海浒苔暴发灾害成因探析》，《高师理科学刊》2018 年第 9 期，第 37～42 页。余不尽举。

② 翻译成中文的著作即有多部，如〔日〕原田正纯《水俣病：史无前例的公害病》，包茂红、郭瑞雪译，北京大学出版社，2012；〔日〕原田正纯《水俣病没有结束》，清华大学公管学院水俣课题组译，中信出版社，2013；〔美〕蒂莫西·乔治《水俣病》，清华大学公管学院水俣课题组译，中信出版社，2013。

③ 参见〔美〕彼得·索尔谢姆《发明污染：工业革命以来的煤、烟与文化》，启蒙编译所译，上海社会科学院出版社，2016。

④ 比如早期多数英国人都将伦敦烟雾当作再正常不过的事项，多数人并不觉得有什么不好，甚至有人讴歌烟雾，认为其是伦敦富裕、繁荣的象征，可参看陆伟芳《19 世纪英国人对伦敦烟雾的认知与态度探析》，《世界历史》2016 年第 5 期，第 41～45 页。在我国，20 世纪 70～80 年代的报刊上歌颂烟囱、废水和工作环境中污浊烟雾的现象也很常见，如有人歌颂烟囱，称："那轰鸣飞动的天轮，那喷吐着浓烟的囱林，给人以生机勃勃的新生之感！新长征中阳光灿烂的一天开始了。"又有人歌颂染料厂流出的废水，称："红水河啊，你不分昼夜，奔流不息，象征着我们的祖国千秋万代永不变色。"参见王铁民《语言运用与思维美学》，华南理工大学出版社，1997，第 38 页。还有人赞颂油漆女工工作的弥漫着油漆雾的环境："雾啊，绿色的雾，不在林区，不在山谷，在咱装配车间的出口处，把姑娘的青春裹住！喷漆姑娘雾中忙碌，手儿飞舞，精心描图，多重的雾呀多浓的情，借五寸喷枪倾吐！雾啊，绿色的雾，绿了姑娘的甜蜜的理想，绿了铁牛身上的衣服，绿了公社田里的被褥。"《江西日报》1979 年 6 月 17 日，转引自蔡守秋《人与自然关系中的伦理与法》上卷，湖南大学出版社，2009，第 265 页。

人类生活空间与近海并无交集，海洋知识贫乏，理解片面，如认为海水作为液体具有淹没固体和融合其他液体的特性；海水是水和盐的混合物，有去除污染物的作用；海洋宽广深邃，海水有巨大的体量，海洋有强大的运动力。[①] 因而对近海污染的感知不敏感，或感知模糊。即使是滨海地区的居民，若非出海作业的渔民或近海养殖从业者，也往往缺乏直观感受。这也在相当程度上影响政府与民众对近海污染做出快速的反应，采取有效的行动。人们往往认为海洋是天然的处理废物的最佳场所。

近海污染也牵涉到不同的利益群体，产生群体纠葛、思想交锋与利益博弈。政府决策与行动受到各方影响。是否有污染，有无具体受害者，谁来承担污染的责任，要不要治理，如何治理，谁来承担治理的成本，一系列问题，成为近海污染史精神层面的重要观照内容。

三　近海污染史研究的旨趣、理念与方法

近海污染史的学术旨趣是推进海洋环境史研究深入发展，更全面地探究人类活动所关联起来的海陆之间物质交换过程及其社会与生态后果。透过污染问题，应该审视更加宏大的海陆生态系统，不宜就近海论近海。要改变见陆不见海的倾向，也不能见海不见陆。[②] 要追求"海陆皆入历史，历史兼顾海陆"的境界，[③] 观照人类活动与海洋的物理化学变化之间的种种纠葛。我们致力于通过探究污染史丰富海洋环境史的研究主题，探索全新的研究理路、范式与方法，培育新的学科增长点。但如前所述，自然科学的近海污染研究成果极为丰硕，而历史学的近海污染史研究还非常薄弱。大力推动近海污染史研究，才能凸显海洋环境史的特色，才能稳住海洋环境史的基本盘，为海洋环境史的进一步发展积蓄强劲的动力。

关于近海污染史研究，我们需要警惕可能出现的若干认识偏差并及早矫正。大致而言，有三个需要特别注意的问题，试分述之。

---

① 可参看毛达《海有崖岸：美国废弃物海洋处置活动研究（1970s～1930s）》，第 34～35 页。

② 这一说法受到梅雪芹先生提出的"见物见人"说法的启发，可参看氏著《从环境的历史到环境史——关于环境史研究的一种认识》，《学术研究》2006 年第 9 期，第 18 页。

③ 这一提法受到李根蟠先生提出的"自然进入历史，历史回归自然"说法的启发，可参看氏著《环境史视野与经济史研究——以农史为中心的思考》，《南开学报》2006 年第 2 期，第 2 页。

　　其一，近海污染史不等同于海洋环境史。十八大以来，生态文明与美丽中国理念日渐深入人心。海洋生态文明的高度与海洋的美丽程度，显然取决于海洋污染的防控程度。所以，近海污染问题是海洋环境中举足轻重的问题，相应的，近海污染史也是海洋环境史最重要的研究领域之一。近海污染的核心问题是近海水域中化学物质含量的变动，而其背后的推动力量则是海陆之间的物质交流与能量流动，这恰是海洋环境史要关注的核心命题。所以，推进近海污染史研究就成为深化海洋环境史研究的重要抓手与着力点。如果将近海污染史从海洋环境史中去掉，将是海洋环境史的重要缺陷。

　　强调近海污染史的重要性，绝不是把近海污染史与海洋环境史画上等号。前者是后者的重要组成部分，但不是全部。只盯着近海污染问题而不及其余，将会使海洋环境史被约束在非常狭窄的范围之内。实际上海洋环境史的研究主题要比单一的近海污染史丰富得多，围绕海洋展开的人与自然交互作用是多维度多面相的，许多研究内容与污染都有或多或少的关涉。

　　其二，近海污染史不等同于近海破坏史。毫无疑问，近海污染史观照的研究事项确实有相当大的部分涉及近海的人为破坏。如前所述，人类活动导致水体富营养化、重金属元素的富集、石油污染等问题都对海洋生态环境造成了严重的干扰与破坏。对近现代社会发展的这些消极面乃至阴暗面，近海污染史研究要直面问题，秉笔直书。"前事不忘，后事之师"，认真总结经验教训，避免重蹈覆辙。

　　近海污染史也不奉行极端的现实批判主义，其讲求的是不隐工业文明之恶，但也不掠工业文明之美。虽然名之为"污染史"，但绝不仅仅关注狭义的"污染"，而是关于"污染"的全方位研究，污染之外，防污、控污、治污同样也是研究的重点。人类为了避免、缓和、减少、根治污染，改善海洋环境的努力也绝不容忽视。人类在应对海洋污染问题时所做的努力，也应该给予肯定。比如日本水俣病受到公众关注后，政府积极采取行动，到1997年即实现了水俣湾汞含量清零，而国际社会也积极行动，发展汞污染防治技术，建设相关防治体系，取得了显著的成效。[①] 类似这样的积极应对、防治污染问题的历史事件，也是我们的重要研究事项。深入解读正面的案例，汲

---

① 可参看冯钦忠、陈扬、刘俐媛《汞及汞污染控制技术》，化学工业出版社，2020，第2~37页。

取有益的营养，为将来更好应对污染问题提供借鉴，是近海污染史的题中之意。[①]

其三，近海污染史学者不等同于激进的环保主义者。环境史学者大都具有环保主义立场与觉悟，积极关注人类历史演进中的环境问题，并对美好的环境心存向往。完全没有环保主义情结的学者，一般不会投身于环境史研究领域，即使介了也往往做不出一流的环境史研究。具体到近海污染史研究领域，学者的环保主义情结无疑会更加强烈。人类排入海洋的各类物质急剧增加，直接影响了海洋生态系统的正常运转，这是不争的事实。揭示海洋环境并不理想的现状，号召加大防污、控污、治污工作力度，为海洋环境保护行动摇旗呐喊，是近海污染史研究者义不容辞的任务。

需要注意的是，一不小心我们就会落入激进环保主义的窠臼，彻底否定现代生产生活方式，将人类的所有行动都打上原罪论的标签，将不加任何人类干预的近海环境视作最理想的近海环境，鼓动环境复古思潮，[②] 想要退缩回前工业时代。这样的诉求显然有违理性，不现实，更不具可操作性。我们关注污染问题，是为近海环境规划更美好的未来，而不是退回遥远的过去。我们积极应对近海污染问题，归根结底还是人类本位主义，最终追求的是让人类拥有更好的近海环境，以确保生产生活的高质量和可持续发展。彭刚指出，"就像人永远无法走出自己的皮肤，历史学家的工作永远无法超出文本的限囿"。[③] 其实，人的本位性也是历史学家所有工作无法逾越的藩篱，历史学家看待问题时，也必然是站在人类的立场，从人类的视角出发的，极端的环境中心主义，其实是更隐蔽、更纯粹的人类中心主义。

近海污染史研究方法值得强调的有三个方面。

第一，史料的搜集问题。由于研究对象较为特殊，所以我们需要设法拓宽史料来源，传统的材料之外，要利用好海洋科学、化学等自然科学丰富的调研资料，要加大口述史材料的发掘整理，要尽力利用媒体、政府、社会组织和个人积累的丰富影像资料。

第二，研究工具。因为要利用大量的数据，所以要建立数据库，掌握一

---

① 美国处置近海废弃物的历史，即有很强的借鉴意义，可参看毛达《海有崖岸：美国废弃物海洋处置活动研究（1870s~1930s）》。

② 关于环境复古思潮，可参看赵九洲《论环境复古主义》，《鄱阳湖学刊》2011年第5期，第31~37页。

③ 彭刚主编《后现代史学理论读本·导论》，北京大学出版社，2016，第2页。

定的数理统计方法，加大数据分析力度；近海区域虽然离陆地较近，但人们仍缺少直观的体认，为了在空间感知上更形象，要善用地理信息系统（GIS）技术来提高研究成果的直观性与可视性；海洋外观呈现高度的同一性，为了加强区分度和精细度，还要适度运用遥感技术。

第三，跨学科研究。环境史本就是需要综合运用多学科的理论范式与分析方法来开展研究的学科，而近海污染史的跨学科特征更为明显，我们要统摄多学科研究方法，不能独守一隅，要学会让近海环境与其历史相映成趣、配合参究，真正做到"把生态学的分析方法引入历史研究过程，用生态学的话语体系来解说人类历史"[1]。生态学之外，还需具备一定的海洋化学、海洋物理、海洋生物、海洋气象等学科的基本素养，否则相关研究必然无从下手，此外地质学、人类学、社会学、经济学、政治学等学科的知识也不可或缺。要掌握并调动如此庞杂的知识，难度非常大。我们不必好高骛远，我们不可能也不必同时成为这些学科的专家，只要能运用相关理念、方法来阐述历史学问题就足够了。近海污染史研究底色是历史学，归根结底要做的是"历史化"的研究。

近海污染史研究刚刚起步，研究基础还比较薄弱。本文对中国近海污染史的研究现状、界定、旨趣、理念、方法等问题做了初步探讨，希望环境史学界同仁一起努力耕耘，早日推出近海污染史研究成果，为海洋环境史快速发展添砖加瓦。

（执行编辑：徐素琴）

---

① 王利华：《浅议中国环境史学建构》，《历史研究》2010 年第 1 期，第 11 页。

海洋史研究（第十七辑）

2021 年 8 月　第 512～516 页

耶稣会士的外传、新编与全球史

——戚印平新著《耶稣会士与晚明海上贸易》述评

唐梅桂*

2017 年，浙江大学戚印平先生的《耶稣会士与晚明海上贸易》由社会科学文献出版社出版，这是作者研究耶稣会史的又一部力作。

戚印平先生长期从事耶稣会史研究，早在 2007 年就出版了《远东耶稣会史研究》，该书封面题记写道："如果将以往对入华耶稣会士的研究称为正史的话，那么本书的论述更像是前史、外传或新编。"作者在书中并没有指明以往的哪些研究属于正史，也没有说明何谓正史，何谓前史、外传、新编。不过，前史容易理解，该书主要研究耶稣会入华之前的历史，完全可以称之为前史，这也是作者的主要研究领域。外传与新编则需要一番解释与体会。

大航海时代进入远东的欧洲人士，主要有两大类：西班牙、葡萄牙等国的商人以及随之而来的耶稣会等传教士。两者活动的性质，可以概述为：为了胡椒的获得与灵魂的拯救。前者为了商业利益，从事各类贸易活动，后者则从事宗教信仰的传播。学界的研究，大体也沿此分为两大路径：一是与商人相关的经济史、贸易史研究路径；二是传教士宗教传播以及由此引起的文化冲突研究之路径，或是西学东渐，或是东学西渐。在以往的研究中，尤其

---

* 作者唐梅桂，四川大学道教与宗教文化研究所博士生，研究方向：明清中外文化交流史。

是入华耶稣会的研究中，这两条路径的区别比较明显。

戚印平先生在远东耶稣会史的研究中融入了贸易史研究路径的视角。《远东耶稣会史研究》共十二章，第七、八、九三章专门探讨耶稣会从事营利性的商业活动。第七章首先指明，远东耶稣会传教事业的开创者沙勿略已经注意到商业活动。随着商业规模的扩大，远东耶稣会甚至设立了专门的管区代表以负责金融投资和商品采购、保管、运输、交易等一系列相关活动（第八章）。第九章专门讨论了入华耶稣会的直接领导、耶稣会远东视察员范礼安与澳门当局签订的生丝贸易契约，通过这份契约，耶稣会从运往日本的中国生丝中获得稳定的收益份额，成为澳日贸易的合作者和大股东。换言之，本该是专注于传教的耶稣会士，却跨界从事"胡椒"的买卖。这自然不符合传教士的公众形象，也不符合大众的心理预期。因而，作者所谓外传，应该指的是诸如此类不宜外扬的方面。但作者所论皆有信史为据，并非道听途说之逸闻趣事，所以是外传而非野史秘闻。因其较少被学者关注，亦可称之为新编。

作者新近出版的《耶稣会士与晚明海上贸易》，进一步推动了这种外传的书写。全书共八章，有五章直接讨论耶稣会士的贸易活动。沙勿略虽然早就注意到商业贸易可以带来很多金子，但想法转变为现实的金子，依然需要契机。远东耶稣会的活动经费一般由国王赞助与远东商人捐赠，自己并不直接从事商业贸易获利。但在活动经费缺乏的情况下，耶稣会利用加比丹制度中的贸易许可制度，把想法转变为现实。加比丹原指葡萄牙海外扩张的船长、舰队司令，此后演变为贸易代表、外交代表、殖民总督等等，而后又演变为指代整个海外殖民与贸易的制度与体系。因而，对加比丹进行考证，可理解整个远东商业贸易、远东航线的运作机制，有助于对耶稣会商业活动历史背景的理解（第四章）。在范礼安与澳门签订的生丝契约的基础上，本书进一步讨论了当时的澳日生丝贸易，提供了若干年份的商品清单，包括极为详细的生丝品类、数量以及交易价格（第五章）。作者把丝织品与生丝分开，单列一章专门讨论丝织品的贸易，所提供的品类、数量与价格信息也同样惊人地详细（第六章）。除了丝绸这种海外贸易研究的正统主题，作者还讨论了黄金的贸易（第七章）。沙勿略在日本的时候，就非常关注黄金，在其 1549 年 11 月的书信中，沙勿略明言："如果带神父来日本的人带来这张目录上的商品，肯定可以得到大量的银子与金子"，"载来神父的船不要装过多的胡椒，最多 80 帕莱尔（相当于 976 克鲁扎多）。因为如前所述，在

到达堺港时，带得少就会卖得好，可以得到许多金子"①。结果，黄金也成
为耶稣会贸易的商品。本书最后一章专门讨论耶稣会士陆若汉。陆若汉因其
作为西日之间的"通辞"和中西礼仪之争中的反对派角色而为世人所熟知，
以往的研究也大多集中于这两方面。但陆氏是当时澳日贸易中的一个重要人
物。1577 年，年仅 16 岁的陆氏抵达日本传教，1634 年殁于澳门，历经了日
本与中国的风风雨雨。因其语言才能，陆若汉承担耶稣会与日本的翻译工
作，成为"通辞"，又因其通辞的身份，长期与日本打交道，竟然成为德川
家康的私人贸易代理人；在耶稣会内部，陆氏两度担任管区代表，长达 12
年之久。所以作者认为，陆若汉是一个"极具传奇色彩"的耶稣会士，其
"奇特一生概括或折射出众多耶稣会士的传教经历"②。本书对陆氏生平的介
绍，多重身份的讨论，对理解澳日之间贸易的关键之处具有重要意义。综观
全书，作者个案的研究方式，保证了研究的深入细致、数据翔实，有效避免
通史模式容易泛泛而谈的弊端；各章之间的联系紧密，内在逻辑又清晰
了然。

　　需要着重说明的是，耶稣会的贸易，并非只是偶然、简单、个别的商业
活动。如前所述，耶稣会曾经专设管区代表一职，专职从事商业贸易活动；
不仅如此，范礼安等耶稣会士还专门制定了《日本管区代表规则》③ 以规
范、指导管区代表的活动。规则规定："购入货物应品质优良，并小心谨慎
地适时购买，理清印记、数量、商标，及时增添或发货"；"由市政厅或阿
尔玛萨的代表载装货物时，须严格遵守视察员与市政厅缔结的契约，不可更
变"；"无论数量多寡，如无保证人，不得向人借钱作为送往日本的船货抵
押贷款，或在不确定葡萄牙能否支付的情况下向葡萄牙汇去票据。……此
外，汇给葡萄牙的支票不宜数额过大。必须汇送票据时，应参照当地澳元的
收益，汇票应考虑葡萄牙的相同数额及其合适比价"。整个规则涉及贸易的
专门知识、商业信誉、商业风险、商业汇率等方面。在陆若汉留存的作为管
区代表经验之谈的《日本管区代表备忘录》④ 中，同样可见其商业意识的深
厚。备忘录提到管区代表应具有必要的素质，要专注于交易职务，要有相关
的知识，"应不耻下问，了解有哪些物品在现在和将来具有市场价值。应熟

① 戚印平：《远东耶稣会史研究》，中华书局，2007，第 302 页。
② 戚印平：《耶稣会士与晚明海上贸易》，社会科学文献出版社，2017，第 321 页。
③ 戚印平：《远东耶稣会史研究》"附录五"，第 391～404 页。
④ 戚印平：《耶稣会士与晚明海上贸易》"附录五"，第 405～428 页。

悉货物价格及（不同货币的）换算比例，不得像本会某位管区代表那样，以 20（两银子）购入仅值 10（两银子）的货物"。在具体的贸易中，备忘录要求管区代表"应把握先机，判断我们投资何种商品为好"，"必须了解采购必需品的时机，不得零星进货"，"不可开办商店，零售商品"。备忘录要求管区代表保守商业秘密，讲究信用，"销售、资产、定价以及采购商品的细节，均应秘不示人。凡此类事务，不可相信任何人"，"言出必行，履行签约文书的内容，以诚实和正直保持自己及修会的信誉。让外人理解这一点尤为重要"。除了这些，两份文献都有详细的关于会计登记、账簿保管等内容。阅读相关载述，感觉就是两本非常完备的商业指南；很难想象，这是一群传教士所写的文献。但从当时的时代背景考虑，对贸易的"营利性"之考虑，对商业信誉之重视，应该不是陆若汉或某个耶稣会士，或耶稣会的特点，而应该是这个时代的集体意识与特点。这或许就是作者一再强调的："历史上从来就没有纯粹的文化与宗教，也从来没有纯粹的文化交流与宗教传播"[1]，"世界上从未有过纯粹的宗教，所以也不会有纯粹的宗教传播"[2]。耶稣会的宗教传播，不仅需要商业贸易的经费支持，不仅自身也从事贸易活动，甚至连内在意识也深受这种活动的影响，这多少有点出人意料。因而，从宗教传播的视角而言，外传的称呼要比正史更为合适。

　　但从全球贸易的视角而言，耶稣会又不应只是一种外传的历史地位。中国晚明时期即地理大发现之后，正是"世界进入了中国，而中国也融入了世界，全球一体化进程由此展开"[3] 的历史时期。在中日锁国政策的特殊时期，耶稣会因其文化身份，或者深入中日两国的内地，扩大、深化了当时贸易的范围；或者接替以往商人的贸易活动，使得中日之间、东西之间的贸易延续不断。因而，耶稣会士在远东的商业贸易活动，是全球贸易体系东方航线的起点，是整个全球贸易的重要组成部分。正如陆若汉在日本、朝鲜、中国澳门及内地活动一样，晚明远东耶稣会也在中国大陆、澳门、日本、印度及欧洲等地区之间进行商业活动，其贸易活动，打破了一般的双边贸易的架构，具有跨国、全球贸易的特点。作者对耶稣会贸易活动审视视角的转换，使得新著突破了耶稣会外传的书写，而转向耶稣会的全球史书写。就此而言，

---

[1]　戚印平：《远东耶稣会史研究》，第 3 页。
[2]　戚印平：《耶稣会士与晚明海上贸易》"前言"，第 2 页。
[3]　戚印平：《耶稣会士与晚明海上贸易》"前言"，第 2 页。

全球史视野中的晚明耶稣会贸易活动，完全具有正史的意义。

　　总之，就耶稣会的商业贸易研究现状而言，除少数学者少数论文涉及，戚印平的两本书是目前仅见的专著，联系起来阅读，就是一部比较完整的晚明耶稣会贸易史。新著史料翔实，视野开阔，摆脱传统的研究范畴，藩篱之外，另开新路，在耶稣会的外传与全球史书写方面，具有开拓的意义，可谓一部不可多得的耶稣会史新编。

（执行编辑：罗燚英）

海洋史研究（第十七辑）
2021 年 8 月　第 517～525 页

"大航海时代珠江口湾区与太平洋 – 印度洋海域交流"国际学术研讨会暨 "2019（第二届）海洋史研究青年学者论坛" 会议综述

周　鑫　申　斌*

　　珠江口湾区位于南海北部、广东中部珠江出海口，孕育了丰富多彩的海洋文明。这个季风吹拂的湾区，又处在太平洋、印度洋海域航海区位之要冲，历史上是中国大陆与东亚及全球海上交通的重要孔道。大航海时代以广州、澳门为中心的珠江三角洲港口城市群蔚然兴起，成为明清中国对接世界的海运枢纽与贸易中心，东西方海洋经济、科技文化在此交融互动，珠江口湾区的地理、人文与经济优势愈加凸显。当前中国正在大力推进粤港澳大湾区建设，研究珠江口湾区与海洋历史，探寻早期全球化时代海洋文明发展轨迹及其历史启示，具有特殊的研究价值和现实意义。

　　为此，中国海外交通史研究会、国家文物局水下文化遗产保护中心、广东省中山市社会科学界联合会、广东省中山市火炬开发区管委会、广东省社

---

　　* 作者周鑫，广东省社会科学院历史与孙中山研究所（海洋史研究中心）研究员，研究方向：
南海史地、海洋知识史；申斌，广东省社会科学院历史与孙中山研究所（海洋史研究中心）
助理研究员，研究方向：明清财政经济史、古文书学。

会科学院广东海洋史研究中心，联合于 2019 年 11 月 9～10 日在中山市举办了"大航海时代珠江口湾区与太平洋－印度洋海域交流"国际学术研讨会暨"2019（第二届）海洋史研究青年学者论坛"。广东省社会科学院党组书记郭跃文，中山市委常委、统战部部长梁丽娴，中国海外交通史研究会会长陈尚胜教授，国家文物局水下文化遗产保护中心技术总监孙键研究员，广东省社会科学界联合会党组成员、副秘书长李翰敏出席研讨会开幕式并致辞，来自美国、德国、奥地利、法国、日本、澳大利亚以及中国内地、港澳台地区的学者百余人参加会议。参会学者围绕海洋贸易、跨海网络、海洋生态、航海生活、海洋文献与知识、海洋信仰与滨海社会等议题展开交流与讨论，下面分而述之。

大航海时代的海洋贸易

随着大航海时代的展开，在海洋贸易的驱动下，人群、商品、技术、制度、器物、词语、文献、图像、知识、信仰、观念、文化乃至生态等要素通过岛屿、港口、湾区、海峡等海洋地理空间和不同层级的海洋网络逐渐实现全球流动。新航路的开辟是划时代的一笔，但大航海时代从来不是西方海洋力量狂飙的独角戏，而是众多涉海国家、人群共舞的多幕剧。李伯重教授的主题演讲《从蒲寿庚到郑成功：中国海商的历史演变》，抓住海洋贸易和大航海时代的灵魂人群——民间海商，通过对比 13 世纪蒲寿庚和 17 世纪郑成功这两位中国海商巨擘的事迹，呈现明代中国本土商人取代外来商人成为海上贸易主体的历程，揭示出大航海时代与中国海商的互动关系。刘迎胜教授的主题演讲《蒙元时代的东西海路》则将目光投向更具组织性和权力性的存在——王朝国家。元朝创造的世界帝国，使西太平洋与北印度洋的海路贯通，地中海世界与中原直接沟通，元朝成为大航海时代的第一推动力和全球化的初始点。

元朝的海洋遗产在明初郑和下西洋的海洋活动中得到继承和拓展。郑海麟教授的《大航海时代中华文明体系的传播及其国际意义再认识》从影响人类历史进程的诸多文明体系的宏观角度，高度赞扬"郑和航海的最重要意义在于将当时已充分发展成熟的传统中华文明通过王道的方式（当然，对不遵守文明规则的海盗也实施了武力的惩戒）传播至整个东方世界，建立起以王道为规则的东方世界文明秩序"。廉亚明教授则通过绵密地考证郑和航海图阿拉伯半岛南部诸港口，描绘出郑和下西洋构建的前大航海时代的全球化图景。

大航海时代是海洋贸易打造的新时代。海洋贸易的内容更加丰富。中岛乐章教授的《龙脑之路》充分利用中、日、韩三国文献和葡萄牙人的记载、地图等史料，细致勾勒了琉球王国在 15～16 世纪进行的南海产香料、药品的中转贸易。王巨新教授的《17～19 世纪中叶中国华南与中南半岛的贸易往来》从贸易方式、贸易路线、贸易主体、主要商品等方面疏理出 17～19 世纪清朝与缅甸、暹罗贸易的差异，并阐明差异背后的地缘交通、物产与对外贸易政策、双边关系的因由。李庆博士的《明史所载中荷首次交往舛误辨析》稽考西文文献，对《明史》等中文史料所载的中荷首次交往提出了新的看法。于笛博士的《瑞典东印度公司档案所见 18～19 世纪中西贸易与交流之管窥》介绍了瑞典东印度公司与广州十三行进行贸易的若干档案，对十三行背景下的中瑞贸易做了初步梳理。柳若梅教授的《向往海洋：历史上俄国对澳门的认识》利用现存俄文档案，全面梳理了此前不为学界所知的俄国与澳门的直接和间接联系，更好地诠释了大航海时代以来更大范围的全球化。杨蕾教授的《明治时期日本南进政策与海运业扩张》一文重点考察日本近代海运发展的轨迹，揭示明治时期日本近代海运业的诞生、发展和扩张过程与南进政策相辅相成的关系。叶少飞教授的《东亚海域交流视阈中魏之琰在中国、越南、日本的形象》聚焦于明清鼎革之际，来往于中国、日本、安南三国的福建海商魏之琰的生前身后事。魏之琰虽然只是一介海商，却卷入中国、日本、安南的政局与海洋政策变动之中，因而被赋予不同的身份与形象。

在上述案例中，已经指示出在海洋贸易中，民间海商与国家的博弈是恒久的主题。为实现有效管理，国家发明了诸多管理海商和海洋贸易的制度与机制。张楚楠同学的《关市之赋：清代粤海关的船税制度》全面考察清代粤海关的船税制度，并从清朝的治国思想与决策过程的角度对这一制度展开反思。阮锋博士以首航中国的法国商船"安菲特利特号"为切入点，论述了大航海时代粤海关对珠江口湾区贸易的监管。他们由面到点和由点到面的研究路径颇能相映成趣。侯彦伯博士的《五口通商时期清朝对珠江湾口中、西式船只的管理（1842～1856）》细绎中国旧海关史料，厘清了五口通商时期清政府对珠江口广州、香港、澳门三地华商可以兼用中、西船只的管理制度。黎庆松博士的《越南阮朝对入港清朝商船搭载的人员的检查（1802～

1858)》则利用阮朝朱本档案考察法国入侵前越南检查入港清船随船人员的点目簿制度，初步分析了入港商船的来源和点目簿制度的作用。他们的文章对被管理的海商的反应没有过多着墨，但已经透露出海商并非被动接受制度，而是主动利用、逃避制度甚至反抗制度。

跨海网络：涉海人群、物质文化与知识观念

伴随着贸易交往发展的，是跨海网络的进一步拓展，涉海人群承载的交流进一步丰富，这既表现在物质文化上，也表现在知识观念上。黎志刚教授在《海洋视野下的中国和世界：贸易、移民与华商》中提出，传统时代王朝国家的制度安排是制约海上丝绸之路发展的主要因素，民间的跨国网络才是推动海上丝绸之路变迁的主要因素。东南沿海的劳工、以香山商人为代表的广东商人通过向外迁移不断扩张网络，从而使中国更深地卷入全球化的贸易新世界中。宋燕鹏研究员的《宗族、方言与地缘认同》立足于对槟城乔治市、厦门海沧区五大姓原乡的田野调查，细致描述了19世纪英属槟榔屿时期福建人群如何逐步运用宗族组织、福建公冢来建构社区网络。阎云峰博士的《中西海盗组织管理架构之比较》则聚焦于采取激烈手段反抗政府管理的海盗集团。他通过18～19世纪中国南海海盗与加勒比海盗的对比发现，中西海盗组织管理架构之不同，脱胎于海盗们来源的常态社会，他们在本国形成的组织观念是母体，而盗匪社会的非常规经济环境促成其特有的组织安排。这一研究反映出成为海盗的海商尽管在反抗朝廷的管理，但由于共享相同的组织观念，实际又成为朝廷制度文化的某种翻版。对此进行精深综合性研究的当推陈博翼教授的《"界"与"非界"：16～17世纪南海东北隅的边界与强权碰撞》。该文以16～17世纪中国、西班牙、荷兰权力碰撞和边界塑造为背景，关注那些所谓的海盗行为和活跃于界内界外的流动人群。在大航海时代带来的16～17世纪东亚各种强权互相碰撞中，重新界定出"非界"人群的位置。这些无国家的人群以自己的方式实践区域自身的"秩序"和分类统治。

海洋贸易另一关注点是商品。陶瓷是中国海洋贸易的代表性商品。王冠宇研究员的《葡萄牙人东来与16世纪中国外销瓷器的转变》一文选取土耳其伊斯坦布尔托普卡比王宫博物馆收藏、葡萄牙旧圣克拉拉修道院出土的16世纪中国外销瓷分别作为中东市场和欧洲市场流通的代表类型，并结合

17 世纪欧洲画作、圣迭戈号沉船、勒娜浅滩号沉船出水中国外销瓷等材料，经过仔细比较中国外销瓷在品种类型、尺寸规格以及纹样风格的变化，揭明葡萄牙人东来后随着中葡瓷器贸易的迅猛发展，中国外销瓷从原来适应中东市场向进入新兴的欧洲市场的转变过程。张丽教授的《从〈红楼梦〉看 17 世纪末和 18 世纪初中欧富贵人家在西方奢侈消费上的同步》则通过对《红楼梦》中贾府的西方舶来品消费的考察，发现荣国府不光有被同时代欧洲富贵追捧的欧洲本土制造的摆钟、怀表、穿衣镜等奢侈品，还有当时欧洲利用美洲殖民地资源开发出来的鼻烟、银制日用品等，以此推断当时中国与欧洲富贵阶层在奢侈品消费上的趋同。两篇论文都共同指向大航海时代以后商品如何经由远距离的海洋贸易实现商品品味和消费文化的趋同。马光研究员在《近代广东土产鸦片的生产与消费问题新探》中利用海关档案、英国议会文书等资料，重新探察近代广东土产鸦片的生产与消费问题，发现自 19 世纪 80 年代始，土产鸦片成为外国鸦片的竞争商品，逐渐赢得广东鸦片消费市场。倪根金教授的《历史时期有关鲎的认识、利用及其在岭南的地理分布变迁》对中国历史上有关鲎这一海洋生物的记载做了全面整理，将中国人对其的认识利用及在岭南的地理分布放入科技史和生态史的研究视野之内，令人印象深刻。

在海洋活动中，伴随人群、商品流动的，还有器物、词语、文献、图像、知识、信仰、文化等。金国平教授的《关于葡王柱商榷二则》立足于对中西文献的精湛考释，提出上川岛石笋并非葡王柱的观点，结论令人信服。冷东教授《大航海时代的旗帜文化：以清代珠江口湾区为视野》分类展示了来广州贸易的欧洲商船的航海旗帜、十三行商馆各国国旗及珠江航行的中国商船旗帜，从中窥视海洋背景下的中外贸易冲突与中国社会变迁。程美宝教授的《"十五仔的旗帜"：道光年间中英合作打击海盗行动及其历史遗物》研究的也是中西冲突中的"旗帜"。她重点围绕英国国家海事博物馆收藏的一面据说属于 19 世纪横行中国南海西部海域的海盗十五仔的旗帜，重建道光年间中英合作打击海盗十五仔的史事，透视当时英军对缴获"旗帜"的文化创造。

词语是知识与文化交流的工具与产物。汪前进教授的《早知潮有信，嫁给弄潮儿：古代广东地区的"潮候"与"风潮"的理论与实践》选题新潮，对古代文献中的"潮"进行了系统整理和科学分析。沈一民教授的《"鲸川之海"再辨》通过层层的文献上溯指出，"鲸海"是唐至明清中国长期使用的海洋专有名称。其指涉对象从朝鲜半岛的周边海域逐渐固定为今天的日本海、鄂霍次克海。它不仅反映出东北地区人群对自身海洋的认知，而且体现了中国海洋命名的规范化过程。王丁教授的《裕尔辞典中的南洋与中国语汇》注意到英国著名汉学家亨利·裕尔编纂的解释英语中印度俗语方言词语的 Hobson-Jobson 词典，发现其中南洋系语词中含有汉语语源的词条有些疏漏、误解，进而做出补苴。这一方面揭示出在大航海时代前中国与东南亚的语言交汇和知识交融，另一方面也提醒，在大航海时代以后，随着西方在东南亚的文化霸权的建立，其推动的跨文化交流活动可能会遮蔽南海贸易圈内部原有的知识景观。谢必震教授的《古代中国航海叙事的启示》则通过对"闽在海中""海舟以福建为上"等词条和郑和下西洋、使者与舟师对话的历史叙事及海神信仰诸层面的分析，对相关的海洋知识和海洋文化进行了现代诠释。

潘茹红教授《传统海洋图书的演变与发展》、叶舒博士的《清代前中期域外游记述论（1669～1821）》、彭崇超同学的《袁永纶〈靖海氛记〉对嘉庆粤洋海盗的历史书写》尝试从涉海文献的书写角度去观察相关的文本和知识是如何被书写的。与海洋词汇、文献相映成趣的是，图像尤其是海洋地图成为本次会议学者们研究海洋知识生成传递的热点。吴巍巍教授的《海峡两岸古建筑装饰艺术中的"海丝"图像文化初探》通过对台湾麦寮拱范宫的"憨番扛庙角""洋人拱斗"，福建永泰嵩口古厝的"海丝壁画"，泉州开元寺、天后宫的塑像、石柱等饱含"海丝"元素的建筑装饰的个案研究，展示海上丝绸之路文化的传布与影响。孙靖国研究员的《明代长江江海交汇地带的地图表现》系统梳理明代保存至今的 10 种江防图的系谱，指出明代江防图本身是南京都察院为防范海上威胁而绘制的，其重点突出江海联防，同时从绘本地图与刻本地图、官方地图与坊间地图的区别进行了探讨。丁雁南研究员的《地理知识与贸易拓展：十七世纪荷兰东印度公司手稿海图上的南海》以欧洲多家图书馆和档案馆收藏和开放的一批 17 世纪荷兰海图为对象，重点讨论其反映的南海知识进步，并进一步揭橥其在南海的地理探索和水文测绘乃是服务于荷兰东印度公司的贸易拓展。周鑫研究员的《汪日昂〈大清一统天下全图〉与 17～18 世纪中国南海知识的转型》通过讨论汪日昂《大清一统天下全图》的刊绘脉络与知识源流，考察 17～18 世纪中国南海知识的转型问题。夏帆研究员的《民国地图与海权意识互动研究》以大量的民国时期报刊资料和地图史料，详细论证了当时中国的地图绘制与海权意识强化的互动关系。徐志良研究员的《傅角今与中国陆海疆域地图之编绘》分析傅角今编绘 1948 年版《中华民国行政区域地图》的历史使命、技术导向、过程方法，进行图式解读。他们的研究不仅留意到海洋地图的绘制技术与知识来源同政府权力的密切关系，而且都注重从更宏大的海洋局势和海洋知识体系来展开论述。韩昭庆教授《中国海图史研究现状及思考》不仅综括近年来的中国海图史在地名考证、海图校正、图名命名、成图时间、绘图人员等方面的进展，更从相关理论和方法上展开思考。

海洋信仰与滨海社会

与之相比，海洋信仰的几篇论文更突出信仰与濒海地域社会的关系。尤小羽研究员的《明教与东南滨海地域关系新证》通过爬梳史籍、文集、方志等文献，并根据霞浦、屏南文书，探讨了滨海民众信仰体系下明教在东南地区的适应与演变。张振康同学的《宋代广东地方官员与南海神信仰》以宋代主祭南海神的广东地方官员为线索，勾勒出南海神从海神转变为珠江三角洲民间信仰地方神的过程。陈刚博士的《陈稜信仰与宋元浙东的琉球认知》系统梳理陈稜信仰在唐至明清时期浙东地区的流传演变过程，并由此揭示宋元浙东独特的琉球认知。吴子祺同学的《民间信仰、渔船与港口》以《黄梁分收立约碑》为线索，对 20 世纪初硇洲岛的民间信仰展开研究。

岛屿（包括岛礁）一直是海洋史研究的重点之一。本次会议提交的三篇与岛屿有关的论文是从海洋考古的角度展开，显示着考古资料对海洋史研究的巨大价值。孙键研究员的主题演讲《考古视野下的南海丝绸之路遗迹》系统回顾了中国水下考古的历程，并简述了西沙群岛、南海群岛、南澳Ⅰ号和南海Ⅰ号等沉船考古的工作和研究情况。肖达顺研究员的《上川岛海洋考古简史》利用近年的海洋考古发现，重建了上川岛从先秦至明清的海洋历史。贝武权研究员的《16 世纪双屿港考古调查报告》主要参考中国国家博物馆水下考古中心舟山工作站 2009 年开始对六横岛及其周边小岛的文物普查、水下考古，结合中外文献史料，廓清了 16 世纪双屿港的大致轮廓。

上川岛和六横岛都是明代的重要港口。另外还有两篇讨论港口的论文。古小松研究员的《会安与海上丝绸之路》对越南会安古港的地理位置与历史变迁、贸易与文化交流、华侨华人的开拓展开了长时段的描述。周静芝教授的《广州港于粤港澳大湾区中发展研究》则观照粤港澳大湾区的国家战略，宏观考察广州港的历史发展，并就其未来发展路径提出建议。

以广州为中心的珠江口贸易不只是面向海洋，还同广阔的内地市场紧密相连。安乐博教授从档案和田野调查入手，考察连阳的贸易制度，向人们呈现出海洋贸易的另一重面相。海洋贸易只是珠江口湾区的一种经济业态。珠江口沿岸的人群充分利用盐场、沙田等海洋资源禀赋和国家制度、正统文化，不仅发展出高度发达的盐业、农业经济，更由此形成形式多样的地方社会秩序。段雪玉教授的《明清时期广东大亚湾区盐业社会历史研究》、李晓龙教授的《从盐田到沙田：18～19世纪香山濒海人群的制度套利与社会秩序》运用历史人类学的看庙读碑的功夫探讨明清时期广东的盐业制度、人群、社区和社会秩序。张启龙教授的《民间文献所见清初迁海前后珠江口地方社会》、王一娜研究员的《神明崇拜的村落联盟所见的明清濒海地方社会》则进一步注意到清初迁海、清中期珠江三角洲的民众暴乱后，朝廷和地方通过宗族、村落联盟的军事化重整地方秩序，形成珠江口新的地方秩序。杨培娜教授的《明清珠江口水埠管理制度变迁》注意到此前较少研究的珠江口水埠，通过禾虫埠钩沉出明清时期广东官员对珠江口各类水埠的管理观念和制度演变，多层面地讨论珠江口濒海物产资源的经营、人群身份与地方政策之间的互动，新意迭见。

李庆新研究员的《海洋变局、制度变迁与湾区发展：1550～1640年广州、澳门与珠江口湾区》，从海洋史、制度史和经济史相结合的视角，考察16世纪中叶澳门开埠以后，在近一个世纪的海港城市发展史上，澳门在明朝"广中事例"制度框架下与珠江口湾区传统的中心城市广州构成"复合型中心结构"，开启珠江口湾区城市发展与对外贸易的"黄金时代"。作为对照，薛理禹教授的《近代上海与旧金山湾区崛起之比较研究》则通过近代上海与旧金山湾区的发展历史比较指出，海洋文明的深远影响、优越的地理位置和多元的族群文化共同促进两座城市依托湾区崛起。

视野拓展与理论思考

上述文章中，不少学者的视野都跨越了太平洋的海洋网络，进入更远的印度洋。而集中笔力探讨印度洋海域历史的是钱江教授的主题演讲《西方及阿拉伯文献记述的古代印度洋缝合木船》和萧婷教授的主题演讲《印度洋－太平洋水域外科大夫与医师的流动》。他们的研究利用多语种史料，看上去一个关心船，一个关心人，都深入到更复杂的技术与科学层面，揭示了海洋活动的交通工具基础和海洋日常生活，不仅增加了比较的视野，更为深入海洋史研究提示了某种方向。还有两篇文章将研究领域推展至南太平洋海域。何群教授《太平洋等地土著文化对人类学的恒久吸引》从米德研究南太平洋萨摩亚人的经典人类学著作的思考出发，考察大小兴安岭的鄂伦春等族群。费晟教授《论近代中国与南太平洋地区的生态交流》整合中国与南太平洋地区关系史研究的最新成果与海外环境史研究新史料，说明中国市场需求、海上贸易、跨国移民及产业投资合力将南太平洋岛屿地区的自然资源转化为商品，进而推动这一地区的生态与社会的重塑。

自20世纪上半叶西域南海史地研究以来，中国海洋历史研究已经走过近百年的历程。从会议报告和专家评议中可以看出，学者们对在新的学科体系式下开展海洋史学研究有了新思考，可概括为以下三点。

海洋史学研究应当突破史料的藩篱。海洋史研究是一门专业和综合性的学科，只有尽可能地占有多语种、多形态的文献资料、考古资料，进行深入细致的阅读并保持对资料的反省方可进入相关的语境，综合运用多学科交叉的方法，贴近研究中的人、事、物。正如程美宝教授所言，以一件实物为线索，追查文献，让我们对同一事件有更多角度的认识，并对博物馆给出的陈列说明和藏品介绍多一份怀疑，多几种参证，而不是简单地认为既有物可证，就必然可信。

海洋史学研究应突破既有研究理念的藩篱。从海洋的流动特性而言，海洋空间的自然禀赋、普通百姓的生产生活与国家制度文化并不是彼此分割的，从人的本位出发，它们是融为一体的。在海洋史研究相关的史学训练和研究中，加强宏大历史叙事与国家制度的训练和思考，从生态、性别等更多层面深入涉海人群的社会生活，认识和理解海洋。

海洋史学研究应当突破学科藩篱，积极地同自然科学结合。尽管在当下的海洋史研究中，传统的文献学考证和人文学科的学术范式尚无陷入高水平"陷阱"之危险，但某些领域已经进入瓶颈。敞开胸怀亲近自然科学，能打开更新的一片"学海"。

（执行编辑：罗燚英）

后 记

    2019 年 11 月 9～10 日，中国海外交通史研究会、国家文物局水下文化遗产保护中心、广东省中山市社会科学界联合会、广东省中山市火炬开发区管委会、广东省社会科学院广东海洋史研究中心联合在中山市举办了"大航海时代珠江口湾区与太平洋－印度洋海域交流"国际学术研讨会暨"2019（第二届）海洋史研究青年学者论坛"，来自美国、德国、奥地利、法国、日本、澳大利亚以及中国大陆、港澳台地区的学者 100 余人出席会议。会议聚焦大航海时代珠江口湾区与印太两大海域之间的交流，以海洋生态、海洋贸易、跨海网络、航海生活、海洋社会、海洋知识与海洋信仰等为议题展开广泛深入的探讨，在视野方法、选题内容、理论思考等方面均有诸多开拓与深化，是近年国内举办的一次高水平国际海洋史学盛会，也是青年才俊切磋问学的一次难得机会。本辑及下一辑（第 18 辑）选刊部分会议论文。

    本辑第一专题为海洋社会生活史，分别考察了古代地中海世界的橄榄与南海世界的槟榔在东西方不同体系中作为贸易商品、消费要素与文化符号的多层次意涵和深刻意义；对《红楼梦》贾府的西洋奢侈品消费与同一时期欧洲富贵阶层奢侈品消费相比较，呈现了盛清中国与欧洲上层社会在奢侈品消费上的同步现象。两文将物质消费、日常生活与精神文化熔为一炉，在长时段、全球化与比较视野上融通提升了海洋社会经济史、观念史、文化史研究。另两篇文章则分别考察了大航海时代瑞典东印度公司商船的航海生活、葡萄牙人东来与中国外销瓷器的转变，分析细腻，见微知著，在全球关联中建构以小见大的海洋生活叙事。

第二专题为东亚贸易与地区政治，分别考察了大航海时代中荷关系、华商在东亚地区政治中所扮演的角色、形象的建构，近代越南、日本的海洋政策与海洋战略，清朝与荷兰、法国在澳门、广州湾问题上的历史关系，展示了东亚国家在全球贸易、东西碰撞、国际关系推动下人群流动、制度体系、地区事务上的跨国/跨海域联系与变迁趋势。

第三专题为湾区史，分别探讨了宋元以降环珠江口县域变迁与土地开发、清初迁海前后珠江口地方社会、清代粤海关与珠江口湾区贸易监管、明清珠江口水埠管理制度、大亚湾区盐业社会历史、香山沙田开发与秩序构建、广州湾硇洲海岛社会等问题，多方面拓展并深化了珠江口湾区与广东史研究，在方法理论上也为涉海区域史、海洋地理空间研究提供了有价值的示范参考。

第四专题为海洋考古专题报告，分别以海贝研究为中心考察辽西新石器时代的海陆互动，从广东南海西樵山新发现细石器的年代观察海侵现象，以及越南巴地市沉船初步考察，双屿港考古调查，上川岛海洋考古与文化遗产调研等，展示了海洋史学密切相关领域的新动态、新成果。

本辑最后部分介绍了 2020 年海洋史研究概况、19 世纪英国档案中海峡殖民地华侨华人文献、粤海关税务司署档案，评述中国近海污染史研究状况、晚明耶稣会士与东西贸易等研究成果等。

从本次研讨会看，中外学界对海洋史学新学科体系、学术范式已经有很多思考与探索。海洋史学是专业性、综合性很强的新兴交叉学科，尽可能地占有多语种、多形态的文献资料、考古资料，在人海相依、海陆相亲理念下融通海陆，贴近人、事、物，精、气、神，以海洋人文学科的博大情怀，拥抱海洋自然科学，定能打开海洋史学的新局面。

编 者

2021 年 1 月 10 日

征稿启事

　　《海洋史研究》（Studies of Maritime History）是广东省社会科学院海洋史研究中心主办的中国历史研究院资助学术性辑刊，每年出版两辑，由社会科学文献出版社（北京）公开出版，为中国社会科学研究评价中心"中文社会科学引文索引（CSSCI）"来源集刊、社会科学文献出版社 CNI 名录集刊。

　　广东省社会科学院海洋史研究中心成立于 2009 年 6 月（原名广东海洋史研究中心，2019 年改现名），以广东省社会科学院历史与孙中山研究所为依托，聘请海内外著名学者担任学术顾问和客座研究员，开展与国内外科研机构、高等院校的学术交流与合作，致力于建构一个国际性海洋史研究基地与学术交流平台，推动中国海洋史研究。本中心注重海洋史理论探索与学科建设，以华南区域与中国南海海域为重心，注重海洋社会经济史、海上丝绸之路史、东西方文化交流史、海洋信仰、海洋考古与海洋文化遗产等重大问题研究，建构具有区域特色的海洋史研究体系。同时，立足历史，关注现实，为政府决策提供理论参考与资讯服务。为此，本刊努力发表国内外海洋史研究的最近成果，反映前沿动态和学术趋向，诚挚欢迎国内外同行赐稿。

　　凡向本刊投寄的稿件必须为首次发表的论文，请勿一稿两投。请直接通过电子邮件方式投寄，并务必提供作者姓名、机构、职称和详细通信地址。编辑部将在接获来稿两个月内向作者发出稿件处理通知，其间欢迎作者向编辑部查询。

来稿统一由本刊学术委员会审定，不拘中、英文，正文注释统一采用页下脚注，优秀稿件不限字数。

本刊刊载论文已经进入"知网"，发行进入全国邮局发行系统，征稿加入中国社会科学院全国采编平台，相关文章版权、征订、投稿事宜按通行规则执行。

来稿一经刊用，即付稿酬，优稿优酬，并赠该辑书刊2册。

本刊编辑部联络方式：

中国广州市天河北路618号　邮政编码：510635

广东省社会科学院海洋史研究中心

电子信箱：hysyj@ aliyun. com　hysyj2009@ 163. com

联系电话：86 – 20 – 38803162

Manuscripts

Since 2010 the *Studies of Maritime History* has been issued per year under the auspices of the Centre for Maritime History Studies, Guangdong Academy of Social Sciences. It is indexed in CSSCI (Chinese Social Science Citation Index).

The Centre for Maritime History was established in June 2009, which relies on the Institute of History to carry out academic activities. We encourage social and economic history of South China and South China Sea, maritime trade, overseas Chinese history, maritime archeology, maritime heritage and other related fields of maritime research. The Studies of *Maritime History* is designed to provide domestic and foreign researchers of academic exchange platform, and published papers relating to the above.

The *Studies of Maritime History* welcomes the submission of manuscripts, which must be first published. Guidelines for footnotes and references are available upon request. Please specify the following on the manuscript: author's English and Chinese names, affiliated institution, position, address and an English or Chinese summary of the paper.

Please send manuscripts by e-mail to our editorial board. Upon publication, authors will receive 2 copies of publications, free of charge. Rejected manuscripts are not be returned to the author.

The articles in the S*tudies of Maritime History* have been collected in CNKI. The journal has been issued by post office. And the contributions have been incorporated into the National Collecting and Editing Platform of the Chinese

Academy of Social Sciences. All the copyright of the articles, issue and contributions of the journal obey the popular rule.

Manuscripts should be addressed as follows:

Editorial Board *Studies of Maritime History*

Centre for Maritime History Studies

Guangdong Academy of Social Sciences

510635, No. 618 Tianhebei Road, Guangzhou, P. R. C.

E-mail: hysyj@ aliyun. com   hysyj2009@ 163. com

Tel: 86 – 20 – 38803162

图书在版编目（CIP）数据

海洋史研究. 第十七辑 / 李庆新主编. -- 北京：
社会科学文献出版社，2021.8
ISBN 978 - 7 - 5201 - 8766 - 4

Ⅰ.①海… Ⅱ.①李… Ⅲ.①海洋 - 文化史 - 世界 -
丛刊 Ⅳ.①P7 - 091

中国版本图书馆 CIP 数据核字（2021）第 152212 号

海洋史研究（第十七辑）

主　　编 / 李庆新

出 版 人 / 王利民
组稿编辑 / 宋月华
责任编辑 / 胡百涛

出　　版 / 社会科学文献出版社·人文分社（010）59367215
　　　　　　地址：北京市北三环中路甲 29 号院华龙大厦　邮编：100029
　　　　　　网址：www.ssap.com.cn
发　　行 / 市场营销中心（010）59367081　59367083
印　　装 / 三河市东方印刷有限公司

规　　格 / 开　本：787mm × 1092mm　1/16
　　　　　　印　张：33.5　字　数：585 千字
版　　次 / 2021 年 8 月第 1 版　2021 年 8 月第 1 次印刷
书　　号 / ISBN 978 - 7 - 5201 - 8766 - 4
定　　价 / 198.00 元

本书如有印装质量问题，请与读者服务中心（010 - 59367028）联系